C000165373

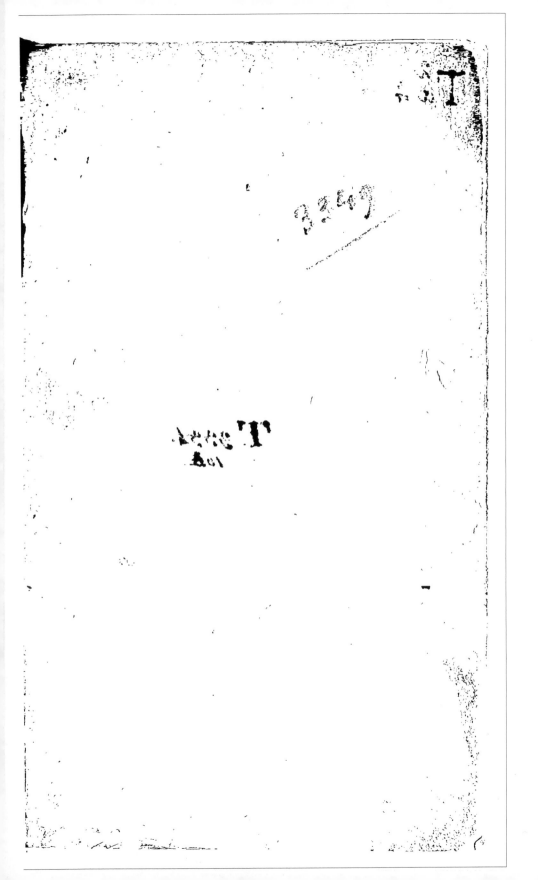

HISTOIRE,
DE L'ANATOMIE
ET
DE LA CHIRURGIE,

CONTENANT

l'origine & les progrès de ces Sciences ; avec un Tableau Chronologique des principales Découvertes, & un Catalogue des ouvrages d'Anatomie & de Chirurgie, des Mémoires Académiques, des Differtations inférées dans les Journaux, & de la plupart des Thefes qui ont été foutenues dans les Faculté de Médecine de l'Europe:

Par M. PORTAL,

Lecteur du Roi, & Profeffeur de Médecine au Collége Royal de France, Profeffeur d'Anatomie de Monfeigneur le Dauphin, de l'Académie Royale des Sciences, Médecin de Paris & de Montpellier, &c.

Ex his enim patebit, quot res quæ vulgò, ob hiftoriæ ignorationem, repertæ à pofterioribus credebantur, quanto antea propofitæ fuerint : *Morgagni, Epiftola ad Valfalvæ tract. de aure.*

Six Volumes in-8°.

A PARIS,

Chez P. Fr. DIDOT le jeune, Quai des Auguftins.

M. DCC. LXX.
Avec Approbation, & Privilége du Roi.

AVIS DU LIBRAIRE.

L'HISTOIRE qu'on préfente au Public, eſt un Tableau raccourci & raifonné des découvertes faites en Anatomie & en Chirurgie, dans différens tems & dans divers Pays; M. Portal les a puiſées dans les ſources même, afin de pouvoir les accorder avec certitude à leurs véritables Auteurs; & comme dans une ſcience rien n'eſt plus utile que de connoître les Livres qu'il convient d'étudier, & ceux dont la lecture, ſi elle n'eſt dangereuſe, eſt du moins inutile; l'Auteur s'eſt occupé à les faire connoître par des morceaux qu'il a extraits & qu'il a comparés avec ceux qu'on trouve dans des Livres plus anciens, ou qui ont parû après: il préſente le titre des Ouvrages par ordre chronologique: il en indique les Editions, & y joint l'Hiſtoire de l'Auteur qui les a publiés.

L'exécution de ce projet paroiſſoit d'autant plus importante à des Savans du premier ordre, que l'on trouve des remarques intéreſſantes dans des Livres que l'on ne lit plus aujourd'hui.

Cet ouvrage eſt diviſé en deux parties, la première traite de l'Hiſtoire Ancienne que l'Auteur étend juſqu'à Harvée; il examine dans autant de Chapitres, les travaux des Juifs, des Grecs & des Arabes. La ſeconde Partie concerne l'Anatomie moderne, & elle comprend l'Hiſtoire de tous les Auteurs qui ont vécu depuis Harvée juſqu'à nous: les deux Parties ſont diviſées en pluſieurs époques, & l'Ouvrage ſera terminé par une Table contenant par ordre chronologique, les différentes découvertes & les titres des Ouvrages; l'Hiſtoire nous apprend par quel ordre & en quel tems les découvertes ont été publiées, quels ſont les Livres où elles ſont expoſées avec méthode & clarté, & ceux où elles ſont tronquées ou omiſes; la Table où ces découvertes ſont rapprochées, nous inſtruit de l'uſage qu'on en peut faire, ſoit qu'on pratique, ſoit qu'on étudie l'Anatomie ou la Chirurgie; c'eſt ainſi que l'Auteur a joint l'utile à l'agréable.

Pour compoſer cette Hiſtoire, M. Portal s'eſt pro-

curé tous les Ouvrages d'Anatomie & de Chirurgie
de la Bibliotheque du Roi, de Ste Génevieve & de
St. Victor, & ceux que divers Particuliers conservent
dans leurs Bibliotheques; il a extrait de tous les Mémoires Académiques & des Journaux de l'Europe, ce
qu'ils contiennent de relatif à l'Anatomie & à la Chirurgie, il a rapporté le titre d'un nombre prodigieux
de Thèses soutenues dans les diverses Facultés de l'Europe, en un mot, il s'est procuré une quantité considérable d'Ouvrages qui ont échappé au savant M. de
Haller.

L'Auteur s'est très occupé à faire connoître les
Plagiats & les Plagiaires, & l'on sera surpris en lisant
cette Histoire, de trouver dans ce rang, des Ecrivains
que le Public n'eût osé soupçonner d'un pareil défaut :
les Plagiats sont quelquefois rapportés en deux colonnes, ou du moins indiqués de la maniere la plus propre à en trouver la source : on ajoûtera que cet Ouvrage a mérité l'Approbation de l'Académie Royale
des Sciences, d'après le rapport très avantageux de
MM. Morand & Lassonne: l'on ne peut mieux en faire
l'éloge qu'en le donnant ici.

Extrait des Registres de l'Académie Royale des Sciences.
Du 28 Juin 1769.

» Nous Commissaires nommés par l'Académie,
» avons examiné un Ouvrage qui lui a été présenté
» par M. Portal, Médecin de Paris, & Professeur au
» College Royal; cet Ouvrage important a pour titre,
» *Histoire de l'Anatomie & de la Chirurgie :* il doit être
» publié en six Volumes, cinq sont imprimés ; le
» sixieme ne l'étant point encore, ne nous a point
» été remis avec les cinq premiers, nous en rendrions
» dès à présent, un compte détaillé, si nous ne jugions
» plus convenable de différer le rapport pour le faire
» avec l'étendue qu'il mérite, & dont il est susceptible,
» lorsque nous aurons sous les yeux l'Ouvrage entier:
» cependant nous croyons devoir donner aujourd'hui
» une idée succinte de tout ce travail, en faisant con-
» noître l'objet & le motif qui ont déterminé l'Auteur
» à l'entreprendre, & le plan qu'il a suivi. En voici la

» Notice en peu de mots : tout Anatomiste jaloux d'é-
» tendre les limites de son Art, doit avant tout, être
» insttruit des travaux, des recherches & des obser-
» vations que les Anciens & les Modernes ont faites
» & ont consignées dans leurs Ecrits : il doit être en
» état d'analyser & de comparer les faits, de fixer les
» époques des découvertes, de faire connoître la surté
» & la chaîne des connoissances acquises ; de démêler
» & de rectifier les erreurs en remontant à leurs sour-
» ces ; & dégageant ainsi le connu de l'inconnu, se
» frayer une route assurée à de nouvelles recherches.
» Au point où en est l'Anatomie Moderne, cette voie
» de procéder, est celle qui promet le plus de succès
» pour perfectionner les connoissances.

» C'est en associant ainsi la partie scientifique de
» l'Anatomie, aux dissections répétées ou à la prati-
» que de l'Art, que MM. Morgagni, Haller, & quel-
» ques autres, se sont illustrés, & qu'ils ont donné
» à leurs Ouvrages un degré de mérite & d'utilité qui
» sera toujours avoué & reconnu par les Anatomistes.

» M. Portal ayant bien compris les avantages
» d'une étude dirigée sur ce plan, s'y est entierement
» livré, & pour en retirer tout le fruit possible, il a
» entrepris de faire une analyse détaillée, suivie &
» raisonnée de tous les Ouvrages qui ont été publiés
» sur l'Anatomie, en remontant jusqu'aux temps les
» plus reculés, & présentant siecle par siecle, la suite
» des faits, le fil des progrès & la chaîne des décou-
» vertes jusqu'à nos jours.

» L'Ouvrage sera terminé par une Table très éten-
» due, qui doit en lier toutes les parties, rapprocher
» tous les objets, & former par ce moyen un corps
» d'Anatomie des plus curieux & des plus intéressants.

» Quelques Auteurs ont prétendu donner une es-
» pece d'Histoire de l'Anatomie, en publiant des
» Listes nombreuses des Ouvrages Anatomiques,
» mais le mérite, quoique réel de ce travail, n'est
» que celui des Bibliographes : il faut pourtant ex-
» cepter Goelicke ; car en indiquant les Ouvrages, il
» en donne quelquefois une courte Notice assez bien
» faite, en rappellant des observations qui sont pro-
» pres à l'Auteur dont il parle ; mais personne, avant

» M. Portal, n'avoit traité cette matiere avec autant
» d'étendue & de détail, n'avoit présenté une suite
» aussi nombreuse de faits bien analysés & ramenés à
» leurs véritables époques : personne enfin n'avoit
» travaillé sur le plan que nous venons de tracer,
» pour composer une vraie Histoire de l'Anatomie.

» L'Académie a permis à M. Portal, de lui faire
» la lecture de deux ou trois Articles de son Ouvra-
» ge, elle peut donc juger déja de la maniere dont il
» est exécuté. Nous nous bornerons à présent à louer
» le zele & le talent que l'Auteur démontre, & à dé-
» clarer que son travail nous paroît mériter des élo-
» ges, parcequ'il ne peut être que très utile.

Au Louvre le 28 Juin 1769. *Signé*, MORAND,
LASSONE,

*Je certifie l'Extrait ci-dessus, conforme à son Origi-
nal & au Jugement de l'Académie.* A Paris le 20 Juin
1770. *Signé* GRANDJEAN DE FOUCHY, Secrétaire perpétuel de l'Académie des Sciences.

LES cinq Volumes que l'on présente au Public,
contiennent au moins sept cents pages chacun des mêmes format, papier & caracteres que ce Prospectus ;
ils finissent en l'année 1756. Le Volume des Tables
combinées & raisonnées, formera le sixieme & dernier
Volume. On compte le donner au plus tard avant la
fin de l'année.

Le prix des cinq Volumes, sera de *vingt & une livres
en feuilles*. Les Personnes qui desireront s'assurer le
Volume des Tables, qui sera tiré à plus petit nombre,
donneront *vingt quatre livres* & recevront les cinq Volumes *en feuilles*, & une Reconnoissance avec laquelle
elles retireront le Volume des Tables, *gratis*, lorsqu'il
paroîtra.

Ceux qui n'assureront pas leurs Exemplaires, paye-
ront le dernier Volume des Tables, *en feuilles*, *six
livres* ; & comme les Exemplaires des Personnes
auxquelles on aura donné des Reconnoissances, seront
prélevés ainsi que le nombre qu'il faudra pour com-
pleter ce qui restera des cinq Volumes ; on les prie

de ne pas tarder à retirer ce Volume, après l'annonce qui en aura été donné dans les Papiers publics, afin de ne se pas mettre dans le cas, si ils tardoient, d'essuyer un refus.

Lorsque le dernier Volume paroîtra, le prix des six Volumes *en feuilles*, sera de *trente livres ; de quinze sols pour la Relieure de chaque Volume, & de quatre sols pour la Brochure.*

CATALOGUE

Des Ouvrages que le même Libraire a sous presse , & qui paroîtront cette année.

PRÉCIS de Matiere Médicale, par M. Lieutaud, nouvelle édition corrigée & augmentée considérablement, à laquelle on a ajouté le Traité des Alimens, du même Auteur ; 1770, 2 vol. in-8°. gr. p.

Tables de la Matiere Médicale de M. Geoffroy, in-12. faisant le tome 17ᵉ de l'Ouvrage.

Dictionnaire raisonné universel de Matiere Médicale, quatre forts Volumes in-8°. grand papier.

———Le même en huit Volumes in-8°. très grand papier, avec environ huit cents figures.

A. Cornelii Celsi de Re medica, libri VIII. *editio nitidissima*, in-12.

Traité complet de Chirurgie, par Mauquest de la Mothe, nouvelle édition corrigée, & avec des Notes, par M Sabathier, 2 vol. in-8°. gr. pap.

Traité des Accouchements laborieux, par M. Levret, *nouvelle édition* corrigée & augmentée, in-8°. gr. p.

Maladies des Européens dans les climats chauds, suite de la Médecine d'Armée de Monro, in-8°. g. p.

Avis aux Meres qui veulent nourrir leurs Enfants ; nouvelle édition, considérablement augmentée, in-12.

Ant. de Haen ratio medendi. Tomus 7ᵘˢ, continens partes XII & XIII, in-12.

Dictionnaire des termes de Médecine, d'Anatomie, de Chirurgie, de Botanique, de Chymie, &c.

nouvelle édition, confidérablement augmentée ;
2 vol. in-8°.
Traduction d'anciens Ouvrages latins relatifs à l'A-
griculture & à la Médecine vétérinaire, avec des
Notes : à l'ufage des Ecoles Royales Vétérinaires,
par M. Saboureux de la Bonnetrie ; 5 vol. in-8°.
avec figures.
L'on donnera cette année Caton & Varron. Columel-
le, Palladius & Vegece *fuivront de près.*
Dictionnaire raifonné univerfel des trois régnes de
l'Hiftoire naturelle, 15 ou 18 vol. in-8°.
*Les deux premiers Volumes du Régne végétal paroî-
tront inceffamment.*
Leçons théoriques & pratiques fur les Accouchemens,
données aux Ecoles de Chirurgie, en faveur des
Etudiants, des Sages-Femmes & de leurs Eleves,
par M. Barbaut, 2 vol in-8°.
Le grand Dictionnaire de Médecine traduit de l'Anglois
de James ; *nouvelle édition corrigée, travaillée & re-
fondue entierement par une Société de Perfonnes de
l'Art, & qui formera 6 ou 7 Volumes* in-fol. *dont
on donnera inceffamment le* Profpectus.

Lu & approuvé le 7 Juillet 1770. M.

Vu l'Approbation, permis d'imprimer, ce
Juillet 1770. DESARTINE.

HISTOIRE
DE L'ANATOMIE
ET
DE LA CHIRURGIE.
TOME PREMIER.

HISTOIRE
DE L'ANATOMIE
ET
DE LA CHIRURGIE,

CONTENANT

L'origine & les progrès de ces Sciences; avec un Tableau Chronologique des principales Découvertes, & un Catalogue des ouvrages d'Anatomie & de Chirurgie, des Mémoires Académiques, des Differtations inférées dans les Journaux, & de la plupart des Theses qui ont été foutenues dans les Facultés de Médecine de l'Europe :

Par M. PORTAL,

Lecteur du Roi, & Profeffeur de Médecine au Collége Royal de France, Profeffeur d'Anatomie de Monfeigneur le Dauphin, de l'Académie Royale des Sciences, &c. &c. &c.

Ex his enim patebit, quot res quæ vulgò, ob hiftoriæ ignorationem, repertæ à pofterioribus credebantur, quanto antea propofitæ fuerint : *Morgagni, Epiftola ad Valfalva tract. de aure.*

TOME PREMIER.

A PARIS,

Chez P. Fr. Didot le jeune, Quai des Auguftins.

M. DCC. LXX.
Avec Approbation, & Privilége du Roi.

A

MONSEIGNEUR

LE DUC DE LA VRILLIERE,

COMTE DE SAINT-FLORENTIN,

MINISTRE ET SECRÉTAIRE D'ÉTAT, COMMANDEUR DES ORDRES DU ROI, HONORAIRE DE L'ACA-DÉMIE ROYALE DES SCIENCES, &c. &c. &c. &c.

MONSEIGNEUR,

Je vous offre l'Hiftoire de l'Anatomie & de la Chirurgie, avec un Tableau fuccint des découvertes que les hommes de différents âges & de divers pays ont faites dans ces deux Sciences : elles font la bafe de l'art de guérir. Cependant le zele de ceux qui s'y font livrés a été traverfé par tant d'obftacles, que les plus célébres Anatomiftes ont été les hommes les plus malheureux. Les préjugés des Nations ignorantes, & des Peuples non encore policés,

ÉPITRE.

en ont retardé les progrès ; ce n'est que sous ce Regne florissant , qu'elles ont été publiquement cultivées dans les Hôpitaux de France , & qu'on a généreusement récompensé ceux qui les ont enseignées avec succès. C'est à vous , MONSEIGNEUR , que la Médecine est redevable de ces faveurs ; Ministre éclairé & sage d'un Roi qui trouve son bonheur dans celui de son Peuple ; vous savez employer la confiance dont il vous honore , à faciliter les progrès des Sciences , & sur-tout de celle qui a pour objet la conservation des hommes. Continuez , MONSEIGNEUR , d'honorer l'Anatomie & la Chirurgie de votre protection auprès du Trône ; & la Médecine acquerra chaque jour de nouvelles lumieres , qui tourneront à l'avantage du Prince & de ses Sujets.

Je suis avec respect ,

MONSEIGNEUR ,

Votre très-humble & très
obéissant serviteur ,
PORTAL.

PRÉFACE.

L'HISTOIRE de l'Anatomie remonte à la plus haute antiquité, & cette Science a été cultivée jusqu'à nous presque sans aucune interruption. Les Druides s'en occuperent d'abord, les Juifs la cultiverent ensuite, & les Grecs y ont fait les plus grands progrès; les Arabes l'avancerent peu, mais ils transmirent leurs connoissances aux Européens. Environ quatre cents ouvrages parurent dans ce long intervalle de tems; c'est-à-dire depuis le vingt-huitieme siecle du monde, jusqu'au douzieme après Jesus-Christ; les plus grands hommes se sont occupés de l'Anatomie depuis cette époque, & ils ont publié plus de douze mille ouvrages: j'ai entrepris d'en présenter le titre sous un seul tableau chronologique, d'en indiquer les éditions, d'extraire une partie de ce qu'ils contiennent d'original & de bon, & de donner l'histoire de l'Auteur auquel chaque ouvrage appartient; d'applaudir à ses travaux lorsque je les croirois utiles, & de les censurer lorsqu'ils me paroîtroient peu exacts.

L'exécution de ce projet me paroissoit d'autant plus importante, que je trouvois des remarques intéressantes dans des livres que l'ignorance ou l'oisiveté des lecteurs avoit condamnés à un oubli préjudiciable à l'avancement de l'Art.

Comme la plûpart des Anatomistes ont écrit

fur la Chirurgie , j'ai cru devoir réunir les
deux parties , pour ne point tronquer l'hiftoire des Auteurs. Mais dans tous mes jugements, je ne me fuis point érigé en Critique , qui ne cherche que des défauts : ce per-
fonnage feroit odieux ; & de tels Critiques,
dit M. de Sénac , font des efpeces d'infec-
tes qui s'attachent aux fruits de l'efprit pour
les flétrir ; leur venin rejaillit enfin fur eux-
mêmes.

Pour compofer cette Hiftoire, je me fuis
procuré tous les ouvrages d'Anatomie & de
Chirurgie de la Bibliotheque du Roi , la plus
riche de l'Europe ; M. Capperonier , un des
plus favans Bibliographes de nos jours , a bien
voulu me les communiquer à mefure qu'ils
m'étoient néceffaires. J'ai confulté ceux qui
fe trouvent aux Bibliotheques de S. Germain ,
de S. Victor , & de Sainte Geneviéve : MM.
Laffone & Morand m'en ont communiqué
quelques-uns qui manquoient dans ces grandes Bibliotheques. C'eft ainfi que je me fuis
procuré plus de dix mille volumes d'Anatomie ou de Chirurgie ; avantage dont je n'euffe
peut-être pû jouir dans aucune autre ville.

J'ai divifé l'ouvrage en deux parties. La
premiere traite de l'Hiftoire ancienne , que
j'étends jufqu'à Harvée. J'examine dans autant de chapitres particuliers les travaux des
Juifs, des Grecs & des Arabes. La feconde
partie concerne l'Anatomie moderne , & elle
comprend l'Hiftoire de tous les Auteurs d'A-
natomie ou de Chirurgie qui ont vécu depuis
Harvée jufqu'à nous.

Ces deux parties font divifées en plufieurs époques. J'en ai établi cinq dans la première partie : Hippocrate, Galien, Vefale, Fabrice d'Aquapendente, Ambroife Paré. Je fixe treize époques dans la feconde partie, Harvée, Pecquet, Malpighi, Ruyfch, Duverney, Morgagni, Winflow, Senac, Haller, Lieutaud, Dionis, Heifter, Morand.

La Nature a produit dans tous les fiecles de ces génies heureux, qui au-deffus des préjugés de leurs contemporains ont fu l'étudier & l'approfondir au milieu des épaiffes ténebres qui la cachoient à leurs regards. J'ai cru devoir dans mon Hiftoire, les diftinguer de ces Ecrivains, qui, incapables de rien produire par eux-mêmes, fe font contentés de copier les livres des autres.

J'ai fuivi un plan uniforme. L'hiftoire de l'Auteur précede le titre de fes ouvrages, auquel je joins les différentes éditions. J'extrais ce qu'il contient de notable, & j'en porte mon jugement. Je confronte les plagiats, & afin qu'on en puiffe mieux juger, je les rapporte quelque fois en deux colonnes. J'ai fuivi l'ordre chronologique de la publication des ouvrages, afin d'accorder avec plus de certitude les découvertes à leurs véritables Auteurs ; & l'hiftoire des faits m'a beaucoup plus occupé que celle des fyftêmes, qui, en offufquant la raifon, ont tour à tour retardé les progrès des fciences : *Equidem doleo*, dit le célébre Albinus (1), *fæpe numero, quum commenta egregiè convellantur, afferri nova quæ*

(1) Acad. ad not. Lib. 1. Cap. XII.

convellantur , quæ deleat dies. Liberatur ab iis
res phyſiologica ; liberata , denuò gravatur...
mutata inde quotidie , ingeniorum flatu impelli
ſe paſſi ſunt homines , patienturque. L'étendue de mes extraits eſt proportionnée à la
célébrité qu'ont eu leurs ouvrages , ou dont
ils m'ont paru dignes ; le rang différent où
le public a placé leurs Auteurs n'en impoſe
plus après leur mort , leur eſprit nous reſte
dans leurs écrits. C'eſt par ce reſte non équivoque , que j'ai tâché d'apprécier leur mérite.

    J'ai extrait de tous les mémoires des Aca-
démies & des Journaux de l'Europe , écrits
en Latin ou en François , ce qu'ils contiennent de relatif à l'Anatomie & à la
Chirurgie , & j'ai rapporté les titres des
mémoires écrits en d'autres langues ; ou ſi
j'y ai joint quelques notices , c'eſt d'après
les Bibliographes , ou d'après des perſonnes inſtruites de ces langues , que j'ai con-
ſultées.

    Impartial dans la critique comme dans la
louange , je ne me ſuis point laiſſé éblouir
par les titres faſtueux des Auteurs. L'eſprit
de Corps n'a aucun pouvoir ſur moi. Je tiens
à toutes les Facultés du monde par les ſentiments de la plus haute vénération ; mais je
n'eſtime les Auteurs que par leurs ouvrages. Je fais peu de cas de ces Ecrivains qui ,
enthouſiaſtes de leur patrie , veulent y trouver la ſource de toutes les découvertes : le
flambeau du génie luit pour toutes les Nations.

    Chaque âge a vu naître de grands hommes ; & dans les tems de la plus profonde ignorance ont paru des sujets qui eussent honoré les siecles les plus éclairés. Chaque pays compte ses savans : cependant il faut avouer que l'Italie , cette mere féconde des Sciences & des beaux Arts , a produit un plus grand nombre de bons Anatomistes que les Royaumes voisins , & qu'il y a aujourd'hui de meilleurs Chirurgiens en France , que dans aucun autre lieu de l'Europe.

La réputation des Professeurs n'est souvent fondée que sur les préjugés de la jeunesse crédule qui les écoute. J'ai parcouru les ouvrages des maîtres & des disciples , & tantôt j'ai fait voir que le maître n'avoit pû trouver un disciple digne de lui , & tantôt que le disciple auroit eu tout droit de se plaindre d'avoir suivi un tel maître.

Je n'ai pu m'empêcher de blâmer ces Médecins injustes qui refusent aux Chirurgiens les découvertes qui leur sont dues ; & on doit mépriser les Chirurgiens ignorants & orgueilleux qui veulent rapporter à leur Corps ce qu'ils tiennent de la Médecine. Quelques Médecins connoîtront, en parcourant mon Histoire, l'injustice des jugements qu'ils ont portés sur des écrits des Chirurgiens ; mais ceux-ci apprendront que les plus grands Maîtres de l'Art qu'ils professent, sont redevables de leurs lumieres aux Médecins dont ils ont suivi les leçons, ou dont ils ont lu les écrits.

L'étude des anciens ouvrages est aussi utile qu'agréable ; si l'on y découvre plusieurs objets qui passent pour nouveaux, l'on y trouve la trace de mille autres découvertes : & combien de faits perdus dans ces écrits, parcequ'on ne les lit plus ; je les ai consultés avec le plus grand avantage. En effet quel est l'Anatomiste ou le Chirurgien, quelqu'instruit qu'il soit dans l'Art qu'il exerce, qui ne profitera point en lisant les ouvrages de Galien : on y découvre mille découvertes que les Anatomistes qui lui ont succédé se sont attribuées, & on trouvera dans cet Auteur des descriptions plus exactes que dans beaucoup de livres modernes. Combien de Traités Elémentaires ont été publiés depuis, & sur-tout de nos jours, qui sont inférieurs, aux écrits de Galien : il n'y auroit qu'à les mettre en parallele pour faire une critique ignominieuse pour les Auteurs de ces nouveaux livres, & humiliante pour l'esprit humain.

On ne sauroit assez lire les ouvrages de Vesale, d'Eustache, de Fallope, d'Ambroise Paré, de Fabrice d'Aquapendente, & de tant d'autres dont le nom seul fait l'éloge.

Cependant l'Anatomie & la Chirurgie ont fait incomparablement plus de progrès dans l'espace d'un siecle, que dans celui de deux mille ans : on croiroit l'Anatomie une science nouvelle en lisant les ouvrages de Malpighi, de Ruysch, Duverney, Winslow, Lieutaud, &c., & la Chirurgie a changé de face depuis la fondation de l'Académie de Chirurgie de Paris. Une analyse détaillée de tous ces ouvrages modernes m'a parû nécessaire, c'est pourquoi je les ai comparés avec ceux des Anciens.

J'ai parlé des Auteurs vivans avec la même liberté que des morts, car je n'ai jamais craint de dire la vérité, parcequ'elle ne blesse que les ames foibles & vaines qui ne savent point que les fautes même des autres deviennent des leçons instructives, & que leurs travaux nous montrent la route qu'il faut suivre, & celles qui peuvent nous égarer.

J'ai refusé à Botal la découverte du trou ovale, pour la rendre à Galien qui en est le véritable Auteur ; celle des vésicules séminales à Vidus Vidius & à Rondelet, pour l'accorder à Hippocrate : Vidus Vidius a connu les tubercules des valvules que le grand Morgani a attribuées à Arantius ; Nicolas Massa a entrevu le trigone de la vessie décrit par M. Lieutaud ; Arantius a donné une description des muscles des yeux presque aussi bonne que celle de Zinnius : le systême du célebre M. de Haller, sur l'irritabilité, est exposé dans les ouvrages de Glisson, mais M. de Haller l'a établi sur des expériences curieuses, nouvelles & décisives ; le petit épiploon de M. Winslow est décrit & dépeint dans les ouvrages d'Eustache, &c. Enfin M. A. Petit donne dans les Mémoires de l'Académie des Sciences, la description des ligamens ronds postérieurs de la matrice qu'il croit avoir découverts, quoiqu'ils soient décrits dans un nombre prodigieux d'Auteurs, &c. &c. Je ne dirai rien des Médecins qui ont entrevu la circulation avant Harvée, je me suis étendu fort au long sur cet objet : Libavius a parlé de la transfusion soixante ans avant Lower, à qui on en accorde l'invention, &c. &c. Charles Etienne a décrit le canal de la moëlle épinière, Carpi la cloison du scrotum : la plûpart des muscles qu'on croit nouvellement découverts, ont été connus de Galien ; & on trouve dans les ouvrages de Fernel, un traité sur les vaisseaux sanguins, & dans ceux de Charles Etienne, une description des ligamens, qui eussent dû servir de base aux ouvrages que les Modernes ont publiés sur ces matieres.

Cependant bien loin de refuser aux Modernes le degré d'honneur qui leur est dû, j'ai eû la plus grande attention de leur attribuer tout ce qui leur appartient, en ménageant l'amour propre qui est commun à tous les hommes : j'ai eu les plus grands égards pour leur réputation, quoique je n'ignore pas qu'elle n'est souvent fondée que sur le préjugé ou sur la disette des Savans du même ordre : tel occupe aujourd'hui le premier rang parmi les Anatomistes, qui eut été inconnu s'il avoit été comtemporain des Malpighi & des Ruysch.

En général, dit M. de Haller, on a des connoissances moins étendues sur l'Anatomie de l'homme, qu'on n'en avoit il y a quarante ans ; en effet, tandis qu'on s'occupe à décrire une partie qu'on a découverte, on néglige de traiter de celles qui sont déja connues, comme si l'on étoit humilié de profiter des travaux d'autrui ; ainsi tel Livre renferme une des plus exactes descriptions, qui en contient un nombre prodigieux d'autres qui sont tronquées & inférieures à celles qu'en ont donné d'autres Anatomistes. Ce fait n'est malheureu-

fement prouvé que par un trop grand nombre
d'exemples : à peine cinq à six Auteurs de ce
fiecle ont ils pû fe fouftraire au torrent dans
lequel l'ignorance de l'Hiftoire a dû les en-
traîner : MM. Morgagni, Sénac & Haller,
ont retiré un fi grand avantage de l'Hiftoire
de l'Anatomie, que leurs ouvrages tiennent
fans contredit le premier rang parmi ceux
qui ont paru dans ce fiecle; il fuffiroit même
de lire les écrits de ces trois favans Anatomiftes, pour fe convaincre qu'il n'eft rien de
plus utile que de connoître à fond l'hiftoire
de fon Art.

L'ignorance eft la fource de la préfomption & de l'orgueil. Il exifte des Anatomiftes
qui, fe voyant entierement dépourvus de
connoiffances hiftoriques, blâment la lecture des meilleurs Livres; &, fi on les en
croit, il ne faut que les écouter, & l'on acquerra les notions les plus vaftes & les plus
pofitives fur la ftructure de tous nos refforts.
Il femble, à les entendre, qu'ils font les vrais
Interprêtes de la nature, & qu'il n'y a qu'à
marcher fur leurs traces pour dévoiler fes
plus profonds myfteres. Ils voient clair dans
les queftions les plus obfcures, & comme
rien ne les arrête, ils expliquent tout, même les faits démentis par l'expérience. Ils
pouffent plus loin le mépris pour les connoiffances hiftoriques, ils tâchent de tourner en
ridicule par des propos infultans, ceux qu'u-
ne noble émulation porte à lire les ouvrages
des Anciens, dit le célebre Haller. *Audio re-
clamantes librorum contemptores, qui nihil le-
gunt, nifi noviter inventum, qui autores num-*

quam nominant quin unâ refutent , & vulgo ità sentitur in gente ingeniosa & acri. Præfat ad elementa phifiol.

Mon Hiſtoire ſera entièrement inutile à cette Secte de faux Anatomiſtes ou d'igno-rans Chirurgiens. Je n'ai écrit que pour ceux qui ne croient pas tout ſavoir par eux-mêmes, & qui , perſuadés que les Livres ſont le dé-pôt des connoiſſances humaines , ne craignent point de les conſulter.

Cette façon de penſer , la plus ſage & la plus ſûre , eſt auſſi la plus commune. La lec-ture eſt à l'eſprit ce que la nourriture eſt au corps. Il s'agit du choix des Auteurs , & je me ſuis attaché à faire connoître les meilleurs.

Je ne me flatte cependant point d'avoir rempli cet objet important pour l'Hiſtoire ; j'ai tâché de débrouiller ce cahos : un autre évitant mes fautes , profitera de mes travaux. Quelque vaſtes que ſoient les Bibliothèques dans leſquelles j'ai puiſé , elles m'ont à peine fourni la moitié des Livres dont j'aurois eu beſoin ; & ſix ans entiers que j'ai conſacrés à compoſer mon Hiſtoire , ne m'ont point ſuffi pour les conſulter.

Les fautes dans ce genre de travail étoient inévitables, il falloit ſeulement être attentif à ne pas en groſſir le nombre. Les Ecrivains nous ont tranſmis l'Hiſtoire de pluſieurs Auteurs, dont le nom & les ouvrages euſſent dû périr avec eux, & ont gardé le ſilence ſur des Anatomiſtes & des Chirurgiens dignes des plus grands éloges, & dont les travaux ſeront très avantageux à la poſtérité. J'ai donc été

forcé

forcé de me taire sur la vie d'un Ecrivain, quoique je fiſſe grand cas de ſes ouvrages.

Les noms des Auteurs ſont ſi multipliés, que les Bibliographes les plus exacts les ont tronqués, & c'eſt cependant d'après eux que j'ai été obligé de les caractériſer lorſque je n'ai pû me procurer leurs ouvrages : combien de fois n'ai-je pas trouvé le même Livre attribué à deux Auteurs différens, ou pluſieurs ouvrages qui appartiennent à divers Ecrivains attribués à un ſeul Auteur. Que faire dans cette perplexité ; j'ai ajouté foi à l'Hiſtorien qui m'en a paru le plus digne : mais s'il eſt des fautes propres aux Ecrivains, les Imprimeurs en ont commis un plus grand nombre, je vois avec regret qu'il s'en eſt gliſſé pluſieurs dans l'impreſſion de cette Hiſtoire, quoique j'aye eu le plus grand ſoin de les éviter. Tel eſt le ſort des Ouvrages de Science, les Ouvriers n'entendant pas la plûpart des noms propres & des termes techniques, ne peuvent ſaiſir la vraie lecture des mots ſur le manuſcrit, & les Editeurs, remplis de leur matiere, les liſent tels qu'ils devroient être.

Il paroît tous les ans un nombre prodigieux de Théſes dans les différentes Facultés de l'Europe, & s'il s'en trouve qui méritent peu d'attention, il en eſt auſſi qui ſont très intéreſſantes : j'en ai recueilli le plus qu'il m'a été poſſible, mais je n'en ai ſouvent rapporté que le titre pour plus grande briéveté, & comme les Profeſſeurs ſous leſquels elles ont été ſoutenues en ont compoſé la plûpart, j'ai

Tome I. **b**

cru devoir les leur accorder plutôt qu'à leurs Diſciples.

Ces Théſes ſont ſi nombreuſes, que j'en découvre tous les jours de très intéreſſantes qui ont échappé à mes recherches : il ſeroit à ſouhaiter qu'à l'exemple de la Faculté de Médecine de Paris, célebre par tant de grands hommes qu'elle a produits, les autres Facultés de l'Europe donnaſſent le Recueil de celles qu'on a ſoutenues dans leurs Ecoles; l'Univerſité de Montpellier en fourniroit beaucoup qui ſont inconnues, quoique très anciennes & fort bonnes : M. Erhart, Médecin de Strasbourg a eu la bonté de m'envoyer un Recueil de Diſſertations publiées par les Profeſſeurs & par les Eleves en Médecine de la Faculté de cette Ville. Je dois à pluſieurs Médecins Etrangers qui ſuivent mes Leçons publiques ou particulieres, les titres que j'ai rapportés des diverſes Théſes d'Anatomie, de Phyſiologie & de Chirurgie.

C'eſt aux Savans à perfectionner l'ouvrage que je leur offre; il leur appartient plutôt qu'à moi, puiſqu'ils m'en ont fourni les matériaux, je n'ai que le mérite de les avoir recueillis; je les ai ſouvent jugés d'après eux-mêmes : mais dans les critiques comme dans les éloges, je n'ai eu en vue que les progrès de l'Anatomie & de la Chirurgie. Il faudroit, pour completter mon Hiſtoire, que chaque Faculté cenſurât rigoureuſement ce que j'ai dit ſur la vie & les ouvrages de ſes Membres, que le Particulier comparât mes Extraits avec

fes Ecrits & qu'il me fit part de fes remarques,
j'en profiterois ou pour me rétracter de ce que
j'aurois avancé, ou pour ajouter à ce que j'en
aurois déja dit.

L'Hiftoire de l'Anatomie & de la Chirurgie eft un ouvrage immenfe, & l'homme le
plus laborieux & le plus inftruit ne peut le
porter à fon dernier degré de perfection, tant
les objets qu'elle embraffe font multipliés.
Perfuadés que la premiere étude pour l'homme
me eft celle de lui-même, les Philofophes de
tous les âges n'ont rien négligé pour le connoître, mais comme on ne marche qu'à pas
lents vers la vérité, il a fallu l'efpace de plufieurs fiecles pour acquérir des connoiffances
pofitives: l'efprit de fyftême, les préjugés des
Nations, les différens Gouvernemens des
Peuples, les guerres fréquentes qui ont ravagé les diverfes parties du globle, en ont
tour-à-tour retardé les progrès.

L'efprit qui eft fi intimement uni au corps a
comme lui fes divers âges: nos connoiffances
fe développent à proportion que nous vivons,
& le Fils, héritier du favoir de fes Ancêtres,
eft fuivant l'ordre de la nature, plus inftruit
que ne l'étoient fes prédéceffeurs. Les premiers hommes ont jetté les fondemens des
Sciences, mais le defir de fe connoître eux-
mêmes & de conferver leur individu dût être
le principal mobile de toutes leurs actions.

Après le déluge, l'Anatomie fit de rapides
progrès; les befoins fe multiplierent avec les
vices, les maladies devinrent fréquentes, &

la néceffité de les combattre, indifpenfable.

On commença dès lors à fouiller férieufe-
ment dans les entrailles des victimes : le luxe
qui s'introduifit parmi les hommes, les porta
à embaumer les corps, & à faire ériger de
fuperbes pyramides fur les tombeaux.

Les guerres cruelles qui s'éleverent les obligerent à s'adonner au traitement des plaies.
La Peinture, fille du luxe & de la vanité,
étudia l'extérieur des corps animés pour en
conferver l'image à la poftérité : on puifa
dans les Boucheries la connoiffance même
de la ftructure des animaux ; & les diverfes
parties de la Médecine étant alors confondues, l'on peut affurer que tous les Perfon-
nages de l'Antiquité qui fe font appliqués
à l'art de guérir, étoient Médecins, Anatomiftes & Chirurgiens. Nous ne nous occu-
perons point à déterminer les tems auxquels
ont fleuri Bacchus, Ammon, Zoroaftre &
Tohr ; nous ne fouillerons point dans les
Annales des Egyptiens pour découvrir en
quel tems Ifis, Apis, Ofyris, Appollon (1),
Arabus & les autres Divinités fabuleufes, répandirent leurs bienfaits dans leur patrie; nous
n'entreprendrons pas non plus de fixer l'é-
poque d'Efculape Egyptien, de Prométhée,
d'Athotis Roi de la premiere Dynaftie des
Tinites, qu'on dit avoir compofé des Livres d'Anatomie. Nous n'avons pas plus de
certitude fur Thofoftros ou Seforthros, ancien Roi de la troifieme Dynaftie des Mem-

(1) Hyginus faifant allufion à la clarté du Soleil,
dit qu'Appollon a été le premier Oculifte.

phytes, fur Fohi-Cinningo, ou Xiu-Num, Hoamti, Rois de la Chine & Médecins : nous nous perdrions dans l'obfcurité des tems, & nos Lecteurs croyant lire des faits, ne liroient que des fables.

Dans des tems plus éclairés l'Anatomie fut l'objet des recherches de plufieurs Peuples : les Grecs, les Druides, les Egyptiens & les Juifs firent quelques progrès dans cet Art ; mais aucune Nation ne la cultiva avec tant de diftinction que les Grecs : cette contrée fertile en guerriers, ne l'a pas moins été en grands Anatomiftes. Ils en comptoient déja plufieurs du tems de la guerre de Troye, & ils lifoient dans leurs faftes l'hiftoire de beaucoup d'autres qui les avoient devancés. Les Afclépiades avoient établi trois fameufes Ecoles : celle de Rhodes, celle de Coos, & celle de Gnide. Il y avoit une efpece de rivalité entre elles, & il en fortit plufieurs grands hommes : Hippocrate hérita des connoiffances des Afclépiades, & profita de celles de fes contemporains ; ce pere de l'Art produifit une révolution par fes écrits : on compta dans peu plufieurs Anatomiftes dans la Grece.

Mais parmi les Grecs fe diftinguerent Hérophile & Erafiftrate, & quelques autres qui tiennent un rang diftingué dans l'Hiftoire. Peut-être, dit un Ecrivain célebre, que le tems qui détruit les monuments de l'efprit, comme les ouvrages des mains, nous a dérobé des découvertes faites par d'autres Anatomiftes.

Les güerres qui défolerent la Grece ; retarderent les progrès des connoiffances. Les Romains & les Arabes pillerent ou brûlerent les plus vaftes Bibliotheques ; & l'efprit humain étoit dans une efpece de langueur, lorfque Galien leva le bandeau de l'ignorance. Non-feulement il compofa divers écrits, mais encore il recueillit les ouvrages des premiers Grecs qui s'étoient perdus par la barbarie des tems. Sa réputation l'appella à Rome où Archagatus avoit porté fes connoiffances, & où les Teffalus, les Archigene, les Celfe avoient fleuri quelques fiecles auparavant.

La mort de Galien entraîna la décadence de l'Anatomie : cette fcience fut peu cultivée par fes fucceffeurs, fi Soranus, Oribaze, Mélétius, Théophile, & quelques autres Médecins s'en occuperent, ils ne firent aucune découverte fignalée fur la nature humaine.

Sectateurs des Grecs, ils fe faifoient une vraie gloire de penfer comme eux, leurs préceptes étoient, felon ces Auteurs Arabes, autant de démonftrations & de vérités fondamentales de l'Art qu'ils devoient fuivre.

Cependant cette façon de penfer ne put féduire l'efprit clairvoyant du célebre Avicenne : quoique les Arabes fuffent Mahométans, & que leur religion les empêchât d'approcher des corps morts, il acquit certaines connoiffances. Avicenne a eu une notion exacte de la pupille ; il a connu l'infertion des muscles de l'œil, objets qu'on ne sauroit découvrir dans les Auteurs Grecs, dont les Arabes avoient fait une étude suivie; mais il n'y eut que quelques Particuliers, qui, pour faire une telle étude, osassent enfreindre les loix de la Religion du pays. Le général s'en tint à la lecture des livres Grecs.

Les Arabes connurent ces Auteurs Grecs à la prise d'Alexandrie, par Amrou, en l'année 640. Jaloux des connoissances humaines, ils se plaisoient à en détruire les monuments; ils exercerent toute leur fureur sur la fameuse Bibliotheque d'Alexandrie, que la Reine Cléopâtre avoit fondée pour remplacer celle qui avoit été détruite pendant la guerre de César & de Pompée. Les livres de la nouvelle Bibiotheque furent brûlés, à l'exception de ceux de Médecine que l'amour de la vie leur fit épargner.

Ils les étudierent attentivement, les Princes & les Grands du pays les consulterent; plusieurs Savans qui s'expatrierent vinrent en Europe, pour y pratiquer leur Art; ce sont eux qui jetterent en Italie les fondements de l'École de Salerne & de l'Université de Bologne : c'est à ces peuples que les Espagnols font remonter l'origine de l'Université de Salamanque, & c'est encore à eux que nous attribuons celle de la Faculté de Montpellier.

Jusqu'à cette époque, les Anatomistes ont suivi diverses méthodes pour s'instruire. D'abord on se servit des corps des animaux;

Démocrite fit fur eux des recherches fuivies, tandis qu'Hippocrate fon contemporain étudioit l'homme fur le cadavre même. Depuis long-tems la Profeſſion de la Médecine étoit héréditaire dans la famille des
Aſclépiades : on diſſéquoit en particulier des
corps humains ; on peut établir cette vérité
par les connoiſſances Anatomiques qu'on
trouve dans les écrits d'Hippocrate.

Suivant la tradition, Hérophile & Eraſiſtrate ſes ſucceſſeurs, joignirent à la méthode
de diſſéquer des cadavres humains, celle de
diſſéquer vivants les criminels condamnés
à perdre la vie, & une méthode analogue
a été de quelque utilité dans d'autres tems.

En 1474 Louis II, Roi de France, permit (1) aux Médecins François de faire l'o-
pération de la taille fur des Soldats condamnés au ſupplice, attaqués du calcul.
Frédéric III, Roi de Dannemarck, a ſuivi la même méthode. Elle a encore été adoptée en France avec ſuccès dans d'autres tems.
Un Archer de Bagnolet, attaqué d'une pierre
aux reins, étoit condamné par le Parlement
de Paris à perdre la vie : les Médecins de la
Faculté qui connoiſſoient la maladie du criminel, déſirerent tenter l'opération de la néphrotomie. François I, ce grand Roi, à qui la
France doit le renouvellement des Sciences,
le permit, & promit au priſonnier ſa grace,
ſuppoſé qu'il en revînt ; l'opération fut faite,
& le ſuccès des plus heureux. La Médecine

(1) Riolan, Lib. 1. Chap. iii, Anthrop.

apprit par-là que la pierre aux reins n'étoit pas incurable, & le criminel fut rendu à la vie, qu'il auroit perdue par le supplice auquel il étoit condamné. Cette méthode a donc quelques avantages, on pourroit la tenter dans certains cas, mais avec beaucoup de modifications.

Cette maniere de connoître l'homme, quoiqu'adoptée d'Hérophile & d'Erasistrate, parut fort cruelle aux Médecins leurs contemporains. Les Empiriques pour favoriser leur paresse & leur ignorance, déclamerent contre elle, traitant de barbares & d'ennemis de l'humanité les Médecins qui la suivoient. L'Anatomie tomba tout-à-coup dans l'oubli ; cette Science que les Peres de la Médecine avoient regardée comme la base de leur Art, en étoit entierement proscrite.

Cependant la nécessité, le plus puissant de tous les motifs, ramena les hommes à l'étude de l'Anatomie : Celse fut un des premiers qui la recommanda ; mais il trouvoit la méthode d'étudier l'Anatomie mise en usage par Hérophile & Erasistrate trop cruelle, & celle d'Hippocrate insuffisante pour l'instruction : *Neque quicquam*, dit-il, *esse stultius, quàm quale quid vivo homine est, tale existimare esse moriente, imo jam mortuo.*

Il vouloit qu'on observât les parties à la suite des plaies, & cette méthode, ainsi que celle d'Hérophile & d'Erasistrate a quelques avantages particuliers : elle peut nous éclairer sur beaucoup de points essentiels de la Phy-

fiologie. C'eft en la fuivant, qu'Harvey s'eft
affuré que le cœur de l'homme pourroit être
pincé, irrité, fans que le fujet parût fouffrir;
c'eft par le même moyen que Ruyfch a connu
le mouvement périftaltique des inteftins; &
c'eft par cette même voie qu'on peut fe convaincre que les nerfs, lorfqu'on ne les pince
qu'extérieurement, ne caufent aucune douleur, ce qui n'arrive pas toujours à l'égard des
tendons, &c.

Cette méthode, de même que la premiere, ne peut être reçue comme générale; il
faudroit des fiecles entiers pour qu'on vît
feulement à l'extérieur la plûpart des vifceres, il y en a même qu'on ne pourroit jamais
appercevoir que très imparfaitement. Pour-
roit-on en effet connoître le cerveau, parce
qu'on en auroit vu une petite partie à travers
un trou fabriqué au crâne par le moyen du
trépan?

Pour avoir une idée exacte du corps humain, il faut examiner les parties fous toutes fortes de points de vues; ce n'eft même
qu'en confidérant les objets fous un afpect
différent, que l'on a connu plus intimement
la nature fpéciale de certaines parties du
corps. Les planches d'Albinus ne l'emportent en certains cas fur celles de Cowper, que
parceque celui-ci a confidéré les objets dans
un fens oppofé au premier; tous deux cependant étoient de grands Anatomiftes.

Il faut encore fe former une idée des parties environnantes, voir leurs connexions

entr'elles, &c. &c..... Toutes ces observations ne peuvent se faire que sur le cadavre. Il faut donc y avoir recours.

Aussi les véritables Médecins, tant anciens que modernes, n'ont point craint de le
consulter. Galien lui même faisoit tant de cas
de cette façon d'étudier l'Anatomie, qu'il
dit avoir fait un voyage de près de trois cents
lieues pour voir un squélette sur lequel un
Médecin faisoit ses demonstrations à une
nombreuse troupe d'Eleves.

L'Anatomie, ainsi cultivée pendant une
longue suite de siecles, s'étoit perfectionnée ; ses progrès ne furent cependant pas bien
rapides, le dégoût que cette partie cause à
la plûpart des hommes les empêcha de s'y
adonner, l'aspect d'un cadavre qui est le véritable tableau des miseres humaines, & l'o-
deur qui s'en exhale sans cesse, ont été d'assez puissants motifs pour éloigner la plûpart
des gens à talents de l'étude du corps humain.

Le nombre de ceux qui se sont livrés à
cette partie a donc été très petit ; le zèle même de ceux-là a été traversé par toutes sortes
d'obstacles : les Légiflateurs des différents
Etats non-feulement n'ont point fourni aux
Médecins les cadavres nécessaires à leurs instructions ; mais encore ont établi des peines
afflictives contre ceux qui les ouvriroient.

La Religion Catholique a concouru pendant quelques tems à retarder les progrès de
l'Anatomie ; dès les premiers siecles de l'E-
glise les Médecins furent Prêtres, & comme

Prêtres ils devoient avoir en horreur l'effusion du sang : ainfi par une fauffe application des dogmes Saints à l'Art de guérir, on négligea l'étude de l'Anatomie & de la Chirurgie ; bien plus, on la blâma, on la défendit.

Cependant la vérité fe fit bien-tôt entre-voir ; quelques Efprits plus judicieux recon-nurent que l'anathême lancé par l'Eglife con-tre ceux qui verfent le fang humain, ne tom-boit que fur les Deftructeurs de l'homme, & non fur ceux qui travailloient à fa conferva-tion : ainfi l'Eglife approuva l'étude & la pra-tique de l'Anatomie, qui eft fi avantageufe à l'humanité, & qui n'eft nullement contraire aux Dogmes de notre Religion.

Il n'en étoit pas de même à l'égard des Egyptiens, qui croyoient que leur ame étoit unie à leurs corps autant qu'il étoit à l'abri de la pourriture : ces Peuples faifoient em-baumer les corps morts avec pompe, & avoient grand foin de les faire enterrer dans des fouterrains profonds ou dans des fables brûlans, pour qu'ils fuffent plutôt deffé-chés ; & les Rois faifoient élever de hau-tes & fuperbes Pyramides fur les Tombeaux de leurs Prédéceffeurs.

La Fable nous apprend que ceux qui avoient été privés de fépulture, étoient obli-gés d'errer cent ans fur la rive du Styx, mo-tifs bien fuffifants pour déterminer ces Peu-ples à faire inhumer les cadavres.

L'Anatomie qu'on avoit cultivée, malgré tous ces obftacles, pendant une longue fuite de fiecles, tomba dans l'oubli avec toutes les autres Sciences, dans ce tems de barbarie que le fouvenir rappelle avec douleur ; à peine compta-t-on deux ou trois Anatomiftes médiocrement inftruits depuis les Arabes jufqu'au regne de François I. L'Italie fuivoit aveuglément l'ouvrage de Mundinus, lorfque parurent dans ce Royaume Gabriel de Zerbis, Alexandre, Berenger, Achillinus, Carpi. L'Efpagne, l'Angleterre & l'Allemagne étoient dans la plus grande obfcurité fur l'Anatomie. La France venoit de perdre Charles Étienne, lorfque François I, conçût le deffein d'attirer dans fa Capitale les Savans qui florifloient dans des Pays Etrangers.

Ce fut en 1530 que cet illuftre Monarque jetta les fondemens du College Royal. La Médecine ne fut point oubliée dans cette brillante inftitution : *Vidus Vidius*, appellé d'Italie dans cette Capitale, y vint répandre fes connoiffances ; & comme il étoit favant Anatomifte, il y infpira bien-tôt le goût de cette Science : c'eft à lui que nous devons rapporter le germe de prefque toutes les découvertes faites dans ces derniers tems. Dans l'efpace de trois ans, il fournit à l'Europe les plus grands Anatomiftes. Sylvius, fut un de fes Difciples & fon Succeffeur ; Andernach fe forma par les converfations qu'il eut avec Vidus Vidius, & Véfale le Prince de l'Anatomie moderne, Rondelet & Fallope puiferent dans l'Ecole de Vidus Vidius les premieres notions de leurs vaftes connoiffances.

La fondation du College Royal produifit une révolution avantageufe dans l'Univers favant : les Rois voifins, jaloux de marcher fur les traces de François I, fonderent diverfes Colleges dans leurs Etats : nos Rois, à l'exem- ple de leur Prédéceffeur, ont établi plufieurs places de Médecine dans ce même College : Charles IX fonda une Chaire de Chirurgie, & Henri IV celle d'Anatomie, que les Gou- pils, les Akakia & les Riolans ont remplies avec tant d'éclat.

Depuis cet heureux établiffement, pour l'Anatomie, elle a fait les plus grands progrès dans l'Europe : chaque Pays compte fes Sa- vans dans cette partie, mais tous, fi l'on re- monte à l'origine, doivent leur favoir à l'a- mour de François I pour les Sciences.

Le goût que Véfale avoit pour l'Anato- mie, lui fit quitter fa Patrie pour fe fixer en Italie. Il la profeffa dans l'Univerfité de Pa- doue avec tant d'éclat & tant de zèle pour l'inftruction de fes Difciples, qu'on vit bien- tôt fortir de fon Ecole un effain de bons fujets. Fallope, inftruit par un auffi habile Maître & par la nature, lui fuccéda, & depuis ces deux Anatomiftes jufqu'au grand Morgani, le pre- mier des Anatomiftes vivans, l'Univerfité de Padoue a poffédé, fucceffivement & fans in- terruption les plus célebres Anatomiftes du monde. Euftache, rival éclairé & favant du célébre Véfale, eft le premier des Ana- tomiftes qu'on puiffe compter parmi les Mé- decins de Rome, dont l'hiftoire eft fi fertile en grands hommes. Ingraffias & Marc-Aurele

Severin ont enseigné l'Anatomie à Naples avec le plus grand éclat, mais leur mort a laissé un grand vuide dans l'histoire des Anatomistes de cette Ville : ce n'est que par les soins de M. Cotunni, un des plus habiles Anatomistes de ce siecle, qu'elle recouvre une partie de son ancienne splendeur.

La barbarie des tems n'a pû porter atteinte aux établissemens avantageux à l'Anatomie dans l'Université de Bologne, une des plus anciennes du monde : c'est-là qu'ont fleuri Mundinus, Arantius, Varole, Valsalva, Molinelli, dont un fils, digne héritier du savoir de ses Ancêtres, honorera la mémoire par ses propres travaux.

Nous vivrions dans la plus profonde ignorance sur la structure du corps humain, si nous n'eussions été éclairés que par les Espagnols ; ces Peuples n'ont pas plus avancé l'Anatomie & la Chirurgie, que les autres parties de la Physique : livrés à une dialectique pédantesque, ils ont pendant plusieurs siecles, regardé Aristote comme l'unique Interprête de la nature, & ils ont cherché dans ses ouvrages, des argumens favorables à leurs diverses opinions. Ce n'est que depuis quelques années que, sentant le vuide de toutes ces disputes scholastiques, ils ont cru devoir consulter la nature elle-même, & ils s'adonnent aujourd'hui à la dissection des cadavres avec le plus grand succès.

L'Angleterre a produit un grand nombre d'Anatomistes remarquables : Willis, aidé de la main de Lower, y débrouilla l'histoire des nerfs & du cœur, Warthon celle des

glandes, Gliffon & Mayow celle du foie &
des mufcles, & c'eft à Harvée que nous devons la découverte de la circulation ; il marcha d'abord , dit M. de Sénac, fur les traces
de Columbus & de Céfalpin , comme un
Voyageur qui entre dans un Pays inconnu,
ou qu'il n'a vu que de loin : il en parcourut
avec foin les détours , & écarta de l'entrée
tout ce qui l'avoit rendue inacceffible : ce fut
en 1628 , époque mémorable pour la Médecine , qu'il publia fon immortel ouvrage fur
la circulatiou du fang. La Société Royale des
Sciences de Londres , & celle d'Edimbourg ,
fourniffent à l'Hiftoire de l'Anatomie & de la
Chirurgie , plufieurs noms illuftres ; tels font
ceux de Cowper, de Chefelden , de Monro,
des Hunters , &c.

Les célebres Vanhorne , Swammerdam ,
Ruyfch & Albinus , ont honoré la Hollande
leur Patrie ; les Bartholins & Stenon , le Da-
nemarck ; les Rudbekc, la Suede ; les Plater
& Bauhin , la Suiffe , & tant d'autres qu'il
feroit fuperflu de nommer.

La France compta peu d'Anatomiftes depuis Jacques Sylvius jufqu'à Riolan , qui fe
rendit plutôt recommandable par fes critiques
que par fes découvertes : il n'eft fécond qu'en
citations fouvent inutiles , & l'on reconnoît
dans tous fes difcours, la jaloufie & l'amour-
propre : on le voit , avec indignation , s'élever
contre Harvée, Virfungus & Pecquet ; il
aima mieux mourir dans l'erreur , que d'a-
dopter les découvertes qui détruifoient fes
opinions.

Duverney

PREFACE.

Duverney fut plus grand Obſervateur, mais moins verſé dans la Litérature que ne l'étoit Riolan; c'eſt le premier des Anato-miſtes François : les découvertes qu'il a faites & les Diſciples qu'il a formés, lui aſſurent l'immortalité. C'eſt à lui que le célebre M. Winslow doit ſa grande célébrité : on trou-vera, dans les ouvrages de M. Duverney, le germe des principaux travaux anatomiques de M. Winslow ; mais celui-ci fut plus ré-ſervé ſur les ſyſtêmes qui égarerent plus d'une fois M. Duverney.

La Névrographie de Vieuſſens eſt le plus grand ouvrage qui ſoit ſorti de la France ; & la Faculté de Montpellier ſera toujours ho-norée de compter un auſſi grand Médecin parmi ſes illuſtres Membres : cependant la vie de cet Anatomiſte, dont la mémoire paſ-ſera ſans tache à la Poſtérité la plus reculée, a été un tiſſu d'infortunes & de diſgraces : il fut mépriſé dans ſa propre Patrie, lors même que tout l'Univers ſavant lui décernoit un rang parmi les plus grands Anatomiſtes : la réputation de Vieuſſens eſt fondée ſur des obſervations que le tems ne pourra détruire, au lieu que celle de Dulaurens ſon prédécéſ-ſeur, & de Chirac ſon confrere, a péri avec eux, & elle n'a même été que trop longue, puiſqu'à l'abri d'un nom célebre, ces deux Anatomiſtes ont répandu mille ſyſtêmes ha-ſardés, dont les Ecrits de quelques Moder-nes ſont encore ſurchargés.

Ils n'ont cependant point ſéduit l'eſprit clairvoyant du ſavant M. de Sénac ; perſonne

Tome I. c

n'a mieux apprécié que lui le mérite de M.
Chirac : » figurez-vous, dit-il, un homme
» qui, dans une profonde obfcurité, croit
» voir de fes yeux les objets qui fe préfentent
» à fon imagination : tel étoit ce Médecin fi
» fameux dans les Ecoles : fans favoir le cal-
» cul, il a calculé la force des nerfs : cette
» force inconnue qui auroit effrayé les plus
» grands Géometres, n'a point effrayé M.
» Chirac, &c. ».

Il eft vrai que ce Médecin n'a pû réfifter à l'exemple des Ecrivains de fon tems.
L'efprit de fyftême, dit M. de Sénac, a
fur-tout régné en France : il femble que nous
ayons porté dans la Phyfique, la même légéreté qu'on nous reproche dans nos actions :
les travaux de l'Académie des Sciences ont
pû à peine corriger notre goût dépravé ; en
effet les Membres de ce Corps refpectable,
fentant le vuide des hypothefes les plus ingénieufes en apparence, n'ont jamais accueilli que les Mémoires dont le fujet étoit puifé
dans l'obfervation & dans l'expérience.

Tels font les Savans les plus diftingués de
divers Royaumes, qui ont concouru aux progrès de l'Anatomie & de la Chirurgie qu'ils
ont fupérieurement cultivées ; & c'eft dans les
ouvrages de ces grands hommes principalement, qu'on doit puifer des connoiffances
fur la ftructure & fur les fonctions de nos organes ; non - feulement il nous ont donné
une defcription des parties qu'ils ont apper-
çues à l'œil nud, fans les avoir foumifes à aucune préparation ; mais encore ils ont, pour

ainſi dire , forcé la Nature à ſe dévoiler. Tantôt à l'aide du ſcalpel , ils ont ſéparé les parties les unes d'avec les autres , & tantôt pour en mieux connoître la ſtructure , ils les ont ſoumiſes aux macérations , aux exſiccations , &c.

L'art d'injecter les vaiſſeaux afin de les rendre plus apparents , entrevu par Euſtache & par Riolan , &c., n'a pas été oublié dans ce dernier tems, Swamerdam & Graaf, ont été les premiers à le mettre en uſage; mais Ruiſch eſt celui qui s'en eſt ſervi avec le plus de ſuccès : on peut même dire qu'il s'eſt rendu Maître de cet art , par le grand changement qu'il y a apporté : c'eſt lui qui , au ſentiment de M. de Fontenelle , non-ſeulement comme les Egyptiens, conſervoit les hommes après leur mort , mais encore ſembloit leur prolonger la vie.

Cependant cet art d'injecter, dont je fais ici l'éloge , a beaucoup ſouffert de la mort de ſon Inventeur : Ruiſch nous a donné des Deſcriptions exactes des parties dont il avoit développé la ſtructure par le moyen de l'injection : mais il nous a caché les moyens qu'il employoit pour faire ſes belles préparations. Depuis la mort de Ruiſch , pluſieurs Savans ſe ſont occupés à découvrir le ſecret que ſon Auteur nous a caché : les célebres Albinus , Monro , Ferrein , Laſſone , &c. ont fait pluſieurs tentatives, mais elles ont été inutiles.

L'Histoire de la Chirurgie eſt auſſi ancienne & auſſi féconde en révolutions que

celle de l'Anatomie ; & ces deux Sciences
ont souffert les mêmes vicissitudes. Leur objet est à-peu-près le même : l'une opere
sur l'homme mort , & l'autre sur l'homme vivant ; & les connoissances qu'on a de
l'une d'elles , conduisent la main & dirigent
l'esprit dans l'exercice de l'autre.

Je ne parle point ici de cette Chirurgie
qui ne connoit que le fer & le feu, ou qui
fait consister son essence dans une manœuvre
routiniere & aveugle ; mais de celle qui,
éclairée par le flambeau de la Médecine, fait
plutôt proscrire qu'ordonner une opération,
toujours douloureuse & jamais sans danger.

Dès son origine, la Chirurgie fut intimé-
ment unie à la Médecine : la même main
ordonnoit & exécutoit l'opération : les premiers Grecs, jusqu'à Hippocrate, ont indistinctement cultivé ces deux Arts, & ils en
tiroient des secours mutuels : l'on voit en lisant leurs Ecrits, que les connoissances qu'ils
avoient en Chirurgie, les éclairoient sur la
pratique de la Médecine, ou au contraire,
qu'ils mettoient à profit leurs lumieres en
Médecine, pour pratiquer la Chirurgie.

Ces deux Sciences sont en effet unies par
leur essence ; les maladies externes sont les
mêmes que les internes, elles ne different
que par leur siége, car elles ont la même cause, & les mêmes terminaisons ; elles présentent donc les mêmes indications , & ce n'est
que dans la pratique qu'on trouve quelques
différences.

On peut se convaincre par la lecture des

ouvrages de Galien & des Médecins Arabes,
que la Chirurgie étoit de leur temps entierement séparée de la Médecine, & qu'elle étoit
livrée à des gens sans nom & sans Lettres. Vers
le onzieme & le douzieme siecle, la Médecine étoit cultivée par des Clercs, & comme
l'Eglise Romaine interdisoit toute effusion
de sang, les Médecins se virent obligés de
livrer la Chirurgie aux Barbiers; il n'y eut
que très peu de Médecins qui osassent exercer cette partie de l'art de guérir, tels sont
Roger, Théodoric, Lanfranc, Salicet, &c.
& Brunus qui dit formellement : *Operationes
noluerunt medici propter indecentiam exercere;
sed illas barberiorum in manibus reliquerunt.*

Vers le commencement du XIII Siecle,
Pitard, Chirurgien de Saint Louis, persuadé
que rien n'étoit plus avantageux pour l'avancement d'un Art, que d'en réunir les Membres, profita de son crédit pour l'établissement d'une Confrairie de Chirurgiens, sous
l'invocation de St Côme & de St Damien, &
les Statuts enregistrés au Parlement, furent
dans la suite réhabilités & augmentés par divers Rois.

La Confrairie de St Côme compta peu de
Chirurgiens célebres depuis sa fondation jusqu'au milieu du seizieme siecle : c'est à la
Médecine que nous devons les Savans de ce
genre; on vit briller en France les Hermon-
davile, les Gordon, les Villeneuve, les
Gui, les Flesselle, & plusieurs autres Eleves
des Facultés de Paris & de Montpellier. Ces
faits sont détaillés au long dans mon His-

toire : j'ai rendu à chacun ce qui lui appar‑
tient, avec toute l'impartialité dont un hom‑
me soit capable. La Faculté de Médecine de
Paris, attentive au bien public, fourniffoit
à la Cour & à la Ville des Eleves capables
d'exercer la Chirurgie ; elle les aidoit tou‑
tes les fois qu'ils reclamoient fon fecours.
Gourmelin profefla cet Art avec diftinction
dans cette Faculté, & forma les Paré, les Pi‑
neau, les Colots, les Guillemeau, & tant
d'autres qui fe font rendus célebres dans la
fuite. Animé du même zele, Laurent Jou‑
bert enfeignoit la Chirurgie à Montpellier,
& comme il avoit de profondes connoiffances
dans cet état, il ne tarda pas à procurer une
révolution heureufe ; jamais on ne vit plus
d'habiles Chirurgiens que fous le Profefforat
de ce grand homme : Cabrol qui en étoit un
digne Eleve, en avoit fait fructifier au loin
les travaux ; & plufieurs Italiens, qui fe font
rendus recommandables dans la République
des Lettres, firent retentir fon nom dans le
Pays où ils avoient pratiqué les falutaires
préceptes qu'ils avoient puifés dans l'Ecole de
Montpellier.

C'eft ainfi que deux Médecins fe partagent
l'honneur de fournir à la France les plus ha‑
biles Chirurgiens qu'elle ait eus. Si la recon‑
noiffance de leurs Eleves a pû leur fervir de ré‑
compenfe, ils furent pleinement fatisfaits de
leurs peines ; chaque Chirurgien fit honneur
de fon favoir au Médecin dont il le tenoit.
Le Chef des Chirurgiens François, Ambroi‑
fe Paré, avouoit devoir beaucoup aux Méde‑

cins de la Faculté de Paris, & il n'y a point d'épithetes flatteuses que Guillemeau ne donne à ses Maîtres.

Tels ont été les progrès de la Chirurgie jusqu'en 1730, qu'un Chirurgien distingué par son savoir & par son zele pour son état, a profité de son crédit à la Cour pour séparer plus spécialement le Corps de Chirurgie de celui de Médecine : M. la Peyronie, que les Chirurgiens appellent avec raison le Restaurateur de leur Art, est l'Auteur de cette révolution dans la Médecine. A sa sollicitation, on a fondé diverses places de Démonstrateurs en Chirurgie : M. Chirac avoit imaginé d'établir une Académie de Médecine, on a, dit-on, profité de ce projet, & on a créé une brillante Académie de Chirurgie déja connue par les excellens ouvrages qu'elle a publiés.

En Italie, la Chirurgie n'a pas souffert des révolutions si fréquentes, aussi a-t-elle fait de plus rapides progrès : les Médecins l'ont exercée & l'exercent encore, tandis que par des Réglemens particuliers à la Nation, il est défendu aux Chirurgiens de pratiquer la Médecine ; c'est là qu'ont fleuri Berenger Carpi, Bologninus, Barthelemi Maggius, Alphonse Ferri, Fabrice d'Aquapendente, Casserius, César Magatus, & tant d'autres dont les noms passeront sans tache à la Postérité la plus reculée.

La Chirurgie Françoise doit beaucoup aux Médecins de cette Nation ; Ambroise Paré puisa plusieurs maximes dans leurs Ecrits : ou il les apprit dans ce Pays lorfqu'il y accompagna l'Armée des François. La méthode de lier les vaiffeaux pour arrêter les hémorrhagies, étoit connüe en Italie depuis plufieurs Siecles; Paré qui ne pût en méconnoître l'utilité, en profita, mais en la publiant, il ne cita point comme il auroit pû, ceux dont il tenoit ce précieux fecours. Cependant Ambroife Paré peut être regardé comme le Pere de la Chirurgie Françoife; fes ouvrages font remplis de préceptes lumineux, dont les Chirurgiens François fes fucceffeurs ont fu retirer les plus grands avantages.

Foible, mais jufte eftimateur de leurs travaux & de la gloire qu'ils fe font acquife ou qu'ils méritent, j'en ai parlé fans prévention; car dans ce travail immenfe, je n'ai eu que la vérité pour objet: auffi ne crains je point la cenfure, & j'ofe dire, à l'égard de cette Hiftoire, ce que M. de Senac dit de fon Traité du Cœur: « Indifférent fur les con» tradictions, je puis au moins me flatter » que j'épargnerai bien des peines à ceux qui » viendront après moi. Si je les égarois en » voulant les conduire, ce feroit de bonne » foi & après m'être trompé moi-même; » nous devons dans toutes nos recherches un » tribut à l'erreur, peut-être l'aurai-je payé » pour eux ».

TABLE

DES CHAPITRES

De l'Histoire de l'Anatomie & de la Chirurgie.

PREMIERE PARTIE.

Fin de la Table des Chapitres

Extrait des Regiſtres de l'Académie Royale des Sciences.
Du 28 Juin 1769.

» Nous Commiſſaires nommés par l'Académie,
» avons examiné un Ouvrage qui lui a été préſenté
» par M. Portal, Médecin de Paris, & Profeſſeur au
» College Royal ; cet Ouvrage important a pour titre,
» *Hiſtoire de l'Anatomie & de la Chirurgie :* il doit être
» publié en ſix Volumes, cinq ſont imprimés ; le
» ſixieme ne l'étant point encore, ne nous a point
» été remis avec les cinq premiers, nous en rendrions
» dès à préſent, un compte détaillé, ſi nous ne jugions
» plus convenable de différer le rapport pour le faire
» avec l'étendue qu'il mérite, & dont il eſt ſuſceptible,
» lorſque nous aurons ſous les yeux l'Ouvrage entier :
» cependant nous croyons devoir donner aujourd'hui
» une idée ſuccinte de tout ce travail, en faiſant con-
» noître l'objet & le motif qui ont déterminé l'Auteur
» à l'entreprendre, & le plan qu'il a ſuivi. En voici la
» Notice en peu de mots : tout Anatomiſte jaloux d'é-
» tendre les limites de ſon Art, doit avant tout, être
» inſtruit des travaux, des recherches & des obſer-
» vations que les Anciens & les Modernes ont faites
» & ont conſignées dans leurs Ecrits : il doit être en
» état d'analyſer & de comparer les faits, de fixer les
» époques des découvertes, de faire connoître la ſurté
» & la chaîne des connoiſſances acquiſes ; de démêler
» & de rectifier les erreurs en remontant à leurs ſour-
» ces ; & dégageant ainſi le connu de l'inconnu, ſe
» frayer une route aſſurée à de nouvelles recherches.
» Au point où en eſt l'Anatomie Moderne, cette voie
» de procéder, eſt celle qui promet le plus de ſuccès
» pour perfectionner les connoiſſances.

» C'eſt en aſſociant ainſi la partie ſcientifique de
» l'Anatomie, aux diſſections répétées ou à la prati-
» que de l'Art, que MM. Morgagni, Haller, & quel-
» ques autres, ſe ſont illuſtrés, & qu'ils ont donné
» à leurs Ouvrages un degré de mérite & d'utilité qui
» ſera toujours avoué & reconnu par les Anatomiſtes.

» M. Portal ayant bien compris les avantages
» d'une étude dirigée ſur ce plan, s'y eſt entierement
» livré, &, pour en retirer tout le fruit poſſible, il a
» entrepris de faire une analyſe détaillée, ſuivie &

» raifonnée de tous les Ouvrages qui ont été publiés
» fur l'Anatomie, en remontant jufqu'aux temps les
» plus reculés, & préfentant fiecle par fiecle, la fuite
» des faits, le fil des progrès & la chaîne des décou-
» vertes jufqu'à nos jours.

» L'Ouvrage fera terminé par une Table très éten-
» due, qui doit en lier toutes les parties, rapprocher
» tous les objets, & former par ce moyen un corps
» d'Anatomie des plus curieux & des plus intéreffants.

» Quelques Auteurs ont prétendu donner une ef-
» pece d'Hiftoire de l'Anatomie, en publiant des
» Liftes nombreufes des Ouvrages Anatomiques,
» mais le mérite, quoique réel de ce travail, n'eft
» que celui des Bibliographes : il faut pourtant ex-
» cepter Goelicke ; car en indiquant les Ouvrages, il
» en donne quelquefois une courte Notice affez bien
» faite, en rappellant des obfervations qui font pro-
» pres à l'Auteur dont il parle ; mais perfonne, avant
» M. Portal, n'avoit traité cette matiere avec autant
» d'étendue & de détail, n'avoit préfenté une fuite
» auffi nombreufe de faits bien analyfés & ramenés à
» leurs véritables époques : perfonne enfin n'avoit
» travaillé fur le plan que nous venons de tracer,
» pour compofer une vraie Hiftoire de l'Anatomie.

» L'Académie a permis à M. Portal, de lui faire
» la lecture de deux ou trois Articles de fon Ouvra-
» ge, elle peut donc juger déja de la maniere dont il
» eft exécuté. Nous nous bornerons à préfent à louer
» le zele & le talent que l'Auteur démontre, & à dé-
» clarer que fon travail nous paroît mériter des élo-
» ges, parcequ'il ne peut être que très utile.

Au Louvre le 28 Juin 1769. *Signé*, MORAND,
LASSONE,

Je certifie l'Extrait ci-deffus, conforme à fon Origi-
nal & au Jugement de l'Académie. A Paris le 20 Juin
1770. *Signé* GRANDJEAN DE FOUCHY, Secrétaire perpétuel de l'Académie des Sciences.

PRIVILEGE DU ROI.

LOUIS, par la grace de Dieu, Roi de France &
de Navarre : A nos amés & féaux Confeillers, les
Gens tenant nos Cours de Parlement, Maîtres des Re-

quêtes ordinaires de notre Hôtel, Grand-Conseil,
Prévôt de Paris, Baillifs, Sénéchaux, leurs Lieutenants
Civils, & autres nos Justiciers qu'il appartiendra, SA-
LUT. Nos bien amés LES MEMBRES DE L'ACADÉMIE
ROYALE DES SCIENCES de notre bonne ville de Paris,
nous ont fait exposer qu'ils auroient besoin de nos Lettres de Privilege pour l'impression de leurs Ouvrages :
A CES CAUSES, voulant favorablement traiter les Exposants, Nous leur avons permis & permettons par
ces Présentes de faire imprimer par tel Imprimeur
qu'ils voudront choisir, toutes les Recherches ou Observations journalieres, ou Relations annuelles de tout
ce qui aura été fait dans les Assemblées de ladite Académie Royale des Sciences, les Ouvrages, Mémoires
ou Traités de chacun des Particuliers qui la composent, & généralement tout ce que ladite Académie
voudra faire paroître, après avoir fait examiner lesdits
Ouvrages, & jugé qu'ils sont dignes de l'impression,
en tel volume, marge, caracteres, conjointement ou
séparément, & autant de fois que bon leur semblera,
& de les faire vendre & débiter par tout notre Royaume, pendant le temps de *vingt années* consécutives,
à compter du jour de la date des Présentes, sans toutefois qu'à l'occasion des Ouvrages ci-dessus spécifiés,
il en puisse être imprimé d'autres qui ne soient pas
de ladite Académie : Faisons défenses à toutes sortes de
personnes, de quelque qualité & condition qu'elles
soient, d'en introduire de réimpression étrangere dans
aucun lieu de notre obéissance ; comme aussi à tous Libraires & Imprimeurs d'imprimer ou faire imprimer,
vendre, faire vendre, & débiter lesdits Ouvrages,
en tout ou en partie, & d'en faire aucunes traductions ou extraits, sous quelque prétexte que ce puisse
être, sans la permission expresse & par écrit desdits
Exposants, ou de ceux qui auront droit d'eux, à peine
de confiscation des Exemplaires contrefaits, de trois
mille livres d'amende contre chacun des contreve-
nants, dont un tiers à Nous, un tiers à l'Hôtel-Dieu de
Paris, & l'autre tiers auxdits Exposants, ou à celui qui
aura droit d'eux, & de tous dépens, dommages & intérêts ; à la charge que ces Présentes seront enregis-
trées tout au long sur le Registre de la Communauté
des Libraires & Imprimeurs de Paris, dans trois mois

de la date d'icelles ; que l'impreffion defdits Ouvrages
fera faire dans notre Royaume, & non ailleurs, en bon
papier & beaux caractères, conformément aux Régle-
ments de la Librairie ; qu'avant de les expofer en
vente, les Manufcrits ou Imprimés qui auront fervi
de copie à l'impreffion defdits Ouvrages, feront remis ès mains de notre très cher & féal Chevalier le
fieur D'AGUESSEAU, Chancelier de France, Commandeur de nos Ordres ; & qu'il en fera enfuite remis deux
Exemplaires dans notre Bibliotheque publique, un dans
celle de notre Château du Louvre, & un en celle de
notredit très cher & féal Chevalier le fieur D'AGUES-
SEAU, Chancelier de France ; le tout à peine de nullité
des Préfentes : du contenu defquelles vous mandons &
enjoignons de faire jouir lefdits Expofants & leurs
ayant caufe pleinement & paifiblement, fans fouffrir
qu'il leur foit fait aucun trouble ou empêchement.
Voulons que la copie des Préfentes, qui fera imprimée tout au long au commencement ou à la fin defdits
Ouvrages, foit tenue pour duement fignifiée, & qu'aux
copies collationnées par l'un de nos amés & féaux Con-
feillers-Secrétaires, foi foit ajoutée comme à l'Original. Commandons au premier notre Huiffier ou Ser-
gent fur ce requis, de faire pour l'exécution d'icelles,
tous actes requis & néceffaires, fans demander autre
permiffion, & nonobftant Clameur de Haro, Charte
Normande, & Lettres à ce contraires : CAR tel eft
notre plaifir. DONNÉ à Paris, le onzieme jour du mois
d'Août, l'an de grace mil fept cent cinquante, & de
notre Regne le trente-neuvieme. Par le Roi en fon
Confeil.   MOL.

Regiftré fur le Regiftre XII de la Chambre Royale &
Syndicale des Libraires & Imprimeurs de Paris, N. 430,
fol. 409, conformément au Réglement de 1723, qui fait
défenfes, article 4, à toutes perfonnes, de quelque qua-
lité & condition qu'elles foient, autres que les Libraires
& Imprimeurs, de vendre, débiter & faire afficher au-
cuns Livres pour les vendre, foit qu'ils s'en difent les
Auteurs ou autrement ; à la charge de fournir à la fuf-
dite Chambre huit exemplaires de chacun, prefcrits par
l'article 108 du même Réglement. A Paris, le 5 Juin
1750.   *Signé,* LE GRAS, *Syndic.*

HISTOIRE

FAUTES A CORRIGER

Dans les quatre premiers Volumes.

TOME PREMIER.

Page 5, ligne 11, Selage, lisez Selago
10, lig. 21, Ajax, lisez Paris.
Ibid. lig. 37, Antolicus, lisez Autolicus.
53, lig. 13, Hierophile, lisez Herophile.
73, lig. 21, Mardinus, lisez Marinus.
80, lig. 12, que les Chirurgiens François, lisez que quelques Chirurgiens François.
79, lig. 38, hypocondre, ajoutez gauche.
90, lig. 12, enchantis, lisez enchantis.
Ibid. lig. 15, luxation de la luette, lisez relachement.
117, lig. 33, il est le premier, lisez un des premiers.
119, lig. 23, de strenuis pustacci lisez de strumis pultacei.
123, lig. 28, engagoint, lisez engageoient.
125, lig. 15, il est le premier, lisez un des premiers.
Ibid. lig. 29, consulte, lisez conseillé.
126, lig. 13, dont il a parlé le premier, lisez dont il a parlé un des premiers.
128, lig. 19, lisez Othone Brausfelsio, lisez Brunsfelsio.
129, lig. 37 & 38, on ne trouve que dans cet Auteur, lisez on trouve dans cet Auteur.
135, lig. 6, Ammon, lisez Amrou.
177, lig. 2, par l'effusion du corps, lisez l'action.
195, lig. 26, plaie Maubert, lisez place Maubert.
281, à la fin de la note, archiates, lisez archiater.
216, lig. 20, Matheus, Curtius, effacez la virgule.
229, lig. 31, le premier, lisez un des premiers.
233, lig. 7, Paris 1708, lisez 1704.
235, lig. 16, 1385, lisez 1345.
251, lig. 21, décision, lisez description.
Ibid. 37, alligatur similiter ac vesicæ, lisez alligatur similiter vesica.
255, lig. 16, scardotiques, lisez scarotiques.
270, lig. 34, le ligament suspensoir, ajoutez de la verge.
277, lig. 2, il patoît être le premier, lisez un des premiers.
278, lig. 36, nerfs obliques, lisez nefs optiques.
284, lig. 7, enfans, lisez garçons.
Ibid. lig. 8, prodieux, lisez prodigieux.
310, lig. 10, sur l'abcès des tentes, lisez l'abus.
333, lig. 9, on y dit que M. Winslow ne cite dans son mémoire sur l'abus des corps & des maillots, ni Charles Etienne, ni Riolan, ajoutez qu'il cite Riolan avec distinction.
341, derniere lig. 1664, lisez 1564.
343, lig. 14, Dulaucus, lisez Dulaurens.

Tome I.   d

I

Ibid. *lig.* 30 , Guillaume Gourmelin , *lifez* Guillemeau , Gourmelin.

Pag. 345 , *lig.* 5 & 6 , fous le Décanat de Pierre Allen Fernel , *lifez* avec Fernel.

351 , *lig.* 19 , de l'oblique , *lifez* du petit oblique.

Ibid. *lig.* 32 , membrane alcancoïde , *lifez* allantoïde.

361 , *lig.* 21 , Severini Pinci , *lifez* Pinei.

387 , *lig.* 3 , comme on le verra plus bas , *lifez* comme on la vu plus haut.

417 , *lig.* 8 , ligament tranfverfal du corps , *lifez* du carpe.

422 , *lig.* 16 , Wius , *lifez* Willis.

424 , *derniere note* , Riolan a eu grand tord d'en attribuer la découverte à Douglas , *lifez* Douglas a eu grand tord d'en attribuer la découverte à Riolan.

426 , *lig.* 7 , les uretres , *lifez* ureteres.

433 , *lig.* 37 , Bafianus Landas , *lifez* Landus.

435 , *lig.* 35 , Ætius Oribafe , *lifez* Ætius , Oribafe.

437 , *lig.* 7 , de la République , *lifez* de la Ville.

455 , *lig.* 6 & 7 , Unielhelmo Pilinger , *lifez* Guilhelmo , &c.

Ibid. *lig.* 10 , Wolfangus , *lifez* Wolfgang.

459 , *lig.* 9 , *mirotech* , *lifez microtech.*

472 , *lig.* 12 , il , *lifez* ou.

Ibid. *lig.* 30 , d'os , *lifez* d'eaux.

508 , *lig.* 17 , dans cette méthode , *lifez* fans cette , &c.

519 , *lig.* 26 , fixieme fiecle , *lifez* feizieme.

522 , *note cinquieme* , Gafpard , Salomon , Albert , *effacez* les virgules , parceque c'eft le même nom.

524 , *lig.* 32 , *Francof.* 1515 , in-4°. *lifez* 1555 , in-4°.

545 , *lig.* 10 , crodile , *lifez* crocodile.

550 , *lig.* 23 , je Columbus , *effacez* je.

Ibid. *lig.* 40 , Marfupiale , *lifez* Marfupiali.

Ibid. *lig.* 43 , Peri , *lifez* Potra.

567 , *lig.* 25 , Barthelemi Madius , *lif.* Barthelemi Maggius.

593 , *lig.* 10 , canal inteftinal , *lifez* vertébral.

596 , *lig.* 22 , pomme de pain , *lifez* pomme de pin.

609 , *lig.* 22 , Cajetan Petriot , *lifez* Cajetan Petrioli.

638 , *lig.* 2 , *Venet* 1584 , in-8°. *lifez* 1564 , in-8°.

647 , *lig.* 14 , on y dit que le cœur s'éloigne dans la diaftole , *lifez* qu'il s'allonge.

TOME II.

Page 14 , *ligne* 13 , la hanche , *lifez* l'anche.

57 , *lig.* 21 , Carcanus , *lifez* Cannanus.

60 , *lig.* 27 , Oronce Finée , *lifez* Oronce Frinée.

66 , *lig.* 22 , Médecin de Lugnes , *lifez* de Luques.

67 , *lig.* 18 , à fa mort , *lifez* à fa mere.

70 , *lig.* 33 , Tanecaquin Guillaumet , *lifez* Tanequin.

84 , *lig.* 25 *A viris offibus* , &c. ce titre d'ouvrage eft la continuation du précédent.

86 , *lig.* 37 , Barlifch , *lifez* Bartifch.

Page 93 , *lig.* 35 , Piccolhomini , &c. naquit en 1556 , *effacez*
1556.

101 , *lig.* 2 , Aſtronomie , *liſez* Aſtrologie.

141 , *lig.* 9 , *Lypſ.* 1592 , liſez *Lipſ.* &c.

143 , *ligne avant derniere* , canaux pituitaires , *liſez* ſinus
pituitaires.

163 , *lig.* 33 , Wolfangus Meurer , *liſez* Wolfgang , &c.

175 , *lig.* 23 , enfant , *liſez* garçon.

176 , *ligne avant derniere* , in acuto , liſez *in aceto.*

191 , *lig.* 12 , il a été imprimé en Allemand , *liſez* en Hollandois.

212 , *premiere* , épileſie , *liſez* épilepſie.

212 , *lig.* 32 , rétenton , *liſez* rétention.

245 , *lig.* 19 , Elpirius , *liſez* Elpidius.

257 , *lig.* 38 , Gracz , *liſez* Gratz.

260 , *lig.* 11 , *la commare oruglitrice* , liſez *oraccoglitrice.*

Ibid. *lig.* 34 , *appollonie ſchreyere* , liſez *ſchreyer.*

338 , *lig.* 7 , Bouſier , *liſez* Bourſier.

371 , *lig.* 11 , Hiene , *liſez* Iene.

374 , *lig.* 27 , os parietaires , *liſez* paritaux.

384 , *lig.* 26 , on ne Leufera , *liſez* Leüfer.

398 , *lig.* 12 , *Haſſinæ* , liſez *Häffniæ.*

403 , *lig.* 9 , *primo genio* , liſez *primo genito.*

416 , *lig.* 17 , du Heſle Langrave , *liſez* du Landgrave de
Heſle.

422 , *lig.* 3 , *pilleporis* , liſez *pilli leporis.*

424 , *lig.* Médecin Suédois , *liſez* Souabe.

427 , *lig.* 27 , Corbens , *liſez* Corbeus.

428 , *lig.* 3 , Illefonce , *liſez* Ildefonce.

431 , *lig.* 36 , *effacez* ces mots , *que M. Haller nomme
Brebis.*

445 , *lig.* 80 , Bamberge , *liſez* Bamberg.

470 , *lig.* 29 , il ne peut rétrograder des doigts vers le cœur
par le moyen des veines , *liſez* il ne peut , &c.
que par le moyen des veines.

Ibid. *lig.* 39 & 40 , contenu dans les arteres & non dans les
veines , *liſez* contenu dans les veines ,
& non dans les arteres.

475 , *lig.* 5 , ventricule droit , *liſez* ventricule gauche.

476 , *lig.* 23 , Ægidius Outhman , *liſez* Ægidius Guthman.

484 , *lig.* 27 , la République de Memminge , *liſez* la Ville de.

Ibid. *lig.* 35 , la République de Breſlau , *liſez* la Ville de.

487 , *lig.* 12 . la République de Stein , *liſez* la Ville de.

506 , *ligne avant derniere* , effacez en 1595.

613 , *lig.* 16 , tagloſſoſtomo , liſez agloſſoſtomo.

523 , *lig.* 4 , en Pologne , *liſez* en Pruſſe.

574 , *lig.* 11 , *Hafniæ* 1655 , *liſez* 1657.

Ibid. *lig.* 15 , *Amſtel.* 1660 , *liſez* 1661 , in-12.

608 , *lig.* 28 , *epiſtolæ ducæ* , liſez *duæ.*

609 . *lig.* 38 , 1657 , *liſez* 1656.

635 , *lig.* 28 , *de gemina renum fabrica* , liſez *de gemina* , &c.

636 , *lig.* 27 , Boudewin , *liſez* Joudouyn.

655 , *lig.* 11 , Fierraras , *liſez* Fierabras.

TÒME III.

Page 4, ligne 33, *Handervic*, lifez *Harderovici.*
5, *lig.* 21, Auzotius, *lifez* Auzout.
6, *lig.* 35, Peirefch, *lifez* Peirefc.
7, *lig.* 24, *lumborum*, lifez *lumborum.*
11, *lig.* 7, *Thomi Bartholini*, lifez *Thomæ*, &c.
35, *lig.* 10, *copora*, lifez *corpora.*
43, *lig.* 40, Hyldan, *lifez* Hildan.
49, *lig.* 31, cholidoque, *lifez* choledoque.
51, *lig.* 12, veine-vave, *lifez* veine-cave.
37, *lig.* 5, *Patav.* 1658, in-4°. *lifez* 1654.
88, *lig.* 13, Louwer, *lifez* Lower.
97, *lig.* 25, connue, *lifez* nòmmée.
120, *lig.* 33, *parietibus nitum*, lifez *unitum.*
122, *lig.* 10, Hortefius, *lifez* Cortefius.
139, *lig.* 3, il obferver, *lifez* il obferve.
146, *lig. derniere*, & qu'elles y vit, *lifez* & qu'il y vit.
152, *lig.* 12, Hiene, *lifez* Iene.
156, *lig.* 9, *colliculorum*, lifez *folliculorum.*
162, *lig.* 18, Swerim, *lifez* Swerin.
163, *lig.* 23, Leyde 1761, *lifez* Leyde 1671.
169, *lig.* 2 & 3, comme on les voit dans fur les animaux, effacez fur.
171, *lig.* 2, caruncule, *lifez* caroncule.
213, *lig.* 4, M. Lamper, *lifez* M. Camper.
Ibid. *lig.* 9, *wrowen*, lifez *vrouwen.*
215, *lig. derniere*, Lugd. Batav.... 1705, in-8°. lifez Amftelodami, 1705, in-8°.
226, *lig.* 99, puituito-fereux, *lifez* pituito fereux.
227, *lig.* 9, décrits dans Gabriel de Zerbis, *lifez* par, &c.
235, *lig.* 24, Bologne, *lifez* Padoue.
245, *lig.* 5, *fine lefione*, lifez *læfione.*
246, *lig.* 19, *Neapoli* 1632, lifez 1732.
263, *lig.* 6, *Genevæ*, lifez *Genuæ.*
260, *lig.* Wan-Horne, *lifez* Van-Horne.
264, *lig.* 24, *Amftel.* 1636, lifez 1736.
270, *lig.* 3, il croyoit, *lifez* ils croyoient.
279, *lig.* 4, il a établi l'origine que la marche des arteres, *lifez* de la marche, &c.
282, *lig.* 34, trompes nerveufes, *lifez* houpes nerveufes.
283, *lig.* 28, *canales fint, ipfi*, lifez *funt.*
301, *en marge*, Graaf, *lifez* Lower.
303, *lig. derniere*, fur la fuperficie d'un jeune veau, *lifez* fur la fuperficie du cœur d'un, &c.
328, *lig.* 37, Frideric (Jean Renaut), *lifez* Frideric (Jean Arnaut).
350, *lig.* 9, dans les canaux déférents, *lifez* dans les canaux demi-circulaires.
355, *lig.* 22, font, *lifez* eft.
379, *lig.* 1, *Nieulichtede*, lifez *Nieulichtende.*

Page 379 , *lig.* 21 , *exam* , *lifez examen.*

394 , *lig.* 13 , François Boldini, *lifez* Baldini.

452 , *lig.* 38 , refpiration , *lifez* tranfpiration.

475 , *lig.* 37 , que! précifion , *lifez* quelle précifion.

510 , *lig.* 8 , *lectiones opticæ* 1675 , lifez *lectiones opticæ & geometricæ in quibus phenomena opticorum demonftrantur* 1674.

ibid. *lig.* 40 , Noock, *lifez* Hoock.

535 , *lig.* 26 , aaugewefen , lifez aangewefen.

536 , *lig.* 31 , *Welfelnus* , lifez *Welfchius.*

551 , *lig.* 99 , après ces mots, *ce livre* , ajoutez Grew croyoit que , &c.

575 , *en marge* , Wedelius , *lifez* Molyneux.

620 , *lig.* 11 , 1624 , *lifez* 1694.

T o m e I V.

PAge 36 , *lig.* 36 , *fouderbare* , lifez *fonderbare.*

37 , *lig.* 1 , *wrhrafter* , lifez *warhrhafter.*

lig. 7 , *erfahruer* , lifez *erfahrner.*

103 , *lig.* 37 , Schroder , *lifez* Schrader.

106 , *lig.* 16 , *de conceptione fœtus humani* , cette Differtation appartient à Jean God. Berger dont nous avons parlé dans le même tom. page 112.

113 , *lig.* 15 , Anonyme , *lifez* Anatomie.

114 , *lig.* 17 , *fur gery* , lifez *furgeri.*

117 , *lig.* 18 , *Neapolis* , lifez *Neopoli.*

128 , *lig.* 29 , *Erorterung* , lifez *erœterung.*

Ibid. *lig.* 28 , *vann* , *lifez* wann.

145 , *lig.* 6 , Hotman , *lifez* Hoffman.

183 , *lig.* 20 , *de ufu refpirationis* , lifez *de vi refpirationis.*

193 , *lig.* 18 , *zungenk* , ajoutez *rebs.*

214 , *lig.* 15 , *bref huruwyda* , lifez *brefhuru wida.*

230 , *lig.* 8 , Kilderman , *lifez* Kelderman.

269 , *lig.* 12 , *brenderen* , lifez *beenderen.*

280 , *lig.* 6 , *todlichen* , lifez *toedlichen.*

287 , *lig.* 31 , Fr. Petit , *lifez* J. L. Petit.

300 , *lig.* 23 , 1667 , *lifez* 1767.

302 , *lig.* 38 , 1792 , *lifez* 1702.

303 , *lig.* 30 , *vornemflcn* , lifez *vornemften.*

349 , *lig.* 29 , *de ofcitatione* 1728 , lifez *de ofcitatione & pandiculatione* 1720.

354 , *lig.* 27 , *Witterga* 1705, lifez *Wittembergæ* 1703.

434 , *lig.* 3 , 1739 , *lifez* 1735.

450 , *lig.* 26 , Médecin , *lifez* Chirurgien.

472 , *lig.* 16 , *reformatus* , lifez *renovatus.*

494 , *lig.* 26 , *de differentey* , lifez *de differentibus.*

509 , *lig.* 16 , *anweifuug zuo ofterlogie* , lifez *zur ofteologie.*

liv

Page 510, *lig.* 20, Henri, *lisez* R. Wilh.

515, *lig.* 30, J. André, *lisez* Angeli.

516, *lig.* 2, *ceines*, lisez *eines*.

526, *lig.* 23, *aufreissen*, lisez *anfreissen*.

Ibid. *lig.* 27, 1718, *lisez* 1717.

Ibid. *lig.* 38, *todhehen*, lisez *toedlichen*.

553, *lig.* 18, 1733, *lisez* 1743.

536, *lig.* 20, *gebarender*, lisez *gebærender*.

538, *lig.* 39, *beritcht*, lisez *bericht*.

544, *lig.* 33, *johes*, lisez *jons*

547, *lig.* 7, *bruchen zu scheneiden*, lisez *bruechen zu schneiden*.

596, *lig.* Penevoli, *lisez* Benevoli.

629, *llg.* 35, 1729, lisez 1728.

630, *lig.* 40, Herhn, *lisez* Herlin.

654, *lig.* 3, *hcelkouft*, lisez *heelkonst*.

685, *lig.* 37, *Hoch. finutzliche erkenntnuff*, lisez *hochstneutzlich*.

687, *lig.* 34, 1758, *lisez* 1755.

690, *lig.* 33, *munus pulsationis*, lisez *unius pulsationis*.

703, *lig.* 21, 1770, lisez 1769.

HISTOIRE
DE L'ANATOMIE
ET
DE LA CHIRURGIE.

PREMIERE PARTIE.

CHAPITRE PREMIER.

DES ANATOMISTES ET DES CHIRURGIENS qui ont vécu depuis le Déluge jusqu'à la guerre de Troye.

CE seroit se repaître de fictions & de chimeres, que de chercher l'histoire des Anatomistes & des Chirurgiens qui ont vécu avant le Déluge : un nuage des plus épais cache à nos regards les époques de ces tems mysterieux, & les Historiens qui ont fait remonter l'origine des Sciences jusqu'au premier homme, n'ont pu établir leur opinion que sur des conjectures hazardées & parfaitement arbitraires. Pour parler donc avec moins d'incertitude, je commencerai à des tems plus postérieurs mon Histoire de l'Anatomie & de la Chirurgie, encore même dois-je avertir que la plupart des écrits des premiers Peres de l'Art, s'étant perdus par la longueur & par la barbarie des tems, je ne puis en traiter que sur la foi d'autrui, & je ne regarde que comme une espece de discours préliminaire à mon ouvrage, tout ce qui est compris avant l'article Hippocrate, dont nous connoissons mieux les écrits.

MÉLAMPE est le premier à qui on attribue des ouvrages ; il vivoit vers l'an du monde 2705, 1380 ans avant Jesus-Christ, & naquit à Argos, d'Amithaon &

MÉLAMPE.

Tome I. A *

d'Algaïde , ou d'Idoménée , fille d'Abas. C'eſt un des plus anciens Poètes ; Homere & Virgile en font mention en pluſieurs endroits de leurs écrits. Mélampe étoit Berger, ſelon la coutume de ces tems , où les fils des Rois même ne rougiſſoient pas de mener paître leurs troupeaux : Cette profeſſion lui donna occaſion de faire le Médecin ; il fut appellé pour guérir les filles de Prœtus qui étoient devenues folles : il y réuſſit en les purgeant avec l'ellebore (a) , dont il avoit obſervé les effets ſur ſes chevres , & en leur preſcrivant les bains ; c'eſt le premier exemple de l'adminiſtration de ces deux remedes , qui eurent un tel ſuccès , que Mélampe obligea le pere de ces Princeſſes à lui donner en récompenſe un tiers de ſon Royaume, & un à ſon frere Bias , & ils épouſerent les deux filles. Mélampe faiſoit auſſi le devin ; il ſemble que ce fut dans ce temslà une néceſſité indiſpenſable à ceux qui exerçoient l'art de guérir , de ne donner leurs remedes qu'après avoir fait des momeries ſuperſtitieuſes devant leurs malades : peut-être avoient-ils beſoin de ce manége , pour ſe mettre en crédit.

Ex palpitationibus divinatio , grœcè. Roma 1545 , cum aliis.

De nœvis , grœcè. Venet. 1552 , in-8°. *cùm aliis.* On le trouve auſſi en grec & en latin avec le *Metreopoſcopia* de Cardan , imprimé à Paris en 1658 , *in-fol.* Virgile parle de Mélampe , & le met au niveau de Chiron , qui fut un des Chirurgiens célebres de ſon tems ; & ſuivant quelques-uns il fit uſage , contre la ſtérilité , de fer infuſé dans du vin pendant dix jours.

Mélampe eut un fils appellé Thyodamas , qui hérita de ſon ſavoir : l'hiſtoire ne nous apprend rien de plus à ſon ſujet.

Les Druides exiſtoient chez les Gaulois du tems de Mélampe ; ils étoient à la fois , Prêtres , Juges & Médecins , & habitoient les forêts pour leſquelles ils avoient une vénération ſuperſtitieuſe. Ils faiſoient beaucoup de cas du gui de chêne ; cette production de la nature devint enſuite chez ces peuples le ſymbole de la vertu civique ; il étoit donné pour récompenſe à ceux qui avoient rendu quelque ſervice à leur

(a) Voyez Galien , lib. de atra bile , cap. 7 , Plin. l. 25.

patrie, & on le regardoit comme un remede assuré
contre la stérilité & les venins, On s'en sert encore
aujourd'hui comme d'un anti-spasmodique. Ils le re-
cueilloient au commencement de leur année sacrée :
un Prêtre vêtu de blanc l'abattoit avec une faux d'or,
& un autre le recevoit dans un morceau d'étoffe de
soie qu'ils nommoient *saye*.

Les Druides enseignoient au peuple les superstis-
tions ; on croit qu'ils les tenoient des Phocéens qui
avoient fondé Marseille. Ils se servoient beaucoup de
la plante appellée *selage*, espece de sabine que nous
ne connoissons pas. Ceux d'entre les Gaulois qui
étoient attaqués de quelque maladie, venoient consulter les Druides dans leurs retraites, & faisoient
vœu d'immoler des hommes pour recouvrer la santé.
Les infortunées victimes tomboient donc sous le coûteau de ces Prêtres inhumains, qui étoient eux-mêmes les ministres de ces abominables sacrifices. Ne
seroit-il pas naturel de conclure que les Druides ne
mettoient les faveurs de leurs Divinités à un tel prix,
que pour avoir occasion de faire des dissections, qui
dans d'autres moments les auroient rendus l'objet de
l'exécration publique.

Diogene de Laerce compare les Druides aux Sages
de Chaldée, aux Philosophes de la Grece, aux Mages
de la Perse, aux Gymnosophistes des Indes : le mot
Druides en grec Δρυς, en langue Celtique & Bretonne
daru, signifie chêne.

Chiron le Centaure, fils de Saturne & de Philira,
vivoit du tems de l'expédition des Argonautes, cinquante ans avant la guerre de Troye ; quelques Auteurs disent qu'il est le même que Cham fils de Noé.
Quoi qu'il en soit, notre objet n'étant pas de nous occuper de chronologie, nous nous en tiendrons à ce
qu'il y a de plus connu. On dépeint Chiron moitié
homme & moitié cheval, apparemment, dit Leclerc,
parcequ'il étoit de Thessalie, dont les peuples furent
les premiers qui dompterent des chevaux ; ceux qui
les virent de loin s'imaginerent que l'homme & le cheval ne faisoient qu'un corps. Chiron s'appliqua à connoître les maladies, & à obvier aux accidents qu'elles
entraînent. Il excelloit dans la connoissance des plan-

tes, & sur-tout de celles qui sont propres à guérir les *plaies & les ulceres* les plus invétérés; c'est de la qu'est venu le nom d'ulcere *Chironien*. Les Magnesiens, (*a*) compatriotes de Chiron, lui offroient pour ce sujet les prémices de leurs herbes, & soutenoient qu'il étoit le premier qui eût écrit sur l'art de guérir : on dit que c'est Chiron qui a donné le nom à la *centaurée*, plante si connue en Médecine : on assure encore que Diane lui avoit donné la connoissance de plusieurs autres plantes (*b*), & qu'il fut l'inventeur de la Chirurgie ; mais cet art ne doit sa naissance qu'aux besoins. Chiron ne possédoit pas seulement la Médecine & la Chirurgie, il étoit encore versé dans la Philosophie, la Musique, l'Astronomie, la Chasse, & l'art de la Guerre ; il avoit fixé son séjour dans une grotte du mont Pélion, en Thessalie, où les plus grands hommes venoient entendre ses leçons (*c*). Ses disciples les plus fameux ont été Hercule, Aristée, Thésée, Thélamon, Teucer, Jason, Pélée, Achille ; & enfin Esculape dont la reconnoissance a fait un Dieu. Comme il passe pour l'inventeur de l'art de guérir, c'est principalement sur lui que nous nous arrêterons, les autres n'ayant été guérisseurs que par occasion.

　　Cicéron (*d*) dit qu'il y a eu trois Esculapes, dont le premier adoré par les Arcadiens étoit fils d'Apollon ; c'est lui, ajoute-t-il, qui a inventé la *sonde* & les *bandages* ; le second, qui étoit frere du second Mercure fut foudroyé par Jupiter, & enseveli à Cinosure dans le Péloponese ; le troisieme étoit fils d'Arsippe & d'Arsinoë : il inventa, dit-on, *la purgation*, & fut le premier *arracheur de dents*.

　　Tous ces Esculapes, dit M. Leclerc, peuvent bien être réduits à un seul ; ensorte que s'il y a eu un Esculape au monde, il doit avoir été Phénicien ou Egyptien, ou plutôt neveu de Chanaam, que M. Leclerc dit être le même qu'Hermès ; & s'il se trouve multiplié, ce n'est que parceque les Grecs se sont approprié une histoire ou une fable Egyptienne. Sans

(*a*) V. Plutarch. Symposf. lib. 3.
(*b*) V. Hyginus, cap. 2.
(*c*) V. Clement. Alexand. Stromat. l. 1.
(*d*) De Naturâ Deorum, lib. 3.

entrer dans d'autres difcuffions , nous ne parlerons ici
que de l'Efculape des Grecs , le feul dont nous ayons à
dire quelque chofe de pofitif.

Efculape, Grec, a été le fujet de quantité de fables
dans le détail defquelles nous ne defcendrons pas ; les
uns le difent fils d'Apollon & de Coronis , d'autres
d'Arfinoë , fille de Crifippe. Plufieurs contrées fe difputent l'honneur de lui avoir donné le jour. Coronis,
difent quelques Auteurs , étant enceinte d'Apollon ,
& allant avec fon pere dans le Péloponefe , accoucha
d'un fils fur le territoire d'Epidaure où elle le laiffa.
Un Berger du voifinage s'appercevant qu'une de fes
chevres & fon chien manquoient à fon troupeau , fe
mit à les chercher , & les trouva auprès de cet enfant ;
la chevre l'alaitoit & le chien faifoit le guet. Le Berger voyant la tête de cet enfant environnée d'un feu
célefte , conçut pour lui la plus grande vénération &
l'éleva (a). Mais ce qu'il y a de plus vraifemblable , à
cet égard , c'eft qu'Efculape étoit fils naturel de quelque femme diftinguée des environs , qui le fit expofer
fur une montagne du territoire d'Epidaure pour pallier fon crime, & qu'il fut découvert par le chien d'un
Berger ; il eft probable que fa mere fe chargea fecrete-
ment de fon éducation, & le fit donner au Centaure
Chiron , qui dans ce tems élevoit tous les enfants de
naiffance de la Grece. Le Centaure trouva apparemment dans fon jeune éleve des difpofitions fupérieures , & il eft à préfumer qu'il n'épargna ni foins ni
peines pour les cultiver ; d'ailleurs l'obfcurité de fa
naiffance fit fans doute fentir à Efculape la néceffité
de s'appliquer à l'étude , & cet aiguillon , dont nous
avons affez d'exemples , fut bien capable de lui faire
redoubler fes efforts pour s'élever au-deffus de l'état
d'anéantiffement où l'auroit réduit le titre honteux
d'enfant illégitime.

Tout ce que la fable débite au fujet de la Médecine
d'Efculape feroit ici déplacé, il fuffira de rapporter ce
que Celfe & Pline affurent, que fa fcience ne paffoit
pas les bornes de la Chirurgie, & que fa réputation
lui a beaucoup moins coûté qu'on ne l'a dit. Il n'y a

(a) V. Paufanias in Laconicis.

A iv

point de lieu, dit Celse dans sa préface sur la Médecine, Liv. I : » il n'y a point de lieu où la Médecine
» ne se trouve, puisque les peuples les moins éclai-
» rés ont connu les plantes & divers autres médica-
» mens familiers dans le traitement des plaies & des
» maladies ; mais il est constant que les Grecs l'ont
» cultivée un peu mieux que les autres nations, quoi-
» qu'ils n'ayent pas commencé à s'en servir dès leur
» premiere origine, mais seulement quelques siecles
» avant nous. Esculape étant le plus ancien que l'on
» ait connu pour guérir les maladies, & s'étant livré
» un peu plus particulierement à cette science, qui jus-
» ques-là avoit été entre les mains du vulgaire stupi-
» de & grossier, fut mis au rang des Dieux »..

» Podalire & Machaon, ses deux fils, ayant ensuite
» accompagné Agamemnon à la guerre de Troye, fu-
» rent d'un grand secours à l'Armée ; cependant Ho-
» mere ne dit pas qu'ils aient été employés dans la peste
» ou dans d'autres maladies internes qui regnoient dans
» le camp, mais seulement qu'ils guérissoient les blessu-
» res avec le fer & les médicamens, d'où il paroît qu'ils
» ne se méloient que de cette partie de la Médecine,
» qui est la plus ancienne de toutes (a) ».

Platon dit aussi (b) qu'Esculape se contenta d'enseigner aux hommes qui avoient un bon tempéramment,
les moyens de se tirer des maladies qui leur survenoient
par des causes étrangeres, en prenant quelques remedes ou en souffrant quelques incisions, sans leur prescrire aucun régime, afin de ne pas les distraire de
leurs occupations journalieres. Les fils d'Esculape es-
suyerent au siege de Troye les plaies de Ménélaüs qui
avoit été blessé par Pandare, ils y appliquerent des
onguens adoucissans, sans prescrire aucune loi sur le
manger ; tout cela prouve qu'Esculape étoit plutôt
Chirurgien que Médecin, puisque la plus considérable de ses cures, & qui a fait dire qu'il avoit rendu la
vie aux morts, étoit Chirurgicale ; elle fut faite sur
Hyppolite, à qui des chevaux avoient déchiré & fra-
cassé tous les membres.

Mais puisque Esculape excelloit si fort dans le trai-

(a) Leclerc, Hist. de la Médecine.
(b) De rep. lib. 3. Max. Cyrus, Serm. 29.

tément des plaies , & que cette connoissance suppose
nécessairement celle de l'Anatomie, n'est-il pas naturel
de conclure avec Galien , qu'Esculape disséquoit au
moins des animaux pour l'instruction de ses disciples.

Machaon étoit fils aîné d'Esculape , & si Homere
le met toujours après Podalire , c'est qu'il y a été con-
traint par les regles de la versification ; ce qu'il dit
d'ailleurs de Machaon prouve qu'il étoit plus estimé
que son frere , & appellé par les grands préférablement à Podalire. Ce fut Machaon , comme nous l'a-
vons déja dit , qui pansa Ménélaüs blessé par Pandare,
en essuyant & non en suçant le sang de sa blessure,
méthode vantée par plusieurs modernes , & sur-tout
par Anel , Chirurgien François ; ce fut lui qui guérit
Philotecte qui étoit devenu boiteux , parcequ'il s'é-
toit laissé tomber sur le pied une fleche dont Hercule
lui avoit fait présent, & qui avoit été trempée dans
le sang de l'Hydre de Lerne.

Machaon , quoique Chirurgien, étoit encore bon
Soldat ; & il paroît qu'on estimoit sa bravoure , puisqu'il fut du nombre de ceux qui entrerent dans le cheval de bois (a), machine fameuse, dont les Grecs se ser-
virent pour prendre Troye. Machaon reçut à l'épaule
une blessure considérable dans une sortie que firent les
Troyens ; il fut ensuite tué dans un combat singulier
qu'il eût contre Nérée, ou selon (b) d'autres contre Eu-
rypile, fils de Telephe. Machaon eut deux enfants de sa
femme Euticlea , fille de Diocles Roi de Messenie ; ces
enfants furent Nicomacus & Gorgasus, qui demeure-
rent à Phere , & posséderent le Royaume de leur ayeul
jusqu'à ce qu'au retour de la guerre de Troye les Héraclides se fussent emparés de la Messenie & de tout
le Péloponese. Machaon , selon Pausanias, eut encore
trois fils , qui tous exercerent probablement la profession de leur pere & de leur ayeul.

Podalire étoit le second fils d'Esculape & frere de
Machaon, il vivoit au commencement du 29e siecle
du monde ; Homere en parle comme d'un habile
Chirurgien, qui comme son frere, se trouva à la guerre

(a) V. Hyginus , Fab. l. 1. c. 81 , 108 , 113.
(b) V. Pausan. in Lacon.

de Troye. Comme il en revenoit, il fut jetté par une tempête fur les côtes de Carie, où il fut reçu par un Berger, qui ayant appris qu'il étoit Chirurgien, le mena au Roi Damethus, dont la fille étoit tombée du haut d'une maison ; Podalire la guérit en la faignant des deux bras, ce qui fit tant de plaifir à ce Roi qu'il la lui donna en mariage avec le Cherfonefe, où Podalire bâtit deux villes ; l'une qu'il appella du nom de Syrna fa femme, & l'autre Bybaffus, qui étoit le nom du Berger qui l'avoit reçu après fon naufrage. (*a*) Podalire entr'autres enfants, eut Hypolochus, dont Hypocrate fe difoit defcendu ; c'eft dans cette hiftoire de Podalire qu'on trouve le premier exemple de la faignée.

Il paroît que du tems de la guerre de Troye la Chirurgie étoit déja parvenue à un certain degré de perfection ; Homere nous apprend que les Chirurgiens ne manquoient pas dans l'armée des Grecs, & chez les Troyens. Une preuve encore qu'on avoit dès ce tems-là quelques connoiffances d'Anatomie, c'eft que le vaillant Ajax trouvant Achille invulnérable le bleffa au talon, perfuadé qu'en lui coupant le tendon, qui depuis a porté le nom d'achille, il empêcheroit ce Héros de marcher.

La plûpart des guerriers qui affiégerent Troye favoient l'art de guérir une plaie ; Achille guérit Telephe avec la plante nommée *achillea*, qui eft une efpece de *mille feuille* : (*b*) les autres veulent qu'il ait inventé le verd de gris, qui eft d'un grand ufage pour les emplâtres ; c'eft pour cela qu'on peint Achille raclant du verd de gris de la pointe de fa lance, & le faifant tomber fur la plaie de Telephe.

Homere raconte encore qu'Euripile ayant été bleffé prioit Patrocle, ami d'Achille, de lui faire part des excellents remedes que ce Héros avoit appris de Chiron (*c*).

Antolicus avoit appris à fes fils l'art de guérir les plaies ; ce furent eux qui arrêterent le fang qu'Ulyffe perdoit par la bleffure que lui avoit faite un fanglier.

(*a*) V. Stephan. Byfantin in voce *Syrna*.
(*b*) Plin. lib. 25, cap 5.
(*c*) Iliados.

Eribote, fils de Téléonte, étoit Chirurgien du nombre des Argonautes ; ce fut lui qui pansa Oilée , pere d'Ajax , qui avoit été blessé à l'épaule par des oiseaux appellés *ſtymphalides*. Nous tenons d'Appollonius (*a*) Rhodes, qu'en cette occasion Eribote détacha son baudrier ou sa ceinture pour en tirer une boîte où il tenoit apparemment ses médicamens , & que les Chirurgiens appellent un *boîter*.

Japis fut celui qui pansa Enée de ses plaies ; Virgile dit de lui qu'Apollon qui l'aimoit beaucoup , avoit voulu lui donner la science des Augures, l'art de jouer de la lyre & de bien tirer de l'arc ; mais qu'il aima mieux pour pouvoir prolonger la vie à son pere , qui étoit mourant , apprendre de ce Dieu les vertus des herbes , & la méthode de guérir les maladies , quoiqu'il y eût moins de gloire pour lui.

Ille ut depoſiti proferret fata parentis ,
Scire poteſtates herbarum uſumque medendi ,
Maluit , & mutas agitare inglorius artes.
Ænéide , Liv. 12.

CHAPITRE II.

DES ANATOMISTES ET DES CHIRURGIENS
depuis la guerre de Troye juſqu'à celle du Péloponèſe.

L'art de guérir demeura couvert d'épaisses ténébres depuis la guerre de Troye juſqu'à celle du Péloponèſe, qu'Hippocrate le remit en vigueur. On trouvera la raiſon de ce grand vuide, ſi on conſidere que tout l'art ſe bornoit alors à quelques remedes qui paſſoient de pere en fils ; & comme ils ne ſortoient pas de la famille des Aſclépiades ou des deſcendans d'Eſculape , il n'étoit pas néceſſaire de rien écrire ſur ce ſujet. Voici ce que dit Celſe à cet égard dans ſa préface , liv. 1. » Après le fils d'Eſculape il n'y eut perſonne de

(*a*) Argonauticorum , lib. 2.

» réputation qui exerçât la Médecine, jufqu'à ce qu'on
» eût commencé à s'appliquer avec plus de foin à l'é-
» tude des Lettres ; & comme cette étude eft autant
» nuifible au corps qu'elle eft utile à l'efprit, il eft
» arrivé que ceux qui s'y font attachés ayant ruiné leur
» fanté par des méditations affidues & par des veilles
» continuelles, ont eu plus de befoin de la médecine
» que les autres hommes ; c'eft par cette raifon que la
» fcience de guérir les maladies faifoit au commence-
» ment une partie de l'étude des Philofophes, enforte
» qu'on peut dire que la Médecine & la Philofophie
» font nées enfemble, & qu'elles ont eu les mêmes
» Auteurs. De-là vient que nous apprenons que plu-
» fieurs des anciens Philofophes ont été experts dans
» la Médecine ; tels que Pythagore, Empédocle &
» Démocrite ».

Ce paffage de Celfe prouve manifeftement qu'on
s'adonnoit dans les premiers tems de la Médecine à
l'étude de la nature, & que les Médecins croyoient
dès-lors que la connoiffance du corps humain étoit la
bafe de leur art.

Des Afclépiades.

Les defcendans d'Efculape, auxquels on a donné le
nom d'Afclépiades, ont eu la réputation d'avoir confervé la Médecine dans le fein de leur famille fans interruption, & c'eft une perte réelle pour nous d'être
privés, par le malheur des tems, des ouvrages d'Era-
toftenes & de Phérécides, d'Appollodore & de Trias ;
nous aurions eu certainement une lifte plus exacte des
prédéceffeurs d'Hippocrate qui fe difoit le dix-huitieme
defcendant d'Efculape, comme nous le verrons ci-
après.

Les Afclépiades avoient établi trois fameufes Ecoles qui avoient une émulation réciproque, & fe dif-
putoient, à qui feroit plus de progrès dans la Médecine. La premiere étoit celle de Rhodes : elle manqua
avant les autres par l'extinction de la branche des Afclépiades qui la foutenoit. Hippocrate n'en parle point,
apparemment parcequ'elle tomba long-tems avant
lui ; mais il fait mention de celle de Cos & de celle
de Gnide : ces deux dernieres floriffoient en même-

tems que l'Ecole d'Italie où étoient Pythagore & Empédocle. Galien donne la premiere place à celle de Cos,
comme ayant produit le plus grand nombre d'excellens difciples , & ayant formé Hippocrate.

L'Anatomie étoit cultivée, felon Galien (a), par les
Afclépiades : » dans le tems, dit-il, que toute la Mé-
» decine étoit renfermée dans leur famille , les peres
» enfeignoient l'Anatomie à leurs enfans , & les ac-
» coutumoient dès l'enfance à difféquer des animaux ;
» enforte que cela paffant de pere en fils , comme par
» une tradition manuelle , il étoit inutile d'écrire com-
» ment cela fe faifoit , puifqu'il étoit autant impoffi-
» ble qu'ils l'oubliaffent que les lettres de l'alphabet
» qu'ils avoient apprifes prefque en même-tems ».

Mais la meilleure maniere de s'inftruire étant la
pratique, c'étoit auffi celle des Afclépiades ; ils avoient
tous les jours l'occafion de voir fur les vivans ce
qu'ils n'avoient pû découvrir fur les morts , lorfqu'ils
avoient à traiter des maladies chirurgicales , des
plaies , des ulceres , des tumeurs , des fractures , des
luxations ; la tradition & les obfervations des peres
fuppléoient au défaut d'expérience des fils , & c'eft ce
moyen que quelques Auteurs ont appellé une voie
douce & naturelle, quoique longue, d'apprendre à
connoître le corps humain,

CHAPITRE III.

ANATOMISTES ET CHIRURGIENS JUIFS.

IL s'écoula fept à huit fiecles depuis Efculape jufqu'au dernier de fes defcendans ; nous ne trouvons
auffi rien à remarquer fur les Médecins qui vivoient
alors en Grece, c'eft pourquoi nous examinerons les
progrès que l'Anatomie & la Chirurgie firent en
d'autres contrées.

Les Rois de Judée , voifins de l'Egypte, s'atta-
choient auffi à l'Anatomie & à la Chirurgie. Salomon

_____

(a) Galien , part. 1. Section 3 , chap. 33.

cultiva ces deux sciences comme il paroît par ses ouvrages ; ce Philosophe Roi commença à regner l'an
du monde 2129, environ 170 ans après la prise de
Troye : ‹‹ Dieu, dit Joseph (a), le remplit d'une sagesse
›› & d'une intelligence si extraordinaires, que nul au-
›› tre dans toute l'antiquité ne lui avoit été compara-
›› ble, & qu'il surpassoit même de beaucoup les plus
›› capables des Egyptiens que l'on tenoit y exceller ;
›› il composa cinq mille livres de Cantiques & de
›› vers, trois mille de paraboles, à commencer depuis
›› l'hysope jusqu'au cedre, & à continuer par tous les
›› animaux, tant oiseaux que poissons, & ceux qui
›› marchent sur la terre ; car Dieu lui avoit donné une
›› parfaite connoissance de leur nature & de leurs pro-
›› priétés dont il composa un livre ›› ; & il employa
cette connoissance à composer pour l'utilité des hommes divers remedes dont le recueil étoit gravé, selon
Suidas, dans le vestibule du Temple de Jérusalem.
Ezechias le fit effacer, parceque le peuple y puisant
des remedes, négligeoit de s'adresser à Dieu pour lui
demander la santé ; mais il y a apparence que Suidas
avoit trop aisément ajouté foi à la tradition des Rabins, qui ont cru que ce que les Payens pratiquoient
dans leurs Temples avoit été pratiqué dans celui de
Jérusalem ; il y a bien plutôt lieu de croire que ce
livre de Salomon étoit déposé en quelque endroit
public ; & ce qui confirme cette opinion, c'est le respect qu'on avoit dès-lors pour le Temple du Dieu
vivant, qu'on auroit livré à des profanations journalieres en y exposant publiquement un recueil de remedes. Eusebe, qui cite Anastase de Nice, semble
être de ce sentiment lorsqu'il dit : *Libros Salomonis*
qui scripti erant de proverbiis & odis, in quibus tracta-
batur de natura plantarum & omni genere animalium
& de curatione morborum, de medio sustulit Ezechias,
propterea quod morborum medelas inde populus accipe-
ret, & nihili faceret à Deò petere curationem.

Sans parler ici des autres sciences qu'embrassoit le
génie vaste de Salomon, nous allons rapporter simplement ce qui est de notre-objet ; voyons ce qu'il

(a) L. 8. chap. 1.

dit au chapitre XII. de l'Eccléfiafte : » Souvenez-
.» vous de votre Créateur pendant les jours de vo-
» tre jeuneffe , avant que le tems de l'affliction vien-
.» ne & que les années approchent ; avant que le
» foleil , la lumiere , la lune fe rendent tenébreufes ,
» & que les nuées reviennent après la pluie. Ce fera
» alors que les gardes de la maifon feront ébranlés ,
» & que les hommes vigoureux chancelleront. Celles
» qui fervent à moudre feront oifives , & ceux qui re-
» gardent par des trous feront obfcurcis. Les portes
» feront fermées fur la place , avec abaiffement du
» bruit de la meule. On fe levera au chant de l'oi-
» feau , & toutes les Mufes ou Muficiennes fe tairont.
» On craindra les lieux hauts , & on tremblera en fai-
» fant chemin. L'amandier fleurira , la fauterelle s'en-
» graiffera , & la capre fe perdra ; car l'homme ira
» dans fa maifon éternelle , & ceux qui le plaindront
» tournoyeront par les places : *profitez* , dis-je , *de la*
» *leçon que je vous donne* , avant que la petite chaîne
» d'argent fe caffe , que le bandeau ou le vafe d'or
» retourne en arriere , que la cruche fe brife fur la
» fontaine , que la roue qui eft fur la citerne fe
» rompe , & que la poudre s'en retourne dans la terre
» d'où elle eft venue , & l'efprit à Dieu qui l'a
» donné ».

Il eft aifé de voir , dit M. Leclerc , *Hift. de la Méd.*
pag. 86 , *liv.* 2 , *chap.* 3. que c'eft une defcription
énigmatique de la vieilleffe & de fes incommodités.
Cet Auteur célebre a tiré l'explication de ce paffage
du liv. 4, de l'Antropologie du Savant Riolan , qui
l'interprête en faveur de l'Anatomie ; ce paffage eft
trop long pour trouver place ici , nous y renvoyons
nos lecteurs.

Les Rabins affurent que quoiqu'il fût défendu aux
Juifs de toucher un cadavre , ils ne laiffoient cependant pas de cultiver l'Anatomie. Comme ils con-
fervoient très religieufement les os de leurs ancêtres ,
il pouvoit très bien fe faire qu'ils euffent acquis , par
cette méthode fouvent répétée , des connoiffances
Anatomiques. Nous lifons dans Hérodote que le corps
de Jofeph , après avoir été embaumé , fut mis dans un
cercueil & plongé dans le Nil ; n'étoit-ce pas à def-

sein d'avoir les os plus blancs, & de pouvoir les conserver plus facilement ? Nous ne pouvons tirer de cette coutume d'embaumer les corps, que des présomptions en faveur de l'Anatomie, dont les dissections pour les embaumemens ont donné les premieres connoissances.

Riolan dit (a) que les Rabins comptoient deux cents quarante-huit os, dont la charpente osseuse du corps humain étoit composée ; trois cents soixante-cinq veines ou ligamens. Cette division, selon les Rabins, a rapport aux 630 préceptes de la Loi de Moïse ; 248 de ces préceptes commandent ; 365 défendent. Les premiers sont en proportion des os ; les seconds en proportion des ligamens & des veines. Mais cette division, dit M. Leclerc, paroît ridicule à ceux qui entendent l'Anatomie : tout ce qu'on peut en conclure, c'est que les Rabins & les autres Juifs commençoient à connoître l'importance de cette science, qui est la base de l'art de guérir.

Esséniens. Les Esséniens étoient une espece de Juifs attachés à une secte fort ancienne du Judaïsme ; on les appelloit *Therapeutes, Guérisseurs*. Nous apprenons de Joseph, Historien Juif (b), que » les Esséniens étudioient » avec grand soin les écrits des anciens, & principa- » lement en ce qui regardoit les choses utiles à l'ame » & au corps ; qu'ils acquéroient ainsi une très gran- » de connoissance des remedes propres à guérir les » maladies, de la vertu des plantes, des pierres & » des métaux ». Le nom de cette espece de Juifs ne paroît guere avoir de rapport avec le culte qu'ils rendoient à Dieu : mais peut-être étoit-ce une obligation de leur état, de panser ceux qui se présentoient à eux, comme quelques especes de Moines le pratiquent parmi nous.

Les Docteurs Juifs croyoient encore que trois Anges présidoient à l'art de guérir ; ils appelloient le premier *Senoï*, le second *Sansenoï*, & le troisieme *Sanmangelo*.

Néchepsus. Environ trois cents quarante-quatre ans après Salomon, regnoit en Egypte un Roi appelé Néchepsus. On

(a) Antrop. lib. 1. cap. 3.
(b) De la guerre des Juifs contre les Romains, liv. 2, chap. 72.

lui

qui attribue des livres de Médecine. Pline le regarde comme Aftronome, & Firmicus dit qu'il avoit trouvé des remedes divins pour toutes les maladies, & qu'il en avoit fait un recueil. Il avoit auffi écrit fur les propriétés du *jafpe verd*, qu'il difoit fortifier *l'orifice de l'eftomac*, lorfqu'on faifoit graver fur cette pierre la figure d'un dragon rayonnant, & qu'on l'appliquoit fur la partie dont on vient de parler ; mais il répugne au bons fens que ces figures qu'on trouve gravées fur les pierres & fur les talifmans, puffent opérer quelqu'effet. On trouve encore dans Ætius la defcription d'un emplâtre & de quelques autres médicaments attribués à Néchepfus.

Vers le même-tems, Protofiris, autre Egyptien, fe rendoit recommandable par l'exercice de la Médecine. Firmicus l'appelle le *grand Protofiris*. Ses livres étoient anciennement fort recherchés. On dit qu'il écrivit à Néchepfus ; & fa lettre, qu'on croit être fuppofée, fe trouve, dit M. Leclerc (a), dans la Bibliothéque de l'Empereur, à Vienne. Juvenal fait mention de lui, & fe moque des Dames Romaines de fon tems, qui n'ofoient point prendre de nourriture lorfqu'elles étoient malades, fans avoir auparavant confulté les ouvrages de Protofiris.

PROTOSIRIS.

Ægra licet jaceat, capiendo nulla videtur
Aptior hora cibo, nifi quam dederit Protofiris.
Juvenal.

Jachen, fameux Médecin d'Egypte, vivoit vers l'an du monde 3300. Il s'acquit une grande réputation par les charmes & les fecrets magiques. On dit qu'il fit ceffer la pefte qui ravageoit l'Egypte, en reconnoiffance de quoi les Egyptiens le mirent au rang des Dieux.

JACHEN.

Quoiqu'il ne paroiffe pas que les trois Médecins dont nous venons de parler aient fait leur principale occupation de la Chirurgie, nous avons cependant cru devoir en faire mention, parceque toutes les parties de la Médecine, étant encore réunies, il ne pouvoit pas fe faire que celui qui donnoit des remedes pour les maladies internes ; ne guérît en même-

(a) Lamb. lib. 7, Labbeus, in novâ Bibliothecâ, lib. mf.

B

tems les externes : & c'est, comme nous l'avons déja
dit, ce qui faisoit leur réputation.

Le Poëte Homere vivoit, selon Hérodote, 340 ans
après la prise de Troye. C'est avec raison qu'on le regarde comme le génie le plus brillant & le plus fécond qui ait paru dans le monde. Aussi les sept plus
florissantes Villes de la Grece se disputerent-elles
l'honneur de l'avoir vu naître dans l'enceinte de leurs
murs. Smyrne est cependant celle qui semble à plus
juste titre, mériter ce privilége. Les ouvrages d'Homere sont remplis de majesté & de grace. On y trouve nombre de passages qui font juger que ce Poëte
savoit la Chirurgie & l'Anatomie. Il décrit trop bien
les moyens qu'on emploie pour guérir les plaies, la
méthode de tirer les fléches & les dards qui sont restés
dans les chairs, les moyens d'arrêter le sang, de laver la plaie, & d'y appliquer les médicamens favorables à la guérison, pour qu'on n'infere pas de-là
qu'il savoit du moins la théorie chirurgicale. On
trouve aussi dans l'Iliade quantité de preuves qu'Homere savoit l'Anatomie. Mélétius (a) dit qu'Homere étoit savant Anatomiste : & Galien cite son
autorité, en parlant du ligament du foie, qui fut
coupé par le trait dont Ulysse frappa le Cyclope
à l'endroit où le tronc de la veine cave sortant du
foie, traverse le diaphragme. On ne peut assez admirer la description que fait notre Poëte du tendon par
lequel Achille fit attacher Hector, pour le faire traîner ensuite par ses chevaux. Des gens de l'art ne
donneroient pas plus méthodiquement que lui la
description de la luxation & de la fracture de la
cuisse. D'après tous ces témoignages & toutes ces
preuves, il est naturel de conclure qu'Homere a su
l'Anatomie & la Chirugie. Ces deux qualités réunies
à celle d'excellent Poëte ne sont pas au-dessous de
l'immortel Auteur de l'Iliade & de l'Odyssée.

La Médecine avoit été purement pratique jusqu'au
tems des Philosophes Grecs, qui joignirent à l'é-
tude de l'art de guérir, celle de la Physique. Leurs
raisonnements tendoient à expliquer le méchanisme
des fonctions du corps, & supposent nécessairement

(a) Lib. de nat. hom.

que ces grands hommes ne les faifoient que d'après les connoiffances anatomiques qu'ils avoient acquifes.

Le Philofophe Pythagore eft le premier qui ait fait des raifonnemens phyfiologiques. Il ne nous en refte que des fragmens qui fe reffentent encore de la fuperftition de fon fiecle. Pythagore, felon le fentiment le plus commun, étoit fils d'un Statuaire. Il naquit à Samos ; les Auteurs ne s'accordent point fur l'année de fa naiffance, ni fur le tems auquel il vivoit. Moreri dit que c'étoit vers la 47e. olympiade ; Vander-Linden, vers la 41e ; d'autres, vers la 53e ; quelques-uns, enfin, affurent qu'il mourut à 90 ans, 497 avant Jefus-Chrift. Dans cette variété d'opinions, nous tiendrons un jufte milieu, & nous dirons avec M. Leclerc, que Pythagore fleuriffoit vers la 70e. olympiade. Il fut fi avide de fcience, qu'il l'alla chercher jufqu'aux Indes, & féjourna long-tems en Egypte qui étoit le pays des fciences & des arts. Ce fut parmi les Sacrificateurs Egyptiens, qu'il puifa ce qu'il favoit en Médecine, & peut-être ne dût-il fes connoiffances phyfiologiques, qu'à l'infpection des victimes qui tomboient fous le couteau des Prêtres qu'il fréquentoit, & des corps qu'il avoit vu embaumer felon la méthode d'Egypte. On peut auffi conclure qu'il étoit Anatomifte, des occupations de fes difciples, qui au rapport de Chalcidius, difféquoient des animaux : pratique qui leur avoit, fans doute, été recommandée par leur maître. On dit qu'il croyoit que les chévres refpiroient par les oreilles, & qu'il connoiffoit ce conduit qui va de la bouche dans l'intérieur de l'oreille, & auquel on a donné le nom de trompe d'Euftache. Mais cette affertion n'a aucun fondement, puifque l'on convient généralement, & avec raifon, que cette découverte eft due à Euftache.

Les écrits que nous avons de Pythagore fur la Phyfiologie font remplis d'idées bifarres. Il avoit imaginé, pour expliquer la génération (a), qu'au moment de la conception, une fubftance imprégnée d'une vapeur chaude, defcendoit du cerveau pour venir former l'ame & les fens de l'embryon ; & qu'un

(a) Diogene Laerce, Hift. Philofophique de Galien.

B ij

amas d'autres humeurs tranfmifes dans la matrice formoit les chairs , les tendons , les nerfs , les cheveux , les os , & toute la maffe du corps. Il ne falloit que quarante jours au fœtus , pour fe former & fe confolider de cette maniere : mais conféquemment aux loix de l'harmonie , il n'étoit parfait qu'aux feptiéme , neuvieme , & , pour l'ordinaire au dixieme mois commencé. Pendant cet intervalle fe regloit tout ce qui devoit arriver à l'enfant dans le cours de fa vie : l'ame fixoit fon féjour dans la tête & dans le cœur ; la raifon qui émanoit de l'ame , occupoit la tête , & les paffions le cœur. Pythagore avoit apparemment pris cette opinion , qui lui eft commune avec les Ecrivains facrés , des Chaldéens qu'il avoit fréquentés. Il difoit encore que les veines , les arteres & les nerfs , étoient les liens de l'ame.

Le fentiment de Pythagore fur les caufes des maladies , eft auffi ridicule que celui qu'il avoit fur la génération. Nous ne nous arrêterons point à le rapporter. Ce Philofophe ne vivoit que d'herbages , & ne mangeoit jamais de viande. Il interdifoit les feves , comme un aliment groffier , & pour d'autres raifons myftérieufes. Il confeilloit auffi de ne s'approcher des femmes que lorfqu'on étoit trop vigoureux : le régime qu'il obfervoit lui permettoit fans doute de fuivre ce précepte.

Enfin tout le fyftême de Pythagore , eft un tiffu d'abfurdités. Il prit pour des réalités , des chimeres avec lefquelles il expliquoit les loix de l'économie animale. Il mourut à Mélaponte à l'âge de 90 ans , la deuxieme année de la 82e. olympiade , 593 ans avant Jefus-Chrift.

Empédocle , le plus célebre des difciples de Pythagore , naquit à Agrigente , Ville de Sicile , au commencement de la 73e. olympiade , vers l'an du monde 3528. Il étudia la Philofophie & la Médecine fous Pythagore. Ses fentimens font auffi finguliers , & remplis d'autant de myftérieufes chimeres , que ceux de fon maître. Il fit cependant plufieurs cures fingulieres , parcequ'il ne fit pas alors ufage de fes vaines fpéculations.

Plutarque affure dans un de fes ouvrages , qu'Em-

pédocle connoiſſoit la membrane qui tapiſſe la co-
qüille du limaçon , & qui forme une partie de la ram-
pe dans l'organe de l'ouie , & qu'il la regardoit comme le point de réunion des ſons , & l'organe immédiat
de l'ouie (a). Nous ne ſommes point fondés à lui refuſer ce détail anatomique , ne connoiſſant aucun
Auteur qui en ait fait mention avant lui.

La Phyſiologie d'Empédocle eſt remplie de rêveries , comme celle de Pythagore : on doit cependant
dire à ſa louange , que par une conjecture également
juſte & délicate , il aſſura que les graines dans la
plante , étoient analogues aux œufs de l'animal : ſentiment dont l'expérience a démontré la certitude.

L'hiſtoire rapporte qu'Empédocle , dans le deſſein
de paſſer pour un Dieu & pour faire croire qu'il avoit
été enlevé aux Cieux , ſe précipita dans les flammes
du Mont-Ethna ; mais il eſt plus naturel de croire
qu'il fut conſumé par les flammes de ce Volcan , de la
même maniere que Pline le fut par celles du Mont-
Veſuve , pour s'en être approché de trop près. D'autres diſent qu'il tomba de ſon char en voyageant ,
qu'il ſe caſſa la cuiſſe , & mourut de cette chûte à l'â-
ge de 77 ans ; quelques Auteurs aſſurent qu'il a vécu
109 ans.

Alcméon , autre diſciple de Pythagore , naquit à
Crotone. Il s'attacha particulierement à la Médecine ; il eſt le premier qui ait diſſéqué des animaux ,
pour avoir occaſion de connoître les parties qui compoſent le corps humain. Il eſt étonnant , dit M. Leclerc , que l'Anatomie ait été auſſi long-tems négligée par ceux qui ſe diſoient Médecins ou Chirurgiens , mais cette ſcience fut juſqu'alors appriſe par
tradition , comme dans la famille des Aſclépiades.
Nous n'avons aucun des écrits d'Alcméon. Nous ne
ſavons que très peu de choſe ſur ſon Anatomie. Il
croyoit , au rapport de Galien (b) , que l'ouie ſe
fait parceque les oreilles ſont vuides en dedans , &
que tous les lieux vuides réſonnent quand l'air y pé-
nétre. Ariſtote rapporte (c) qu'Alcméon penſoit

(a) Plutarch. Simpoſiac.
(b) Hiſt. Phlioſophica.
(c) Hiſt. Aumm. lib. cap. 11.

que les chevres refpiroient par les oreilles. Chalcidius, comme nous l'avons dit plus haut, a donné cette découverte à Pythagore. Il difoit encore que l'ame reçoit les odeurs qu'on attire en refpirant ; que la langue diftinguoit les faveurs ; que la femence eft une partie du cerveau ; que le fœtus fe nourrit dans le ventre de fa mere en attirant la nourriture par les pores de fon corps, & par juxta-pofition. Ses autres fentimens phyfiologiques font auffi conféquens aux principes qu'il avoit reçus de fon maître.

Démocrite, difciple de Pythagore, fut le plus zélé Sectateur de fa doctrine. Il naquit à Milet, la troifieme année de la 77e. olympiade. Il avoit une fi grande envie de s'avancer, qu'il confuma la plus grande partie de fon patrimoine à voyager, pour voir les Savans de toutes les parties du monde (a). Il ne s'adonna pas feulement à l'étude de la Philofophie, mais il s'occupa beaucoup de la Médecine & de l'Anatomie. Il parcourut l'Egypte, la Perfe, la Chaldée ; il pénétra même jufqu'aux Indes où il eut des entretiens avec les Philofophes, les Médecins, les Sacrificateurs, les Magiciens, & les Gymnofophiftes ; les tombeaux n'avoient pour lui rien d'effrayant. Il s'enfermoit afin d'être plus en état de méditer, & de rire plus à fon aife des folies des hommes : peut-être pour avoir occafion de voir les offemens, & d'étudier le corps humain ; ce qu'il n'auroit pû faire publiquement. Le bruit fe répandit bientôt que Démocrite habitoit les Sépulchres. Quelques jeunes gens vinrent déguifés en fpectres à deffein de l'épouvanter, mais il leur dit de fang froid : *ne cefferez-vous point de faire les fous ?* Une maniere de vivre auffi bifarre le fit paffer pour fou parmi les Abdéritains fes compatriotes (b). On fit venir Hippocrate pour le traiter de la folie. Ce grand homme arriva, vit Démocrite occupé à difféquer des animaux ; & lui ayant demandé quel étoit le but de cette occupation, Démocrite lui répondit, qu'il cherchoit à découvrir les caufes de la folie, qu'il croyoit être un effet de la bile. Hippocrate fut défabufé par cette réponfe, de l'opinion qu'il avoit

(a) Clement. Alexand. Pædagog. lib. 9.
(b) V. les Lettres qui font à la fin des Œuvres d'Hippocrate.

d'abord conçue de cet homme extraordinaire ; il conversa long-tems avec lui ; & il apprit que s'il rioit continuellement, c'étoit de la vanité des hommes. Hippocrate le quitta bien satisfait, & assura aux Abdéritains que Démocrite étoit le plus sage de tous les hommes, & que personne n'étoit aussi capable que lui de guérir la folie. Diogene Laerce rapporte aussi qu'en présence d'Hippocrate, Démocrite sut discerner que du lait qu'on lui apportoit, étoit d'une chévre noire qui n'avoit encore fait qu'un chévreau (*a*), & qu'ayant salué à titre de *fille* une jeune personne qui accompagnoit Hippocrate, il la salua le lendemain à titre de femme, connoissant à ses yeux qu'elle avoit perdu sa virginité la nuit précédente : sagacité capable de rendre la vie odieuse à la moitié du genre humain, dit l'Auteur de la vie de Démocrite.

On attribue à Démocrite les ouvrages suivants :

De la nature de l'homme ou de la chair.

De la peste, & des maladies pestilentielles.

Du prognostic.

De la diete.

Des causes des maladies.

On trouve dans la Bibliothéque du Louvre quelques manuscrits Grecs du même Auteur : mais on les croit supposés. Vander-Linden cite encore deux ouvrages de Démocrite sur la Chymie. George Wolkamer, Médecin célebre à Nuremberg, a publié un très bon ouvrage qui a pour titre : *Zootomia Democritica* : cet ouvrage mérite d'être lu. Cicéron rapporte aussi que Démocrite avoit ouvert tant d'animaux, qu'au seul aspect de leurs entrailles, & à la couleur des productions de la nature, il jugeoit si la récolte seroit abondante ou non, & si le pays seroit ravagé par les maladies.

Pétrone dit que Démocrite avoit exprimé des sucs de toutes les plantes, & avoit donné la plus grande partie de son tems à faire des expériences sur les pierres & sur les arbrisseaux. Seneque assure que ce Philosophe avoit trouvé le secret d'amollir l'ivoire, & & celui de composer des émeraudes avec des cailloux mis au feu.

Démocrite mourut aveugle à l'âge de plus de cent

(*a*) Diogen Laert. in Democrit.

ans. On dit qu'ennuyé de la vie, il retranchoit tous
les jours quelque portion de sa nourriture ordinaire :
& que sa sœur qu'il avoit avec lui, l'ayant prié de
ne pas se laisser mourir avant certaines fêtes où elle
n'auroit pu assister s'il étoit mort ; il se fit apporter
un pain chaud, & qu'il vécut encore plusieurs jours
en le flairant (a).

DIAGORAS.

Diagoras étoit de l'Isle de Melos, l'une des Cyclades. Il fut esclave de Démocrite, & il est à présumer
qu'il apprit de son maître la Philosophie & quelque
peu de Médecine, puisqu'Ætius nous donne, sous le
nom de ce Philosophe, la composition d'un collyre.
Dioscoride rapporte (b) aussi que Diagoras *avoit condamné l'opium, ou le suc de pavot dont on se servoit
dans les douleurs d'oreille & dans les inflammations des
yeux : la raison qu'il en rendoit, c'est que l'opium est un
assoupissant dangereux, & affoiblit la vue.*

Au reste, Diagoras est encore fameux par son
athéisme. On sait qu'il doutoit de la providence des
Dieux (c). Etant un jour dans une auberge, il prit une
statue d'Hercule en bois, la mit au feu, & dit en se
moquant : *Hercule fera aujourd'hui bouillir notre pot :
ce sera le treizieme de ses travaux.*

EURIPHON.

Euriphon étoit Médecin de Cnide, il passa pour
être l'Auteur des Sentences Cnidiennes citées par Hippocrate, il est par conséquent plus ancien que lui.
C'est apparemment de cet Euriphon, que parloit Platon le Comique (d), lorsqu'il représentoit *Cinesias*, fils
d'Evagoras, au sortir d'une pleurésie, *maigre comme
un squelette, la poitrine pleine de pus, les jambes comme un roseau, & tout le corps chargé des escarres qu'Euriphon lui avoit faites en le brûlant ; en un mot, phthi-
sique ou empyque consommé.*

Il paroît par ce passage, qu'Euriphon employoit
les cauteres dans l'empyeme, comme Hippocrate le
pratiquoit, & qu'ainsi il exerçoit la Chirurgie. Il vivoit du tems d'Hippocrate, mais il étoit plus âgé que
lui.

(a) Athen. lib. 2. cap. 7.
(b) Lib. 4. cap. 35.
(c) Aristophan. Scholiast. in nubibus.
(d) Galen. in Hippocrat. Aphor. Comment. 7.

CHAPITRE IV.

DE L'ETAT DE L'ANATOMIE ET DE LA CHIRURGIE du tems d'Hippocrate, du progrès que firent ces deux Sciences pendant sa vie & après sa mort.

JUSQUES au tems d'Hippocrate, la Médecine avoit HIPPOCRA-
été exercée par toute forte de gens indifféremment. TE.
Vers la 70e. olympiade, elle devint le partage des
Philofophes ; mais pendant l'efpace de cent dix ans
qui s'écoulerent depuis Pythagore, jufqu'à la guerre
du Péloponèfe, la Philofophie & la Médecine s'étant
beaucoup étendues, on reconnut la néceffité de les divifer, étant l'une & l'autre capables d'occuper un
homme tout entier. Il étoit réfervé à Hippocrate de faire
cette divifion, & d'indiquer à la poftérité la route la
plus fûre pour exercer l'art de guérir avec fuccès,
celle de connoître la ftructure, la pofition & l'ufage
des parties dont la réunion forme le corps de l'homme.
Egalement verfé dans la Philofophie & la Médecine,
il étoit à portée de juger s'il pouvoit en les exerçant
toutes les deux, être également utile à la fociété. Son
amour pour le bien public lui fit préférer cette derniere ; il jugea que des fpéculations philofophiques ne
convenoient point à fon inclination ; & ne retint de
Philofophie que ce qu'il en falloit pour raifonner plus
jufte en Médecine.

Hippocrate étoit un des defcendans d'Efculape, au
dix-huitieme degré (*a*), du côté d'*Héraclide* fon pere, &
allié d'Hercule, par fa mere *Praxithée* ou *Phénarete* (*b*),
au vingtieme degré : voici quelle eft fa généalogie
tirée par les anciens des ouvrages d'Erathoftène, de
Phérécide, d'Apollodore & d'Arius de Tarfe (*c*).

(*a*) V. Leclerc, part. 1, liv. 2, chap. 2.
(*b*) Il y a des Auteurs qui prétendent qu'Hippocrate étoit
petit fils de Phénarete.
(*c*) V. Reinecius, Hift. Juliâ, Hieron. Henningefius in tab.
geneal. Vander-Linden in præfatione.

Esculape, disciple de Chiron, épousa Epione fille
d'Hercule. Il en eut plusieurs enfans de l'un & de l'autre sexe. Les enfans mâles furent Podalire, Roi de
Carie, & Machaon qui regna dans la Messénie. De
Podalire naquirent Hyppoloque, Sostrate premier,
Dardanus, Cléomitides premier, Chrepamis premier,
Théodore premier, Sostrate second, Chrysamis second, Cléomitides second, Théodore second, Sostrate troisieme, Nébrus Gnosidicus de Cos, le grand
Hippocrate. Les descendans de Podalire régnerent dans
la Carie, jusqu'à Théodore second, sous lequel se fit
la fameuse descente des Héraclides par lesquels ils furent chassés, & contraints de se retirer dans l'Isle de
Cos qui est dans le voisinage de la Carie. Les descendans de Théodore s'illustrerent à Cos, par le succès
avec lequel ils pratiquerent la Médecine : ce fut particulierement sous Nébrus Gnosidicus, Hippocrate
premier & Héraclide, qu'elle fit le plus de progrès ;
mais aucun d'eux n'eut autant de talents, & ne jouit
d'une aussi grande réputation, qu'Hippocrate second
dont nous parlons (*a*). Il naquit dans l'Isle de Cos (*b*),
la premiere année de la 80e. olympiade, vers la fin du
trente-cinquieme siecle du monde. Il fut instruit dans
la Médecine & les Belles-Lettres, par son grand pere
Hippocrate & son pere Héraclide, qui non-seulement
étoient de grands Médecins, mais encore versés en
tout genre de Littérature. Ils l'instruisirent dans la
Logique, la Physique, la Philosophie naturelle, l'Astronomie & la Géométrie. Il étudia l'Eloquence sous
Gorgias Leontin, le plus célebre Rhéteur de son tems.
Il voyagea pendant douze ans en plusieurs Provinces,
pour acquérir des connoissances qu'il n'esperoit pas
trouver dans l'Isle de Cos, quelque belle que soit sa
situation. Il parcourut la Macédoine, la Thrace &
la Thessalie. Il recueillit dans ces contrées la plus
grande partie des observations précieuses que contiennent ses Epidémiques (*c*). Pendant ses voyages, il

(*a*) V. Plin. l. 6. cap. 2. primus Hippocrates medendi præ-
cepta clarissimè condidit.

(*b*) Soranus, dans la Vie d'Hippocrate.

(*c*) Ibid. Plin. Hist. Nat. l. 19. Is cum fuisset mos libera-
tos morbis scribere in templo hujus Dei quid auxiliaturus
esset, ut posteà ea similitudo proficeret, exscripsisse ea dici-

S'arrêta à Ephèfe, près du Temple de Diane, où il transcrivit & mit en ordre les tables de Médecine qu'il y trouva. Il en fit autant à l'égard de celles qu'il trouva dans le Temple qu'Efculape avoit dans l'Ifle de Còs : car c'étoit un ancien ufage que tous les convalefcents en apportant leurs offrandes aux Temples, y fiffent infcrire les remedes qui les avoient guéris, afin qu'ils puffent fervir à d'autres dans des cas femblables. La réputation d'Hippocrate croiffoit de jour en jour. Plufieurs Princes & plufieurs Rois tenterent de l'attirer à leur Cour (a) ; mais il ne voulut jamais abandonner fa patrie, quelque brillantes que fuffent les offres qu'on lui faifoit. » *Dites à votre maître*, ré- » pondit-il au Gouverneur de l'Hellefpont, qui le de- » mandoit de la part d'Artaxerxès Longue-main, *que* » *je fuis affez riche ; que l'honneur ne me permet pas de* » *recevoir fes préfens, & d'aller fecourir les ennemis de* » *la Grece.*

De fon tems, dit l'illuftre Auteur de la partie Chirurgicale de l'Encyclopédie (b), la *Chirurgie* étoit fi parfaitement unie à la Médecine, que l'une n'avoit pas même un nom particulier qui la diftinguât de l'autre : auffi prendroit-on le livre *De officinâ Medici*, pour un Traité de Chirurgie. Quoi qu'il en foit, continue *M. Louis*, tout ce qu'a écrit Hippocrate fur les plaies, les tumeurs, les ulceres, les fiftules, les fractures, les luxations, & les opérations, eft admirable. C'eft à Hippocrate, ajoute-t-il, que je ne nomme guere fans un fentiment de plaifir, de gratitude & de vénération ; c'eft à ce divin mortel, que nous devons tout, en Médecine & en Chirurgie. En un mot, pour appliquer ici les termes de Montagne, » la plus » riche vie que je fache avoir été reçue entre les vi- » vans, & étoffée des plus riches parties & défirables, » c'eft celle d'Hippocrate ; & d'un autre côté, je ne » connois aucuns écrits d'homme que je regarde avec » autant d'honneur & d'amour ».

L'Anatomie d'Hippocrate eft remplie de tant d'incer-

---

tur, atque jam templo cremato, inftituiffe medicinam hanc quæ *Clinica* vocatur.

(a) V. Soran. cap. 11. n. 1, 2, 3, editionis Lindenianæ.
(b) M. Louis.

titude & d'obſcurité, qu'on ne ſait à quoi s'en tenir;
& qu'il eſt très difficile d'en faire un extrait bien juſte;
parceque, premierement il ſe trouve dans les livres
d'Hippocrate, ou dans ceux qu'on dit être de lui, pluſieurs contradictions; ſecondement, dit M. le Clerc,
(a) quand on ramaſſeroit tout ce qu'il a dit de chaque
partie, on n'auroit preſque rien de complet & d'aſſez
ſuivi; parcequ'enfin quand il ne ſe ſeroit pas gliſſé dans
le texte autant de fautes qu'il y en a, ou qu'il y auroit
moins de variété dans les originaux, le ſtyle d'Hippocrate eſt ſi concis, & quelquefois ſi obſcur, qu'il n'eſt
pas toujours aiſé de le bien entendre, même à ceux
qui poſſedent le mieux la langue Grecque.

Ou auroit à regretter un livre que Galien avoit
écrit ſur l'Anatomie d'Hippocrate, ſi l'on ne ſavoit que
cet Auteur eſt ſuſpect par l'ardeur avec laquelle il
parle de ce pere de la Médecine.

Nous allons cependant parler de l'Anatomie d'Hippocrate, avec le plus de netteté qu'il nous ſera poſſible, & nous commencerons par ce qu'il dit des arteres & des veines. Il penſe que le cœur eſt l'origine du
ſang & de la pituite (b), que l'eau vient de la rate, & la
bile du foie; que les veines viennent du foie qui en eſt
l'origine & la racine (c), comme le cœur eſt celle des
arteres. Hippocrate ſemble ſe contredire quand il dit (d),
*que les veines, comme les arteres, viennent du cœur;
l'artere, ajoute-il immédiatement après, renferme
plus de chaleur que la veine cave, & l'artere eſt le réſer-
voir de l'eſprit. Il y a encore d'autres veines dans le
corps, outre ces deux. Quant à celle qu'on a dit avoir
la plus grande cavité, & être attachée au cœur, elle
traverſe tout le ventre & le diaphragme, & ſe partage à
l'un & à l'autre rein, vers les lombes. De même, au-
deſſus du cœur, cette veine ſe diviſe à droite & à gauche, & montant à la tête ſe diſtribue à chaque temple.
On peut joindre d'autres veines à celles-ci qui ſont auſſi
fort grandes; mais, pour le dire en un mot, toutes les*

(a) Hiſt. Med. part. 1. liv. 3. chap. 3.
(b) L. 4. de morbis.
(c) L. de alimentis.
(d) Lib. de carnibus.

veines qui font difperfées par tout le corps , viennent de la veine cave & de l'artere. Il avance ailleurs qu'il y a deux veines caves ou creufes qui fortent du cœur , dont l'une s'appelle l'artere , & l'autre veine cave. En ce tems-là on donnoit indifféremment le nom de *veine* à tous les vaiffeaux qui contiennent du fang , & l'on appelloit proprement *artere, la canne du poulmon,* fou *l'apre artere* (a) , parcequ'il croyoit qu'elle conferve l'air. Hippocrate donne encore le nom de veine aux arteres , & même aux nerfs.

Ce que dit Hippocrate fur la ftructure du cœur , eft plus vrai & plus exact (b). Il reconnoît que la fubftance de ce vifcere eft mufculeufe , & fa figure pyramidale ; que le cœur eft recouvert d'une membrane , que nous appellons péricarde , laquelle contient une liqueur femblable à l'urine , enforte que le cœur eft comme une veffie : ce qui a été fait ainfi afin que le cœur fe confervât mieux dans cette efpece de châffe. Le cœur , pourfuit Hippocrate , a deux ventricules féparés par une petite cloifon , d'un du côté droit , l'autre du côté gauche , & qui ne font point femblables. Ces deux ventricules occupent le cœur tout entier ; la cavité de l'un eft plus grande que la cavité de l'autre ; il eft plus mou , plus vafte , & ne s'étend point tout-à-fait jufqu'à la pointe du cœur, qui eft toute folide , mais il eft comme coufu ou attaché au cœur par dehors. Le dernier ventricule ou le gauche eft fitué précifément fous la mamelle gauche , à laquelle il répond en droite ligne , & où l'on fent fes pulfations. Ces deux cavités font épaiffes , remplies d'inégalités , & comme rongées : cela s'obferve cependant plus dans le ventricule droit , que dans le ventricule gauche. Il les regardoit comme les fontaines de la nature humaine , & les fleuves qui arrofent tout le corps , & lui donnent la vie ; lorfqu'ils tariffent, l'homme périt.

Hippocrate dit que *les oreillettes* font deux petits corps mous & caverneux qui s'élevent autour des ventricules , près de la fortie des veines : ils n'ont ce-

(a) Ἀρτηριη ἀπὸ τοῦ τον ἀέρα τηρεῖν.
(b) Lower , Médecin Anglois , a puifé dans fon Traité fur le cœur.

pendant pas les mêmes usages : ils sont les organes
par où la nature attire l'air. Il assure que ces oreillettes se dilatent & se contractent, c'est-à-dire, qu'elles
ont un mouvement de systole & de diastole. Il paroît
enfin qu'Hippocrate y avoit vu les valvules du cœur :
car il assure qu'à chaque orifice de ces vaisseaux, se
trouvent trois pellicules rondes à leur extrêmité, &
formant un demi cercle, & il ajoute que la maniere
dont elles bouchent les arteres est admirable. Si quelqu'un (c'est toujours Hippocrate qui parle) qui saura
quel est l'ordre & la disposition de ces membranes,
en ôte un rang, & baisse l'autre, il ne pourra faire
entrer dans le cœur, ni de l'eau, ni du vent.

A l'égard du cerveau, notre Auteur pense que sa
substance est toute glanduleuse (a), & qu'il se charge
des humidités superflues du cœur dont il s'imbibe,
comme le feroit une éponge. Il dit que le cerveau est
le siege de la prudence & de l'entendement (b), &
assure ailleurs, qu'il loge l'ame (c). La moëlle épiniere
descend selon lui du cerveau ; mais il prétend qu'on
ne doit pas lui donner le nom de moëlle ; puisqu'elle
n'est point semblable à celle qui est contenue dans les
autres os, & qu'elle est environnée de membranes, ce
qu'on n'observe pas à l'égard des autres moëlles.

Ce qu'il dit de l'organe de l'ouie suppose à la vérité qu'il en avoit quelque notion, mais est encore
bien éloigné de ce qu'en ont dit nos Auteurs modernes. ›› Le trou des oreilles, dit-il, aboutit à un
›› os dur, sec & semblable à une pierre (d). Près de
›› cet os est une cavité fistuleuse : à l'entrée de ce
›› canal est une pellicule fort mince & séche, dont la
›› sécheresse, aussi bien que celle de l'os, produit le
›› son ; l'air étant réfléchi autant par cet os, que par
›› la pellicule. Le bruit se fait contre la portion dure
›› de l'os, & le frémissement se fait sentir dans sa cavi-
›› té (e) ››. Quant à la structure de l'oreille externe,
Hippocrate reconnoît qu'elle est cartilagineuse ; mais

(a) Lib. de glandulis.
(b) Libro de morbo sacro.
(c) Γνῶμη. ame, esprit, entendement.
(d) Lib. de carnibus.
(e) Lib. de locis in homine.

ce qu'il dit sur l'organe de la vue & sur la maniere dont elle se fait est rempli d'obscurité. Il parle de la pupille & des membranes qui enveloppent l'œil (a) ; il dit que l'humeur crystalline est gluante & transparente comme l'encens ; mais qu'on ne peut la voir, que lorsqu'elle est sortie après la rupture de l'œil. Il n'est pas plus clair sur l'organe de la voix, & dans la description qu'il donne du poulmon. Il reconnoît cependant qu'il est composé de cinq lobes d'une couleur cendrée ; qu'il est caverneux & percé de plusieurs trous comme des éponges (b), naturellement sec, & qu'il est raffraichi par la nature & la respiration ; que l'âpre artere est composée d'anneaux semblables entr'eux, qui se touchent par leur superficie, & vont finir à la sommité du poulmon. Il met les mamelles des femmes au nombre des glandes (c), & reconnoît des glandes aux articulations, sous les aisselles, aux aînes, près des veines jugulaires, & dans la classe de ces glandes il range les amygdales. Il donne indifféremment le nom de veines aux vaisseaux arteriels & veineux, aux ureteres & aux nerfs. Il confond aussi les noms de nerfs, de tendons & de ligaments. Il reconnoît cependant que les nerfs n'ont aucune cavité. On ne trouve presque rien dans les ouvrages de ce grand homme, touchant les muscles, si ce n'est que par eux se fait le mouvement.

Quant aux visceres du bas ventre, Hippocrate en parle avec peu d'exactitude, & beaucoup de confusion ; c'est pourquoi nous ne rapporterons point ici tout ce qu'il en a dit ; il nous suffira d'observer qu'à travers l'obscurité de l'Anatomie d'Hippocrate, on ne laisse pas d'appercevoir de tems en tems des vérités. Il dit, par exemple, que les reins doivent être mis au nombre des glandes (d). Mais bientôt après, il obscurcit cette vérité par une hypothèse qui est que les reins ont une faculté attractive, d'où il arrive qu'une partie de l'humidité qui vient de la boisson, s'y porte, s'y filtre comme de l'eau, & descend dans la vessie

(a) De morbis epidem. lib. 1, sect. 4.
(b) Lib. de locis in homine.
(c) Lib. de glandulis.
(d) Lib. de glandulis.

par les veines qui s'y portent ; tandis que l'autre partie de la boisson passe immédiatement des intestins
dans la même vessie , les intestins étant spongieux à
l'endroit où ils la touchent. L'Ostéologie est de toutes
les parties de l'Anatomie, celle sur laquelle Hippocrate a été le plus exact , comme étant celle dont la
connoissance lui étoit principalement familiere , &
qu'il estimoit la plus nécessaire pour l'exercice de la
Chirurgie qu'il pratiquoit avec autant de célébrité
que de succès. Riolan a donné un extrait de l'Ostéologie d'Hippocrate : nous y renvoyons le lecteur curieux
de s'en instruire.

Aucun des Médecins & des Philosophes qui avoient
vécu avant Hippocrate , n'avoient cultivé la Chirurgie avec autant de zele & de soin que ce pere de la
Médecine. Il avoit pour maxime , que » ce que les
» médicaments ne guérissent pas, le fer le guérit ; &
» si le fer ne sert de rien, il faut avoir recours au
» feu ». Ces deux remedes étoient ceux dont Hippocrate faisoit usage pour la guérison des maladies externes. Il brûloit ou cautérisoit la poitrine & le dos
des phthisiques , & le ventre de ceux qui avoient la
rate enflée. Les instruments dont il se servoit étoient ,
des fers chauds (a), des fuseaux de bouis qu'il trem-
poit dans l'huile bouillante ; tantôt une espece de
champignon qu'il faisoit brûler sur la partie malade ;
tantôt ce qu'il appelle du lin crud. Il employoit ces
manieres de brûler dans les cas des douleurs fixées à
une partie.

Dans la goute & la sciatique , il brûloit ou cautérisoit les doigts des pieds & des mains, & la hanche,
avec le lin crud : cette méthode étoit la même que
celle que Prosper Alpin prétend avoir été pratiquée
chez les Egyptiens. Cet Auteur dit : » qu'ils prennent
» un peu de cotton qu'ils enveloppent dans une petite
» piece de toile de lin , roulée en forme de pyrami-
» de , ils appliquent le côté large sur la partie qu'ils
» veulent cautériser, appuyant toujours dessus jus-
» ques à ce que toute la pyramide ou la toile soit
» brûlée ».

Hippocrate appliquoit le cautere à presque toutes

(a) Καυτηριον. Cautere.

les

les maladies. Dans l'hydropifie naiffante (a), il cau-
térifoit le ventre en huit endroits, vers la région du
foie. Dans les douleurs de tête, c'étoit derriere les
oreilles, fur le derriere de la tête, à la nuque & auprès des angles des yeux, qu'il appliquoit les cauteres ; & lorfqu'ils étoient infuffifants, il faifoit une incifion tout au tour du front en forme de couronne. Il
mettoit entre les bords de la plaie un morceau de
charpie pour donner iffue aux humeurs & au fang. Il
fe fervoit de la même méthode dans les ophtalmies
opiniâtres. Hippocrate lui-même nous apprend que
les cauteres n'avoient alors rien d'effrayant pour les
malades, & qu'on les appliquoit même en fanté. Les
Scythes Nomades (b) fe faifoient brûler les épaules,
les bras, la poitrine, les cuiffes & les lombes, afin
d'avoir le corps plus vigoureux, les articulations plus
robuftes & plus fermes, & pour confumer l'humidité fuperflue des chairs, qui empêchoit, à ce qu'ils
croyoient, que leurs arcs ne fuffent bandés & lancés
avec affez de force. Ces peuples fe cautérifoient encore fréquemment les arteres des temples, pour prévenir une fluxion qui leur tomboit ordinairement fur
la hanche, après de longues courfes à cheval. Strabon & Juftin font auffi mention des femmes Sauro-
mates qui fe brûlent la mamelle droite avec un fer
chaud, à deffein de faire paffer toute la force du côté
gauche.

Hippocrate pratiquoit encore affez fouvent l'opération du trépan (c) : cette opération avoit été inventée pour les fractures du crâne, afin de faire
fortir le pus ou le fang épanché dans cette cavité,
pour extraire les petites pointes d'os qui piquoient
& irritoient les membranes du cerveau, & pour réle-
ver le crâne lorfqu'il fe trouvoit enfoncé. Cependant notre Auteur ne laiffoit pas de trépaner pour
une efpece de douleur de tête, qu'il croyoit venir
d'une eau renfermée dans le cerveau, ou entre le
crâne & le cerveau : il faifoit auffi fort hardiment
l'opération de l'empyéme, quand les autres remedes

(a) Lib. de affectionibus.
(b) Lib. de aere, aquis & locis.
(c) Τρυπαγη ou τρηπανον, tariere, inftrument propre à percer.

étoient infuffifants. Voici comme il s'y prenoit :
»Lorfqu'il jugeoit (*a*), que ce] pus étoit formé
»ou extravafé dans la poitrine du malade, il le fai-
»foit mettre dans un bain chaud ; & l'ayant enfuite
»placé fur un fiége, il lui fécouoit les épaules, &
»approchant les oreilles de la poitrine, il écou-
»toit s'il s'y faifoit du bruit, & de quel côté cela
»arrivoit. Hippocrate croyoit qu'il étoit plus avan-
»tageux pour le malade, que le bruit fe fît du côté
»gauche, & qu'on pouvoit plus fûrement opérer
»de ce côté. Si l'épaiffeur des chairs, & la quan-
»tité du pus empêchoient qu'il ne pût entendre le
»bruit, il choififfoit, pour faire l'incifion, le côté
»où il y avoit le plus d'enflûre & de douleur. Il in-
»cifoit plutôt fur le derriere que fur le devant, &
»toujours le plus bas qu'il pouvoit : il ouvroit d'a-
»bord la peau feule, entre deux côtes, avec un ra-
»foir large : il en prenoit enfuite un plus étroit &
»plus pointu, il l'enveloppoit avec de la toile, pour
»affujettir la lame, dont la pointe feule paroiffoit de
»la longueur de l'ongle du gros doigt, & la pouffoit
»dans la poitrine. Cela étant fait, & le pus étant
»forti en quantité fuffifante, il bouchoit la plaie
»avec une tente de linge, attachée à un fil ; & pen-
»dant dix jours, il vuidoit du pus, une fois chaque
»jour. Quand le pus étoit écoulé, il feringuoit dans
»la plaie du vin & de l'huile, & le faifoit enfuite
»fortir, après qu'il y avoit demeuré douze heures.
»Lorfque le pus commençoit à devenir clair & un
»peu gluant, il mettoit dans la plaie une tente d'é-
»tain creufe ; & à mefure que l'humeur fe tariffoit,
»il diminuoit la tente, & laiffoit confolider la
»plaie.

Dans l'hydropifie afcite, il faifoit la ponction auprès du nombril, ou vers la hanche : dans l'hydropifie de poitrine, il faifoit l'incifion entre la troifieme
& quatrieme côte, de bas en haut, & après avoir
fait fortir une petite quantité d'eau, il bouchoit la
plaie avec un lin crud : il mettoit enfuite une éponge
molle par-deffus, & couvroit le tout d'un bandage.
Il réitéroit pendant douze jours cette opération ; à

(*a*) Leclerc Hift. Med. p. 1. lib. 3, chap. 28.

la fin, il tiroit toute l'eau. Il faifoit obferver un régime exact, & prefcrivoit, pendant le cours de la maladie, des remedes déficatifs.

Dans l'enflûre des jambes & du fcrotum, Hippocrate n'épargnoit pas les fcarifications. Nous voyons dans fes ouvrages qu'il ouvroit le dos, pour vuider les abcès des reins : il étoit hardi dans les cas d'accouchement, laborieux ; & fe fervoit des crochets qu'il appelle *ongles*, pour rétirer, du ventre de leur mere, les enfants morts (a).

Dans le trichiafis, (nom qu'on a donné à une maladie où les poils des paupiéres fe tournent en dedans) il fe fervoit d'une aiguille armée d'un fil, qu'il paffoit par la partie fupérieure & la plus tendue de la paupiére, jufques en bas ; il en paffoit une autre au deffous de l'endroit où étoit la premiere ; coufant enfuite, & liant les deux fils enfemble, jufqu'à ce que les poils tombaffent.

Il y a apparence qu'Hippocrate ne fe mêloit pas de faire la lithotomie (b) : mais cette opération étoit cependant en ufage de fon temps, & c'étoit le partage d'un feul homme. Car, ce pere de la Médecine faifoit engager, par ferment, fes difciples *à ne point tailler ceux qui avoient la pierre, & à laiffer cette opération à ceux qui en faifoient une profeffion particuliere.* Il exerçoit tout le refte de la Chirurgie ; il excelloit dans la réduction des luxations & des fractures (c) : ce qu'il dit fur les cas où il faut trépaner, eft divin ; & fes obfervations Chirurgicales font des plus intéreffantes.

Les ouvrages d'Hippocrate ont été traduits du Grec en Latin, par plufieurs Auteurs ; mais la verfion la plus eftimée, eft celle de René Chartier, fous ce titre :

Magni Hippocratis Coi, & Claudii Galeni Pergameni Archiatron, univerfa quæ eftant Opera : Renatus Charterius Vindocenenfis, Doctor Med. Paris. Regis chriftianiffimi Cons. Med. ac Profeffor ordinarius, plurima interpretatus, univerfa emendavit, inftauravit, notavit,

(a) De vict. ration. in acutis.
(b) Lib. 7. epidem. p. 1238.
(c) L. de articulis.

*auxit, secundùm distinctas Medicinæ partes, in trede-
cim tomos digessit conjunctim Græce & Latine primus
edidit, adstruxit & medicam synopsim rerum his in
operibus contentarum in dem Lutetiæ Parisiorum* 1639,
in fol. XIV vol. La table forme le quatorzieme Volume.

Le premier & le second Tomes ne contiennent rien
sur l'Anatomie & la Chirurgie : le troisieme traite *de
geniturâ & femine* : le quatrieme *de ossium naturâ, de
corde & glandulis, de hominis structurâ, ad Perdiccam
regem Macedonum.* Le quatrieme Tome contient le livre *de carnibus seu principiis, de naturâ pueri, de septimestri partu, de octimestri partu.* Le septieme Volume
traite *de superfœtatione, de dentitione.* Le dixieme Volume contient un traité *de Visione.* Le douzieme,
*de vulneribus capitis, de ulceribus, de fistulis, de he-
morroidibus, de fracturis, de articulis, de extractione
fœtus mortui, de anatome.*

Comme Hippocrate faisoit la Médecine par principe d'humanité, il ne se contenta pas, comme les
autres Asclépiades, d'apprendre son art à ceux de sa
famille, il l'enseigna encore aux étrangers ; & dès
lors ses préceptes commencerent à se répandre. C'est
le plus ancien Auteur qui traite l'Anatomie comme
une science. Il a semé dans ses ouvrages un si grand
nombre d'observations Anatomiques, qu'en les réu-
nissant, on en composeroit un corps considérable.
Ses traités admirables sur les luxations, les fractures
& les articulations, prouvent qu'il avoit une connoissance profonde de l'Osteologie. Nous lisons dans
Pausanias, qu'Hippocrate fit fondre un squelette d'airain ; qu'il consacra à Apollon de Delphes : son but
étoit de transmettre à la postérité des preuves des progrès qu'il avoit faits, afin d'encourager, par son
exemple, les Médecins à l'étude de l'Anatomie.

Hippocrate vécut fort âgé, sain de corps & d'esprit : ses succès furent si brillants, qu'il a été regardé
comme le fondateur de son art. Il mourut à Larissa,
ville de Thessalie, à l'âge de 90 ans. Il y a cependant des Auteurs qui prétendent qu'Hippocrate
vécut 104 ans : d'autres disent 109. Il fut inhumé entre Cyrtone & Larissa, où l'on montre aujourd'hui

fon tombeau. Il laiſſa deux fils, Theſſalus & Dra-
go (a), Médecins comme lui, mais il ne paroît pas
qu'ils aient fait de grands progrès dans l'Anatomie.

On lui rendit, pendant ſa vie, des honneurs qu'on
n'avoit avant lui rendus à aucun homme. Après ſa
mort, les Argiens lui éleverent une ſtatue d'or : les
Athéniens lui décernerent des couronnes, le maintinrent lui & ſes deſcendants dans le Pritannée (b), &
l'initiérent à leurs plus grands myſteres : marque
glorieuſe de diſtinction, qu'on accordoit rarement
aux étrangers, & dont le ſeul Hercule avoit été hon-
noré avant lui. Hippocrate n'avoit pas aſſez bonne
opinion de lui-même, pour craindre d'avouer ſes
fautes. Cet aveu caractériſe l'homme véritablement
grand, véritablement ſage : c'eſt pourquoi il diſoit
qu'en Médecine, *celui-là eſt le plus à louer, qui fait
le moins de fautes.* Auſſi a-t-il été regardé de tout
temps comme un modele pour tous ceux qui s'adonnent à l'art de guérir, & le plus fidele interprete de
la nature : & cette réputation de ſcience, de probité,
de candeur & de déſintéreſſement, qui pendant deux
mille ans s'eſt conſtamment ſoutenue, Hippocrate la
conſervera vraiſemblablement dans tous les ſiecles à
venir.

Polybe étoit diſciple & gendre d'Hippocrate. Il
vivoit ſur la fin du cinquieme ſiécle, vers l'an 3598.
Polybe ſe tint toujours caché, ſans ſe livrer au
monde & aux plaiſirs. On lui attribue pluſieurs livres
fameux, dont quelques-uns exiſtent encore aujour-
d'hui : tels ſont ceux qui traitent des moyens de conſerver la ſanté ; des maladies, & de la nature de la
ſémence. Le livre *de naturâ pueri*, qui ſe trouve
parmi les ouvrages d'Hippocrate, & qu'on attribue
à Polybe, lui fait beaucoup d'honneur, étant très
bien raiſonné. Galien loue l'adreſſe & l'expérience
de Polybe, & dit qu'il n'abandonna jamais, ni les
ſentiments, ni la pratique d'Hippocrate, ſon beau-
pere.

HIPPOCRA-
TE.

POLYBE.

(a) Galen. in lib. Hippocrat. de natur. hum. Comment. 1.
(b) C'étoit un lieu à Athènes où étoit le ſiege des Juges de Po-
lice appellés *Prytanes*, & où l'on nourriſſoit aux dépens de la
République, ceux qui avoient rendu quelques ſervices à l'Etat.

Vers la fin du trente-cinquieme fiécle, environ 33 ans après Hippocrate, nous trouvons un certain *Ctefias* de la famille des Afclépiades, par conféquent parent d'Hippocrate. Il fut pris dans la bataille que Cyrus le jeune donna, l'an 401 avant Jefus-Chrift, contre fon frere Artaxerxes Mnemon. Ctefias guérit Cyrus d'une bleffure qu'il avoit reçue dans le combat. Il s'arrêta enfuite près de ce Roi, & pratiqua fon art pendant 17 ans.

Platon, difciple de Socrate, naquit à Athènes en la premiere année de la quatre-vingtieme Olympiade, qui revient à l'an du monde 3577. Il defcendoit, par fon pere Arifton, de Codrus, Roi d'Athènes; & par fa mere Periâyone, de Dropides, frere de Solon légiflateur des Athéniens. Il porta d'abord le nom d'Ariftocles, qu'il quitta enfuite, pour prendre celui de Platon, foit à caufe de la largeur de fes épaules, ou de fon front, foit par rapport au ftyle ample & diffus de fes écrits. Il fut élevé avec tout le foin poffible, & comme il avoit beaucoup d'imagination & de feu, il devint connoiffeur dans prefque tous les beaux arts: il en apprit les principes fous les plus grands maîtres. Il s'attacha à Socrate, qui le diftingua toujours, en l'appellant le *cigne de l'Académie*.

Platon voyagea enfuite en Italie, où il conféra avec les difciples de Pythagore: il alla enfuite en Egypte & en Perfe: il fe préparoit à aller dans les Indes pour y entendre les Gymnofophiftes; mais les guerres qui furvinrent alors en Afie, l'obligerent de retourner à Athènes. Il y établit fon école, dans un jardin appartenant à un citoyen, nommé Académus, dont le nom a été immortalifé, pour avoir cedé ce terrein à Platon & à fes difciples, qui prirent delà le nom d'Académiciens.

A l'exemple de Pythagore & de Démocrite, Platon traita dans fon école de diverfes chofes touchant la Médecine, & particuliérement l'économie du corps humain. Ses idées Anatomiques, toutes groffieres qu'elles étoient, s'acréditerent cependant. Il croyoit que la moëlle de l'épine du dos, eft l'endroit par où l'homme commence à fe former; que cette moëlle fe couvre d'os, & que ces os se couvrent de chairs. En con-

séquence de cette opinion , Platon difoit que les liens de l'ame font dans la moëlle épiniére, & que le cerveau qui , felon lui, en eft la continuation , étoit le fiége de la raifon. Il faifoit dépendre la générofité , la valeur & la colere, d'une partie de l'ame , qu'il plaçoit près de la tête, entre le *diaphragme & le col* ; c'eft-à-dire , dans la poitrine , ou dans le cœur. En cela, il fuivoit le fentiment de Pythagore. Il affignoit aux poumons l'ufage de raffraichir le cœur & de moderer les paffions , au moyen de la fraîcheur qui leur eft communiquée par l'air qu'on refpire , ou par l'eau qu'on boit , qu'il s'imaginoit tomber directement dans le poumon. Macrobius fe mocque de ce Philofophe , mais il ne faifoit pas attention que Platon étoit en cela de l'avis d'Hippocrate , qui avoit enfeigné cette doctrine à fes difciples : il n'eft pas étonnant que Platon ait fuivi aveuglement le fentiment du plus grand Anatomifte qui eut paru avant lui.

Ce Philofophe penfoit encore : ɔɔ Que le cœur eft

ɔɔ en même temps la fource des veines , & de ce fang ɔɔ qui tournoie rapidement dans toutes les parties, & ɔɔ qu'il a été établi comme un Satellite , ou comme ɔɔ un Commandant ; que quand la colére s'allume par ɔɔ le commandement de la raifon , au fujet de quelque ɔɔ injuftice qui fe commet , ou de la part du dehors , ɔɔ ou au dedans par les defirs & les paffions , d'abord ɔɔ tout ce qu'il y a de fenfible dans tout le corps fe ɔɔ difpofe , par l'ouverture de tous les pores , à écou- ɔɔ ter fes ménaces , & à obéir à fes commande- ɔɔ ments ɔɔ.

Platon ne raifonnoit pas mieux fur la refpiration : il la confondoit avec la tranfpiration , & croyoit que l'une & l'autre fe faifoit en même temps , comme par deux demi cercles.

Ce Philofophe mourut fubitement dans un feftin , à l'âge de 81 ans, fans avoir été marié.

Denis le pere, Tyran de Syracufe, faifoit lui-même

diverfes opérations de Chirurgie. Il appliquoit le fer & le feu , & mettoit en ufage tout ce que cet art demande (a). Il étoit contemporain de Platon, avec lequel il vécut familierement.

CRITOBULE. Critobule vivoit à peu près dans le même temps que Denis le tyran. Il étoit attaché à la Cour de Philippe, Roi de Macédoine, & il tira fort heureusement de l'œil de ce Prince, une flêche dont il avoit été blessé. La cure fut si bien conduite, que Philippe n'eut point le visage défiguré.

ARISTOTE. Aristote, philosophe & précepteur d'Alexandre le Grand, naquit à Stagyre, ville de Macédoine, la premiere année de la quatre - vingt-dix- neuvieme Olympiade, 384 ans avant J. C. Il descendoit de Machaon, fils d'Esculape, & son pere Nicomachus fut premier Médecin d'Amyntas, Roi de Macédoine, pere de Philippe, & ayeul d'Alexandre (b). Dans les premieres années de sa jeunesse, il dissipa, par ses débauches, le bien que lui avoit laissé son pere : il prit le parti des armes, & fit, pour subsister, un petit trafic de poudres de senteur, & de remedes, qu'il débitoit dans les marchés d'Athènes. S'étant ensuite appliqué à l'étude de la philosophie, il s'acquit une si haute réputation, que Philippe, pere d'Alexandre, le fit venir à sa Cour pour être précepteur de son fils. Aristote avoit alors 39 ans. La lettre que Philippe lui écrivit est trop flatteuse, pour qu'on doive l'omettre: elle prouve l'estime qu'on faisoit de ce philosophe. » Philippe à Aristote, salut. Je remercie moins les » Dieux de m'avoir donné un fils, que de l'avoir » fait naître dans un temps, où il sera à portée de » recevoir vos instructions. J'espere qu'élevé par » vous, il se rendra digne, & du sang dont il sort, » & de la monarchie qui lui est destinée ». Après avoir demeuré 8 ans auprès d'Alexandre, Aristote plaça auprès de lui son neveu Calysthène, pour suivre ce Prince dans ses expéditions. Pendant l'éducation de son auguste éleve, Aristote avoit écrit plusieurs livres sur l'Anatomie : ces ouvrages sont perdus, mais il nous reste l'histoire des animaux, avec celle de leur génération & de leurs parties.

(a) Elien. Variar. Hist. lib. 2, cap. 2.
(b) Plutarch. in Alexand. Laert. in arist.

Au retour de son expédition d'Asie, Alexandre,
ayant eu envie de connoître la nature & les propriétés des animaux, ordonna à Aristote de travailler à
cette recherche, & lui fournit pour cela huit cents
talents, qui font un million neuf cent mille livres
de notre monnoie. Ce Prince soumit encore aux ordres d'Aristote, un grand nombre d'hommes des divers cantons de l'Asie & de la Gréce, pour instruire
ce Philosophe des découvertes qu'ils feroient : il semble qu'avec de si grands sécours, Aristote devoit produire quelque chose de fort exact ; cependant les anciens avoient déja remarqué qu'il avoit avancé beaucoup de faits contraires à la vérité, apparemment
parce qu'il étoit obligé de s'en rapporter en bien des
choses, sur la foi de ceux qu'Alexandre avoit chargé
des soins rélatifs à son but.

Il y a toute apparence qu'Aristote n'avoit jamais
disséqué des hommes, & que de son temps on n'avoit
pas encore osé anatomiser des cadavres humains.
C'est ce qu'il insinue lui-même dans ce passage suivant (a). « Que les parties de l'homme font incon-
» nues, ou qu'on n'a rien de bien certain sur ce sujet;
» mais qu'il en faut juger par la ressemblance qu'elles
» doivent avoir avec les parties des autres animaux,
» qui ont du rapport avec chacune d'elles ». A bien
juger de l'Anatomie d'Aristote, on peut dire qu'il
n'a eu aucune connoissance de l'usage des parties (b).
Il a emprunté beaucoup de choses d'Hippocrate, &
l'on peut s'en convaincre, en comparant ces deux
Auteurs. Cependant il a parlé de l'intestin *jejunum* : il
a distingué le *colon*, le *cœcum* & le *rectum* : il paroît
donc qu'il connoissoit les intestins un peu mieux
qu'Hippocrate, qui semble n'avoir connu que le
colon & le *rectum*.

C'est Aristote qui le premier a donné le nom *d'aorte*
à la grande artère, comme l'observe Galien (c) : c'est
lui qui le premier a divisé le corps en tête, col, poi-

(a) Hist. anim. lib. 1. cap. 16.
(b) V. Olaus Borrichius de Hermetis Egypt. & Chimci. sa-
pientiâ.
(c) De art. & ven. dissect.

trine, bras & jambes. Il admettoit dans le cœur trois cavités, auxquelles il donnoit le nom de *ventricules* (a), nom qui s'eft confervé jufqu'aujourd'hui. Il difoit que le ventricule moyen étoit le plus petit de tous, & qu'il contenoit un fang tempéré ; que le fang du ventricule droit étoit plus chaud, & celui du gauche plus froid, mais que ce ventricule étoit le plus vafte, & qu'ils communiquoient tous les trois avec le poumon. Il croyoit que le cœur étoit l'origine des nerfs comme des veines, & le principe commun du mouvement. Autant fes idées fur le cœur étoient vagues, autant celles qu'il avoit fur le cerveau étoient fauffes. Il difoit que le cerveau étoit une maffe compofée de terre & de phlegme, qu'il ne contenoit point de fang, qu'il étoit infenfible, & ne rempliffoit dans l'économie animale, d'autres fonctions que celle d'une maffe froide, deftinée à modérer la chaleur du cœur. Il penfoit que le crâne des hommes étoit joint par trois futures, & celui des femmes par une future circulaire : felon lui, le derriere de la tête étoit vuide (b) ; ce qui prouve qu'il n'avoit jamais ouvert de crane.

Il comptoit huit côtes de chaque côté, & connoiffoit que les poumons des animaux différoient des poumons des hommes, en ce que ceux-ci ne font point divifés en autant de lobules que les autres. Il n'affignoit aux reins d'autre ufage, que de foutenir les vaiffeaux qui en fortoient, & d'être faits *pour le mieux ; ad melius effe* (c). Il croyoit que le foie favorifoit la coction des aliments dans le ventricule & les inteftins, & que la rate faifoit l'office d'une éponge, qui abforboit les humidités vaporeufes qui viennent du bas ventre. Ariftote difoit encore que les tefticules étoient placés dans l'homme pour le bien, & qu'ils n'étoient pas d'une néceffité abfolue, *non ad abfolute, fed ad bene effe* (d).

Ce philofophe connoiffoit deux canaux veineux

(a) Arift. de part. anim. lib. 3. cap. 4.
(b) Hift. anim. l. 3. cap. 3.
(c) Hift anim. l. 1.
(d) Ibid. lib. 3. c. 1.

qui viennent de l'aorte dans les testicules, (a) & deux autres qui viennent des reins : & ces dernieres, disoit-il, contiennent du sang, les autres n'en contiennent point. De la tête de chaque testicule, ou de l'une de leurs extrêmités, sort un canal plus grand & plus nerveux, qui se recourbant & s'appetissant, remonte vers les deux autres. Ce canal est contenu dans une membrane, & va se rendre à la racine de la verge. La génération se faisoit, selon notre Auteur, dans la matrice par le mélange de la sémence de l'homme, avec le sang menstruel de la femme.

Il ne s'étend pas beaucoup sur la fabrique de l'oreille, il dit (b) seulement qu'elle est tournée en forme de coquille ; que cette coquille va aboutir où le son parvient, comme dans le dernier vaisseau qui le reçoit ; qu'il n'y a point de passage de là au cerveau, mais qu'il y en a un qui va au palais ; & qu'une veine descend jusqu'au même endroit, c'est-à-dire, jusqu'à l'os de l'oreille.

Le nés à un canal séparé en deux par un cartilage, qui est l'organe de l'odorat. La chair, dit-il, est l'organe du toucher, la langue celui du goût ; d'où il paroît qu'Aristote ne donnoit aucune part aux nerfs dans ce qui regarde les sens, ou les sensations.

Il donnoit au diaphragme le nom de *diazoma*, & ne lui assignoit d'autre usage que celui de séparer la poitrine du bas ventre, afin que celle-ci qui est le siege de l'ame ne fut point infectée par les vapeurs qui s'exhalent des intestins.

Il est à remarquer qu'aucun Médecin, avant Aristote, n'avoit écrit touchant les noms des parties du corps. Ce Philosophe mourut à l'âge d'environ 63 ans, la troisieme année de la 115e. olympiade, qui revient à l'an du monde 3678, 322 ans avant Jesus-Christ, deux ans après la mort d'Alexandre.

Critodeme étoit de la race des Asclépiades (a), & Médecin des armées d'Alexandre ; il guérit ce Prince des blessures qu'il avoit reçu au siege d'une

(a) Arist. de patr. animal.
(b) Ibid. lib. 1. cap. 21.
(c) De gener. anim. lib. 4. c. 1.
(d) Leclerc, l. 4. c. 1.

petite Ville dans le pays des Maliens ou des Malles. Il vivoit fur la fin du 36e. fiecle du monde.

Ariftote parle d'un Diogene Apolloniate, & d'un certain Syennerifis, ils croyoient tous deux que les veines tirent leur origine de la tête. On dit que Diogene obferva le premier que l'air fe condenfe : Ils vivoient tous les deux dans le 36e. fiecle.

Dioclès, le premier Médecin qui ait joui de la plus grande réputation après Hippocrate ; c'eft Dioclès de *Caryfte*, que les Athéniens appelloient le fecond Hippocrate (*a*). Galien parle de lui, comme d'un homme qui ayoit fait de grands progrès dans l'art de guérir. Il fleuriffoit 130 ans après Hippocrate, environ 380 ans avant le Meffie, fous le regne d'Antigonus Roi d'Afie.

La pratique de Dioclès étoit la même que celle d'Hippocrate ; il purgeoit & faignoit dans les mêmes circonftances. Il exerçoit la Chirurgie avec diftinction, & il avoit inventé un inftrument pour tirer le fer d'une fléche, lorfqu'il étoit refté dans la plaie. Du tems de Celfe, cet inftrument portoit encore le nom de Dioclès. Il avoit auffi inventé pour la tête des efpeces de bandages qui portoient encore fon nom (*b*). Ce Dioclès méprifa les conjectures philofophiques pour fe fixer à la connoiffance de la nature. Galien lui rend ce témoignage avantageux qu'il faifoit la Médecine par un principe d'humanité, comme avoit fait Hippocrate, & non par intérêt ou par vaine gloire ; & qu'il eft le premier qui ait traité de l'adminiftration anatomique, c'eft-à-dire, de la maniere dont il faut s'y prendre, & de l'ordre qu'il faut tenir pour difféquer, & pour démontrer les parties du corps. Galien parle encore d'un autre Dioclès Chalcédonien ; mais on ne fait pas quand il a vécu.

Après Hippocrate & Dioclès, Praxagore, d'autres difent, *Pranagore* s'eft le plus diftingné. Il étoit fils de *Nearchus*, & naquit dans l'Ifle de *Cos* auffibien qu'Hippocraté ; il fut le dernier de la race des Afclépiades (*c*). Ce fut, au rapport de Galien, un des

(*a*) Theodof. Prifcian. lib. 4.
(*b*) Galen. de fafciis.
(*c*) Gal. de methodo med. lib. 1. cap. 6.

plus grands Anatomiftes de fon tems : mais tous fes
écrits ayant été perdus , nous ne favons que très peu
de chofe de fes fentimens anatomiques. Il croyoit avec
Ariftote , que les nerfs viennent du cœur ; il ajoutoit
que les arteres fe changent en nerfs , à mefure que
leur cavité s'étrécit , en approchant des extrêmités (a). Il foutenoit auffi que le cerveau ne fert prefque de rien , & le regardoit avec Ariftote , comme
une appendice de la moëlle de l'épine. Praxagore paroît être le premier qui ait diftingué les veines *des
arteres proprement dites*.

Il exerçoit auffi la Chirurgie. Dans la maladie qu'il
appelloit *ileus* , lorfqu'après avoir fait avaler au malade une balle de plomb , comme le pratiquoit Hippocrate , les accidents ne ceffoient point , il faifoit
fort hardiment une incifion au ventre , pour en tirer
l'excrement , & recoufoit enfuite l'inteftin : ce qui
fait voir qu'on a tenté dès les premiers tems tous les
moyens imaginables de guérir. Praxagore eut plufieurs difciples. Les plus fameux ont été *Herophile ,
Philotemus* & *Plyftonicus.*

CHAPITRE V.

DES PROGRÈS DE L'ANATOMIE
& de la Chirugie fous Erafiftrate & Herophile.

DEPUIS Hippocrate jufqu'au 37e. fiecle , les Médecins n'avoient fait aucuns progrès dans l'Anatomie. Soit par refpect pour les morts , foit par obéif-
fance aux loix , on n'avoit difféqué que des animaux ,
& c'eft fans doute pour cette raifon qu'on avoit des
idées fi fingulieres , fi fauffes , fi confufes , fur la ftructure du corps humain. Erafiftrate , difciple de Chry-
fipe Cnidien , fut le premier qui la tira du cahos.
Il naquit à Julis , dans l'Ifle de *Ceos* ou *Cea* ,
& non point à *Cos* , comme quelques Auteurs l'ont
cru. Il vivoit vers la fin du 37e. fiecle. Il ofa le premier foumettre au coûteau anatomique , des cada-

(a) Id. de Hippoc. & Platonis decretis , lib. 1. cap. 6.

vres humains, pour hâter les progrès d'une science
dont il connoissoit sans doute l'utilité & l'importance.
Il obtint de Séleucus Nicanor, & d'Antiochus son fils,
qui fut depuis surnommé Soter, les corps des criminels qu'on avoit suppliciés. Il fit plus, selon quelques
Auteurs. Il eut autant de fermeté & de zele pour l'A-
natomie, qu'il demanda que plusieurs de ces malheureux lui fussent remis vivans; il les disséqua tous
vifs, espérant de découvrir par ce moyen des choses
qu'il ne pouvoit voir autrement. *Erasistrate & Hérophile*, dit Celse, *ont disséqué vivans des criminels condamnés à la mort, que les Rois tiroient des prisons,
pour les leur remettre.* Mais peut être est-ce une fable,
comme celle de Médée, qui, dit-on, faisoit bouillir
des hommes vivants, parcequ'elle fut la premiere qui
fit usage des bains chauds. Quoiqu'il en soit, nous
devons à Erasistrate beaucoup de découvertes anatomiques.

Les écrits d'Erasistrate s'étant perdus, nous n'a-
vons de lui que quelques fragments, qu'on trouve
épars dans les Œuvres de Galien. La principale de ses
découvertes, & qui lui a fait le plus d'honneur, est
celle des *vaisseaux lactés* qu'il a découvert tout le
long du mésentere. Erasistrate ne les découvrit pas
d'abord sur des hommes; ce fut sur des boucs qu'il
les observa, & il les prit pour des arteres remplies de
lait, parceque les animaux qu'il soumit à ses expériences venoient de boire de cette liqueur; mais il
pouvoit bien aussi avoir fait la même observation sur
des hommes, puisque, comme nous l'avons déja dit,
il en disséqua de vivants. Il ajoutoit que ces vaisseaux
étoient premierement pleins d'air, ensuite de chyle:
ce qu'on ne doit cependant pas regarder comme une
erreur grossiere: il ne différoit du sentiment que nous
avons aujourd'hui sur ces vaisseaux, qu'en ce qu'il
croyoit qu'ils commençoient par se remplir d'air au
lieu de lymphe, avant que de se remplir de chyle.

Aucun Médecin, avant Erasistrate & Hérophile,
n'avoit connu les véritables & les principaux usages
du cerveau, & des nerfs. Rufus Ephésien, dit qu'E-
rasistrate reconnoissoit deux sortes de nerfs; les uns

qui servent au sentiment, les autres au mouvement.
Il ajoutoit que les premiers sont creux, & qu'ils tirent
leur origine des membranes du cerveau, au lieu que
les autres sortent du cerveau, & même du cervelet ;
mais Galien nous apprend qu'Erasistrate avoit enfin
reconnu dans sa vieillesse, que tous les nerfs viennent
également du cerveau (a). Il pensoit que le cerveau
de l'homme étoit divisé en deux parties, comme dans
tous les autres animaux ; qu'il avoit un ventricule ou
une cavité d'une forme longue ; que ces ventricules
communiquoient l'un avec l'autre, ou se rendoient
tous en un par une ouverture commune, selon la
contiguité de leurs parties, tendans ensuite vers le
cervelet, où il y avoit aussi une petite cavité ; que
chaque partie étoit séparée & renfermée par des
membranes ; que le cervelet en particulier se renfer-
moit par lui-même, aussi-bien que le cerveau qui ressemble, disoit-il, au boyau *jejunum*, par ses contours & ses différents replis, & que ces replis avoient
sans doute été faits dans l'homme, pour une fin particuliere. Le cerveau, ajoutoit-il, est visiblement le
principe de tout ce qui se fait dans le corps : car le
sentiment de l'odorat vient de ce que les narines sont
percées, pour avoir communication avec les nerfs :
& l'ouie se fait aussi par une semblable communication des nerfs avec les oreilles ; la langue & les yeux
reçoivent de même des productions des nerfs du cerveau.

Erasistrate avoit aussi vu les valvules des vaisseaux
du cœur ; ce fut lui ou ses disciples qui leur donnerent le nom de *tricuspidales* & de *sygmoides*. Il connut
aussi le mouvement de *sistole* & de *diastole* ; il croyoit
cependant que la veine cave se remplissoit de sang,
& l'artere aorte d'esprit ou d'air. Il ne comprenoit pas
que les arteres & les veines pussent contenir la même
liqueur. S'il avoit eu connoissance de la circulation,
comme quelques Savants l'assurent d'Hippocrate, il
n'auroit pas été embarrassé sur cet article. La peau,
à son avis, étoit composée d'un tissu de veines, d'arteres & de nerfs ; la substance du foie étoit un paren-

(a) An sanguis sit naturâ in arteriis, cap. 5. & admin. Anat.
l. 7. cap. ultimo.

chyme ou une maffe formée par la réunion des veines; la rate étoit un viscere inutile : fentiment qui lui eft commun avec Ruffus Ephéfien, & qui a, dans la fuite, donné lieu à cette erreur : qu'on pouvoit fans danger couper la rate à un homme. Il foutenoit que la refpiration ne fert aux animaux, que pour remplir d'air les atteres. *Le thorax, difoit-il, fe dilatant, le poulmon fe dilate auffi, & fe remplit en même-tems d'air. Cet air paffe jufqu'aux extrêmités de l'âpre artere, & de ces extrêmités dans celles des arteres unies du poulmon, d'où le cœur l'attire en fe dilatant, pour le porter enfuite dans toutes les parties du corps par la grande artere* (b).

Erafiftrate croyoit encore que l'eftomac ou le ventricule fe refferre & fe retire, pour embraffer les alimens & pour les broyer (c), & que ce broyement tenoit lieu de la coction dont parle Hippocrate. Il difoit que le chyle ayant paffé de l'eftomac dans le foie, il vient fe rendre en un certain lieu où les rameaux de la veine cave & les extrêmités des vaiffeaux qui dépendent du réfervoir de la bile, aboutiffent également, & que les parties du chyle s'infinuent dans ces vaiffeaux, de maniere que ce qu'il y a de bilieux dans le chyle, paffe dans les vaiffeaux qui vont aboutir au réfervoir de la bile, & que le fang paffe dans les orifices des ramaux de la veine cave.

Notre Auteur reconnoiffoit encore que l'urine fe filtre dans les reins, mais il ne s'expliquoit pas fur le méchanifme de cette féparation.

Enfin Erafiftrate avoit combattu le fentiment de Platon fur l'ufage de la trachée artere que ce Philofophe croyoit deftinée à porter la boiffon au poulmon, pour le rafraîchir (d).

Erafiftrate cultivoit la Chirurgie, à l'exemple des Médecins qui l'avoient précédé, & il paroît avoir été fort hardi dans fes opérations. Dans le fquirre du foie ou dans les tumeurs qui furviennent à ce viscere, il incifoit la peau & tous les téguments qui re-

(a) De Hippoct. & Gal. decret, lib. 1. cap. 10.
(b) Gal. de locis affectis.
(c) Celf. Præfat.
(d) V. Aulugelle, Macrobe & Plutarque.

couvrent

couvrent le foie, & après avoir ouvert le ventre, il appliquoit des médicaments sur le foie même (a). Mais Erasistrate qui opéroit si hardiment sur le foie, désaprouvoit cependant la paracentèse ou la ponction du bas ventre dans l'hydropisie. Il vouloit qu'on n'arrachât une dent, que lorsqu'elle est bien ébranlée. Il disoit ordinairement à ceux qui parloient de cette opération, que l'instrument fait pour arracher les dents, que l'on montroit au Temple d'Apollon, étoit de plomb ; ce qui marque qu'on ne doit tenter l'extcration que de celles qui veulent tomber, & qui ne demandent pour être tirées, que l'effort que l'on peut attendre d'un instrument de cette matiere. Galien cite d'Erasistrate les ouvrages suivants :

Des maladies du ventre.

De la conservation de la santé.

Des choses salutaires.

De la coutume.

Des fievres & des plaies.

Des divisions : ouvrage où il exposoit diverses observations sur les maladies.

De la dejection, du vomissement, & du crachement de sang.

Il composa d'ailleurs plusieurs livres d'Anatomie, dans un âge fort avancé.

Erasistrate eut plusieurs Sectateurs qu'on appella Erasistratéens. Strabon remarque (b) qu'il y avoit un peu avant lui, une Ecole à Smyrne à laquelle Hicésius présidoit. Erasistrate avoit encore des Sectateurs du tems de Galien qui vécut plus de 400 ans après lui. Parmi ces Erasistratéens on compte un certain Martial, un Héraclide & un Xénophon, qui avoient tous deux été disciples d'Erasistrate. Ce Xénophon avoit écrit touchant les noms des parties du corps, aussi-bien qu'un autre Erasistratéen, nommé Apollonius de Memphis ; on comprend encore au nombre des Sectateurs d'Erasistrate, un Artémidore de Side,

XXXVIII.
Siecle.

ERASISTRATE.

(a) Erasistratus in jecorosis præcidens, super positas jecori cutes atque membranam, utitur medicaminibus quæ ipsum lateis amplectantur, tum ventrem diducit audaciter, partem satientem nudans. Cæl. Aurel. tard. lib. 3, cap. 4.

(b) Lib. 12.

D

un Caridémus, un Apollophanes, un Ptolomée, un Hermogenes, qui, selon Galien, étoient des plus zélés partisans de notre Auteur; un Apoémantes, un Chrysipe, un Straton, & enfin un Ménodore cité par Athénée. Ils avoient tous une si grande vénération pour les sentiments de leur maître, qu'ils les regardoient comme ceux d'un Dieu.

HÉROPHILE.

trente

Hérophile naquit à Carthage, & non en Chalcédoine : s'il faut en croire Galien (a), il vivoit vers le commencement du ~~vingt~~ huitieme siécle, sous le regne de Prolomée Soter : il a pu par conséquent être contemporain d'Erasistrate, & ce sentiment nous paroît préférable pour concilier les contradictions qu'on trouve dans les Auteurs, sur le temps auquel Hérophile a vécu. Il fut disciple de Praxagore, grand Anatomiste, & nous lui devons la découverte du *conduit*, qui porte encore son nom. Il paroît qu'il s'étoit aussi rendu recommandable par la pratique Chirurgicale. Sextus Empiricus rapporte de lui, qu'ayant été appellé pour remettre un bras disloqué au philosophe Diodore, qui soutenoit qu'il n'y avoit point de mouvement, & prétendoit le prouver par un sophisme. Hérophile lui fit cet argument : « Ou
» l'os de votre bras s'est remué dans le lieu où il étoit,
» ou dans le lieu où il n'étoit pas.

» Or il ne peut s'être remué, suivant vos princi-
» pes, ni dans l'un, ni dans l'autre lieu;

» Donc il ne s'est point remué.

Le pauvre Diodore voyant qu'Hérophile rioit à ses dépens, le pria de laisser la dialectique & les sophismes, pour le soulager; d'où l'on peut conclure qu'Hérophile étoit aussi Chirurgien. Il a eu cela de commun avec Erasistrate, que l'on a dit de tous les deux, qu'ils avoient disséqué des hommes vivants. Tertullien parle du premier comme d'un homme inhumain : « qui a disséqué un nombre infini d'hommes
» pour sonder la nature, qui a détesté l'homme pour
» le connoître, & exposé des malheureux aux tour-
» ments cruels d'une recherche Anatomique (b)».

(a) De usu part. l. 1. cap. 8.
(b) Herophilus ille Medicus aut lanius, qui sexcentos homines exsecuit ut naturam scrutaretur, qui hominem odit ut

Mais que le fait foit vrai ou non, il eft conftant
qu'Hérophile s'addonna beaucoup à l'étude de l'Anatomie. Voici ce qu'en dit Galien. *C'étoit un homme
confommé dans tout ce qui regarde la Médecine, & qui
avoit particuliérement des connoiffances fort étendues fur
l'Anatomie ; qu'il avoit apprife, non en diffequant fimplement des bêtes, mais en diffequant des hommes.*

La principale école où Hérophile faifoit fes diffections, étoit à Alexandrie, Capitale d'Egypte, où la
libéralité des Ptolomées, gens curieux & favants,
faifoit fleurir les fciences & les beaux arts.

Hérophile s'attacha fur tout aux parties de l'Anatomie, qu'on avoit, ou ignorées, ou feulement
ébauchées avant lui. La Névrologie étoit une partie
inconnue ; il s'y addonna particuliérement, & Galien
dit qu'il eft le premier, après Hippocrate, qui ait
traité exactement cette matiere. Ruffus Ephéfien dit
qu'Hérophile connoiffoit trois fortes de nerfs : *les
premiers, qui fervent au fentiment, & qui font auffi les
miniftres de la volonté, par rapport au mouvement,
tirent, dit-il, leur origine, partie du cerveau, dont ils
font comme les germes, & partie de la moëlle du dos.
Les feconds viennent des os, & vont fe terminer à d'autres os. Les troifiemes fortent des mufcles, & vont fe
rendre à d'autres mufcles.*

Les écrits de cet Auteur ont eu le fort de quantité
d'excellents ouvrages que les révolutions des temps
nous ont ravis. On ne fait rien de fes découvertes,
au fujet des véritables nerfs, fi ce n'eft qu'il donnoit
le nom de *pores optiques* aux nerfs qui fe portent au
fond de l'œil, & que nous appellons *nerfs optiques*.
Il foutenoit que ces nerfs ont une cavité fenfible qui
ne fe trouve pas dans les autres (a). Il connoiffoit
les vaiffeaux du mefentere : il difoit qu'ils font
deftinés à nourrir les inteftins ; qu'ils ne vont point
vers la veine porte, comme tous les autres, mais
qu'ils fe rendent à certains corps glanduleux. Il

---

noflet. Nefcio an omnia interna ejus liquido explorarit ; ipfa
morte mutante quæ vixerant, & morte non fimplici fed ipfa
inter artificia exfectionis. Tertull. utrum effe fpiritum & ani-
mam.

(a) Ruff. Ephef.

donna au premier des boyaux, ou celui qui est le plus près de l'estomac, le nom grec qui marque que cet intestin est long de douze pouces, (a). Il avoit aussi remarqué que le vaisseau qui passe du ventricule droit du cœur, dans le poulmon, & qu'il prenoit pour une veine, avoit la tunique épaisse comme celle d'une artère : il lui donna le nom de *veine artérieuse* (b), & il appelle, par la raison contraire, *artère veineuse*, le vaisseau qui va du poumon dans le ventricule gauche. Il jugeoit que la proportion qu'il y a entre l'épaisseur de la tunique d'une artère, & celle d'une veine, étoit à peu près de *six à un*. Galien remarque cependant qu'Hérophile avoit décrit négligemment les membranes du cœur, qu'il avoit appellées *séparations*, ou *cloisons nerveuses*.

C'est encore Hérophile qui a donné à quelques tuniques de l'œil, les noms de *rétine & d'arachnoïde*. C'est lui qui a appellé *membrane choroïde*, celle qui tapisse les ventricules du cerveau : il trouvoit qu'elle ressemble au chorion qui enveloppe le fœtus dans la matrice (c).

Il comparoit aussi la cavité qui forme le quatrieme ventricule du cerveau, à l'extrêmité d'une plume à écrire. Il a encore donné le nom de *pressoir* à l'endroit où tous les sinus de la dure mere viennent aboutir.

Il y a des Auteurs qui prétendent qu'Hérophile a le premier découvert les vésicules séminales, auxquelles il donnoit le nom de *parastates glanduleux*, pour les distinguer des autres parastates qu'il appelloit *variqueux*, & qu'il plaçoit à l'extrêmité des vaisseaux qui apportent la sémence du testicule ; ou plutôt, comme il le croyoit, qui servent eux-mêmes à la produire.

L'autorité d'Hérophile, pour ce qui regarde l'Anatomie, a été si grande, que les noms qu'il avoit donnés à toutes les parties, se sont conservés. Le témoignage de toute l'antiquité lui est tellement avantageux, qu'on ne peut lui disputer le premier rang

(a) Gal. de locis affect.
(b) Ruffus Ephesien.
(c) Celf. lib. 7. cap. 17.

entre les Anatomistes de son temps. Gabriel Fallope,
savant Anatomiste du siécle passé, avoit une si
grande admiration pour cet Auteur, qu'il disoit que
contredire Hérophile en fait d'Anatomie, c'étoit con-
tredire l'Evangile. On compte parmi les disciples d'Hérophile, un certain Demosthéne, Médecin de Marseille, auquel on attribue un traité sur les *maladies*
des yeux.

Il y eut du temps de Jules Cesar, un autre Hérophile, Médecin de chevaux : il se disoit descendre de
C. Marius, mais la fausseté de cette assertion étant
reconnue, il fut chassé de l'Italie. Hyginus fait encore mention d'un Hiérophile, qui apprit la Médecine à Agnodice, sage-femme. Andréas étoit un des
disciples d'Hérophile : on croit qu'il vivoit sous Ptolomée Philopator, vers la fin du trente-huitieme
siecle. Galien, parlant de lui, l'accuse d'avoir rempli ses écrits de faussetés, de choses vaines & superst-
titieuses : mais il y a apparence qu'il n'a parlé ainsi,
que pour se venger de ce qu'Andréas avoit écrit contre Hippocrate. Il est sûr qu'Andréas ne regardoit
pas Hippocrate de bon œil, à cause de la différence
de ses sentiments d'avec ceux de son maître Hérophile.

Entre les livres qu'Andréas avoit composés, il y
en avoit un intitulé *Narthex*, mot Grec, qui signifie
boëtte, ou *boëttier* (a). Il y a apparence qu'Andréas
vouloit dire que les Médecins & les Chirurgiens devoient avoir ce livre avec eux, comme une espece de
magazin, où ils trouveroient des médicaments pour
toutes les maladies. On apprend aussi qu'Andréas
avoit beaucoup écrit sur la Chirurgie : Celse le cite
même, comme un de ceux à qui cet art doit le plus.
Cassius parle d'un Andréas de Cariste ; & Galien cite
un Médecin du même nom, qu'il dit fils de Chrysaris.
On ne sait si ces Auteurs parlent du même, ou d'un
autre.

Galien place ordinairement à côté, & du temps
d'Hérophile, un certain Eudème ; qui lui fut comparé pour l'Anatomie, sur-tout en ce qui concerne
les nerfs. Il y a eu plusieurs Médecins de ce nom.

(a) Schol. in Nicand. Theriac.

D iij.

CHAPITRE VI.

PREMIERS PROFESSEURS DE CHIRURGIE
en particulier.

PHILOXENE.

VERS le même temps, la Chirurgie commença à avoir en Egypte, fes profeffeurs particuliers. Philoxenes fut un des premiers qui compoferent plufieurs volumes fur cette matiere. Nous ne favons rien de plus à fon fujet.

PARTHENIUS

On parle d'un certain Parthénius, qui eft l'Auteur d'un livre intitulé : *de la Diffection du corps humain.* Il vivoit vers le trente-huitieme fiecle.

AMMONIUS.

Il y eut encore à Alexandrie, un certain Ammonius, fameux Chirurgien. Il fut furnommé *Lithotome*, c'eft-à-dire, *coupeur de pierre*, parcequ'il ofa le premier, couper ou rompre dans la veffie, les pierres qui étoient trop groffes, pour être extraites fans danger. Voici quelle étoit fa méthode. Il faififfoit la pierre avec un crochet, pour l'empêcher de rentrer, & la coupoit enfuite avec un inftrument convenable, mince & émouffé par fa pointe, après l'avoir pofé à plomb, prenant garde d'offenfer la veffie avec l'inftrument, ou avec les éclats de la pierre.

Divers autres Chirurgiens écrivirent fur leur art à peu près au même temps. On trouve un certain *Gorgias*, deux *Herons* & deux *Apollonius*, pere & fils ; *Evenor*, *Nileus*, *Molpis*, *Nymphodore*, un *Protarchus*, un *Softrate*, un *Héraclide Tarentin*, pour le diftingüer des autres Héraclides. Celfe (*a*) & Galien rapportent des traits de pratique de la plûpart de ces Chirurgiens : mais comme leurs livres fe font perdus, nous ne pouvons en rien dire qui mérite confidération.

LYCUS.

Galien fait mention d'un certain *Lycus* ou *Lupus* de la fecte des Empiriques. Il étoit de Macédoine & Anatomifte. Galien lui rend le témoignage d'avoir le

(*a*) Celf. Præfat. cap. 26.

mieux écrit fur les mufcles, quoique fon livre fut trop volumineux, par les inutilités de dialectique qu'il y avoit inferé. Il vivoit dans le vingt-huitieme fiécle. Galien le cenfure d'avoir avancé : *Que l'urine eft produite de ce qu'il y a de fuperflu dans le fang, deftiné à la nourriture de reins.* Il y a eu un autre Lycus, qui vivoit peu de temps avant Galien.

Archagatus, fils de Lyfanias, fut, au rapport de Pline, le premier Chirurgien Anatomifte qui vint s'établir à Rome, fous le Confulat de *Lucius Æmilius*, & de *Marcus Livius*, l'an 535 de la fondation de Rome, 220 ans avant J. C. Pline dit qu'on lui donna le droit de bourgeoifie, & que le public lui avoit acheté une boutique à fes dépens, dans le carrefour d'Acilius, pour y exercer fa profeffion; qu'au commencement on lui avoit donné le furnom de *guériffeur de plaies.* Peu de temps après, la pratique de brûler & de couper ayant paru cruelle, on ne l'appella plus que bourreau, & l'on prit dès-lors une grande averfion pour les Chirurgiens.

I.

Synalus étoit Chirurgien d'Annibal, & vivoit dans le fixieme fiecle de la fondation de Rome, ou dans le trente-huitieme fiécle du monde. *Sylius Italicus*, rapporte que ce Synalus s'entendoit fort bien à faire fortir le fer d'une plaie, par des enchantements, ou des paroles (*a*) ; c'eft-à-dire, qu'il opéroit avec beaucoup de dextérité.

Le même Sylius Italicus (*b*) parle encore d'un nommé Marus Perufin, qui vivoit vers la fin du vingt-huitieme fiécle. Le métier de la guerre lui ayant donné occafion de voir fouvent des plaies, il étoit fort adroit à les panfer lui-même. Il donna des preuves de fa capacité fur Serranus, fils de Regulus, après une bataille où il avoit été bleffé.

Il eft parlé dans Plutarque, (Simporiac lib. 8 , plob. 9.) d'Agatha Accarcides, qui a écrit une hiftoire où il faifoit mention d'une maladie endemique, à laquelle font fujets les peuples qui habitent les bords de la Mer Rouge. Il dit que certains petits

(*a*) Ferrumque è corpore, cantu exigere, & fomnum torto mififfe chelydre anteibat cunctos. Sil. Ital. lib. 5.
(*b*) Id. L. 6.

dragons ou vers, se fixoient aux jambes des malades, & qu'ils s'engendroient sur-tout dans les parties musculeuses. Cet Auteur, que l'on distingue des
autres du même nom, par le surnom de *Cnidien*,
vivoit sous Ptoloméc Philometor, qui regnoit environ 130 ans après Alexandre le Grand, 180 ans
avant J. C.

CHAPITRE VII.

ASCLEPIADE QUI RETABLIT LA MEDECINE & la Chirurgie à Rome, environ cent ans après qu'Archagatus en fut sorti, le 39e. siecle du monde.

ASCLÉPIADE naquit à Pruse, ville de Bythi-
nie, sous les regnes d'Attalus & d'Eumenès, Rois
de Pergame. Son pere se nommoit Diotime : son
maître fut Appollonius. Quoiqu'on eût appellé les
descendants d'Esculapes, Asclépiades, c'est-à-dire,
enfants *d'Asclepius*, celui dont nous parlons, n'étoit
point de cette race. Il vint à Rome du temps du grand
Pompée. Il professa d'abord la Rhetorique, mais ce
métier ne lui paroissant pas assez lucratif, il se tour-
na du côté de l'art de guérir. Comme il savoit que la
route qu'avoit saisie Archagatus, l'avoit fait détester
du peuple Romain, il en prit une toute opposée.
Cette conduite lui acquit une si grande réputation, que
Mithridate qui aimoit beaucoup la Médecine, voulut
le faire venir à sa Cour. Asclépiades vivoit vers le
commencement du 39e. siecle du monde. Il parvint
à une heureuse vieillesse, & accomplit, dit-on, le
serment qu'il avoit fait, en disant, *qu'il consentoit
qu'on ne le crut jamais Médecin, si jamais il étoit attaqué de maladie* ; car il mourut d'une chûte du haut
d'un escalier.

Nous n'avons pas grand'chose sur l'anatomie d'Asclépiade. Galien rapporte qu'Asclépiade croyoit que
l'urine passe immédiatement & en forme de vapeur,
des boyaux dans la vessie, par les pores de ces par-

ties : fur quoi cet Auteur le reprend, & le renvoie aux
Cuisiniers & aux Bouchers qui pouvoient lui montrer
que la veffie est comme attachée aux reins, par le
moyen des ureteres. Il le renvoye auffi à ceux qui
ayant eu la pierre, ou quelque corps étranger dans les
reins, avoient fenti par leur propre expérience que la
cavité de ces parties étant bouchée, l'urine est retenue.

Afclépiade comparoit le poulmon à un entonnoir (a), & fuppofoit que la fubtilité de la matiere
qui est dans la poitrine, est la caufe de la refpiration ; cette matiere étant contrainte de ceder à l'air
qui vient du dehors, & qui fe trouvant plus groffier,
coule avec impétuofité dans le poulmon. Il ajoutoit
que la poitrine étant remplie de cet air, & ne pouvant
ni en recevoir davantage, ni demeurer en cet état,
elle repouffe l'air à fon tour, jufqu'à ce que la pefan-
teur faffe un nouvel effort pour rentrer dans la poitrine, où il reste toujours une petite portion de matiere fubtile. Il arrive quelque chofe de femblable,
difoit encore Afclépiade, lorfqu'on applique des ventoufes : & quant à fa refpiration volontaire, elle fe
fait par la contraction des petits pores du poulmon,
& par le rétréciffement des bronches, felon notre volonté. Afclépiade nioit encore que les viandes fe puiffent cuire dans l'eftomac ; il foutenoit qu'elles ne font
que s'y diffoudre, ou fe divifer en plufieurs parties
qui ne font en elles-mêmes, ni froides ni chaudes,
ni douées d'aucune qualité fenfible, mais qui fe
changent à mefure qu'elles fe diftribuent dans le
corps, tantôt en artere, tantôt en nerf, tantôt en
veine, tantôt en chair, felon que les pores qui les reçoivent font difpofés.

Afclépiade pratiquoit auffi la Chirurgie, comme il
paroît par fes ouvrages qui n'annoncent que des topiques. Il ouvroit dans l'efquinancie, tantôt les veines
des bras, tantôt celles de la langue, tantôt celle du
front, & même celles des angles des yeux (b) ; il appliquoit de plus des ventoufes fcarifiées. Si ces remedes ne fuffifoient pas, il faifoit une incifion aux amygdales, il en venoit même à la *laryngotomie*, c'est-à-

(a) Plutarch. de placitis Philofophorum. lib. 4, chap. 22.
(b) Tard. lib. 1. cap. 4.

dire à l'ouverture du larynx , ou de la trachée artere.

Il pratiquoit aussi la paracentese , c'est-à-dire , la
piquure pour le ventre dans l'hydropisie ; mais il vouloit qu'on ne fît qu'un petit trou. On pourra s'instruire plus amplement de sa pratique dans Célius Aurélianus & dans Celse.

ASCLÉPIA-
DES.

Les ouvrages que nous avons d'Asclépiades sont :
Malagmata hydropica quæ evacuant humorem.
Emplastrum è scilla.

Quæ uteri ulcera ad cicatricem ducunt.

On trouve ces fragments dans Aétius Amydenus.

Galien fait encore mention de deux Asclépiades ,
l'un surnommé Pharmacion ; & Arius Asclépiades.
Tous les deux s'attacherent beaucoup à la composition
des remedes ; mais le premier étoit un Plagiaire qui
avoit rempli dix livres de formules entassées les unes
sur les autres. Le second n'avoit écrit que d'après sa
propre expérience.

CASSIUS.

Les Auteurs font mention d'un Cassius Iatroso-
phista. Il vivoit du tems des premiers disciples d'Asclépiade , dont il adopta les sentimens , & suivit les
principes (*a*). Les ouvrages que nous avons de lui
annoncent qu'il étoit versé dans l'Anatomie & la Chirurgie ; en voici les titres :

*Naturales & medicinales quæstiones circa hominis
naturam , & morbos aliquot , Tiguri , cum catalogo
medicamentorum simplicium qui pestilentiæ veneno ad-
versantur. Autore Ant. Schnerbergero* 1562 , in-8°.
Græco-Latinè. Lutetiæ 1541 , in-8°. *Græce. Lugduni* ,
1585. in-12. *Cum Theophylacti Simocati Physicis
Quæstionibus Latine. Francofurti* , 1541. in-4°.

De animalibus Quæstiones medicinales. Parisiis ,
1541. in-8°. *Græce.*

Plusieurs de ces questions sont Chirurgicales. Il
paroît par la solution ingénieuse qu'en donne l'Auteur , qu'il étoit aussi Anatomiste.

Dans l'une on demande pourquoi les ulceres ronds
sont plus difficiles à cicatriser que les autres ? Cassius
après avoir exposé & réfuté le sentiment d'Asclépiade ,
expose le sien , & répond ainsi : » la cicatrice des ul-
» ceres ronds est long-tems à se former , parceque

(*a*) V. Mercurial. var. lect. lib. 4. cap. 73.

» dans ces ulceres , les parties faines font également
» éloignées les unes des autres ; ce qui fait qu'elles
» ont plus de peine à fe joindre , au lieu que dans les
» ulceres qui ont des angles , les parties faines & la
» peau , par où la cicatrice doit néceffairement com-
» mencer , fe trouvant plus voifines , particulierement
» vers l'extrêmité des angles , la cicatrice s'y forme
» plus aifément , & les bords de l'ulcere qui font les
» plus proches l'un de l'autre , fe joignent avec plus
» de facilité , ce qui continue jufques à ce que toute
» la partie foit couverte ».

Dans une autre queftion on demande : d'où vient
que dans les plaies de la tête , lorfque les membranes
du cerveau font offenfées du côté droit , le gauche
tombe en paralyfie ; & lorfque le côté gauche eft
bleffé , le droit devient auffi paralytique ?

Caffius répond : » que cela vient de ce que les
» nerfs qui tirent leur origine de la bafe du cer-
» veau fe croifent , enforte que ceux qui viennent de
» la partie droite de cette bafe , fe portent vers le côté
» gauche ; & ceux qui partent de la gauche fe vont
» rendre au côté oppofé ». Cette derniere réponfe
prouve certainement que Caffius étoit auffi grand
Anatomifte , qu'il étoit bon Praticien.

Galien met encore au nombre des difciples d'Afclépiades, un certain Mofchion de la fecte des Méthodiques. On le furnommoit le Correcteur , parcequ'il
croyoit avoir corrigé quelques-unes des opinions de
fon maître. Nous avons de lui un Traité des maladies des femmes , écrit en grec , & traduit en latin
par un ancien interprête qui femble avoir été Juif.

Themifon étoit de Laodicée , & vivoit fur la fin du
trente-neuvieme fiecle , jufques vers le milieu du quarantieme ; il a été le chef de la Secte des Méthodiques :
c'eft lui qui a regardé la connoiffance des caufes comme inutile. Parmi les connoiffances univerfelles qu'il
avoit fur toutes les parties de la Médecine , il paroît
qu'il connoiffoit à fonds la Chirurgie Médecinale ; il a
fait ufage *des fangfues* , fans cependant s'attribuer la
gloire de s'en être fervi le premier. Il a écrit un livre
exprès fur la faignée ; il a découvert les propriétés du
plantain , & a le premier donné la defcription du *dia-
code* & de *l'hyera*.

CHAPITRE VIII.

DES ANATOMISTES ET DES CHIRURGIENS
qui ont vécu depuis J. C. jusqu'à Galien.

THESSALUS.

THESSALUS, qu'il ne faut point confondre avec le fils aîné d'Hippocrate, naquit à Tralles ville de Lydie. Il étoit en réputation sous l'Empire de Néron, & il eut beaucoup de part aux bonnes graces de ce Prince. Il fut le premier qui étendit le système des *Méthodiques*, & il passa pour l'avoir porté à sa perfection (a). Il en étoit même regardé comme le fondateur, à en juger par ce qu'il dit lui-même. Il étoit fils d'un Cardeur de laine; mais la bassesse de son origine ne l'empêcha pas de se produire. Ce fut par l'art qu'il avoit de plaire aux grands, qu'il s'introduisit auprès d'eux : il parvint à se faire une réputation, en flattant leurs goûts & en s'abaissant à de viles complaisances dont un autre auroit rougi. Il obéissoit à ses malades, dit Galien, comme un esclave à ses maîtres : un malade vouloit-il se baigner, il le baignoit; avoit-il envie de boire frais, il lui faisoit donner de la neige ou de la glace. Théssalus étoit fort vain, & Galien a sans doute eu raison de le traiter aussi mal qu'il le fait, s'il est vrai qu'il écrivoit ainsi à Néron : »J'ai fondé une nouvelle » Secte qui est la seule véritable, y ayant été obligé, » parce qu'aucun des Médecins qui m'ont précédé n'a » rien trouvé d'utile, ni pour la conservation de la » santé, ni pour chasser les maladies, & qu'Hippo-» crate a débité lui-même sur ce sujet plusieurs maxi-» mes nuisibles ». Est-il rien de plus impudent ?

Théssalus avoit exercé la Chirurgie avec quelque célébrité : voici ce qu'en dit Galien; » ceux qui sui-» vent Théssalus, croient que tout ulcere en quelque » partie du corps qu'il soit, demande la même cure. » S'il est creux, qu'il faut toujours le remplir; s'il est

(a) Gal. Introduc.

» égal , qu'il faut toujours le cicatriſer ; ſi la chair y
» croît trop , qu'il faut la conſumer. S'il eſt récent & XLe. Siecle.]
» ſanglant , qu'il faut en rejoindre les bords & les fer- du M. & le Ir.
» mer inceſſamment ». de l'Ere Chr.

Theſſalus établiſſoit même une convenance entre THESSALUS.
les vieux ulceres en particulier. On peut voir dans
Galien (a) , qu'il parloit en homme expérimenté ;
ſur-tout dans la partie des ulceres. Comme Theſſalus ſe vantoit d'avoir ſeul trouvé le véritable ſecret
de la Médecine , cet entêtement le porta à traiter
d'ignorans & de ridicules tous les Médecins qui
avoient vécu avant lui. Il n'épargna pas même Hippocrate , dont il critiqua les aphoriſmes. Cette critique eſt citée par Galien & par pluſieurs Auteurs. Nous
avons encore de lui les ouvrages ſuivants :

De communitatibus.

De ſyneritica.

Il mourut à Rome où l'on voyoit ſon tombeau en
la voie Appienne , & ſur lequel il avoit fait graver ce
titre faſtueux : *Vainqueur des Médecins.*

Attalus , diſciple de Soranus , vivoit à Rome en ATTALUS.
même tems que Galien ; ils eurent une diſpute au ſujet de la cure d'un Philoſophe nommé *Théagenes.* La
cauſe de leur différend venoit de ce que l'un prétendoit appliquer des remedes émolliens ſur une tumeur
que ce Philoſophe avoit à la région du foie ; l'autre
vouloit qu'on y appliquât des aſtringens , pour ne pas
trop affoiblir ce viſcere.

Archigene étoit d'Apamée en Syrie , il fut diſci- ARCHIGENE.
ple d'Agathinus , & devint s'il faut en croire Volfan-
gus Juſtus , Médecin de Philippe , Roi de Syrie. Il
alla à Rome où il pratiqua la Médecine & la Chirurgie, ſous l'empire de Trajan , vers l'an du monde
4070 , & 108 ans après Jeſus-Chriſt. On rapporte
que ce fut lui qui indiqua à l'Empereur Adrien , un
certain endroit ſous la mamelle où il ſe bleſſa , afin
de mourir promptement : ſi ce fait eſt vrai , il n'y a
pas à douter qu'Archigene ne connût exactement la
poſition du cœur ; il ſavoit ſans doute que le cœur
ou le poulmon ſeroient attaqués, de quelque côté que
fut faite la bleſſure , & que la mort ſeroit beaucoup

(*a*) Method. Med. l. 5. cap. 1.

XLe. Siecle.
du M. & le Ir.
de l'Ere Chr.

ARCHIGENE.

plus prompte, qu'en frappant un autre partie, par l'ouverture des gros vaiſſeaux.

Archigenes a laiſſé pluſieurs ouvrages, dont la plûpart ſont Chirurgicaux, & qui annoncent le grand Praticien : Galien en rend un bon témoignage. On trouve dans Ætius divers fragments tirés de ces ouvrages ; en voici les titres :

De balneis naturalibus.

De ſpongiæ uſu.

De dropace, picatione ac ſinapiſmo.

De vertiginoſis, inſaniâ, reſolutione, tetano, & convulſione.

De cephaleâ & hemicraniâ.

De pectore ſuppuratis.

De volvulo, cæliacâ affectione, diſſenteriâ.

De hepatis abſceſſu.

De his qui per circuitum quemdam, ſanguinem mingunt.

Ischiadis exacerbata cura.

De elephantiaſi.

De viperarum uſu, & de pruritibus.

De leprâ.

De cancris mammarum, fluxu muliebri, uteri abſceſſu, uteri ulceratione, cancris uteri.

Juvenal qui étoit apparemment contemporain d'Archigenes, en fait mention comme d'un homme très répandu.

ARÉTÉE.

Arétée étoit de Cappadoce, d'où lui eſt venu le nom de *Cappadox*, pour le diſtinguer d'un autre Arétée de Corinthe. Il vivoit du tems de Strabon & de Grégoire de Naziance, & ſous l'empire de Céſar Auguſte.

Arétée eſt le premier qui ait mis en uſage *les véſicatoires* (a). Il employoit les cantharides pour attirer plus puiſſament, & pour faire venir à la peau des veſſies qui ſe rempliſſent d'une eau âcre & chaude qui ſe vuide enſuite au ſoulagement des malades.

Il pratiquoit auſſi la ſaignée à la plûpart des vaiſſeaux qu'Hippocrate avoit coutume d'ouvrir. Il ſaignoit au front ceux qui avoient de grandes douleurs de tête ; il tiroit auſſi dans le même cas du ſang des

_____

(a) Leclerc, Hiſt. Med. p. 2. liv. 4. Sect. 2. chap. 3.

XLe. Siecle.
du M. & le Ir.
de l'Ere Chr.

ARÉTÉE.

veines qui font au dedans du nez, & fe fervoit pour cela de certains inftruments qu'il appella, l'un catéiadion, & l'autre floryna. Au défaut de ces inftruments, il fe fervoit d'une plume d'oie. Il coupoit le bout du tuyau en forme de dents de fcie ; il l'introduifoit dans le nez jufques auprès de l'os éthmoïde, & remuoit cette plume avec les deux mains pour faire couler le fang.

L'anatomie d'Arétée n'eft pas fort exacte, cela n'eft pas furprenant, puifque de fon tems il étoit défendu fous de grandes peines de difféquer des cadavres humains. Cependant il regardoit l'Anatomie comme la bafe de la Médecine & de la Chirurgie, car à la tête de prefque tous fes chapitres, il a fait une defcription anatomique de la partie dont il va traiter.

Il a fait des differtations fur le poulmon, & la *membrane qui revêt les côtes*. Il a dit le premier que la fubftance des reins étoit glanduleufe ; il a auffi obfervé que les extrêmités capillaires de la veine cave, s'abouchent dans le foie, avec les extrêmités de la veine porte.

Il eft autant eftimé par l'élégance & la précifion de fon ftyle, que par la folidité de fon jugement.

L'illuftre M. Boerrhaave a donné une belle édition des ouvrages d'Arétée, à laquelle il a joint les Commentaires que M. Petit, Médecin de Paris, avoit faits fur cet Auteur. Voici le titre de cette édition.

Aretei Cappadocis de fignis acutorum & diuturnorum morborum libri quatuor ; de curatione acutorum & diuturnorum morborum, libri quatuor, cum Commentariis integris Petri Petiti, Medici Parifienfis, atque clariffimi Johannis Wigani doctis & laboriofis notis, & celeberimi Mettairii opufculis in eumdem, tandem que eruditiffimi et celebratiffimi Danielis Wilhelmi Trilleri obfervationibus & emendatis. Editionem curavit Hermannus Boerrhaave, Lugdun. Batav. 1735.

Il vient de paroître une autre édition des ouvrages d'Arétée fous ce titre : *Aretei Cappadocis Medici infignis ac vetuftiffimi Libri feptem. A Junio Paulo Craffe Patavino, accuratiffime in latinum fermonem*

XI.e. Siecle.
du M. & le Ir.
de l'Ere Chr.

CELSE.

verſi : *Argentorati apud Amandum Koening* , 1768 , in-8°.

Aurelius Cornelius Celſus , vivoit à Rome ſous les regnes de Tibere , de Caligula , de Claude & de Néron , depuis l'an 29 de Jeſus-Chriſt , juſqu'au ſoixantieme , environ 150 ans avant Galien. On l'appelloit l'Hippocrate latin , *le Cicéron des Médecins* , parcequ'il avoit traduit preſque tout Hippocrate en très beau latin *(a)*.

Les deux livres que Celſe a écrits ſur la Chirurgie , contiennent en abrégé tout ce qui avoit été pratiqué avant lui ; il décrit les principales opérations , mais il donne à la Chirurgie des bornes plus étroites , que celles qu'on lui fixe communément : il ne faiſoit dépendre de cet art , que les cas où le Chirurgien fait lui-même la plaie , & non ceux où il la trouve faite.

Celſe prétend , que dans le cas de gangrene à un membre , on doit faire l'inciſion entre le mort & le vif , enſorte qu'on emporte plutôt du vif , que de laiſſer du mort. Il conſeille de ſcier enſuite l'os , & de tirer la peau en en-bas , afin que le moignon puiſſe être couvert.

Celſe a auſſi diſtingué l'hydrocele qui a ſon ſiege à l'*extérieur* de celui qui eſt *interne* (b). Il s'eſt beaucoup étendu ſur la taille. C'eſt lui qui le premier a pratiqué la méthode de tailler par le *petit appareil.* Hippocrate lui a ſouvent ſervi de guide. Cependant il n'eſt pas de ſon ſentiment au ſujet des ulceres de la tête. Sa méthode eſt plus douce ; il ne vouloit pas qu'on ruginât l'os. Heiſter publia en 1745 , la méthode de tailler de Celſe , comme la plus parfaite. Cet Auteur prouve dans ſon ouvrage , que les méthodes de Cheſelden & de Morand ne ſont que celle de Celſe corrigée

Celſe ne faiſoit cette opération qu'au printems , & jamais ſur des ſujets qui euſſent moins de neuf ans , & plus de quatorze (c). Il décrit très exacte-

(a) V. Lionardo di Capoa nel ſuo parere intorno la Medicina. Vander-Linden de Scriptis Med. Schenk. & Geſner.
(b) Ibid. lib. 8. c. 2.
(c) Paul Egin. lib. 6. cap. 6.

ment

ment & fort amplement tous les signes de la pierre, la maniere de la découvrir par les sondes (a), & de situer le malade pour l'opération. Voici quelle étoit sa maniere d'opérer. Il introduisoit deux doigts de la main gauche dans le fondement ; & pressant doucement de la droite, par dessus le pubis, il amenoit la pierre vers le col de la vessie. Après quoi il faisoit une incision en forme de croissant dans la peau, tout auprès du fondement ; ensorte que les cornes du croissant regardoient les cuisses du malade, & que l'incision alloit jusqu'au col de la vessie. Il faisoit ensuite une autre incision en travers, dans la partie la plus basse & la plus étroite de la première. Il ouvroit par cette derniere incision le col de la vessie ; l'ouverture étoit un peu plus grande, que la pierre n'étoit grosse, afin qu'elle pût sortir plus facilement.

Celse décrit ensuite les accidens qui précedent ou qui suivent l'opération, & il indique la différence des pierres. Quant à la maniere d'opérer les femmes, voici ce qu'il pratiquoit. » S'il s'agit, dit-il, d'une vierge, on » mettra les doigts dans le fondement ; mais si c'est une » femme, on les mettra dans la vulve ; on fera une in » cision au bas de la lèvre, tirant du côté gauche, aux » femmes ; & aux filles, entre l'uretre ou le canal de » l'urine & le pubis ; dans les unes & dans les au » tres, l'incision sera transversale ».

On trouve encore dans Celse, la maniere de tirer la pierre du canal de l'uretre, soit avec un instrument, soit par une incision. Celse traite aussi des accouchemens : quand il ne pouvoit retirer l'enfant par les moyens ordinaires, il se servoit du crochet. Il faisoit la paracenthese en piquant le ventre quatre doigts au-dessous du nombril, du côté gauche ; en piquant, ou en perçant le nombril même, après avoir brûlé la peau, ou sans la brûler ; l'instrument qu'il employoit pour cela, étoit une espece de lancette ; l'ouverture étant faite, il y introduisoit une canule d'airain ou de plomb, par laquelle il laissoit couler d'abord la plus grande partie de l'eau ; il bouchoit ensuite la canule,

_____

(a) On l'appelloit en grec *catheter*, V. Artemidore, lib. 2, cap. 14.

E

& en tiroit chaque jour environ une hémine d'eau ; c'eſt-à-dire neuf onces.

Pour la cure du polype, Celſe ne propoſe d'autre moyen, que de le ſéparer de l'os, par l'inſtrument tranchant, ſans toucher aux partie du nez.

Il définit la cataracte, *une petite peau formée d'une humeur épaiſſie ſous les deux tuniqués de l'œil, à l'endroit où il y a un vuide, laquelle peau bouche la prunelle.*

Après avoir indiqué les ſignes de la cataracte, & établi la néceſſité de l'opération, il la décrit ainſi : *on introduira une éguille, juſtement à l'endroit qui tient le milieu, entre le noir de l'œil ou la prunelle, & l'angle le plus proche de la temple, après quoi, il faut tourner cette éguille du côté de la ſuffuſion ou de la petite peau, que l'on tâche d'abaiſſer & de retenir au-deſſous de la prunelle, enſorte qu'elle ne puiſſe plus ſe relever* (a).

Les cataractes de la plus mauvaiſe nature ſont, ſelon notre Auteur (b), celles qui viennent à la ſuite d'une grande maladie, ou des coups violents à la tête. *Nam ſi exigua ſuffuſio ſit immobilis coloremve habeat marina aquæ vel ferri nitentis & à latere ſenſum aliquem fulgoris relinquit, ſpes ſupereſt. Si magna eſt, ſi nigra pars oculi amiſſâ à naturali figurâ in aliam vertit, ſi ſuffuſioni color cæruleus eſt, aut auro ſimilis, ſi habet, & hùc at que illuc movetur, vix unquam ſuccuritur.*

Celſe parle enſuite de l'âge auquel il convient de faire cette opération, des précautions qu'il faut prendre avant de la faire, & de la maniere d'opérer, qui eſt celle qu'on appelle par abaiſſement ; il a auſſi parlé de l'opérarion qui conſiſte à couper ſous la langue des enfans, une membrane qu'on nomme communément le filet (c). Cet Auteur eſt le premier qui ait conſeillé de percer les os de pluſieurs petits trous, dans les cas de carie (d) ; ce qu'il dit à ce ſujet doit être d'un prix infini, auprès de tous les Praticiens.

Celſe nous apprend auſſi la maniere de tirer d'une plaie, des fleches ou des dards : on ſe ſervoit alors, d'une eſpece de crochet inventé par Diocles. Cet Au-

---

(a) V. Mercurial. Var. lect. lib. 5. cap. 5.
(b) De re Medica, lib. 7, p. 146.
(c) Lib. 7. cap. 12. de remed.
(d) De re med. lib. 8, cap. 1.

teur parle auffi de la maniere d'arracher les dents, &
des moyens de remédier aux irritations que caufent
dans l'œil, les poils des paupieres, lorfqu'ils fe tournent en dedans.

Celfe paffe aux luxations & aux fractures des os :
avant que d'entrer en matiere, il commence par une
defcription abrégée de tous les os, de leur fituation,
de leur connexion, de leur figure & de leur grandeur :
il parle enfuite du trépan, il vouloit premierement
qu'on fit une incifion en croix aux tégumens, en allant
jufqu'à l'os, dans l'endroit où l'on avoit reçu le coup
qu'il fuppofoit avoir caffé l'os : ayant découvert la
fracture ou la fente de l'os, il ne venoit pas d'abord
au trépan ; il vouloit qu'on appliquât auparavant fur
la fente, ou fur l'os caffé, des emplâtres propres pour
le crâne ; que l'on bandât enfuite la plaie, & qu'on la
panfât tous les jours une fois, jufqu'au cinquieme
jour, qu'au fixieme, on la fomentât avec une éponge
trempée dans l'eau chaude ; alors, s'il voyoit s'élever
une efpece de chair fur la fracture, & que la petite
fievre qui fubfiftoit au commencement, fût ou paffée,
ou moindre, que l'appétit revînt, & qu'on dormît
fuffifamment, il vouloit qu'on continuât ce remede.

Dans la fuite, il rendoit l'emplâtre plus mol, y
ajoutant de l'huile rofat, afin que la chair crût plus
aifément ; par cette méthode, dit Celfe, les fentes fe
rempliffent fouvent d'un certain cal qui eft comme la
cicatrice de l'os.

Sa théorie fur les plaies de tête, eft admirable ; il
indique les moyens de connoître s'il y a fracture, en
mettant de l'encre fur l'endroit qui a été frappé (c) : at
*fi ne tum quidem rima manifefta eft, induendum fuper os
atramentum fcriptorium eft, deinde fcalprorio detra-
hendum* ; il parle auffi des contre-coups dans le même
Chapitre, & confeille, lorfqu'on ne trouve point de
fracture à l'endroit du coup, & que les fymptômes des
fractures commencent à paroître, de chercher cette
fracture à la partie oppofée : *folet etiam evenire ut alterâ parte fuerit ictus & os altera fiderit, itaque fi gra-
viter aliquis percuffus eft, fi mala indicia fubfequuta funt,
neque ea parte quâ cutis difcuffa eft rima reperitur, non*

(c) Ibid. cap. 4.

E ij

incommodum-eſt parte alterá conſiderare num quis locus mollior ſit , & tranſeat, eumque aperire ſi quidem ibi fiſ-ſum os reperitur. Celſe a auſſi obſervé le premier qu'il pouvoit y avoir rupture de vaiſſeaux dans le cerveau, ſans qu'il y eut fracture au crane *: raro ſed aliquando tamen evenit ut os quidem totum integrum maneat, intus aliquid vero ex ictu vena aliqua in cerebri membrana rupta ſanguinem mittat , atque ibi concretus magnos dolores moveat , oculosque obcæcet* (a).

Les inſtrumens dont notre Auteur ſe ſervoit pour fai-re l'opération du trépan, étoient *un ciſeau* (b), ſembla-ble à celui des Menuiſiers, on frappoit avec un petit maillet ſur le manche de cet inſtrument : cela ſe prati-quoit, pour aggrandir la fente de l'os , ou pour en emporter les bords , dans la vue de donner iſſue aux autres matieres contenues ſous l'os, & qui peuvent offenſer *la dure-mere* : quand le ciſeau ne ſuffiſoit pas, Celſe avoit recours au trépan (c). Il le definit : *un inſtrument de fer, concave , rond & long, ayant par le deſſous des dents comme une ſcie, & au milieu, un clou, ou une colonne, qui a auſſi un petit cercle en ſon centre.*

Dans la réduction des fractures, Celſe ſuivoit la méthode d'Hippocrate : il étendoit le membre dont les os étoient caſſés, il arrangeoit les eſquilles, re-dreſſoit le membre, & le ſoutenoit dans une bonne poſition, par le moyen d'un bandage.

A l'égard des diſlocations, Celſe mettoit en uſage les mêmes moyens qu'Hippocrate. Dans la diſloca-tion de l'humerus, par exemple, il pouſſoit avec le talon , la tête de l'os déboîté : il ſe ſervoit auſſi d'une échelle à laquelle il ſuſpendoit le malade, enſorte que le deſſous du bras, portât ſur un des échelons ; il tiroit enſuite le bras par en bas, juſqu'à ce que la tête de l'os qui étoit tombée ſous l'aiſſelle, étant preſſée contre l'échelon, rentrât dans le lieu où elle s'emboîte naturellement, & d'où elle étoit ſortie.

Celſe ſe ſervoit encore d'une poutre qu'on arron-diſſoit, & qu'on garniſſoit par-deſſus à l'endroit qui

(a) De re Medica, lib. 8. cap. 4.
(b) Scalper.
(c) *Terebra*, en grec ,

presſoit justement contre la tête de l'os, & on suspen-
doit après cela le malade, comme dans l'opération
précédente.

Dans les plaies, quand les bords étoient trop
éloignés, Celſe employoit la ſuture, la couture ou la
boucle : cette boucle, ſelon Rhodius (a), n'étoit point
de métal, mais de fin lin, & ne différoit point de la
ſuture que les Chirurgiens appellent *entrecoupée.*

Pour coudre les plaies du bas ventre, notre Auteur
s'y prenoit à-peu-près de la même maniere dont nous
faiſons aujourd'hui la gaſtroraphie.

A l'égard des fiſtules, il les ouvroit dans toute leur
longueur, & coupoit enſuite tout ce qu'il y avoit de
calleux dans le fond. La méthode de M. Foubert de
traiter les fiſtules à l'anus, étoit à-peu-près celle de
Celſe, excepté qu'au lieu du ſtilet de plomb, c'étoit un
fil de lin que Celſe paſſoit dans la fiſtule, tous les jours
il ſerroit ce fil, juſqu'à ce que tout le trajet fiſtuleux
fût emporté.

A la tête de tous les Chapitres, Celſe donne, comme arrêtée, la deſcription anatomique des parties dont
il va parler : il diſoit que les teſticules ſont glanduleux, & que leur ſenſibilité vient des membranes qui
les couvrent ; qu'ils ſont ſuſpendus aux aînes, par le
nerf *cremaſter* ou *ſuſpenſeur,* qui eſt accompagné d'u-
ne veine & d'une artere : il connoiſſoit comme nous,
les deux enveloppes propres des teſticules ; la membrane elythroide, le d'artos, & la plus commune aux
deux teſticules, appellée *ſcrotum.*

Notre Auteur connoiſſoit encore les hernies inguinales, & celles de l'ombilic ; il pratiquoit l'opération du bubonocele ; il fait auſſi mention d'une maladie qui a rapport au *ſarcocele* ; il appelle cette maladie, *nerf durci,* & il y a apparence qu'il veut
parler du muſcle *cremaſter,* auquel il donnoit le
nom de *nerf* : cette maladie, dit-il, ne peut ſe guérir,
ni par les médicamens, ni par l'opération ; les accidens ſont une fievre ardente, des vomiſſemens d'une
bile de couleur verdâtre, ou noire, une langue ſeche,
des ſueurs froides & enfin la mort.

(a) Rhod. de aica. Turneb. adverſ. l. 17. cap. 21.

E iij

Pour ouvrir les tumeurs & faire les incifions, Celfe employoit *les lancettes* ou *les rafoirs*, qu'il dit être des efpeces de coûteaux droits ou courbes, larges ou étroits, tranchans d'un côté feulement ou de tous les deux, pointus ou obtus, &c.

Dans la maladie qu'il appelloit *ancyloblepharon*, lorfque les paupieres fe collent & s'attachent contre le blanc de l'œil, notre Auteur propofe de féparer la paupiere avec le tranchant du fcalpel, prenant bien garde de bleffer le globe de l'œil. Celfe, foutenant par-tout l'élégance la plus fublime, parle de la plûpart des maladies des yeux; il a connu la fiftule lacrymale, le trichiafis, la lagophtalmie, l'éctropion.

Celfe s'étend beaucoup fur la maniere de remédier aux fluxions des yeux. Il veut qu'on rafe premierement la tête, & qu'on applique entre le fommet & les fourcils un cataplafme tel qu'on a accoumé de l'appliquer, pour fufpendre la fluxion. Il obfervoit enfuite fi les yeux étoient fecs. Dans ce cas il concluoit que la fluxion fe faifoit par les veines qui font fous la peau; mais s'il les trouvoit humides, il inféroit que l'humeur venoit par les veines du dedans. Il rapporte la méthode que les anciens employoient pour la guérifon des fluxions invétérées; mais il n'approuve particulierement que celle qui avoit cours dans la *gaule chevelue* où l'on choififfoit les veines dans les tempes, & fur le fommet de la tête, pour les féparer enfuite de la chair & les couper.

On trouve dans les ouvrages de Celfe plufieurs remarques d'Anatomie, entr'autres une defcription exacte des os maxillaires; il paroît auffi que Celfe a fouillé dans l'oreille, & qu'il a connu les canaux demi circulaires.

Les ouvrages de Celfe font encore les délices des Médecins & des Chirurgiens: il y en a un nombre infini d'éditions. Les plus eftimées font celle imprimé à *Venife*, chez *Alde*, en 1528, *in*-8°. L'impreffion quoiqu'en lettres italiques en eft fort belle. Celle donnée par Jean Ant. Vander-Linden, imprimée à *Leyde*, chez les *Elzevirs*, en 1657, *in*-12.

Edition très-jolie & difficile à trouver. Celle avec les
Scholies de R. Conſtantin, Iſaac Caſaubon, &c.
donnée par Almeloveen, & imprimée *à Roterdam en*
1750, in-8°. Elle fait partie de la collection des Auteurs connus ſous le nom de *Variorum* *.

Celſe ne traite des maladies Chirurgicales, que
dans le ſeptieme & le huitieme livre, ſon Traité *de*
poſitu & figurâ Oſſium, ſe trouve avec le Traité des
Os de Galien, dont Jean Vanhorne fut l'Editeur à
Levde en 1665. *in*-12.

On trouve, ſous le regne de Tibere, un Empirique connu ſous le nom de Scribonius Largus. Nous
avons de lui un Traité des Médicamens externes ; ce
qui nous engage à le ranger parmi les Chirurgiens.
Pluſieurs Auteurs qui ont vécu après lui, ſe ſont
arrogé des Formules qui ont paſſé juſqu'à nous, ſous
leur noms, quoiqu'on les trouve tout au long dans
Scribonius Largus. Tel eſt, par exemple, l'emplâtre
verd de *Triphon*, pour les fractures des os de la tête :
un autre pour les plaies récentes ; l'emplâtre verd de
Glicon, Chirurgien, contre toutes les maladies externes ; l'emplâtre noir de *Traſeas* ; l'emplâtre noir
d'*Ariſte* ; l'emplâtre rouge *de Denis* ; l'emplâtre jaune
d'*Elvepiſtus* ; l'emplâtre blanc *de Pacehius* d'Antioche, contre les engelures & les ulceres malins, &
quantité d'autres dont il ſeroit ennuyeux de faire l'é-
numération.

Scribonius Largus a laiſſé beaucoup d'autres Formules pour des maladies externes particulieres ; pour les
ulceres ſordides que les Grecs appelloient *cacoèthes*
pour les charbons, les puſtules, les verrues des paupieres, les tumeurs & les ulceres des oreilles ; un
autre emplâtre pour conſumer les chairs qui bouchent le conduit de l'oreille ; pour les parotides, les
ulceres des narines, les petits chancres de la bouche ; contre les tumeurs du goſier & de la luette ;
les abſcès du goſier, l'angine & les écrouelles : contre la dureté des mamelles des femmes ; les flux &
les ulceres de la veſſie.

Voici les ouvrages Chirurgicaux de Scribonius Lar-

* P. Fr. Didot *le jeune* en prépare une très-belle édition
in-12. avec des *variantes.*

gus, tels que les cite Vander-Linden (a).

De Compositione Medicamentorum lib. Basileæ, 1529, *in-8°. Venet.* 1547. *fol. Parif.* 1567. *fol. Ticinium notis Joannis Rodii adjecte Scribonii lexicon* 1655. *in-4°.*

MUSA.

Mufa (Antonius), étoit de condition fervile, Grec de nation, & frere d'Euphorbus, Médecin de Juba, Roi de Numidie, & qui a découvert la plante qui porte fon nom. Il florifloit à Rome fous l'Empire d'Augufte, quarante-un ans après Jefus-Chrift. Il fut fon premier Médecin & le retira d'une maladie très-dangereufe en lui faifant manger des laitues, & en lui faifant prendre les bains froids (b). Il en reçut pour récompenfe une grande fomme d'argent, & un anneau d'or. Le peuple Romain lui érigea auffi une ftatue d'or à côté de celle d'Efculape, faveur qui n'avoit été accordée avant lui à aucun Médecin.

On prétend que Mufa ayant paffé de la Pharmacie à la pratique de la Chirurgie, traita les malades avec le fer & le feu ; & que cette méthode parut fi cruelle au peuple Romain, qui peu auparavant l'avoit comblé d'honneurs, qu'il fut lapidé, & qu'on traîna fon cadavre par toute la Ville. Mais ce fait eft démenti par le témoignage de Pline, qui nous apprend que Mufa guériffoit des ulceres très fâcheux en faifant manger à fes malades de la chair de vipere (c). Il a fait auffi un ufage fréquent des cloportes pour les maladies cutanées.

Vander-Linden parle d'un livre d'Antonius Mufa, qui a pour titre : *Libellus de Betonica, quem alii, L. Apulcio tribuunt Bafilcæ apud And. Cratandrum,* 1528.

MARINUS.

Marinus vivoit fous l'empire de Néron, & fut Précepteur de Quintus, dans le premier fiecle de Salut. Galien le met au rang des meilleurs Anatomiftes, & le loue en particulier d'avoir très bien écrit fur l'hiftoire des mufcles. Marinus connoiffoit parfaitement les glandes, & les principaux ufages qu'on leur a depuis affignés. Il difoit *que les unes fervent de point d'appui aux vaiffeaux, & les maintien-*

(a) De Script Med.
(b) Div. Caffius, lib. 53.
(c) Leclerc, part. 3, liv. 1.

nent dans une situation fixe ; que les autres ENGEN-
DRENT une humeur propre à humecter & à lubrefier
certaines parties , afin qu'elles ne se dessechent pas , &
qu'elles puissent faire tous leurs mouvemens. Ces dernieres glandes sont , disoit-il , comme une éponge remplie
d'eau , & percée de divers trous. , mais qui ne sont pas
sensibles en toutes ; elles ont des veines & des arteres. Il y a , continue cet Auteur , des vaisseaux du
mesentere , qui vont aboutir à des glandes de deux différentes especes , & qui ont aussi des usages différens.
Les premieres sont denses ou serrées , & seches : elles
appuient les divisions des vaisseaux. Les dernieres sont
rares ou poreuses & humides , & sont jointes à des
cavités ou des réceptacles. Elles produisent une humeur comme pituiteuse , telle que celle dont la tunique
des intestins est enduite.

Les ouvrages de Marinus ne sont point parvenus
en entier jusqu'à nous. Nous n'en trouvons que des
fragmens dans Galien , qui nous en dit assez pour
qu'on le regarde comme un grand Anatomiste. On
sait cependant que Mardinus avoit composé vingt livres sur divers points d'Anatomie que *Lycus* avoit
ignorés (a).

Quintus fut un des disciples de Marinus , & le
plus habile des Anatomistes de son tems , s'il faut
en croire Galien (b). Il vivoit vers la fin du premier
siecle de Salut. Il fut chassé de Rome , parcequ'on
disoit qu'il tuoit tous ses malades : mais il paroît que
l'envie & la calomnie lui attirerent cette disgrace.

A peu près dans le même-tems vivoit un certain
Numisianus. Galien le fait Auteur de plusieurs découvertes Anatomiques.

Ruffus Ephesien , célébre Médecin Grec , fleurissoit
sous l'Empire de Trajan , environ 112 ans après
Jesus-Christ. Il ne nous reste de cet Auteur qu'un petit Traité des noms grecs des diverses parties du
corps , & un autre des maladies des reins & de la
vessie. Son principal but étoit de donner une idée
générale de l'Anatomie , & de prevenir ses disciples
contre les équivoques de nom , qu'ils auroient pu

I. Siecle.

MARINUS.

QUINTUS.

NUMISIA-
NUS.

II Siecle.

RUFFUS
EPHESIEN.

(a) Douglas, Bibliog: Anat.
(b) Lib. de præcognit ad Posthum. cap. 1.

faire en lifant les anciens. Il paroît cependant que Ruffus ne faifoit fes démonftrations, que fur des animaux. Choififfez, dit-il, l'animal le plus femblable à l'homme : vous n'y trouverez pas toutes les parties femblables ; mais elles auront du moins quelque rapport les unes avec les autres. Anciennement, ajoute-il, on montroit l'Anatomie fur des corps humains. On voit auffi dans ce livre, que les nerfs qu'on a enfuite appellé *recurrens*, étoient alors nouvellement découverts.

Ruffus avoit remarqué que fi on preffoit fortement fur les arteres carotides, l'animal s'affoupiffoit & perdoit la voix ; non par la compreffion de ces arteres, comme le croyoient les anciens ; mais parceque *les nerfs qui font contigus aux mêmes arteres étoient comprimés.*

Il avoit auffi obfervé dans la matrice, des vaiffeaux entierement inconnus aux Anatomiftes qui avoient vécu avant lui. C'étoit, difoit-il, certains vaiffeaux variqueux qui naiffent des tefticules, & qui étant repliés de côté & d'autre, en forme de veines, vont aboutir dans la cavité de la matrice, par l'une de leurs extrêmités. Il en fort même une *humeur gluante en les exprimant ; & l'on croit que ce font certainement des vaiffeaux féminaires de l'efpece de ceux qu'on appelle variqueux.* Voilà précifément la defcription de la trompe de Fallope.

Ruffus avoit encore remarqué dans les hommes, quatre vaiffeaux fpermatiques, deux variqueux & deux glanduleux ; l'extrêmité des premiers qui tient aux tefticules, s'appelle *paraftates.*

On ne trouve rien de particulier dans le petit livre qui traite des maladies des reins & de la veffie. Voici le titre de fes ouvrages :

De vefica, renumque morbis. De purgantibus medicamentis, de partibus corporis humani ; acceffit Soranus de utero, & muliebri pudendo. Græce, Parifiis, apud Adrianum Turnebum, 1554.

Apellationes partium humani corporis. Junio. Paulo. Craffo interprete. Venetiis apud Juntas, 1552. *in-*4°.

On trouve encore quelques fragmens de Ruffus,

dans Ætius Amidenus, entr'autres un chapitre *de re venereâ.*

Galien fait mention d'un Ælianus Meccius, qu'il dit avoir été le plus ancien de ses maîtres (*a*). Il a écrit fort exactement, selon lui, sur la dissection des muscles (*b*). Ælianus Meccius vécut sous l'Empereur Adrien.

Il est encore parlé dans Galien de Martianus, qu'il dit avoir été un satyrique & un envieux. Ce Martianus étoit cependant fort estimé à cause de deux livres qu'il avoit écrits sur l'Anatomie.

Pelops fut Précepteur de Galien (*c*); il vivoit dans le deuxieme siecle; il travailla beaucoup à la dissection des muscles, & faute de langues de cadavres humains, il se servoit de langues de bœufs, pour faire ses démonstrations. Il croyoit comme Hippocrate, que le cerveau étoit non-seulement l'origine des veines (*d*), mais généralement de tous les vaisseaux du corps. Pelops professa publiquement l'Anatomie, & fit de grands progrès dans cette science.

Stratonicus avoit aussi été un des maîtres de Galien à Pergame. Il croyoit que les mâles sont engendrés lorsque la semence du mâle prévaut; & les femelles, lorsque la semence de la femelle est plus forte. Galien étoit du même sentiment, mais il prétend que Stratonicus n'entendoit pas bien l'Anatomie, en ce qu'il disoit qu'il y a une aussi grande différence entre les mâles & les femelles, par rapport aux veines & aux arteres, qu'il y en a par rapport aux parties génitales.

Satyrus avoit été disciple de Quintus, il étoit Anatomiste, comme Phécianus & Héraclianus, & tous les trois furent maîtres de Galien.

(*a*) De usu theriacæ in principio.
(*b*) De muscul. dissect. in proem.
(*c*) Gal. de musc. dissect. in prœmio.
(*d*) Id. de Hipp. & plat. decretis.

CHAPITRE X.

ANATOMIE ET CHIRURGIE DE GALIEN.

GALIEN

GALIEN, Claude, naquit à Pergame, ville de l'Afie Mineure, fameufe par fon Temple d'Efculape, environ la quinzieme année du regne d'Adrien, vers l'an 131 de Jefus-Chrift : il vécut fous les Empereurs Trajan, Antonin le Philofophe, Comode, & enfin Ælius l'opiniâtre. Le Pere de Galien s'appelloit Nicon ; il étoit homme de Lettres, favant dans la Philofophie, l'Aftronomie, la Géométrie & l'Architecture : il n'épargna rien pour l'éducation de fon fils, en qui il apperçut dès le bas âge, les plus heureufes difpofitions : il lui donna les meilleurs Maîtres de fon tems, & le fit étudier fucceffivement dans l'Ecole des Stoïciens, des Académiciens, des Péripatéticiens & des Epicuriens.

A l'âge de dix-neuf ans, deux ans après la mort de fon Pere, Galien s'adonna à l'étude de la Médecine : il fut Auditeur d'un Difciple d'Athénie, mais il ne le fut pas long-tems ; il eut divers autres Maîtres dont nous avons déja parlé.

Galien voyagea beaucoup dans fa jeuneffe : il demeura quelques années à Alexandrie, où floriffoient alors toutes les fciences ; il parcourut la Cilicie, la Paleftine ; il voyagea en Crête, en Chypre, & ailleurs ; il alla dans l'Ifle de Lemnos, pour voir lui-même ce que c'étoit que la Terre Lemniene dont on vantoit fi fort l'efficacité ; il fit encore un voyage dans la Cœléfyrie, pour examiner l'opobalfamum, ou le baume : à l'âge de vingt huit ans, il revint à Pergame fort inftruit dans la Médecine, fur-tout dans la Chirurgie ; il avoit acquis une connoiffance des bleffures des nerfs, & une méthode de les traiter inconnue avant lui : il en fit l'expérience fur les Gladiateurs que le Pontife de Pergame avoit remis à fes foins, pour les panfer ; quatre ans après il quitta fa Patrie, & n'y revint qu'à trente fept ans.

Galien fit des progrès très rapides en Anatomie, on pourra s'en convaincre, en lisant son Livre *de Usu partium*, mais il y est plutôt question de l'Anatomie des animaux, que de celle du corps humain : les singes étoient principalement les sujets qu'il choisissoit pour disséquer ; il conseille cette dissection à ses Disciples, afin que lorsqu'ils auront occasion de disséquer un corps humain, ils puissent connoître plus aisément, la maniere de perfectionner l'Anatomie : il n'y avoit alors aucune dissection publique, & il n'avoit de corps humain, que ceux des enfans exposés par la cruauté de leurs parens, ou des hommes qu'on trouvoit égorgés dans les campagnes, encore étoit-il obligé de faire ses dissections, avec toute la précaution & le secret possible (*a*) : on n'avoit alors aucun squelette préparé ; on se servoit de ceux qu'on trouvoit sur les montagnes, dans les cavernes ou les tombeaux.

Les Ouvrages de Galien annoncent un génie vaste, & l'homme le plus laborieux : comme il étoit très versé dans les Belles-Lettres, il s'énonçoit avec beaucoup de facilité, & son éloquence étoit sans affectation, mais son style est extrêmement diffus & prolixe, à la maniere de celui des Asiatiques, ce qui fait qu'on le suit avec peine, & qu'on le trouve obscur en divers endroits.

Vesale a prétendu que Galien n'avoit point disséqué de cadavres d'hommes, parcequ'on avoit fait une Loi à Rome, en vue des désordres qui accompagnoient la guerre civile, du tems de Marius & de Sylla, qui défendoit de faire aucun usage des corps morts. Les Loix des Juifs, au sujet de ceux qui touchoient à des cadavres, sont connues de tout le monde, mais chacun ne sait pas que les Grecs étoient à cet égard, dans les mêmes sentimens que les Juifs ; c'est ce que Riolan prouve par un passage d'Euripide. *Si quelqu'un*, dit ce Poète, *souille ses mains par un meutre, ou si quelqu'un touche un cadavre, ou une femme accouchée, ce Dieu lui interdit ses Autels comme à un impie.* Pline dit aussi, *qu'il étoit défendu de regarder les entrailles des hommes.* Mais Riolan croit cependant que les Médecins ont trouvé

(*a*) V. Riolan. Anthropograp. l. 1. cap. 13.

de tout tems, des moyens d'avoir quelques corps humains, pour les diſſéquer : *c'eſt injuſtement*, dit-il, *qu'on accuſe Galien de n'avoir jamais diſſéqué d'homme, & d'avoir enſeigné l'Anatomie du ſinge, pour celle de l'homme. Je prouverois aiſément par une infinité de paſſages de cet Auteur, qu'il a diſſéqué des ſinges & des hommes, mais qu'il n'a enſeigné que l'Anatomie de l'homme :* il n'eſt en effet perſonne, qui après avoir lu Galien, ne ſoit de ce ſentiment.

Galien recommandoit fortement l'étude de l'Anatomie, comme étant la baſe de toute la Médecine *(a)* : il diviſe le corps humain en quatre parties, le ventre, le thorax ou la poitrine, la tête & les extrémités : il diſtingue dans le bas ventre, les parties contenantes, & les parties contenues ; il met au nombre des premieres, qu'il dit être communes à tout le corps, la peau couverte de l'épiderme, la membrane qui eſt ſous la peau, & enfin la graiſſe ; il met au nombre des parties contenantes *propres*, ou particulieres au ventre, les muſcles de cette partie, le péritoine, ſans compter les os, comme les vertebres des lombes, l'os ſacrum, les os des hanches, du pubis, & les fauſſes côtes. Notre Auteur regardoit la peau, comme un corps nerveux ou membraneux, dont le principal uſage eſt de revêtir l'homme, & de le garantir des injures du dehors : il ajoutoit que la peau reçoit des veines, des arteres & des nerfs ; qu'elle eſt immédiatement formée par la ſemence, auſſi-bien que toutes les autres membranes.

Galien diſoit que le peritoine fournit une enveloppe à tous les viſceres, aux inteſtins, aux vaiſſeaux qui ſont entre le diaphragme & les extrémités inférieures, à l'uterus & à la veſſie ; qu'il eſt compoſé de deux membranes toutes nerveuſes.

Après le péritoine, notre Auteur parle de l'épiloon : & dit que les hommes, ont cela de particulier, que l'épiloon chez eux, n'eſt attaché que par des ligamens très foibles, à l'inteſtin colon.

Il paſſe enſuite au méſentere, à ſes arteres & à ſes veines ; au ventricule, qu'il ne croit compoſé que de deux membranes dont l'intérieure a dit-il des fibres, droites ; l'autre des fibres rondes : il ajoute que cette

(a) Introd. ad Anat.

membrane extérieure vient du péritoine, & communique avec tous les viſceres du bas ventre : il parle des tuniques des inteſtins ; de la différence du foie de l'homme d'avec celui de la brute, des inteſtins en particulier, qu'il diviſe en grêles & en gros, qu'il dit commencer au cæcum & au rectum muni d'un Sphincter, afin que les excrémens ſoient mieux retenus : il dit encore que les inteſtins ſont attachés au méſentere, pour ſervir de point d'appui aux vaiſſeaux ; & que le méſentere eſt parſemé de corps charnus, qu'on appelle glandes. Perſonne avant Galien, ne les avoit vu : il traite de la rate & de ſes vaiſſeaux, du foie & de la véſicule du fiel, des reins & des voies urinaires ; il finit ce traité par la deſcription des muſcles qui ſervent à retenir ou à expulſer les matieres fécales.

Notre Auteur traite enſuite de chaque viſcere en particulier : il regarde la ſubſtance du foie, comme formée d'une chair particuliere, qu'Eraſiſtrate & ſes Sectateurs avoient appellé *parenchyme* ; il croit que le foie eſt le principal organe de la ſanguification, & le principe de toutes les veines : la figure du foie, dit Galien, eſt à-peu-près ronde, ſa ſurface eſt extérieurement convexe, intérieurement concave: à la ſurface concave aboutiſſent les veines qui viennent du méſentere, & dont la réunion forme ce qu'on appelle la *Veine-porte* : ce viſcere eſt enveloppé d'une membrane très mince qui eſt fournie par le péritoine.

Dans quelques ſujets, il ſe trouve partagé en deux, quelquefois en trois ou quatre lobes ; dans d'autres, il n'eſt point partagé. » Voici de quelle maniere Galien explique le ſanguification : le chyle étant arrivé » ou attiré dans le foie, par les veines méſaraiques, » il s'y change en ſang, par le moyen du parenchyme, » qui eſt proprement l'organe où ſe forme le ſang, & » le lieu où toutes les veines prennent leurs racines: » les veines du méſentere ne font qu'ébaucher la ſan-» guification ».

La rate eſt placée, continue Galien, dans l'hypocondre. Son uſage eſt d'attirer les humeurs viſqueuſes & groſſieres qui s'engendrent dans le foye: ces humeurs ſont attirées dans la rate par le canal d'un rameau qui vient du foie. La texture de la rate est lâche & fongueuse : elle diffère cependant beaucoup de celle du foie. Elle est beaucoup plus petite, plutôt longue que ronde, & de couleur noirâtre. Elle a communication par sa partie cave avec le foie, par l'entremise de la veine porte ; & avec le cœur, par ses artères.

Les reins sont dans la région lombaire, sur le derriere du ventre, à droite & à gauche du tronc descendant de la veine cave & de la grande artere. Par leur partie concave, ils sont attachés à l'un & à l'autre de ces grands vaisseaux, chacun par une veine & par une artere qui sortent de ces mêmes vaisseaux. C'est par cette veine & par cette artere que les reins attirent l'humidité superflue du sang, & ils la séparent ensuite par une faculté qui leur est particuliere. Cette humidité se ramasse ensuite dans une cavité membraneuse qui se trouve au milieu du rein, & qui sert d'embouchure à un canal de la grosseur d'une plume d'oye, auquel on a donné le nom d'*uretere*. Les deux ureteres viennent se rendre par des trous obliques dans la vessie qui n'a qu'une tunique propre, car l'autre qu'on lui attribue, n'est qu'un prolongement du péritoine elle est munie d'un *sphincter* comme l'anus, pour empêcher la sortie involontaire de l'urine. Chaque rein, dit Galien, est muni d'un petit nerf qu'on peut à peine appercevoir.

Après avoir parlé des reins & de la vessie, Galien passe aux parties de la génération de l'un & de l'autre sexe. Il a plus particulierement traité de celles des femmes : la matrice est le principal organe dans lequel se forme le fœtus. Elle est située entre la vessie & l'intestin rectum : sa grandeur n'est pas toujours la même. Dans les jeunes filles la matrice est fort petite ; & plus ample dans les femmes qui ont fait des enfans. La figure de la matrice approche de celle de la vessie à laquelle elle est unie par quelques fibres charnues, de même qu'au rectum. Son corps a deux tuniques, dont les fibres sont opposées. L'extérieure est nerveuse : toutes les deux sont capables de contraction & de dilatation. Les arteres de la matrice viennent de la grande

artere

artere, & ſes veines viennent de l'aorte de la veine cave. Galien diſtingue dans la matrice, ſon orifice & ſon
fonds. Il dit que ſa ſubſtance eſt muſculeuſe, compoſée d'une chair dure & cartilagineuſe, & d'un trou par
où s'écoulent les mois des femmes, & qui permet
à la ſemence de l'homme de parvenir dans la matrice. Les teſticules des femmes ſont, dit notre Auteur, placés un de chaque côté de la matrice près
de ſes cornes. Ils différent de ceux de l'homme,
par leur grandeur & par leur texture, &c.
Les parties génitales de l'homme qui paroiſſent
au-dehors ſont, pourſuit Galien, le membre viril
& les teſticules; ceux-ci ſont recouverts d'une
membrane propre qu'il appelle d'*artos*, de l'*étythroïde*
ou vaginale, & enfin du *ſcrotum* : membranes qu'on
ne trouve pas aux teſticules des femmes. Les teſticules & le ſcrotum ont peu de nerfs, ſelon Galien,
parcequ'ils n'en ont beſoin, *ni pour le ſentiment ni*
pour le mouvement volontaire. La verge au contraire,
& chez les femmes la vulve, ont beaucoup de nerfs,
ayant un ſentiment plus exquis à cauſe de l'acte
vénérien. Notre Auteur dit que la verge a quatre
muſcles, deux qui ſervent à l'érection, deux à la
rétraction; qu'elle vient des parties ſupérieures de
l'os pubis; qu'elle eſt compoſée de parties nerveuſes
& caverneuſes, afin qu'elle puiſſe ſe remplir d'eſprits & par-là devenir roide. Sa ſtructure, ajoute-t-il,
devoit être telle, non-ſeulement à cauſe du coït, mais
afin que l'homme pût lancer ſa ſemence preſque dans
la matrice. Les vaiſſeaux du teſticule ſont une artere &
une veine. L'artere vient du tronc deſcendant de la
grande artere; la veine a ſon origine à la veine
émulgente. Voici de quelle maniere Galien dit que
la femme conçoit. La ſemence de l'homme & celle
de la femme ayant été reçues dans la matrice après
le coït, ces deux ſemences ſe mêlent; mais celle
de la femme ne ſert qu'à nourrir celle de l'homme
qui eſt la principale, & à produire d'ailleurs une
des enveloppes du fœtus. A l'égard de celle du
mâle, elle ſe change toute en membranes après
qu'elle a été reçue dans la matrice. Quelques-unes
de ces membranes demeurent toujours membranes :

F

quelques-autres s'épaississent ensuite & se durcissent peu-à-peu, ensorte qu'elles, deviennent des cartilages, & enfin des os qui servent de fondement à tout le corps. Quelques-autres se plient, & forment, à mesure qu'elles s'allongent, des cavités & des tuyaux qu'on appelle arteres ou veines. D'autres enfin, s'étendant en filamens, produisent des fibres & des nerfs. Le corps ayant été ourdi de cette maniere, chaque partie attire ce qui lui est nécessaire. Les veines attirent le sang veineux dont se forme ensuite le foie ; les arteres attirent le sang artériel dont se forme le cœur. Quant à la formation du cerveau, il se fait d'abord, dit Galien, une concentration de la partie la plus subtile de la semence ; & il arrive ensuite que la partie la plus grossiere se portant au-dehors, produit une membrane qui se change peu-à-peu en un os qu'on nomme crâne : son usage est d'empêcher l'évaporation de la matiere subtile. Les chairs sont enfin formées du sang le plus épais & le plus grossier qui vient remplir les espaces vuides qui se trouvent entre les vaisseaux & les membranes : la peau se forme la derniere. Voilà comment Galien explique la génération.

L'enfant, poursuit-il, tient à la matrice par un grand nombre de veines & d'arteres, comme par autant de racines qui viennent s'aboucher avec d'autres arteres qui sont propres à cette partie, & par où le sang menstruel s'écouloit avant la grossesse. Il se forme autant de nouveaux vaisseaux dans la matrice d'une femme grosse, qu'il s'y trouve d'orifices, de veines & d'arteres. Ces orifices sont appellés cotylédons. Chaque orifice de veine produit une veine ; il en est de même à l'égard des arteres : de sorte que les vaisseaux qui se forment de nouveau sont égaux en nombre, aux orifices de ceux qui viennent de plus haut se terminer dans la matrice, au sortir de laquelle chacun de ces nouveaux vaisseaux est fort délié ; mais ils grossissent peu-à-peu, à mesure qu'ils se joignent, & de deux ou de plusieurs il s'en fait un seul. De cette maniere, ils se trouvent à la fin tous réduits en deux grosses veines & deux grosses arteres, qui viennent se rendre dans le fœtus par son nombril où ces deux veines se réuniffent, & n'en forment qu'une feule qui va au foie. Les arteres demeurent divifées & entrent dans d'autres arteres qui viennent du tronc commun de l'aorte du fœtus. L'ufage de ces veines eft d'apporter au fœtus du fang pour la nourriture de fes parties, pendant que les arteres lui fourniffent un fang fpiritueux pour l'entretien de fa vie.

Tous ces vaiffeaux font liés enfemble, au fortir de la matrice, par une membrane forte & double qui s'attache à la partie interne de la matrice ; on la nomme *chorion*. Au-deffous du chorion eft une autre membrane nommée *allantoïde*. Son ufage eft de contenir l'urine du fœtus qui ne la rend point par les voies naturelles, tant qu'il eft dans la matrice ; mais par un canal qu'on appelle ouraque, qui aboutit dans la membrane allantoïde, & vient du fond de la veffie du fœtus qui eft percée en cet endroit. La membrane allantoïde eft jointe ou communique avec la veffie, par l'entremife de l'ouraque qui eft au milieu, & qui accompagne les veines & les arteres du nombril. La troifieme tunique & celle qui enveloppe immédiatement le fœtus, eft nommée *amnios*. Elle l'enveloppe tout entier ; elle eft plus forte que l'allantoïde. Dans cette tunique on trouve une liqueur claire comme de l'eau, fort limpide & très abondante. Galien croit qu'elle eft formée de vapeurs qui s'élevent du corps du fœtus, comme une efpece de fueur. Le fœtus nage dans cette liqueur qui le garantit des dangers du frotement ou des commotions.

Après avoir décrit les vifceres contenus dans le bas-ventre, dont il donne une defcription curieufe, mais trop ample pour être rappottée ici. Galien paffe à ceux qui font renfermés dans la poitrine. Il commence par le diaphragme qui fépare les deux cavités. Il le regarde comme un véritable mufcle, mais d'une natu-re particuliere, rond, large, plat, délié, qui a fon tendon dans fon milieu, & qui naît de la partie antérieu-re des fauffes côtes : fa partie moyenne eft nerveufe ; fes nerfs lui viennent de la moëlle fpinale du col.

Quoique Galien parle de la pleuréfie, il ne paroit pas qu'il ait connu la plévre fous le nom que nous lui donnons. Il l'appelloit membrane *environnante de la poitrine*, *membranam fuccingentem*. Il a donné au médiaftin le nom de *membranes féparantes*, *membranas féparantes*.

Dans la cavité de la poitrine font contenus le cœur & les poumons, un de chaque côté. Le cœur eft au milieu & couché fur le poumon. La fubftance du cœur eft dure & charnue. Il eft compofé de plufieurs fibres ; il eft en quelque forte femblable aux mufcles. Mais Galien n'a pas connu la difpofition des fibres du cœur. Il dit que ce vifcére eft le principe des arteres & du mouvement compofé qu'on nomme *pouls* ; il a des nerfs qui font très petits, ils ne vont pas jufqu'au cœur, mais ils rampent fur le péricarde.

Galien connoiffoit que le cœur a deux ventricules qui lui donnent une figure conique, où il avoit vu fes valvules qu'il appelloit membranes. Il en avoit remarqué trois dans la veine artérielle, tournées de dedans en dehors : on les a appellé valvules figmoïdes, à caufe de leur figure. L'orifice de l'artere veineufe qu'il croit s'ouvrir dans le poumon, a deux membranes tournées du dedans au-dehors ; à la bafe du cœur font deux épiphifes charnues & concaves placées devant les orifices, une de chaque côté : on leur a donné le nom d'oreillettes, peut-être parcequ'elles ont quelque chofe d'approchant de la figure d'une oreille. Ces épiphifes font creufes. Celle du côté droit commence où finit le tronc de la veine cave qui apporte le fang dans le ventricule droit ; l'oreillette gauche eft jointe à l'artere veineufe ; elle eft entre cette artere & le ventricule gauche. Il a connu le trou ovale & en a donné une defcription auffi exacte que les Anatomiftes modernes pourroient le faire ; on ne fait après cela pour quelle raifon on en a attribué la découverte à *Botal*, qui n'en a parlé prefque qu'en paffant. Il paroit par les propres paroles de Galien (a), qu'il connoiffoit l'anaftomofe des arteres avec les veines. *Quin etiam*, dit il,

(a) De ufu pulfuum, §. 5.

arteriæ continuatæ ; tum sibi , tum verò cordi , maximis scilicet meatibus , vel potiùs universis suis capacitatibus sunt ; venis verò , non perindè magnis meatibus , sed ipsarum quidem anastomoses , sensus nostros fugiunt. Il n'ignoroit pas aussi le passage du sang dans les veines par les anastomoses , & son retour au cœur ; il savoit que les arteres sont toujours pleines de sang , & qu'elles en reçoivent plus du cœur qu'elles ne lui en fournissent. Mais comme cet Auteur assure que le sang passe des arreres aux veines dans le tems de la sistole , & des veines aux arteres dans la diastole ; comme il est persuadé que le cœur donne de la chaleur à toutes les parties du corps , par les veines , autant que par les arteres , il est probable qu'il n'a pas bien connu la circulation.

Galien passe ensuite aux poumons , il dit qu'ils sont revêtus d'une membrane qui est souvent affectée dans la péripneumonie ; que sa substance est composée comme celle du foie d'un tissu de plusieurs vaisseaux , dont les intervalles sont remplis par une chair molle comme de la bourre ; qu'il n'y a aucun nerf dans toute la substance du poumon , ce qui le porte à croire qu'ils n'ont aucune sensibilité ; cependant , poursuit notre Auteur , j'ai découvert sur la membrane qui sert d'enveloppe au poumon , deux nerfs très petits qui viennent de la sixieme paire du cerveau. Trois vaisseaux principaux se répandent dans le poumon ; une veine , deux arteres & les trachées qui servent à porter l'air au poumon , & à transporter les fumées qui s'élevent du cœur. Les arteres sont d'un tissu lâche & les veines d'un tissu fort serré. Chaque poumon est partagé en cinq lobes dans l'homme ; mais dans les animaux , c'est toute autre chose. Lorsque la poitrine se dilate , le lobe supérieur occupe une capacité ; un autre lobe oblong occupe tout cet espace oblique & anguleux qui est inférieurement borné par les fausses côtes. C'est par cette raison qu'il se trouve deux grands lobes de chaque côté. Le cinquieme est plus petit ; il est du côté droit , & va depuis le diaphragme jusqu'à l'oreillette du cœur du même côté : la veine cave paffe par-deffus ce lobule.

La trachée-artere, dont le fommet eft appellé *larynx*, eft cartilagineufe. Les cartilages font placés les uns au-deffus des autres, & forment chacun un demi cercle, étant membraneux fur le derriere où ils font contigus à l'œfophage ; de forte qu'ils ont la figure de la lettre C ; c'eft pourquoi, dit Galien, on les appelle fygmoïdes. Ils font fortement liés les uns aux autres par de forts ligamens, & outre cela, par une membrane dont le canal eft intérieurement revêtu.

Lorfque la trachée-artere eft entrée dans la poitrine, au-deffous des clavicules, elle fe partage en deux & fe fous-divife enfuite dans le poumon en une infinité de canaux, dont les extrémités vont s'aboucher avec l'artere veineufe fans changer de nature. Galien rend enfuite raifon de la ftructure particuliere de la trachée artere.

Le larynx eft compofé de trois grands cartilages qui ne reffemblent en rien à ceux des trachées : le cartilage antérieur eft le plus grand ; il eft extérieurement convexe, intérieurement concave ; il reffemble à un bouclier, c'eft pourquoi on la nommé *thyroïde*, c'eft-à-dire fcutiforme : le fecond cartilage a été appellé *cricoïde*. Galien paroît avoir été le premier qui ait remarqué que ce cartilage a deux petites têtes, par lefquelles ils s'articule avec l'aryenoide : le troifieme cartilage s'articule avec le premier & le fecond dans leur partie poftérieure ; il eft compofé de deux petits cartilages qui s'uniffent & qui finiffent en pointe, à-peuprès comme le bec d'une aiguiere, ce qui l'a fait nommer *arytenoide*.

Après cela, Galien parle des mufcles qui ouvrent & qui ferment le larynx : il affure être le premier qui ait parlé de leur exiftence, & même du larynx : il dit que ces mufcles reçoivent des nerfs, qu'il appelle *récurens*, deftinés à les mouvoir. Ruffus d'Ephefe les avoit connus ; mais on ne peut lui refufer d'avoir dit le premier que la *glotte* & fes ligamens étoient l'organe de la voix, ce qu'il explique ainfi : la voix eft un air battu & agité par la faculté animale qui se sert pour cela du ministere des nerfs & des muscles : mais pour que la voix se fasse, il faut que l'air passe d'un endroit large dans un endroit qui s'étrécit par gradation, & s'élargit ensuite. Le méchanisme de la voix est perfectionné par la *glotte*, c'est-à-dire petite langue, ou *langue du larynx*. Nous l'appellons aujourd'hui épiglotte.

Enfin Galien a décrit les glandes du larynx : elles sont, dit-il, d'un tissu lâche & spongieux. Leur destination est de répandre dans le larynx, & les parties qui l'environnent, une humeur onctueuse.

Les mamelles sont deux corps glanduleux placés sur le devant de la poitrine. Elles sont destinées à la secretion du lait ; leurs arteres & leurs veines, ont une communication intime avec la matrice & les testicules. Galien passe pour être le premier qui ait apperçu cette communication.

Des visceres contenus dans le bas ventre & dans la poitrine, notre Auteur passe à ceux de la tête ou du *ventre* supérieur. Après avoir enlevé la peau & les os qui forment la boîte osseuse, il découvre une membrane que les Anciens appelloient méninge ; mais Galien lui refuse ce nom, parceque ces mêmes anciens le donnoient à toutes les autres membranes du corps humain. Cette membrane, dit-il, est dure & fort épaisse ; elle en recouvre une autre qui est très fine. Il parle ensuite des différentes parties du cerveau ; du corps calleux, du plexus choroïde, de la voûte à trois piliers : il connoissoit le *corpus psalloïdes*, le *conarion*, les éminences appellées *nates*, & le corps *vermiforme* ; il connoissoit aussi quatre ventricules du cerveau, deux antérieurs & deux postérieurs. Ces ventricules communiquent entr'eux. La substance du cerveau est molle & semblable à la graisse. Il a cru qu'au derriere du cerveau se joignoient deux veines, le point de cette réunion a été appellé *pressoir* par Hérophile à cause de sa situation entre les sinus lateraux, le sinus longitudinal supérieur, le sinus longitudinal inférieur du cerveau, & le sinus occipital du cervelet.

Galien est du même sentiment qu'Herophile sur le principe des nerfs. Il observe que le corps du cerveau, n'eſt pas de même nature par-tout ; mais qu'il eſt plus mol vers la partie antérieure , & devient plus dur à meſure qu'il avance vers l'occiput , & que ſa portion la plus dure eſt à ſa jonction avec la moëlle de l'épine , qui eſt dans cet endroit, plus dure qu'ailleurs , & qui devient de plus en plus dure en s'éloignant de ſon principe.

A la partie poſtérieure de la tête eſt placé le cervelet. Il eſt ſéparé du cerveau, par une duplicature de la dure méninge. Sa ſubſtance eſt plus dure que celle du cerveau, ſur-tout vers la partie qui touche à la moëlle épinière. Willis a tiré parti de cette remarque.

Galien comptoit ſept paires de nerfs qui tirent leur origine du cerveau & du cervelet, & vont ſe diſtribuer en différents organes. Il appelloit la premiere paire *optique* ; la ſeconde, *les moteurs*, qui vont ſe diſtribuer aux muſcles des yeux ; la troiſieme, *guſtatifs*, parcequ'ils vont à la langue. Il croyoit que les nerfs de la quatriéme paire ſortoient du crâne par le même trou que ceux de la troiſieme, qu'ils étoient plus durs, plus petits, & qu'ils alloient ſe diſtribuer au palais pour ſervir à l'organe du goût. Notre Auteur décrit la cinquieme paire d'après Marinus qui l'avoit ainſi nommée : il dit qu'elle va à l'oreille. La ſixieme ſe diviſe ſelon lui en pluſieurs rameaux qui vont au ventricule, aux inteſtins, au méſentere, & aux autres viſceres. Les nerfs de la ſeptieme ſont appellés *moteurs de la langue.*

Après avoir parlé des nerfs du cerveau, Galien vient à ceux de l'épine, qu'il dit ſortir par paires, c'eſt-à-dire un de chaque côté, de la moëlle de l'épine, & aller enſuite ſe diſtribuer dans toutes les parties du corps. Une remarque générale qu'il faiſoit ſur les nerfs, c'eſt qu'il n'y en avoit aucun, ſelon lui, qui pénétrât les os, les cartilages, les ligamens & les glandes. Notre Auteur admettoit dans le globe de l'œil, ſept membranes qui l'environnent, les humeurs vitrées, criſtallines & aqueuſes.

Il croyoit que toutes les arteres venoient du cœur, ſur-tout de l'aorte, qui prend naiſſance au ventricule gauche ; que chaque tronc d'artere avoit un tronc de veine qui l'accompagnoit, mais qu'il n'en étoit pas de même des veines qu'on trouve quelquefois ſeules ; il appelloit artere veineufe, celle qui fort du ventricule gauche du cœur, & *veine artérielle*, celle qui fort du ventricule droit.

Le Livre de Galien, qui a pour titre, *de Motu Muf-culorum*, prouve qu'il étoit très verfé dans cette partie de l'Anatomie, & qu'en ce genre, il avoit furpaffé tous ceux qui avoient vécu avant lui; il regarde les mufcles, comme des parties charnues & tendineufes deftinées à exécuter les mouvemens volontaires. Ceux dont nous devons la découverte à cet Auteur, font le *Platyfma myoides*, les mufcles interoffeux & lumbri-caux, que les Chirurgiens François attribuent à Habi-cot, & un petit mufcle de la tête, que nous appellons aujourd'hui, *le petit Droit antérieur*; il en a encore dé-couvert plufieurs autres inconnus aux Anciens.

Il définit les os, des corps très durs & très fecs, & qui fervent de foutien à tout le corps : il appelle *Squelette*, l'affemblage de ces os; il diftingue les apo-phifes & les épiphifes; il nomme leur corps diaphife, & parle très bien des articulations. Telle eft l'Anato-mie de Galien : on peut juger par ce précis, de l'exac-titude & du génie de ce grand homme : fa pratique Chirurgicale ne lui fait pas moins d'honneur.

Il établiffoit deux opérations générales de Chirur-gie, qu'il regardoit comme la bafe de cet Art; fa-voir, la *réunion*, autrement appellé *finthefe*, & la di-vifion appellée *diærefe*. Celle-ci comprend plufieurs opérations de la même efpece; les fractures, les luxa-tions, le rétabliffement des parties qui font for-ties hors de leur place, comme des inteftins, de la matrice, &c., & la gaftroraphie. La diærefe com-prend fur-tout l'angeotomie, les cas où il faut ampu-ter, bruler, polir, fcier, ratiffer, ouvrir des abfcès, trépaner, &c.

Dans les coups violens à la tête, & les fractures complettes du crâne, Galien recommandoit le trépan, & quoiqu'il avoue n'avoir jamais pratiqué cette opé-ration, il dit cependant qu'elle eft falutaire, pourvu toutesfois que le Chirurgien qui la fait, ne touche point à la *dure meninge* (a), parce que le malade rif-queroit de périr.

(a) Ce précepte eft affez oppofé à l'obfervation qu'il fit à

Dans le cas d'un abcès au grand angle de l'œil,
(maladie à laquelle on a donné le nom d'ægylops,
& qu'il ne faut point confondre avec la fistule du sac
lachrymal que Galien a aussi connue) lorsque le pus
avoit rongé l'os, & couloit dans les narrines: notre
Auteur employoit le cautere actuel; il dit cependant,
qu'il y a des Praticiens qui, au lieu de bruler dans
ce cas, se servent par préférence d'un perforatif : il
parle encore du *pterygion*, du glaucome, du staphi-
lome, de la chûte du globe de l'œil, du strabisme,
de la cataracte, du chemosis, du trichiasis, de la lagophtalmie, de l'ectropium, du chalasis, de l'enchan-
lis, de la suffusion, du ptiloseos : il a aussi traité du
sarcome, dupelyse, de l'ozene des narrines, de la
luxation de la machoire inférieure, de la luxation de
la luette, & de la squinancie.

Il dit qu'entre tous les animaux, l'homme & le
singe sont sujets aux hernies : les dissections des singes
lui étoient familieres, & même un peu trop, car il a
souvent appliqué à l'homme ce qu'il n'avoit vu que
sur eux : il connoissoit plusieurs especes de hernies,
comme l'exomphale, le bubonocele, l'épiploom-
phale, l'hydromphale, le sarcomphale, le pneuma-
tomphale, les hernies du scrotum, l'hydrocele, l'entérocele, l'hydrentérocele, le circocele, le proroco-
cele, l'épiplocele, & l'entéroépiplocele : il fait aussi
mention de la paracentese, nom qu'il donnna à la
ponction qu'on fait au ventre ou au scrotum des hydropiques, pour tirer l'eau qui y est contenue, & il
donne la description des instrumens dont il faut se
servir.

Galien établissoit trois especes de luxations ou de
fractures : la premiere qu'il appelloit *luxatio seu lap-
sus*, est dit-il, une chûte contre nature, des os qui se
meuvent par articulation : la seconde, qu'il nommoit *articulatio seu eluxatio*, arrive lorsqu'un os sort
de la cavité où il étoit naturellement contenu, & se
porte ailleurs : la troisieme espece de luxation est,
dearticulatio seu deluxatio : il parcourt ensuite les

Smyrne d'une plaie du cerveau qui avoit pénétré jusqu'au ventricule, avec déperdition, & à laquelle le malade survécut.
De u.su, part. chap. 8.

différentes efpeces de luxations, celle de l'humerus, des vertébres du dos, de la cuiffe, du genou, de la main & des doigts : il donne après cela, la méthode de remédier aux fractures, & d'en conduire la cure : il y a dans ce Traité, d'excellents préceptes que plufieurs Modernes ont pillé.

Galien faifoit un grand ufage des fangfues & des ventoufes ; dans les douleurs violentes de migraine, il n'héfitoit pas d'appliquer les ventoufes, & de faire des fcarifications, après avoir cependant fait précéder les purgatifs : *incipientes, aut etiam vigentes capitis gravitates & dolores à plenitudine per cucurbitulam in occipite pofitam, vel cum fcarificationibus, juvat, tamen totum corpus antea vacuum effe oportet* : malgré le témoignage avantageux de ce grand homme fur l'ufage de pareils fecours chirurgicaux, on néglige aujourd'hui l'application des ventoufes, & certainement au préjudice de l'Art.

Pour détruire les verrues, notre Auteur les perçoit dabord de part en part ; les foulevant enfuite avec des pincettes il les coupoit : il coupoit auffi ou bruloit, les cancers des mammelles : quelquefois il fe fervoit pour faire l'incifion, d'un couteau rougi au feu. Nous avons de lui un Traité de *de Curtatis*, c'eft-à-dire, des cas où la Chirurgie doit amputer les membres : il a traité des ulceres en général & en particulier, de même que des tumeurs. Voici la regle générale qu'il établiffoit à l'égard des ulceres : c'eft un bon figne, difoit-il, fi de l'intérieur, ils fe portent à l'extérieur ; fi le contraire arrive, c'eft mauvais figne : *ab interioribus verfus exteriora moveri, bonum, e contra malum.*

Il donne enfuite la méthode de guérir les brûlures : il traite des charbons, des bubons, des parotides, des écrouelles, des aphtes, des ulceres cancéreux, & des cancers tant cachés qu'occultes, du fquirrhe, de l'érefipele, des rhagades, de l'œdeme, de toutes les maladies des gencives, des fentes & des crevaffes des levres, des abfcès des amygdales, des ganglions & des échymofes : il n'a pas même négligé de parler des maladies de la peau, de la galle, des darrtes, du feu volage. Plufieurs Auteurs affurent que Galien fe fit

Chrétien, au récit des miracles du Sauveur, & qu'il partit pour aller en Judée. Chartier (*a*) dit qu'il tomba malade pendant son voyage, à la suite du naufrage que fit le vaisseau sur lequel il alloit en Judée. Criton dit qu'il mourut en Palestine. Mundinus & Herthman (*b*) pensent qu'il mourut sur le rivage de la mer, où il étoit allé à dessein de voir les miracles que faisoit les disciples de Jesus-Christ.

Nous avons de Galien, plusieurs Ouvrages d'Anatomie, sous le titre de *Administrationes Anatomicæ* : il les avoit composés en faveur de Bœthus, Consul Romain, qui aimoit beaucoup l'Anatomie : il ne nous en reste que les neuf premiers Livres. Galien a encore laissé dix-sept Livres de l'usage des parties du corps humain ; un Traité des os ; de la dissection des muscles ; des nerfs & des veines ; un Livre où il prouve contre Erasistrate & ses Sectateurs, que les arteres contiennent naturellement du sang ; il a aussi écrit sur l'Anatomie de la matrice, sur la formation du fœtus & de la semence.

Le Traité des os de Galien a été imprimé à part sous ce titre :

Galenus de ossibus gracè & latinè. Accedunt Vesalii, Sylvii, Heneri, Eustachii, ad Galeni doctrinam exercitationes. Lugduni Batavorum, apud Danielem Vander Bose. 1665. in 12.

Voici les Titres des Ouvrages d'Anatomie & de Chirurgie de Galien, ou de ceux qu'on lui attribue, tels qu'on les trouve dans Chartier.

TOME I.

Galeni an sanguis in arteriis contineatur, Liber.

Galeni de semine, Libri tres.

Tom. IV.

De ossibus, ad tyrones.

De antomicis administrationibus, Libri novem.

Galeno adscriptus Liber de anatomiâ vivorum.

Galeno adscriptus Liber de anatomiâ parvâ.

Vocalium instrumentorum dissectio.

Galeno adscriptus, Liber de anatomiâ oculorum.

De venarum ateriarumque dissectione, Lib. 1.

(*a*) T. I. Gal. Vita. cap. 44.
(*b*) Sched. Nuremberg.

De nervorum diffectione , Liber.

De uteri diffectione , Liber.

De ufu partium corporis humani , Liber 17.

Tome V.

Galeno adfcriptus , Liber de compagine membrorum , five de naturâ humanâ.

An animal fit quod in utero eft , Liber 1.

De feptimeftri partu , Liber.

De inftramento odoratûs.

De motu mufculorum.

Galeno adfcriptus , Liber de motibus manifeftis & obfcuris.

Fragmentum de motu thoracis & pulmonis.

Galeno adfcriptus , Liber de refpirationis ufu.

De refpirationis ufu , Liber legitimus.

De caufis refpirationis , Liber 1.

Galeno adfcriptus , Liber de voce & anhelitu.

Ouvrages de Chirurgie.

Tome X.

Galeni de venâ fectione adverfus Erafiftratum , Liber 1.

De venâ fectione adverfus Erafiftrateos Romæ degentes , Liber 1.

De curandi ratione per venæ fectionem , Lib. 1.

De hirudinibus , revulfione , cucurbitulâ , & fcarificatione , vel concifione , Liber 1.

Galeno adfcriptus , Liber de oculis.

Galeno adfcriptus , Liber de curâ lapidis.

Tome XII.

Galeni de fafciis , Liber.

Il y a eu dix éditions de Galien à Venife , chez les Juntes. Elles parurent en 1541 , 1550 , 1556 , 1563 , 1570 , 1576 , 1586; en 1600 , 1609 & 1625 , toutes in-folio. La huitieme édition eft la plus élégante de toutes; mais la neuvieme eft la plus complette.

* C'eft mal-à-propos que Goelicke place Scribonius Largus après Galien , puifqu'il a compofé un Traité des médicamens que Galien cite. Il faut en faire l'hiftoire avant ce dernier.

Ruffus Ephefius a encore vécu quelque temps avant Galien , qui le met au rang des plus habiles Médecins.

CHAPITRE X.

ANATOMISTES ET CHIRURGIENS GRECS qui ont vécu depuis Galien jusqu'aux Arabes.

LA mort de Galien (a) peut être regardée comme l'époque de la décadence de l'Anatomie. Cette science fut peu cultivée par ses succeffeurs. Soranus, Oribafe, Meletius, Théophile, & quelques autres Médecins dont nous parlerons dans ce chapitre s'en occuperent. Mais leurs travaux n'ajouterent prefque rien aux connoiffances anatomiques qu'on avoit déja. Le refpect fervile qu'ils avoient conçu pour Galien, les empêcha de rien avancer qui allât contre le fentiment de ce grand homme.

Quoique l'Anatomie fut ainfi négligée, la Chirurgie fit quelques progrès. Ce même Oribafe, que nous venons de nommer Ætius, Alexandre de Tralles, Paul d'Ægine, &c. la pratiquoient avec fuccès.

Il regne beaucoup de confufion & d'incertitude chez les meilleurs Hiftoriens, fur le temps auquel ces quatre Médecins ont vécu. Mr. *Leclerc* (b) les place dans le quatrieme fiecle indiftinctement. Il eft aifé de faire voir qu'il s'eft trompé. La feule lecture de leurs ouvrages peut fixer l'intervalle du temps qui s'eft écoulé entr'eux. Oribafe eft le plus ancien ; après lui vient Alexandre, enfuite Ætius, enfin Paul d'Ægine. Tel eft l'ordre dans lequel Mr. Freind les préfente. Les raifons qu'il en donne nous ont paru folides. On peut confulter la Préface de fon Hiftoire de la Médecine.

Soranus étoit fils de Nicandre & de Phoëbes. Il naquit à Éphefe, & vivoit dans le deuxieme fiecle fous le regne de Trajan & d'Adrien. Cælius

---

(a) Goelicke, Hift. Anatomiæ & Chirurgiæ.
(b) Effai fur l'Hiftoire de la Médecine jufqu'au feizieme fiecle : On trouve cet effai à la fuite de la nouvelle édition de l'Hiftoire de la Médecine.

Aurelianus nous apprend qu'il avoit embraſſé la feête méthodique, & qu'il en devint le plus grand ornement. Il profeſſa avec honneur la Médecine à Alexandrie, & vint enſuite à Rome (a). Il faut que Soranus ait eu du mérite, puiſqu'il a été eſtimé par les Médecins même qui n'étoient pas de ſa feête. Galien rapporte la compoſition qu'il avoit donnée de quelques médicamens, & aſſure même qu'il avoit été témoin oculaire des bons effets qu'ils avoient produits. Cet Auteur avoit des connoiſſances profondes en Anatomie, puiſqu'il a donné une deſcription du clytoris auſſi [exaête que celle des modernes. Il nie formellement l'exiſtence de l'hymen. En général ſon anatomie des parties génitales de la femme, eſt infiniment ſupérieure à celle de Galien, qui n'avoit preſque diſſéqué que des animaux, au lieu que Soranus avoit vu beaucoup de cadavres. Ses autres Ecrits ſont perdus; mais cette perte eſt en quelque ſorte réparée par Cælius Aurélianus, qui avoue lui-même que tout ce qu'il a écrit n'eſt qu'une tra-duêtion des Ouvrages de Soranus. On doit bien prendre garde de ne pas le confondre avec un autre Médecin du même nom, & de la même Ville. Ce dernier eſt plus jeune que celui dont nous venons de parler. Nous avons de lui un Ouvrage intitulé:

" *Libellus de utero & muliebri pudendo. Græce, Pa-*
" *riſiis 1554.* Il eſt relié avec les œuvres de Ruffus
" Epheſius. *Ejuſd. vita Hippocratis,* qu'on trouve
" parmi les Ouvrages de ce pere de la Médecine.

Il a encore laiſſé des fragmens ſur divers ſujets de Médecine, qui ſont confondus dans les Œuvres d'Ætius. Les voici.

" *Fœcundarum mulierum dignotio.* Tetral. 4. Serm.
" cap. 7.

" *Ejuſd. de ſeminis fluxu, uteri debilitate, furore*
" *uterino, uteri reſolutione, uteri prolapſu, tumore*
" *uteri laxo, ſatyriaſi utero in ſchirrum indurato.*
" Ibid. cap. 72, 73, 74, 75, 76, 81, 82, 84.

Il y a eu un troiſieme Soranus qui étoit de Malles en Cilicie, d'où il fut ſurnommé *Mallotés.* On a

(a) Vid. ſuidam & vôſſium, de Hiſt. Græcor.
(b) Libri de ſeêtis.

cru, mais mal-à-propos, que l'Ouvrage intitulé : » *Ifagoge faluberrima in artem medendi*, » imprimé à Baſle en 1528, & à Veniſe en 1547, appartenoit à ce dernier. Voſſius aſſure qu'il n'eſt d'aucun des trois Soranus précédens, & qu'il a été compoſé par un Auteur latin. Ce ſentiment eſt très-vraiſemblable. Cet Ouvrage eſt dédié à Mecene. L'Auteur s'étoit perſuadé ſans doute que par ce ſtratagême il parviendroit à faire croire à ſes lecteurs qu'il avoit été Contemporain de ce favori d'Auguſte. L'impoſture étoit trop groſſiere : il n'a trompé perſonne.

Cælius Aurelianus, que d'autres appellent Cælius Arantius, étoit de Sicca, Ville de Numidie en Afrique. Il vivoit quelque temps après Soranus. Il eſt des Écrivains qui placent ces deux Auteurs avant Galien, alléguant en faveur de leur ſentiment, que Galien n'eſt point cité dans Cælius. Cette preuve eſt aſſez bonne ; néanmoins nous avons préféré de nous conformer à l'opinion généralement reçue, & de les laiſſer au rang qu'on leur aſſigne.

Quoique Cælius Aurelianus s'avoue pour traducteur de Soranus, il ne faut cependant pas s'imaginer qu'il n'ait fait que le copier. Il nous apprend lui-même qu'il avoit compoſé pluſieurs Ouvrages, entr'autres un Abregé de la Médecine, par demandes & par réponſes, des livres de Chirurgie, d'autres ſur les fievres, ſur la compoſition des remedes, les maladies des femmes &c ; & l'on ne peut pas ſuppoſer, ſans choquer la vraiſemblance, que ce ne fût que des traductions : quoi qu'il en ſoit, il ne nous eſt parvenu que ceux dont il fait honneur à Soranus.

Notre Auteur étoit extrêmement attaché à la ſecte de méthodiques qui, comme on ſait, font conſiſter les maladies dans le *ſtrictum & laxum*. Son Livre eſt d'autant plus précieux, qu'il eſt du moins le plus complet que nous ayons touchant la doctrine de cette ſecte. Sans Aurelianus, la pratique des plus fameux Médecins de l'antiquité nous ſeroit inconnue ; il a pris ſoin de nous en conſerver des extraits : mais quelque reſpect qu'il eût pour ſes maîtres, il ne l'a point porté juſqu'à applaudir indiſtinctement

à

à tout ce qu'ils avoient dit, & il réfute leurs fentimens toutes les fois qu'ils lui paroiffent mal établis.
Hippocrate lui-même n'eft point à l'abri de fa critique. On ne trouve dans fon Ouvrage que deux
ou trois maladies qui foient du reffort de la Chirurgie, encore même ne les a-t il envifagées que
fous un afpect purement médecinal, c'eft-à-dire,
en tant qu'elles peuvent être guéries par des médicamens internes (a); néanmoins dans le Chapitre
de l'hydropifie, il indique affez bien les circonftances
dans lefquelles il faut recourir à la paracenthèfe. On
la pratique lorfque l'épanchement eft confidérable;
elle diminue la difficulté de refpirer en donnant
iffue aux eaux : mais cette opération ne doit pas
être tentée fur des fujets foibles, où dont le péritoine eft enflammé à caufe des douleurs qu'elle ne
manqueroit pas d'augmenter; d'ailleurs elle n'eft
point exempte de danger. Il y a beaucoup de perfonnes dont elle a abregé les jours, qui fans cela
euffent vécu plus long temps. C'eft au-deffous de
l'ombilic, continue-t-il, que doit être faite l'ouverture. On fe fervira de la fonde à femme pour
évacuer la liqueur extravafée, dont la couleur eft
quelquefois fi différente. Bien des gens ont voulu
la déterminer à priori; les uns ont dit qu'elle devoit
reffembler à l'urine du malade; d'autres, à la couleur de fa peau. Il y en a enfin qui ont prétendu
qu'elle feroit fanguinolente toutes les fois que quelque
vifcere fouffriroit. Tout cela eft faux; l'art n'a point
de fignes à l'aide defquels nous puiffions prononcer
là-deffus : quant à la maniere dont l'eau doit être
tirée, il veut qu'on la tire toute à la fois, lorfque
les forces le permettent. Ce n'eft que dans des fujets
affoiblis, & qui font craindre une fyncope, qu'on
doit l'évacuer à diverfes reprifes.

Il y a très peu d'anatomie dans les Écrits de notre
Auteur, & il ne mérite point d'être mis au rang
des Anatomiftes.

(a) Cela ne doit point paroître étonnant, il traitoit des maladies Chirurgicales dans les Livres de Chirurgie qui fe font perdus.

G

» *Celerum vel acutarum passionum, Libri tres. Parif.*
» *1529 , in-fol. Lugduni 1566 , in-8°.*
» *Tardarum passionum, Libri quinque. Basileæ 1529,*
» *in-fol. cum Oribasii opusculis.*
· *Omnes autem conjunctim , Venetiis 1547 , in-fol.*
Lugduni 1567 , in-8°. Londini 1579 , in-8°. Amste-
lodami 1755. Cette derniere édition est beaucoup
plus correcte que les précédentes , & on y a ajouté
des notes qui jettent un grand jour sur le texte
qu'il n'est pas rare de trouver obscur.

MOSCHION.

Il y a eu quatre Médecins du nom Moschion ;
le premier étoit disciple d'Asclepiade ; on l'appelloit
le correcteur , parce qu'il croyoit avoir corrigé
quelques erreurs de son maître. Le second est cité
par Soranus. Pline parle d'un troisieme , & Plutarque
en nomme un quatrieme qui étoit son contemporain & son ami. Il y a quelqu'apparence que celui
dont il est ici question, est le même que Pline cité.
Quoi qu'il en soit de cette assertion que nous ne
garantissons pas , il est toujours certain qu'il embrassa
la secte des Méthodistes.

Il paroît que cet Auteur avoit pratiqué les accouchemens ; mais ses travaux n'enrichirent pas beaucoup
cet art. Dans la mauvaise situation du fœtus , on
le voit irrésolu , & ne sachant à quel parti s'arrêter.
Une manœuvre vigoureuse , mais nécessaire , le
déconcerte & l'effraie ; il semble vouloir s'accommoder avec la pusillanimité des femmes ; les remedes
les plus benins sont ceux qu'il préfere : complaisance meurtriere dont notre siecle ne fournit malheureusement que trop d'exemples. Dans le cas
indiqué , il n'emploie que des onguens , & il veut
qu'on ramene la tête à l'orifice.

La pratique présente souvent aux gens de l'art
des chutes de la matrice ; Moschion avoit eu plusieurs fois occasion d'en observer. Lorsque le contact
de l'air extérieur a déja commencé à noircir ce
viscere , il pense qu'on peut l'emporter. Cette façon
de penser n'est pas d'un homme foible & qui craint
les grandes opérations. Moschion est ici en contradiction avec lui-même , & sa conduite doit nous
prémunir contre les dangereux écarts de l'imagination.

Il l'avoit sans doute prise pour guide en conseillant cette opération, & il est bien à craindre que ceux qui la conseillent encore aujourd'hui, & qui assurent l'avoir vu réussir, n'aient été trompés par les apparences, ou séduits par une fausse analogie.

Moschion savoit fort mal la Chirurgie ; ses Écrits anatomiques valent un peu mieux. Il a fait graver quelques planches ; il y en a une de la matrice qu'il compare à une ventouse.

De muliebribus affectibus græce & latine. Basileæ 1538.

Le même Ouvrage a été encore imprimé à Basle, en grec seulement, en 1566.

L'édition que nous en a donnée Caspar Wolfius, est fautive. Cet Auteur est d'une opinion contraire à celle de plusieurs Écrivains ; il croit, & avec raison, que l'original a d'abord été écrit en latin, & que l'exemplaire grec qu'on a, n'est qu'une traduction.

Les Auteurs ne s'accordent pas sur le lieu de la naissance d'Oribase ; les uns prétendent qu'il étoit de Sardes ; les autres, de Pergame, patrie de Galien : quoi qu'il en soit, il fut élevé à l'école de Zenon le Cyprien, qui, à ce que l'on croit, enseignoit alors à Sardes, & devint un des plus grands Médecins spéculatifs de son temps. Lorsqu'il eut achevé ses études, il passa à Alexandrie (a), où il professa la Médecine avec distinction. Oribase a été regardé par quelques personnes comme l'homme le plus savant de son temps. Il joignoit à ce profond savoir la conversation la plus aimable, & toutes les autres qualités qu'on recherche dans les cercles. Eunapius (a), homme très-versé dans la Médecine, & qui est vraisemblablement celui à qui les quatre Livres *de Euporistis* sont adressés, nous apprend qu'Oribase avoit beaucoup de crédit, & qu'il ne contribua pas peu à faire monter Julien sur le trône. Ce fut en reconnoissance de ce service, que cet Empereur le fit son premier Médecin & Questeur de Constantinople. Il sut acquérir la confiance &

(a) Julian. epistolæ.
(b) In vitis Philosoph.

les bonnes graces de ce Prince, comme il paroît par une lettre que ce Prince lui écrivit. Après la mort de Julien, fes ennemis parvinrent à le rendre fufpect à Valentinien fon fucceffeur, qui le priva de fes biens & l'envoya en exil chez les Barbares. Son favoir le fit bientôt aimer & refpecter de ces peuples au point, que voyant les cures merveilleufes qu'il opéroit parmi eux, ils le regarderent comme un Dieu. Cet évenement décilla les yeux de l'Empereur; il connut la faute qu'il avoit faite en le banniffant, & le rappella pour le combler de richeffes. La jaloufie fut réduite au filence, & fa réputation n'en devint que plus brillante. Voici ce que la poftérité a penfé de fa perfonne & de fes ouvrages.

Juliani Regis medicus celeberrimus hic eft

Divus Oribafius dignus honore coli.

Providus inftar apis veterum monumenta pererrans,

Ex variis unum nobile fecit opus.

Mr. *Leclerc* regarde Oribafe comme un Compilateur. Il penfe que tout ce que fa théorie ou fa pratique renferme d'intéreffant, & principalement ce qu'il nous a laiffé fur l'Anatomie & la Chirurgie, a été entiérement copié de Galien & d'Ætius. Nous ne pouvons foufcrire à ce jugement de Mr. Leclerc, qui, quoique vrai à certains égards, ne l'eft pas à beaucoup près dans tous les points, comme nous efpérons d'en convaincre quiconque ne fe laiffera pas prévenir par le préjugé ou éblouir par l'opinion d'un Auteur célebre. En effet, Ætius eft poftérieur à Oribafe; & on ne trouve d'ailleurs dans les ouvrages du premier aucun détail anatomique, & tout ce qu'il a écrit fur la Chirurgie eft épars dans des volumes immenfes & mal digérés, ou plutôt ce n'eft qu'une efquiffe groffiere, informe & fans ordres; au lieu qu'Oribafe nous a donné une defcription de toutes les parties du corps humain, connues de fon temps, avec les fonctions qu'elles rempliffent dans l'économie animale. Nous ne difconviendrons pas qu'il n'a prefque rien ajouté à l'anatomie de Galien; c'eft même, eu égard à ce Traité, plutôt que par rapport à tout autre,

qu'il a été nommé le singe de Galien. On trouve
néanmoins dans Oribase une description fort exacte
des glandes salivaires, dont Galien ne fait pas
mention, soit qu'effectivement celui-ci ne les ait pas
connues, soit que cette découverte fût contenue
dans les différens Ouvrages de cet Auteur, dont
le malheur des temps nous a privés. Je présume
que le public ne sera pas fâché de voir cette description telle qu'on la lit dans Oribase. La voici
traduite mot pour mot (a).

» Aux deux côtés de la langue, on apperçoit,
» dit-il, l'orifice de deux conduits qu'on croit porter
» la salive ; ces conduits prennent naissance de deux
» glandes qui sont placées à la racine de la langue.
» Leur figure ressemble à celle des arteres. Ils charrient
» une humeur pituiteuse, destinée à lubrifier la
» langue & toutes les parties de l'intérieur de la
» bouche.

Oribase nous a conservé plusieurs fragmens précieux des anciens Médecins, qu'on ne trouve point
ailleurs. Il y en a beaucoup d'Archigene & d'Hérodote qui, comme on sait, illustrerent la secte
pneumatique, & de Possidonius, & d'Antyllus, qui
paroissent avoir été deux Médecins très-célebres. M.
Leclerc ne parle que brievement du dernier, ce qui
est d'autant plus surprenant, que Galien leur donne
de grands éloges à tous les deux, mais principalement à Possidonius.

Ces fragmens nous instruisent de plusieurs genres
d'exercices usités parmi les Romains, que Galien,
ses prédécesseurs, & Mercurialis ont passés sous
silence. Oribase s'étend beaucoup sur les avantages
des scarifications dans le traitement des maladies.
Il dit les avoir employées avec un succès étonnant
dans la suppression des regles, l'inflammation des
yeux, & la difficulté de respirer, même chez les
vieillards. Il nous apprend qu'avec ce seul secours,
il s'est guéri de la peste, & en a guéri plusieurs
autres. Nous n'en sommes pas surpris. On sait
depuis long-temps que le sang qu'on évacue par

(a) Collection, Lib. 24.

G iij

les fcarifications, n'entraîne après lui aucun affoibliffement, tandis que la même quantité de ce liquide, tiré par l'ouverture de la veine, abat finguliérement les forces, & met la nature hors d'état
de vaincre la matiere morbifique. Ne feroit-ce pas
là la raifon des effets merveilleux des fcarifications ?
Il eft un autre cas dans lequel elles font admirables, & qui ne paroît pas avoir affez fixé l'attention des Auteurs; c'eft dans les pleuréfies épidé-
miques où la faignée nuit, & dans les pleuréfies
ordinaires, lorfque la foibleffe du pouls contre-
indique une faignée que la douleur, la difficulté
de refpirer, & les autres fymptomes exigent : alors,
dis-je, il faut fcarifier, rien n'eft meilleur. Des
Médecins ont plufieurs fois employé cette méthode,
& ils affurent qu'elle leur a conftamment réuffi.
Nous ofons nous flater que le lecteur voudra bien
nous pardonner cette digreffion en faveur de l'importance de la matiere.

Les fcarifications dont Oribafe fe fervoit, font
différentes de celles qu'on pratique à la fuite des
ventoufes (a). Celles-ci n'ont été mifes en ufage que
par les Médecins arabes; au lieu qu'il paroît par
divers paffages de Galien, que les anciens ne pratiquoient que les premieres. Ces fcarifications con-
fiftoient à faire des taillades profondes à la peau.
Les Égyptiens s'en fervent encore aujourd'hui, au
rapport de Profper Alpin. Voici leur façon de procéder. Ils commencent par mettre au-deffous du
jarret une ligature qu'on ferre étroitement; cela
fait, on frotte la jambe & on la met dans l'eau
tiede; lorfqu'elle y a refté un certain temps, on
la retire pour la meurtrir à coups de bâton jufqu'à
ce qu'elle fe foit tuméfiée. C'eft dans cet état qu'ils
la fcarifient.

Ce Médecin parle d'une finguliere efpèce de mélancholie. Ceux qui en étoient attaqués, imitoient
en tout les loups; ils fortoient la nuit de leurs
maifons pour aller roder autour des tombeaux jufqu'au jour. Ils avoient le vifage pâle, les yeux

(a) Vid. Atomafis.

fecs., hébêtés & enfoncés ; la langue féche & la bouche fans falive ; ils étoient tourmentés par une foif ardente , & leurs jambes étoient couvertes d'ulceres incurables, caufés par le choc des corps qu'ils alloient heurter pendant la nuit. Cette maladie , s'il faut en croire les voyageurs , s'obfervoit fréquemment dans l'Irlande ; plufieurs Médecins en rapportent des exemples.

Ceci fuffit, fi je ne me trompe, pour fauver Oribafe du reproche de Plagiat que lui a fait Mr. Leclerc. On voit qu'il a ajouté à l'Hiftoire des maladies ; & tout le monde convient qu'il avoit une grande expérience ; & pour en être convaincu, on n'a qu'à parcourir fes Ouvrages , on y verra des regles de pratique très-bien raifonnées , & qui annoncent un homme de génie.

Oribafe connoiffoit parfaitement la matiere médicinale , & la diéte , dont il a laiffé un Traité fort étendu.

Le feptieme Livre de fes Collections ne traite que des objets de Chirurgie ; favoir, de la faignée , des ventoufes , des fangfues , & des efcarotiques. Le huitieme parle des cliftéres & des fuppofitoires ; & le neuvieme , des fynapifmes.

Nous avons du même Auteur , les maladies de la peau , des Remarques judicieufes , & des Obfervations intéreffantes fur les ulceres & la gangrene. Il nous apprend qu'il n'y a rien à craindre dans l'ouverture de la veine cubitale , mais qu'on doit être fort circonfpect en ouvrant la médiane , à caufe de la proximité du nerf. Les efcarotiques lui avoient paru dangereux ; il n'en permettoit l'ufage que dans les amputations. Ce Médecin avoit très-bien obfervé qu'ils n'arrêtoient le fang que pour un temps ; & qu'après la chute de l'efcarre, l'hémorrhagie fe renouvelloit plus fort qu'auparavant. Il a donné une ample defcription de plufieurs inftrumens de Chirurgie , & fur-tout une machine pour les luxations dont on s'eft fervi pendant long-temps.

Oribafe compofa , à la priere de l'Empereur Julien, foixante & dix Livres de Collections , felon Suidas, & foixante & douze felon Photius. C'eft une compilation tirée de Galien & de ses prédécesseurs, à laquelle il a ajouté les observations que sa grande pratique lui avoit fournies. Il n'en reste que les quinze premiers Livres, & deux autres qui ne roulent que sur l'Anatomie, que Rasarius regarde comme le 24 & le 26 de la Collection. Il fit ensuite un abrégé de cet Ouvrage, & le réduisit à neuf Livres pour l'usage de son fils Eusthatius. Quant au style de ce Médecin, il est fort inégal & très varié: d'où il résulte qu'un endroit obscur est éclairé par un autre On doit convenir, à sa gloire, qu'il a répandu un grand jour sur différens points de l'Anatomie & de la Chirurgie de Galien, qui, sans lui, eussent été inintelligibles. Ses Ouvrages sont :

Opera quæ extant omnia, tribus tomis digesta, Johan.-Bapt. Rasario interprete, Basileæ 1557, in-8°.

» Tous les Ouvrages d'Oribase, en 3 vol. in-8°. traduits par Jean Rasarius, imprimés à Basle en 1557.

Primus habet synopseos ad Eusthatium filium, Libros novem, quibus tota Medicina in compendium redacta continetur.

Item libello duos de machinamentis & laqueis suis, figuris exquisite illustratos.

Secundus Collectorum ad Imperatorem Julianum Cæsarem August. Lib. 17. qui ex magno septuaginta Librorum volumine ad nostram ætatem soli pervenerunt.

Tertius facultates simplicium, morborum & locorum affectorum curationes.

Seorsim extant synopseos ad Eusthatium filium Libri novem, Johan-Bapt. Rosario interprete. Paris 1554, in 12.

De simplicium pharmacorum viribus, Libri 4. Argentinæ 1544, in-fol.

De victus ratione fragmentum. Basileæ 1528, in-8°. cum aliis quibusdam de re medica Libris.

Euporiston: hoc est libri tres paratu facilium medicaminum compositorum & trochiscorum confectio.

Medicinæ compendium Liber unus. Curatione à capite ad pedes ex interpretatione anonymi. Basileæ, 1529, in-fol. cum Cælio Aureliano.

Commentaria in Aphorifm. Hipp. hactenus non vifa Johannis Guintherii induftria ; velut è profundiffimis tenebris eruta , & nunc primum in Medicinæ Studioforum utilitatem , Parifiis 1533 , in-8°. Venetiis eod. anno , Bafileæ 1535 , in-8°. Patavii 1658 , in-12.

Quelques Auteurs regardent ces Commentaires comme fuppofés.

De laqueis ex Heracl. liber. Et alter de machinamentis ex Heliodoro , Vido Vidio interprete.

Deux Traités , un fur les lacs , tiré d'Héraclide , & l'autre fur les machines , extrait des écrits d'Héliodore , traduit en latin par Vidus Vidius. On les trouve parmi les Ouvrages de Galien.

De aquis & Balneis excerpta , Augustino Gadaldino interprete.

Des extraits faits par Auguftin Gadaldinus , fur la vertu de l'eau & des bains , qu'on trouve dans un Ouvrage imprimé à Venife fur cette matiere.

De febribus Liber ; un Livre fur les fievres , inféré dans un Ouvrage fur cet objet à Venife.

Plufieurs fragmens touchant divers points de médecine , recueillis par Ætius.

Photius & Paul d'Ægine font mention de deux pieces d'Oribafe , qui n'étoient qu'un abregé de Galien , l'une en quatre , l'autre en fept volumes. Elles font perdues , de même que plufieurs autres Traités dont parle Suidas.

Réné Moreau avoit dans fa bibliotheque une traduction latine manufcrite , fort différente de celle qu'on avoit publiée , tant par rapport à l'ordre des livres qu'aux matieres qui y étoient difcutées.

On trouve dans la bibliotheque de l'Empereur un abregé des écrits d'Oribafe , qu'un certain Théophonus fit par ordre de Conftantin Porphirogenete. Cet abregé eft en grec & en manufcrit.

On n'a rien de pofitif, ni fur la vie, ni fur le pays d'Octavius ou Octavianus Horotianus. Le ftyle qui regne dans fes écrits, a fait croire qu'il étoit Africain de nation ; mais ce n'eft ici qu'une conjecture , & nous ne la donnons que pour ce qu'elle vaut.

On fait feulement qu'il eut pour maître Vindicianus, Médecin de l'Empereur Valentinien, C'eſt lui-même qui nous l'apprend.

Il vécut ſous l'empire de Gratien & de Valentinien vers l'an 387. Les connoiſſances qu'il acquit en Médecine le rendirent célebre. On ne ſait pas trop par quelle raiſon pluſieurs Écrivains l'ont mis au nombre des Médecins latins, puiſque l'ouvrage écrit qu'il nous a laiſſé fut d'abord écrit en grec, & que ce ne fut que long-temps après qu'il le traduiſit lui-même en latin.

Dans le quatrieme Livre de ſes œuvres, qui roule ſur la Phyſique, notre Auteur effleure quelques queſtions d'Anatomie & de Phyſiologie.

Il parle du fœtus, de ſa formation, & de ſes accroiſſemens ſucceſſifs. Il examine la ſtructure de la langue, fait enſuite quelques réflexions ſur le méchaniſme de la voix, ſur la nature des ſubſtances du cerveau, ſur le tact en général, & ſur la ſemence. Cette liqueur précieuſe lui paroît mériter une attention particuliere. Il en conſidere l'eſſence, qui le conduit naturellement à des recherches ſur les corps qui la filtrent. Ces recherches ſont terminées par l'expoſition qu'il fait des opinions d'Eraſiſtrate, d'Herophile, & des auteurs anciens ſur cette matiere.

Rerum medicarum libri quatuor. Argentinæ 1532, *fol. pag.* 112. *Huic editioni acceſſit Albucaſis Chirurgia.*

Nemeſius fut Evêque à Emeſe, Ville de la Phénicie. Il vivoit ſur la fin du quatrieme ſiecle. La place qu'il occupoit ne l'empêcha point de ſatisfaire ſon goût pour l'Anatomie. Il cultiva cette ſcience avec quelque ſuccès : la deſcription qu'il donna du foie prouve qu'il en avoit une connoiſſance aſſez exacte pour ſon ſiecle. L'uſage qu'il lui attribue dans l'économie animale, eſt différent de celui qu'on lui avoit accordé juſqu'alors. On avoit regardé ce viſcere comme le principal organe de la ſanguification. Nemeſius penſe que c'eſt-là que s'élabore le ſuc nourricier, qui après avoir ſubi une préparation convenable & analogue à la nature de nos humeurs, eſt diſtribué, par le moyen des veines, dans toutes les parties du corps.

Si notre Auteur s'eſt trompé ſur la vraie deſti-

mation du foie, il faut convenir qu'il s'exprime très-clairement fur l'importance & les ufages de la bile. Nous allons tranfcrire en entier ce morceau, afin de mettre le lecteur à portée de juger fi Silvius Deleboë eft fondé à s'arroger cette découverte. Quiconque fe donnera la peine de comparer ces deux Écrivains, conviendra, s'il eft de bonne foi, qu'ils s'étayent l'un & l'autre des mêmes principes, & que par une conféquence néceffaire, Silvius eft le Copifte de Nemefius, à qui on ne fauroit refufer l'honneur de l'invention. Voici ce paffage.

» La bile, dit Nemefius (a), n'exifte pas par rapport » à elle-même ; mais elle a des ufages très étendus. » Elle fert à la digeftion, & excite la fortie des » excrémens : elle peut être regardée comme une » des parties nutritives. Semblable à la faculté vitale, » elle communique au corps une efpèce de chaleur. » Tels font les ufages pour lefquels la bile femble » avoir été créée : & comme elle fert encore à pu- » rifier le fang, on peut dire que c'eft par rapport » à lui qu'elle a été faite.

Il eft une autre découverte plus importante qu'on lui attribue ; c'eft la circulation du fang (a). «Le » mouvement du pouls, dit Nemefius, commence » par le cœur, & principalement au ventricule gauche » de ce vifcere. L'artere fe dilate & fe contracte » avec violence, & d'une façon régulière & har- » monique. Dans la dilatation, elle attire des veines » voifines la partie la plus denfe du fang, dont les » exhalaifons fervent à réparer les efprits vitaux. » Dans la contraction, elle répand dans tout le » corps, par des paffages cachés, toutes les exha- » laifons qu'elle contient ; de maniere que dans l'ex- » piration, le cœur chaffe tout ce qui eft fuligi- » neux, foit par la bouche, foit par le nez. » Le morceau que nous venons de rapporter, prouve effectivement que Nemefius avoit quelque idée de la circulation du fang. On fait que c'eft dans la diaftole que les arteres reçoivent le fang que le cœur leur envoie, & que c'eft dans la fyftole qu'elles le

(a) Liber de natura hominis, cap. 28.
(b) Cap. 24.

IV Siecle.

NEMESIUS.

diftribuent aux différentes parties du corps. L'expérience nous a d'ailleurs appris que le ventricule
gauche du cœur eft le premier organe qui commence à fe mouvoir. Ainfi Mr. Freind ne nous
paroît pas bien fondé à foutenir que notre Auteur n'a
eu, de la circulation, qu'une notion plus confufe
qu'Hippocrate & Galien. Nous avouerons fans peine
qu'il n'en a pas connu toutes les loix à beaucoup
près. Il étoit réfervé au fameux Harvey de porter
fur cet objet le flambeau de l'évidence. Mr. Freind,
dont le fentiment eft d'ailleurs très-refpectable,
eft fufpect dans cette occafion. Harvey eft fon
compatriote, & en poffeffion depuis long-temps de
cette découverte que perfonne ne lui a conteftée. Nous
ne prétendons point affoiblir fa gloire ; elle n'en
brille pas avec moins d'éclat, quoiqu'il foit vrai
que Nemefius a connu la circulation.

De natura hominis liber. Antverpiæ 1565 in-8°.
*Græce à Nicolao Ellebodio editus, & ab eodem latine
converfus. Oxonii* 1671 in-8°. *Græce & latine. Antuerpiæ* 1584 in-8°. *Lugduni* 1538 in-8°. *Londini
patrio idiomate* 1636 in-8°.

ÆTIUS.

Il y a eu trois célebres Médecins de ce nom,
dont l'hiftoire nous a confervé la vie (b).

Le premier eft *Ætius Silanius*. C'eft dans les écrits
de cet Auteur que Galien a, dit-on, puifé le livre
de *atra bile* qu'on lui attribue.

Le fecond eft Ætius d'Antioche, que fon inconftance & fa légereté ont rendu fameux. Il eft peu
d'hommes qui aient embraffé autant d'états différens. De Vigneron qu'il étoit, il devint Orfevre. Ce
métier lui ayant déplu, il étudia la Médecine,
qu'il abandonna pour fe mettre à la tête d'une fecte.
C'eft un de ceux qui ont défendu avec le plus de
chaleur l'héréfie arienne. Il fut fait Médecin d'un
nommé Sopolis, & cultiva les Belles-Lettres pendant quelque temps. Il fe diftingua dans la pratique
de la Médecine, à laquelle il renonça pour entrer
dans l'état eccléfiaftique. L'hiftoire nous apprend

(a) Hiftoriæ Medecinæ, p. 199.
(a) Eloy, Dictionnaire Hiftorique de la Médecine.

qu'il s'y avança & qu'il devint Évêque vers l'an 361.

Le troisieme étoit d'Amida en Mésopotanie. Il vivoit sur la fin du cinquieme siecle & le commencement du sixieme. Il y a tout lieu de croire qu'il étoit chrétien : ce qui peut être la raison qui l'a fait confondre plusieurs fois avec Ætius d'Antioche dont nous venons de parler. Celui dont nous écrivons la vie, est appellé *Comes obsequii* (a), c'est-à-dire, Chef de ceux qui étoient à la suite de l'Empereur. Alexandrie fut la Ville où il étudia la Médecine, & le théâtre sur lequel il commença à la pratiquer.

Ætius a entiérement négligé l'Anatomie ; à peine en trouve-t-on quelques vestiges dans ses ouvrages qui renferment nombre d'excellentes choses sur la Chirurgie. Cet art doit beaucoup à ses travaux. Comme il l'avoit exercé lui-même, il ne s'est pas contenté de copier les opinions & la doctrine de ceux qui l'avoient devancé. Il a tiré de sa propre expérience les regles & la méthode qu'il propose. Il nous a laissé la description de plusieurs opérations chirurgicales. Le chapitre où il traite de la castration, & bien d'autres, peuvent en quelque sorte être regardés comme lui appartenant en propre par les découvertes nombreuses qu'il y a ajoutées.

On trouve dans Ætius une foule de questions chirurgicales, dont Celse ni Galien ne disent pas le mot. Il en est aussi quelques-unes dont il n'est point fait mention dans Paul d'Ægine. Je me contenterai de rapporter une ou deux preuves du fait que j'avance. Ætius détaille avec la derniere exactitude, d'après Asclépiade, la maniere dont on doit traiter l'anasarque (b). Elle consiste à faire une incision à la partie interne de la jambe, à quatre travers de doigt de distance du talon, à peu près dans l'endroit où l'on pratique ordinairement la saignée du pied. Cette ouverture n'est point suivie d'inflamma-

(a) Cette Charge étoit fort honorable parmi les Romains. Ceux qui en étoient revêtus étoient tenus de précéder l'Empereur.

(b) Tetrab. Tabl. 3. Sermon. 2.

tion; elle eft comme l'égout par où la nature fe
délivre de la quantité d'eau qui la furchargeoit. Il
a remarqué que ce feul remede fuffifoit pour la
guérifon de la maladie, & qu'il n'étoit pas befoin
de faire prendre de médicamens internes.

Cette pratique, quelqu'heureufe qu'elle ait été
entre les mains d'Ætius, n'eft point en ufage aujourd'hui. On s'eft apperçu que la gangrene fuivoit
ordinairement les incifions qu'on pratiquoit aux
jambes des hydropiques, & forçoit quelquefois d'en
venir à l'amputation d'un membre qu'on eût confervé fans cette opération.

Plufieurs paffages de ce Médecin ne nous permettent pas de douter qu'on ne fît pour lors un
grand ufage du cautere, foit actuel, foit potentiel.
La paralyfie eft la maladie dans laquelle il fe fervoit
le plus de ce remede. Il faifoit dans ce cas cautérifer à la nuque & fur le fommet de la tête. Le
nombre des efcarres étoit proportionnel à l'opiniâtreté du mal. C'étoit un bon figne, felon lui, fi
l'écoulement, qui s'établiffoit après la chute de
l'efcarre, étoit abondant & fe foutenoit pendant
long-temps; il croyoit pouvoir efpérer une guérifon
radicale. Ce que nous venons de rapporter fuffit
pour montrer combien peu font fondés quelques
modernes à prétendre que les anciens ne connoiffoient
pas le cautere. Quiconque aura meurement pefé cette
defcription d'Ætius, verra fans peine tout le ridicule
de cette prétention.

Ce Médecin regardoit le cautere (a) comme le
feul remede dont il fut permis d'attendre quelque
chofe dans l'afthme invétéré, & qui avoit réfifté à
à toutes fortes de médicamens. Il les multiplioit
finguliérement dans cette circonftance; il en faifoit
appliquer un à l'articulation de la clavicule avec
le fternum; deux fur le trajet des arteres carotides
près de la machoire inférieure; deux fous les mammelles entre la troifieme & la quatrieme côte; deux
autres au dos dans l'intervalle de la cinquieme avec
la fixieme; un fur le cartilage xiphoïde; deux entre

_____

(a) Tetra. Bibl. 4. Sermo. 2.

la huitiéme & la neuvieme côte de chaque côté ;
enfin trois au dos, un au milieu de la colomne
vertébrale, & les deux autres un peu au-deſſous &
aux apophiſes épineuſes des vertebres. Il y auroit
quelques obſervations à faire ſur le plus ou le moins
de profondeur que devoit avoir chacun de ces cauteres ; mais ce détail nous éloigneroit peut-être trop
de notre objet, & deviendroit faſtidieux pour le
lecteur ; il nous ſuffira d'avertir qu'Ætius recommandoit d'entretenir l'écoulement pendant long-temps,
& en donnoit les moyens. Il ſuivoit la même méthode dans le traitement de l'empyeme & de la
pthyſie.

Ce Médecin nous apprend la maniere dont on
pratiquoit de ſon temps l'opération de la paracenthèſe.
Il ne nous laiſſe pas ignorer qu'elle étoit preſque toujours ſuivie d'une fiſtule incurable ou d'une mort
ſubite, peut-être parcequ'on n'avoit pas la précaution d'évacuer les eaux à différentes repriſes.

Dans l'excellent traité qu'Ætius nous a laiſſé ſur
les morſures des animaux enragés, il veut qu'on
entretienne la plaie ouverte pendant ſoixante jours,
& qu'on la rouvre avec le cautere, ſuppoſé qu'elle
vînt à ſe fermer. On ſent aſſez l'importance de ce
précepte, que les anciens obſervoient toujours ſcrupuleuſement. Il y a des Auteurs qui mettent quelque
différence entre le cautere des modernes & celui des
anciens. Le peu (a) que nous en avons dit ſuffira
pour faire voir qu'il n'y en a abſolument aucune.
Tout ce qu'on peut ajouter en faveur des modernes,
c'eſt qu'ils ont perfectionné cette opération en
ouvrant le cautere ſur les parties charnues, ou
plutôt dans l'interſtice des muſcles, tandis que les
anciens l'appliquoient ſouvent ſur les os, comme ſur
le ſternum, à la nuque, à la clavicule, aux pariétaux, &c. Il eſt évident que le corps étranger qu'on
mettoit dans l'ulcere pour l'empêcher de ſe fermer,
devoit, par la preſſion qu'il exerçoit ſur le périoſte,
cauſer au malade des douleurs aiguës. Joignez à
cela que ces parties étant preſque dépourvues de

(a) Freind, Hiſt. Med. p. 144, 145, 146.

vaisseaux lymphatiques, ne pouvoient fournir qu'une petite quantité d'humeur.

Bien des Médecins préferent le cautere actuel au potentiel, parceque l'escarre que fait celui-là, tombe plutôt : ce n'est pas-là le seul avantage qu'il ait sur le potentiel ; cependant on l'a abandonné, parcequ'il a paru trop cruel, & qu'on a voulu s'accommoder à la foiblesse, ou plutôt à la pusillanimité des malades.

C'est ici le lieu de dire un mot des sétons. Lanfranc est le premier qui les ait bien décrits. Ils étoient néanmoins connus long-temps avant lui, & les Arabes en faisoient grand usage. Il y a même dans notre Auteur quelques passages qui semblent faire croire qu'ils ne lui étoient pas entiérement inconnus.

Ætius aimoit beaucoup les remedes externes. Il s'est étendu avec complaisance sur cette matiere. Il a composé sur les emplâtres un livre entier, où il a refondu ce que Galien avoit dit touchant leur composition, & recueilli tout ce qu'il a pu trouver chez les Grecs, les Perses & les Égyptiens. Son ouvrage est écrit avec méthode. Il a classé les emplâtres suivant leurs différentes propriétés. Il ne raisonne pas mal sur leurs différentes vertus. Ce qu'il dit en particulier des résolutifs & des suppuratifs, désigne son profond savoir (a). « Lorsque le squirrhe, dit-il, commence à se former, & qu'il y a encore dans la tumeur un reste de sentiment, nous employons les émolliens qui sont en même temps des discussifs légers. Ceux qui sont trop forts, diminuent à la vérité la tumeur, mais en rendent la résolution impossible en procurant l'évacuation des humeurs les plus ténues ; ils condensent & rapprochent les parties terreuses qui sont les plus solides : c'est pourquoi il est a propos de mêler dans ce cas-là les relâchans avec les résolutifs. Les premiers doivent précéder ; les autres viennent ensuite : cependant il faut avoir égard au tempéramment du malade & à l'état de la tumeur. Si l'on fait attention, dit-il, à ce que je viens de représenter,

(a) Tetra, Bibl. 4. Serm. 3.

Ou

» on acquerra une expérience fondée, à la vérité,
» sur des conjectures, mais qui ne sera pas tout-à-
» fait routiniere. » Fait-on aujourd'hui une application plus judicieuse des topiques ?

Ætius montre la même sagacité en traçant les
différences des médicamens résolutifs d'avec ceux qui
font suppurer (a). Nous ne le suivrons pas dans
ces détails ; ils ne font point de notre objet. Il faut
cependant convenir qu'on ne reconnoît plus cet Auteur
lorsqu'il vient à parler des vertus de chaque emplâtre
en particulier. Tout est plein d'incertitude & de confusion. Il expose assez mal quels sont ceux qui pro-
voquent la suppuration, quels sont ceux qui operent
la résolution. Le même lui paroît quelquefois bon
pour produire ces deux effets. Il y en a un sur-tout
qu'il regarde comme merveilleux, & qui a la propriété de dissiper les abscès. Un tel emplâtre est un
être de raison ; & il est surprenant que ce grand
homme soit tombé dans une erreur si peu pardonnable.

Ætius a embrassé presque tous les objets de Chirurgie. Il parle de la saignée, de l'artériotomie, des
ventouses, des sangsues, des fomentations, des
rubefiants, des synapismes, &c. Il traite des maladies
du cuir chevelu, de celles de l'oreille, du nez, des
yeux, de la bouche, & sur-tout des paupieres. Il donne
des préceptes utiles sur la maniere d'extraire des corps
étrangers qui se font introduits dans les plaies ou
glissés dans quelque cavité.

L'inflammation & l'abscès des intestins, du foie,
des reins, de la vessie, & le traitement que ces
maladies exigent, sont décrits dans divers chapitres.
Celui qui traite de la goutte est intéressant & mérite
d'être lu. Il fait mention des hémorrhoïdes, du
cancer, de l'inflammation du testicule, des différentes espèces de hernies, de la chute du fondement, de la piqûre des nerfs & des tendons, du charbon, de la gangrene, du sphacele, des tumeurs en-
kistées, &c. Le lecteur trouvera sur la plupart de ces
matieres des vues & des instructions utiles. Nous
lui en recommandons la lecture, bien persuadés qu'il

(a) Eod. loco.

H

ne regrettera pas le temps qu'il y aura employé.

Ætius ne nous a donné aucune remarque sur la maniere de réduire les fractures & les luxations. Ce silence ne sembleroit-il pas prouver que de tout temps les Charlatans ont été en possession de cette partie essentielle de l'art. Il est le premier Médecin Grec qui ait fait mention des charmes & des amulettes, & qui ait parlé de leurs usages médicinaux.

Il paroît que l'arrangement qu'on voit dans ses ouvrages, n'a pas été fait par lui ; il appartient vraisemblablement à quelqu'Auteur plus récent. Nous avons de lui,

» *Contractæ ex veteribus Medicinæ tetrabiblos: hoc*
» *est quaternio, id est libri universales quatuor, singuli*
» *quatuor sermones complectentes, ut sint in summa*
» *quatuor, quatuor sermonum quaterniones, id est*
» *sermones quindecim latine, ex interpretatione Cornarii, Venet* 1543 *in-8°. ex versione ejusdem & Johan-*
» *Bapt. Montani, Basileæ* 1535, 42, 49 *in-fol.*
» *Lugduni* 1549, *in-fol. Lugd,* 1560, *in-12.* 4 vol.

» *Excerpta de Balneis, liber de febribus.*

» Ces deux ouvrages se trouvent à Venise dans
» deux traités qui traitent de ces matieres.

On ne sait pas trop en quel temps vivoit Mélétius : il est cependant probable qu'il a été contemporain d'Ætius. L'histoire ne nous dit rien, ni du lieu de sa naissance, ni des particularités de sa vie. Elle nous apprend seulement qu'il étoit philosophe & de la religion chrétienne (a). Il fit une étude particuliere de l'Anatomie. L'ouvrage que nous avons de lui, en est une preuve. Nicolas Petreyus a pris le soin de le traduire en latin. On trouve l'exemplaire dans quelques bibliotheques de France.

Riolan, dont le jugement est d'un grand poids en Anatomie, avoit fort mauvaise opinion du traité de Mélétius sur la nature & la structure de l'homme. Malgré le respect dû à la décision de cet Anatomiste, nous prenons la liberté d'être d'un sentiment un peu différent ; & ceux qui se donneront la peine de lire

_____

(a) Il y a eu deux autres Médecins du même nom avec lesquels il ne faut pas le confondre : *voyez* Gesneri Bibliotheca & Schenkii.

cet ouvrage, trouvèront qu'il est meilleur que Riolan ne le pense. Le dessein de Mélétius, en le composant, étoit, comme il le dit lui-même, de présenter sous un seul point de vue ce qui se trouve écrit dans les différens Auteurs sur l'homme. Il prend sa matiere d'un peu haut; il commence par examiner les élémens de l'univers pour passer ensuite à ceux qui entrent dans la composition du corps humain; après cela il s'arrête sur la maniere dont le fœtus est engendré, & dont il vit dans le sein de la mere. Les fonctions vitales, animales & naturelles l'occupent pendant quelque temps; & avant que d'entrer dans le détail, il tâche d'expliquer l'action réciproque de l'ame sur le corps & du corps sur l'ame. Il remarque que celle-ci a trois facultés principales: facultés dont Volf a si bien démontré l'existence, & que Mélétius regarde comme la source des vertus & des vices. Il examine enfin en quoi consistent la joie, la tristesse, le ris, les larmes, &c.

Jusqu'ici on n'a vu que le Physicien; nous allons présenter l'Anatomiste: il établit la division du corps humain, traite des parties similaires & organiques, & s'étend beaucoup sur les os du crâne & sur les sutures qu'on y observe. La figure de la tête lui donne lieu d'exercer son esprit: pourquoi est-elle ronde & non allongée? C'est un objet sur lequel il propose ses conjectures; il passe ensuite à l'examen du cerveau & des yeux: il paroît qu'il avoit une connoissance assez exacte de ce dernier organe; il fait mention des tuniques & des différentes humeurs qui le constituent. Il examine ensuite jusqu'où s'étend la puissance du fluide nerveux sur notre machine; de-là il passe à la structure anatomique du nez. Après ce préliminaire, notre Auteur fait quelques réflexions sur la maniere dont l'odorat se forme & se détruit; il suit le même ordre à l'égard du larynx: ce n'est qu'après avoir donné la description des parties qui le composent, qu'il se permet d'examiner le méchanisme de la voix. La méthode de faire ainsi précéder l'exposition anatomique aux explications physiologiques, nous paroît très bonne, & même la seule qui puisse conduire à la vérité. Tout le monde fent aifément combien la connoiffance de la pofition de la figure d'une partie, de la connexion qu'elle a avec celles qui l'environnent, jette de lumiere & de clarté fur les vrais ufages de cette même partie. Si on eût fuivi cette route, nous n'euffions pas vu naître une foule de fyftêmes abfurdes, enfans d'une imagination bouillante & déréglée. L'ouvrage de Mélétius peut être regardé comme un traité prefque complet d'Anatomie. On peut voir dans Goelicke (a) le nombre des objets dont il s'occupe.

De natura & ftructura hominis, opus è græco in latinum verfus à Nicolao Petreio Corcyreo, Venetiis 1552, in-4°.

Sextus vivoit vers l'an quatre cens. On ignore quel fut le lieu qui lui donna la naiffance. Il fut élevé à l'école d'Hérodote de Tarfe, & furnommé l'Empirique, parcequ'il étoit attaché à la fecte des Médecins de ce nom. Nous avons de lui un traité fur la Médecine des animaux, dans lequel, entr'autres matieres, il expofe un grand nombre de maladies chirurgicales. On y lit prefque toutes les affections cutanées & la plupart des maladies qui attaquent le globe de l'œil. Il propofe contre chacune en particulier, des remedes qui font tous tirés du regne animal, & pour lefquels il fait paroître la plus grande confiance. Ces prétendus fpécifiques ne peuvent paffer pour tels qu'aux yeux d'un homme qui n'a jamais fréquenté le lit des malades. Il y a apparence que Sextus étoit dans ce cas. Cette affertion ne paroîtra pas deftituée de tout fondement à quiconque faura que Sextus étoit auffi philofophe, & qu'il s'étoit attiré plus de célébrité par ce dernier titre que par celui de Médecin. Il nous a laiffé deux ouvrages philofophiques. Le premier contient le fentiment des Pyrroniens. Dans le fecond il fe déchaîne contre toutes les fciences, & foutient qu'il n'y a rien de certain dans aucune, pas même dans les mathematiques. L'efprit de fyftême y domine ; cela feul annonce affez mal un Médecin.

Sexti de Medicina animalium, beftiarum, pecorum ;

(a) Introduct. ad Hiftoriam litterar. Anatomes.

& avium liber. Norimbergæ 1537, in-8°. Tiguri 1539, in-4°.

Cet ouvrage a été traduit en latin par Gabriël Humelbergius. L'intitulé a fait croire qu'il appartenoit à Sextus de Chéronée (a), de la secte platonicienne, neveu de Plutarque, & Précepteur de l'Empereur Marc Aurele : mais c'est une erreur ; il est de Sextus l'Empirique.

Léonide naquit à Alexandrie sur la fin du quatrieme ou au commencement du cinquieme siecle. Lorsqu'il commença à paroître, le dogmatisme, l'empirisme & le méthodisme partageoient la Médecine. Il s'occupa à concilier les opinions de ces trois sectes ; on dit même qu'il y avoit réussi : c'est pour cela qu'il fut appellé Épysynthétique.

Léonide n'est connu que par les fragmens qu'Ætius nous en a conservés. Ce Médecin a porté plus loin que ses prédécesseurs l'usage des scarifications. Lorsque celles qu'on pratiquoit aux jambes des leucophlégmatiques ne suffisoient pas pour faire évacuer les eaux, il conseille d'en pratiquer d'autres au bras, à la cuisse, au scrotum ; & il nous assure que par ce moyen il est parvenu à dissiper l'enflure, non seulement des extrémités, mais encore du ventre. Il y a apparence que dans le cas où cette manœuvre a réussi, il y avoit complication de l'anasarque avec l'ascite. Dans celle-ci on n'en tireroit pas grand avantage.

Léonide vouloit que dans l'empyême on ouvrît la poitrine avec le cautere actuel pour donner issue au pus. Il décrit même la façon dont il falloit s'y prendre.

Il est le premier qui ait fait mention des dragonneaux, espèce de vers dont la grandeur varie, qui naissent plus souvent aux jambes & aux bras, & même aux côtés chez les enfans.

Galien avoit oui dire que ces vers avoient été très communs en Arabie ; mais il n'en a jamais vu : c'est pourquoi il n'en donne aucune description. Ils se développent sous la peau sans causer de douleur.

(a) Vid. Bernier, Histoire Chronologique de la Médecine & des Médecins, p. 112.

Cependant il s'y forme à la longue une pustule qui suppure, & l'animal paroît. La seule indication qu'il y ait à remplir, c'est d'ôter le ver en entier ; quelquefois il sort de lui-même ; d'autres fois on est obligé d'avoir recours à l'incision : mais il faut toujours bien prendre garde de le rompre ; car si ce malheur arrive, le malade est exposé aux douleurs les plus aiguës. Paul Æginete propose un autre moyen de le tirer. Il consiste à y attacher, par le secours d'un fil, un petit poids qui le fasse sortir peu à peu. Ce dernier moyen nous paroît dangereux. Il est à craindre qu'on n'accélere par-là la rupture du ver, en voulant l'éviter. Ce ver est quelquefois d'une longueur étonnante. On en a vu de trois pieds. Albucasis a eu occasion d'en observer un qui en avoit quatre. Malgré cela quelques Écrivains ont révoqué en doute leur existence ; ils ont cru que ce n'étoit autre chose qu'une concrétion de matiere blanchâtre qui avoit pris la forme d'un ver. Il y a toute apparence qu'ils se trompent. Léonide entre dans un détail trop exact à ce sujet pour qu'on puisse croire qu'il s'est mépris.

Mr. Leclerc (a), appuyé sur l'opinion de plusieurs Historiens, pense que le dragonneau differe de ce que les Arabes ont connu sous le nom de *vena medinensis*, & que cette derniere maladie est ce qu'on appelle *l'affection des bœufs, affectio bovina*, qui n'est autre chose qu'un petit ver qu'on rencontre souvent sous le cuir des bœufs. Mais Ætius & Albucasis, qui en ont parlé après Léonide, donnent des caracteres trop distinctifs des vers qui constituent ces deux maladies, pour qu'on puisse se rendre au sentiment de Mr. Leclerc.

La fievre se joint souvent au dragonneau pendant deux ou trois jours ; elle cause même quelquefois les symptomes les plus terribles, & se termine enfin par un abscès dont la guérison est l'ouvrage de plusieurs mois.

Le dragonneau est très commun en Guinée, surtout parmi les originaires du pays. Il n'est pas rare non plus de le voir le long du Golfe Persique, &

(a) Essai déja cité.

dans la Tartarie. On a observé que cette maladie régnoit principalement dans les pays les plus chauds pendant l'été. On l'attribue avec quelque fondement aux eaux croupissantes dont les naturels du pays font leur boisson ordinaire. Kempfer (a) s'étend beaucoup sur les moyens dont ils se servent pour tirer le ver; ils sont presque en tout semblables à ceux que nos Chirurgiens emploient aujourd'hui dans les Indes occidentales.

Il ne nous reste de cet Auteur, comme nous l'avons dit plus haut, que des fragmens qui se trouvent parmi les ouvrages d'Ætius. Le premier traite *de hydrocephalo*, le second:

De prolabentis sedis perustione; abcessibus sedis; fistulis ani; thymis & rimis in pudendis; hernia aquosa; hernia intestinorum, c'est-à-dire, de la maniere de cautériser le fondement lorsqu'il tombe; des abscès & des fistules à l'anus; des excroissances, & des ragades qui surviennent aux parties génitales; de l'hydrocele & des hernies.

Le troisieme, *de brachiorum ac crurum, dracunculis.* Des dragonneaux des bras & des jambes.

Le quatrieme, *de strenuis pustacei & mellei humoris tumoribus.*

C-à-d. Des écrouelles, de l'athérome & du mélicéris.

Le cinquieme, *de mammarum fistulis, cancris, mammis induratis.*

C-à-d. Des fistules, du squirrhe & du cancer à la mammelle.

Alexandre étoit de Tralles, Ville fameuse de la Lybie, où la pureté de la langue grecque s'étoit conservée mieux que par-tout ailleurs. On ne sait pas précisément en quel temps il vivoit; mais il y a apparence que c'étoit vers le milieu du sixieme siecle, sous l'empire de Justinien le Grand. Son pere s'appelloit Etienne. Comme il étoit lui-même Médecin, il prit un soin tout particulier de l'éducation de son fils; ce fut lui qui lui donna les premieres connoissances de notre Art, qu'il étudia ensuite sous un

(a) Amenitates exoticæ.

autre fameux Médecin, au fils duquel il a dédié ſes ouvrages en reconnoiſſance des ſervices du pere. Convaincu de la néceſſité des voyages, il parcourut les Gaules, l'Eſpagne, l'Italie, & vint enfin ſe fixer à Rome où il s'acquit une grand réputation. Elle étoit telle qu'on venoit le conſulter des contrées les plus éloignées. Le nom d'Alexandre ne lui fut donné que pour marquer qu'il ſurpaſſoit autant les Médecins de ſon ſiecle, que le Roi de Macedoine avoit ſurpaſſé les Conquérans du ſien. Il n'étoit point indigne de ce titre; & il paroît qu'il le dût moins à la prévention du peuple ou au ſuccès de quelques cures opérées par le haſard, qu'à ſon ſavoir & à ſes lumieres.

Les qualités de ſon cœur le rendirent auſſi aimable dans les ſociétés que celles de ſon eſprit l'avoient fait eſtimer dans le monde; il ſut allier la ſcience avec la modeſtie: plein de douceur & de bonté envers ceux qui avoient recours à lui, il s'en faiſoit autant d'amis. Il répondoit avec plaiſir aux queſtions qu'on lui faiſoit, & ſouffroit ſans peine qu'on embraſſât un ſentiment oppoſé au ſien, qu'il ne rougiſſoit pas d'abandonner lorſque celui qui lui étoit propoſé lui paroiſſoit plus conforme à la raiſon & à l'expérience.

L'ordre, la clarté & l'exactitude qui regnent dans ſes ouvrages en font un Auteur vraiement original, & on peut le regarder après Arétée comme le meilleur Médecin qui ait paru parmi les Grecs depuis Hippocrate. La partie dans laquelle il excelle le plus eſt le diagnoſtic; les nuances imperceptibles des maladies qui ſemblent ſe confondre ne lui échappent pas; il en fait ſentir la différence avec une ſagacité ſinguliere; il n'en montre pas moins dans l'application des remedes; & quoiqu'il marche ſouvent ſans guide il ne s'égare pas, on lui voit prendre toujours la route la plus ſûre & la plus courte.

L'Anatomie ne lui eſt redevable d'aucune découverte; il négligea entierement cette branche eſſentielle de la Médecine, & ſe contenta de tranſcrire ce que ſes prédéceſſeurs en avoient dit.

Ce qu'il nous a laiſſé ſur la Chirurgie ſe réduit à peu de choſe, & ne vaut pas à beaucoup près ſes au-

très ouvrages. Alexandre n'est plus à cet égard semblable à lui-même : on a de la peine à le reconnoître ;
il manque de cette critique judicieuse & impartiale ,
qui par-tout ailleurs lui faisoit distinguer si furement
le vrai du faux , le bon du mauvais. On diroit qu'il
s'est imposé la loi de transmettre les erreurs de ceux
qui l'ont précédé. C'est un copiste & rien de plus.

Alexandre étoit fort vieux lorsqu'il commença à
travailler pour la postérité : il ne parle que d'un
petit nombre des maladies ; & ce qui paroîtra sans
doute singulier , c'est qu'il ne dit pas un seul mot
de celles qui sont particulieres au sexe. Bien différent
en cela de la plûpart des Ecrivains de notre fiecle ,
qui, se persuadant faussement qu'on doit mesurer leur
mérite sur le nombre des maladies dont ils parlent ,
ont la manie de donner des traités généraux de Médecine , qui ne sont que des compilations plus ou
moins mal faites, suivant qu'ils ont plus ou moins de
discernement. Rien ne nuit tant aux progrès de l'Art ,
que ces sortes d'ouvrages ; on s'en est apperçu depuis
longtems , sans cependant se corriger. Il seroit à
souhaiter qu'on se modelât sur Alexandre. Ce Médecin avoit vu beaucoup de malades ; il n'a traité néanmoins que de peu de maladies : il ne pensoit pas que
le génie d'un seul homme pût embrasser cette multitude d'objets que présente notre Art.

Les ouvrages d'Alexandre ont eu plusieurs éditions , ils ont été d'abord imprimés en Grec à Paris ,
en 1548 , in-fol. avec les corrections de Jacques
Goupilius.

Nous en avons une ancienne & mauvaise traduction Latine , qui a pour tire : *Alexandri Yatros Practica. Lugduni* , 1504 , *in-4°. Papia* , 1512 , *in-8°.
Venetiis* , 1522 , *in-fol.*

Albanus Torinus retoucha cette traduction ; mais
sans travailler sur le Grec : elle parut sous le même
titre en 1533 & 1551 , *in-fol.*

L'ouvrage Grec fut ensuite remis en Latin par Jean
Guinterius Andernacus , & imprimé à Strasbourg en
1549, *in-8°*. A Lyon 1560, *in-12*, & 1575 , avec les
remarques de Jean Molina.

Procopius vivoit dans le sixieme fiecle, sous l'Empire

de Juſtinien. L'hiſtoire qu'il nous a donnée des guerres des Romains contre différents peuples, & les progrès qu'il fit dans la connoiſſance des loix, ont fauſſement perſuadé à quelques Ecrivains qu'il n'étoit pas Médecin, comme ſi ce titre étoit incompatible avec celui d'Hiſtorien. La lecture de ſes ouvrages ſuffit ſeule pour leur déciller les yeux, on y trouve nombre de détails qui ne peuvent partir que d'un homme verſé dans l'art de guérir. La deſcription qu'il fait de la peſte qui ravagea Conſtantinople en 1543, eſt des plus exactes, & contient des remarques utiles au traitement de cette cruelle maladie.

Cet Auteur ne paroît pas avoir entierement négligé la Chirurgie, il étoit aſſez habile dans le traitement des plaies; car en parlant (a) de la bleſſure dont périt Artabaze Roi de Perſe, il dit formellement que l'artere carotide fut ouverte, & qu'il ſurvint une hémorrhagie qu'on ne put arrêter.

L'Empereur Trajan fut bleſſé au-deſſus de l'œil droit à la racine des os quarrés. Le bout de la fleche, ſans cauſer aucune douleur, s'enfonça ſi profondément qu'on ne le voyoit point. Procopius avoue ingénuement qu'il ignore la route que l'inſtrument avoit ſuivie, & nous apprend qu'il ſortit cinq ans après, & que l'Empereur fut parfaitement guéri.

Nous avons auſſi de lui un détail très circonſtancié du coup de fleche que reçut à la face un Roi des Goths. Les Chirurgiens étoient irréſolus ſur le parti qu'ils devoient prendre, la crainte qu'ils avoient de perdre l'œil malade, d'irriter dans l'opération les membranes & les nerfs, & par-là d'aggraver le mal, les empêchoit d'extraire le bout de la fléche qui étoit reſtée dans la plaie. Cependant un des Chirurgiens plus hardi que les autres, s'étant mis en devoir de le faire, preſſa l'œil du Roi qui pouſſa un cri & ſe plaignit d'une vive douleur. Après ce ſigne le Chirurgien oſa annoncer une guériſon prochaine: en effet il fit une inciſion à la peau & aux muſcles, tira le corps étranger, & la plaie ſe cicatriſa promptement & ſans danger. Ces faits que nous venons de rapporter ſont,

(a) In Bello Goth.

puisés dans l'histoire de Procopius, sur la guerre des Goths & des Perses.

Paul d'Egine fut ainsi nommé, parcequ'il étoit natif de cette Isle dans la Grece. Il vivoit suivant quelques-uns sur la fin du quatrieme siecle ; *Leclerc* est de ce sentiment. D'autres le placent en 420 ; mais Freind (a) ne le fait vivre que vers le milieu du septieme siecle : il fit ses études à Alexandrie avant qu'*Amron* l'eût prise. L'exemple d'Alexandre, qu'il s'étoit fait un devoir de prendre pour modele, lui inspira le goût des voyages ; il parcourut différents pays, & l'on peut dire à sa louange que ce ne fut pas infructueusement, puisque outre plusieurs autres connoissances, il acquit une grande expérience dans l'art de guérir ; expérience que l'on croit communément n'être que l'appanage de la vieillesse.

Paul Æginéte doit être regardé comme un de ces Ecrivains malheureux, envers lesquels la postérité a été injuste. Il y a apparence qu'on l'a méprisé sans l'avoir lu ; car si on se fut donné la peine de consulter ses ouvrages, on auroit vu qu'il ne méritoit point d'être traité de copiste, ni d'être appellé le singe de Galien ; il n'est pas toujours de son avis, & dans plus d'une occasion il a le courage de combattre le sentiment d'Hippocrate même : il connoissoit parfaitement la pratique des anciens ; & lorsqu'il a admis ou réfuté leurs opinions, ce n'est point par envie de contredire ; mais parceque les raisons qui l'engagoient à prendre l'un ou l'autre de ces deux partis, lui paroissoient bien fondées. La vérité avoit sur lui des droits qu'il seroit à souhaiter qu'elle conservât encore sur l'esprit de ceux qui se mêlent d'écrire.

L'Anatomie est la branche de l'art de guérir qu'il cultiva le moins ; cependant on trouve dans ses ouvrages la description de la rate, & celle du sphincter de la vessie.

La Chirurgie prit entre les mains de Paul de nouveaux accroissements. Cet Auteur ne se contenta pas comme la plûpart de ses prédécesseurs, d'en apprendre la théorie ; mais convaincu que ce n'est qu'en exerçant qu'on peut y faire des progrès, il en

(a) Histor. Med.

pratiqua les opérations. C'eft celui des anciens qui a
le mieux écrit fur cette matiere, il eft même à certains égards préférable à Celfe. Son fixieme livre
où il traite des opérations Chirurgicales, eft regardé avec raifon comme le meilleur corps de Chirurgie que l'on eut avant la renaiffance des lettres.
Nous allons tâcher d'en donner une idée à nos Lecteurs.

Il décrit avec exactitude (a) les différentes efpeces
de hernies ; il remonte jufqu'à leurs caufes, & expofe
avec clarté leurs fymptômes généraux & particuliers.
On ne doit s'attendre felon lui à trouver de fac her-
niaire, que lorfque la hernie vient d'un relâchement ;
car lorfqu'elle fe forme fubitement à la fuite de quelque effort violent, le péritoine fe rompt & l'inteftin
paffe à travers. Il donne avec précifion la maniere de
faire l'incifion dans le cas où l'inteftin ne peut être
réduit fans y avoir recours. Nous ne prétendons pas
qu'il foit l'inventeur de cette méthode : elle étoit
connue des anciens, Celfe en parle ; mais Paul eft celui qui en traite avec le plus de détail. Il eft de la
derniere importance de la bien connoître, quoiqu'il
fe rencontre très peu de circonftances où il faille
l'employer ; puifqu'un Chirurgien moderne (a) vient
de démontrer que la dilatation fuffit prefque toujours
pour réduire les hernies avec étranglement. Cette découverte éclaire & fimplifie le traitement, abrége
les douleurs, & n'eft point fujette aux inconvénients
que le débridement entraîne toujours avec lui.

Ce qu'il dit fur les plaies & les abfcès mérite d'être
lu, on y trouvera une méthode plus fimple & mieux
raifonnée ; il ofa profcrire ce nombre d'emplâtres
fous lequel on étouffoit l'action de la nature, il n'i-
gnoroit pas que c'eft à elle feule qu'il faut attribuer
les changemens fucceffifs que les plaies nous préfentent ; c'eft un fait que l'expérience a démontré depuis
long-tems. Nos Chirurgiens en tombent d'accord, &
le plus grand nombre ne s'y conforme pas.

Dans fon exacte defcription du petit appareil, Celfe
prétend que cette opération ne doit avoir lieu que

(a) De re Medica, lib. fext.

(b) M. Leblanc, nouvelle méthode d'opérer les hernies.

depuis neuf jufqu'à quatorze ans. Paul releve cette erreur, & foutient avec fondement qu'elle convient à tout âge, avouant toutefois qu'elle réuffit mieux dans l'enfance. Quant au manuel il obferve que l'incifion ne doit pas être faite au milieu du périné & en ligne droite, mais à côté & obliquement en tirant vers la feffe gauche. Il recommande auffi de faire l'ouverture externe plus grande que l'interne, celle-ci doit être proportionnée au volume du calcul.

Les luxations & les fractures font traitées dans un article féparé : il fait mention de la fracture de la rotule, qu'il dit être une maladie fort rare, & regarde comme impoffible la luxation de l'extrêmité fternale de la clavicule.

Il eft le premier qui, dans l'opthalmie, ait confeillé d'ouvrir la jugulaire & les arteres fituées derriere l'oreille, contre le fentiment de Celfe qui penfe que l'ouverture de l'artere ne fe referme plus. Comme il faifoit grand ufage des ventoufes & des fcarifications, il a inventé un inftrument qu'on peut appeller fcarificateur, armé de trois pointes, qui font à la fois trois incifions. Il a tiré d'Ætius tout ce qu'il dit touchant le cautere fur lequel il avoit une opinion particuliere. Il vouloit qu'on le fit avec la racine d'ariftoloche, trempée dans l'huile, à laquelle on mettroit le feu.

Nous ne connoiffons point d'Ecrivain, dont les ouvrages foient parvenus jufqu'à nous, qui ait décrit ni même confulté avant lui la Bronchotomie. Tout le monde fait qu'on pratique cette opération dans le deffein de prévenir une fuffocation imminente ; cependant il ne faut pas penfer qu'elle foit indiquée dans toute forte d'angine. Paul Æginete a très bien remarqué d'après Antyllus qu'elle étoit inutile dans la vraie efquinancie, c'eft-à-dire dans celle où les mufcles du larynx & la membrane qui revêt l'intérieur de la trachée artere & des poulmons font affectés, & que l'on ne pouvoit fe flatter d'en retirer quelque avantage que dans le gonflement des amygdales, lorfque la trachée artere n'eft point léfée. Voici la méthode que notre Auteur recommande de fuivre en pratiquant cette opération : on fait l'incifion trois ou quatre cerceaux au-deſſous du cartilage cricoïde ; c'eſt l'endroit le plus commode, ſoit parcequ'il n'eſt recouvert que par la peau, ſoit parcequ'il eſt très éloigné des gros vaiſſeaux. Avant que de procéder, on aura la précaution de faire pancher la tête du malade en arriere, afin que par cette ſituation la trachée artere faſſe une ſaillie plus apparente : on évitera de couper les cerceaux ; la ſection ne doit porter que ſur la membrane qui les unit. Dès que la canule ſera placée, notre Auteur eſt d'avis qu'on faſſe pluſieurs points de ſuture ſur les levres de la plaie qu'on traitera enſuite comme les plaies ſimples.

Il eſt une autre opération dont il a le premier parlé, c'eſt l'extirpation du cancer à la mamelle ; elle conſiſte à faire une inciſion en forme de croiſſant au bas de la tumeur qu'on détache des parties environnantes. Cela étant exécuté on couvre le vuide qui reſte avec la peau qu'on rejoint au bout inférieur dont elle avoit été ſéparée. Cette opération eſt cruelle, nous en convenons ; mais c'eſt peut-être le ſeul remede efficace que l'art ait à oppoſer à cette funeſte maladie.

L'anevriſme eſt aſſez bien traité par notre Auteur : outre qu'il a recueilli avec ſoin tout ce que les anciens en avoient dit, il y a ajouté pluſieurs obſervations intéreſſantes qu'ils avoient omiſes. Paul Æginete admet deux eſpeces d'anevriſmes dont il établit le diagnoſtic ; il penſe que dans chacune d'elles il y a épanchement de ſang. Avant lui on avoit généralement regardé comme incurables les anevriſmes de la tête & du col. Ætius défend d'y toucher, il veut qu'on ſe contente de les couvrir avec un emplâtre ; ceux des extrêmités ſont les ſeuls qui lui paroiſſent ſuſceptibles de guériſon. Paul eſt d'un avis contraire, & ne nie point qu'il ne ſoit très dangereux d'ouvrir ceux du col, des aiſſelles & des aînes ; mais il ſoutient avec fondement qu'il n'y a aucun riſque à tenter l'opération ſur ceux des extrêmités & principalement de la tête, on en ſent aſſez la raiſon : le point fixe qu'offrent les os du crâne en aſſure preſque le ſuccès. Il ſeroit impoſſible de détailler plus exactement la maniere de pratiquer l'opération de l'anevriſme.

Après avoir fait une incision à la peau & mis la tumeur à découvert, il ordonne de lier l'artere, tant
supérieurement qu'inférieurement, & d'ouvrir ensuite la poche. Il est aisé de s'appercevoir que c'est la
méthode que nos Chirurgiens emploient encore aujourd'hui dans l'anevrisme vrai, lorsque la compression qu'on doit toujours faire précéder a été insuffisante.

L'art des accouchemens qui, depuis Hippocrate,
sembloit être tombé dans la langueur, prit sous Paul
Æginete une nouvelle vie. Il est probable qu'il fut
lui-même Accoucheur, du moins se fit-il une occupation de donner aux Sage-femmes toutes les instructions nécessaires pour exercer cet art ; ce fut pour
cela qu'il fut surnommé *Obstetricus*. Je ne connois
personne qui ait traité avant lui de l'accouchement
laborieux : celui où l'enfant se présente par les pieds
est selon cet Auteur celui qui s'éloigne le moins du
naturel (a). Cette opinion a été confirmée par l'expérience des siecles suivants, il y a même aujourd'hui
des Accoucheurs qui regardent l'accouchement par
les pieds plus conforme aux loix de la nature, que
celui qui vient par la tête. La vérité ne se découvre
aux grands hommes que successivement ; Paul avoit
fait un pas important vers elle par la découverte dont
nous parlons.

Il ne sut pas se garantir de l'erreur dans un point
de pratique non moins essentiel. Il prétendit avec ses
prédécesseurs, que lorsque le fœtus offroit toute autre
partie que la tête ou les pieds, il falloit le remettre
dans sa position naturelle, je veux dire, ramener sa
tête à l'orifice de l'uterus, pratique mauvaise que le
danger & même l'impossibilité de l'exécution ont fait
abandonner. Lorsque le fœtus ne vit plus, & que le
volume de sa tête s'oppose à sa sortie, l'on perce le
crâne pour le tirer au-dehors. Cette manœuvre est due
à Paul Æginete ; ce Médecin avoit vu encore que
l'extraction imprudente ou trop précipitée de l'arriere-
faix, causoit souvent des renversemens de matrice ;
dans le cas où la trop forte adhérence du placenta

_____

(a) Methodus studii Medici, Hermanni Boheraave accessio-
nibus loct etata, ab Alberto Hallert

feroit craindre ce malheur , il préfere de le laiſſer
dans l'intérieur de la matrice , & d'attendre qu'il ſoire
de lui-même.

De re medicâ libri ſeptem , Græce. Venetiis 1528,
in-fol. Baſileæ , 1538 & 1551 , *in-fol.*

Jerome Gemuſæus fit quelques corrections au texte
des deux dernieres éditions , & y ajouta quelques
notes.

*Latinè ex barbara Albani Torini tranſlatione , Ba-
ſileæ* 1538 , *in*4°. *Ex Johannis Guintherii Andernaci
verſione , adjectis ejuſdem annotationibus in ſingulos libros , Pariſiis* 1532 *in-fol. Lugduni* 1551 , 1559,
*in-*8°. *Cum ejuſdem Guintherii & Jani Cornarii annotationibus , item Jacobi Goupili & Jacobi d'Alecampii
Scholiis. Ex interpretatione Jani Cornarii , adjectis do-
labellarum libris ſeptem , Baſileæ* 1556 *in-fol.*

*De criſi & diebus decretoriis eorumque ſignis extat ,
Baſileæ* 1529 *in-*8°.

*Pharmaca ſimplicia Othone Branſfelſio interprete ,
item de ratione victus Guillelmo Copo Baſilienſi interprete. Argentorati* 1531 *in-*8°.

Palladius le ſophiſte fit , comme il nous l'apprend
lui-même , ſes études à Alexandrie. On ignore en
quel temps il a vécu. Un Auteur célebre (*a*) le place
vers l'an 626. Santalbinus , dans la préface qu'il a
miſe à la tête de ſa traduction des ouvrages de
Palladius , aſſure qu'il a exiſté après Galien. Cette
aſſertion non ſeulement eſt vraie , mais encore
il eſt clair qu'il eſt poſtérieur à Ætius & à Alexandre , puiſque dans pluſieurs occaſions il en emploie les propres expreſſions. Freind (*b*) le fait vivre ,
avec quelque vraiſemblance , ſur la fin du huitieme
ſiecle. Tout ce que nous avons de lui ſur la Chirurgie , ſe borne à un Commentaire du livre des
fractures d'Hippocrate. Ce Commentaire eſt aſſez
mal fait & n'eſt point fini. Nous ne perdons pas beaucoup à cela ; & s'il faut en juger par les fragmens
qui reſtent , le texte eſt encore moins obſcur que
les remarques qu'il y a ajoutées. Cet Auteur nous
fait obſerver que la pierre étoit une maladie fort

(*a*) Biblioth. Littera.
(*b*) Hiſt. Med. pag. 203.

COMMUNE

Commune de son temps, & très-difficile à guérir. Il croit appercevoir la cause de cette difficulté dans les plaisirs de la table auxquels ses concitoyens se livroient par excès, & dans le peu d'exercice qu'ils faisoient.

Les ouvrages médicinaux de Palladius sont travaillés avec plus de soin ; il y montre plus de clarté dans les idées, & d'intelligence dans la discussion des faits épineux.

Il faut prendre garde de ne pas confondre le Palladius dont il est ici question, avec un autre Auteur du même nom ; mais qui vivoit 600 ans avant lui.

Scholia in librum Hippocratis de fracturis extant græce & latine, ex interpretatione Jacobi Santalbini Metensis Med. Francof. apud Andr. 1595 *in-fol.*

Le Theophile dont nous parlons fut surnommé Protospatarius ; il vivoit au commencement du neuvieme siecle ; il étoit chrétien, & quelques anciens manuscrits ont fait conclure qu'il étoit Moine. Quoi qu'il en soit, son ouvrage de la structure du corps humain contient un excellent abregé de celui de Galien. Sur l'usage des parties, on y trouve des choses qu'on chercheroit en vain dans ceux qui l'ont précédé. Il est le premier qui ait vu que la premiere paire des nerfs, qui des ventricules antérieurs du cerveau va s'épanouir sur la membrane pituitaire, est l'organe immédiat de l'odorat (a). Il dit encore qu'il y a deux muscles employés à fermer les paupieres. Les modernes les ont réduits à un seul, qu'ils appellent muscle orbiculaire des paupieres. Ce qui avoit donné lieu d'en connoître deux, c'est sans doute l'entrecroisement des fibres qui se fait appercevoir à l'angle interne & externe de l'œil. Le muscle releveur de la paupiere ne lui étoit pas inconnu ; il en fait mention. Selon lui, la substance de la langue est musculeuse. On ne trouve que dans cet Auteur la description d'un ligament très fort & très-serré, qui unit les vertebres, & qui est commun à toutes leurs articulations. Il

(a) Douglas, Bibliog. Anatom.

I

a X. Siecle.
THEOPHILUS

eſt vraiſemblable que Théophile n'ignoroit pas que
la ſubſtance des teſticules eſt vaſculaire, puiſqu'il
parle d'un nombre prodigieux de vaiſſeaux capillaires
auſſi déliés que des cheveux qu'il dit être entre-
mêlés parmi les glandes de ces parties. On voit
par-là que c'eſt à tort que quelques modernes ont
prétendu avoir développé la vraie ſtructure des
teſticules. Ce n'eſt pas la ſeule découverte qu'ils
ont enlevée aux anciens.

*De humani corporis fabrica libri quinque. Pariſiis
1555 in-8°. Græce à Junio Paulo Craſſo Patavino
in latinam orationem converſi.*

Mr. Freind (a) croit que ce Théophile eſt celui
qui a parlé *ex profeſſo* des urines & du pouls. Il
eſt dans l'erreur. Il y a eu ſept Médecins qui ont
porté le nom de Théophile. C'eſt parmi ces derniers
qu'il faut chercher les Auteurs des deux Traités que
nous venons d'annoncer (b).

Douglas fait mention d'une édition grecque des
œuvres de Théophile, imprimée à Paris en 1540.
Il y a apparence que Douglas s'eſt trompé, & que
l'édition de Paris de 1540, n'eſt que la traduction
latine de Paulus Craſſus, publiée à Veniſe en 1536,
in-8°. à Baſle en 1539 & 1581 in-4°.

Il y a encore un autre Auteur grec, dont le
nom n'eſt point parvenu juſqu'à nous, il a laiſſé
un abregé d'Anatomie qui vraiſemblablement s'eſt
égaré, puiſque malgré toutes les recherches que
nous avons faites à ce ſujet, il nous a été impoſſible de découvrir l'endroit où cet ouvrage a
été imprimé : les Écrivains qui en parlent ſe con-
tentent de l'annoncer.

XI. Siecle.
ACTUARIUS.

Actuarius étoit Grec de nation, on ne ſait pas préciſément le tems auquel il parut, & les difficultés qui
reſtent à ce ſujet ne ſont pas d'une nature à être aiſément levées, puiſqu'aucun Ecrivain de ſon tems n'en
a parlé. Juſtus (c) le place vers l'an onze cent ; René
Moreau au douzieme ſiecle ; Fabricius le fait vivre
vers la fin du treizieme. Les preuves ſur leſquelles

(a) Hiſt. Medica.
(b) Vander-Linden, de ſcriptis Medicis.
(c) In Chronolog. Medicor.

ces différents Historiens s'appuient pour établir leur sentiment, ne nous paroissent pas satisfaisantes à beaucoup près. Mais comme il est impossible de porter plus de jour sur cet objet, qui d'ailleurs n'en vaut pas trop la peine, nous passerons à d'autres choses moins séches & plus intéressantes pour nos Lecteurs.

Actuarius exerça avec honneur la Médecine à Constantinople. Ses talents le firent bientôt connoître ; il fut appellé à la Cour de l'Empereur pour être son premier Médecin. Jusques-là il s'étoit appellé Jean, fils de Zacharias, ce fut à cette époque qu'il prit le nom d'*Actuarius* ; nom qu'avoient porté tous ceux qui l'avoient précédé dans cette place. Mais par une distinction dont on ne connoît point la cause, & dont conséquemment on ne sauroit rendre raison, il demeura si particulierement attaché à l'Ecrivain dont il est ici question, qu'il est à peine connu sous un autre nom que sous celui d'Actuarius.

Il composa en faveur d'un des premiers Officiers de la Couronne, qui fut envoyé en Ambassade dans le Nord, un ouvrage divisé en six Livres sur la méthode de guérir les maladies. Ce Traité, quoique fait en très peu de tems, & compilé d'un bout à l'autre de Gálien, d'Ætius & de Paul Æginete, qu'il a grand soin de ne pas nommer, contient néanmoins des réflexions judicieuses & des observations importantes & nouvelles.

On trouve dans cet ouvrage différents point de Chirurgie dont il s'est occupé au cinquieme chapitre du second livre. Il parle des maladies qui attaquent le cuir chevelu. Le sixieme traite des affections de l'oreille Le septieme est consacré aux maux des yeux. Le huitieme à ceux des narines. Dans le neuvieme notre Auteur donne la description des maladies auxquelles la face est sujette. Le dixieme est un tableau de celles qui arrivent dans l'intérieur de la bouche. Le onzieme roule sur les autres maladies cutanées, & le douzieme enfin sur les tumeurs & les ulceres.

Il y a encore des articles séparés sur la saignée. L'artériotomie, les sangsues, les scarifications, les ventouses, les bains, &c.

La partie Chirurgicale est sans contredit le mor-

ceau le plus mauvais. Il eſt travaillé plus négligemment que les autres, & l'Auteur ne s'eſt pas donné la
peine d'y rien ajouter qui lui ſoit propre. Ce n'eſt
exactement qu'un extrait informe & mal digéré des
écrits d'Ætius & de Paul Æginete : l'on ne doit point
en être ſurpris. Actuarius ne s'étoit pas propoſé, comme il le dit lui-même, d'y traiter d'aucune maladie
externe. Ce n'eſt que par oubli qu'il y a inſéré les articles que nous venons de détailler.

La Médecine doit à ſes ſoins l'accroiſſement de la
matiere Médicale. Cette branche importante de
l'art de guérir a été enrichie par lui de la claſſe des
purgatifs éccoprotiques. C'eſt lui qui le premier a employé la caſſe, la manne, le ſéné, les myrobolans.
C'eſt dans ſes écrits que nous trouvons le premier
uſage qui a été fait en Médecine dès eaux diſtillées.
Ces découvertes, quoique n'étant point directement
de notre objet, nous ont paru aſſez eſſentielles pour
mériter ici une place.

Les Traités qu'Actuarius a laiſſés, annoncent un
homme expérimenté & intelligent ; mais on ne peut
diſconvenir qu'ils ne ſe reſſentent de cet eſprit de ſyſtême dont il étoit dominé. Il eſt difficile de s'imaginer juſqu'à quel point ſa fureur de raiſonner l'a emporté, il ne ſe contentoit pas de théoriſer ſur les maladies que ſa pratique lui fourniſſoit ; il pouſſoit encore ſes ſpéculations juſqu'à celles dont il n'étoit inſtruit que par la deſcription des Auteurs. Il nous apprend (a) que s'étant adonné pendant quelque-tems à
la phyſique, il ſe ſentit pour la Médecine un penchant irréſiſtible, déterminé ſans doute par l'union
étroite qu'il apperçut entre ces deux ſciences, qu'on
peut regarder comme deux ſœurs, puiſqu'on ne peut en
approfondir une, qu'autant qu'on a des connoiſſances
dans l'autre. Le travail & les déſagréments qu'un Médecin ne manque jamais d'eſſuyer, auroient été plus que
ſuffiſans pour le dégoûter de la pratique, s'il n'eut vu
que la théorie de la pathologie étoit abſolument néceſſaire pour conſtituer le vrai Médecin : » Je penſai,
» dit-il (a), qu'on ne pouvoit ſe fier à une méthode de

(a) De urinis cap. ultim.
(b) Eod. cap.

» traiter une maladie, quelle qu'elle fut, fi elle n'é-
» toit établie fur le raifonnement, & qu'avec la
» théorie on pouvoit faire facilement de grands pro-
» grès dans l'étude de la Médecine, & la pratiquer
» avec fuccès ». Cette réflexion eft outrée : Hippocrate ne guériffoit-il pas aufli-bien que nous fans tout
ce jargon pédantefque dont la plûpart des ouvrages
modernes font remplis. Ce n'eft pas qu'il faille réduire
l'art au pur empirifme ; on ne doit point profcrire toutes fortes de théorie, je foutiens feulement
qu'il faut être très circonfpect là-deffus ; l'hiftoire
des erreurs qu'elles ont enfantées, doit nous faire
craindre qu'en nous y livrant nous n'en augmentions
le nombre. Heureufement ce fiecle commence à fentir
le vuide de ces hypothèfes, plus brillantes que folides, qui n'ont fervi jufqu'ici qu'à retarder les progrès
de l'art le plus utile & le plus précieux à l'humanité ;
& l'efprit philofophique qui fe répand de plus en plus
en Médecine ramene enfin le goût de l'obfervation,
& femble nous annoncer une révolution heureufe.

*Methodi medendi Libri fex, quibus omnia quæ ad
Medicinam facilitandam pertinent fere complectitur,
quod Cornelius Henricus Mathifius, Brugenfis, Latino
idiomate donavit, Venetiis 1554 in-4°.*

C'eft cet ouvrage qui renferme les queftions Chirurgicales dont nous avons parlé.

Nicolas Myrepfus étoit d'Alexandrie, il y fit fes
études & y exerça la Médecine. Il n'eft pas plus aifé
de fixer le tems auquel il a vécu que celui d'Actua-
riûs. L'amour des fciences commençoit à fe perdre
chez une nation qui les avoit cultivées pendant long-
tems avec fuccès, les Ecrivains devenoient plus rares,
ou pour mieux dire il n'y en avoit plus. Cependant
on peut croire qu'il vécut au commencement du douzieme fiecle, du moins eft-il certain que fon ouvrage
parut avant l'an 1300 (a), il eft divifé en quarante-
huit fections ; Léonardus Fufcius les a traduites, & y
a ajouté d'excellentes remarques. C'eft un recueil des
médicamens, tant fimples que compofés, qui étoient
épars dans les différents Auteurs, & qu'il a recueillis

XI. Siecle.

ACTUARIUS.

XII. Siecle.

MYREPSUS.

(a) Freind, Hift. Med. pag. 217.

I iij

pour en former une espece de pharmacopée. Nous devons lui savoir gré des peines qu'il a prises pour y parvenir, ne fût-ce que pour lui tenir compte des dégoûts qu'entraîne infailliblement avec elle une compilation de cette nature.

Dans cet ouvrage Myrepsus ne se contente pas de prescrire la maniere dont se fait la composition des médicaments, il les considere encore relativement à l'usage qu'on en fait. Dans les maladies Chirurgicales il parle des emplâtres, des onguens, des cerats, des cataplasmes, des synapismes, &c. des médicaments qui font suppurer & détergent, de ceux qui chassent les poux, font disparoître les rousseurs & les boutons; de ceux enfin qui adoucissent le gosier, rendent la voix sonore & harmonieuse, & guérissent de la galle, des écrouelles, &c. Dans cet ouvrage, quoique rempli de rapsodies & de puérilités, on trouve de tems en tems des choses dont les meilleurs Auteurs Grecs n'auroient pas à rougir. Son style se ressent, on ne peut pas plus, de l'ignorance de son siecle. On a de la peine à distinguer si c'est en Grec qu'il a écrit, ce qui prouve, pour le dire en passant, qu'il est moins ancien que tous ceux dont nous avons déja parlé. On le regarde communément comme le dernier Médecin que la Grece ait produit : cette opinion nous paroît être fondée.

Médicamentorum opus, Basileæ 1559, *in-fol. Lugduni* 1559, *in-8°. Parisiis* 1567, *in-fol. Inter Medicæ artis principes, tome I. page* 338. *Francof.* 1626, *in-8°. Nuremb.* 1658, *in-8°. Cum Pref. Johan. Hartmani Beyeri.* Cette derniere édition est la meilleure.

CHAPITRE XI.

DES ANATOMISTES ET DES CHIRURGIENS ARABES.

POUR ne pas interrompre l'Histoire des Anatomistes & Chirurgiens Grecs, nous avons été contraints de renvoyer celle des Arabes que nous allons commencer ; mais avant d'entrer en matiere , il nous paroît convenable de faire un exposé succint de l'état dans lequel se trouvoit l'Anatomie & la Chirurgie parmi les Arabes. Ces peuples connurent les Auteurs Grecs à la prise d'Alexandrie par Ammon en l'année 640 ; ennemis ou contempteurs des sciences , ils se plaisoient a en détruire les monumens. La fameuse Bibliotheque d'Alexandrie éprouva toute leur fureur. Les livres en furent brûlés à l'exception de ceux de médecine , qui ne durent leur conservation qu'à l'amour de la vie qui avoit porté ces barbares à les épargner. Cette Bibliotheque n'étoit pas celle de Ptolémée , qui avoit coûté tant d'argent & de peine à former (a) , & qui fut détruite en partie dans le tems de la guerre entre César & Pompée ; c'étoit celle que la Reine Cléopâtre (b) avoit fondée pour réparer la perte de la premiere , & que ses bienfaits & ceux de ses successeurs rendirent bientôt la plus complette & la plus riche de l'univers. Les ouvrages des Grecs qu'on y avoit recueillis avec tant de soin étant ainsi passés entre les mains des Arabes , cette nation fiere & orgueilleuse ne tarda pas à faire des versions en Arabe des livres Grecs , qui d'abord avoient été traduits en langue Syriaque. L'art de guérir souffrit beaucoup de cette révolution , car les Arabes non contents de s'être arrogés les écrits des Grecs , les défigurerent encore en y mêlant les traits grossiers de leur vanité & de leurs superstitions.

L'Anatomie ne fit sous eux presque aucun progrès , on n'en sera pas surpris lorsqu'on saura que la plûpart étoient Mahométans , & que cette Religion leur défendoit de toucher à aucun cadavre humain ; ceux d'entre eux qui étoient Chrétiens , sur lesquels conséquemment cette défense ne s'étendoit pas , semblerent s'être imposé la loi d'imiter servilement les Anatomistes qui les avoient précédés.

La Chirurgie leur dut quelques découvertes , Albucasis sur-tout la pratiqua avec succès. Cependant cette fille aînée de la Médecine tomba dans le dis-

(a) Plutarque , vie des hom. Illust.
(b) Rollin , Hist. Rom.

I iv

crédit & le mépris : il y eut une espéce de deshonneur attaché à cette profession : Rhazes (a) s'en plaint amérement. Les Médecins regardoient comme au-desfous d'eux de faire les opérations Chirurgicales, c'étoient les esclaves (b) qui étoient chargés de ce soin : il y avoit même certaines parties du corps sur lesquelles on n'en pratiquoit pas. Une pudeur mal-fondée les en empêchoit & les leur faisoit envisager comme abominables (c).

On n'attend pas de nous sans doute que nous écrivions la vie de tous les Anatomistes & Chirurgiens que cette nation a produits ; leur nombre est trop considérable ; d'ailleurs l'Auteur (d) qui nous a transmis leur histoire se laisse aller dans le commencement à un enthousiasme qui fait douter de la vérité des faits qu'il rapporte. Son but principal est de vanter les honneurs & les récompenses que les Califes leur avoient accordés ; il garde un profond silence sur leurs écrits qu'il eut été plus important pour nous de connoître, & dont la plus grande partie sont malheureusement perdus. Ceux de nos lecteurs qui seront curieux de lire l'ouvrage d'Abiosbaya, peuvent consulter la traduction d'une partie de ses écrits que le Docteur Mead nous a procurée.

IX. Siecle.

MÉSUÉ.

Mésué est un des plus anciens Arabes, il étoit Chaldéen, de la Religion Chrétienne, & avoit embrassé la Secte de Nestorius ; il vivoit au commencement du neuvieme siecle. Son pere quoique Apothicaire lui donna une éducation brillante dont il sut profiter ; il avoit reçu de la nature tous les talens nécéssaires pour réussir, aussi ne tarda-t-il pas à se distinguer par l'étendue de ses connoissances. Aaron Rasid, vingt-troisieme Calife de Bagdad, se déterminant à envoyer son fils en qualité de Vice-Roi dans la Province du Chorazan, le jugea digne d'accompagner ce Prince dans son nouveau Gouvernement. Mésué ne dut cet honneur qu'à la réputation qu'il avoit d'être versé dans les langues & les sciences,

(a) In lib. sept. ad Regem Mansorem, cap.
(b) Loco suprà citato.
(c) Avenzoar, rectificat. medication. & regiminis.
(d) Abiosbaya.

Ce Prince auquel notre Auteur en avoit fans doute inſpiré le goût, ayant ſuccédé à ſon pere, fut curieux de connoître la littérature des anciens dont on n'avoit encore rien traduit en Arabe. Il convoqua pour cet effet une aſſemblée de Savans, & ſe fit inſtruire du nom des Auteurs & des ouvrages qui avoient paru en quelque langue & ſur quelque matiere que ce fût; il réſolut de ſe les procurer : quelques obſtacles que ce projet préſentât, il ne ſe rebuta point ; les ſoins & l'argent ne furent point épargnés : la traduction en fut confiée à ces Savans. Méſué fut chargé de revoir celle des Auteurs Grecs ; il mourut dans la quatre-vingtieme année de ſon âge.

Il y a grande apparence que Méſué n'eſt point l'Auteur du livre qui porte ſon nom, la preuve en eſt que Rhazes y eſt ſouvent cité , quoiqu'il n'ait vécu que long-tems après lui. Malgré cela nous croyons devoir faire connoître ſuccintement les maladies Chirurgicales qui y ſont traitées , & ce qu'il faut en penſer.

L'Auteur , quel qu'il ſoit, commence par la tête : les maladies du cuir chevelu ſont les premieres qu'il décrit ; celles des oreilles , des yeux , du nez viennent enſuite ; de-là il paſſe à celles de la poitrine , du bas-ventre & des viſceres contenus dans ſes capacités , & finit enfin par celles des extrêmités. Il y entremêle des maladies purement médicinales lorſqu'elles ſe lient à ſon ſujet ; c'eſt ainſi qu'après avoir examiné les affections des tégumens communs de la tête , il parle de ceux qui ont leur ſiege dans l'intérieur du crâne , comme le vertige , la migraine , l'apoplexie. Il ne donne preſque jamais de deſcription des maladies , il les ſuppoſe connues ; ce défaut eſt en quelque façon réparé par l'expoſition claire & préciſe des cauſes qui peuvent les occaſionner : les indications y ſont bien tirées. Tout ce qu'on peut lui reprocher , c'eſt d'abonder en remedes ; il eſt ſurchargé de recettes , de l'efficacité deſquelles il paroît convaincu.

Nous ne pouvons nous diſpenſer de tranſcrire ici la méthode ſinguliere qu'il propoſe pour emporter le polype , que ſa poſition ne permet pas de faire ſortir

par les narines ni par l'arriere bouche , la voici :
» Prenez deux ou trois crins de queue de cheval que
» vous tordrez en maniere de fil ; faites-y trois ou
» quatre nœuds ; à l'aide d'une éguille de plomb in-
» troduisez un des bouts de ce fil par les narrines , &
» qu'il resforte par la bouche, cela fait faisissez les
» deux extrêmités que vous tirerez alternativement
» jusqu'à ce que le pédicule du polype soit cou-
» pé (a) ». Cette méthode a été employée par plufieurs autres Chirurgiens qui ont vécu après Méfué.
Elle entraine avec elle nombre d'accidents , ce qui l'a
fait abandonner des Chirurgiens inftruits.

Mefue opera , Venetiis 1575 , 1589 , 1623 *in-fol.*

Serapion (Jean) , Médecin Arabe , vécut vers l'an
890 fuivant Freind. René Moreau (b) le place en 742 ;
Wolfgangus Juftus en 1066 (c). On a dit qu'il étoit
de la Secte Mahometane ; Bernier (d) pense que son
nom de baptême eft une preuve fuffisante du contraire.
Quoi qu'il en foit , il s'acquit une grande célébrité ;
il eft de tous les Arabes celui qui s'eft le plus adonné
à la connoiffance des plantes & des drogues, aufli le
Traité de matiere Médicale qu'il a compofé eft-il plus
exact que ceux qui parurent dans le même tems.

Les ouvrages que nous avons de lui contiennent la
description de quelques maladies cutanées ; car il y
en a plufieurs dont il ne parle pas. Il étend même
cette clafle de maladies bien au-delà de fes bornes
naturelles, puifqu'il y fait entrer la gonorrhée, la
petite vérole, &c. On y lira des réflexions très judicieufes fur la pierre, tant des reins que de la veffie.
Après en avoir expliqué la formation d'une maniere
aufli fatisfaifante qu'on peut l'exiger pour un fiecle

___

(a) Loc. fup. cit. pag. 19. Accipe duos aut tres pilos caudæ
equi , & torque fingulum eorum per fe ; deinde ex eis retor-
quendo fac ficut filum unum , & fiant in eo nodi tres vel
quatuor , & mittatur per nares cum acu plumbea , & decline-
tur cum ea ad foramina palati , & trahatur per ipfum pala-
tum cum facilitate donec filum exeat per foramina palati , &
tunc accipe utramque extremitatem fili , & ducas & reducas
ad modum ferræ ufque dum tota incidatur caro.

(b) De venæ fect. in pleuritide.

(c) In Chronolog. Medicor.

(d) Effai de Med.

que la Chymie n'avoit pas éclairé de son flambeau, il passe aux moyens de guérison. Les lithontriptiques doivent d'abord être employés, & s'ils ne réussissent pas il permet l'extraction. La néphrotomie est une opération selon lui téméraire & essentiellement mortelle, & qui doit être rejettée. L'opération de la taille ne lui paroît pas à beaucoup près si dangereuse, quoiqu'elle soit sujette à de grands inconvéniens; il observe que la plaie reste souvent fistuleuse, & que l'urine s'écoule par cette voie. L'expérience lui a aussi fait voir que les enfants guérissoient plus aisément que les adultes ou les vieillards, l'humidité de leur tempéramment, dit-il, favorise la coalition des parties chez les enfants, tandis que la roideur des fibres chez les vieillards s'y oppose. La figure de la pierre doit encore entrer en considération; (c'est toujours Serapion qui parle) lorsqu'elle est ronde & polie l'extraction en est plus aisée que lorsqu'elle est angulaire & hérissée d'aspérités.

Practica dicta Breviarium liber de simplici Medicina dictus circa instans, Venetiis 1497, 1503, 1530 & 1550 *in-fol. Lugduni* 1525, *in-4°. Argentinæ* 1531 *in-fol.*

Galien parle d'un autre Serapion, partisan zélé de la Secte Empyrique, qui dans ses écrits avoit fort maltraité Hippocrate.

Il y a eu un troisieme Serapion qui étoit à la fois Poète & Médecin; celui-ci vivoit au commencement du second siecle sous l'Empire de Nerva & de Trajan.

Haly-Abbas, ou Haly fils d'Abbas, florissoit vers l'an de grace 980. Il étudia la Médecine sous Moyse Abymeher, & y fit des progrès brillans & rapides; mais s'ils lui mériterent une place parmi les Médecins célebres, les connoissances qu'il avoit acquises en Physique le firent mettre au rang des plus grands Philosophes de son temps, & lui valurent le surnom de Sage.

Nous avons de lui un ouvrage qu'il dédia au Calife Adad-Audaula, qu'Etienne d'Antioche traduisit en latin en 1127. C'est le plus ancien & le plus exact qui ait été écrit touchant la Médecine arabique. L'Auteur le regarde comme un corps de Médecine entier, & plus complet que celui d'Hippocrate & de Galien. Préfomption mal fondée & qu'il est ordinaire de trouver chez les Écrivains même du plus bas étage. C'est le propre d'un efprit médiocre d'admirer fes productions.

Ce livre renferme une Chirurgie pratique que nous ne craignons pas de traiter de mauvaife, malgré les cas qu'en ont fait quelques Chirurgiens. En voici le titre.

Regalis difquifitionis Theoricæ libri decem, & practica libri decem, quos Stephanus Plut difcipulus ex Arabica in latinam linguam tranftulit. Venetiis 1492, in-fól. *Lugduni* 1523, *cum fynonimis Michaëlis Capellæ.*

Jefus-Hali étoit fils de Hali-Abbas, dont nous venons d'écrire la vie, & qui lui infpira de bonne heure le gout de l'Art. Il étudia la Médecine fous les yeux de fon pere; mais il ne put parvenir au degré de célébrité dont celui-ci avoit joui de fon vivant. On a bien raifon de dire qu'un grand nom eft fouvent un pefant fardeau.

Il a écrit un livre fur les maladies des yeux, intitulé :

De cognitione infirmitatum oculorum & curatione eorum. Venetiis 1499, *cum Guidonis Cauliaci & aliorum fcriptis Chirurgicis* 1500, *in-fol. cum Abucafis Chirurgia.*

Abubeker Mohammed, fils de Zacharie, naquit à Ray, Ville la plus confidérable qu'il y eût pour lors en Perfe, & d'où lui vint le nom de *Rhafes.* Le temps auquel il a exifté n'eft pas bien déterminé. Réné Moreau le fait vivre dans l'an 996; Champier (a) & d'autres en 1070; Vander-Linden (b) & Wolphang Juftus (c) en 1080. Mais s'il eft vrai qu'il ait vécu cent vingt ans, toutes ces opinions ne font pas difficiles à concilier.

Rhafes, dans fa jeuneffe, cultiva avec foin la Mufique, pour laquelle, de tout temps, les peuples orientaux ont été paffionnés. Il s'y rendit habile,

(a) De claris Medicinæ fcriptoribus veteribus ac recentioribus.

(b) De fcript. Med. in Chronolog. Medicor.

(c) Holtinger Analecta.

auffi bien que dans la Chymie. On prétend qu'il
eft le premier Médecin qui ait fait mention de cette
derniere fcience. Rhafes fentit bientôt le vuide de
ces occupations. Un génie tel que le fien étoit fait
pour de plus grands objets ; il s'adonna entiérement
à la Médecine & à la Philofophie. Les progrès qu'il
y fit furent rapides , & étonnerent fon Maître &
fes compatriotes. Quoiqu'il eût commencé affez tard
l'étude de ces deux fciences, à quarante ans il jouiffoit d'une réputation qu'il n'eft pas ordinaire d'avoir
dans l'âge le plus avancé , & paffoit déja pour le
plus grand Médecin de fon fiecle. L'envie qu'il avoit
de s'inftruire lui fit entreprendre des voyages ; il
parcourut différens pays , & en revint avec de nouvelles connoiffances. On raconte de lui un fait fingulier. Paffant un jour dans les rues de Cordoue ,
il vit le peuple affemblé ; s'étant informé de la caufe
qui attiroit cette affluence , il apprit que c'étoit un
homme qui venoit de mourir fubitement. La curio-
fité le porta à s'approcher , & après l'avoir examiné
attentivement , il ordonna qu'on lui apportât un
paquet de verges qu'il diftribua à fes voifins en en
gardant une pour lui, & les exhortant à l'imiter ;
pour lors il fe mit à frapper le corps immobile de cet
homme fur toutes les parties , & principalement fous
la plante des pieds. Ses compagnons en firent autant.
Un procédé fi extraordinaire le fit regarder d'abord
comme un fou ; mais au bout d'un quart d'heure
le mort commença à remuer ; il revint enfuite parfaitement au milieu des acclamations du peuple qui
crioit au miracle. Rhafes alors remonta fur fa mule
& continua fon chemin. Le bruit de cet événement
fe répandit dans la Ville , & parvint jufqu'aux oreilles
du Roi qui le fit venir & lui dit en le compliment-
tant : « je vous connoiffois pour un habile Médecin ,
» mais je ne vous croyois pas homme à guérir les
» morts.

Rhafes fut fucceffivement Médecin de plufieurs
hôpitaux très fameux. Le nombre des malades que
ces maifons lui fourniffoient ne l'empêchoit point de
vaquer aux travaux du cabinet. Abi-Osbias compte
deux cents vingt-fix livres qu'il avoit compofés :

aussi fut-il appellé le Galien des Arabes. Il y a même toute apparence qu'il auroit écrit davantage si sa vue ne l'eût point abandonné. Il fut attaqué de la cataracte, dont il refusa constamment d'être guéri, parceque l'Oculiste qui s'étoit présenté pour faire cette opération, n'avoit pas su lui dire de combien de tuniques l'œil étoit composé. Il ajoûtoit à cela qu'il ne se soucioit guere de recouvrer la vue; que son grand âge ne lui permettoit pas d'en jouir long-temps, & que d'ailleurs il avoit assez vu le monde pour en être dégoûté. Nous avons crû devoir descendre dans un détail circonstancié de la vie de Rhases; c'est un personnage qu'on doit connoître; il forme époque en Médecine, puisqu'il peut être regardé comme le restaurateur de l'art de guérir parmi les Arabes. Nous allons passer maintenant à l'examen de ses ouvrages anatomiques & chirurgicaux.

Rhases n'étoit point Anatomiste; il ne fit jamais une étude bien particuliere de cette partie de la Médecine. Le livre qu'il nous a laissé sur cet objet, ne contient rien qui lui soit propre. Tout son mérite consiste à avoir su présenter avec méthode & précision ce qu'Hippocrate & Galien avoient écrit sur l'Anatomie. On doit lui en savoir d'autant plus de gré, qu'en composant cet ouvrage il n'a pu se proposer que l'avantage général qui devoit en résulter sans prétendre à aucune gloire.

Quoique la Chirurgie de Rhases ne soit, à beaucoup d'égards, qu'une compilation, cependant on ne peut disconvenir qu'il n'y mît beaucoup du sien, comme nous allons le faire voir.

Il est le premier qui ait donné la description du *spina ventosa*, qu'il définit une corruption dans l'os avec tumeur & gonflement : cette définition est très exacte ; en effet, on sait que cette cruelle maladie commence à se former dans la cavité de l'os ; que la moëlle est d'abord affectée, & que le mal se communique ensuite aux différentes lames osseuses, qui se séparent, se gonflent, se carient, tiraillent le périoste qui le couvre, & causent une douleur très aiguë. Notre Auteur distingue le *spina ventosa* de ce qu'on appelle communément *pædarthrocace*. La

plupart des Ecrivains modernes les ont confondues.
Voici les fignes qui, felon lui, les différencient.

Le *pædarthrocace* eft une efpece de tumeur qui n'attaque que les épiphyfes des articulations, & qui fe
trouve prefque toujours fans douleur; au lieu que
le *fpina ventofa* a fon fiege dans toutes les parties
de l'os, & de préférence dans fon corps, & que
d'ailleurs la douleur en eft un fymptome inféparable.
L'âge qui y eft le plus fujet, c'eft l'enfance. Cependant il n'eft pas rare d'en voir chez les adultes; ce
feroit faire une preuve manifefte de fon inexpé-
rience que de nier ce fait; il n'eft pas de Chirurgien un peu employé qui n'ait eu occafion dans fa
pratique de le vérifier.

Le *nodus* differe encore, felon Rhafes, du *fpina
ventofa*, & du *pædarthrocace*. Dans celui-là, les
couches externes des os reçoivent les premieres atteintes; la tumeur eft formée à l'extérieur avant
que la cavité foit endommagée. Quant à ce qui
regarde le traitement, il faut débuter par ouvrir la
tumeur: cela fait, Rhafes confeille d'emporter avec
le fer ou de détruire avec le cautere actuel tout ce
qui aura reffenti les impreffions de la carie. C'eft
un préliminaire qui lui paroît indifpenfable pour
obtenir une guérifon qui, fans cela, deviendroit
impoffible.

Dans les commencemens, lorfque la tumeur ne
fe fait pas encore appercevoir au dehors, & que
néanmoins la douleur eft très vive, Rhafes eft d'avis
qu'on pratique une incifion. Jufqu'alors quelques
Chirurgiens ont blamé cette opération; mais mal-
à-propos. Mr. Freind penfe avec fondement qu'elle
peut avoir de grands avantages dans beaucoup de
cas, & notamment dans celui où il y auroit une
humeur épanchée entre l'os & le périofte. Chacun en
fentira facilement la raifon.

Le cancer n'eft pas mal traité par Rhafes; il en
expofe affez clairement les caufes & les fignes, &
les divife en cancer occulte & en ulcéré. Le traitement fur tout y eft très bien détaillé; on y lit une
remarque importante, & à laquelle le Chirurgien ne
fauroit faire trop d'attention; c'eft de ne jamais

l'emporter, lorfqu'il eft à craindre qu'il n'ait contracté des adhérences ; cette manœuvre devient inutile en laiffant fubfifter le foyer du mal, & le malade fouffre en pure perte. L'extirpation ne doit être tentée que dans le cas où l'on peut fe flatter d'en détruire jufqu'aux dernieres racines.

Il veut que dans l'hydrocele on renouvelle la ponction tous les mois.

Il eft l'inventeur d'un inftrument propre à relever la luette (a). Dans le livre intitulé de cafibus qui ipfi acciderunt, on ne peut pas le foupçonner de Plagiat. Il eft écrit d'après fa propre expérience. Mr. de Haller lui attribue la découverte des fétons. Il s'eft vraifemblablement trompé, puifqu'il paroît, comme nous l'avons déja dit, qu'Ætius en avoit eu connoiffance.

Opera exquifitiora, per Gerardum Toletanum, Andream Vefalium, Albanum Torinum, latinitate donata. Bafileæ 1544, in-fol.

Dans ce recueil on peut confulter pour l'Anatomie, de Anatomia lib. 1 ; & pour la Chirurgie, ad Regem Manforem, lib. 10.

De cafibus qui ipfi acciderunt, lib. 1.

Antidotarius in quo continentur compofitiones plurium Medicinarum ad diverfas difpofitiones & multorum oleorum.

De præfervatione ab ægritudinis lapidis, lib. 1.

De fectionibus, cauteriis & ventofis, lib. 1.

De morbis cutis & cormetices, lib. 5.

Avicenne, Philofophe & Médecin Arabe, a vécu au commencement du onzieme fiecle, l'an 370 de l'Egyte, qui étoit la 980 de Jefus-Chrift : ce qui détruit l'erreur de ceux qui fe font imaginé qu'il étoit difciple d'Averroes à Cordoue, & de Rhafes à Alexandrie, car Averroes ne vivoit qu'en 1140. Il étoit fils d'Haly & de Citara. Il naquit à Bochara dans la Province de Chorafan. Son pere, que l'intendance des affaires du fils du Roi mettoit à fon aife, ne négligea rien pour fon éducation ; il lui donna pour Précepteur Abdalla de Nahel, qui lui

(a) Lib. 9. cap. 47.

enfeigna

enseigna la grammaire, la rhétorique & la dialectique. Avicenne étoit né (a) avec une conception singuliere & une mémoire fort heureuse. Son pere lui fit faire ses humanités avec soin, & puis l'envoya chez un Jardinier qui passoit pour savant dans plusieurs parties. Dès sa plus tendre jeunesse il eut un gout décidé pour les mathématiques, & s'y livra avec ardeur ; & à seize ans il possédoit bien Euclide & les autres livres qui avoient paru jusqu'alors sur cette matiere. On dit qu'il apprit par cœur le traité de métaphysique d'Aristote, par l'attachement extraordinaire qu'il avoit pour cet ouvrage, comme étant celui qu'il estimoit le plus ; d'autres avancent que l'ayant lu plusieurs fois sans le comprendre, il l'abandonna ; enfin il y a des Auteurs qui prétendent qu'il avoit puisé ses connoissances métaphysiques dans un livre composé par Albumasar Alpharabius (b), Médecin Arabe.

Avicenne étudia ensuite la Médecine, & s'y rendit fort habile. Quelques Ecrivains de sa nation rapportent qu'il connut par les moyens du pouls, que la maladie d'un jeune homme pour lequel il avoit été appellé, n'étoit autre chose que l'amour. Ce fait ne nous paroît pas impossible depuis les découvertes que quelques modernes (c) ont faites sur le pouls, & nous avons rapporté un trait semblable en parlant d'Erasistrate. En effet, si chaque organe peut imprimer une modification particuliere au pouls, pourquoi les passions n'auroient-elles pas sur lui la même influence?

La réputation d'Avicenne alloit toujours en croissant. Le Roi des Arabes, attaqué d'une maladie si grave que les Médecins en désespéroient, le regarda dans ces extrêmités comme le seul capable de le guérir. Ses espérances ne furent point vaines ; Avicenne eut le bonheur de le rappeller à la vie & à la santé. Ce fut en reconnoissance de ce service signalé, qu'il lui donna le soin de sa bibliotheque, & l'éleva

(a) Ejus vit. per forsanum.
(b) Bernier, Essai de Med.
(c) Solano. de Bordeu. Nielh. Cox. Fouquet, & quelques autres.

K

à la dignité de Vifir. C'eft fans doute la caufe de l'erreur de quelques Hiftoriens qui nous apprennent qu'Avicenne avoit été Roi, fans pourtant s'accorder entr'eux fur l'endroit où il a régné.

Avicenne ne croyoit pas que les talens naturels fuffent fuffifans dans notre profeffion. Il y joignoit une étude continuelle qu'il pouffoit jufqu'à fe refufer le temps du fommeil. Quand il fe fentoit un peu affoibli, il prenoit un peu de vin pour réparer la perte de fes efprits. Outre une étude conftante de la Médecine, dans fes momens de délaffement il étudioit la Théologie & la Métaphyfique. L'on dit que lorfqu'il voulut étudier la Théologie, il lut quarante fois la Métaphyfique d'Ariftote.

Ifpahan fut le lieu que ce Médecin choifit pour fa demeure. Les délices de cette Ville lui firent perdre fur la fin de fes jours le goût du travail. Il ne quitta un excès que pour tomber dans un autre. Les femmes devinrent l'objet de cette nouvelle paffion. Ses élèves étoient admis à toutes fes parties de plaifir: ce qui ne contribua pas peu à lui attirer leur amitié. On difoit de lui à Ifpahan, que fa philofophie n'avoit pu lui apprendre à bien vivre, ni fa Médecine, à conferver fa fanté. Son tempérament déja ufé par l'étude, ne tint pas long-temps contre des débauches fi extraordinaires qui le conduifirent au tombeau. D'autres difent qu'il fut empoifonné par fes domeftiques à qui fa févérité l'avoit rendu odieux. Si fon corps fut affoibli par le libertinage, fon ame n'en refta pas moins vigoureufe. Il vit approcher la mort fans la craindre. Avant que d'expirer, il donna une partie de fes biens aux pauvres, & la liberté à quelques-uns de fes efclaves. Il mourut l'an 1036 de J. C. le 428 de l'Egyre, & le 58 de fon âge. Marc Fidella, de Damas, où il étoit Interprete truchement des Marchands de Venife, trouva la vie d'Avicenne écrite en Arabe par Giozgrani, qu'il traduifit en Italien. Nicolas Maffa la mit en latin (a).

Le degré de célébrité auquel Avicenne parvint durant fa vie, ne fut pas moins dû aux qualités de

_____

(a) Moreti, art Avicenne.

fon cœur qu'à celles de fon efprit. Il étoit doux, équitable, généreux & compatiffant.

L'Anatomie d'Avicenne ne doit être regardée que comme une compilation, quoiqu'elle renferme quelques defcriptions qui lui font propres. Il penfe que la connoiffance des os eft la bafe de l'Anatomie (a), & que c'eft par elle qu'il faut commencer. Il divife les futures du crane en vraies & en fauffes. On fait que nous nous fervons encore aujourd'hui des mêmes termes. La future coronale lui eft connue ; il la compare à un C; la fagittale à une fleche ; la lambdoide à un V renverfé ; il en donne les figures féparées, & il les adapte enfuite l'une à l'autre, afin qu'on fe forme une idée plus exacte de leur pofition refpective (b).

La defcription qu'il fait des vertebres eft curieufe. Il s'étoit très bien apperçu de la longueur qu'ont les apophifes tranfverfes des vertebres dorfales. La raifon en eft, s'il faut l'en croire, que cette ftructure affermit mieux le corps (c).

La formation du baffin ne réfulte, felon lui, que de l'affemblage de trois os; favoir, du facrum des os innominés (d). Cette divifion lui eft commune avec les autres Arabes & quelques Grecs. Il eft évident qu'il n'avoit jamais examiné le baffin d'un enfant. La divifion des os ileum y eft trop bien marquée pour qu'il ne l'eût point faifie.

Son Oftéologie de la main n'eft point mauvaife ; les os du carpe n'y ont point de nom particulier. Celle du pied vaut encore mieux. Il dénomine le calcaneum & le fcaphoide.

Notre Auteur parle des fix mufcles moteurs de l'œil ; mais fa defcription eft obfcure ; il dit qu'il y en a quatre, *qui in unum truncum coeunt* : découverte que quelques modernes fe font attribuée. Il admet un mufcle propre qui eft deftiné à foutenir le globe & s'attache à fa partie poftérieure (e). Il

(a) Fen I. pag. 10.
(b) Pag. 11.
(c) Pag. 13.
(d) Pag. 14.
(e) Pag. 222.

a très bien vu que la paupiere inférieure ne jouiffoit d'aucun mouvement, & que la fupérieure avoit
un mufcle releveur propre (*a*).

Il dit avec raifon que la machoire fupérieure eft
immobile ; qu'il h'y a que l'inférieure qui fe meuve ;
il paroît même en avoir connu les mouvemens latéraux : *motus molens (maxillæ inferioris) ipfam
circuire facit & ad latera declinare (b*.

Avicenne donne dans des écarts, lorfqu'il perd
de vue fon maître ; il affigne deux mufcles releveurs à chaque tefticule, tandis que Galien ne parle
que d'un (*c*). Nous ne voyons pas ce qui peut avoir
donné lieu à cette erreur d'Avicenne, à moins qu'il
n'ait pris le mufcle du dartros pour un mufcle propre
du tefticule. Il a connu le fphincter de la veffie (*d*).

Les anciens, & notamment Galien, avoient regardé le foie comme le point d'où partoient toutes
les veines du corps humain. Notre Auteur adopte
cette opinion. Il y a (*e*), dit-il, deux groffes veines
qui fortent du foie, l'une de fa partie convexe qu'on
appelle veine-cave, *vena-concava* ; elle eft deftinée
à diftribuer à toute la machine fa nourriture que
le foie a travaillée, & qui lui avoit été apportée par
la veine-porte qui fort de fa partie concave, &
qu'il compare à un arbre. Comparaifon qui a paru
fi jufte, qu'on s'en fert encore.

On dit communément que les anciens confondoient fous le nom général de nerfs, les nerfs proprement dits, & ce que nous connoiffons aujour-
d'hui fous le nom de tendons. C'eft une erreur. Il
eft bien vrai que Galien, & Avicenne après lui,
avance que ces deux parties ont quelque reffemblance;
mais doit-on en conclure qu'ils les ont appellés de
même. Ils donnoient aux tendons le nom de *liga-
menta* : nom qui leur étoit commun avec les vrais
ligamens (*f*). Les tendons & les ligamens font-ils

(*a*) Ead. pag.
(*b*) Pag. 17.
(*c*) Pag. 10.
(*d*) Ead. pag.
(*e*) Pag. 14.
(*f*) Pag. 9.

fenfibles où non ? C'est une question sur laquelle
les fentimens font encore partagés. Mr. de Haller
croit pouvoir conclure de ses expériences, qu'ils ne
jouissent d'aucun fentiment ; avant lui on croyoit le
contraire ; il a réveillé fur cet objet l'attention du
public qui lui accorde la gloire de cette découverte ; elle lui est due par la maniere claire &
favante dont il a traité cette question, & par l'application ingénieufe & utile qu'il a faite de cette découverte : cependant les anciens paroissent avoir eu
quelques idées vagues fur l'insensibilité de ces parties.
Il y a feize cents ans que Galien a dit quelque
chose d'analogue (a), & Avicenne après lui : voici
ses propres termes. *Nullum vero ex ligamentis fensum
habet ne propter motum multum, & fricationem do-
leret (b).*

L'Anatomie des intestins y est assez exacte ; il en
connoissoit fix, comme nous faisons ; les noms qu'ils
avoient pour lors font à peu de chose près les mêmes
qu'aujourd'hui ; Hippocrate, Aristote, Erafistrate,
Hérophile, Ruffus d'Ephese, Galien, ont concouru à
leur dénomination. La raison qu'il donne des différentes circonvolutions qu'ils font dans le bas ventre,
paroît très bonne ; c'est, dit-il, pour faire féjourner
convenablement les alimens, afin que la matiere
nutritive ait le temps de s'en féparer. Si l'homme n'eût
eu, continue-il, qu'un feul intestin, les alimens
feroient fortis trop promptement, & il eût eu befoin
de prendre de la nourriture à toute heure (c) ; l'expérience (d) a démontré la vérité de ce raisonnement.

Avicenne a aussi connu les conduits destinés à
porter les larmes dans l'intérieur du nez, de même
que les mouvemens de constriction & de relâchement de l'iris.

Sa Chirurgie est extraite en entier de Galien, de
Rhafes, d'Hali Abbas ; on y trouve néanmoins la
description de quelques nouvelles opérations, l'am-

(a) De Methodo Med. lib. 6. cap. 4.
(b) Lib. 1. Fer. 1. pag. 9.
(c) Pag. 331.
(d) Vide Cabrolium.

K ij

putation du clitoris, par exemple. On ne sera point étonné qu'il ait eu occasion d'observer des cas où il falloit nécessairement retrancher une partie si essentielle. Le Chirurgien ne doit point se décider légérement pour cette opération. Outre le danger qui accompagne la section de cet organe, la société est intéressée de très près à sa conservation.

Avicenne a connu l'écartement des os pubis dans l'accouchement même naturel, Il n'est point le premier qui ait fait cette observation ; Hippocrate en avoit parlé long-temps avant lui.

Dans la sciatique, Avicenne prescrivoit les saignées des veines sciatiques préférablement à la saignée de la saphéne. Les ouvrages d'Avicenne, quoique tirés, comme nous l'avons déjà dit, de différens Auteurs, firent une fortune si prodigieuse & se répandirent tellement en Asie, que dans le douzieme & treizieme siecle la plupart des Médecins Arabes ne s'occupoient qu'à les mettre en abrégé, ou à les éclaircir par des commentaires. Il fut jusqu'au renouvellement des Lettres, en Médecine, ce qu'Aristote étoit en Physique, quoique sa façon de penser sur les maladies fût opposée à celle d'Hippocrate, puisqu'il vouloit qu'on purgeât sans avoir aucun égard aux crises qui pouvoient survenir. On ne juroit que par lui ; les écoles adoptèrent sa doctrine sans réserve ; celle de Montpellier sur-tout se distingua par son attachement, & ses opinions y ont eu même jusqu'à ce jour des partisans. Elle vient d'en perdre un des plus zélés, Mr. *Fizes* a été un défenseur outré d'Avicenne ; c'est lui qui dans un siecle aussi éclairé que celui-ci, s'écrioit sans cesse *purgandum alternis diebus , materies sit cocta aut incocta.* Nous entrerons dans de plus longs détails en faisant l'histoire de ce Médecin.

Avicennæ opera. Venetiis 1572 & 1596, in fol.

Liber Canonis de Medicinis cordialibus & cautica. Venetiis 1544, 1555, in-fol. *Basileæ* 1556, in-fol. *Venetiis* 1500, in-4°. *Groningæ* 1649 in-12.

Libellus de corde ejusque facultatibus. Lugduni 1559, in-8°.

Avenzoar eft moins ancien qu'Avicenne ; il le connut cependant : d'où il eft à préfumer qu'il a vécu vers le milieu du onzieme fiecle, quoique la queftion ne foit pas aifée à décider. Il naquit, ou du moins il demeura long-temps à Seville, capitale de l'Andaloufie, qui étoit alors la réfidence d'un Calife mahométan. Comme fon aïeul & fon pere étoient Médecins, ainfi qu'il paroit par les éloges qu'il leur donne dans plufieurs endroits de fes écrits, on prit un foin particulier de fon éducation : non feulement il fe livra à la Médecine proprement dite, mais encore à la Chirurgie & à la Pharmacie (*a*). Malgré la coutume de fon pays & le préjugé ridicule des Médecins qui regardoient ces deux dernieres profeffions comme avilissantes, il les exerça toutes trois avec diftinction. La Pharmacie, de fon propre aveu, étoit celle qu'il goûtoit davantage. Il trouvoit un plaifir très vif à compofer des fyrops & des électuaires ; la préparation des médicamens, & la connoiffance de leurs propriétés furent long temps l'objet de fon étude : auffi a-t-il laiffé beaucoup de chofes, fur les plantes vénimeufes & fur leurs antidotes. Il eft, pour le dire en paffant, le premier qui ait parlé du bézoard qu'il ordonnoit à la dofe de trois grains dans la jauniffe caufée par le poifon.

Avenfoar n'étoit âgé que de dix ans, (*b*) lorfqu'il commença d'étudier la Médecine, & il en vécut cent trente-fix, fans avoir jamais effuyé la maladie la plus légere. Une fanté fi conftante pafferoit prefque pour un phénomene dans le fiecle où nous fommes ;

- (*a*) C'eft aux Arabes qu'on doit fixer l'époque de la féparation entiere de ces trois Arts. Cependant ce feroit une erreur de croire qu'ils ayent été reunis jufques-là. Du tems même de Galien, il y avoit une Claffe particuliere d'hommes qui faignoient, donnoient des bains, ventoufoient, &c. A la vérité, comme il le dit lui-même, les Médecins, foit en l'abfence des premiers, foit à caufe de leur imperitie, pratiquoient quelquefois eux mêmes ces fortes d'opérations. Mais au fiecle des Arabes ces trois profeffions devinrent totalement diftinctes ; les Médecins rougiffoient de fe fervir, dans le traitement des maladies, du fecours de leurs mains, leurs ferviteurs étoient chargés du manuel.

(*b*) Caftell: in vitis Medicor. illuft. Tiraquell. in nomenclat. Med.

notre Auteur la dut moins aux secrets de son art
qu'à sa sobriété & à sa continence. On a reproché
à Avenzoar d'avoir donné dans l'empirisme ; c'est
une imputation fausse & qui ne porte sur rien : il
est celui de tous les Arabes qui mérite le moins
ce reproche , & ceux qui le lui ont fait se sont
sans doute arrêtés à la préface de ses ouvrages ,
qui n'est effectivement qu'un amas de remedes mis
en usage par lui ou par d'autres. Il étoit persuadé
que l'expérience est le seul flambeau qui puisse nous
conduire surement dans la pratique : c'est à elle
seule , disoit-il , qu'il appartient de condamner ou
d'absoudre le Médecin durant sa vie & après sa mort.
Il observe aussi que les distinctions de Logique &
& les subtilités des Sophistes ne rendent pas habile
dans l'art de guérir ; que ce n'est qu'une longue
habitude étayée d'un jugement solide qui puisse
donner ce talent ; & il rapporte une preuve, que
se trouvant un jour dans une circonstance embar-
rassante , & ne sachant que faire après avoir inutilement consulté plusieurs Médecins , il prit enfin
le parti de se transporter dans la Ville où demeu-
roit son pere pour lui demander son avis. Ce bon
vieillard se contenta pour toute réponse de lui indiquer un passage de Galien qu'il lui ordonna de
lire , en lui disant que si après cela il ne réussissoit
point à guérir cette maladie , il pouvoit abandonner
l'art, qu'il n'y seroit jamais heureux. Ce conseil eut
tout le succès qu'il pouvoit en attendre ; le malade
guérit à leur grande satisfaction.

Il paroît par-tout si partisan de la secte dogma-
tique qui est directement opposée à l'empirique , qu'il
se permet souvent de raisonner sur les causes & les
symptomes des maladies ; & comme c'est dans Galien qu'il puise sa théorie, il le cite plus fréquemment que les autres Auteurs.

Le fort des grands hommes est, ce semble, d'essuyer des persécutions, notre Médecin n'en fut point
exempt ; il nous apprend lui-même qu'un Intendant
des écuries du Roi le fit mettre en prison , & l'ac-
cabla de mauvais traitemens , quoiqu'il eût guéri

fon fils de l'ictere. Avenzoar juge à propos de nous
laiffer ignorer les motifs d'une conduite fi odieufe.

La réputation qu'il s'étoit faite le fit appeller de AVENZOAR.
toutes parts, & le mit à portée de faire un grand
nombre d'obfervations & de remarques. Il acquit
cette expérience qui conftitue le Praticien, & il fut
furnommé *le Sage* & *l'Illuftre*.

On ne connoît point d'Auteur avant lui qui ait
fait mention de l'*abfcès au médiaftin*. Comme cette
maladie eft fufceptible d'une opération chirurgicale,
nous croyons qu'il eft important de connoître les
fignes qui l'accompagnent. Cet abfcès, dit Avenzoar,
fe manifefte par une toux vive & fans relâche,
& par une douleur diftenfive qui fe fait fentir felon
la longueur de la poitrine ; la refpiration eft petite,
gênée, fréquente ; il y a fievre aiguë ; le malade
fe plaint d'une foif ardente, & a le pouls dur &
inégal. Il n'eft pas befoin d'avertir ici qu'outre ces
fymptomes on doit s'attendre à y trouver les friffons
vagues & irréguliers qui, comme on fait, caractérifent la formation des abfcès en général.

Plufieurs Anatomiftes refufent d'admettre la cavité
triangulaire du médiaftin formée par l'adoflement
des deux lames de la plevre ; & par une conféquence un peu précipitée, ils nient l'exiftence de
l'abfcès au médiaftin. C'eft à l'expérience à prononcer fur ce point. Mais quand bien même il n'y
auroit point de cavité fenfible, on fait qu'il y a un
tiffu cellulaire fort lâche, dans l'intérieur duquel
l'abfcès peut fe former. Ce ne font pas des raifonnemens feuls que nous avons à oppofer à nos adverfaires, ce font des faits. Mr. Freind (a) dit tenir
d'un Chirurgien célebre & d'une probité reconnue,
que fa pratique lui avoit fouvent offert, à la fuite
des maladies vénériennes, un abfcès au médiaftin ;
qu'il avoit prefque toujours guéri, en trépanant
le fternum. L'Académie de Chirurgie a confirmé par
divers écrits la pratique de ce Chirurgien. C'eft
ainfi que les idées des grands hommes, de même

(a) Hift. de la Med. p. 247.

que leurs obfervations ne fe perdent jamais, tôt ou tard quelque efprit judicieux les tire de l'oubli dans lequel leurs productions étoient tombées. L'objet principal que nous avons en vue dans cet ouvrage, eft de relever autant qu'il fera en nous les fautes d'hiftoire, fur-tout d'adjuger les découvertes à qui elles appartiennent, & de les rendre à ceux qu'on a fruftré par ignorance ou par méchanceté. Mr. Freind avance que notre Auteur eft le premier parmi les Arabes qui ait confeillé la Bronchotomie dans l'efquinancie. Mr. Freind eft dans l'erreur. Avicenne en fait mention dans ce cas : *cumque fynances vehementiores fiunt, & non valent Medicinæ, & creditur quod perditio futura fit, illud per quod fperatur evafio eft fciffio cannæ, & illud eft cum fciffione ligamentorum quæ funt inter duos annulos cannæ propter quod recipiat aliquid de cartilagine, ita ut per illud anhelet*, page 295. La defcription qu'Avenzoar nous en donne eft très courte, parcequ'il ne l'avoit jamais vue pratiquer, & quoiqu'il fût convaincu de fon utilité, il ne faifoit pas difficulté de dire qu'il ne voudroit pas être le premier à la mettre en ufage fur l'homme : ce qui l'engagea à en faire l'effai fur les animaux. Le fuccès en fut des plus heureux ; l'animal guérit après quelques jours d'un traitement fort fimple.

La dyfphagie ou difficulté d'avaler les alimens, eft une maladie qu'on ne trouve chez aucun des Écrivains qui l'ont précédé ; par conféquent tout ce qu'il en dit eft nouveau. Il n'a puifé que dans fa propre expérience les remedes qu'il propofe pour la combattre ; ils font de trois fortes ; le premier confifte à introduire dans la bouche, au-delà de l'obftacle, un tube par le moyen duquel on puiffe faire avaler du lait ou d'autres alimens liquides. Ce tube doit être fait d'étain ou d'argent pour la propreté fans doute. Le fecond eft de mettre le malade dans un bain de lait ou de quelqu'autre liqueur chargée de parties nutritives, afin que s'infinuant à travers les pores de la peau, elles réparent les déperditions continuelles que fon corps éprouve. Rien de plus

frivole que ce moyen de guérifon ; notre Auteur
a été fuivi par quelques modernes qui fe font trompés
avec lui. Leur opinion n'eft conforme ni à la théorie
ni à l'obfervation. Enfin la troifieme méthode qu'il
confeille, eft de donner des lavemens nourriffans.
Notre Auteur met à ce fujet fon efprit à la torture
pour s'accorder avec Galien qui prétend que les lavemens ne fauroient remonter jufqu'à l'eftomac : ce qui
feroit cependant néceffaire, felon lui, pour qu'ils
s'affimilaffent à nos humeurs. Cette dépenfe d'efprit
devient inutile depuis que l'Anatomie moderne a
découvert que les gros inteftins avoient auffi quelques
vaiffeaux chiliferes.

Les cas chirurgicaux qu'on rencontre dans fes ouvrages ne fe bornent pas à ce que nous venons de
rapporter. Il a vu une fracture à l'os ifchion, il
propofe plufieurs moyens curatifs dont les modernes
n'ont point profité, Mr. *Duverney* eft le feul qui ait
traité des fractures de cette efpèce ; il parle d'une plaie
pénétrante dans le bas ventre, avec léfion des parties
contenues, & iffue des matieres fécales par l'ouverture extérieure : de-là peut être l'origine des anus
artificiels qu'on fait aujourd'hui. Il a vu des anévrif-
mes faux. Confulté un jour, à ce qu'il nous apprend
lui-même, pour une perfonne dont un membre étoit
gangrené, il fut d'un avis contraire à celui des autres
Médecins qui n'avoient propofé que des topiques ;
il déclara que l'amputation étoit la feule reffource
qui reftoit pour la confervation du malade qui mourut pour n'avoir pas voulu déférer à fon fentiment.
Il nous donne auffi le détail d'un empieme confidérable que fon pere guérit en ouvrant la poitrine
avec le cautere. Je dois avouer, dit-il, qu'une telle
guérifon eft au-deffus de mes forces. Je ne fuis pas
encore parvenu à un degré de fcience où je puiffe
me flatter d'en faire de pareilles. On ne peut lire
ce traité fans admiration ; il rappelle celui d'Hippocrate. On doit convenir que les grands hommes font
ceux qui font le plus aifément l'aveu de leurs fautes :
pourquoi faut-il que les efprits médiocres agiffent
différemment ?

Avenzoar ne fut pas fe garantir entiérement des préjugés & de la fuperftition de fon fiecle. Il croyoit que la lithotomie étoit une opération indécente, & qu'un homme qui avoit de la pudeur & de la religion ne devoit jamais l'entreprendre, non plus que celles qui fe pratiquent fur les parties génitales. Il les décrit cependant pour fe conformer à l'ufage de fes prédéceffeurs.

Il avoit un goût décidé pour l'oftéologie; il s'y livra d'une façon toute particuliere, & fon traité des fractures & des luxations eft une preuve non équivoque des progrès qu'il y fit. Ce Médecin ne fe borna point à cette partie; il paroît qu'il avoit une connoiffance affez exacte des autres, s'il eft permis d'en juger par les réflexions anatomiques qu'il fait fur la plevre, le médiaftin & le péricarde. Il avoit eu occafion d'obferver une croute cartilagineufe formée autour de ce fac membraneux. Mr. Freind penfe qu'il veut défigner par-là l'épaiffiffement d'une de fes membranes. Quoi qu'il en foit de cette conjecture, on fera toujours en droit d'en inférér qu'il avoit fait plufieurs ouvertures de cadavres.

Nous finirons la vie d'Avenzoar en rapportant ce qu'Averroes en dit d'avantageux. Les éloges qu'il lui donne doivent paroître d'autant moins fufpects, que perfonne n'ignore qu'il ne les prodiguoit pas. Il l'appelle (a) l'admirable, le tréfor de toute fcience, le plus habile Médecin qui ait paru depuis Galien, &c. &c.

- *Liber Theifir Dahalmodana Vahaltabir.*
  Cujus eft interpretatio.
- *Rectificatio medicationis & regiminis. Venet. 1496 & 1514, in-fol. 1551, in-8°.*

Averrhoes ou Avenrhoes, nom corrompu d'Aben ou Aven Rofch, fils de Roch, Médecin Arabe, naquit à Cordoue en Efpagne vers l'an 1140, d'une famille très illuftre. Son aïeul & fon pere avoient fucceffivement rempli la place de premier Juge dans le Royaume de Cordoue: deftiné par état à leur

(a) In Collectaneis de re Med.

succéder, il s'appliqua d'abord à l'étude des Loix, & y fit de grands progrès. Une science si séche & qui d'ailleurs prête si peu à l'imagination, dégouta bientôt notre Auteur: né avec un esprit vif & subtil, il lui falloit des objets qui lui en permissent le développement. La Médecine & la Philosophie furent ceux sur lesquels il s'arrêta. Aristote devint son Auteur chéri. Il avoit une grande vénération pour sa personne & pour ses écrits, qu'il a enrichis de commentaires où l'on voit le langage d'un enthousiaste. Il a publié ce commentaire l'année 1197. La matiere qu'il traite l'oblige quelquefois de discuter des points de Métaphysique. Ses ennemis profiterent de cette circonstance pour le peindre aux yeux du public comme un impie. Ils débiterent qu'il n'avoit aucun principe de religion ; qu'il aimoit mieux que son ame fût avec les Philosophes qu'avec les Chrétiens : on poussa même la méchanceté jusqu'à lui faire dire que la religion des Chrétiens ne pouvoit pas exister à cause de ses mysteres ; que celle des Juifs n'étoit faite que pour des enfans à cause de la multitude de ses préceptes, & que la religion Mahométane étoit une religion de pourceaux ; il finissoit, ajoute-on, par s'écrier : *moriatur anima mea morte philosophorum.*

Baile (*a*) qui a recueilli les sentimens de divers Ecrivains, souvent sans s'embarrasser s'ils avoient dit vrai ou faux, lui attribue la plûpart des absurdités dont nous venons de parler. Il avance encore qu'Averrhoés a nié l'immortalité de l'ame & l'éternité des récompenses ou des châtimens que Dieu réserve à l'homme après sa mort, selon qu'il se sera bien ou mal comporté. Ce n'est ici qu'un tissu de fausses imputations, inventées par la jalousie & répandues par la méchanceté. Si l'on veut se donner la peine de consulter les ouvrages d'Averrhoés, on y verra qu'il n'a jamais soutenu des erreurs si condamnables. Qu'au contraire il assure (*b*) que l'ame est *immatérielle* & *immortelle.*

Après avoir justifié la croyance de notre Auteur,

(*a*) Voy. son Diction.
(*b*) Philic. disp. 3.

essayons de blanchir sa conduite. Vander-Linden (a) trompé par Wolphangus Justus, qu'il suit trop aveuglément, dit qu'Averrhoés avoit empoisonné Avicenne, & qu'il en avoit été empoisonné à son tour. C'est une assertion fausse, & pour la réfuter il suffiroit de lui objecter qu'aucun autre Historien n'a fait mention de ce fait; mais cette preuve n'est que négative, & nous en avons une autre sans réplique à lui opposer. Avicenne mourut en 1062, & Averrhoés ne vint au monde qu'en 1140, c'est-à-dire près d'un siecle après la mort du premier.

A de grandes connoissances Averrhoés joignoit les qualités qui forment le lien de la société; il étoit complaisant & avoit le cœur noble & généreux. Tout le monde en convient, ce n'est pas la plus foible des preuves qu'on puisse rapporter en sa faveur. Le crime n'entre jamais dans une ame bien née. Averrhoés quitta sa patrie sur la fin de ses jours, & passa à Maroc où il mourut en 1217. Il laissa deux fils, Gilles de Rome dit les avoir vu à la Cour de l'Empereur Frédéric II.

Ce fut dans cette ville qu'il composa, à la priere de Mirama-Molin, son *Colliget*, qui n'est à peu de chose près qu'un précis de tout ce qui avoit été dit jusqu'à lui. Il est divisé en sept parties: dans la premiere on trouve son anatomie, c'est exactement la même que celle d'Avicenne, que nous croyons avoir assez fait connoître en faisant l'extrait de ses ouvrages; on rencontre quelques questions Chirurgicales, & des remarques sur les ouvertures des vaisseaux & sur les fractures. Mais ces questions, & ces remarques sont si mauvaises, que nous regarderions comme perdu le tems que nous emploierions à en donner à nos lecteurs une idée particuliere.

Il est le premier, au jugement de M. Freind, qui ait dit qu'on ne pouvoit avoir la petite vérole qu'une fois en la vie. La question a été admise dans toute son étendue pendant une longue suite de siecles; plusieurs Médecins la révoquent en doute. Sa pratique n'a rien de neuf, il paroît même qu'il n'en a pas eu

(a) 'n scriptis Med.

beaucoup malgré la réputation qui lui acquirent ses écrits, & qui se soutint après sa mort dans toute l'Europe.

Collectaneorum de re medica sectiones tres, Lugduni ALBUCASIS. *1587 in-fol. Colliget Libri septem, Venetiis 1496, 1552 in-fol. Lugduni 1631 in-8°.*

Albucasis, connu aussi sous le nom d'Albuchasa, Buchasis, Alsaharavius, &c. étoit un Médecin Arabe ; on ignore en quel tems il a vécu. L'opinion commune est qu'il existoit vers l'an 1085, du temps de l'Empereur Henri IV *(a)*. Il y a cependant de très bonnes raisons qui font présumer qu'il n'est pas si ancien ; car en parlant des plaies il donne la description des fleches dont se servent les Turcs, qui n'ont commencé à être connus que vers le milieu du douzieme siecle. Il resta dans l'oubli jusqu'au commencement du seizieme, que le Pere Riccius en fit une assez mauvaise traduction. Ce Traducteur en est enthousiasmé, il en fait l'éloge le plus pompeux ; *Albucasis*, nous dit-il, *a su se rendre clair sans être long, & je le regarde comme le premier Médecin qui ait paru après Hippocrate & Galien*. On est en effet obligé de convenir qu'il regne dans l'ouvrage d'Albucasis beaucoup d'ordre & d'économie ; & quoiqu'il ait emprunté des Grecs bien des choses, la Chirurgie lui est redevable de plusieurs découvertes : elle étoit presque éteinte lorsqu'il parut. N'en cherchons la cause que dans le préjugé qui avoit attaché une espece de deshonneur à l'exercice de cet art. Albucasis eut le courage de le combattre, ses efforts ne furent point infructueux, & il a la gloire d'avoir remis la Chirurgie en vigueur. Comme c'est dans ses écrits, que la plûpart des modernes, & principalement les Ecrivains du seizieme siecle ont puisé, nous allons le faire connoître plus particulierement.

Sa Chirugie est divisée en trois Livres ; dans le premier, il parle des cauteres ; dans le second, il traite des autres maladies Chirurgicales, à l'exception des luxations qui sont renfermées dans le troisieme.

Albucasis regardoit le cautere actuel comme un

(a) Moreri, article, Albucasis.

remede merveilleux ; c'eſt ſans doute d'après ce qu'en dit Hippocrate qu'il en avoit conçu une idée ſi avantageuſe. Il rapporte plus de quarante affections où il eſt applicable , & dans leſquelles il s'en eſt ſervi lui-même. Il n'eſt pas douteux que le cautere actuel n'opere des effets ſurprenants dans certains cas ; les obſervations des modernes (a) en font une preuve inconteſtable , & l'on a depuis écrit de très bons livres ſur cette matiere ; mais ce remede eſt douloureux & effrayant , il eſt peu de perſonnes qui aient le courage de s'y ſoumettre , & on ne doit le tenter qu'après avoir inutilement eſſayé tous les autres. Albucaſis paroît s'en être ſervi trop fréquemment & avec trop peu de circonſpection ; mais les modernes ont donné dans un excès contraire en le proſcrivant de la pratique Chirurgicale ; c'eſt ainſi que les hommes ne ſavent jamais garder un juſte milieu. Les uns amateurs de leurs productions mépriſent tout ce qui ne vient point d'eux ; les autres par le même principe tiennent la même conduite , & tous retardent ainſi les progrès des ſciences.

L'emploi de ce topique demande une main exercée & habile , un homme verſé dans l'Anatomie , & qui connoiſſe le trajet des veines & des nerfs , la texture du tiſſu cellulaire , ſes replis , ſes cloiſons , &c : Sans ces connoiſſances le malade court un grand danger. Notre Auteur en rapporte un exemple funeſte (b).

Il eſt un des premiers qui ait parlé de la maniere de guérir les hernies par la cautériſation ; il y a des précautions particulieres à prendre , qu'il indique dans le plus grand détail. Le bouton dont on ſe ſert doit varier à raiſon de l'âge du ſujet ; cette opération n'eſt même utile , ſelon lui , qu'autant qu'on brûle juſqu'à l'os (c). Nous ne concevons pas comment une telle méthode eſt praticable , il n'eſt pas poſſible de parvenir à l'os ſans bleſſer des parties eſſentielles ,

___

(a) Proſper Alpin , de Med. ægyptiorum. Pouteau. Mélange de Chirurgie. Tiſſu muqueux de M. de Bordeu.

(b) Lib. 1. cap. 42.

(c) Et ſcias quod quando tu non conſequeris cum cauterio os , non confert operatio tua.

où

ou qui du moins influent infiniment fur l'économie
animale.

Il distingue deux especes d'abcès au foie, celui
qui a son siege dans le parenchyme (a) de ce viscere, & celui qui est logé entre les deux lames de la
membrane qui le recouvre, chacun a ses signes ca-
racteristiques. Le premier se connoît par une douleur
sourde & pesante, au lieu qu'elle est aiguë dans le
second. Ce n'est que dans celui-ci qu'Albucasis permet d'employer le cautere dont il ne dissimule pas les
dangers. En effet pour que cette opération puisse
réussir, il faut qu'il y ait une adhérence du foie avec
le péritoine, autrement on expose le malade à une
mort certaine par l'effusion du pus dans le bas-
ventre.

Quelques Auteurs ont avancé que jusqu'à Ambroise
Paré on ne s'étoit servi que du cautere actuel pour
arrêter les hémorrhagies de l'artere, & que ce grand
Chirurgien effrayé de la cruauté & de l'incertitude
de cette méthode, inventa la ligature : on a tort de
lui attribuer la gloire de cette découverte, il n'en est
point l'Auteur (b). Il y avoit du tems d'Albucasis
quatre moyens connus d'arrêter l'écoulement du sang
arteriel, on les employoit avec un succès égal : le
premier étoit la cautérisation ; le second la section entiere du vaisseau ouvert, dont les extrémités en se
retirant diminuent le diametre ; le troisieme étoit la
ligature, *ligetur (arteria) cum filo ligatione forti (c)*,
& le quatrieme enfin l'application des médicaments
astringens. Albucasis semble même avoir connu le
caillot de sang qui se formant à l'ouverture de l'artere en fait cesser l'hémorrhagie, & dont M. Petit,
parmi les modernes, a le premier démontré l'existence ; nous allons rapporter le texte afin de mettre
le lecteur à portée d'en juger. *Arctè quamprimum
digitis suis comprimat arteriæ orificium, & constringat*

(a) Voyez Erasistrate, sur le mot parenchyme, & sur les opérations qu'il pratiquoit au foie, &c.

(b) Tout au plus lui laissons nous l'honneur d'avoir proposé
le premier une éguille, pour faire plus commodément l'opération.

(c) Lib. 1. cap. 57.

L

eam valde donec obseſſus ſit ſanguis , & digitus non
removeatur , effundatque celeriter aquam maxime frigi-
dam , donec congeletur & ingroſſetur ſanguis (a).

Notre Auteur eſt le premier qui ait rejetté l'inciſion à la peau du crâne dans le traitement de l'hydrocephale , ſoit externe , ſoit interne ; avant lui on la
pratiquoit beaucoup , & il paroît à ne conſulter que
la théorie , qu'elle eſt très bien indiquée ; mais l'expérience a fait voir qu'elle ne réuſſiſſoit preſque jamais , & c'eſt vraiſemblablement le mauvais ſuccès
qui a fait embraſſer à Albucaſis un ſentiment oppoſé. Quant aux autres tumeurs qui attaquent le cuir
chevelu , il eſt d'avis qu'on les ouvre avec le fer ,
ſur-tout ſi elles ſont enkiſtées , évitant toutefois les
nerfs & les arteres de peur de l'hémorrhagie qu'il re-
doutoit beaucoup. Cette crainte ne ſeroit pas des
mieux fondées aujourd'hui que nous ſavons par l'A-
natomie qu'il n'y paſſe pas de gros tronc de nerfs , ni
d'artere bien conſidérable , & que d'ailleurs les os du
crâne offrent un point d'appui aſſuré.

On ſait que les amygdales ſont ſujettes à ſuppu-
rer , & à devenir ſquirrheuſes. Albucaſis décrit , d'a-
près Paul , la maniere de les ouvrir & de les extirper.
Nous ne penſons pas qu'il ſoit prudent d'entreprendre cette derniere opération , malgré le témoignage
de quelques Auteurs reſpectables , qui diſent l'avoir
faite avec ſuccès. L'inciſion même qu'on pratique
dans le cas de ſuppuration n'eſt pas ſans danger , comme on l'a malheureuſement éprouvé.

Albucaſis s'étend plus que ſes prédéceſſeurs ſur le
bronchocele ou le goêtre. Il obſerve d'abord que
cette affection eſt plus ordinaire aux femmes qu'aux
hommes ; cette remarque eſt juſte , on a eu occaſion de la vérifier. Enſuite il diviſe le goêtre en
naturel & accidentel. Le naturel ſelon lui eſt incurable , & l'accidentel ne doit être opéré que lorſque la
tumeur eſt molle , petite , & renfermée dans un kiſte
particulier.

A l'article où il traite du panaris , il veut qu'on
ampute la phalange dès que l'os eſt affecté ; celle qui

_____

(a) Loco ſup. citat.

lui fuccéde eft, dit-il charnue., quelquefois l'os &
l'ongle fe régénerent.

Il met une différence entre le finus & la fiftule , ALBUCASIS.
mais non pas telle que nous l'entendons ; il appelle
finus un abcès où il n'y a ni nerf, ni ligament, ni
vaiffeau d'intéreffé ; fi au contraire quelqu'une de ces
parties fe trouve léfée, il l'appelle fiftule.

Il avoit très bien vu que les abcès demandent un
traitement différent, felon leur fituation & la nature
de l'humeur qui les produit : il en eft (c'eft toujours
Albucafis qui parle) qu'il faut ouvrir fans attendre
leur maturité ; tels font ceux qui viennent près des
articulations, le pus pourroit corroder les ligamens.

Lorfqu'un abfcès eft confidérable, il faut bien fe
garder , felon notre Auteur , d'en évacuer le pus tout-
à-la-fois. Cette évacuation ne doit fe faire que fucceffivement , fur-tout fi le fujet eft foible , fans cette
précaution on s'expoferoit à voir périr le malade dans
l'opération.

Lorfqu'un corps étranger s'eft arrêté dans le gofier ,
s'il n'eft point hors de la portée de la main ou des
inftruments , rien n'eft plus aifé que de l'ôter ; mais
s'il eft engagé bien avant , Albucafis propofe de faire
vomir le malade avant que la digeftion foit faite, ou
de lui faire avaler une tranche de racine de navet,
de laitue, un morceau de pain fec, ou enfin une
éponge attachée à un fil ; ce dernier moyen eft très ingénieux. Il a inventé un inftrument qu'on trouvera
gravé dans fes ouvrages.

Il eft le premier qui, dans l'extraction du polype ,
ait fait ufage du crochet avec lequel il veut qu'on l'a-
mene au-dehors ; s'il furvenoit une hémorrhagie après
l'opération , il confeille de renifler de l'oxicrat.

Notre Auteur n'a point négligé les accouchemens :
on trouve dans fa Chirurgie des préceptes importans
touchant la pratique de cèt Art. Lorfque le fœtus eft
mort, il penfe que pour en procurer la fortie, il faut
d'abord adminiftrer à la femme les remedes propres à
cet effet ; mais lorfqu'ils ne fuffifent pas, l'Accoucheur après avoir ramolli l'orifice externe de la matrice y portera la main , armée d'un crochet qu'il enfoncera dans les orbites, dans la bouche, ou fous le

menton du fœtus (a), s'il se présente par la tête. Il arrive quelquefois que l'enfant est hydrocephale, le volume de sa tête s'oppose à sa sortie, dans ce cas on y pratiquera une incision pour faire écouler l'eau ; si malgré cela elle est encore trop grosse, il faut la dépecer.

Lorsque le placenta ne sort pas de lui-même, il ne connoît rien de meilleur que l'éternuement : si ce moyen est infructueux il recommande d'exposer la matrice à la vapeur des herbes aromatiques, & de faire tousser en même-tems : le placenta ne résiste point à cette manœuvre, on le voit venir tout de suite. Avant que de finir cet article, nous ne saurions nous empêcher de rapporter ici une observation peu commune dont parle Albucasis : il s'agit d'une femme qui croyoit avoir perdu son fruit, & qui devint enceinte pour la seconde fois. Ce second enfant subit le même sort que le premier, & ils resterent tous les deux dans la matrice. Peu de tems après on vit paroître un abcès à l'ombilic, par lequel il sortit du pus & des os. Cet événement auquel Albucasis ne s'attendoit pas l'étonna ; cependant après une mure réflexion, il se convainquit que ces offemens appartenoient aux fœtus, il en tira encore plusieurs autres, & la femme guérit très bien ; elle vécut même plusieurs années, mais l'abcès resta fistuleux, & il en découloit continuellement une humeur lymphatique. Cette observation est aussi intéressante que celle de M. Littre : nous en rendrons compte par la suite.

Dans le cinquante-septieme chapitre, il traite de la circoncision comme d'une opération nouvelle lui appartenante en propre, & dont personne n'avoit parlé avant lui. Il avoit oublié sans doute la description élégante que Paul nous en a laissée, & ce que Celse en dit lui-même à l'article du phimosis.

La Religion lui défendoit de faire la castration, c'est pourquoi il eut pu se dispenser d'en faire mention ; mais comme il est essentiel que le Médecin la connoisse pour répondre aux questions qu'on lui fait, & que d'ailleurs on la pratiquoit sur la plûpart des ani-

(a) Celse a déja proposé l'usage des crochets pour extraire l'enfant.

maux, il a cru devoir la décrire : ce qu'il en dit les regarde entierement, & ne peut avoir aucune application à l'homme.

Albucasis étoit désintéressé : ses vues se dirigeoient toutes vers le bien public, & on lui doit cette justice qu'il n'a exercé la Chirurgie que pour se rendre utile. Il conseille à ceux qui entrent dans la même carriere de ne se laisser jamais conduire par l'avidité du gain. Leçon noble, mais qu'on n'a presque plus la force de suivre.

Albucasis est le seul de tous les Anciens qui ait décrit & enseigné l'usage des instrumens qui conviennent à chaque opération ; il exigeoit qu'un Chirurgien fût instruit de l'Anatomie, ce qui prouve incontestablement qu'il ne l'ignoroit pas. Douglas (a) lui attribue quelques planches anatomiques ; nous croyons que ces planches sont moins anciennes, la preuve en est qu'elles ne se trouvent point dans l'édition de Venise de 1520, qui a pour titre :

Methodus medendi certa, clara & brevis, pleraque quæ ad partes omnes, præcipuè quæ ad Chirurgiam requiruntur, Libris tribus exponens, cum instrumentis ad omnes fere morbos utiliter depictis. Venetiis, 1520 in-fol. Argentorati 1532 in-fol. Basileæ 1541 in-fol.

CHAPITRE XII.

ÉTAT DE LA CHIRURGIE ET DE L'ANATOMIE depuis les Arabes jusqu'au regne de Saint Louis.

LA Chirurgie avoit fait quelques progrès sous les Arabes. Leurs successeurs, loin de profiter de ces découvertes, la laisserent tomber dans un état de langueur. Elle devint le partage des Ecclésiastiques qui en étoient les seuls dépositaires. Obligés par état de s'interdire toute effusion de sang dont l'E-

(a) Bibliograph. Anat.

L iij

glife a horreur (*a*), la méthode de traiter les maladies extérieures fut très informe ; l'art se trouva
réduit à la simple application des topiques. Les opérations chirurgicales étoient abandonnées à des Chirurgiens sans lettres, & qui, pour le malheur du
public, étoient partagés en cinq sectes (*b*) ; la premiere faisoit suppurer toutes sortes de plaies indistinctement ; la seconde ne se proposoit que de les
dessécher par le moyen des toniques ; la troisieme
tenoit un milieu entre les deux premieres, ne vouloit ni suppuration ni exsiccation, & n'usoit conséquemment que des topiques les plus doux ; quelques - uns se contentoient d'employer les huiles,
la laine, &c. Secours bien foibles contre des maux
qui ne cedent qu'au tranchant du fer. Enfin la cinquieme secte se bornoit à former des vœux im-
puissans pour la guérison des malades. Ces diverses
sectes défigurerent la Chirurgie pendant long-temps.
Guillaume de Salicet fut un des premiers qui osa
secouer le joug du préjugé & de l'ignorance ; quoiqu'Ecclésiastique, il ne craignit pas de répandre le
sang : il semble en effet, comme le remarque Mr.
Louis (*c*), que celui qu'on verse pour la conservation des citoyens, ne devroit pas être compris dans
l'anathême lancé par l'Eglise.

L'Italie a la gloire d'avoir vu renaître dans son sein
l'Anatomie comme les autres sciences. Frédéric II,
Roi de Sicile, en est, selon Mr. de Haller, le premier restaurateur. Il rendit une Loi qui défendoit
à toute personne d'exercer la Chirurgie sans au
préalable avoir pris des connoissances suffisantes en
Anatomie. Convaincu de son utilité, ce Prince,
à la sollicitation de Martianus son premier Médecin,
créa une chaire où elle devoit être démontrée tous
les cinq ans. Ce nouvel établissement fit beaucoup
de bruit ; on s'y rendoit en foule de toutes parts ;
les Chirurgiens & les Médecins eux-mêmes ne rou-
gissoient pas de venir se confondre parmi la multitude pour assister aux démonstrations. Cet exemple

(*a*) Cette défense fut faite au Concile de Tours tenu en 1163.
(*b*) Guy de Chauliac, pag. 11 & suiv.
(*c*) Hist. de l'Acad. de Chirurgie, Tom. IV. in 4°.

réveilla l'emulation ; quelque temps après on vit s'élever à Bologne une semblable école qui n'acquit pas moins de célébrité. Ottus, Aggérius, Lustrutahus & Armundus de Guasla furent ceux qui y professerent d'abord l'Anatomie. Le nombre des auditeurs devint bientôt considérable. Le même zele se soutenoit ; mais le zele ne suffit pas ; ces écoles ne produisirent point les effets qu'on devoit raisonnablement en attendre. L'Anatomie ne fit aucun progrès : ce n'est qu'au commencement du quizieme siecle que ses progrès devinrent sensibles. L'ouvrage de Mundinus, publié long-temps après la mort de cet Anatomiste, est en quelque façon, l'époque du succès avec lequel on s'y livra.

Eros étoit un Médecin de Salerne (a) : quoique le temps auquel il a existé soit équivoque, il y a cependant lieu de croire qu'il vivoit au commencement du onzieme siecle (b).

Son livre sur les maladies des femmes se ressent beaucoup de la barbarie du temps auquel il a été composé ; cependant on y trouve éparses quelques observations qui en rendent la lecture supportable. De ce nombre sont les polypes de l'utérus qu'il a vus & traités plusieurs fois.

Cet Auteur parle d'une méthode singuliere qu'il employa dans l'extraction de la pierre. L'envie de

XI. Siecle.

EROS.

(a) Le College de Salerne est le premier de cette espece qui ait existé en Europe ; Charlemagne le fonda en 802. Quelque tems après sa fondation ce Collège publia un Livre intitulé, l'Ecole de Salerne, dédié au Duc Robert, fils de Guillaume le Conquérant, Roi d'Angleterre, qui au retour des Croisades s'arrêta quelque-tems dans le Royaume de Naples pour se faire traiter d'une fistule qu'il avoit au bras. Ce Livre n'est qu'une compilation, on y trouve différens préceptes touchant la conservation de la santé ; il paroit même que le but des Auteurs n'avoit été que d'en faire un Traité d'higyene, & que c'est par égard pour Robert qu'on y inséra la cure de la fistule ; pour laquelle les Médecins lui avoient conseillé la section, comme l'unique moyen de s'en guérir.

(b) Il est aisé de sentir quelle est la raison qui nous a empêché de le mettre à la place que la Chronologie eut exigé ; il n'étoit point Arabe, & son nom eut été déplacé parmi les Médecins de cette nation, à l'histoire desquels ont peut s'être apperçu que nous avons consacré un chapitre particulier.

L iv

se singularifer peut feule la lui avoir fuggérée ; mais il n'a pas lieu de s'applaudir de fon invention ; elle périt avec fon Auteur ; aucun de fes contemporains, que nous fachions, n'en a fait mention. Son infuffifance & fa malpropreté font fans doute la caufe qu'elle eft tombée dans l'oubli. Après avoir ouvert la veffie par la méthode de Celfe, il n'y portoit aucun inftrument pour en tirer le calcul ; il tâchoit de le faire fortir par le moyen de la fuction, & il dit que ce procédé lui a réuffi.

Son livre *de paffionibus mulierum*, eft imprimé à Venife en 1555, in-8°.

Il cite dans fon ouvrage un certain Géraldus, fous lequel il avoit étudié, & un Théodoricus, autre que celui dont nous parlerons bientôt. Ces deux Chirurgiens ne font connus que par lui, du moins leurs écrits fe font-ils égarés.

Gario Pontus étoit Africain ; il floriffoit vers le milieu du onzieme fiecle ; & s'il faut en croire Pierre Damien, il mourut l'an 1072. Les Ecrivans lui ont donné différens noms ; les uns l'appellent *Varmi Potus*, *Varim Potus* ; d'autres, *Gari Potus*, *Garim Potus*, *Gan Potus*, &c. Il étoit du nombre des Médecins qui compofoient l'école de Salerne ; il a écrit huit livres fur les maladies internes, parmi lefquelles il y a quelques morceaux de Chirurgie.

Les maladies des voies urinaires y font traitées au long ; les fignes du calcul de la veffie & des reins, affez exactement décrits ; mais perfuadé que les remedes internes doivent fuffire, il ne dit pas un mot des moyens de tirer la pierre. Les lavemens, les relâchans, les huileux, les bains de vapeurs font les remedes dont il fe fert lorfque les douleurs font aiguës ; hors du paroxifme, il fait ufer des lithontriptiques.

Il croit que le premier rudiment du calcul eft toujours dans les reins, d'où il eft entraîné par les urines dans la veffie & dans l'uretre : il arrive, dit-il, qu'il s'arrête quelquefois dans ce canal ; on y en a trouvé, & l'on a déduit la conféquence affez mauvaife, qu'il s'y étoit formé.

Il parle d'une maladie qu'il appelle *fcabies veficæ*,

dont la description est très approchante de celle que Mr. Lieutaud appelle *fluxion catharrale à la vessie*.

Dans le chapitre de l'hydropisie , il passe très légérement sur la paracenthese ; l'exercice de la lutte lui paroît à tous égards préférable.

Gario Pontus distingue la gangrene du sphacele , & donne les signes qui caractérisent chacun de ces états : lorsque le sphacele est décidé , il regarde l'amputation comme indispensable : c'est peut-être le seul cas où il conseille les instrumens sans restriction ; mais si la partie conserve encore un peu de sentiment , il recommande les scarifications profondes ou légeres , suivant le progrès du mal , qu'il fait suivre d'un cataplasme composé de la semence d'orobe , le vinaigre & le miel , auquel on ajoute quelques grains de sel quand le membre est abreuvé d'humidités abondantes.

Les parotides qu'on observe dans le cours des fievres n'exigent pas , selon notre Auteur , un traitement différent de celles qui viennent dans l'état de santé : il a cru en cela devoir s'écarter de la route qu'avoient tenue les anciens. Le raisonnement l'a égaré ; il s'étoit imaginé que la cause des parotides étoit toujours la même (*a*) , & que par une suite nécessaire , le traitement ne devoit pas varier.

De morborum causis , accidentibus & curationibus , libri octo. Basileæ 1531 , in-4°. 1536 , in-8°. Lugduni , 1516 , 1526 , in-4°.

Constantinus vivoit au commencement du douzieme siecle , quoiqu'il y ait des Auteurs qui l'aient placé en 1140. Il étoit natif de Carthage & membre du College de Salerne. Il quitta sa patrie de bonne heure pour passer en Orient. Babilonne fut la Ville principale où il se fixa. Pendant le long séjour qu'il y fit , il s'appliqua avec ardeur aux langues orientales , & parvint à un degré de perfection auquel il n'est guere permis à un étranger d'aspirer. Les Sciences & sur-tout la Médecine qui étoit le premier motif de son voyage , ne souffrirent point de cette application ; il la cultiva avec soin & s'y

____

(*a*) Nos autem communes quoque impetus communi curatione curabimus , Lib. 8 , cap. 3.

rendit habile. Conſtantin revint enſuite à Carthage dans le deſſein d'y jouir des fruits de ſon travail ; mais il fut forcé de la quitter : ſes lumieres lui avoient attiré des ennemis qui avoient ré-
ſolu de le faire périr. Il prévint l'exécution de leur
complot en s'embarquant dans un navire qui faiſoit voile pour la Sicile. La crainte qu'il avoit d'ê-
tre reconnu lui fit prendre l'habit de mandiant juſqu'à ce que le frere du Roi de Babilone, qui étoit
pour lors à Salerne, l'eût recommandé à Robert,
Duc de Normandie. Ce Prince lui accorda ſa protection, & le fit ſon Secrétaire. Léon d'Oſtie dé-
ſavoue ce fait ; il avance que Conſtantin préféra
la ſolitude à la faveur du Duc, & entra dans l'Ordre
de Saint Benoît, au Monaſtere de Sainte Agate
d'Averſa, d'où quelques Auteurs diſent qu'il fut tiré
pour être fait Pape ſous le nom de Victor III.

Malgré le ſentiment de quelques Auteurs, on ne
ſauroit refuſer à Conſtantinus quelques notions anatomiques.

Le goût, dit-il, eſt répandu dans toute la bouche ;
mais la langue en eſt le principal organe, à raiſon
de la chair ténue & ſpongieuſe dont elle eſt compoſée, & de l'humeur légere qui ſe mêlant avec les
alimens que nous prenons, attire vers la langue
les différentes ſaveurs : l'Auteur en compte huit
eſpeces.

Il a connu le vrai uſage de la luette. La maniere
dont il s'explique n'eſt point équivoque ; elle ſert,
dit-il, à diriger les alimens vers l'œſophage ; ſans
elle la déglutition ne ſe feroit pas.

La ſtructure anatomique de la trachée artere ne
lui étoit pas inconnue ; il ſavoit que les anneaux
cartilagineux qui entrent dans ſa compoſition, ſont
tronqués poſtérieurement, & que ce vuide eſt rempli
par une membrane charnue & tendineuſe.

Il eſt très difficile de pouvoir déterminer la véritable ſituation du cœur ; cet objet a long-temps
occupé les Anatomiſtes les plus célebres ; l'idée que
s'en étoit formé Conſtantin, étoit aſſez conforme
à ce que l'ouverture des cadavres a démontré depuis.
Le cœur, dit-il, eſt placé obliquement ; il eſt large

à sa base, & se termine en pointe ; c'est le plus
essentiel des organes, la source de la chaleur naturelle ; il en possede plus que les autres parties,
puisque c'est lui qui la leur distribue. Les arteres
sont les instrumens de cette distribution ; leur conformation extérieure est toujours la même ; mais
leur texture varie. Constantin croit avoir remarqué
qu'elles sont composées de deux pannicules ou membranes. Il dit formellement qu'elles sont revêtues
à leur intérieur d'une tunique villeuse, *earum interiora per latitudinem sunt villosa* (a). Leur substance
est très flexible ; cette flexibilité, ajoute notre Auteur, étoit nécessaire pour l'exécution du mouvement de sistole & de diastole. Il pense que les arteres ont leur origine dans le ventricule gauche du
cœur. On en voit, dit-il, sortir deux d'une grandeur inégale ; la plus petite est destinée à porter le
sang dans le poumon, & l'air qu'il lui faut pour
le rafraîchir ; dès qu'elle est parvenue dans ce viscere,
elle s'y distribue uniformément. La seconde est beaucoup plus considérable ; elle monte en sortant du
cœur, & se divise en deux branches, dont l'une va
à la cavité droite du cœur, & l'autre se subdivise en
deux rameaux ; le supérieur est couché le long du
col à côté de la trachée artere, & entre dans le
crâne pour former avec son semblable ce que nous
appellons aujourd'hui la feuille de figuier (b). Le rameau inférieur est le plus considérable & va se distribuer aux parties inférieures.

Les enveloppes extérieures du corps sont minces,
mais serrées. Cette structure (c'est toujours Constantin qui parle) leur étoit nécessaire pour remplir leurs
fonctions, c'est-à-dire, pour défendre des agens
extérieurs les parties qu'elles recouvrent : leur nombre
n'est pas le même par-tout ; il varie dans différens
endroits.

La peau est l'organe du tact ; mais il est plus vif
dans certaines parties que dans d'autres. Les hommes

(a) De arteriis, cap. 13.
(b) Quæ absconsæ, se commiscentes & in ascensu cranei
concavitatem subeuntes multiformiter dividuntur, & junctæ
sicut rectæ efficiuntur super cerebrum se dilatantes, pag. 42.

ont à la verge, mais principalement au gland, un
fentiment exquis ; le fiege de cette fenfibilité chez
les femme fe trouve aux environs de la vulve ; elles
ont deux tefticules placés dans la région lombaire,
qui, unis à la matrice par deux prolongemens par-
culiers, y verfent la femence dans l'acte vénérien ;
fi elle fe rencontre avec celle du mâle avant d'être
réfroidie, elles s'uniffent enfemble, & de cette union
il en réfulte un fœtus qui eft mâle fi la rencontre
des deux femences s'eft faite dans la trompe droite,
& femelle fi le mélange s'eft fait dans la trompe gauche. Notre Auteur eft perfuadé que les planettes influent fur la femence du mâle, & conféquemment
fur l'enfant.

Le traité qu'il nous a laiffé fur le coït eft des plus
curieux. Il examine d'abord la nature de la femence,
fon origine, les altérations qu'y apportent les divers
tempéramens, la caufe des pollutions nocturnes.
De-là il paffe au temps propre pour le coït. L'examen de cette queftion l'oblige de defcendre dans
quelques détails. Il en difcute enfuite les avantages
& les inconvéniens, relativement à la conftitution
des fujets qui en ufent.

Conftantin tâche de donner raifon de la longue
vie des Eunuques & de leur regard effaré ; il croit
en avoir trouvé la caufe dans le défaut d'expulfion
de la liqueur féminale.

L'excès des plaifirs de l'amour entraîne avec lui
des accidens funeftes. Notre Auteur les parcourt
rapidement pour revenir à fon fujet. Il parle des
alimens fpermatopées, & de ceux qui diminuent la
quantité de cette humeur. Son livre eft terminé par
l'expofition des médicamens & des topiques propres
à réveiller le fentiment du plaifir. Ce tableau fuccint
fuffira fans doute pour juftifier le jugement que nous
en avons porté.

La Chirurgie de Conftantin eft fort peu étendue.
Il a cru devoir commencer par une opération dont
tout le monde fe mêle, qui néanmoins exige une
main exercée, & dont les effets, lorfqu'elle eft mal
faite, peuvent être très fâcheux ; je parle de la
faignée. Les précautions que l'on doit prendre lorf-

qu'on veut faigner, y font affez bien préfentées. Il
faut que la chambre foit claire, que la lancette ne
foit point rouillée, qu'elle foit au contraire luifante
& bien affilée, ni longue ni courte, ni trop forte
ni trop foible ; elle doit tenir un jufte milieu entre
ces extrêmes. Avant de piquer la veine, le Phlébo-
tomifte s'affurera de la fituation du nerf & du tendon ;
l'embonpoint les empêche quelquefois d'être fenfibles
à la vue. L'ouverture de la bafilique ne lui paroît
pas exempte de danger ; il veut qu'on ne faigne de
cette veine que le plus rarement poffible. Si le
vaiffeau eft apparent, il recommande de faire l'incifion tranfverfale ; dans le cas oppofé, on la fera
longitudinalement. Le bandage fera plus ferré dans
un fujet potelé que lorfqu'il eft maigre.

La faignée du pied ne fe pratiquoit point comme
aujourd'hui ; on fe contentoit d'appliquer une forte
ligature quatre doigts au-deffus de la malléole. Le
pied n'étoit mis dans l'eau que lorfque l'épaiffiffement du fang s'oppofoit à fa fortie, & on oignoit
même auparavant la plaie avec l'huile.

Conftantin fait monter à trente-trois le nombre
des veines qu'on ouvroit de fon temps ; il y en
avoit douze au bras, treize à la tête ou au col,
& huit aux extrémités inférieures.

L'anévrifme faux eft malheureufement une fuite
trop ordinaire de la faignée. Notre Auteur en traite
dans un chapitre particulier. Il donne les fignes qui
le font connoître au Chirurgien, & le moyen de le
guérir. La méthode qu'il décrit eft exactement la
même que celle qu'on fuivoit avant la découverte
de l'agaric.

Les éditions des ouvrages de Conftantin que nous
avons confultées, ont été faites à Bafle en 1536 fous
ce titre :

Summi in omni Philofophia viri Conftantini Africani
Medici operum reliqua hactenus defiderata, &c.

Il paroît par cet expofé même, que ces éditions
ne font point complettes ; en effet, il y manque un
petit traité *de natura humana* que nous avons trouvé
à la bibliotheque du Roi, imprimé à la fuite des
ouvrages d'Albucafis.

On ignore le lieu où Roger prit naiſſance ; les uns veulent qu'il ſoit de Parme ; d'autres prétendent que Salerne eſt ſa patrie. Son âge n'eſt pas moins incertain ; toutefois il eſt vraiſemblable qu'il vécut quelque temps après Albucaſis , chez lequel il a puiſé preſque tout ce qu'il y a de bon dans ſes ouvrages, ſans daigner le citer.

Sa Chirurgie eſt diviſée en quatre livres, dont le premier contient les maladies de la tête ; le ſecond , celles du col ; dans le troiſieme il traite des maladies des extrêmités ſupérieures, de la poitrine & du bas ventre ; le quatrieme enfin renferme la deſcription des accidens auxquels les extrêmités inférieures ſont ſujettes ; on y trouve auſſi quelque choſe ſur le cautere , la lépre & la convulſion.

Roger débute par les léſions du crâne ; il exige une grande circonſpection dans le traitement. S'il eſt des cas où les apparences peuvent induire en erreur , c'eſt ici principalement qu'il faut craindre la mépriſe. Notre Auteur l'a bien ſenti ; auſſi recommande-t-il de ſe défier d'une plaie de tête , quelque légere qu'elle ſoit. Les notions qu'on avoit de ſon temps ſur les fractures du crâne, lui avoient paru inſuffiſantes dans bien des circonſtances ; il s'appliqua à les étendre ; & nous ne craindrions pas d'aſſurer qu'il eût été bien plus loin que ſes prédéceſſeurs ſur cet objet, ſi l'expérience avoit confirmé ce qu'il avance. Il s'eſt perſuadé avoir trouvé des ſignes certains de la léſion de chacune des meninges. Ceux de la dure-mere ſont différens de ceux de la pie-mere ; il les propoſe avec une candeur qui le met à l'abri d'être ſoupçonné d'impoſture , mais qui ne l'exempte pas du reproche d'avoir mal obſervé : heureux ſi c'étoit-là le ſeul qu'on pût faire à la plupart des modernes ; notre art en ſeroit bien plus certain.

Le moyen qu'il donne pour s'aſſurer des fiſſures du crâne, n'a certainement jamais été puiſé dans l'obſervation, & ne peut même partir que d'un homme qui n'a aucune teinture d'Anatomie. Il veut que le bleſſé ſe ferme la bouche & les narines, & qu'il reſſerre enſuite fortement ſa poitrine, comme s'il vouloit en chaſſer l'air qu'elle contient. Si on voit, dit-il, fortir quelque chofe par la plaie, c'eft une marque qu'il y a fracture.

Les plaies faites par des fleches penniformes, (barbatæ) demandent des attentions particulieres. Il faut bien se garder de les tirer comme les fleches ordinaires ; il eft bien aifé de concevoir que les barbes en s'infinuant dans le tiffu des parties, cauferoient un délabrement qu'il feroit difficile de réparer. Roger confeille d'introduire un inftrument qu'il appelle *forceps*, à l'aide duquel on couchera les barbes le long de la tige : mais fi les fymptomes ou la fituation de la plaie ne permettent point l'ufage de ce moyen, il veut qu'on introduife la fleche dans une canule de fer ou d'airain, qu'on pouffera jufqu'au fonds de la plaie. Cette invention eft ingénieufe, & Marchettis en fit dans la fuite la plus heureufe application.

La définition de la fiftule eft exacte & abfolument la même que celle des modernes. Il en admet de trois efpeces ; la fiftule fimple, celle qui eft compliquée de carie, & celle où les nerfs font affectés ; chaque efpece a des fignes propres que l'Auteur rapporte.

Il diftingue pareillement trois fortes d'efquinancies : la vraie ; elle eft effentiellement mortelle ; elle eft fituée entre l'œfophage & la trachée artere : les deux autres efpeces font beaucoup moins dangereufes ; il n'en détermine pas le fiege.

Dans les plaies pénétrantes de la poitrine, il n'eft pas rare de voir le poumon fortir par l'ouverture extérieure. Dans ce cas notre Auteur n'eft pas d'avis qu'on agrandiffe la plaie, de peur de le bleffer ; il fe contente d'ordonner au Chirurgien de retirer la peau, tant fupérieurement qu'inférieurement, & de mettre enfuite brufquement le malade fur fon féant. Ce mouvement fubit, nous dit-il, fuffit pour le faire rentrer.

Il regardoit les plaies du cœur, du poumon, du foie, de l'eftomac & du diaphragme comme abfolument mortelles, & il ne confeille pas au Chirurgien de s'en charger ; il commettroit évidemment fa réputation, parcequ'on ne manqueroit pas de lui imputer la mort du fujet.

ROGERIUS. Le vin, le miel, & les relâchans étoient les feuls remedes que Roger employoit dans le traitement des plaies. Cependant nous ne faurions foufcrire au jugement de quelques Auteurs qui prétendent que fa Chirurgie eft purement *médicamenteufe*. Roger en faifoit à la vérité un ufage très étendu : mais, comme nous avons dit plus haut qu'il avoit copié Albucafis, il admet les inftrumens dans le cas où celui-ci s'en fert.

On trouve la Chirurgie de Roger dans un recueil des ouvrages de divers Chirurgiens, imprimé à Venife en 1546, fous ce titre : *Ars Chirurgica Guidonis Cauliaci, Medici, &c.*

ROLLAND. Rolland naquit à Parme ; il floriffoit à peu près dans le même temps que Roger ; il lui a néanmoins furvécu, puifqu'il l'a copié prefqu'en entier.

La Chirurgie que nous avons de lui eft faite fur le plan de celle de Roger ; elle eft divifée en quatre livres ; le nombre des chapitres eft à-peu-près le même, ou fi on y obferve quelque différence, c'eft parceque Rolland comprend fous un feul chapitre différentes matieres que Roger a jugé à propos de traiter féparément. Il n'eft pas rare de trouver dans cet ouvrage des phrafes entieres tranfcrites avec une exactitude fcrupuleufe ; & fi quelquefois les mots font changés, l'idée eft toujours la même, mais habillée différemment : il ne faudroit cependant pas croire que l'Auteur n'y ait rien mis du fien ; il y a quelques particularités qui lui appartiennent.

Dans le chapitre où il parle des fractures du crâne, il penfe que le danger eft plus grand lorfqu'il n'y a qu'une petite contufion au cuir chevelu, que lorfque la plaie eft confidérable. La raifon qu'il en donne, c'eft que dans le premier cas on eft obligé de faire une incifion très étendue pour mettre le crâne à découvert : cette idée de Rolland paroît avoir été adoptée par quelques Chirurgiens que fon raifonnement fpecieux a fans doute féduits. La plus légere réflexion fuffit pour en faire appercevoir le faux.

En

En effet, il doit être indifférent que la plaie soit
aggrandie par l'effusion du corps qui frappe la tête,
ou par le bistouri : au contraire, il y a un avantage réel à se servir d'un instrument ; il fait une
incision uniforme, dont le simple contact des bords
opere la réunion, tandis que la contusion étant
nécessairement l'effet du coup, la cicatrice ne peut
se faire sans une suppuration préalable.

Le flegme est, selon lui, la cause des écrouelles,
de la tortue & de *la glande*; c'est la proportion plus ou
moins grande de cette humeur qui produit une différence entre la glande & la tortue, tumeurs qu'on ne
trouve point décrites dans Roger. Notre Auteur distingue avec Roger les glandes, des écrouelles. L'application d'un cataplasme fait avec le lierre terrestre
& les feuilles de cedre cuites dans l'huile, est le
fondement de cette distinction ; le traitement qu'il,
conseille est le même que celui de son maître, il
consiste à faire une incision sur la tumeur qu'on
saisit avec un crochet, & qu'on emporte après l'avoir
soigneusement disséquée. Il y a dans cette opération
deux remarques essentielles qui lui sont propres. Il
veut que l'incision soit parallele à la direction des
fibres musculaires, & que sur tout on ait soin d'emporter le kiste. Dans les incurvations des côtes, il
conseille d'appliquer sur la peau de la poix ou un
autre emplâtre aglutinatif, & de la tirer vivement
à soi (a).

Lorsqu'après une blessure il arrive que l'intestin
est blessé, il est d'avis qu'on mette dans l'intérieur
une canule de sureau pour prévenir l'épanchement
des matieres dans le bas ventre.

Rolland étoit un homme superstitieux, comme
Roger, il a eu une confiance aveugle pour les
remedes externes, dont l'usage devoit, selon lui,
constamment précéder celui du fer & du feu ; ce
n'est que dans les occasions où la vertu des topiques
avoit été en défaut, que l'emploi du cautere & des
instrumens lui paroissoit licite.

L'ouvrage qu'il nous a laissé se trouve dans le
même recueil que celui de Roger.

(a) Method. stud. Med.

M

XIII. Siecle.
JAMERIUS.

Nous ne favons rien fur la patrie ni l'âge de Jamerius. Ses ouvrages ne font point parvenus jufqu'à nous, & fon nom même ne feroit pas connu fi Guy de Chauliac n'eût pris foin de le conferver à la poftérité. Il paroît par le témoignage que cet Auteur en porte (a), que la perte de fa Chirurgie doit bien peu exciter les regrets du public. C'eft encore ici un copifte de Roger ; d'où l'on peut raifonnablement conclure qu'il a vécu quelque temps après lui.

BRUNUS.

Brunus naquit dans la baffe Lombardie, & exerça la Médecine à Padoue. Son favoir le fit bientôt connoître, & il s'attira la confiance du public.

Sa Chirurgie eft une compilation ; il ne fait pas difficulté d'avouer qu'elle eft prife pour la plus grande partie dans les ouvrages des Grecs & des Arabes, mais l'ordre lui appartient.

Tout le monde convient que pour faire quelque progrès dans les fciences, il faut aller du fimple au compofé, Brunus paroît avoir fenti cette vérité, il commence par examiner ce que c'eft que la folution de continuité, & quelles font les caufes qui la produifent. Il en établit de deux efpeces, la fimple & la compofée ; il appelle fimple celle où il n'y a que la divifion des parties auparavant continues ; & compofée celle qui eft jointe avec une déperdition de fubftance ; dans la folution fimple de continuité, il n'y a qu'une indication à remplacer ; c'eft la réunion des parties. Dans la compofée, au contraire il eft évident que le premier but eft de favorifer la régénération de ce qui manque ; les caufes de la folution de continuité font internes & externes. La grandeur, la figure, la fituation & la profondeur des plaies, font autant de circonftances accidentelles qui en font varier le danger.

Notre Auteur expofe très clairement les indications que préfente une plaie, la premiere eft d'étancher le fang. La feconde de procurer la fuppuration, excepté toutefois dans les plaies des nerfs où la pourriture,

(a) Brutalem quandam Chirurgiam edidit, in quam multa fatua immifcuit.

dit-il , ne manqueroit pas de cauſer le ſpaſme , & la
troiſieme enfin conſiſte à faire pouſſer des chairs fermes & grenues.

Les luxations & les fractures y ſont aſſez bien traitées , & quoiqu'il n'y ait rien ajouté de nouveau , la
clarté & l'ordre dans lequel il préſente les ſignes qui
les accompagnent , fait oublier que c'eſt un copiſte
qui parle. Il ne ſe ſervoit jamais de machines pour
les réduire ; les bras d'un aide vigoureux lui ſuffi-
ſoient (a). Il eſt étonnant que dans un ſiecle auſſi
éclairé que le nôtre , on ſe ſoit occupé avec tant d'ardeur à les perfectionner ou en inventer de nouvelles ,
tandis que leur application a toujours eu des ſuites fâ-
cheuſes. Il faut cependant convenir que les yeux
commencent à ſe déſſiller ; l'exemple des Charlatans ,
qui réduiſent ſans tout cet appareil , à ſéduit pluſieurs
Chirurgiens modernes qui traitent tous ces déplace-
ments ſans machines & avec ſuccès. C'eſt à Brunus
qu'ils en ſont redevables.

Depuis Albucaſis perſonne n'avoit parlé de la caſtration, encore même ne l'avoit-il fait qu'en paſſant ;
parceque ſa Religion , comme nous l'avons dit , lui
défendoit de l'entreprendre. Brunus eſt le premier qui
ſe ſoit étendu ſur le manuel de cette opération. Le
lecteur ne ſera peut-être pas fâché d'en trouver ici la
traduction.

» La caſtration , dit-il , eſt une opération par la-
» quelle on emporte à l'homme les teſticules que la
» nature lui avoit donnés. Comme il eſt permis aux
» Rois d'avoir des Eunuques pour la garde de leurs
» femmes , je rappellerai en peu de mots ce qui re-
» garde cette opération. Il y a deux moyens de la
» faire ; le premier eſt de mettre le ſujet dans un bain
» d'eau chaude afin de relâcher le ſcrotum & les teſ-
» ticules : on les broye enſuite entre les deux mains
» juſqu'à ce qu'ils ſoient mous & n'offrent plus aucu-
» ne réſiſtance ; c'eſt ainſi qu'on châtre les enfants.
» Le ſecond moyen eſt de couper la verge & les teſti-

(a) Modus autem extenſionis & rectificationis eſt ut acci-
piatur membrum ex utraque parte manibus , Lib. 1. cap. 18.

» cules, ou bien les testicules seulement, après avoir
» fait dans l'un & l'autre cas une ligature très serrée
» au-dessus de l'incision. Cette méthode est préféra-
» ble à la premiere, qui laisse subsister dans les
» testicules, un reste de vie & d'action, & entretient
» chez le malade des desirs qu'il ne sauroit satis-
» faire ».

Les veines de la conjonctive s'engorgent quelquefois & deviennent rouges, même dans l'état de santé.
Si cette rougeur augmentoit au point de blesser la vue,
Brunus conseille de saisir ces veines avec un crochet
& de les couper.

Après avoir établi les différences des fistules qu'on
observe à l'anus, par les signes qui les caractérisent,
il passe à l'examen des moyens curatifs, il improuve
la méthode de Celse, comme étant toujours insuffisante : celle qu'il mettoit en usage est la même que la
nôtre. Il emportoit avec un instrument ce qui étoit
compris dans l'anse de l'éguille. Sa pratique lui avoit
fait voir que c'étoit là le seul traitement capable de
guérir cette maladie. Du reste, à l'exemple de ses
prédécesseurs, il avoit une grande confiance aux topiques, mais sur-tout aux dessicatifs.

Sa Chirurgie se trouve dans le recueil déja cité.

Théodoricus entra d'abord dans l'ordre des Freres
Prêcheurs, d'où il fut tiré pour être fait Chapelain &
Pénitencier du Pape. Rarement s'arrête-t-on en si beau
chemin. Théodoricus parvint à l'Evêché, il fut contemporain de Brunus avec lequel il étudia, sous Hugon de Luca : ce Chirurgien, s'il faut en croire Guy
de Chauliac (a), étoit un homme dominé par le préjugé, il croyoit volontiers à tous les contes puériles
& ridicules qu'on lui faisoit, & les débitoit avec la
même confiance à ses éleves. Il n'est que trop ordinaire de voir les jeunes gens se prévenir en faveur de
leurs maîtres, & recevoir avec avidité les paroles qui
sortent de leur bouche. Théodoricus ne fut point
exempt de ce défaut ; il nous a transmis dans ses
écrits la plûpart des fables de Hugon de Luca, auquel cependant on ne peut pas refuser des lumieres ni

_____

(a) In capitulo universali ad C. . . . .

une certaine expérience, puisque Théodoricus dit lui
avoir vu guérir une plaie pénétrante dans la poitrine
avec léſion du poulmon, plaie que de ſon tems l'on
regardoit généralement comme mortelle. Rolland fut
encore le témoin oculaire de cette cure, & eut l'im-
pudence de s'en attribuer la gloire.

La coutume des Auteurs de ce ſiecle, dit M. Freind
(a), étoit de ſe piller mutuellement. Brunus avoit copié les Grecs & les Arabes ; à peine eût-il fermé la
paupiere, que Théodoricus marchant ſur ſes traces,
le copia lui-même. Comme il étoit Moine, il avoit
cru que cette qualité lui aſſuroit un droit ſur les
biens des laïques. La coutume ſervile qu'ont eu les
Auteurs de ſe copier, non-ſeulement à retardé les
progrès des ſciences, mais encore en a compliqué
l'étude par le grand nombre de livres inutiles qu'elle
produit.

Théodoricus a dédié ſa Chirurgie à ſon pere, il
paroît même qu'il en avoit une opinion avantageuſe (b). Les productions de l'eſprit ſont cheres à leurs
Auteurs, on s'aveugle aiſément ſur leur compte ;
mais il faut avoir une effronterie peu commune, pour
donner une compilation comme un ouvrage bâti d'a-
près ſa propre expérience. *Comme le court eſpace de
tems*, dit Théodoricus, *que j'ai reſté avec Hugon
mon maître, ne m'a pas permis de lui voir faire l'application de ſes grands préceptes, mon ouvrage ſera fort
imparfait à cet égard ; mais je tâcherai d'y ſuppléer
par ma propre expérience, & par celle de Galien* (c).
Elle ne ſuffit pas à beaucoup près pour remplir ſon
objet, néanmoins elle lui a préſenté quelques vérités
utiles qui ont tourné au profit de l'art.

Il n'eſt que trop fréquent de voir des fractures
mal réduites, & conſéquemment des membres diffor-
mes. Cet accident, ſelon notre Auteur, peut venir de
pluſieurs cauſes, de l'ignorance du Chirurgien, du défaut des fanons, de ce qu'on ne s'en ſera pas ſervi pendant aſſez long-tems ; ou enfin de ce qu'on aura trop

(a) Hiſt. de la Médecine.
(c) Loco citato.
(b) Suſcipe igitur, Pater chariſſime, opus exiguum imò opus
eximium, breve corpore, viribus amplum recapitulo præmiali.

tôt expofé le membre au mouvement. Les Anciens en
général avoient gardé le filence fur les moyens de
remédier à cette difformité. Cependant quelques-uns
d'entre eux avoient propofé de fracturer de nouveau le
membre. Albucafis s'étoit élevé contre cette méthode
que Théodoricus approuve. Lorfqu'un Chirurgien eft
appellé pour un cas de cette nature, il faut, ajoute-t-il,
qu'il faffe attention à l'état de la fracture. Si elle eft
ancienne, en vain fe flatteroit-il de la renouveller,
l'os fe cafferoit plutôt dans un autre endroit : mais fi
elle eft récente & que le cal n'ait pas encore acquis
un certain dégré de confiftance & de fermeté ; les fomentations émollientes fuffiront pour le ramollir &
faciliter par-là la défunion des pieces offeufes : dans
le cas conttaire, c'eft-à-dire, où le cal feroit offifié,
il confeille d'avoir recours au fer, fans expofer de
quelle maniere on doit s'en fervir.

Il remarque enfuite qu'on voit quelquefois furvenir l'ankylofe à la fuite des fractures, fur-tout de
celles qui attaquent les extrêmités des os. La caufe
de cette ankylofe confifte, à fon avis, dans une
furabondance de fuc offeux qu'on prévient en ferrant
le bandage, & ne donnant au malade que des alimens peu fucculens ; les emplâtres ftiptiques tels que
ceux qu'on fait avec l'acacia, la myrrhe, l'oliban,
le blanc d'œuf, le vinaigre, &c. font bons ; mais le
meilleur, c'eft toujours lui qui parle, eft l'application des lames de plomb qu'on ferre par degrés. Tous
ces remedes deviennent inutiles après le quarantieme
jour. Il faut répéter la même opération dans cet
endroit, & on emportera avec un inftrument ce qu'il
y a de trop.

Il n'eft pas indifférent de quelle maniere on faffe
des incifions à la peau. Lorfqu'elle eft également tendue de toutes parts, notre Auteur veut que l'inci-
fifion foit longitudinale ; mais fi la peau forme des
plis l'incifion doit être paraliele à ces plis. Cette regle que Théodoricus vient d'établir fouffre des exceptions. Avicenne s'étoit apperçu long rems avant
lui que fi on la mettoit en ufage quand on a des
opérations à faire fur le front, on rifqueroit de couper le mufcle fourcillier. Dans le pli de la cuiffe il

eft encore évident que l'application de cette regle ne
fauroit avoir lieu fans expofer le membre à une perte
de mouvement incurable ou du moins très difficile
à guérir. C'eft pourquoi, ajoute Théodoricus, il eft
néceffaire que l'Opérateur fache l'Anatomie pour éviter les tendons, les vaiffeaux & les nerfs dont la fection caufe les accidens les plus redoutables.

Après avoir rapporté la méthode des Anciens dans
le traitement des abcès, il paffe à celle de fon mai-
tre, qu'il préfere à la premiere, foit parcequ'il l'a
vue réuffir entre les mains de Hugon, & qu'il l'a
éprouvée lui-même plus de cent fois avec fuccès.
Comme il eft le premier qui en ait parlé, l'expofition fuccinte n'en fera pas déplacée. Il faifoit appliquer fur la tumeur pendant vingt-quatre ou douze
heures un cataplafme émollient qu'on relevoit pour y
fubftituer des fangfues, dont la grandeur devoit être
proportionnée à l'âge du malade, & le nombre au
volume de la tumeur; après qu'elles avoient agi il
remettoit un cataplafme fait avec les feuilles de por-
reau bien cuites qu'on renouvelloit alternativement
avec les fangfues durant quinze jours, au bout defquels la tumeur s'étoit diffipée ou avoit tourné en
fuppuration, quelquefois même le pus s'étoit fait
jour. Dès que l'abcès étoit ouvert, il y introduifoit
une tente chargée d'onguens fuppuratifs, & n'en permettoit l'ufage que dans le premier panfement; dans
tous les autres les tentes lui avoient paru nuifibles,
& il les avoit bannies de fa pratique, & trouvoit mauvais que les autres s'en ferviffent.

On trouve dans fa Chirurgie une defcription claire
& exacte des fymptômes qui fe manifeftent après un
commerce impur avec une perfonne attaquée d'éle-
phantiafis, il ne l'a certainement point puifée dans
Brunus; les Arabes n'en ont parlé qu'en paffant. Ils
ont obfervé feulement qu'elle peut fe communiquer
par le coït, fans entrer dans le détail des fignes qui
l'annoncent. M. Freind (a) penfe qu'il a tiré ce qu'il
en dit de Roger, ou que fa pratique le lui a fourni.

Il n'eft point, au jugement de notre Auteur, de

_____

(a) Hift. Medica.

meilleur remede contre la piquure des nerfs, que la térébenthine. Quelques modernes paroissent lui accorder cette découverte : sans doute ils ont oublié que Galien guérissoit avec la térébenthine seule les piquûres des nerfs chez les enfans, les femmes & les hommes d'une constitution sensible & délicate.

Il y a de la grandeur d'ame à convenir de ses erreurs. Théodoricus raconte ingénument qu'étant consulté pour une excroissance charnue très considérable, il conseilla au malade de ne point y toucher : le desir de guérir l'emporta sur les craintes que Théodoricus lui avoit inspirées. Il fut se mettre entre les mains d'un Chirurgien habile que le danger n'effraya point. La tumeur fut extirpée contre son avis, & le malade guérit dans peu de tems.

Il est peu de Médecins capables d'un tel aveu. Le récit de leurs méprises coûteroit trop à leur amour propre. Théodoricus savoit que les fautes des Médecins n'instruisent pas moins que leurs succès.

Les opinions de son siecle & de son maître influerent beaucoup sur les siennes. Il prétendoit guérir les enfoncemens & les fractures du crâne avec des potions & des poudres. Cette assertion lui a fait beaucoup de tort ; Gui de Chauliac (a) le critique amerement à ce sujet.

En parcourant l'ouvrage de Théodoricus on y trouvera quelques descriptions Anatomiques qui ne lui appartiennent pas.

Il marcha sur les traces de ses prédécesseurs ; comme eux il fit grand usage des topiques, mais sur-tout des dessicatifs. Cette classe de médicamens avoit obtenu sa confiance ; il s'en servoit dans presque tous les cas que sa pratique lui offroit.

Theodorice Chirurgia secundum medicationem Hugonis de Luca. Venetiis 1490, 1519 in - fol. *Cum Chirurgia Guidonis Bruni Rollandi, Aliorum* 1546 in-fol.

Il y a eu deux autres Médecins de ce nom, dont

(a) Non audiantur ergo verba illorum Theodoricorum qui se jactant omnem fracturam capitis cum suis pigmentis & potionibus, absque Chirurgia & elevatione ossium, curare. Tract. 3. Doct. 2. De vulneribus membr. organ.

l'un connoiſſoit parfaitement la Botanique ; & vivoit (a) au commencement du ſeizieme ſiecle.

Guillaume de Salicet étoit de Plaiſance , & profeſſoit à Vérone où il mourut vers l'an 1277. L'e-
xemple de ſes prédéceſſeurs ne ſervit qu'à l'éclairer ;
il vit l'inſuffiſance des topiques dans les maladies
chirurgicales ; il oſa y porter le fer & le feu à l'i-
mitation des Grecs & des Arabes. Albucaſis eſt principalement celui qu'il prit pour modele ; mais quoiqu'il l'ait copié en pluſieurs endroits , ſa Chirurgie
contient bien des choſes qui lui ſont particulieres,
& l'éloge qu'en fait Gui de Chauliac , eſt une preuve
de ſon mérite perſonnel.

Albucaſis n'avoit connu que deux eſpeces d'hydrocéphale , l'interne & l'externe ; Salicet en établit
une troiſieme ; celle qui a ſon ſiege ſous les membranes du cerveau. Cette maladie eſt cauſée , ſelon
lui , par les aquoſités de la mere & de l'enfant que
la nature n'a pas pu purifier , & qui ſe portent vers la
tête à raiſon de ſa ſtructure & de ſa ſituation. Comme
Albucaſis , il rejette l'inciſion qu'il n'avoit jamais vu
réuſſir , & préfere les fomentations aromatiques auxquelles il fait ſuccéder la laine, la ſerge & les flanelles
chaudes qu'on applique ſur la tête. Il termine la
guériſon par les cauteres qu'il ne veut pas qu'on
laiſſe couler continuellement de peur d'un affoibliſſe-
ment trop conſidérable. Il regardoit l'hydrocéphale
comme incurable , quoiqu'il en eût vu un à l'hôpital
de Crémone diſſipé par les ſeules forces de la nature ,
& qu'il en eût lui-même guéri un autre en appliquant une fois le cautere au front , & deux fois à
l'occiput.

On n'avoit parlé juſqu'à notre Auteur que très
confuſément des croutes lactées ; il n'étoit pas poſſible de les reconnoître à la deſcription qu'on en avoit
faite ; il a la gloire d'en avoir le premier tracé les
caracteres diſtinctifs , & d'avoir déſſillé les yeux à
ceux qui prétendoient que c'étoit une maladie ſacrée,
à laquelle il ne falloit point toucher , parceque ,
diſoient-ils , la nature ſe ménage cet égout pour dé-

_____

(a) V. Juſtus in Chronolog. Medicorum.

livrer l'enfant des humeurs superflues & nuisibles dont son corps est abreuvé.

La fistule complette à l'anus est, selon lui, une de ces maladies qu'on ne doit guere se flatter de guérir, & dont il est imprudent d'entreprendre le traitement. Si toutefois il est des gens assez osés pour s'en charger, voici les moyens qu'il propose. On peut cautériser la fistule avec un fer chaud, & la remplir ensuite d'un onguent digestif, ou bien introduire un crin, ou tel autre fil qu'on voudra, dans l'ouverture de l'intestin, & le faire sortir par l'anus de maniere qu'il forme une anse ; cela fait, on tirera chaque jour les deux bouts de ce fil jusqu'à ce que la portion d'intestin comprise entr'eux soit détachée : cette méthode est semblable à celle qu'Avicenne conseilloit dans le polype ; elle est mauvaise, & notre Auteur la condamne.

Salicet avoit très bien vu que les signes qu'on dit ordinairement annoncer la présence du calcul, sont équivoques & peuvent exister sans lui ; qu'il n'y a d'infaillible que l'exploration, qu'il faisoit en introduisant le doigt dans l'anus. Il pensoit avec Albucasis qu'il est infiniment plus difficile de tailler une femme qu'un homme, à cause de la situation de l'utérus entre la vessie & le rectum. Il y a apparence qu'étant l'Auteur de cette méthode, il a pratiqué plusieurs fois cette opération.

Il a exposé avec plus de clarté & de certitude le traitement du sarcocele ; le danger & la difficulté de l'opération qu'il exige ne lui avoient pas échappé ; il a soin d'en prévenir le lecteur. Avant que de l'entreprendre, il veut qu'on ramollisse cette carnosité par tous les moyens connus ; le manuel en est simple ; il ne s'agit que de fendre le scrotum & d'emporter la tumeur ; si le testicule avoit reçu quelqu'impression du mal, il est d'avis qu'on l'emporte : il ne dit rien de la ligature du cordon spermatique ; d'où l'on pourroit déduire qu'il ne la pratiquoit pas : il se contentoit de faire coudre la peau des bourses, à l'exception de la partie inférieure où il laissoit une ouverture pour l'écoulement du pus, & de faire appliquer par-dessus des poudres astringentes.

On trouve dans fes ouvrages de bons préceptes, tant fur les plaies en général que fur celles des organes.

La confolidation eft fans doute le but que tout Chirurgien fe propofe dans le traitement des plaies : il lui importe donc de connoître les caufes qui l'empêchent ou qui la retardent. Notre Auteur les réduit à dix. Une grande déperdition de fubftance, la figure ronde de la plaie, la callofité & le renverfement des bords, la féchereffe, la corruption des chairs & la carie, l'application des topiques trop chauds, un écoulement de fanie virulente, la trop grande chaleur ou le trop grand froid, la préfence des corps étrangers, & enfin la mauvaife fituation du membre. L'expofition de chacune de ces caufes eft fuivie des moyens qu'on doit employer pour les combattre.

Les plaies du col font mifes par Salicet au nombre des plaies les plus dangereufes : on en fent affez la raifon. Pour peu qu'elles foient profondes, il eft prefque impoffible qu'il n'y ait quelque partie effentielle d'intéreffée : mais le danger eft plus ou moins preffant, felon que l'organe bleffé eft plus ou moins néceffaire à la vie. Si l'artere carotide, ou la veine jugulaire interne font ouvertes, le malade eft perdu fans reffource ; notre Auteur en rapporte une obfervation frappante. Un jeune Seigneur reçut un coup de fleche au côté gauche du col ; l'inftrument ne refta point dans la plaie ; l'ouverture en étoit fort petite, & il n'en fortit qu'une ou deux gouttes de fang. Cependant il mourut dans moins d'une heure en fa préfence. Une mort fi prompte lui parut être l'effet de quelque venin ; mais la diffection du cadavre lui montra fon erreur, en faifant voir que la veine jugulaire & l'artere carotide avoient été ouvertes.

Il nous apprend que les plaies de la trachée artere entraînent avec elles plus de danger que celles de l'œfophage. L'homme, comme l'on fait, peut à peine refter deux minutes fans refpirer, au lieu qu'il peut vivre plufieurs jours fans prendre d'ali-

mens (a) ; mais lorfqu'elles fe compliquent , le péril
croît en proportion ; il en a vu & guéri une de cette
nature fur un prifonnier de Crémone que le défefpoir
avoit porté à fe couper la gorge. L'air & les alimens fortoient par la plaie ; mais les vaiffeaux heureufement n'avoient point été léfés.

Salicet examine enfuite les plaies de la poitrine ,
& après en avoir établi très folidement le diagnoftic ,
il paffe à la curation qui ne differe que très peu de
celle que nous employons aujourd'hui. Il n'adhere
point au fentiment de ceux qui dans le commencement d'une plaie pénétrante , avec léfion des parties
contenues , pratiquent une ouverture entre la troifieme & la quatrieme , ou bien entre la quatrieme
& la cinquieme côte. Je ne la fais , dit-il , que
lorfque les humeurs extravafées formant une faillie
au dehors , indiquent évidemment l'intention de la
nature.

Il avoit obfervé que la luxation des vertebres
cervicales eft prefque toujours mortelle , & que
celles de la partie inférieure de l'épine ne caufent
fouvent que la paralifie des extrêmités & des dé-
rangemens dans les voies urinaires.

Le quatrieme livre de fa Chirurgie eft un traité
d'Anatomie, où l'Auteur paffe fucceffivement en revue
toutes les parties du corps ; mais ce traité eft très
court , & en général peu intéreffant : toutefois il
nous a paru qu'il déterminoit affez exactement la
vraie pofition du cœur, & qu'il étoit un des premiers à
avancer qu'il y avoit des nerfs deftinés au mouvement
volontaire , & d'autres aux mouvemens naturels &
néceffaires. Des Médecins du dernier fiecle ont mis à
profit ce paffage de Salicet , pour expliquer les principales affections du cerveau.

La Chirurgie n'eft point un art de pure fpécula-
tion ; ce n'eft point dans un cabinet , en lifant les
ouvrages des Auteurs qui s'en font occupés , qu'on

(a) Et propter hoc advertas quod non fic cito nec taliter
vulnus cannæ ftomachi interficit ficut cannæ pulmonis , quia
natura hominis & vita longius ftare poffunt & expectare fuper defectum cibi , quàm fuper defectum aeris , lib. 2. cap. 7.

peut fe flatter de l'apprendre : cette étude eft bonne , fans doute , & nous fommes bien éloignés de la condamner ; mais elle ne fuffit pas ; Salicet croyoit que pour s'y rendre habile il falloit opérer , ou du moins voir opérer. La dextérité eft peut-être la partie la plus effentielle au Chirurgien , & on ne l'acquiert que par l'exercice. Notre Auteur expofe en détail les autres qualités que le Chirurgien doit avoir. Il feroit inutile & faftidieux de les rappeller ici ; nous nous bornerons à une feule que fa fingularité fera voir avec plaifir , & qui aura l'avantage d'apprendre quel étoit l'état de la Médecine & de la Chirurgie dans ce temps-là. » Le Chirurgien , dit-il , ne doit pas fe » familiarifer avec les laïques (a) ; ils ont coutume » de détracter les Médecins ; d'ailleurs la familiarité » engendre le mépris , & fait que le Chirurgien n'ofe » pas demander avec autant de hardieffe le prix de » fon travail : il eft néanmoins important de fe fai- » re bien payer , puifque c'eft un des meilleurs » moyens pour acquérir de la célébrité & s'attirer » la confiance du malade.

Chirurgica. Venetiis 1502 , 1546 , .in-fol.

Lanfranc naquit à Milan ; il étoit Clerc & non pas Laïque , comme quelques Chirurgiens François le prétendent. L'Italie étoit alors en proie aux factions des Guelphes & des Gibelins. Ces troubles lui firent quitter fa patrie ; il paffa en France , & s'y fixa d'abord à Lyon où il fit quelque féjour : en l'année 1295 il fe rendit à Paris ; la renommée y avoit déja porté fon nom ; fa préfence foutint très bien tout ce qu'elle en avoit publié , & il s'y fit admirer par fon favoir en Chirurgie. Cette partie de la Médecine étoit alors négligée en France : ce fut par les foins de Lanfranc & les follicitations de Jean Pitard auprès de S. Louis , qu'elle fecoua le joug de l'ignorance qui la tenoit dans l'oppreffion ; & c'eft à cette époque que le favant Hiftorien de l'Académie de Chirurgie (b) nous apprend qu'on doit

(a) La plûpart des Chirurgiens étoient alors Clercs ; Salicet l'é. foit auffi.

(b) Mém. de l'Acad. de Chirurg. T. IV.

rapporter l'établiſſement du College des Chirurgiens de Paris.

Lanfranc étudia la Chirurgie ſous Guillaume de Salicet à qui il doit les premiers pas qu'il fit dans cet Art. C'eſt dans les ouvrages de ce grand Maître qu'il a puiſé une grande partie de ce qu'il a de bon. On fera ſans doute ſurpris après cela de ne le voir nommer dans aucun endroit, tandis qu'il cite ſouvent Théodoricus, auquel il eſt bien moins redevable. Ce n'eſt pas ici le lieu d'examiner le motif d'une pareille conduite ; quel qu'il ſoit, on ne peut s'empêcher de le condamner.

La grande Chirurgie de Lanfranc comprend cinq traités diviſés en ſections & en chapitres. Dans le premier & ſecond traité, l'Auteur parle des plaies, tant ſimples que compliquées. Il donne à la ſuite l'Anatomie de chaque organe bleſſé. Ce qu'il dit touchant les cauſes qui retardent la guériſon des plaies, eſt preſque tout pris de Salicet ; il y a cependant ajouté quelques réflexions judicieuſes ſur les qualités de l'air, l'uſage de l'exercice, & les paſſions de l'ame auxquelles le commun des praticiens ne fait pas aſſez d'attention dans la pratique. Le troiſieme traité roule ſur quelques maladies cutanées, ſur les abcès qui ſe forment aux différentes parties du corps, les hernies, le calcul, les maladies des yeux, du nez, des oreilles, &c. Le quatrieme traite des fractures & des luxations ; & le cinquieme enfin, des divers topiques que la Chirurgie emploie.

Après une courte préface, où Lanfranc fait un expoſé ſuccint de la vie, des miracles & de la mort de Jeſus-Chriſt, il paſſe à l'examen d'une queſtion intéreſſante, ſavoir ſi la Chirurgie ſe borne à la manœuvre, ou bien ſi c'eſt une ſcience. Sa difcuſſion ne porte aucun jour ſur cette queſtion, il ſe contente de produire les opinions pour & contre. Toutefois il eſt très vraiſemblable qu'il la regardoit comme une ſcience. Si nous tirons preuve de cette conjecture, ſans prendre aucun parti du nombre & de la variété des connoiſſances qu'il exige du Chirurgien, non ſeulement il le vouloit verſé dans la Médecine, mais encore dans toutes les parties de la Philosophie, la Logique, la Métaphysique, la Morale, la Physique, la Dialectique, la Grammaire & la Rhétorique.

Il n'est pas douteux que Lanfranc n'ait pratiqué la Chirurgie ; c'est au seul titre d'Opérateur qu'il doit sa réputation ; on le voit souvent dans ses ouvrages en appeller à l'expérience, & insinuer adroitement que ses lumieres & ses travaux ont contribué en quelques points à l'avancement de la Chirurgie. Il a soin de nous avertir qu'il n'a écrit que pour les gens instruits, & qu'il seroit dangereux de mettre son livre entre les mains des idiots.

Dans le chapitre où il parle des hémorrhagies qui accompagnent les plaies, il nous apprend que lorsque l'artere est ouverte, le sang sort par jet (a), & que c'est à ce signe qu'on peut le distinguer de celui qui sort de la veine, dont le cours est uniforme. Dans ces deux cas, un Chirurgien qui est appellé, doit appliquer son doigt sur l'ouverture du vaisseau, & l'y tenir pendant une heure pour donner au sang le temps de former un caillot : il veut ensuite qu'on fasse usage d'une poudre composée d'encens, d'aloes & de poils de lievre coupés menus, le tout mêlé avec du blanc d'œuf. Il fait grand cas de cette composition, parcequ'il a eu plusieurs fois occasion de s'en servir heureusement. S'il faut l'en croire, elle ne se borne point à l'effet stiptique, sa vertu s'étend encore jusqu'à produire la consolidation du vaisseau. Si malgré cela il arrivoit que l'hémorrhagie ne s'arrêtât point, il conseille la ligature qu'il fit pratiquer avec succès sur un jeune homme de Milan qui avoit reçu un coup de couteau d'un de ses camarades, & dont il eut l'artere brachiale ouverte & le nerf médian blessé.

Notre Auteur est grand partisan de la méthode que suivoient les anciens dans le traitement des hernies, c'est-à-dire, de la cautérisation. Il décrit assez au long les différentes manieres de s'en servir, & les circonstances dans lesquelles on doit préférer

(c) Si fluat (sanguis) ab arteriis, exit cum saltu secundum constrictionem & dilatationem ipsius arteriæ, tract. 1. Doct. 3. cap. 9.

l'une à l'autre. Parmi ces manieres, il en est une sur-tout qu'il regarde comme la meilleure, la plus généralement applicable, & qu'il se glorifie d'avoir perfectionnée. Nous nous abstiendrons de la rapporter ici ; il nous a paru qu'elle ne l'emportoit sur les autres que par l'excès des douleurs qu'elle doit causer au malade. On sera sans doute surpris, après ce que nous venons de dire, que Mr. Freind ait avancé que Lanfranc condamnoit l'usage des cauteres dans les hernies.

Le chapitre où il traite du calcul mérite d'être lu. On sait que lorsqu'il est encore enfermé dans le rein, il s'annonce différemment que quand il est dans la vessie. Les signes de ces deux maladies y sont très bien exposés. On y trouvera encore ceux qui servent à distinguer la colique néphretique de la colique ordinaire.

Parmi les signes qui dénotent l'existence de la pierre, l'excrétion des graviers, soit blancs, soit rouges, soit citrins, a toujours été mise au rang des moins équivoques ; cependant il faut bien se garder sur cela seul de précipiter son jugement. On voit, dit Lanfranc, ces mêmes graviers dans les fievres ardentes, dans la fievre tierce, l'hémitritée, & quelques autres maladies. Le fait est vrai ; Morgagni a eu occasion de le vérifier (a).

L'opération de la taille paroît à notre Chirurgien pleine de danger. Ce n'est guere que sur les enfans de douze ans qu'on peut la faire ; ceux qui n'ont pas atteint cet âge y succombent ; ceux qui l'ont passé ont les chairs trop fermes ; la plaie, au lieu de se fermer, suppure ; l'urine se supprime, les douleurs augmentent, les convulsions paroissent & ne finissent qu'avec la vie. La figure & le volume de la pierre sont des objets qui méritent d'être considérés, mais sur-tout les fâcheux effets de l'opération, comme si les fautes de l'Artiste devoient rejaillir sur l'Art. La paracenthese & le trépan sont encore deux opérations que Lanfranc rejette. Il falloit qu'il eût quelqu'intérêt à embrasser un sentiment jusqu'alors

(a) Epist. sedibus & causis morbor. XL.

inouï.

inoui. Ce ton de modération qu'il affecte & qui annonce moins l'homme qui veut introduire des nouveautés, que le citoyen qui cherche la vérité de bonne
foi, ce ton, dis-je, est aussi dangereux dans les
sciences que dans la religion. On lit sans défiance,
on adopte sans examen ; l'erreur germe & se for-
tifie, & il faut des siecles pour la déraciner.

Mais si Lanfranc a proscrit des opérations nécessaires, il faut aussi convenir qu'il s'est élevé avec
force contre des usages abusifs. Il a le mieux connu
& fait connoître le danger des tentes dont on se
servoit si fréquemment de son temps ; on l'a laissé
crier ; personne ne s'est corrigé, & les tentes ont
continué d'entrer dans le pansement des plaies pendant plus de quatre siecles : ce n'est que de nos jours
que l'on a pleinement apperçu leurs mauvais effets,
& qu'elles ont été généralement abandonnées.

Lorsqu'un nerf est entiérement coupé, Lanfranc
est d'avis qu'on couse les deux extrêmités, & qu'on
applique par-dessus de l'huile rosat, dans laquelle
on aura fait bouillir des vers de terre. La suture,
dit-il, favorise la réunion du nerf ; elle est le seul
moyen pour conserver le sentiment & le mouvement
à un membre qui sans cela eût perdu l'un & l'autre.
Il ne faut point que la douleur effraie ; elle disparoît
à la premiere application de l'huile, ou du moins à
la seconde, & conséquemment il n'y a point de spasme
à craindre.

La réunion est la fin premiere que doit se proposer un Chirurgien dans toute plaie simple ; Lanfranc observe que celle qui est faite par un chien
enragé, forme une exception à la regle ; mais comme
il n'est pas toujours aisé de reconnoître la rage, il a
cru devoir en décrire les effets dans le chien qui en
est atteint. Ce portrait est trop bien frappé pour
n'être pas transcrit ici en entier. » Le chien enragé
» ne mange point ce qu'on lui présente ; il a horreur
» de l'eau, & meurt quelquefois en la voyant ; il
» court çà & là comme une personne qui est ivre,
» ayant la gueule béante & la queue entre les cuisses ;
» sa langue sort de la bouche ; il tâche de mordre
» ceux qui s'offrent à lui, & ne reconnoît plus ses

N

» maîtres ; on ne l'entend point aboyer, ou si quel-
» quefois il le fait, sa voix est rauque : les autres
» chiens le fuient & aboient après lui.

Lorsqu'on n'a point vu le chien, il est un autre
moyen de savoir s'il est enragé : ce moyen consiste
à tremper un morceau de pain dans le sang de la
plaie ; si elle est faite par un animal vraiment enragé, celui à qui on le présente n'y touche pas, ou
bien s'il le mange, Lanfranc assure qu'il meurt dans
la minute.

La curation que notre Auteur propose, est mieux
raisonnée que celle de son Maître. Toutes ses vues
tendent à expulser le venin par les mêmes voies par
lesquelles il s'est introduit. Pour y parvenir, il est
d'avis qu'on applique une grande ventouse, dont
l'effet sera soutenu par des scarifications ; il veut
ensuite qu'on porte le cautere actuel bien avant dans
la blessure, & qu'on couvre l'escarre avec des emplâtres irritans, tandis qu'intérieurement on admi-
nistrera des cordiaux.

La morsure du serpent & des autres animaux vé-
nimeux, demande le même traitement ; Lanfranc
pense que dans l'un & l'autre cas, il est essentiel
d'entouter le membre mordu de branches de geneft ;
qu'elles ont la vertu de prévenir l'enflure, ou d'en
arrêter les progrès.

Rien ne lui paroissoit bas dans l'art de guérir ;
il ne craignoit pas de faire lui-même toutes ces petites
opérations que la vanité de son siecle avoit renvoyées
à une classe d'hommes sans connoissances & sans
talens ; il saignoit, & se plaignoit très amerement
que la saignée qui devoit être l'ouvrage du Chirurgien, fût devenu celui des Barbiers : que diroit cet
ami de l'humanité, s'il vivoit parmi nous, & qu'il
vît ces Barbiers eux-mêmes se reposer aujourd'hui
de ce soin sur leurs Garçons ?

Chirurgia magna & parva. Venet. 1490, 1519,
1546, 1553, in-fol.

Albert le Grand naquit à Lawingem sur le Danube
l'an 1207 ; il étoit issu de l'illustre famille des Comtes
de Bolstat. L'éducation qu'il reçut répondit à l'éclat
de sa naissance. Il fut envoyé pour faire ses études

à Pavie, où ayant entendu un fameux Prédicateur, il fut si touché de son sermon, qu'il forma la ré- solution d'entrer dans l'Ordre des Dominicains. Quel- que temps après il vint à Paris prendre le bonnet de Docteur ; il professa ensuite à Cologne où il eut Saint Thomas d'Aquin pour disciple. En 1260 sa naissance & ses travaux le firent nommer à l'Evêché de Ratisbonne : les devoirs qu'un Prélat doit rem- plir ne s'étoient jusqu'alors présentés que confusé- ment à son esprit ; il en sentit mieux toute l'étendue, & fut effrayé, ce qui l'engagea à se démettre de cette dignité, pour reprendre ses anciens exercices.

Albert le Grand avoit l'esprit si bouché dans sa jeunesse, que ses compagnons d'étude se moquoient continuellement de lui ; fatigué de leurs railleries, il forma le dessein hardi de se précipiter du haut des murs du Couvent en bas. Comme il se mettoit en devoir d'exécuter son projet, on dit que la Sainte Vierge lui apparut, & lui donna ce savoir & cette sagacité qu'on vit briller en lui dans la suite. Paris lui parut un théâtre digne de ses talens ; il enseigna dans cette Ville avec un succès brillant : le nombre de ses auditeurs étoit si considérable, que les écoles ne suffisant pas pour les contenir tous, il fut obligé de donner ses leçons dans une place publique, qui depuis cette époque a retenu le nom de *Plaie Mau- bert*, comme si on disoit Place de Maître Aubert.

Il ne se rendit pas moins célebre par ses connois- sances chymiques, que par celles de Théologie & de Médecine. Un Auteur, dont l'autorité est de peu d'importance en fait de chymie, rapporte que Saint Dominique avoit trouvé la pierre philosophale ; qu'il avoit communiqué son secret à Albert le Grand ; que cette ressource l'avoit mis à même d'acquitter les dettes de son Evêché, & qu'enfin il avoit initié dans cet art Saint Thomas son éleve.

Il n'y a rien de vrai dans ce que nous venons de dire : Albert croyoit seulement la transmutation des métaux possible par des préparations particulieres, & c'est-là sans doute la cause de ce conte puérile de Mayérus. Il n'avoit là-dessus que des connoissances purement théo- riques ; & l'on sait que dans cette matiere il y a loin

———— de la théorie à la pratique. La correspondance qu'il entretenoit avec tous les Mineurs de l'Allemagne, lui fit faire des progrès marqués dans la métallurgie.

On ne sera pas surpris qu'Albert le Grand ait été accusé de magie : l'air de myftere qu'on a jufqu'à nos jours affecté de répandre fur la chymie, joint à l'ignorance de fon fiecle, n'a pas peu contribué à entretenir les efprits dans cette erreur ; mais quelques Auteurs l'ont lavé de ce reproche.

Albert n'a compofé fon livre fur les fecrets des femmes, que pour fe rendre aux inftances d'un Prêtre qui lui demandoit des inftructions à ce fujet pour pouvoir mieux les diriger dans la voie du falut.

On ne doit point s'attendre de trouver dans cet ouvrage des defcriptions anatomiques; l'Auteur les fuppofe connues; d'ailleurs il n'en avoit pas befoin pour remplir fon objet ; il paroît cependant par la maniere dont il s'exprime, qu'il avoit lu tout ce que les anciens avoient dit fur les parties génitales de l'un & de l'autre fexe ; mais il y a lieu de préfumer qu'il s'en tint à cette lecture, fans chercher à vérifier fur le cadavre les affertions répandues dans les Auteurs. Albert parut dans un temps où l'univers étoit plongé dans la plus profonde ignorance ; les fciences étoient dans l'oubli, & il femble même qu'on adoptoit alors le paradoxe qu'un homme célebre a fait revivre de nos jours. C'étoit un crime de fe livrer à l'Anatomie. Les Loix défendoient à Rome l'ouverture du cadavre (a), & on à ofé les renouveller dans cette Capitale du monde chrétien fur la fin du feizieme fiecle (b).

Albert commence par faire le parallele du fyftême des Médecins avec celui d'Ariftote, touchant la formation de l'embrion : il ne fe décide pour aucun des deux. La matrice eft à la vérité, felon lui, le lieu le plus ordinaire que la nature a deftiné au développement du fœtus; mais il femble par fes propres paroles, qu'il ne croyoit pas que ce fût-là le feul endroit propre à l'accroiffement de l'enfant. Après la réception des deux femences, dit-il un peu plus

(a) V. la vie de Boniface VIII.
(b) En 1571.

bas, la matrice se ferme de tous côtés comme une bourse, de maniere qu'il n'en peut rien sortir ; & lorsqu'elle est ainsi fermée, les femmes ne sont plus réglées.

Il passe ensuite au méchanisme de la menstruation : l'âge auquel elle arrive, la couleur & les symptomes de cette excrétion, & les causes qui la produisent sont examinés. Notre Auteur regardoit la matrice comme l'organe secrétoire de la semence chez les femmes : il observe qu'elle éjacule dans l'accouplement amoureux ; & met son esprit à la torture pour concilier ce phénomene avec le resserrement subit qu'il dit arriver à la matrice.

L'influence des planettes sur le fœtus est un point de discussion très étendu. Il croit avec les anciens, que chaque partie du corps est formée par une planette particuliere : ainsi, par exemple, le soleil crée le cœur, Vénus les os, le nez, les parties de la génération, &c. Mercure les organes de la voix, les sourcils, &c.

L'action des planettes s'étend encore bien plus loin. » Plusieurs femmes en savent, dit-il, les effets, & s'en » servent à faire beaucoup de mal lorsqu'elles ont » affaire avec un homme : il arrive souvent que les » hommes contractent de très grands maux de l'in- » fusion de la verge par le moyen d'un fer dont se » servent certaines femmes abandonnées, lorsqu'elles » sont expérimentées en cette sorte de malice. *J'en dirois* » *bien quelque chose s'il m'étoit permis* ; mais parce- » que je crains Dieu mon Créateur, je n'en parlerai » point pour le présent.

Albert avoit quelque teinture des accouchemens : il connoissoit la mole ; il fixe, comme les anciens, le terme de la sortie du fœtus à neuf mois ; expose les causes les plus ordinaires des naissances précoces. Il dit, & avec raison, que la tête est la partie la plus favorable par laquelle l'enfant puisse se pré-senter.

L'accouchement contre nature ne lui étoit point inconnu : voici comme il en parle. » Il arrive que » dans l'accouchément le fœtus présente (quelquefois) » la main ou le pied : ce qui immanquablement

» caufe de grandes douleurs ; pour lors, quoique
» les Sages-femmes repouffent adroitement le fœtus,
» il ne fe peut faire que la mere ne reffente de cruels
» maux : d'où vient que beaucoup de femmes, fi elles
» ne font extrêmement fortes & robuftes, s'en trou-
» vent tellement foibles, qu'elles font en danger d'en
» mourir. Il arrive auffi quelquefois dans l'accouche-
» ment de la femme que la matrice fe fend jufqu'au
» fondement, de forte que ces deux trous n'en font
» qu'un.

C'eft mal-à-propos qu'on lui attribue ces recettes
frivoles qui fe lifent à la fuite de fon ouvrage ; il
n'en eft point l'auteur.

Liber de fecretis mulierum. Antuerpiæ 1538 in-8°.
Idem cum aliis. Lugduni 1596, in-24, *Argentorati*
1615, in-12, *ibidem* 1637, in-12, *Amftel.* 1655,
in-12, *ibidem* 1652, in-12, 1665, in-12, 1669,
in-12.

Thomas *de Acquino vel Acquinas*, fut difciple
d'Albert le Grand. Il étoit Religieux de l'Ordre de
Saint Dominique dans le Couvent de Cologne. Nous
avons de lui quelques ouvrages, parmi lefquels fe
trouve un traité *de motu cordis. Parifiis anno* 1632 (a).

Ce livre eft rempli d'une fade théorie, digne du
fiecle auquel vivoit notre Auteur. Il n'a rien connu
d'approchant au fyftême d'Harvée, & s'en eft au
contraire très éloigné.

(a) Douglas ; pag. 244.

CHAPITRE XIII.

DES ANATOMISTES ET DES CHIRURGIENS qui ont vécu depuis le treizieme siecle jusqu'au rétablissement des Lettres ; ou depuis le regne de Saint Louis , jusqu'à celui de François I.

COMME les autres sciences & arts , l'Anatomie & la Chirurgie étoient tombées dans le discrédit ; la Médecine étoit livrée à des Empyriques ou à des Alchymistes ; les uns la pratiquoient servilement en entassant remede sur remede ; les autres se contentoient d'un jargon mal entendu, ou, livrés à une fade théorie , agissoient en conséquence. La plupart de ceux qui exerçoient la Médecine , ou quelqu'une de ses parties, n'avoient qu'une éducation grossiere. L'Europe étoit ravagée par les fureurs de la guerre , & les peres se croyoient naturellement plutôt obligés à défendre leur vie & leurs biens qu'à éduquer des enfans qu'ils n'étoient point surs de soustraire à la fureur des ennemis. D'une part , en France on étoit occupé à mettre le Royaume à l'abri des incursions des hérétiques ; d'une autre , on se croyoit obligé de soutenir la cause de la religion chrétienne , & de porter les armes dans les pays les plus éloignés , pour venger les outrages faits à la Divinité. Tous les Rois de l'Europe étoient engagés dans cette guerre ; & l'on sait qu'il n'est rien qui trouble plus l'ordre de la société , que les dissensions qui surviennent dans les religions , quelles qu'elles soient.

C'est dans ce temps malheureux que naquit Jean Pitard. C'étoit un homme doué des plus grandes connoissances. Il étudia de bonne heure la Chirurgie. Ses talens se développerent dans son bas âge , & ils se confirmerent & s'accrurent dans la suite : il n'avoit pas atteint la trentieme année , qu'il fut élu premier Chirurgien de Saint Louis. Comme c'étoit le mérite qui l'avoit élevé , il n'eut point de peine

XIII. Siecle.

PITARD.

N iv

à se conserver dans sa place ; au contraire, il vit accroître son crédit de jour en jour ; il eut la confiance entiere de son Roi, & il en fut comblé de recompenses. Les guerres qui porterent Saint Louis à aller à la Terre sainte, donnerent lieu à Pitard de voyager : c'est en suivant le Roi, qu'il devint de plus en plus digne de son amitié. De retour en France, Pitard pénétré des désordres que les Chirurgiens épars & sans chef causoient à l'humanité, proposa à Saint Louis de les réunir en un corps, dont le premier Chirurgien seroit à l'avenir le chef. La demande étoit juste & dictée par des sentimens d'humanité : aussi fut-elle octroyée tout de suite. Le saint Roi en conséquence donna les ordres nécessaires (a), & accorda au premier Chirurgien la plupart des privileges dont il jouit encore aujourd'hui.

Il est parlé de ces réglemens dans un Arrêt du Parlement du 25 Février 1355. En 1260 Jean Pitard & les Chirurgiens de son temps s'assujettirent à ces réglemens. Il paroît que Pitard parvint à une longue vieillesse. Il vivoit encore en 1311. On ne sait pas positivement le temps de son trépas.

(a) Cette Compagnie fut d'abord fondée comme une pieuse Confrerie, elle étoit sous l'invocation de S. Côme & S. Damien ; & il paroît qu'il n'y avoit que les Maîtres ès-Arts de Paris qui fussent reçus dans ce Corps : il ne devoit pas être bien nombreux, puisqu'il y avoit si peu de Gradués dans ce tems-là. Les Statuts de cette Compagnie ont été confirmés & augmentés en 1379, 1396 ; & en 1424 elle se maintint dans ses droits jusqu'en 1437, qu'il plût à Jean de Sous-Lefour de faire des tentatives pour obtenir de nouveaux priviléges. De concert avec plusieurs Maîtres, il présenta une requête à l'Université, pour lui demander d'être reçus au nombre de ses Ecoliers & de ses suppôts. Cette grace leur fut accordée, à condition qu'ils assisteroient comme les Etudiants en Médecine aux leçons qui se font aux Ecoles de Médecine. Les Chirurgiens remplirent de point en point les vues de l'Université jusqu'en 1544, que tout fut interverti sous le regne de François I, à la sollicitation de Guillaume Vavasseur, son Chirurgien ordinaire. Nous renvoyons à ces tems postérieurs la suite de l'Histoire de ce Corps ; nous avertissons d'ailleurs que notre objet principal n'est point de donner l'Histoire des fondations & établissemens faits en Médecine ou en Chirurgie ; mais d'exposer l'origine & les progrès des connoissances dont ces Arts se sont enrichis, & c'est ce qu'il nous importe le plus de savoir.

Après la mort de Saint Louis, il devint premier Chirurgien de Philippe le Hardi & de Philippe le Bel. Il eut le foin de faire renouveller les ftatuts fous le regne de chacun de ces Rois. Etienne Pafquier dif-pute cependant aux Chirurgiens l'honneur d'une origi-ne fi éloignée ; il s'appuie fur deux Déclarations de Philippe le Bel & du Roi Jean, des années 1311 & 1352, où il n'en eft rien dit, quoiqu'il en eût dû être queftion, puifqu'il s'agiffoit dans tous ces deux ré-glemens de l'examen pour la réception des Maîtres en Chirugie.

Le fentiment d'humanité qui avoit porté Pitard à fonder le College, le détermina à rendre au public un autre fervice. Les eaux de la Seine, bourbeufes dans certains temps de l'année, peuvent donner lieu à plufieurs maladies ; cette riviere eft d'ailleurs éloi-gnée des Fauxbourgs de Paris. Pour obvier à ces inconvéniens, Pitard fit faire à fes frais un puits à l'ufage du public qui lui marqua fa reconnoiffance par cette infcription.

> Jean Pitard, en ce repaire
>
> Chirurgien du Roi, fit faire
>
> Ce puits en mille trois cent dix
>
> Dont Dieu lui donne fon Paradis.

Pitard avoit fa maifon dans la rue de la Licorne ; elle a été rebâtie en 1611 ; on y voyoit, il n'y a pas long-temps, l'infcription que nous venons de rapporter.

Vers le même temps vivoit Henri de Hermonda-ville, un des plus favans hommes de fon fiecle ; on ne fait pas pofitivement s'il étoit Médecin ou Chi-rurgien ; l'un & l'autre corps le revendiquent (a). Les Médecins affurent qu'il a été le premier Médecin de Philippe le Bel, & les Chirurgiens difent qu'il a été fon premier Chirurgien. Ce qu'il y a de pofitif, c'eft qu'il a été difciple de Pitard, & qu'il a enfeigné à Montpellier. Etant difciple de Pitard, il paroîtroit

---

(a) Riolan le dit Médecin de Paris, on le trouve même dans la lifte des premiers Médecins des Rois de France : voyez le grand Dictionnaire de Ducange, au mot *Archiates*.

qu'il a été Chirurgien : Profeffeur à Montpellier, il femble qu'il ne pouvoit l'être que de la Médecine qui y avoit déja des écoles, tandis que la Chirurgie n'en avoit point encore dans cette ville (a).

Notre Auteur a donné un cours de Chirurgie, divifé en cinq traités ; il y en a deux manufcrits, un à la bibliotheque du Roi, & l'autre dans celle de Sorbone. Ce livre n'a jamais été imprimé : il n'eft pas étonnant que Mr. de Haller doute fi Hermondaville a réellement écrit. Nous avons eu occafion de fouiller dans les ouvrages de Hermondaville. Mr. Caperonier, connu par fon goût exquis pour les fciences, & par la vafte étendue de fes connoiffances, nous a envoyé ce manufcrit de la bibliotheque du Roi ; nous lui en témoignons ici notre reconnoiffance. L'ouvrage eft en latin, & très difficile à lire. Dans un de ces manufcrits, Hermondaville eft peint en robbe rouge & en bonnet, (cette anecdote nous feroit croire qu'il étoit Médecin,) affis devant un pupitre chargé de livres ; & on voit devant lui une foule d'écoliers qui tiennent des livres. Les ouvrages d'Hermondaville forment un volume in-folio. Suivant la coutume du temps, l'Auteur a mis dans prefque toutes les pages des invocations à Dieu, à la Sainte Vierge, à Saint Come & à Saint Damien. On fait que la Chirurgie eft fous les aufpices de ces deux Saints : il n'eft pas furprenant qu'Hermondaville les invoque dans un traité de Chirurgie. Cet ouvrage nous a paru une copie raifonnée de ceux de Salicet. Gui de Chauliac fait grand cas d'Hermondaville ; il dit de lui dans fa préface, qu'il démontroit l'Anatomie fur des planches.

Apono ou Abano (Pierre) eft né en 1250 dans un Village nommé Abano dans le territoire de Padoue, à cinq milles de Padoue. Son pere qui étoit Notaire, ne négligea rien pour fon éducation ; il l'envoya à Paris pour y faire une partie de fes études, il y demeura un certain temps ; & y prit, dit-on, fes degrés de Médecine ; cependant il ne s'y fixa pas ; il fut s'établir à Boulogne, & il y eut une place de

(a) Les Hiftoriens font remonter l'origine de cette Univerfité en 1184.

Profeffeur qu'il remplit avec la plus grande diftinction : il s'acquit même une telle réputation dans
l'Italie, qu'il paffoit pour un fecond Hippocrate.
Les connoiffances d'Apono n'étoient point bornées
à la feule Médecine ; il entendoit la plupart des
langues de l'Europe, & plufieurs langues orientales.
Il étoit Philofophe, & avoit de grandes connoiffances
en aftronomie ; il pouffa même fes fpéculations fi
loin en ce genre, qu'il devint Aftrologue, & comptoit
beaucoup fur l'influence des aftres pour la guérifon
des maladies. La vafte étendue de fes connoiffances
lui attira nombre de protecteurs ; les Papes, les
Rois fe partagerent cet honneur ; cependant l'efprit
de fanatifme qui régnoit dans ce temps de fuperftition, le dépouilla bientôt des bienfaits qu'il s'étoit
acquis par fon mérite ; il fut accufé de magie, &
mis en conféquence à l'Inquifition à l'âge de 80 ans.
On lui imputoit d'avoir acquis la connoiffance de
fept arts libéraux par le moyen de fept efprits qu'il
tenoit dans un criftal. Il mourut avant le jugement
de fon procès, & fut enterré dans l'Eglife Saint Antoine. On pouffa le fanatifme plus loin ; on fe repentit d'avoir enterré un impie, & on l'exhuma dans
le deffein de brûler fon cadavre.

Plufieurs de fes amis furvinrent à cette époque,
& enterrerent fon corps pour le fouftraire à l'igno-
minie. On fe contenta pour lors, ne pouvant aller
plus loin, de le brûler en effigie, & de défendre la
lecture de fes ouvrages.

On accufe Apono d'avoir fait la Médecine avec
un vil intérêt. On affure qu'il ne fortoit point qu'on
ne l'eût payé par avance, & à un prix exceffif. Cette
façon de fe conduire avoit vraifemblablement concouru à agrandir fa réputation. Il a donné plufieurs
ouvrages qui renferment nombre de détails anatomiques, & c'eft ce qui nous l'a fait mettre après
Mr. Douglas (a) dans la claffe des Anatomiftes.

Les Auteurs font divifés fur le temps précis de
la mort d'Apono ; Coringius & Naudeus la fixent en
1305 ; cependant fuivant la remarque de Mr. Freind,

(a) Bibliographiæ Anatomicæ.

Apono

on peut tirer de ſes ouvrages une époque plus ſure du temps auquel il vivoit.

Il y a un de ſes livres qui eſt dédié au Pape Jean XXII, & l'on ſait que ſon pontificat ne commença qu'en 1316 ; c'eſt pourquoi on doit retarder la fin de ce grand homme de quelques années. Il a eu une extrême averſion pour le lait, & non ſeulement il n'en uſoit point, mais il empêchoit ſes malades d'y recourir ; il croyoit qu'il produiſoit des obſtructions dans les glandes. Ses ouvrages ſont,

Conciliator differentiarum Philoſophorum, & præcipue Medicorum. Papiæ 1490, in-fol.

Venet. 1496, 1504, in-fol. 1565, *Fol. Lid. Renou.*

Dinus.

Dinus de Garbo floriſſoit en Italie dans le temps qu'Hermondaville jouiſſoit en France de la plus grande réputation. Il étoit Médecin de Florence, ſa patrie ; il étoit fils de *Brun de Garbo* qui le fit étudier ſous Thadeus de Florence & ſous Brun ; il fit dans la Médecine de grands progrès ; & s'occupa principalement de l'Anatomie. La ville de Boulogne le choiſit pour Profeſſeur dans ſon Univerſité de Médecine. Les Auteurs ne ſont pas bien d'accord ſur le temps auquel ce Médecin vivoit ; les uns le mettent au treizieme ſiecle, les autres au quatorzieme ; ſelon Trithemius, il vivoit ſous le regne d'Albert I d'Autriche, & ſous le pontificat de Jean XXII ; ſelon d'autres Hiſtoriens, ſous le regne de Louis le Bavarrois.

Ses ouvrages ſont *de cœnâ & prandio epiſtola, extat cum Vanderlinden, recollectiones in Hippocratem de natura fœtus. Venetiis* 1502, in-fol. *cum aliis ejuſdem argumenti libris.*

Chirurgia cum tractatu ejuſdem de ponderibus & menſuris : necnon de emplaſtris & unguentis. Ferrariæ apud Andr. 1485, in-fol. *Venetiis* 1536, in-fol.

Varignana

Varignana (Guillaume) ſavant Médecin qui vivoit au commencement du 14ᵉ. ſiecle, a exercé la Médecine à Genes. Selon Corringius, il étoit Juif de nation. Son ouvrage ſur le traitement des maladies générales & particulieres, eſt diviſé en cinq chapitres. Dans le premier il traite des maladies chirurgicales, comme de l'alopécie, des ulceres cutanés, de l'orgelet & de la

grêle des paupieres, des échimofes, & des ulceres des
yeux, des plaies & abcès à la matrice, à la verge, du
varicocele, & des autres hernies, des abfcès à l'anus,
des écorchures ragades qui furviennent aux pieds ou
aux mains. Dans le livre fuivant il examine les maladies chirurgicales des différens organes ; il commence par l'expofition des affections de la tête ; il
paffe enfuite à celles de la poitrine : celles du bas
ventre fuccedent à celles-ci, & la derniere partie
comprend les maladies des extrêmités. Ses remarques fur la nature du cal font curieufes, & les
préceptes qu'il recommande d'obferver pour un heureux traitement des fractures, méritent des éloges.
On reconnoît dans Varignana un homme confommé
dans une longue pratique, & rempli de fes Auteurs,
fans avoir l'érudition pedantefque qui eft aujour-
d'hui le partage de la plupart des Ecrivains. Ses ouvrages font :

*Opera Medica de curandis morbis univerfalibus &
particularibus. Bafilea 1545, in-4°.*

*Secreta fublimia ad varios curandos morbos veriffi-
mis autoritatibus illuftrata. Lugduni 1526, in-4°. Bafilea 1597, in-8°. Cum notis Gafparis Bauhini.*

Gordon (Bernard) naquit à Montpellier, & y
profeffa l'Anatomie pendant dix ans avec beaucoup
de célébrité. Cette Univerfité étoit encore au berceau, n'ayant été fondée par le Pape Nicolas IV
que vers l'an 1284. Né avec des talens & de l'ambition, Gordon fe fit bientôt la réputation la plus
brillante, foit par fa pratique, foit par fes leçons.
Ce fut alors qu'il compofa le volume immenfe que
nous avons fous ce titre : *Lilium Medicina*, qui traite
de la cure de prefque toutes les maladies divifées
en fept parties. Dans cet ouvrage font réunis quelques autres petits traités de Gordon. Il y en a eu plufieurs éditions, une à Venife en 1494, in-fol. une
à Paris en 1542, in-8°. une à Lyon en 1574, in-8°.
contenant 1115 pages. L'ouvrage commence en ces
termes : Ce préfent livre fut commencé, par la
grace de Dieu, en noble eftude de Montpellier,
après ce que j'en eus lu par l'efpace de vingt ans.

Ce fut l'an de Notre Seigneur 1303, au mois de Juillet, que je le publiai.

L'Auteur y traite l'Anatomie des yeux, de l'oreille, des narines, de la bouche, du col, de la luette, de la voix, de l'œsophage, des intestins, & de la rate. Il est à remarquer, au sujet du titre de cet ouvrage, qu'il fut fait dans un siecle où les Auteurs avoient tous la manie de donner à leurs productions les titres fastueux de *Lilium* ou de *Rosa*. Les Auteurs avoient pour ces titres insensés le même goût que la noblesse avoit dans le même temps pour la chevalerie errante.

ARNAUD DE VILLENEUVE Plusieurs contrées se disputent l'honneur d'avoir vu naître Arnaud de Villeneuve; les uns prétendent qu'il naquit à Valence en Espagne, d'autres en Provence, d'autres en Languedoc. Ce dernier sentiment est le plus probable, puisqu'on trouve dans ses ouvrages plusieurs termes qui étoient propres au bas Languedoc. Dans son traité *de regimine sanitatis*, il parle des poissons qui étoient en usage dans son pays : *qui sunt in usu in istis partibus Galliæ.* D'ailleurs les livres d'Arnaud de Villeneuve, qui furent condamnés par l'Inquisition, étoient écrits en Languedocien; d'où nous conclurons avec le célebre Mr. Astruc (a), que cet Auteur naquit en Languedoc, comme il ledit, dans un petit Bourg à deux lieues de Montpellier, appellé Villeneuve (b).

Il avoit une passion dominante de tout savoir, & c'est pour cela qu'il entreprit de voyager en Espagne, en Italie & en France. Il se fixa à Paris, y exerça la Médecine, & y étoit fort estimé, lorsque son entêtement pour l'Astrologie judiciaire le porta à prédire la fin du monde pour le milieu du treizieme siecle. Ce ne fut point là l'unique folie à laquelle il se porta. L'Université de Paris s'éleva contre des erreurs qu'il soutenoit avec opiniâtreté : ce qui l'obligea de se réfugier auprès du Roi de Sicile qui le chargea de plusieurs négociations importantes, sachant qu'il avoit beaucoup de crédit auprès du Pape Clément V, & auprès du Roi Robert. Quelques

(a) V. Symphorian. Campeg. in vitâ Arnald.
(b) Ain. Villan. lib. 11. pract. Med. Cap. 1.

années après, en 1313, il fit naufrage fur les côtes de Gènes, lorfqu'il revenoit en France. Il fut enterré à Gènes où l'on voit encore fon tombeau.

Les ouvrages d'Arnaud de Villeneuve furent imprimés à Lyon, in-folio en 1520, avec la vie de l'Auteur, en 1585, avec les notes de *Tellerus*, à Bafle, à Lyon en 1586. Quoique cet Auteur fût grand partifan de l'Aftrologie judiciaire, on lui attribue cependant des ouvrages dont il n'eft pas l'Auteur, & qui le feroient paffer pour un fol fi on les trouvoit parmi fes œuvres. Tels font un traité *de Phyficis ligaturis*, un autre *de figillis duodecim fignorum*. Poftel lui attribue auffi fauffement un livre imaginaire *de tribus impoftoribus*. Quoiqu'Arnaud de Villeneuve n'ait pas traité *ex profeffo* de la Chirurgie, on trouve cependant dans fes ouvrages le traitement de plufieurs maladies chirurgicales. Il a parlé de la fquinancie, & l'a définie un refferrement du gofier avec fuffocation : il dit que dans ces cas il fe forme un abfcès dans un follicule qui eft entre l'œfophafe & la trachée artere (a), que la tumeur eft toute en-dedans, fans paroître au dehors ; qu'il y a difficulté de refpirer, extinction de voix, & beaucoup de fievre, & que le malade ne pouvant parler, porte fouvent le doigt fur l'endroit où il fent fon mal. Cette efpece de fquinancie, dit notre Auteur, eft prefqu'incurable : c'eft celle dont parle Hippocrate (b). La feconde efpece de fquinancie a des fignes caractériftiques, & fe reconnoit, pourfuit notre Auteur, en ce que la tumeur paroît au dehors, que le malade a moins de fievre, & refpire plus aifément. Cette feconde efpece eft moins fâcheufe que la premiere ; mais elle demande un prompt fecours. La troifieme efpece de fquinancie eft celle où la tumeur eft toute au dehors, & où le malade ne fent point de douleur & n'a point de fievre ; elle fe guérit facilement, à moins que par des topiques imprudemment ordonnés, on ne répercute l'humeur au-dedans du corps. Après avoir expliqué la caufe

(b) Ibid. Videtur in quodam folliculo quod eft inter œfophagum & tracheam arteriam.
(b) Hipp. Prognoft.

des fquinancies, felon les principes des Péripatéticiens, il paſſe à la cure, & preſcrit les faignées de
la tête & du bras, felon l'âge & les forces du malade ; il veut que le fecond jour on ouvre la veine
de deſſous la langue, & ſi la maladie ne diminue
pas, qu'on applique les ventoufes, & qu'on faſſe
des ſcarifications le troiſieme jour ; qu'en même
temps on preſcrive des lavemens émolliens & des
gargarifmes (a). *Hujufmodi enim flebotomiis*, dit-il,
quam plures fquinanticos curavi.

Arnaud de Villeneuve parle auſſi de la ſtérilité
contre laquelle il preſcrit le *fil facerdotal* comme un
remede infaillible. En praticien habile, il donne
enfuite des regles pour le coït ; il en prouve l'utilité
pour la confervation de l'eſpèce & de la fanté d'un
chacun, en même temps qu'il en fait voir les dangers pour ceux qui s'y livrent avec trop d'acharne-
ment. Il y a apparence que c'eſt à tort qu'on lui
attribue d'avoir voulu former un homme en répan-
dant de la femence dans une citrouille. Son traité
de venenis peut être utile. Il veut, par exemple, que
lorſqu'un homme a été mordu par un ſerpent, un
ſcorpion ou un léfard, il écrafe la tête de l'animal,
s'il le peut, & l'applique fur la plaie.

Pour la guérifon du calcul dans les reins ou dans
la veſſie, notre Auteur croit qu'on peut en délivrer
le malade fans en venir à l'opération. Il preſcrit
pour cela un fatras de remedes, dans lequel le lecteur
fe perd.

Ce qu'il dit fur la faignée eſt rempli de fuperftitions,
difons plus, de puérilités. Il paroît qu'il ajoutoit
foi aux rêveries des bonnes femmes. Il avoit des
temps pour la faignée ; il obfervoit le cours de la
Lune, les jours heureux ou malheureux, & quantité
d'autres petiteſſes auxquelles il étoit aſſujetti. Il faifoit auſſi beaucoup d'ufage des ventoufes & des fangfues.

C'eſt lui auquel nous devons l'eau-de-vie & l'efprit-
de-vin. Les préceptes que donne Arnaud de Villeneuve fe reſſentent du temps fuperſtitieux où il vivoit.

_____

(a) Villan. de Squin. cap. 1.

Toutes

Toutes ſes actions avoient quelque choſe de myſté-
rieux ; c'étoit par-tout des actes préliminaires de
religion qu'il employoit, avant d'aller en avant, dans
le traitement des maladies. A la lecture de cet ouvrage, on apperçoit un homme extrêmement pieux,
ou habile à le faire croire (a), apparemment pour
ſon intérêt, car il n'eſt guere probable qu'un Médecin de nom, tel qu'Arnaud de Villeneuve, ſe fût
amuſé à préconiſer l'auſtérité des *Chartreux*, ſi des
vues d'intérêt ne l'avoient porté à en agir de la ſorte.
Dans le douzieme ſiecle, les Moines étoient aſſez
puiſſans & aſſez redoutables pour ſe faire préconiſer.

Mundinus

Mundinus naquit à Milan (b), & y profeſſoit
l'Anatomie vers l'an 1315. Il s'acquit la réputation
la plus brillante, & tira cette ſcience de la barbarie
& de l'oubli. Il en fut le reſtaurateur en Italie : auſſi
Maſſa lui donne-t-il le titre d'*Anatomiſte célebre*,
Anatomiſta illuſtris, vir in ſectione celeberrimus. Il
faiſoit ſes démonſtrations publiquement, & y mettoit aſſez d'ordre ; il fit même imprimer ſon Anatomie, & y joignit de nouvelles obſervations &
de nouvelles découvertes. Le zele de Mundinus excita les Médecins à marcher ſur ſes traces, l'émula-
lation leur fit faire des efforts pour remettre en vigueur une ſcience qu'Hippocrate regardoit comme
indiſpenſable à ceux qui ſe mêlent de l'art de guérir.
Le livre de Mundinus, quoique mal en ordre &
mal écrit, fut cependant le ſeul qu'on eſtimât dans
les écoles d'Italie, & dont on ſe ſervit pendant près
de deux cents ans. Les ſtatuts de l'Académie de Padoue firent une loi aux Candidats, de ſuivre le texte
de Mundinus. *Ut Anatomici Paduani explicationem
textualem ipſius Mundini ſequantur*. Cette loi étoit
encore obſervée deux cents ans après Mundinus.

Jean Dryander a donné une édition de l'Anatomie
de Mundinus. Jacques Carpi qui en donna enſuite une
autre édition, regarde l'Auteur comme le plus grand

(a) L'édition de 1586 que nous avons conſultée, ne contient
aucune des erreurs qu'on a condamnées dans Arnaud de Villeneuve ; nous n'avons pas cru devoir entrer dans des diſcuſſions
qui ne ſont pas de notre objet.
(b) Goelike, Hiſt. Anat. p. 110. le dit natif de Boulogne.

O

Anatomiste latin, & son livre comme incompa-
rable (*a*). Carpi avoue cependant que Mundinus a
donné quelquefois à gauche ; mais il l'excuse en
disant que peut-être les véritables livres de Galien
n'étoient point parvenus jusqu'à Mundinus, & que
cet Auteur manquoit de secours suffisans, parceque
de son temps il n'y avoit que très peu de livres (*b*).
Coringius (*c*) n'est pas aussi indulgent que Carpi ;
il dit que les écrits de Mundinus se ressentent de la
barbarie où il vivoit. Riolan l'accuse de n'avoir
fait des leçons d'Anatomie que d'une maniere grossiere, & d'avoir copié Galien.

Voici l'ordre que Mundinus suit dans son ouvrage.
En décrivant une partie, il examine sa situation,
sa texture, sa substance, ses tuniques, ses ligamens,
ses usages, ses fonctions, & enfin les maladies
dont cette partie peut être attaquée.

Mundinus divise le corps en trois ventres ; le
supérieur, le moyen & l'inférieur ; il commence
par la description du ventre inférieur ; il divise les
parties en externes & en internes : les parties externes, dit-il, sont droites ou collatérales ; les droites
sont, 1°. celles qui répondent à l'orifice de l'estomac ; c'est la partie où l'on voit la bouche, l'é-
piglote, autrement nommée pomme d'Adam.

2°. La partie de l'estomac, située environ quatre
doigts au-dessus du nombril.

3°. La partie ombilicale où se trouve l'ombilic
qui est le point de communication du fœtus avec
la mere. On voit intérieurement une veine qui s'unit
avec lui (le nombril), & qui passe à travers le
foie pour s'aller rendre à la vésicule du fiel. Cette
veine cependant n'a point de sang, parcequ'après
l'accouchement elle devient inutile & se desseche ;
c'est pourquoi on la trouve très petite dans les vieillards.

4°. Les parties droites externes sont celles qu'on

(*a*) Quod nec antiquorum, nec recentiorum reperiatur liber
qui in tam brevi sermone, tot & tanta de cognitione membrorum contineat.

(*b*) Carpi ajoute aussi : quandoque etiam bonus dormitat
Homerus.

(*c*) Coringius introduct. in art. Med. cap. 3. §. 24.

nomme *fumac*, quatre doigts au-deſſous de l'ombilic. C'eſt-là qu'aboutiſſent à la peau certaines veines
par leſquelles les enfans contenus dans la matrice
ſe débarraſſent de leurs eaux.

5°. Enfin la partie qu'on appelle *pecten*, qui contient les parties de la génération.

Les parties latérales externes ſont les deux hypocondres & les flancs. Les hypocondres ſont nommés
droit & gauche : dans le premier eſt placé le foie ;
le ſecond contient la rate ; les flancs ſont ſous les
hypocondres.

Mundinus, apres ces diviſions générales, entre dans
le détail en commençant par la deſcription des parties
contenantes du bas ventre , auxquelles il donne le
nom de *myrach*. Il ne compte , comme Galien (*a*) ,
que huit muſcles au bas ventre , au-deſſous deſquels
eſt le *ſyphac* : (c'eſt ainſi qu'il nomme le péritoine).
C'eſt, dit-il , un pannicule très fin & très dur ; il
eſt très fin pour ne point ſurcharger (*b*) ; il eſt très
dur afin de mieux contenir les parties du bas ventre
quand il ſe rompt : on nomme cet accident *rupture.*

Le ſyphac , pourſuit Mundinus , a deux uſages
principaux ; le premier , c'eſt que lorſqu'il ſe contracte vers le dos avec lequel il s'attache, il chaſſe tout
ce qui eſt dans l'eſtomac , les inteſtins ou la matrice , conjointement avec le diaphragme avec lequel
il communique (*c*).

Le ſecond uſage du *ſyphac* eſt d'attacher les inteſtins au dos , & de fournir un *pannicule* à tous les
membres qu'il contient.

Du péritoine il paſſe à l'épiploon qu'il appelle
zirbus , qu'il dit recouvrir la partie antérieure de
l'eſtomac & tous les inteſtins. Son principal uſage eſt,
ſelon notre Auteur , de favoriſer la digeſtion en
entretenant une chaleur douce & naturelle à l'eſtomac & aux inteſtins. Il appuie ſon ſentiment de

(*a*) De Juvam. Memb. cap. ultimo.
(*b*) Ce ſentiment eſt celui d'Ariſtote , lib. 3. de part. anim.
cap. 11.
(*c*) Avicenne dit la même choſe , lib. de Animal. cap. de Anat.
ſtomachi.

l'autorité de Galien, qui rapporte (a) une obfervation d'un homme à qui on avoit emporté une
partie de l'épiploon, & qui ne pouvoit plus manger, fans avoir une indigeftion. Il commence, en
parlant des inteftins, par la defcription du rectum,
& fucceffivement du colon & du cœcum ; enfuite il
vient aux inteftins grêles, & toujours de bas en
haut ; il décrit *l'ileum*, le *jejunum* & le *duodenum* ;
il s'étend enfuite fur tous les vifceres du bas ventre ;
il paffe plus légerement fur les vaiffeaux fanguins
& les nerfs : quant aux mufcles, il ne parle que
de ceux du bas ventre ; il ne fait qu'indiquer ceux
qui fervent à la refpiration (b) ; il les divife en
dilatans (c) ou infpirateurs feulement, & en *reffer-*
rans, ou expirateurs ; il met au nombre des premiers, les deux mufcles du diaphragme qu'il dit
augmenter en même temps la capacité de la poitrine en fe dilatant vers le bas ; deux mufcles du
col, qu'il ne nomme pas, dilatent la capacité fupérieure ; enfin, au nombre des mufcles infpirateurs, il met les mufcles du dos (d). Les mufcles
qui, felon Mundinus, fervent à dilater & à rétrecir
la poitrine, font les intercoftaux (e) ; il regarde les
veines comme les racines de la verge & de la langue
où elles viennent aboutir.

Mundinus dit que les vaiffeaux fpermatiques des
femmes aboutiffent à deux corps charnus & remplis
de petites concavités qui logent des glandes qui
filtrent une humeur femblable à la falive pour le
plaifir de la femme dans le coït (f) ; qu'on trouve
fept cellules dans la matrice, trois à droite, trois
à gauche, & une à fon fonds : à *fa fuperficie* eft
une membrane très mince qui fe brife aux premiers

(a) De vuln. cap. pect. 9.

(b) De Anatom. mufcul. pect. edit Curt. pag. 216.

(c) Ibid. pag. 200. continuata eft VIRGA ; cum maximis venis & arteriis ortis a venâ defcendente & propter hocce, venæ
funt ficut radices virgæ.

(d Ibid. pag. 217. Sunt etiam mufculi qui funt in dorfo ubi eft
origo coftarum, & incipiunt juxta originem primæ coftæ.

(e) Ibid Quia inter quaflibet duas coftas, funt duo mufculi,
quorum unus habet villos latitudinales, & alius tranfverfales.

(f) Ibid. pag. 161.

approches de l'homme. Le col de la matrice, pourfuit Mundinus, eft de la longueur de la paume de
la main, *comme la verge* ; il eft large & capable
de dilatation ; on y trouve beaucoup de rides *femblables à des fangfues* ; elles font le fiege du *chatouille-
ment*. Notre Auteur regarde la vulve *a)* comme l'extrêmité du col de la matrice. Près du conduit urinaire, il remarque deux petites peaux ; c'eft fans
doute les nymphes.

Les ureteres s'ouvrent obliquement dans la veffie ;
par ce méchanifme, l'urine ne peut refluer (*b*) vers
les reins. Cette defcription eft conforme à la ftructure. Plufieurs Anatomiftes modernes auroient dû
puifer dans cet ancien Auteur. Il a admis un fphynêter
à la veffie : ce qui fait, dit-il, que la cicatrice s'o-
pere plus facilement qu'au fonds de ce vifcere.

Mundinus donne le nom de petites portes, *oftiola*,
aux valvules qu'on trouve à l'orifice des vaiffeaux
du cœur (*c*). Il dit que lorfque l'on coupe ou qu'on
lie les nerfs récurrens du larynx, on fait perdre la
voix à l'animal (*d*). Cet Anatomifte a donné une defcription complette de la trachée-artere, & quelques
explications très fommaires de fa configuration :
comme Galien, il dit qu'elle eft compofée de plufieurs demi cercles liés à une membrane ; ces demi-
cercles font tournés en arriere ; ici fe trouve un
mufcle particulier, capable, en fe contraêtant, de
refferrer & de rapprocher les anneaux.

La defcription & le traitement des maladies chirurgicales que Mundinus a mis après prefque tous
les chapitres de fon anatomie, nous fait conclure
avec fondement que s'il ne faifoit pas fon occupa-

(*a*) Mund. de matricis Anatom.

(*b*) ... Terminantur (URETERES) ad veficam juxta medium ejus, & non funt perforantes veficam direête, uno fora-
mine magno, fed foraminibus magis parvis & obliquis à late-
ralibus procedentibus inter tunicam & tunicam... & hoc fuit
faêtum, ut quando urinâ repleretur vefica, non redeat urina ad
renes. Mund. de Anatom. veficæ. Curt. p. 194.

(*c*) Et habet (COR) tria oftiola quæ aperiuntur ab extra ad
intra Ibid Anat. cordis. Curt. p. 148.

(*d*) Pag. 287.

tion principale de la Chirurgie, il étoit du moins très expérimenté dans cette partie de la Médecine.

Dans l'hydropifie du bas ventre, il conseille la ponction, comme le remede le plus prompt & le plus affuré contre cette maladie.

S'il y avoit, dit-il, solution de continuité au bas ventre, & que la plaie fût pénétrante avec issue de l'épiploon, on en feroit la ligature le plus près de la peau qu'il feroit possible, & on couperoit ensuite la portion d'épiploon qui est hors du ventre, parceque le contact de l'air le corrompt, & que par conséquent il y auroit du danger de l'introduire dans le ventre (a). Si les intestins sortent par la plaie, on les lavera avec de l'eau chaude, s'ils étoient couverts de poussiere, & s'ils sont enflés, on y appliquera par-dessus des fomentations émollientes, ou des cataplasmes résolutifs ; si après cela on ne peut les faire rentrer, on agrandira la plaie.

Si un des gros intestins est blessé, on fera quelques points de suture aux deux extrêmités, & on les rejoindra.

Mais si c'est un des intestins grêles qui est divisé, Mundinus conseille un remede fort singulier ; c'est d'approcher les bords divisés l'un de l'autre, & d'avoir une grosse fourmi dont on appliquera la bouche fur la plaie afin qu'elle la faififfe. Notre Auteur veut ensuite qu'on coupe la tête de la fourmi, & qu'on introduise l'intestin blessé dans le ventre. Ce moyen est superstitieux & ne nous paroît guere capable d'opérer l'effet que le Chirurgien se propose dans ces cas ; & nous ferions portés à croire que le projet d'opérer la réunion avec la tête d'une fourmi a été enfanté dans le cabinet, comme quantité de systêmes dont nos Auteurs modernes inondent l'univers savant.

Il s'engendre souvent dans les reins, dit Mundinus, des pierres qui sont ordinairement de la cou-

(a) Si zerbus egrederetur, tunc debet fui cum serico, vel ligari juxta cutem, & abscindi. Quia de ipso, quantum contingit, aer corrumpitur, & si intromitatur, putrefit, & putrefacit alias partes... Ibid. pag. 194.

leur du rein. Si ces pierres font trop groffes pour paffer dans l'uretere, la maladie eft incurable (a). Lorfque ces pierres tombent dans la veffie, elles groffiffent (par l'appofition de nouvelles matieres). Les humeurs mucilagineufes ramaffées & condenfées dans la veffie (b), peuvent auffi former la pierre. On guérit cette maladie par les diffolvans, ou par l'opération. La méthode que fuivoit Mundinus étoit celle *du petit appareil*, ou de Celfe. Lorfque la pierre étoit fort petite, il tâchoit de la conduire tout le long du canal de l'uretere, & d'y introduire un petit crochet pour la tirer.

Quand la luette s'abcéde, il vaut mieux, dit notre Auteur, la cautérifer que de la couper, parcequ'elle ne fe cicatrife jamais, & qu'il s'y forme un ulcere qui entretient la puanteur de la bouche (c). Il parle très fuccinctement de l'efquinancie, dont il dit que le fiege ordinaire eft à l'entrée de la trachée artere qu'il appelle *canna*, ou de l'éfophage qu'il appelle *mery*.

Il parle auffi de la cataracte qu'il dit être produite par des vapeurs qui defcendent du cerveau, s'élevent de l'eftomac, il décrit l'opération qu'on appelle *par abaiffement* (d).

En général il y a de bonnes chofes dans Mundi-nus, il y a plufieurs defcriptions & réflexions qui lui font propres; mais il y en a beaucoup qui lui font communes avec Galien.

Douglas (e) cite les éditions fuivantes de l'Anato-mie de Mundinus.

Anatome omnium humani corporis membrorum. Pa-piæ, in-fol. 1478. *Bononiæ* 1481. *fol. Emendata per D. Andream Marfianum. Venetiis* 1507. *fol. Argent.* 1509.

Libellus Mundini de partibus humani corporis, ab

(a) Quia non nifi per incifionem curatur; a quâ penitus ca-veas. Mund. Anat. Venæ cyles, emulgent. & renum. Curt. pag. 156.

(b) De Anatom. Veficæ. Curt. p. 195.

(c) Quando incidetur, raro confolidatur . . . femper fenti-tur fœtor oris, & ideò melius eft ut cauterifetur ferro ignito. Mund. de Anatom. oris. Curt. p. 280.

(d) Mundin. de Anat. oculi.

(e) Bibliog. Anat.

*omni errore mendâque alienum , nec non cum annota-
tionibus in margine positis & locis utilioribus , Arist.
Avicennæ , Galeni , cæterorumque medicorum. Papiæ
1512. in-4°. Lugduni 1529. Cum annotationibus Ar-
noldi Villanovani.*

*Anatomia Mundini ad vetustissimorum , eorumdem-
que aliquot manuscriptorum codicum fidem collata ,
justoque suo ordine restituta : adjecta sunt quarumcum-
que partium corporis ad vivum expressa figuræ ; ad-
sunt & scholia non indocta , quæ prolixorum commen-
tariorum vice esse possunt. Per Joann. Dryandrum ,
Marpurgi 1541. in-4°.*

Jean Adelphe a aussi commenté Mundinus, & en
a donné une édition sous ce titre :

*De omnibus humani corporis interioribus membris
anatomiæ. Argentinæ 1513.*

*Anatomia Mundini per Carpum castigata , & post
modum cum apostillis ornata , ac noviter impressa. Venetiis , anno 1516.*

Alexandre Achillini , Mathæus , Curtius & plusieurs autres , ont aussi commenté Mundinus.

Gilbert , surnommé l'Anglois , florissoit au commencement du 13e. siecle. Baleus l'a fait plus ancien (a) , & le place sous le regne de Jean Sans-Terre
Roi d'Angleterre , dans le 12e. siecle. Mais nous
croyons pouvoir nous écarter de ce sentiment, puisque
Gilbert cite plusieurs fois Averrhoës , qui vécut jusqu'au milieu du 12e. siecle, & dont les ouvrages ne
parurent que long-tems après sa mort. Nous avons
pour nous le témoignage du Chancelier Bacon & de
M. Freind (b). La Médecine n'avoit alors fait aucun
progrès en Angleterre : elle étoit le partage des Moines ignorans & avides , qu'un intérêt sordide rendoit
Médecins. Gilbert avoit un goût décidé pour la Médecine & pour les simples. Il avoit beaucoup voyagé ,
& avoit acquis beaucoup de connoissances dans ses
voyages. Il étoit très versé dans les Langues Grecque
& Latine ; & il étoit grand Philosophe , & fit l'ornement de sa patrie. Nous avons de lui un ouvrage qui
a pour titre : *Compendium totius Medicinæ* ; on trou-

(a) Cent. de viris Illustr.
(b) Hist. Med, Freind.

ve dans cet ouvrage un Traité des écrouelles qu'il appelle *malum regium*, à cause de l'ancien usage où l'on étoit de faire toucher les écrouelles aux Rois. Il a aussi parlé des *plaies*. On lui reproche de s'être servi de termes barbares pour exprimer les choses nécessaires dans le traitement des plaies : par exemple, du mot *plagella*, pour désigner un plumaceau, *d'algalia* pour *algalie*, & de plusieurs autres termes étrangers à l'art ; mais l'usage du temps où il écrivoit l'obligeoit sans doute de tenir ce langage. L'ouvrage de Gilbert a été imprimé plusieurs fois. Il parut d'abord à Lyon, en in-4°., en 1510, sous le titre de *compendium totius Medicinæ*. On le réimprima à Genève sous le titre *de laurea Anglicana, seu compendium totius Medicinæ* (a).

Jean de Gadesden étoit Anglois, & membre du College de Marton à Oxford. Il étoit Chanoine & non Moine, comme le remarque Mr. Freind (b). Dès l'an 1320 il étoit Docteur en Médecine, & s'étoit déja acquis beaucoup de réputation. Il savoit flatter ses malades, & ne s'embarrassoit pas que leur état devînt pire, pourvu qu'il masquât son empirisme sous des dehors trompeurs, & qu'il satisfît leur goût ; C'est sur-tout par ses lâches complaisances, qu'il devint le Médecin des Dames ; il avoit grand soin de ne leur prescrire que des remedes agréables au goût ; il leur permettoit tout ce qui pouvoit les flatter ; les odeurs, les essences, & tous les petits riens dont l'interdiction est un chagrin véritable pour cette espece de femmes qu'on nomme *petites maîtresses*, & dont les maladies sont ou *de mode*, ou *de bienséance*. Gadesden faisoit cependant son profit de la crédulité de ceux qui avoient recours à lui, il avoit des remedes pour chaque maladie, & comme il ne manquoit pas de les donner comme des secrets importans, il les vendoit aussi fort cher. Il fit un profit immense en vendant aux Barbiers l'emplâtre de grenouilles (c). Il parloit de tout, & se donnoit éga-

_____

(a) Hist. Med. part. 3.
(b) V. Manget, Biblioth. script. Med. lib. 7.
(c) RosaAnglica. Pro quo habui aliquam pecuniam à barbitonsoribus.

lement pour Médecin , Chirurgien , apothiquaire ,
homme de Lettres , & fur-tout bon Poète. Ce qu'il
y a de vrai , c'est qu'on trouve à peine une page
dans son livre où il n'y ait quelque citation en vers,
& fort souvent il affecte d'y mettre des siens propres.
Il fut le premier, comme le remarque Mr. Freind (a),
qui fût employé à la Cour d'Angleterre , comme
Médecin ; avant lui on faisoit venir des Médecins
étrangers pour le Roi; il eut soin du fils d'Edouard II
dans la petite vérole dont ce jeune Prince fut attaqué ; il fit garnir le lit du malade d'écarlate , &
ordonna que tout ce qui l'environnoit seroit de la
même couleur (b).

Il se mêloit aussi d'opérations chirurgicales ; il
se vantoit même d'être grand opérateur , & s'élevoit hautement contre quelques Chirurgiens de son
temps (c). Il vante dans son livre sa dextérité à
remettre les luxations , & se disoit grand Oculiste ,
sur-tout pour les maladies des yeux qu'il appelle
infectiones , pour lesquelles il disoit avoir un secret
infaillible ; Plus la maladie étoit dangereuse , plus
il montroit d'assurance & de fermeté. Quelqu'un
avoit-il la pierre , il avoit , disoit-il , des dissol-
vans immanquables. Les accès de goutte les plus
violens cédoient à ses topiques. Il arrachoit les dents,
déracinoit les cors des pieds ; enfin il n'étoit aucune incommodité dont il n'assurât la guérison. Il
prétendoit guérir la colique en faisant appliquer au
malade une ceinture faite d'une peau de veau marin ,
dont l'agraffe étoit faite avec un os de baleine. Il
rémédioit aux hernies , en appliquant un emplâtre
ou le caustique. Il n'avoit pour arrêter le progrès des
chancres , que le cataplasme de lapathum rouge.

Il faisoit aussi métier de servir les femmes enceintes.
Il paroît par la lecture de ses ouvrages , qu'il y étoit

(a) Hist. Med.
(b) Capiatur scarletum , & involvatur variolosus totaliter ,
sicut ego feci de nobilissimo filio Regis Anglicæ . . . & feci omnia circa lectum esse rubra . . . & est bona cura. Rosa Angl.
(c) Et secundum Lanfrancum , Rolandum & Brunum , & est
errori. Ibid.
(d) Experimentum meum , quod divitibus convenit , de quo
possum dicere miracula. Ibid.

autant porté par goût que par intérêt. Il recommande de leur donner de la rhubarbe brûlée. Son
ftyle fur ce fujet eft non feulement libre & galant,
mais obfcène en certains endroits. Quoiqu'il parle
des accouchemens, nous ne pouvons affurer qu'il
les ait manœuvrés. Il ne feroit pas étonnant qu'un
homme auffi avide de gain que l'étoit Gadefden,
fe fût ingéré, même fans connoiffance, à faire
l'Accoucheur.

Cet Auteur débitoit auffi un fecret pour faire concevoir. Il fe vit bientôt accablé d'une multitude de
femmes de toute efpece qui venoient chercher la
fécondité dans la profondeur de fa fcience. On peut
voir ce qu'il dit lui même à ce fujet dans fon livre (a).

On ne fera pas furpris que ce fameux *Charlatan*
débitât auffi des maximes de gourmandife ; ce fut
peut-être un des meilleurs moyens qu'il crut employer pour fe faire un nom parmi les grands &
les femmes du *grand air.*

Le feul ouvrage que nous avons de Gadefden, a
pour titre *Rofa anglica.* Ce livre fut dans fon temps
auffi célebre que le *Lilium* de Gordon.

Barthelemi Glanville, furnommé l'Anglois, étoit
de l'illuftre famille des Comtes de Suffolk. Il embraffa la vie monaftique, & entra chez les Corde-
liers. Le goût décidé qu'il avoit pour les fciences
ne diminua point dans l'oifiveté du cloître ; il les
cultiva avec zele, & ce fut pour lors qu'il compofa
le fameux ouvrage *de proprietatibus rerum, libri no-
vemdecim.* Ce livre lui fit un honneur infini, &
lui acquit à jufte titre la réputation du premier
génie de fon fiecle. Il y en a eu quatre éditions, une
à Cologne en 1481, petit in-fol. une à Strasbourg
en 1491, in-fol. une autre à Nuremberg en 1519,
in-fol. une enfin à Francfort 1601, in-8°. Cet ouvrage contient les traités fuivans.

De anima rationali & hominis defcriptione. lib. 3.
De cenfu communi. cap. 10.
De quinque fenfibus in quinque capitibus.
De pulfibus. cap. 23.

(a) Rofa Angl. de modo generandi, p. 77.

De humoribus cap. lib. 4.
De humoribus corporis. lib. 4.
De omnibus humani corporis membris. cap. 66.

Le livre de Glanville fut auffi imprimé à Nuremberg en 1492, in-fol. il fut encore imprimé en anglois en 1471, 1535, & traduit en françois par Corbichon par ordre de Charles V, Roi de France. A Lyon 1491, in-fol.

Si Mundinus fut le reftaurateur de l'Anatomie dans le treizieme fiecle, Guy de Chauliac fut celui de la Chirurgie. Cette partie effentielle de la Médecine n'étoit exercée que par des gens d'une ignorance craffe ; elle étoit le partage des Barbiers. Il étoit réfervé à Guy de Chauliac de tirer de la pouffiere & de la barbarie, un art fi précieux à l'humanité, mais dont aucun homme, depuis Hippocrate, n'avoit donné des principes. Guy *le bon Docteur*, (a). Guy de Chauliac s'attacha par goût à la Chirurgie, dont il fit fa principale occupation, & à la pratique de laquelle il dut fa réputation & fa gloire. Avant d'entrer dans le détail de fa vie & de fes ouvrages, qu'il nous foit permis de donner ici l'extrait d'une lettre qu'un des fils de Joubert, Commentateur de Guy de Chauliac, écrivoit dans le quinzieme fiecle au premier Préfident du Parlement de Dauphiné, pour le prier d'agréer la dédicace des annotations de fon pere, dont il étoit l'éditeur. On verra dans cette lettre pleine de naïveté, en quel état étoit alors la Chirurgie, puifqu'elle tend à laver Laurens Joubert du reproche qu'on lui faifoit de s'être abaiffé à commenter un livre de Chirurgie (b). On eftimoit cependant beaucoup cet ouvrage ; mais la jaloufie a de tout temps cherché à détériorer les meilleurs écrits. »J'ai pris, *dit le »fils de Joubert*, la hardieffe de m'employer à la »traduction des annotations DE MON PERE fur la »très requife Chirurgie de Mr. Guy, tant pour le »relever de cette peine, que pour m'exercer tou-»jours plus en ce fubjet qui m'abbreuve l'enfance

(a) Epître Dédic. d'Ifaac Joubert.
(b) Cette lettre fe trouve inférée dans le Livre intitulé: grande Chirurgie de Gui de Chauliac, imprimée à Lyon en 1642.

» des termes & phrases de la science médicinale à
» laquelle je suis voué. Vrai est qu'en ce faisant,
» mondit pere me soutenoit le menton, m'adver-
» tissant des plus mauvais passages, & me sortant
» des dangers de périr, autrement il est aisé à croire
» que je m'y fusse noyé... tant est profonde cette
» matiere pour mon petit essor.

Après avoir réclamé l'autorité de son Mécene en
faveur de l'ouvrage de son pere, Joubert remet le
différend aux pieds du THRONE JUDICIEL de son
protecteur, & continue ainsi.

» Ce sont les Médecins & Chirurgiens principa-
» lement qui trouvent mauvais cette entreprise;
» mais pour divers sujets : car les Médecins qui
» honorent mon pere, disent qu'il ne se devoit tant
» abbaisser, que de traduire de latin en françois un
» livre en Chirurgie, d'un mêmement qui ne se dit
» pas Autheur, ains Collecteur, & ramasseur du la-
» beur des autres qui ont écrit en Chirurgie....
» Un Chancellier, premier Docteur Régent Stipendié
» du Roi en la premiere Université du monde pour
» la science de Médecine, se devroit-il amuser à
» corriger, traduire en françois, & commenter l'œu-
» vre d'un Chirurgien, un vieux bouquin, duquel
» même la plupart des Chirurgiens ne fait conte,
» ains le méprise & desdaigne, là où moindres que
» lui qui se disent ses disciples, s'emploient jour-
» nellement à translater de grec en latin, & digne-
» ment commenter les belles & riches œuvres d'Hip-
» pocras, Galien, Paul Eginette, & d'autres bons
» Auteurs ». Tels sont en général les reproches qu'on
faisoit à L. Joubert, d'avoir commenté Guy de Chauliac : reproches mal fondés, puisqu'il n'y avoit alors
aucun Chirurgien lettré qui ne l'eût entre lesmains,
comme on le verra dans la suite de cette lettre.
Le jeune Joubert poursuit, & dit que » la Chirurgie
» de Chauliac, son pere n'avoit pas tant prisée &
» honnorée de son jugement seul, ains l'ayant en
» grand respect pour la singuliere recommendation
» qu'il en avoit oui faire par plusieurs fois à Mr.
» Gabriël Fallope, son Docteur en Chirurgie en
» l'Université de Padoue. Il a aussi considéré le soin

» que Mr. Jean Tagault, très docte Médecin de Paris,
» en a eu de l'illuſtrer & enrichir d'un plus beau lan-
» gage latin, ſe tenant bien à honneur d'être dit ſon
» interprete & correcteur ; mais ſur tous, il a eu
» égard à ce que Mr. Révérend Fales, Docteur Ré-
» gent Stipendié du Roi, & Doyen en l'Univerſité
» de Montpellier, en avoir fait, daignant cette Chi-
» rurgie de ſes annotations ou notables, comme il
» eſt appellé, très amples & très doctes. Ainſi mon
» pere a eu des beaux patrons & exemples ; & ce
» n'eſt pas ſans invitation des plus grands perſonnages
» qui ayent été en Médecine & en Chirurgie depuis
» cinquante ans en çà, qu'il a voulu honnorer les
» écrits de ce bon Docteur qu'il a précédé en la même
» Univerſité, fort renommé pour ſon rare ſçavoir
» & grande expérience, tant en Médecine qu'en Chi-
» rurgie, n'étant pas Mr. Guy ſimple Chirurgien ou
» vil Barbier, comme quelques-uns penſent, mal
» informés de ſes titres & qualités : & plût à Dieu
» que ceux qui le mépriſent ſçuſſent faire autant,
» ou bien l'entendre ſeulement . . . car il eſt ſi bien
» ajancé, lié & entretenu, que par-tout il reſſemble
» & a correſpondance, comme une maiſon bien com-
» paſſée, bien compoſée, & tellement trouſſée,
» qu'elle ſemble jettée au moule & bâtie tout en un
» jour, non pas à pieces mal rapportées . . . de quoi
» je veus conclure touchant aux qualités de mondit
» pere, qu'il ne s'eſt pas oublié de travailler ſur un
» tel ſujet . . . & il devoit cela à la mémoire de ce
» bon Docteur qui a été de la même Ecole.

» Je viens, pourſuit Joubert, aux Chirurgiens,
» leſquels font deux bandes, étant les uns latins &
» & les autres françois ; on dit Chirurgiens latins,
» ceux qui ont eu ceſt heur que d'avoir été nourris
» & élevés ez bonnes Lettres dont ils ſavent latiniſer,
» & ce ſont eux pour la plupart qui deſdaignent
» l'œuvre de Guy, ſe tenant ſeulement aux livres
» d'Hypocras & autres anciens Autheurs ; ou s'ils
» liſent quelquefois la Chirurgie de Guy, c'eſt à ca-
» chette, & comme ayant honte de prendre quelque
» choſe de-là, jaçoit qu'ils en tirent ou ayent tiré
» tout le meilleur de leur ſavoir, à ce qu'on dit,

» qui eſt une ingratitude fort déteſtable , ne vouloir
» reconnoître celui dont on a tant tiré. Eh bien !
» nous mettons cette troupe en la claſſe des Méde-
» cins qui mépriſent de même la Chirurgie de Mr.
» Guy, car auſſi tels Chirurgiens veulent marcher
» de pareil avec les Médecins.

Il paroit que dans le temps de Joubert il y avoit
de vrais Chirurgiens qui ne ſe bornant point au
ſimple manuel, s'adonnoient aux mêmes ſciences
que les Médecins, deſquels ils ne différoient que
de nom. On voit auſſi qu'outre les véritables Chirurgiens, cet art étoit livré à des gens ignares qu'on
appelloit Barbiers ; que ces gens faiſoient ce qu'on
appelle la petite Chirurgie, & avoient les mêmes
prérogatives que les Chirurgiens privilégiés d'aujour-
d'hui, ce qui prouve, quoi qu'en diſent pluſieurs
beaux eſprits du ſiecle, que cette maniere de faire la
Chirurgie eſt auſſi ancienne que ſon établiſſement en
France ; car il n'y a pas apparence que le Roi Saint
Louis en accordant à Pitard de compoſer le corps de
Saint Côme de Maîtres-ès-Arts, lui eut permis de pri-
ver de leur état ceux qui exercoient la Chirurgie ſans
avoir aucun grade dans les lettres, il fallut ſeulement
les ſubordonner au Corps des Gradués, & cet uſage
s'eſt auſſi ſoutenu depuis le treizieme ſiecle juſqu'au
tems de Joubert.

» Quelle profanation, s'écrie Joubert, que de per-
» mettre l'exercice de la Chirurgie, l'une des plus
» dignes parties de la Médecine, aux ignorans anal-
» phabétes qui n'étudierent jamais en aucun livre,
» & qui n'ont qu'une certaine routine, avec des
» recettes qu'ils ſavent par cœur, gens empyriques,
» ſans aucune ſcience.

Ce n'eſt pas à dire pour cela que Joubert fût d'avis
qu'on interdiſe l'exercice de la Chirurgie à tous ceux
qui ne ſavent pas le latin ; il déſiroit ſeulement qu'on
fît un choix ſcrupuleux de ceux qui » n'ayant eu
» ce bien de leurs parens ou de quelques amis, d'a-
» voir été entrenus ès écoles de grammaire, & autres
» bonnes Lettres ; ſavent toutefois bien lire, ont
» un bon eſprit, & ſont ſtudieux, affectionnés à
» l'art de la Chirurgie . . . & n'eût-ce pas été dom-

»mage , *dit-il un peu plus bas* , qu'à faute de moyens
»ils fussent demeurés ignorans de cet art?

Il faut multiplier & ne tenir enclose
La doctrine & le sens de quelque bonne chose.

»L'Auteur répond ensuite à l'objection qu'on au-
»roit pu lui faire de rendre les livres trop communs;
»car, dit-il, que peut nuire la lecture d'un livre à
»celui qui ne l'entend pas? Et s'il ne l'entend qu'à
»demi, il demeure encore au rang des ignorans:
»donc il ne peut acquérir réputation de cela pour
»abuser le monde; & s'il est de nature abuseur,
»pipeur, trompeur, frasqueux, téméraire, hasar-
»deux, affronteur, la faute des livres ne le gar-
»dera pas de l'abus & malversation; car cela s'ap-
»prend volontiers de l'un à l'autre, sans l'usage des
»livres.

  »C'est à vous, Monsieur, dit Joubert à son Mé-
»cene, de juger & condamner les excès de ceux
»qui entreprennent de troubler ou détourner les stu-
»dieux travaillant de bon cœur en la république des
»Lettres. Qu'ils rongent donc les os que je leur donne
»pour se taire, & qu'ils s'adonnent à chasser l'igno-
»rance loin des Professeurs de la Médecine, sans
»s'amuser tant à la bouteille . . . Il est temps que je
»me retire, après leur avoir donné cette escarmouche
»sous l'ombre de votre bouclier plus assuré pour moi
»que celui de Pallas. Mon bas âge ne m'excuseroit
»pas (il avoit pour lors 48 ans) ni ma petite suffi-
»sance, si n'étoit votre respect, & la nuncupation
»que je fais de cette besogne à la grandeur de votre
»nom . . . . mais je suis bien couvert maintenant,
»Dieu merci . . . Je vous baise très humblement les
»mains du petit étui de mes levres ce premier jour
»de l'an 1580 pour bonne étroine.

  Cette lettre nous apprend, à la vérité, dans quel
état étoit la Chirurgie dans le quinzieme siecle: depuis Guy de Chauliac elle avoit déja fait quelque
progrès vers sa perfection. Jusqu'à Avicenne, le
Médecin étoit Chirurgien; »mais depuis en çà,
                       »dit

»dit Guy de Chauliac (a), ou par délicateſſe, ou
»par la trop grande occupation ès cures., la Chi-
»rurgie fut féparée & délaiſſée ès mains des mé-
»chaniques, deſquels les premiers furent Roger,
»Roland, & les quatre Maîtres qui ont fait des
»livres féparés en Chirurgie, & y ont mêlé beau-
»coup de choſes empyriques; puis eſt trouvé Ca-
»mier qui a fait quelque Chirurgie brutale, en
»laquelle il a mêlé pluſieurs fadaiſes; conſéquem-
»ment on trouve Brun qui aſſez diſcretement a fait
»un ſommaire des propos de Galien, d'Avicenne
»& des opérations d'Albucaſis; après lui vient im-
»médiatement Théodore qui raviſſant tout ce qu'a
»dit Brun avec quelques fables d'Hugue de Luynes
»ſon maître, en a fait un livre. Guillaume de Sa-
»licet fut homme de valeur, qui compoſa deux
»ſommaires, l'un en Phyſique, & l'autre en Chi-
»rurgie, & ... enſuite vint Lanfranc qui a auſſi
»eſcrit un livre auquel il n'a mis gueres de choſes
»que celles qu'il avoit prins de Guillaume ... en
»ce tems-là maître Arnaud de Villeneuve fut flo-
»riſſant en ces deux facultés. Henri de Hermonda-
»ville commença à Paris un traité fort notable. En
»Calabre étoit maître Nicolas de Reggio; finale-
»ment, s'eſt élevée une fade roſe Angloiſe qui m'a
»été envoyée, & je l'ai vue: j'avois cru trouver
»en elle ſuavité d'odeur, j'ai trouvé les fables de
»l'Eſpagnol, de Gilbert & Théodore. De mon tems
»ont été Chirurgiens à Tholoſe Maiſtre Nicolas
»Catelan; à Montpellier, Maiſtre Bonet, fils de
»Lanfranc; à Bologne, Maiſtre Peregrin, & Mer-
»cadant; à Paris, Maiſtre Pierre de l'Argentiere;
»à Lyon, Pierre de Bonant; en Avignon, Maiſtre
»Pierre d'Arles, & mon compagnon Jean de Parmes,
»& moi Guy de Chauliac Chirurgien & Docteur en
»Médecine, des frontieres d'Auvergne (b), Dioceſe
»de Mende, Médecin & Commenſal de Notre Sei-
»gneur le Pape.

Notre Auteur fit ſes études en Médecine en l'U-
niverſité de Montpellier, où il ne tarda pas à ſe

(a) Chapitre ſingulier.
(b) Il naquit dans un Village nommé Chauliac.

P

faire un nom. Il fut difciple de Raymundi & de Berthuc. Bientôt fes Maîtres apperçurent en lui des difpofitions fupérieures. Il fe livra entiérement à la Chirurgie, & en fit fon étude principale. Il prit enfuite le Bonnet de Docteur dans cette Univerfité; mais la qualité de Médecin n'ôta rien à fon ancienne maniere de vivre. Avant ce grade il n'avoit exercé que la Chirurgie; il conferva la qualité de Chirurgien. C'eft fans fondement que Mr. Freind avance qu'il fût Profeffeur en Médecine à Montpellier; cette affertion eft gratuite. Il exerça fon art à Lyon avec la plus grande célébrité. Il quitta enfuite cette Ville pour aller fe fixer à Avignon où il attira les regards de Clément VII qui occupoit alors la Chaire de Saint Pierre. Prefque toute la terre étoit défolée par la pefte : ce fléau faifoit à Avignon des ravages inouis. Guy de Chauliac ne s'effraya point du danger; fon zele infatigable les furmonta, comme avoit fait autrefois Hippocrate à l'Ifle de Cos, & cette époque acheva de le faire connoître. Le Pontife romain le récompenfa magnifiquement. Innocent VI qui lui fuccéda, prit auffi Guy de Chauliac pour fon Médecin, & le traita encore mieux que fon prédéceffeur. Enfin après la mort de celui-ci, Urbain V le fit encore fon Médecin & fon Commenfal dès la premiere année de fon pontificat.

Notre Auteur donna au public fa grande Chirurgie : »auquel an, dit-il dans fon chapitre fin- »gulier, du dire de fus nommés, & de mes expé- »riences, à l'aide de mes compagnons, j'ai colligé »cet œuvre comme Dieu a voulu.

Guy de Chauliac, dès le premier pas qu'il fit dans l'art de guérir, avoit prévu que fans les connoiffances anatomiques, les Médecins & les Chirurgiens n'agiffoient qu'en aveugles : auffi s'appliqua-t-il de bonne heure à l'Anatomie, & c'eft par elle qu'il commence fon traité de Chirurgie. Il divife ce qu'il a à dire fur l'Anatomie, *en deux doctrines; la premiere traite des membres communs, univerfels & fimples; la feconde, de la nature des membres propres, particuliers & compofés.*

Il entre en matiere par la defcription de la peau

qu'il dit être un tissu de nerfs, d'arteres & de veines, *pour donner sentiment.* Il en fait de deux especes ; celle qui couvre *les membres externes* qu'il nomme cuir ; l'autre qui couvre *les membres internes,* qu'il nomme *pannicule* ou *membrane,* comme les *toiles du cerveau & le péricrâne,* le *périoste qui couvre tous les os du corps, le siphac ou péritoine, le péricarde & le pannicule de toutes les autres entrailles.*

Après avoir parlé des tégumens, il parle successivement de la graisse & des chairs, dont il fait trois especes ; la chair pure qu'il dit ne se trouver qu'à la tête du *membre viril, la glanduleuse ou noyeuse,* telle que celle *des testicules, des mammelles & des émonctoires,* enfin la *musculeuse* ou *lacerteuse.* Ce qu'il dit au sujet des muscles, est tiré de Galien (a) ; il ne connoissoit, comme tous ceux qui l'avoient précédé, que sept paires de nerfs qui partent du cerveau, *ou de la nuque sa lieutenante.* Il paroît cependant avoir remarqué le premier que ceux qui sont les plus antérieurs sont les plus mols (b). Il comptoit trente paires de nerfs qui partent de la moëlle épiniere, *& un sans compagnon qui sort du bout de la queue* (c) : quant aux veines & aux arteres, il pensoit, comme Galien, que les veines ont leur principe au foie, & les arteres au cœur.

Il admet, comme Avicenne (d), deux cents quarante os dans la charpente osseuse du corps humain, sans y comprendre les sésamoïdes & l'os *en figure de lambda sur lequel est fondée la langue.*

Le pot de la tête, dit-il, *n'est pas d'un os continuel, ains ordonné de sept os contigus, qui contiennent le cerveau.* Toutefois il y a d'autres petits os principaux, *comme l'os de la crête dans le coronal, les os pairs, lesquels appartiennent à la face & non au pot.* A l'intérieur du crâne il trouvoit la dure-mere & la pie-mere, la substance du cerveau qu'il dit avoir trois ventricules, *dont chacun a deux parties,* & chaque partie *une vertu à son organe. A la*

(a) De usu part. anim.
(b) Trait. 1. Doct. 1. chap. 2. p. 38. Edit. Lyon.
(c) Ibid.
(d) Feu. Dot. 6. sonim. 1. cap. 30.

P ij

premiere partie du ventricule antérieur est assigné le
sens commun ; à la seconde , l'imaginative ; au ventricule du milieu , est située la pensive & la raisonnante ,
à celui de derriere , la mémoire & la récordation (a) de
ces ventricules ; l'antérieur est plus grand, celui du
milieu plus petit , & le postérieur médiocre ; de
l'un à l'autre il y a des conduits par où passent les
esprits ; les nerfs ne sortent pas nuds , mais munis
d'une membrane. Les modernes qui ont cru être les
premiers à nier le croisement des nerfs optiques,
étoient sans doute du nombre de ceux que Joubert
dit avoir honte de citer Guy de Chauliac qui s'exprime ainsi (b) : les nerfs optiques sont pertuisés afin
qu'ils fussent la voie de l'esprit , & procedent de deux
côtés & s'unissent dedans le crâne , & puis se despartent
à chaque œil du côté qu'ils naissent , & non pas en
croisant ou changeant de dextre à senestre , comme
aucuns ont pensé.

Le reste de l'Anatomie de Guy de Chauliac n'a
rien qui lui soit particulier, si on en excepte néanmoins la description qu'il a donnée de l'humérus.
Cet Auteur est le premier qui l'ait exactement décrit ,
& c'est depuis lui qu'on a donné le nom de poulie
à la partie inférieure de cet os. » La rondeur su-
» périeure de l'os adjutoire est unique, entre dans
» la boîte ou fosse supérieure de l'épaule, & consti-
» tue la jointure humérale ; la rondeur inférieure est
» double, au milieu de laquelle il y a un degré,
» comme si c'étoit une poulie double par où passent
» les cordes avec lesquelles on puise de l'eau ; & de
» la part interne , il y a quelque petite éminence ,
» & par derriere il a certaine cavité en laquelle est
» reçue la tête , ou addition en forme de bec du
» faucille majeure , quand on redresse le bras ; telle-
» ment que ces rondeurs entrent ès concavités des
» faucilles, & s'y contournent au temps de l'exten-
» sion , & du pliement du bras , & font la jointure
» cubitale où commence le petit bras ». Il a connu
confusément le mouvement du cerveau (c). Au travers

(a) Tract. 1. Dot. 2 , cap. 1.
(b) V. Vanhorne Microtechn. p. 524.
(c) Tract. 1. Doct. 2 , chap. 1, Anat. de la face.

de l'obfcurité du langage de notre Auteur, on ne laiffe pas que d'appercevoir un certain ordre, & quelque exactitude qui dénotent l'homme ftudieux & appliqué. Nous allons paffer à fa partie chirurgicale ; c'eft ici où nous reconnoîtrons le reftaurateur de cet art (a).

La Chirurgie n'étoit prefque rien dans le temps que Chauliac publia fon ouvrage ; elle n'étoit exercée que par cinq fortes de perfonnes. La premiere fecte étoit celle de Roger, de Rolland, & des quatre Maîtres qui appliquoient des cataplafmes fur toutes les plaies indiftinctement, *procurant*, dit notre Auteur, *fanie ou fuppuration avec leurs bouillies & paparots.*

La feconde fecte étoit celle de Brun & de Théodore qui ne panfoient les plaies qu'avec du vin. Salicet & Lanfranc fon difciple formoient la troifieme fecte, & ne confeilloient dans le traitement des plaies que des emplâtres doux, ou des onguens de cette efpece. La quatrieme fecte étoit celle des Chevaliers Teutoniques qui avoient recours aux enchantemens, à l'huile, aux feuilles de choux. La cinquieme fecte, dit Guy de Chauliac (b), étoit celle des femmes *ou des idiots qui remettent les malades de toutes maladies aux Saints tant feulement . . . & je m'esbahis qu'ils fe fuivent comme des grues, car l'un dit ce que l'autre a dit.* Ce fut Guy de Chauliac qui rétablit l'ufage des opérations indiquées par Galien, par les Arabes, & par Paul d'Eginete, quoique perfonne n'ofat les entreprendre depuis long-temps.

Guy de Chauliac eft le premier qui ait dit que les incifions à la paupiere fupérieure, dans les cas d'inflammation, doivent être longitudinales, *d'autant*, dit-il (c), *qu'ainfi va le mufcle qui meut les fourcils, & non fuivant les rides.*

Notre Auteur donne la définition la plus exacte des plaies ; c'eft, dit-il, *une folution de continuité, récente, fanglante, fans pourriture, faite ès parties molles ;* il parle enfuite par ordre de leurs différences,

(a) Tract. 3. Doct. 1, chap. 3, des plaies de la tête.
(b) Chap. fing. pag. 2.
(c) Tract. 1. Doct. 2, ch. 1, part. 2, Anatom. de la face.

P iij

de leurs efpeces, de leurs caufes & de leurs fignes.
Il met au nombre des plaies néceffairement mortelles, celles qui pénetrent la fubftance du cœur, la
fubftance du cerveau, du foie, du diaphragme, de
l'eftomac, *les boyaux guides*, *les rognons*, la trachée-artere, l'œfophage, le poumon, la rate, la
véficule du fiel, & *tous autres membres principaux*
& *fervant aux membres principaux*, *de forme nécef-*
faire à la vie: plaies mortelles non néceffairement (a);
ains pour la plupart font petites plaies & fuperficielles
ès fufdites parties qui pénetrent jufqu'à icelles, & *en*
chef des mufcles. Ce que dit notre Auteur fur les
plaies de tête, eft divin; les Praticiens peuvent y
puifer des maximes qui les guideront dans tous les
cas de cette efpece. Les modernes n'ont rien innové
à ce fujet. Nous ne trouvons aucun Auteur avant
lui qui parle de la guérifon des plaies au cerveau
avec déperdition de fubftance (b). Voici le texte.
» Si elles font bien traitées (*les plaies de la tête*)
» on en guérira, ainfi que j'ai vu la partie pofté-
» rieure du cerveau, de laquelle fortit un peu de
» fubftance du cerveau : ce que fut recognu par
» l'offenfe de la mémoire, laquelle il recouvra après
» la curation. Je ne dis pas toutesfois qu'on véquît,
» s'il en fortoit toute une cellule, comme Théodore
» raconte d'un Sellier. Auffi Galien ne dit pas des deux
» bleffés qu'il vit guérir à Smyrne du vivant de fon
» maître Pélops, qu'il en fût forti de la fubftance
» du cerveau, ains feulement, que le cerveau avoit
» été bleffé. Du foie, *pourfuit-il plus bas*, j'ai vu
» guérir des plaies petites qui étoient aux penons,
» mais non pas profondes, ne avec déperdition d'au-
» cune portion d'icelui, comme Galen témoigne.

Guy de Chauliac pratiquoit prefque toutes les opérations qu'on fait aujourd'hui. Sa doctrine, à quelque
rafinement près, doit être celle de tout bon Chirurgien. Dans les cas d'amas de pus dans la poitrine,
il n'héfitoit pas à faire l'empyême ; mais il n'étoit
pas afservi à la méthode de fes prédéceffeurs. Ses

(a) Tract. 2, chap. 1, des plaies.
(b) Ibid.
(c) Tract. 3, Doct. 1, chap. des plaies en général.

cónnoiſſances anatomiques étoient plus profondés ; il reprend (a) Guillaume de ce qu'il conſeilloit de faire l'inciſion pour l'empyême, entre la cinquieme & la quatrieme côte ; »» mais, *dit notre Auteur* , »» d'autant que le diaphragme ſe réflechit là où il »» attouche l'eſpine & les coſtes, juſques à la troi- »» ſieme & plus, & que telle réflexion pourroit em- »» peſcher l'iſſue de la matiere, & faire accroire à »» l'Opérateur qu'il n'a pas aſſez pénétré avec le ra- »» ſoir ; pour ce il vaut mieux que ſe faſſe entre la »» quatrieme & cinquieme, qu'entre la troiſieme & »» quatrieme »». Il entre dans un long détail ſur les hernies ; il en établit les ſignes les plus certains, & avec beaucoup de ſagacité & d'exactitude ; il vient enſuite au diagnoſtic. »» Qui eſt rompu, *dit-il (b)* , »» ne vit pas ſans danger, car s'il advenoit que les »» boyaux cheuſſent dans la bourſe avec fonte en- »» durcie, jamais ils n'en retourneroient, & ainſi le »» patient mourroit, comme j'ai vu, & Albucaſis le »» témoigne, & pourtant le ſûr eſt qu'il ſe faſſe guérir, »» ou qu'il ne quitte jamais le régime ni le brayer.

Il admet deux ſortes de cures des hernies, l'úne *par médicamens* , l'autre *par Chirurgie* ; par la pre- miere, il entend qu'on faſſe promptement une ſai- gnée, qu'on ait recours aux évacuans, qu'on en vienne enſuite au taxis, & qu'on contienne la partie qui faiſoit hernie, avec un brayer : *qu'ils* (les malades) *vivent en repos, ſobrement, ſur-tout en matiere de bracets, ſoupes & boiſſons, en toutes leurs viandes qu'ils mettent de la ſauge* . . . il preſcrit auſſi un re- mede qu'il dit lui avoir été donné *comme un très grand ſecret* , c'eſt après la réduction de l'inteſtin, par le taxis, un ſcrupule de limaille d'acier *avec du vin, de la décoction d'hépatique terreſtre* ; enſuite il faiſoit appliquer ſur la partie un emplâtre où il y avoit de l'aimant pilé groſſiérement, s'imaginant que la limaille ſeroit attirée à la ſuperficie par l'ai- mant, & que la partie ſeroit plutôt raffermie par ce moyen.

Notre Auteur décrit enſuite ſix manieres de guérir

(a) Tract. 3 , Doct. 2 , chap. 5 , p. 260.
(b) Tract. 6, Doct. 2. chap. 7 , de la rompure.

P iv

les hernies, par opération manuelle ; toutes tendent à emporter le testicule, soit par la ligature, soit par le cautere actuel. Guy de Chauliac semble cependant avoir apperçu son erreur, & qu'on auroit pu procéder autrement à la cure des hernies, sans emporter un testicule ; mais il ne croit pas la chose bien sûre, *& s'ils operent fallacieusement pour sauver le testicule, ils n'ont point d'excuse* (a) ; la méthode pour laquelle il panche, est le caustique qu'il dit avoir vu pratiquer à Pierre de Doge, & avoir perfectionnée lui-même.

Quant à la fistule à l'anus, il la guérissoit à peu près comme le font aujourd'hui quelques uns de nos Praticiens, c'est-à-dire, qu'il passoit plusieurs fils joints ensembles, du dehors en dedans, par le moyen d'une aiguille flexible qu'il retiroit par l'anus ; il emportoit ensuite tout ce qui étoit compris dans l'anse.

Il faisoit l'opération de la cataracte par abaissement : enfin l'on peut avancer que Guy de Chauliac a dit presque tout ce qu'ont dit les Chirurgiens modernes, & que son ouvrage est d'un prix infini, mais malheureusement trop peu lu, trop peu médité. Il a donné la description de plusieurs instrumens, entr'autres d'une pincette propre à faire la ligature des arteres.

Il y a eu plusieurs éditions de la Chirurgie de Guy de Chauliac ; Tagault, Médecin de Paris, la traduisit en latin sous ce titre : *Metaphrasis in Guydonem de Cauliaco*, in-4°. *Parisiis* 1543. Mais cet Auteur, en voulant donner à l'ouvrage de Guy de Chauliac les graces du style, en a souvent défiguré le texte & altéré le sens.

Il y a eu plusieurs autres éditions de la Chirurgie de Guy de Chauliac après celle de Laurens Joubert qui a fait des annotations sur cet ouvrage qui fut imprimé en 1585, *Lyon*, in-4°. & auquel son fils (Isaac Joubert) a ajouté une espece de dictionnaire, *en interprétation des langues dudit Guy*. Elle fut imprimée en 1498, en 1499 in-fol. en 1500, 1519

(a) Tract. 6, Doct. 2, chap. 7, de la rompure.

à Venife, en 1546, in-fol. à Lyon en 1559, in-8°.
1572, in-8°. François Ranchin fit auffi imprimer à
Paris en 1604, in-8°. *des queftions en Chirurgie fur*
les œuvres de Mr. Guy de Chauliac. Il parut des remarques *fur la Chirurgie de Guy de Chauliac* par
Falcon. Lyon 1649, in-8°. Verduc fit *un abregé de
la Chirurgie de Guy de Chauliac.* Paris 1708, in-8°.
1716, in-8°. Simon Mingoloufeaux fit en 1683 les
*commentaires fur la grande Chirurgie de Guy de Chau-
liac.*

Camanufali, Canamufali, ou Alcanamofali, né
à Baldach, florit fous l'empire de Frédéric vers l'an
1250, & exerça la Médecine dans fa patrie. Il s'occupa beaucoup aux maladies des yeux, & en a
compofé un traité dans lequel il a rapporté tout ce
que les Médecins Arabes, Chaldéens, Juifs & Indiens avoient dit fur cette matiere. Cet ouvrage fe
trouve dans un recueil où eft celui de Guy de Chauliae.
*Liber fuper rerum præparationibus quæ ad oculorum
Medicinas faciunt, & de medicaminibus ipforum, &c.
Venetiis* 1499, 1500, in-fol.

Jean Ardernus étoit contemporain de Guy de Chauliac, & fe diftingua en Angleterre dans la Chirurgie.

On ne dit point en quelle année il naquit, ni
quel fut le lieu de fa naiffance. Mr. Freind rapporte
fimplement (a), d'après Ardernus, qu'il demeura à
Nework depuis 1349 que la pefte commença à exercer
fes ravages, jufqu'en 1370. Il vint alors à Londres
où fon nom étoit déja connu. Ardernus dit lui-même
qu'il exerçoit la Chirurgie avant qu'Henri, Comté
de *Derbié*, fut fait Duc de Lancaftre en 1350. D'où
l'on peut conclure que ce Chirurgien vécut avant
& fous le regne de Henri IV, Roi d'Angleterre.

De tous les ouvrages d'Ardernus, il n'y a d'imprimé qu'un petit traité *de fiftula ani*, traduit par
Jean de Reada en 1588 (b). L'Auteur parle de cette
opération comme n'ayant été pratiquée de fon temps
que par un Moine qui avoit fuivi le Prince de Galles
en Gafcogne. Ardernus dit que ce Moine n'étoit

(a) Hift. Med. p. 5, 6.
(b) Haller. Method. ftud. Conf. ad. Chir.

qu'un effronté ; qu'il entreprenoit de guérir la fistule
à l'anus, sans aucune connoissance, & que plusieurs
personnes abandonnées par ce Charlatan comme incurables, avoient été guéries.

Aucun Auteur depuis Celse n'avoit traité *ex pro-
fesso* de la fistule à l'anus jusqu'à Albucasis & Guillaume de Salicet qui enseigne la méthode de la ligature : comme Albucasis, où les Auteurs latins qui
ont vécu après lui, ont beaucoup puisé, n'avoit
pas une grande idée de cette opération, il la condamnoit même dans plusieurs cas ; & c'est peut-
être la seule cause qui ait déterminé les Auteurs qui
le suivirent, à en parler ; d'ailleurs la méthode du
cautere actuel, qu'il disoit préférable à la ligature
lorsque l'opération étoit inévitable, paroissoit trop
cruelle pour qu'on eût osé la proposer.

Ardernus décrit fort au long les deux méthodes
de Celse, la ligature & l'incision. Il a donné la
description de quelques nouveaux instrumens, & a
donné de nouveaux noms à ceux des anciens. Par
exemple, dit Mr. Freind (a), il veut qu'on appelle
la sonde, *sequere me* ; il a donné le nom *d'aiguille
à bec* à la faulx de Paul Eginette, & celui de *frein
de César* au fil qui doit servir à faire la ligature. Le
succès de cette opération attira à Ardernus des malades de la premiere distinction, qu'il guérit radi-
calement.

La fortune qu'avoit fait Gaddesden auprès de ses
malades, engagea ceux qui vécurent après lui à
suivre son exemple. Ardernus l'imita, & commençoit, comme lui, par faire marché avant que d'aller
plus avant ; il donne même à ce sujet, dans son
ouvrage, des avis à ceux qui le suivront (b).

Mr. Freind dit qu'Ardernus donnoit des remedes
contre les ardeurs d'urine, qu'on appelle *chaudepisse*,
& dont il attribue quelquefois la cause à la présence de la pierre. Cet Auteur parle aussi des abcès
& des tumeurs squirrheuses qui viennent à la verge ;
il ne laisse pas soupçonner qu'il les crut vénériens :

(a) Hist. Med. p. 566.
(b) Centum marcas (nobili) vel 40. libras cum robis & feo-
dis, & centum solidos per annum ad terminum vitæ.

il rapporte ensuite une observation d'un Ecclésiastique dont la verge étoit fort endommagée (*a*), sans qu'il crût que c'étoit le fruit de son incontinence.

Ardernus parle des caustiques faits avec l'orpiment & l'arsenic, Il rapporte les funestes effets qu'il a vu suivre de leur application. Cet Auteur est sincere, & fait pour servir d'exemple.

Dans le même temps, c'est-à-dire, vers l'an 1336, un Anatomiste nommé Richard l'Anglois, pour le distinguer d'un Médecin François de ce nom, jouissoit en Angleterre d'une bonne réputation. Nous avons de lui un traité d'Anatomie.

Dondus ou de Dondis (Jacques) Médecin de haute considération, surnommé *Agregator* par rapport aux grandes compilations qu'il avoit faites, florissoit à Padoue vers l'an 1385. Outre ses vastes connoissances en Médecine, il étoit savant Mathématicien, Astronome & naturaliste, & il a inventé une fameuse horloge, dans laquelle on voyoit le cours des astres. C'est lui qui a le premier trouvé l'art d'extraire le sel de l'eau de plusieurs fontaines. Ce savant homme est mort à Padoue l'an 1350. On mit une épitaphe glorieuse à sa mémoire sur le mur le plus prochain de son tombeau (*b*). Il a laissé un fils Jean de Dondis, qui a joui de la plus grande réputation. Il a écrit divers ouvrages de Médecine : nous n'en parlerons point, n'étant pas de notre objet.

Rendons compte de ceux du pere, relativement à la Chirurgie. Il a proposé nombre de remedes pour toutes les maladies chirurgicales ; il réduit les médicamens externes en quatre classes ; la premiere contient les remedes propres à l'emphisême, aux tumeurs humorales, aux abcès, à l'érésipele, aux éruptions cutanées, comme aux épinicétides, aux charbons, à l'érésipele, aux furoncles, aux écrouelles, au cancer, à la gangrene.

Dans la seconde partie on trouve les remedes propres aux solutions de continuité, soit dans les chairs, soit dans les os ; on y trouve encore ceux

(*a*) In virgâ virili ejusdem rectoris, pruritus repente accessit, itaque à fricatione abstinere non potuit, &c.
(*b*) V. Moreri à ce sujet.

qu'il convient d'employer dans le cas des luxations, de la roideur des muscles. Notre Auteur indique les remedes dont il faut ufer pour extraire les corps étrangers.

Dans la troifiéme partie il traite plus expreffé-ment des folutions de continuité aux mufcles, aux tendons, aponévrofes, vaiffeaux fanguins, nerfs, vifceres; il y récommande l'ufage du feu pour ar-rêter les hémorrhagies.

La quatrieme & derniere claffe comprend les to-piques déterfifs, mondifians, antivermineux, ef-carotiques cicatrifans (a). *Promptuarium Medicinæ, in quo non folum facultates fimplicium & compofito-rum medicamentorum declarantur, verùm etiam quæ quibus modis medicamenta fint accommodata ex vete-ribus Medicis copiofiffimè & miro ordine monftratur. Venetiis 1576,* in-fol.

Nicolaus, Nicolas, vivoit à Florence fous le regne de Venceflas, Roi de Bohëme; & après que ce Prince eut été dépofé, il jouit d'une brillante réputation fous Venceflas, Empereur d'Allemagne. Ce fut alors qu'il publia fes difcours de Médecine, au nombre de fept. On trouve dans cet ouvrage l'Anatomie des arteres & des nerfs, des parties contenantes & externes de la tête, la défcription de l'épiglotte, de la trachée artere, du cœur, de fon mouvement, & de fes fonctions, des *pannicules*, & des parties contenues dans la poitrine; il décrit les veines auxquelles on peut pratiquer la faignée; il traite de l'ouie, de l'odorat, du goût & du tou-cher (b). Cet Auteur mérite d'être lu. Mr. Haller (c) paroît en faire quelque cas. L'ouvrage de Nicolas parut à Venife en 1553.

Douglas (d) cite une autre édition de Nicolaus, Nicolas, & dit qu'il mourut en 1412.

Réginus, Nicolas, floriffoit vers l'an 1336 (e) fous le regne de l'Empereur Louis de Baviere. La

(a) Extrait de Goelike, Hift. Chirurg. p. 92.
(b) Method. Stud. Conf. ad Chir.
(c) Bibliog. Anat.
(d) Douglas, Bibliog. Anat.
(e) Vander-Linden, de fcript. Med. p. 841.

réputation qu'il s'acquit étoit des plus étendues, & il avoit tous les talens néceſſaires pour la ſoutenir, car il joignoit à une connoiſſance profonde de la pratique qu'il avoit puiſée dans Galien, une facilité fort grande de raiſonner ſur toutes les maladies : cette théorie étoit à la vérité digne de ſon ſiecle, à pluſieurs égards ; cependant en d'autres il raiſonnoit un peu mieux que ſes contemporains ; il étoit éclairé, autant qu'on pouvoit l'être dans ces temps conſacrés à l'ignorance, par le flambeau de l'Anatomie ; il nous en a laiſſé pluſieurs traités ; nous avons de lui,

Galeni, de uſu partium corporis humani interpretatus eſt. Item, an omnes particulæ animalis quod fætatur fiant ſimul ? . . . De Anatomia oculorum ; de Gynecii, id eſt, paſſionibus mulierum.

Il a encore donné un traduction des ouvrages de Myrepſus. *Ingolſtadii*, 1541 in-4°.

Peu de temps après Guy de Chauliac, au commencement du quinzieme ſiecle, Valeſcus de Taranta, en françois, Valeſcon, natif du Portugal, ſelon Ranchin, profeſſoit la Chirurgie à Montpellier. Il commença à exercer la Médecine l'année 1382. Il a traité pluſieurs points de Chirurgie qu'on trouve mêlés dans ſes ouvrages de Médecine, ſelon l'ordre des parties(a).

Nous avons de cet Auteur un livre ſous le titre de *Philonium Chirurgicum*, où il traite la plupart des maladies chirurgicales, mais ſuccintement : en revanche il eſt exrrêmement diffus dans ſes formules, qui ne ſont, à proprement parler, qu'un fatras de drogues entaſſées les unes ſur les autres. Il regne aſſez d'ordre dans cet ouvrage. On y trouve des maximes à ſuivre, & des obſervations utiles, quoiqu'écrites de maniere à fatiguer le lecteur. Il paroît que l'Auteur avoit beaucoup lu les Arabes & Galien. Il y a eu pluſieurs éditions de cet ouvrage, une en 1535, in-4°. (b). Guy Deiſdier corrigea le

(a) Hiſtoire de la Faculté de Montpellier, p. 208. Quelques Auteurs diſent que Valeſcon a été le premier Médecin de Charles VI, Roi de France. M. Aſtruc ignore ſur quel fondement on lui donna cette qualité.

(b) Haller. Method. ſtud. Conſ. ad Chir.

langage de Valescus de Taranta, & publia en 1560 l'*Epitome Valefii Taranta*. Leid. Wedelius en donna une seconde édition en 1680. Francfort.

BERTA PALIA. Berta Palia, ou selon quelques-uns Prædapalia, étoit de Padoue, où il fut élevé avec un soin extrême par des paréns qui, quoique de basse extraction, avoient des moyens honnêtes & un goût décidé pour les sciences. Il vivoit dès le commencement du quinzieme siecle, vers l'an 1417, & étoit contemporain de Montagnana Il a traité des apostêmes, des plaies, des ulceres, des maladies des nerfs & des os. Ses ouvrages sont :

Chirurgia feu recollata fuper quartum Canonis Avicennæ. Venetiis 1519 in-fol.

Cum Guidonis Cualiaci Rolandi Rogerii, Chirurgicis fcriptis 1424 in-fol.

C'est l'édition qui nous a été envoyée de la Bibliotheque du Roi & que nous avons consultée, imprimées à Venise en 1546, in-fol. Cet Auteur s'adonnoit aussi à l'Anatomie, car il cite dans son ouvrage deux dissections qu'il fit en 1439, & en 1440. Son langage est dur & barbare ; il a mêlé par-tout l'astrologie, des puérilités, des niaiseries, & des prétendus secrets dont il étoit grand amateur. Il donne une très grande quantité de formules d'emplâtres. Ce qu'il faisoit de mieux, c'étoit de préférer les cauteres actuels aux cauteres potentiels caustiques. Vanderlinden (a) cite deux autres éditions des ouvrages de Berta Palia, une en 1490, l'autre en 1515, in-fol.

MATHIEU DE GRADIBUS. Mathieu de Gradibus naquit à Grado, Ville du Frioul, près de Milan. Il étoit de l'illustre famille des Comtes de Ferrare, du nom de la patrie. Il étudia la Médecine, & s'y distingua de bonne heure. Il jouit d'abord d'une grande réputation dans sa patrie ; ensuite il fut appellé à Pavie pour y professer la Médecine. La Duchesse de Mantoue le fit son premier Médecin ; il jouit de cet avantage pendant plusieurs années, & mourut en 1480.

Nous avons de cet Auteur un livre sous ce titre :
Practicæ pars prima & fecunda, vel commentarius

(c) De fcript. Med.

textualis in nonum Almanzoris , cum additionibus & ampliationibus materiarum , adjuncto etiam textu. Per Joh. Mathæum ex Ferrariis de Grado, Mediolanenfem. *Papiæ* 1497 , in-fol *(a)*. Il y a eu trois éditions de cet ouvrage à Venife en 1502 , in-fol. 376. 1527 , in-4°. *Venet.* 1560 , in-fol.

XV. Siecle.

Mathieu de Gradibus a traité plufieurs points d'Anatomie avec affez de clarté & de précifion. Il traite,

De anatomiâ oculi. Chartâ. 5.

De anatomiâ auris. ch. 103.

De anatomiâ naſi. ch. 111.

De anatomiâ dentium. ch. 118.

De anatomiâ pectoris & pulmon. ch. 134.

De anatomiâ fellis. ch. 741.

De anatomiâ fplenis ch. 262.

De anatomiâ inteftinorum. ch. 268.

De anatomiâ renum & Vefica .ch. 296.

De anatomiâ matricis. ch. 341.

MATHIEU

Stenon paroît avoir puifé dans Mathæus de Gradibus fon fentiment fur les ovaires des femmes qu'il prétend être de même nature que ceux des oifeaux. Notre Auteur dit que les tefticules des femmes font *deux œufs* (duo ova) couverts de petits corps glanduleux *(b)*. il eft étonnant que ce fentiment ait été fi long-temps inconnu. Graaf , Verreyen , Litre , fameux Médecins , fe font appropriés ce fyftême par leurs recherches , & fans prefque fe citer mutuellement , quoiqu'ils fe foient copiés les uns & les autres; c'eft ainfi qu'un chacun s'empare du travail d'autrui. Dans le cours de cet ouvrage on verra bien d'autres découvertes dont les vrais auteurs n'ont pas eu le mérite. Ce feroit ici le cas de rappeller les vers ingénieux de Virgile. *Sic vos non vobis.*

Forolivienfis (Jacques) vivoit en 1439. Il a joui d'une très grande réputation. Sa façon d'écrire eft obfcure , & fes ouvrages font remplis de fyftêmes hors de toute vraifemblance. C'eft ce qui nous empêche d'en faire un extrait. Voici le texte de fes ouvrages anatomiques.

FOROLI-VIENSIS.

Expofitio in Avicennæ aureum capitulum de generatione embrii , cum quæftionibus fuper eodem. Venetiis

(a) Douglas , Biblioth. Anat.

(b) Chart. 342. colum. 1. verfus finem.

1512, 1518, in-fol. *cum aliis ejusdem argumenti libris.*

Expositio Jacobi supra capitulum de generatione embrionis, cum quæstionibus ejusdem. Dinus supra eodem. Dinus supra librum Hippocratis de natura fœtûs. Venet. 1502.

La Chirurgie faisoit en Italie des progrès rapides dans le quinzieme siecle. L'exemple des Arabes avoit excité l'émulation parmi les Chirurgiens Italiens ; ils s'appliquoient sérieusement à perfectionner leur art. Pierre d'Argillata fut un des plus éclairés de son siecle. Il a composé sa Chirurgie en six livres, dont il y a eu plusieurs éditions à Venise, savoir, en in-4°. in-8°., 1492, 1497 & 1499, toutes in-folio. Mr. Haller (a) en cite une autre à Venise.

L'ouvrage de Pierre d'Argillata est rempli d'observations intéressantes faites par l'Auteur. Il y rapporte ingénument ses fautes, afin d'empêcher qu'on n'en commette de pareilles. Exemple rare, mais admirable, qui caracterise une ame noble & désintéressée ; & qu'on n'imite malheureusement pas.

Argillata traite d'abord du phlegmon & de sa cure, de l'inflammation, de l'érésipelle, des éruptions, & de toutes les maladies Chirurgicales inflammatoires ; de la gangrene, du charbon pestilentiel. Son second traité comprend les abcès, les écrouelles, le cancer, & les remedes propres à ces maladies. Le troisieme traité comprend les plaies en général & en particulier. Dans un cas de plaie au bras, où le coup perçoit de part en part, notre Auteur cite une observation où le mouvement musculaire cessa tout à coup, sans perte du sentiment. Voici les propres paroles de l'Auteur, qui prouvent qu'il avoit un génie observateur (b) : *Vidi in uno cui nomen est Jacobus Perolti qui cum telo in adjutorio fuit vulneratus, & vulnus penetravit ex utrâque parte adjutorii, nec os fuit lesum, sed solùm ille musculus movens chordas brachii, & incontinente manus in rareta cadebat, & hodierna die cadit, & perdit motum & non sensum.* Cet Auteur, je crois, est le premier qui ait fait cette

(a) Meth. stud. Conf. ad Chir.
(b) Argelata de vuln. in particûl. l, 3. tract. 1.

observation.

obſervation. Notre Auteur défend très expreſſément de faire des ſutures aux nerfs , crainte des accidens les plus graves. Il dit qu'il ſuffit de coudre les chairs & de recouvrir les nerfs, comme on le pratique aujourd'hui. Argelata faiſoit toujours des ſutures aux plaies profondes , & aſſure que cette méthode lui a toujours réuſſi. Il cite enſuite une imprudence qu'il fit d'arracher une fleche du goſier d'un malade qui mourut entre ſes mains.

Il y a une autre édition de la Chirurgie d'Argelata (a) , qui ne fait qu'un même volume avec les Œuvres de Mathæus de Gradibus & d'Albucaſis. Elle a ce titre : *Eximii artium & Medicinæ Doctoris Magiſtri Petri de l'Argelata Bononienſis , Chirurgiæ Libri ſex , noviſſime poſt omnes impreſſiones ubique terrarum excuſſas , collatis multis exemplaribus , apprime recogniti , cunctiſque mendis & erroribus expurgati.*

Jean de Concorregio profeſſa la Médecine en pluſieurs univerſité. Il y a des Auteurs (b) qui aſſurent qu'il l'enſeigna avec éclat dans la Faculté de Montpellier , d'autres diſent qu'il naquit à Milan (c) , & qu'enſuite il profeſſa la Médecine à Boulogne & à Pavie, où il mourut en 1438. Il a laiſſé pluſieurs Traités d'Anatomie , ſur la ſtructure de la tête & de ſes parties , ſur le cœur , la poitrine & ſes dépendances ; ſur l'eſtomac , le foie , la rate & les autres viſceres. Sur les parties de la génération , les teſticules , la matrice & les autres parties qui en dépendent

Nous avons un autre ouvrage de Concorregio , ſous le titre de : *Summula de curis febrium ſecundum hodiernum modum & novum compilata.* Ces deux traités ont été imprimés à Veniſe en 1501 , & chez les Giunter en 1721.

Jérome Brawnſwich portoit le nom de la Ville où il naquit. Il ſe fixa à Strasbourg , & y exerça la Chirurgie avec aſſez de ſuccès , ſur-tout pour les maladies des yeux , ſur leſquelles il nous a laiſſé un traité. Tous ſes ouvrages ſont en allemand. En voici le titre , d'après Mr. Haller. *Buch der Chi-*

(a) Ibid. l. 3. tract. 6.
(b) Fuſchien. Vitâ illuſtrium medicorum.
(c) Vander-Linden de ſcript. Med.

Q

——————— rurgia hant wirkung der wundarzency. Auxbourg
1497, in-folio. *In diesen Buchlein findet man gar
eine schone emterwegsung und leer wic sich die Chirurgici gegen cinens gueglichem werwundtem menschem...
halten solen.* Cette édition a été donnée par Jean
de Kethan, & parut à Cologne ; on ne dit pas en
quelle année. Heister cite une autre édition de cet
ouvrage à Erfort 1545, in-4°. Quoiqu'on ne sache
pas précisément en quelle année vivoit Brawnswich ;
il paroît que c'étoit long-temps avant que son ouvrage parût : ce qui nous porte à croire qu'il vivoit
au moins dès 1430.

XV. Siecle.

JEROME.

Pierre Montagnana porta le nom de sa patrie. Il
pratiquoit la Médecine & la Chirurgie vers l'an 1440,
& passoit pour un homme consommé dans son état.
Il étudia à Verone sous Gerard Boldoius (a) ; il publia un traité d'Anatomie avec des figures très exactes
& très bien gravées des parties internes du corps humain (b). On peut donc le ranger parmi les Anatomistes.

PIERRE
MONTAGNA-
NA.

Les ouvrages de cet Auteur sont en grand nombre, ils forment un gros in-folio dont il y a eu beaucoup d'éditions ; ce qui prouve qu'on en a toujours
fait beaucoup de cas. Il a traité plusieurs maladies
Chirurgicales qu'on trouve dans ses ouvrages, sous
le titre de : *Consilia de ægritudinibus*, &c. Il a parlé
des maladies du cerveau, des nerfs, des yeux, des
oreilles, des narines, de la bouche & de la face,
des dents, de la poitrine & du poumon, du cœur,
des mamelles, de l'estomac, du foie, de la rate, du
bas-ventre, de l'anus, des reins, de la vessie, des
parties de la génération de l'homme, de celles
de la femme, & des maladies des extrémités, & de
la peau. Parmi les ouvrages de Montagnana on trouve encore un traité des urines, des bains, & de la
composition des médicamens, qui ont été imprimés
séparément en 1487. in-4°.

Tous les points d'Anatomie & de Chirurgie qui
se trouvent dans les Œuvres de Montagnana, sont
traités avec beaucoup de précision, de netteté & de

(a) Opera Petri Montag. Epis. dédic. édit. in-fol. Francof.
(b) Paschal. Biblioth. Med.

facilité. L'in fol. porte ce titre : *Selectiorum operum*
*Montagnanæ, in quibus ejusdem confilia, variique
tractatus alii, tum proprii, tum artititii continentur,
liber unus & alter. Venet. Apud Œvar. Scotum 1497.
Lugduni, in-4°. Francofurti 1604 in-fol. Norimbergæ*
1652, in-fol. Les deux dernieres éditions ont été re-
vues & corrigées par Pierre Uffembach, qui les a
enrichies (a).

Son traité de *Dofibus Medicamentorum* fut imprimé à Padoue en 1556 *in-8°.* & en 1579 *in-4°.* A
Lyon 1585 *in-8°.* A Venife 1562 *in-8°.* On trouvera
en leur tems l'Hiftoire de Barthelemi Montagnana,
neveu de celui-ci, & celle de Pierre Montagnana un
de leurs defcendants.

Roland Capelluti étoit Italien, très verfé dans la
Philofophie & la Médecine. Il profeffa la Chirurgie
à Parme, fous l'Empire de Fridéric III, & le Pontificat de Paul II, vers l'an 1468. M. Haller (b) prétend cependant qu'il a vécu avant Guy de Chauliac;
fait dont nos recherches n'ont pu nous convaincre.

Roland Capelluti a laiffé deux ouvrages dont le
ftyle eft dur & barbare. Il avoit beaucoup d'eftime
pour le livre de Roger, dans lequel il a puifé beaucoup de chofes qu'il débite comme lui appartenant.
Vander-Linden cite plufieurs éditions des ouvrages de
Capelluti. *Rolandi Capelluti Chirurgia, Veneiis,
apud Œvar. Scotum* 1490. *Apud Bernhard. Venetum
de Vitalibus* 1519. *Apud Juntas* 1546 in-fol. avec les
Œuvres de Guy de Chauliac, de Brunus, de Lanfranc & de quelques autres.

*De curatione peftiferorum apoftematum tractatus,
utiliffimis obfervationibus illuftratus, ex Bibliothecâ
Hermanni Confingii. Francofurt.* 1641. *in-8°. Bruns-
wigæ* 1640 *in-8°.*

Lenon (Antoine), naquit à Venife. Il jouiffoit de
la plus grande réputation en 1488, fous les regnes de
Frédéric III, & de Maximilien I, & le Pontificat
d'Alexandre VI. Nous avons de lui un ouvrage fous
ce titre :

(a) Vander-Linden de fcript. Med.
(b) Method. ftud. conf. ad Chir.

Q ij

De naturâ humanâ , deque embryone liber ad Se-natum Venetum

Torella (Gafpard) de Valence en Efpagne; fon pere étoit fameux Médecin dans cette Ville ; il eut trois fils ; Gafpard étoit le plus jeune ; il prit du goût pour la Médecine , & l'étudia avec beaucoup de zele ; dirigé par les confeils de fon pere ; il fut eftimé & chéri par le Cardinal Roderic de Borgia qui fut élu en 1455 à l'Archevêché de Valence par Ca-lixte III , fon oncle. Roderic devint Pape , & Torella fon Médecin ordinaire. Après la mort de fon illuftre protecteur , il ne déchut pas de fon pofte ; les Papes Alexandre VI & Jules II lui accorderent leur con-fiance, & il fut continué dans la place de Médecin ordinaire. La Médecine étoit dans le fiecle de To-rella exercée par nombre de Clercs. Il y a apparence que notre Auteur avoit ce grade, il fut nommé Evêque de Sainte Juftine par Alexandre VI. Cet Evêché eft en Sardaigne, & on le fupprima pour un temps , fous l'épifcopat de notre Gafpard To-rella : on lui laiffa le titre d'Evêque , & c'eft en cette qualité qu'il affifta au Concile qu'on tint en cette Ville l'an 1512 fous le Pape Jules II.

Il paroît par les ouvrages de Chirurgie que nous avons de cet Auteur, qu'il avoit des connoiffances très étendues dans cette partie ; il a parlé des ma-ladies vénériennes , & il a fait ufage du mercure. Cette remarque d'hiftoire n'a point échappé au cé-lebre Mr. de Haller (*a*).

De pudendagra tractatus unus : de ulceribus in pu-dendagra tractatus alter : de dolore in pudendagra dia-logus : confilia quædam contra pudendagram exhiben-tur, tomo primo operis de morbo Gallico veneti , p. 421 & 499.

Confilium de ægritudine peftifera & contagiofa , om-nibus cognominata , nuper cognita, quam Hifpanis modo villa vocant , extat cum confiliis Baverii. Papiæ apud Bonhardinum de Caraldis 1521 *, in-fol. Argentorati* 1542 *, in-4°.*

(*a*) Method. ftud. Med. p. 581.

Kethan (Jean de) étoit Allemand , & Médecin
empirique. Il vivoit vérs l'an 1490 , fous le pontificat d'Alexandre VI. Nous avons de lui un ouvrage
fous le titre fingulier de *Fafciculus Medicinæ*. On y
trouve un traité des urines & des conféquences qu'on
peut tirer de leur infpection ; un article fur la faignée ;
des queftions fur les membres de la génération , la
matrice , les tefticules ; un autre traité *de cyrogiâ* ;
des maladies des enfans , fuivant la doctrine de
Rhafis ; enfin l'Anatomie de Mundinus. Ce recueil
forme un in-folio , dont il y a eu plufieurs éditions
à Venife en 1495 , 1500 , 1522. Cette derniere contient l'Anatomie d'Achillinus.

Benivenius , Médecin célebre , floriffoit vers l'an
1495. Nous avons de lui un ouvrage fous ce titre :
de abditis ac mirandis morborum & fanationum caufis.
On y trouve quelques obfervations chirurgicales ,
comme fur l'accouchement après la rupture de la
matrice , de la chute & de l'amputation de ce vifcere.
Gefner (*a*) cite par ordre alphabétique les points de
Chirurgie traités par Benivenius. Cet Auteur mourut
en 1525.

Ses ouvrages ont eu plufieurs éditions , une à Florence en 1507 , in-4°. à Paris 1528 , in-folio , avec
le livre *de Plenitudine* de Galien , traduit par Gunthier
Andernach. La derniere édition fut donnée à Bafle
en 1529 , in-8°. avec les recettes de Scribonius
Largus.

Benedictini (Alexandre) Médecin de Verone , floriffoit vers la fin du quinzieme fiecle , environ l'an
1495 , fous le regne de Maximilien , à qui il a dédié
fon ouvrage. Il a joint à la pratique de la Médecine
une connoiffance très profonde des Auteurs qui l'a-
voient précédé , & il montre dans tous fes ouvrages
une vafte érudition. Pénétré de l'utilité des voyages ,
il parcourut les pays les plus éloignés , il converfa
avec les Savans qui floriffoient dans les différentes
parties du mondes. Après avoir fait une ample moiffon de découvertes , il fut s'établir à Padoue où il
profeffa publiquement l'Anatomie de l'homme. Il

_____

(*a*) In Alphabet. enum. Vir. Illuft.

avoit un si grand nombre d'auditeurs, qu'il se plaint lui-même de l'incommodité que lui occasionnoit la *nombreuse populace* qui accouroit à son amphithéâtre. Cependant suivant la description qu'il en donne, cet amphithéâtre étoit spacieux. Padoue ne fut pas le seul endroit de l'Italie où notre Auteur se distingua; il paroît qu'il a professé l'anatomie à Venise: je n'ai pu m'assurer par la lecture des Auteurs qui ont écrit sur Benedictini, si c'est avant ou après qu'il a professé à Padoue. Il a suivi en qualité de Médecin l'armée de Charles VIII. Dans tous ses ouvrages de pratique, avant de donner l'histoire d'une maladie, il donne la description des parties qui en sont le siege: on y trouve plusieurs préceptes puisés des Grecs & très peu des Arabes. Ses réflexions sur les plaies paroissent de quelque utilité; il a connu la propriété qu'a le mercure d'exciter la salivation, & il parle dans plusieurs endroits de ses ouvrages, d'une maladie nouvelle, apparemment de la vérole. Notre Auteur paroît avoir fouillé dans les cadavres humains. Dans un endroit de ses ouvrages, il dit que la bile jaune découle de sa vésicule dans l'intestin duodenum. Dans son chapitre sur les parties de la génération de la femme, il parle de deux orifices placés près du méat urinaire, d'où jaillit pendant le coït une liqueur qui n'est point à la vérité prolifique, mais qui lubrifie les voies qui donnent passage au membre viril. Ses ouvrages sont,

Alexandri Benedicti Physici anatomia, sive de historia corporis humani libri 5. Adjectum est huic opusculum Georgii Vallæ ejusdem rei, sive argumenti, Basil. 1527, in-8°. *Argentorati* 1528, in-8°. *Parisiis* 1514. chart. 68, *cum collect.* ch. 87, in-4°. *Epist. nuncupat. Venet.* 1497.

Baverius (Jean) Médecin fameux qui vivoit vers la fin du quinzieme siecle, nous a laissé un traité de Chirurgie, dans lequel on trouve quelques réflexions pratiques assez utiles. Il se plaisoit beaucoup à droguer ses malades.

Consiliorum de re medica sive morborum curationibus. Bononiæ 1489, in-folio, 1521. *Argentorati* 1542, in-4°.

Peiligk (Jacques) vivoit auſſi vers la fin du quinzieme ſiecle ; il eſt le premier qui ait donné des planches
d'anatomie , car Hund & Carpi n'ont donné les leurs
que deux ou trois ans après. La plupart de ſes deſcriptions , ſelon Mr. de Haller , digne Juge en cette
matiere (a) , ſont tirées des Arabes.

*Compendioſa capitis phyſici declaratio, principalium
humani corporis membrorum figuras liquido oſtendens.
Lipſ.* 1499, 1518, in-fol.

Le même ouvrage a été publié par Alberius, ſous
le titre de *theſaurum vera philoſophiæ & divinæ ſa-
pientiæ. Lipſiæ* 1505, in-fol.

Hund (le Grand) floriſſoit vers la fin du quinzieme ſiecle ; l'épithete qu'on lui donne nous annonce que ce Médecin a joui d'une grande réputation ; Magdebourg étoit ſa patrie , & Leipſic fut le
théâtre où il ſe ſignala, on lui donna une place
de Profeſſeur dans cette Ville , & il la remplit avec
toute la dignité poſſible. Hund eſt un des premiers
qui ait donné des planches d'anatomie, elles parurent
deux ans après celles de Peiligk; & elles ſont très rares;
nous n'avons pu nous les procurer; elles manquent
à la bibliotheque du Roi. Zacharie Platner a donné
un programme ſur l'anatomie d'Hund.

Son ouvrage eſt *antropologium de hominis digni-
tate, natura & proprietatibus. De elementis partibus
corporis humani, &c. Lipſia* 1501, in-4°.

Gabriël de Zerbus vivoit vers l'an 1495 ; il eſt né
à Verone, & y a pratiqué la Médecine avec beaucoup de ſuccès ; nous avons de lui une anatomie en
un volume in-folio , contenant pluſieurs recherches,
mais qui ſont noyées dans un torrent de paroles,
dont il eſt fort difficile de ſaiſir le ſens. Il paroît
que notre Auteur ſe plaiſoit plus à donner des ſyſtêmes, qu'à faire avec clarté la deſcription des parties
qui compoſent l'homme ; ſeul talent qui diſtingue
l'Anatomiſte.

Gabriël de Zerbus prend le titre de *Medicus theo-
ricus* ; ce qui prouve qu'il ſe paroit de ſon talent
pour raiſonner. Son anatomie eſt diviſée en pluſieurs

(a) Method. ſtud. Med. page 499.

Q iv

XVI. Siecle.
GABRIEL.

traités ; dans le premier il expose les parties du bas-ventre ; dans le second il donne la description de la poitrine ; dans le troisieme , de la tête ; le quatrieme comprend les extrêmités inférieures & supérieures. Il entre ensuite dans des détails particuliers, & donne la description des os , des veines & des arteres, des cartilages , des muscles ; il termine enfin son livre par la description de l'embryon.

Pour apprendre parfaitement l'anatomie , notre Auteur recommande la dissection de plusieurs ani-maux , soit morts ou en vie ; il indique de choisir sur-tout ceux qui ont de la ressemblance avec l'hom-me , comme les singes (a).

L'esprit orné de ces connoissances , il s'appliquera à la dissection des cadavres humains ; il préférera le cadavre des personnes qui sont mortes tout d'un coup , qui ne sont ni trop grasses ni trop maigres , ni trop vieilles ni trop jeunes ; il en faut des deux sexes (b).

Après un tel détail , notre Auteur fait un por-trait de l'homme , très diffus & très long. Il donne une idée des différentes parties dont l'homme est composé. Il propose plusieurs moyens de conserver le cadavre à l'abri de la pourriture. Ce moyen con-siste en plusieurs huiles æthérées , dont il ordonne de frotter les membres.

On regardera comme ridicule une division qu'on trouve dans l'ouvrage de Zerbus du corps humain en parties froides , & en parties chaudes , en parties seches , & en parties humides.

Le bas-ventre contient plusieurs régions ; la ré-gion épigastrique , ombilicale & hypogastrique. Ces trois régions se sous-divisent encore , l'épigastrique, a sur les côtés les hypocondres ; l'ombilicale les deux régions rénales ; l'hypogastrique les régions iliaques (c). Pour exposer les différentes régions , notre Auteur se sert de termes barbares ; & il fait un mélange bizarre de pratique & de théorie. Le

(a) Page 1.
(b) Page 3.
(c) Duo latera, duo inguina dicuntur, sunt & duæ anchæ post inguina , pag. 7.

bas-ventre eſt couvert de poils qui ſervent à entretenir la chaleur afin de favoriſer la digeſtion.
Quelle explication bizarre & ridicule! elle eſt cependant paſſée juſqu'à nous, & pluſieurs modernes,
que je ne citerai pas ici pour leur épargner la honte
du reproche, s'en ſervent encore aujourd'hui dans
leurs cours d'anatomie.

L'ombilic eſt la premiere partie dont notre Auteur
donne la deſcription; il eſt placé à la partie moyenne
du bas-ventre; il eſt arrondi; il n'y a pas de graiſſe;
& il y a quatre veines qui y vont aboutir avec deux
arteres; le cordon ombilical y adhere, & il faut
ſavoir que plus il y aura de contours au cordon
ombilical du fœtus, plus la mere fera des enfans
le reſte de ſa vie. C'eſt d'après Albumazar que Zerbus
propoſe le fait; il faut être bien crédule pour y
ajouter foi.

Il y a huit muſcles au bas-ventre (a), deux droits,
deux tranſverſes, & quatre obliques; ils aboutiſſent
tous à une membrane moyenne. On trouve immédiatement après la deſcription particuliere des muſcles;
au-deſſous ſe trouve le ſiphac; c'eſt ainſi qu'il
appelle le péritoine. Mundinus s'eſt ſervi avant Gabriël de Zerbus du même terme.

Le ſiphac couvre le mirac; il donne des prolongemens aux teſticules qui paſſent par les canaux des
muſcles du bas-venere; donne pluſieurs enveloppes
aux viſceres; & il adhere aux différentes parties comme au diaphragme.

La deſcription du péritoine eſt extrêmement longue.
Nous ne ſuivrons pas plus loin notre Auteur, parcequ'il ne dit rien d'utile à ce ſujet.

Le canal inteſtinal de l'homme n'eſt pas auſſi
long que celui des animaux. Les inteſtins de l'homme
ſont cependant plus longs que l'homme lui-même;
ils ſont environ trois fois plus longs: *attamen hominis inteſtina ſunt cæteris partibus coporis longiora
in homine; namque cum ad juxta incrementa perve-
nerit, cui inteſtinorum quantitas eſt tripla reſpectu lon-
gitudinis totius corporis, cui ſunt inteſtina* (b).

(a) Pag. 8.
(b) Pag. 14.

Dans les animaux qui n'ont point un nombre de dents suffisant pour broyer les alimens, on trouve plusieurs ventricules.

Quoique les intestins ne forment qu'un seul canal, les Anatomistes les divisent en six intestins ; savoir, le duodenum ou le portier, le jejunum, le grêle ; *gracile sive subtile* ; le quatrieme est appellé *cœcum* ou *orbum* ; le cinquieme, *colon* ; le sixieme, *rectum*, à l'extrêmité duquel se trouvent plusieurs muscles qui resserrent l'ouverture afin d'empêcher les excrémens de sortir des intestins ; il y a des replis transversaux, *villi transversales* (a). Chacun de ces intestins a une description particuliere dans l'ouvrage de Zerbus ; ils sont joints à une membrane connue sous le nom de mésentere : il est malheureux pour nous que Gabriël de Zerbus se soit servi d'un langage si obscur ; qui nous empêche d'extraire plusieurs objets intéressans.

L'estomac a deux grandes ouvertures, & est placé entre la rate & le foie ; il a plusieurs tuniques ; de membraneuses & de charnues ; les charnues s'entrecroisent de maniere que l'une a les fibres obliques & l'autre transversales.

Le foie ou *jécur*, nom qu'on lui a donné, parceque c'est-là que réside le feu de l'amour, est formé d'un sang congelé ; sa couleur est rougeâtre, & il contient nombre de vaisseaux. Ce que notre Auteur dit sur la rate, n'est pas plus exact.

La veine porte nourrit les principaux visceres du bas-ventre, & rapporte au foie le chyle contenu dans les intestins.

La vésicule du fiel est formée d'une très forte membrane afin de pouvoir résister à l'impression du liquide qu'elle contient. *Substantia chystis, fellis, quæ est membrum organicum, durissima est, ita ut nihil patiatur à cholera quam continet.* On remarque dans la cavité de la vésicule du fiel des lignes longitudinales & transversales. La vésicule du fiel se termine par un conduit qui va se joindre avec un autre qui vient

(a) Pag. 14.

du foie, & de la réunion de ces deux, il en résulte un troisieme qui va au ventricule (a).

L'histoire des reins contient plusieurs explications fades & ridicules; il n'y a rien de notable; les testicules sont formés par un grand nombre de vaisseaux entrelacés.

La semence préparée dans les testicules est rapportée à la verge : notre Auteur ne dit pas trop comment & par quelle voie.

La matrice a une base & un fonds; au fonds se remarque deux testicules : *nam inventum est eam habere partes laterales exteriores, quibus alligantur duo testiculi;* ils ne sont pas ronds, mais applatis sur les côtés (b). Il y a encore deux cornes qui vont aboutir aux deux émonctoires. On trouve quelquefois dans les femelles de divers animaux des fœtus enfermés dans les cornes; dans ces deux cornes pénetre quelque liqueur qui coule dans la matrice; *nam in utroque duorum cornuum penetrat aliquid quod ex ipsis testiculis nascitur : cui officium est in vas mulieris seu matricem expellere sperma : quapropter ipsam ambo duo nominant spermatis expulsoria.* Voilà, à ce que je crois dans ce langage obscur, la décision des trompes de Fallope; Avicenne a dit quelque chose d'équivalent; sa description n'est pas tout-à-fait aussi exacte, & il paroît qu'il n'a connu qu'extérieurement ces vaisseaux, comme Hérophile, Ruphus d'Ephese & Soranus. Gabriël de Zerbus a sans contredit mieux connu les conduits de la matrice, appellés aujourd'hui les trompes de Fallope, que les Anatomistes que je viens de citer.

La matrice est fixée dans sa place par nombre de ligamens; il y en a deux fort en arriere, & qui montent vers les reins; deux qui se portent vers l'intestin rectum, deux autres vers la vessie, & deux vers les hanches. *Colligatur primo matrix fortibus ligamentis, posterius cum dorso in directo, seu ad partem renum superiorem & anteriorem. Alligatur similiter ac vesica quæ jacet anterius... Alligatur etiam ossibus ancharum ... deinde aliis mediis quæ sequuntur ipsam matricem intestino recto quod post ipsam est recto.* Plu-

(a) Pag. 34.
(b) Pag. 43.

fieurs modernes fe font approprié la découverte de
quelques-uns de ces ligamens , & ils fe la difputent
même entr'eux. Nous les invitons à lire Gabriël de
Zerbus , & ils fe départiront de leur opinion ; ce n'eft
pas que je croie l'expofition anatomique de Zerbus
vraie dans tous les points ; les ligamens fupérieurs
ne s'attachent nullement aux reins , les autres ligamens exiftent ; mais Gabriël n'a point parlé des
ligamens ronds. Attendons Vefale & Fallope qui
nous en donneront une plus ample defcription (a).

La veffie reffemble à une bouteille applatie fur
les côtés ; elle eft formée de plufieurs tuniques , il
y en a de membraneufes & de charnues ; des membraneufes , une vient du péritoine , & elle eft externe ;
l'autre eft propre à la veffie ; la membraneufe eft
moyenne : il y a des fibres longitudinales & d'autres
tranfverfales ; il y a trois orifices dans la veffie , deux
qui aboutiffent dans les ureteres , & un qui s'ouvre
dans l'uretre ; les ureteres percent obliquement les
parois de la veffie ; ce qui empêche l'urine & même
l'air de s'infinuer de la veffie dans ces canaux. Il y a
un fphincter mufculeux qui empêche l'urine de couler
à proportion qu'elle tombe dans la veffie. La nature
mufculeufe du fphincter rend les plaies au col de la
veffie moins dangereufes qu'ailleurs , parcequ'elles
fe cicatrifent plus facilement (b).

Dans la poitrine fe trouve une membrane qui la
tapiffe & forme une cloifon mitoyenne appellée médiaftin ; cette cloifon eft , d'une part , attachée aux
fourches (clavicules) & au fternum , de l'autre ,
aux corps des vertebres dorfales.

Le diaphragme forme la bafe de la poitrine ; c'eft
un mufcle qui monte pendant l'expiration , & qui
defcend pendant l'infpiration. Les parties charnues
font à la circonférence , les membraneufes au milieu. On trouvera à ce fujet dans notre Auteur quelque
objet (c) intéreffant ; nous y renvoyons le lecteur.

La caiffe du cœur eft membraneufe , & quelques-
uns la nomment péricarde ; elle eft attachée au dia-

(a) Page 43.
(b) Pag. 49.
(c) Pag. 60.

phragme & aux vaiffeaux; elle contient une liqueur qui la lubrifie & qui entretient la foupleffe dans les fibres des oreillettes & des ventricules du cœur.

Le cœur eft un mufcle d'une ftructure particuliere; il y a quatre cavités, deux fupérieures qui appartiennent aux oreillettes, & deux inférieures qui font des dépendances du cœur. Il y a plufieurs vaiffeaux qui vont aboutir au cœur. A l'extrémité de ces vaiffeaux on voit des pellicules de diverfes figures. Zerbis à fon ordinaire eft très obfcur dans l'expofition anatomique de ce vifcere.

L'hiftoire du cerveau eft inférieure à celle des Anatomiftes qui l'avoient précédé; c'eft pourquoi nous n'en parlerons pas. Pour ce qui concerne les nerfs, notre Auteur eft un des premiers qui aient décrit la premiere paire des nerfs olfactifs (a).

L'expofition des parties dont l'œil eft compofé, eft très détaillée; on y trouve fur-tout une ample defcription de l'uvée.

Nous renvoyons pour le refte le lecteur à l'ouvrage, & nous lui confeillons de fe munir de beaucoup de patience & de bons yeux pour pouvoir déchiffrer les paroles abregées de notre Auteur, & pour pouvoir en féparer le bon d'avec le mauvais.

Anatomiæ corporis humani, & fingulorum illius membrorum. Venetiis 1502, 1533, in-fol.

Anatomia infantis & porci ex traditione Cophonis. Marpurgi, 1537 in-4°. 1545 in-4°. *Cum Mundini Anatomia.*

Montagnana (Barthelemi) ou du Mont de Gnana (b), floriffoit l'an 1446 : il étoit citoyen de Padoue, & y exerça la Médecine avec diftinction. La réputation qu'il s'étoit acquife étoit fondée fur le mérite, Montagnana joignoit aux plus profondes connoiffances de fon art une notion très étendue de la philofophie & de l'anatomie. La mort qui ne refpecte ni les titres ni le favoir, l'enleva dans la fleur de fon âge; il nous a laiffé trois cents cinq confultations de Médecine, parmi lefquelles on en trouve plufieurs qui concernent la Chirurgie.

(a) Pag. 124.
(b) Chirurgiæ fcriptores, in-fol. Tigur p. 399.

Les plus intéressantes, & celles qui nous ont páru dignes d'être consultées roulent sur les fistules ; ulceres au palais, à la vulve, sur le polype, sur une difficulté de respirer produite par l'obstruction des glandes, sur la vérole. Les maladies des testicules sont très bien décrites ; on y trouve un cas rare d'une bosse survenue à un enfant. Nous renvoyons à l'ouvrage ceux qui voudront des détails plus étendus.

Il est intitulé,

Consilia ad morbos diversos à capite ad pedes. Venetiis 1497, 1567, in-fol. *Lugduni* 1520, in-4°. 1525, in-4°. *Francofurti* 1604, in-fol.

GARBO. Garbo (Thomas de) Médecin célebre du quatrieme siecle, florissoit vers l'an 1311, selon Tritemius, ou 1340, selon Volfg. Justus, sous Louis de Baviere. Il étoit fils de Dinus de Florence, & il naquit dans cette Ville où il se fixa le reste de ses jours pour y pratiquer la Médecine ; ce qu'il fit avec succès & avec l'applaudissement général de ses contemporains. Il a donné plusieurs ouvrages de Médecine, & très peu d'Anatomie. Voici celui qui nous vient de cet Auteur.

Expositio super capitula de generatione embryonis III canonis seu XXV Avicennæ. Venet. 1502, in-fol. *cum operibus Dini patris sui.*

1503. Scotus (Michel) vivoit à peu près dans le même
SCOTUS. temps. Les Auteurs ne nous ont rien fourni sur sa vie ; ainsi nous ne savons ni où il est né, ni où il a exercé la Médecine.

Ses ouvrages sont remplis de superstitions ; il croyoit beaucoup à l'astrologie judiciaire.

Phisionomia de hominis procreatione. Parisiis 1508, in-8°. *Venet.* 1503. *De secretis naturæ libellus/Franc.* 1615.

BOLOGNINUS Bologninus (Angel), ou Bologninius, Médecin, exerça la Chirurgie à Boulogne avec distinction, & l'enseigna publiquement dans l'Université de la même Ville vers l'an 1503 ; il étoit grand partisan d'Avicenne, & il pratiquoit suivant sa méthode ; il paroît que c'étoit le goût du siecle, & qu'Avicenne avoit presque autant d'adorateurs qu'il y avoit de

Médecins dans l'Italie ou dans les Provinces limi-
trophes. Thomas de Garbo, comme nous venons
de voir, avoit adopté la même façon de se conduire en Médecine.

Bologninus nous a laissé un traité sur les ulceres, il
est divisé en deux parties, une théorique & l'autre pratique ; la premiere expose les causes qui s'opposent à la
réunion; la seconde prescrit les moyens qu'il faut mettre en usage pour les écarter & pour réunir les plaies ?
le principal secours pour cicatriser, dès que la cause
qui produisoit l'ulcere est ôtée, se trouve dans le régime, c'est le meilleur de tous les sarcotiques (a),
l'expérience l'a appris à notre Auteur. La guérison des
fistules est très difficile à obtenir, si l'on néglige
d'emporter, ou par les scarcotiques, ou par le fer,
les parois qui se forment : tout l'art consiste à former
une plaie sanglante dans la partie. Dans les ulceres
il se forme une sanie qui a divers caracteres dans
divers sujets ; il y en a d'épaisse, d'autre de claire,
de blanche, d'autre de noire, de corrosive & de
balsamique. Notre Auteur a confondu le pus louable
avec la sanie, & sa pratique devoit en souffrir : on
ne doit point ôter le pus louable, au lieu qu'il faut
extraite la sanie ; l'un sert à la consolidation, &
l'autre à la destruction de la partie. Pour ôter la
sanie, il faut, selon Bologninus, se servir des ab-
sorbans, comme sont les terres bolaires, les éponges,
il faut employer les digestifs faits avec la térébenthine & les résines.

On trouve dans ce traité un nombre prodigieux
de topiques qu'il prescrit dans divers cas. *Neque
quidquam*, dit-il, *stultius quam diversa iisdem velle
curare*. Scribonius Largus s'est à peu près servi des
mêmes termes dans une autre circonstance.

Cependant si tous ces topiques n'accélerent point
la cure de l'ulcere, il faut recourir aux cauteres
potentiels qui consument les chairs baveuses, &
forment une escare qui empêche le sang de couler,
au lieu que l'incision peut ouvrir quelques gros vais-
feaux ; ce qui occasionne une hémorrhagie qui peut

(a) Collectio Chirurgorum veter. & recent. in Germaniâ, fol.
Tigur. p. 208.

être mortelle ; suivant la grandeur du vaisseau ouvert ; le cautere actuel est un secours trop dur pour le malade qui en a une aversion insurmontable ; mais si par complaisance pour la Chirurgie il se soumet une fois à son action, & qu'on n'emporte point toutes les chairs baveuses, il est impossible de le déterminer à en souffrir une nouvelle application.

Pour ce qui concerne les cauteres potentiels, j'en ai un, dit-il, que je tiens de mon pere, qui me réussit presque toujours ; le voici. Prenez de la litharge, pierre hématite, & du vitriol romain, trois dragmes de chacun, sublimé corrosif, deux dragmes ; mêlez & formez une poudre dont vous couvrirez l'ulcere ; après un certain temps que l'escare est formée, on se sert des huileux pour la détacher ; celle d'amandes douces est excellente : l'ulcere aux os, ou la carie, demande un traitement moins doux, mais plus puissant ; il faut emporter toute la substance avec le fer, ou du moins recourir au cautere actuel (a).

A ce traité des ulceres qui présente, comme l'on voit, quelques objets intéressans pour la pratique de la Chirurgie, succede un traité sur toutes les especes d'onguens qu'il convient d'employer. Bolognius en propose un nombre prodigieux ; il indique la maniere de les préparer, & les cas où il convient de les appliquer : je voudrois qu'il se fût étendu sur ceux qui les proscrivent du traitement des ulceres, & son traité eût été moins chargé de formules & plus utile à l'humanité.

Ses ouvrages sont,

De cura ulcerum exteriorum & de unguentcis communibus in solutione continui. Papiæ in-fol. 1516. *Basileæ* 1536, in-4°. *Operis Chirurgici*, page 207. *Tiguri* 1555, in-fol.

J'ai eu ce recueil de la bibliotheque du Roi.

Cocles (Barthelemi) florissoit vers l'an 1440, ou, selon quelques-uns, en 1500 ; il étoit Médecin, & exerçoit à Boulogne toutes les parties ; il se tittoit aussi de distillateur, de phisionomiste & de chiro-

_____

(a) Page 616.

mancien ;

mancien ; malgré ces qualités qui défignent plutôt le charlatan que le Médecin, Cocles jouit de la plus grande réputation, & fut confulté dans les cas les plus épineux de la pratique de la Médecine & de la Chirurgie.

XVI. Siécle

COCLES.

Il nous a laiffé,

Anaftafis chiromantiæ & phifiognomiæ ex pluribus & pene infinitis autoribus. Bononiæ 1504, in-4°.

Phifiognomiæ compendium quantum ad partes capitis, gulam, collum attinet. Argentorati, 1533, in-8°.

Les Hiftoriens de l'Anatomie & de la Chirurgie parlent de Nicolas Leonicednus, quoiqu'il n'ait rien écrit dans l'une ni l'autre partie. Nous pafferons fous filence l'hiftoire de ce Médecin pour ne pas fortir de notre objet.

LEONICED-NUS.

Vers le même temps vivoit un nommé Alexandre Aphrodifæus qui a donné plufieurs ouvrages de Médecine ; on y trouve quelques réflexions chirurgicales, entr'autres cette queftion : pourquoi les plaies des mufcles en travers font-elles plus dangereufes que celles qui fe font felon leur longueur ? Un Anatomifte donnera facilement la folution de la queftion propofée.

ALEXANDRE. APHRODI-SÆUS.

Un Auteur des plus recommandables de la Chirurgie, c'eft Jean de Vigo dont nous allons parler. Ce grand homme naquit à Gênes vers la fin du quinzieme fiecle, & il publia divers ouvrages au commencement du feizieme. Il fut appellé à Rome où il exerça la Chirurgie avec la plus grande diftinction ; il occupa long-temps la place de premier Chirurgien du Pape Jules II : depuis il reçut les plus grandes récompenfes ; fon neveu Sixte de Gara de Ravere, Cardinal, voulut partager avec lui le titre de bienfaiteur de Jean de Vigo ; il lui donna tous les ans, & jufqu'à fa mort, trois cents écus d'or en récompenfe des fervices qu'il rendoit au public, tant par la pratique de la Chirurgie que par les ouvrages qui fortoient de fa plume. Jean de Vigo fit nombre d'éleves en Chirurgie, parmi lefquels fe diftingua Mariana, fameux lithotomifte, dont nous parlerons bientôt. Ce grand homme remplit toute l'Europe de fon nom, & fut confulté par les plus

1516.

VIGO.

R

258   HISTOIRE DE L'ANATOMIE

grands Potentats de cette partie du monde. Il est
après cela bien étonnant que Conrad Gesner n'en
ait point parlé (a).

Sa Chirurgie est divisée en neuf chapitres. Dans
le premier il s'agit de l'Anatomie qu'il est nécessaire
qu'un Chirurgien sache pour exercer son art avec
distinction ; dans le second il traite des apostemes ou
tumeurs ; dans le troisieme, des plaies ; dans le quatrieme, des ulceres ; dans le cinquieme, de la vérole & des maladies des articulations ; dans le sixieme, des maladies des os, comme fractures, luxations, &c.

Le septieme qui traite de la nature *des simples*,
n'est point de notre objet. Dans le huitieme on trouve
la description d'un boîtier ou des drogues qu'il est
nécessaire à un Chirurgien d'avoir. Le neuvieme
comprend un supplement à l'ouvrage.

Dans sa préface, Vigo exhorte son fils de se bien
comporter dans cette partie de l'art de guérir ; il
lui démontre l'étendue des connoissances qui sont
nécessaires à un Chirurgien ; la probité est le premier caractere qu'il lui souhaite : il ne faut point,
selon lui, pratiquer cet art pour de l'argent, mais
par esprit d'humanité : *nec quemquam avaritiâ aut
odio derelinquas, quatenus negligentiâ vel tua culpâ
non pereat, ne tu infelix homicida in posterum pari
pœna vel æterno supplicio crucieris.* De tels sentimens
sont dignes de tout homme de bien, à plus forte
raison du premier Chirurgien du Pape.

Ses connoissances en anatomie n'étoient pas bien
étendues ; elles sont pour la plupart puisées dans les
ouvrages d'Avicenne ; cependant dans quelques endroits il ose s'élever contre cet Auteur.

Le cerveau, dit Jean de Vigo, est dans l'homme
beaucoup plus grand que dans les autres animaux :
c'est peut-être pour cela que l'homme a la raison
en partage, & qu'il est le roi des autres animaux
qui sont sur la surface de la terre. Quelques modernes, parmi lesquels se trouve Mr. *Arlet*, Médecin
de Montpellier, ont renouvellé la question il n'y

(a) Goelicke, Histor. Chirurg. p. 100.

a pas long-temps : c'eft bien là le cas de dire *quæ*
jam periere renafcentur omnia. Les finus Sphénoïdaux
ne lui étoient point inconnus , & il a admis l'e-
xiftence de l'hymen.

Il y a plufieurs efpeces de tumeurs , les unes font
inflammatoires , douloureufes , les autres font fans
inflammation , parfaitement indolentes.

Le flegmon , dit notre Auteur , eft une tumeur
chaude , rénitente , formée par le fang , avec douleur , chaleur , rougeur , élancement.

Il fe termine de quatre manieres , par réfolution ,
fuppuration , putréfaction ou induration ; il y a des
fignes particuliers qui caractérifent chacun de ces
états : il faut faire une attention continuelle à l'état
de la tumeur quand on procede à fa cure ; il ne
faut pas ufer de fuppuratifs fi la tumeur peut fe
tourner par réfolution , ni de réfolutifs lorfque l'abcès eft formé , &c. Cette théorie eft lumineufe , &
la pratique qu'il en déduit eft très fage. Les Chirurgiens modernes les plus inftruits fuivent avec
raifon la méthode propofée par Jean de Vigo (a).
Les aftringens ou les répercuffifs mal employés ,
donnent lieu à de fâcheux accidens ; le plus léger
eft l'induration de la tumeur ; le plus dangereux eft
le reflux de la matiere morbifique dans quelque vifcere principal à la vie ; lorfque la fuppuration n'eft
point faite , la faignée & les purgations répétées
font très utiles ; hors de cet état , ces remedes feroient nuifibles.

Les emplâtres font peu utiles quand les flegmons
commencent à paroître ; mais ils font néceffaires
lorfqu'on veut tourner la tumeur à fuppuration. Cette
maxime eft très fage ; la Chirurgie moderne l'a
adoptée fans en faire honneur à Vigo (b).

Après l'hiftoire du flegmon on trouve celle de
la plupart des tumeurs inflammatoires , comme celle
de l'éréfipelle qu'il nomme fourmi , & dont il fait
plufieurs efpeces ; la fourmi fixe , la fourmi ambulante , la maligne , la bénigne , la miliaire.

Enfuite viennent les échauboulures ou exan-

(a) Pag. 9.
(b) Pag. 9.

thémes, le feu volage, la porcellaine, la gangrene dont il fait deux efpeces ; la gangrene *afcachilos* & *eftiomenos* ; la première eft fixe & humide ; la feconde eft feche, & fait des progrès fenfibles (*a*). Le charbon eft une maladie fort fâcheufe ; on l'a ainfi appellé à caufe que la peau acquiert une rougeur prefque femblable à un charbon allumé ; l'autre en eft une efpece, mais beaucoup plus fâcheufe ; il a à fa fommité une efcare ou un ulcere qui laiffe fuinter une humeur purulente & corrofive, & il s'enfonce beaucoup plus profondément dans les chairs que l'éréfipele.

Chacune de ces maladies forme un chapitre particulier où l'on trouve la cure appropriée à chaque efpece ; dans les exanthêmes qui viennent après de violens exercices, il faut faigner & rafraîchir, &c. dans ceux qui font le produit d'une maladie quelconque, qui font critiques, il faut s'abftenir de la faignée, crainte de faire rentrer la matiere dans la maffe du fang. Dans la gangrene, la partie eft morte & ne peut plus reprendre fon ancien état, quelque fecours que l'on emploie ; de plus, elle eft contagieufe pour les parties voifines ; il faut donc fe hâter de faire de profondes fcarifications, & d'appliquer les fangfues tout au tour de l'endroit affecté (*b*) ; fi ces remedes ne font point fuffifans, il faut examiner quelle eft la caufe de la gangrene ; fi elle eft interne l'amputation eft inutile ; il faut corriger la maffe du fang par des remedes intérieurs plutôt que d'appliquer des topiques qui n'agiffent que fecondairement dans la gangrene ambulante ou l'eftiomenos. Si l'on voit que toute la partie eft altérée, il n'y a d'autre remede à tenter que l'amputation ; on la fera avec un rafoir bien affilé, avec lequel on coupera les chairs, & avec une fcie on divifera les os : *tunc ftatim pro ejus curatione fuccurendum eft, fequeftrando à fano totas partes corruptas novaculo bene incidenti ; deinde os ferrâ fecandum eft ;* l'amputation faite, il faut cautérifer le membre avec un fer chaud. Il ne faut point traîner en longueur

(*a*) Pag. 13.
(*b*) Pag. 14.

la cure du charbon (a) ; on fera au plutôt des fcarifications fur la tumeur , & on y appliquera le feu
s'il le faut ; on fera enfuite tomber l'efcare par les
mondificatifs ; un des meilleurs , fuivant Vigo , eft
celui qui a la térébenthine pour bafe ; Galien, Guy de
Chauliac & Théodoric en ont fait un heureux ufage.
Les remedes internes doivent toujours fuivre l'ufage
des remedes extérieurs. Bien différens de la plupart des
Chirurgiens modernes, notre Auteur paroit avoir plus
de confiance aux remedes intérieurs qu'aux extérieurs;
auffi en rapporte-t-il grand nombre dans tous fes procédés. Jean de Vigo montre avoir des connoiffances
plus étendues que la plupart de fes contemporains;
il a en plufieurs points furmonté le préjugé de fon
fiecle ; penfant différemment de Bologninus , il préfere l'ufage du cautere actuel au cautere potentiel ;
plus humble que Lanfranc , il attribue à un chacun
ce qui lui appartient ; ainfi on le voit tantôt citer
Galien , Avicenne , Theodoric , & Guy de Chauliac,
dont il fait un très grand cas.

Le chapitre de la fuppuration mérite d'être lu de
tous les amateurs de la Chirurgie (b) ; au lieu de
propofer une théorie fade & puérile telle qu'on la
trouve dans la plupart de nos Auteurs modernes ,
il expofe clairement & fuccinctement les fignes qui
indiquent que l'abcès fe fera bientôt, qu'il commence
à fe faire, qu'il eft fait, &c.

L'œdême doit tenir le premier rang parmi les tumeurs froides ; notre Auteur en diftingue plufieurs
efpeces ; l'œdême eft tantôt étendu, tantôt borné ;
il vient de caufe externe ou de caufe interne ; il
s'étend quelquefois de haut en bas , d'autre fois de
bas en haut ; il a trois périodes ; le commencement ;
l'augmentation & la diminution ; la réfolution eft
fa terminaifon la plus fréquente (c). Une fage adminiftration dans le régime concourt plus, felon Jean
de Vigo , à la cure de l'œdême que les meilleurs
remedes ; cependant il ne faut point en négliger l'u-

(a) Pag. 15.
(b) Pag. 16.
(c) Pag. 17.

VIGO.

fage ; auffi en prefcrit - il plufieurs, tant internes qu'externes.

Les excroiffances (*a*) varient, & par leur figure, & par la matiere qui les forme; les unes font longues, minces, d'autres font courtes, groffes, applaties, quelques-unes font charnues, remplies par du fuif, d'autres par une matiere femblable. Il y a plufieurs moyens de guérir les tumeurs humorales ; la réfolution, la preffion faite avec une lame de plomb, la ligature, l'incifion, & le cautere. La réfolution eft la voie la plus douce ; on peut l'obtenir lorfque la tumeur commence à fe former, en la couvrant d'un emplâtre de diachilum : la preffion qu'on fait avec la lame de plomb, doit être affez forte pour rompre le kifte, fans cela la réfolution ne fe forme jamais : fi l'on fait l'incifion, il faut auffi emporter tout le kifte, s'il eft poffible ; la tumeur fe forme de nouveau fi l'on n'a cette attention : *nodus rediret in priftinum ftatum* : fi la tumeur eft trop grande ou qu'elle adhere à des vaiffeaux, ou qu'enfin par d'autres raifons il ne foit pas bien poffible d'extraire le kifte en entier, après une incifion fuffifante, on vuidera la tumeur, & on la remplira d'onguent égyptiac (*b*), ou on y mettra quelque trochifque de minium. Cette pratique eft digne du plus grand maître, &c.

La compreffion & l'incifion font inutiles, fouvent même dangereufes, au farcome ; il n'y a rien de meilleur que l'extirpation ou l'ufage des corrofifs ; c'eft par cette derniere méthode que j'ai, dit Jean de Vigo, guéri un farcome qu'avoit notre Saint Pere le Pape Jules II ; cette excroiffance charnue étoit placée entre le doigt annulaire & l'auriculaire de la main droite. Le cautere dont fe fervit Vigo, étoit fait avec du lin, du levain, du fublimé, de l'eau de plantain, & de l'eau rofe (*c*).

Le corps humain eft fujet à un grand nombre d'autres tumeurs froides, comme aux écrouelles, à l'œdeme, à la taupe, au bubon ; notre Auteur expofe leurs différences, & propofe leur cure parti-

(*a*) Pag. 18.
(*b*) Eadem paginâ.
(*c*) Eadem paginâ.

culiere. Les cauftiques jouent un grand rôle dans
tous ces traitemens ; tantôt il les applique fur la
tumeur, & tantôt fur des parties éloignées ; cependant, dit notre illuftre Chirurgien, il faut auparavant tenter l'application de notre emplâtre qui eft
un excellent réfolutif, fur-tout lorfque la maffe du
fang eft infectée ; fi au lieu de produire la réfolution il tournoit la tumeur à la fuppuration, il faudroit l'ouvrir fans héfiter.

Le fquirrhe entre dans la même claffe de tumeurs ;
Vigo en expofé les fignes & les efpeces, & en indique la cure très au long. Je renvoie à l'original, fans
craindre que le lecteur regrette le temps qu'il em-
ploiera à le confulter. Le cancer eft fouvent la fuite
du fquirrhe : Vigo traite fort au long de cette cruelle
maladie ; il indique fes fignes, fes différences, &
propofe nombre de remedes qu'il ne feroit pas inutile d'éprouver.

Avant d'entrer dans des détails particuliers, il eft
bon de faire précéder quelques notions générales ;
notre Auteur fuit cette méthode. Après les genera-
lités fur les tumeurs ; il expofe chacune d'elles en
particulier, en fuivant l'ordre anatomique : dans le
premier chapitre il traite de celles qui ont le fiege
dans la tête ; dans le fecond, de celles de la poitrine ; dans le troifieme, de celles du bas-ventre ;
& dans le quatrieme, de celles qui attaquent les
extrêmités.

Il y a des defcriptions particulieres de plufieurs
tumeurs propres aux yeux, qui font bien faites ;
mais en général on peut lui reprocher d'avoir groffi
fans raifon le nombre de remedes pharmaceutiques.

La plaie eft une folution de continuité récente
dans les chairs, avec effufion de fang, fans putréfaction dans la partie, & c'eft par-là qu'elle differe
de l'ulcere, &c. Il y en a de fimples & de compofées,
&c. Il faut obferver dans le traitement des plaies
d'enfoncer le doigt dans la plaie (a) pour s'affurer
fi l'os n'a pas été altéré, & s'il n'y a pas dans la
plaie quelque efquille qu'il faudroit ôter, parcequ'elle empêcheroit la nature de former la cicatrice ;

(a) Pag. 36.

ou fi elle venoit à fe faire, la plaie fe rouvriroit quelque temps après. Secondement, le Chirurgien doit arrêter l'hémorrhagie fi elle eft trop abondante ; fi le fang coule en petite quantité, il ne faut point s'oppofer à fon effufion, l'hémorrhagie devient une faignée locale. La troifieme attention que doit avoir le Chirurgien, c'eft d'empêcher, autant qu'il fera en lui, le contaςt de l'air fur la plaie ; pour cet effet il faudra qu'il en approche les bords auffi-tôt qu'il le poürra, en obfervant cependant de ne point laiffer des caillots de fang : en quatrieme lieu, il ne doit point introduire des corps gras ou autres drogues dans la plaie, excepté un peu de digeftif fait avec la térébenthine. Vigo auroit été plus fage s'il en eût défendu l'ufage dans ce cas. Ces précautions obfervées, il doit faire à la plaie plufieurs points de future ; le nombre en fera plus ou moins grand, fuivant fa longueur ; il en faut peu aux longitudinales ; il en faut un plus grand nombre aux plaies cruciales.

L'ouverture des gros vaiffeaux eft un des plus fâcheux accidens qui puiffe furvenir à la fuite des plaies. Notre Auteur propofe plufieurs moyens pour arrêter le cours du fang ; les ftiptiques, le cautere & la ligature ; il ne paroît pas qu'il ait tenté ce dernier moyen : quelques-uns, dit-il, font dans l'ufage de lier les veines & les arteres ouvertes avec une aiguille garnie d'un fil avec lequel ils refferrent les parois du vaiffeau (a). Albucafis avoit tenté le même moyen ; mais il ne nous l'a pas fi clairement indiqué que le fait Vigo. Ambroife Paré ne nous a rien dit de plus particulier ; doit-on après cela lui attribuer la gloire de l'invention, comme plufieurs Chirurgiens François l'ont fait par orgueil ou par ignorance ?

Notre Auteur a adopté un plan uniforme dans fes defcriptions : après des détails généraux, il defcend dans le particulier ; ainfi après la defcription générale des plaies, il paffe aux plaies de la tête, & fucceffive-

(a) Modus autem ligationis, eam aliqui efficiunt intromittendo acum fub vena defuper filum ftringendo, p. 36 ; columnâ primâ.

ment il traite de toutes celles qui arrivent au corps.
Les plaies de la tête attaquent les parties molles ou
les parties dures, ou toutes les deux à la fois ; elles
font faites par des inftrumens tranchans, ou par des
inftrumens contondans ; les fractures aux os font avec
éclat & déplacement des pieces, ou bien ils reftent
dans leur pofition naturelle ; quelquefois après un
coup violent à la tête, il ne paroît qu'une légere
fente ; dans d'autres circonftances l'os s'enfonce ; cette
affection eft familiere aux enfans : quelquefois par
une difpofition particuliere à l'os frappé, à l'inftu-
ment, à la direction ou à la force du coup, il arrive
que la lame interne de l'os fe brife fans que l'externe
foit fracturée : j'ai vu, dit Vigo, cet accident furvenir, & je ne puis le révoquer en doute.

Le diagnoftic des plaies à la tête eft très difficile à
faifir ; les fignes que les Auteurs indiquent, fur-tout
Guy de Chauliac ou Pierre des Argellata, font très
équivoques ; ils exiftent fouvent fans qu'il y ait fracture, ou d'autres fois il y a fracture fans qu'aucun
de ces fignes paroiffe (a) ; les vaiffeaux fanguins
s'ouvrent fouvent dans le crâne fans qu'il y ait fracture à la boîte offeufe, ou bien il y a fracture aux os
fans qu'il y ait rupture de vaiffeaux fanguins qui fe
diftribuent à la dure-mere ou au cerveau : c'eft cependant de l'ouverture des vaiffeaux fanguins que proviennent les principaux fymptomes. Ces réflexions intéreffantes font expofées dans les ouvrages de Jean de
Vigo, mais avec beaucoup d'obfcurité. L'Académie
royale de Chirurgie a préfenté ces objets avec beaucoup plus de clarté & de précifion, & y a ajouté plufieurs faits puifés dans la pratique la plus confommée, & déduits de la théorie la plus lumineufe.

Lorfqu'après plufieurs faignées, purgations & lavemens les fymptomes fubfiftent, Vigo confeille l'o-
pération du trépan ; il n'en parle pas fort au long, &
ce qu'il dit eft affez obfcur pour faire voir qu'il ne
l'a jamais pratiquée (b).

Les plaies à la face font très délicates, puifque la
terminaifon la plus avantageufe eft fouvent une ci-

(a) Pag. 38.
(b) Pag. 39.

catrice difforme ; pour prévenir ce défagrément ; Jean de Vigo conseille de faire deux sutures à la plaie ; la premiere doit être sanglante , & l'autre séche ; les points de suture ou les aiguilles qu'on laisse dans la plaie , en maintiennent les bords rapprochés vers leurs bords internes , ou vers le fonds de la plaie ; la séche réunit exactement les bords extérieurs ; & ainsi la cicatrice se fait assez uniformément pour qu'il n'en résulte aucune irrégularité dans les traits du visage.

En suivant cet ordre anatomique des parties qui composent l'homme , notre Docteur en Chirurgie parcourt toutes les especes de plaies , en indique les dangers , & en prescrit le traitement ; on y trouve plusieurs observations intéressantes : il seroit à désirer qu'il eût écrit un peu plus correctement , & qu'il n'eût pas été pharmacopole jusqu'à l'excès.

L'histoire des ulceres (a) n'est pas moins ample dans l'ouvrage de Jean de Vigo que l'est celle des plaies : des généralités très intéressantes précedent nombre de détails curieux & utiles sur les genres & les especes des ulceres ; ces différences sont tirées de leur cause , de leur grandeur , du siege , de leur ancienneté , & du tempéramment du malade. Le chapitre des fistules est rempli de préceptes vicieux ; semblable à ses contemporains, Vigo n'avoit presque aucune connoissance chirurgicale sur cette maladie ; il étoit réservé aux Chirurgiens modernes de perfectionner l'art sur cette maladie , dont les suites sont toujours fâcheuses quand le traitement est mal conduit. La matiere purulente dans toute espece de fistule , se répand dans les parties voisines , les corrode & les détruit ; si cette altération se transmet à quelque viscere essentiel à la vie, la mort du sujet est immanquable ; il faut , dit notre Auteur , que le Chirurgien prévienne cet accident lorsque les fistules ont leur siege aux extrémités , en liant fortement le membre au-dessous ; la ligature , dit-il , empêche le pus de gaguer le tronc , & j'ose assurer que quiconque tentera ce moyen , en retirera de grands avantages (b). Cette

(a) Pag. 52.
(b) Pag. 70.

promeffe eft vaine, car cette méthode entraîne toujours mille inconvéniens, & ne remplit point fon objet ; Vigo ne l'auroit point propofée s'il eût connu comme nous le méchanifme de la circulation.

La vérole venoit de paroître en Italie, lorfque notre Auteur s'exerçoit à la pratique ; c'étoit, dit-il, en 1494, au mois de Décembre, dans le temps que Charles VIII, Roi de France, campoit en Italie, que cette cruelle maladie a paru (a) ; les François l'appellerent le mal de Naples, les Napolitains, le mal François, les Tofcans, le mal des tefticules, les Efpagnols, le mal des bourfes : cependant à peine cette maladie exifta-t-elle à Naples ou à fes environs, qu'elle parut dans toute l'Italie. Cette maladie eft la fuite du coït entre deux perfonnes dont l'une eft affectée du virus ; les fymptomes qui la caractérifent font des ulceres qui furviennent peu de temps après l'acte vénérien à la verge de l'homme ou à la vulve de la femme, &c. des douleurs dans les membres, des nodofités, des fquirrhes dans les glandes, des rétractions dans les extrémités, des contractions fpafmodiques dans les mufcles, &c. au bout d'un an il furvient des excroiffances charnues, ftéatomateufes, des cornes, chaque organe fouffre quelque altération ; & il femble, dit Jean de Vigo, que la vérole réuniffe tous les fâcheux fymptomes de chaque efpece de maladie (b) connue en Médecine. Pour procéder avec ordre dans le traitement, notre Chirurgien diftingue dans cette maladie deux périodes ; le commencement & l'état de vigueur : les purgations font d'abord indiquées ; il faut appliquer de légers corrofifs fur les excroiffances, des emplâtres émolliens fur les tumeurs fquirrheufes ; mais un remede qui eft inmanquable (c), c'eft le mercure ; il faut l'adminiftrer fous la forme d'onguent, & en oindre les membres jufqu'à ce que le malade fe plaigne

(a) Pag. 73.

(b) Et audeo dicere quod quæcumque ægritudines de quibus antiqui & moderni Doctores in arte Chirurgica mentionem fecerunt, omnes in diverfis corporibus poffunt profectò in hoc deteftabili verecundiofoque morbo connumerari.

(c) Nulla melior medicina eft, crede mihi, quam protinus patientem infra fcripto linimento meo ungere, p. 74.

d'un léger agacement dans les dents, qui est communément accompagné de la salivation. Dès que ce symptome paroît, il faut suspendre les frictions ; on peut à la place des frictions, appliquer sur les membres l'emplâtre suivant : voici la maniere de le faire. Prenez une livre graisse de porc que vous ferez fondre ; huile de camomille & d'aneth, une once, & de laurier, une once ; storax liquide, dix dragmes ; racine d'énula-campana, quatre onces ; euphorbe, cinq onces ; vin aromatique, cinq livres ; faites bouillir le tout & diminuer jusqu'à ce que le vin soit dissipé par l'évaporation ; exprimez le résidu ; ajoutez à la matiere exprimée huit onces de litharge d'or ; encens & mastich, de chacun six onces ; résine de pin, une once deux dragmes ; térébenthine claire, une once ; argent-vif, éteint, avec salive, quatre onces ; cire blanche, une once ; faites fondre & incorporez le tout, vous étendrez ce liniment sur de la toile, & vous en couvrirez les extrêmités. Cet emplâtre n'est pas le seul dont Vigo ait retiré de l'avantage ; il en décrit un autre qui ne lui a pas moins réussi ; il est à-peu-près égal au précédent, & c'est le mercure qui en fait la base (a).

En suivant cette méthode, Vigo a guéri un nombre prodigieux de personnes attaquées de la vérole : c'est au mercure qu'on est redevable du succès ; Vigo est un des premiers qui en ait fait usage. Il paroît par les éditions de ses ouvrages, qu'il a employé le mercure avant Carpi. La premiere édition des ouvrages de Jean de Vigo, parut en 1516 (b), deux ans avant celle des ouvrages de Carpi qui ne furent imprimés qu'en 1518 (c).

Vigo regarde la vérole comme une maladie de la peau, & ce n'est qu'en traitant des maladies qui affectent cette partie, qu'il en parle dans la plupart, de ces affections cutanées, il employoit le mercure, & il paroît que ce n'est que par analogie que Vigo s'est servi du mercure dans le traitement de cette maladie.

(a) Pag. 75.
(b) Haller. stud. Med. p. 720.
(c) Haller. eodem loco.

Ses deux livres fur les maladies des os ne contiennent rien qui mérite attention : ce qu'il eft copié des Arabes ou des Grecs qu'il connoiffoit parfaitement ; fa matiere médicale contient nombre de formules qui lui appartiennent ; mais on en trouve auffi beaucoup qu'il a copiées de Scribonius Largus (a)

Les ouvrages de Jean de Vigo font :

Practica in arte Chirurgica copiofa, continens novem libros. Lugd. 1516, in-4°. *Heift. pl.* 1518, in-8°. 1530, in-8°. 1534, in 8°. 1538, in-8°. *Venet.* 1561, in-8°. *Venet.* 1570, in-fol. Cet ouvrage a été traduit en allemand, & imprimé à Nuremberg 1677, in-4°. en italien & imprimé à Venife 1540, 1582, 1560, 1568, in-4°. 1598, 1610, in-4°. & en françois, imprimé à Venife 1570, in-fol. à Lyon 1537, in-8°.

Nous avons tiré le catalogue de ces éditions de l'ouvrage de Mr. de Haller qui les a recueillies avec beaucoup plus de foin & d'exactitude que Vanderlinden qui n'en cite que deux ou trois.

Achillinus (Alexandre) illuftre Médecin de Boulogne qui floriffoit vers le commencement du feizieme fiecle, profeffoit la philofophie & la Médecine dans la fameufe Univerfité de cette Ville ; il fut un des plus zélés fectateurs des Arabes, & fur - tout d'Averrhoës. Ses talens ne refterent pas cachés dans fa feule patrie, fa réputation s'étendit dans toute l'Europe, & il y fut furnommé le grand Philofophe ; les Ecoliers venoient de toute part l'entendre, foit qu'il profeffât à Boulogne, foit qu'il enfeignât à Padoue. Le grand talent excite toujours des fentimens de jaloufie ; Achillinus en fut fouvent l'objet : Pomponace fut un de fes plus terribles adverfaires ; ils fe décrierent mutuellement. Après une longue guerre Achillinus mourut à Boulogne, fa patrie, l'an 1512, & fut euterré dans l'Eglife de Saint Martin ; on y lit encore l'épitaphe que lui fit *Janus de Vitalis.*

(a) Voyez notre Hift. à l'art. de Scribonius Largus.

Hofpes , Achillinum tumulo qui quæris in isto ,
    Falleris : ille suo junctus Aristoteli
Elysium colit ; & quas rerum hîc discere causas
    Vix potuit , plenis nunc videt ille oculis.
Tu modò , per campos dum mobilis umbra beatos
    Errat , dic longum perpetuumque vale.

Achillinus est l'auteur de plusieurs ouvrages & de
plusieurs importantes découvertes ; c'est lui qui a
donné une exacte description des veines du bras ; il
à connu deux osselets de l'oreille, le marteau, l'enclume , sans s'en approprier la découverte (a) ; il
paroît avoir connu la valvule de l'intestin cœcum
ou monoculus ; il est, dit-il, placé vers la hanche droite , au-dessous du foie (b) ; à cet intestin aboutit le colum & l'ileum , & à ceux-ci le
rectum, le jejunum & le duodenum : il décrit le contour & les adhérences de ces intestins d'une manière
peu connue à ses contemporains ou prédécesseurs (c).

L'aboutissant du canal cholédoque à l'intestin duodenum , ne lui étoit point inconnu ; il a admis une
cavité dans l'ouraque , & lui a attribué l'usage de
laisser passer l'urine (d) ; il a cru à l'existence de
l'hymen , mais il lui a donné une fausse position :
tegitur os matricis in virgine velamine subtili , sed in
corruptâ est ruptum. Il compare le col de la matrice
à la tête d'une tanche. Contre le sentiment d'Haly
Abas , notre Auteur ne pense pas que le cœur se
contracte quand les arteres se dilatent (e). A en
juger par les apparences grossieres de sa diction ,
Achillinus paroît avoir connu les conduits de Warthon. Voici ce qu'il dit d'analogue : Duo fontes salivæ
in quibus stilus intrat sunt manifesta aperientes juxtà
linguam,& ibi sunt carnes glandosæ (f). Il a aussi connu
le ligament suspensoir ; la voute à trois piliers ne

(a) Voyez Epistolarum Anat. Morgani, n°. 92 , Eustachium
Epist. de auditus organo.
(b) Commentaria in mundi , p. 19.
(c) Fol. 3.
(d) Fol. 4.
(e) Fol. 2.
(f, Apertio cerebrum medium ubi conjunctura seperat.

lui étoit point inconnue (a), de même que l'infundibulum (b); il n'ignoroit pas non plus quel étoit le contour, l'étendue & la profondeur des ventricules antérieurs du cerveau; il donne une assez exacte description de deux autres, & il me paroît qu'Achillinus en savoit sur ces parties beaucoup plus que ses successeurs, que les Carpi, les Silvius, les Fernel, les Andernahc.

La premiere paire des nerfs indiquée par un des Grecs, décrite par Gabriël de Zerbis, omise par Carpi, ne lui a point été inconnue; elle est l'organe immédiat de l'odorat, *nam penetrant ad nares sub carunculis transeuntes* (c). Il a donné la description de la quatrieme paire de nerfs (d); la moëlle épiniere ne remplit point d'un bout à l'autre le canal vertébral, elle se termine à la premiere vertebre lombaire. Notre Auteur a fait quelques recherches sur les os du tarse & métatarse; & quoique la question fût facile à traiter, il n'a rien dit qui mérite d'être rapporté; tantôt il admet quatre os, & tantôt il n'en admet que trois (b).

Les ouvrages qu'Achillinus a donnés sur l'anatomie, sont:

In Mundini anatomiam annotationes extant, cum Joanne de Ketan, fasciculus Medicinæ in scripta. Venetiis 1522, in-fol.

De humani corporis anatomia. Venetiis 1516, 1521.

On trouve aussi quelques détails anatomiques dans l'ouvrage suivant: *de subjecto cum annotationibus Pamphili Montii. Venetiis* 1568, in-fol.

Bérenger (Jacques) vulgairement appellé Carpi, parcequ'il étoit de Carpi, dans le Modenois, a fleuri vers l'an 1518: il a été un des restaurateurs de l'anatomie & de la Chirurgie qu'il a exercée avec distinction à Boulogne; il étoit un des membres de cette Université; cependant il a suivi une route un

(a) Dextructo sinistro donec albus arcus occurrat.
(b) Fol. 2. B.
(c) Haller. Method. stud. p. 376.
(d) Fol. 2. B.
(e) Pag. 14.
(f) Fol. 16.

peu différente de celle de ses prédécesseurs. Pour apprendre l'anatomie, il n'a point, comme eux, consulté grand nombre d'animaux ; mais il a disséqué une grande quantité de cadavres humains ; il se glorifioit d'en avoir disséqué plus de cent ; le zele qu'il avoit pour l'anatomie, étoit connu de tout le monde, & on lui a reproché de l'avoir poussée jusqu'à disséquer des Espagnols vivans, attaqués de la vérole. Cette imputation n'est point prouvée ; on sait seulement qu'il fut exilé à Ferrare, & qu'il y mourut pendant le temps de son exil. Cette imputation est peu méritée ; Carpi lui-même, dans un endroit de ses ouvrages, déclame contre Erasistrate & Hérophile d'avoir suivi cette méthode ; le reproche que Carpi faisoit à ces deux grands hommes, n'est pas plus fondé que celui qu'on lui fait. Le public grossit tous les objets, & regarde comme merveilleux ce qu'il ne connoît pas. Du temps d'Hérophile & d'Erasistrate, on étoit peu accoutumé aux dissections ; le siecle dans lequel Carpi a vécu étoit aussi superstitieux, & peut-être davantage. Le Tribunal de l'Inquisition inquiéta vraisemblament Carpi d'avoir parlé trop librement sur les parties de la génération, où il est réellement un peu trop libre : peut être que Carpi, pour se soustraire à la punition qu'on lui préparoit, se réfugia à Ferrare (a).

Carpi avoit reçu une éducation des plus propres à développer ses talens pour l'anatomie ; il étoit fils d'un habile Chirurgien qui lui donna les premieres connoissances de son art, & par une progression naturelle, Carpi étudia la Médecine, & fut reçu Docteur à l'Université de Boulogne, où il professa la Chirurgie & l'Anatomie, parties si essentielles, qu'un Médecin ne sauroit exercer son art avec distinction s'il n'est doué de ces connoissances.

Carpi est l'auteur de plusieurs ouvrages & de plusieurs découvertes d'Anatomie & de Chirurgie ; il mérite par conséquent d'être connu des Anatomistes. Voyons d'abord ce qu'il a dit de particulier sur l'anatomie : son Compendium est divisé en deux parties ;

(a) Douglas, p. 57.

la

la première renferme les connoissances générales ; la seconde contient des descriptions particulieres. Le corps humain se divise en quatre parties, savoir en trois ventres & en extrêmités; le premier ventre forme la tête, le second, la poitrine, & le troisieme, l'abdomen. Voilà tout ce qu'il dit dans la premiere partie; elle n'est pas bien longue, comme l'on voit ; la seconde est heureusement plus étendue, & nous y trouverons plusieurs faits intéressans.

On doit commencer l'anatomie par l'exposition des visceres du bas-ventre, parcequ'ils sont très susceptibles de putréfaction ; il le divise en parties contenantes & en parties contenues ; les contenantes sont pour la plupart musculeuses, & jouissent du mouvement de contraction & de dilatation ; le bas-ventre doit être divisé en plusieurs régions.

Carpi se sert de termes grecs pour désigner les différentes parties qui sont contenues dans le bas-ventre, & il rapporte en passant la dénomination des Arabes ; ainsi il parle du mirach, du siphac, &c.

Il est bon de savoir la signification de ces termes, si l'on veut entendre Gabriël de Zerbis, Mundinus, & quelques autres Anatomistes de ce temps.

L'ombilic doit être la premiere partie examinée, parcequ'elle est comme la racine de l'homme ; il a vers la matrice deux arteres, & vers le foie une grosse veine ; il n'y a aussi, dit Carpi, qu'une seule veine au cordon ombilical, quoi qu'en disent ses prédécesseurs qui en avoient admis deux. Les vaisseaux forment un cordon recouvert d'une membrane ; on lie ce cordon dans les nouveaux nés; on le coupe par-dessus ; les vaisseaux s'obliterent & la ligature tombe quelque temps après (a). Entre les muscles du bas-ventre se trouvent deux vaisseaux qui vont aux mammelles ; parmi les chairs on trouve nombre d'autres vaisseaux, mais qui sont si petits, que le sang ne sauroit les pénétrer : notre Auteur ne parleroit il pas des vaisseaux lymphatiques b) ?

Il y a huit muscles de chaque côté du bas-ventre,

(a) Page 4.
(b) Pag. 5.

quatre obliques, deux afcendans, & deux defcendans : les defcendans font fur les afcendans ; les fibres de ces deux mufcles s'entrecroifent. Ces quatre mufcles aboutiffent à quatre membranes qui fe joignent & forment des gaînes aux mufcles droits, enfuite elles fe réuniffent, celles qui appartiennent aux mufcles du côté droit avec celles qui appartiennent aux mufcles du côté gauche ; par cette union ils forment un cordon qu'on nomme la ligne blanche.

Au-deffous des obliques & entre leurs feuillets membraneux fe trouvent deux mufcles longs ou droits (a) ; ils s'étendent depuis le cartilage xiphoïde jufqu'aux os pubis, *à furculo inferioris pectoris ad os pectinis.* Les fibres charnues n'ont pas la longueur des mufcles ; mais elles font entrecoupées par deux énervations nerveufes ou tendineufes, *divifa in latum per duo intermedia nervea feu ligamentalia.* L'un de ces ligamens eft au-deffus de la région ombilicale, l'autre au-deffous ; par ce moyen chaque mufcle droit eft divifé en trois mufcles particuliers. Les mufcles tranfverfes font par-deffous les droits & les obliques ; ils font membraneux en avant & charnus en arriere. Pour exprimer ces différens objets, Carpi a employé fix planches, à la vérité groffiérement exprimées, mais qui prouvent que l'anatomie commençoit à fortir du cahos.

La defcription du péritoine eft informe ; celle de l'épiploon eft plus exacte ; c'eft un fac membraneux en forme de bourfe remplie de graiffe ; on y voit des veines qui ont un battement, & d'autres qui n'en ont point, *venas pulfantes & quietas* ; il eft fixé par le péritoine à l'eftomac, & au colon ; il fert à la digeftion, en entretenant la chaleur dans l'abdomen : ce fentiment lui eft commun avec Galien. Ce vifcere fe déplace ; quelquefois il fort par l'ombilic ou par l'aîne (b).

Les fix inteftins & les noms différens dont on fe fert pour les caractérifer, font connus à notre Auteur ; il n'ignore point qu'ils ont des fibres charnues, & plufieurs replis que nous appellons aujourd'hui *valvules conniventes,* & dont Fallope s'eft arrogé la

(a) Page 7.
(b) Page 10.

découverte ; il connoiſſoit les adhérences du colon avec les reins, le contour du colon vers les os des iles, & il ſe plaint que cet inteſtin contient dans ſes cavités une humeur viſqueuſe qui peut occaſionner la colique.

L'inteſtin cœcum fait l'office du ſecond ventricule ; les matieres commencent à s'y mouler & à y prendre leur forme. Cette légere explication de Bérenger n'a rien qui répugne au bon ſens ; Liſter l'a pouſſée plus loin ; cet Anatomiſte, ſans rendre à Carpi ce qui lui étoit dû, a propoſé un ſyſtême pour expliquer la forme bizarre que prennent les excrémens de différens animaux, il a cru en entrevoir la cauſe dans le cœcum : ce phyſiologiſte a pouſſé plus loin ſes ſpécclations ; il a prétendu que l'on pouvoit déterminer la figure du cœcum d'un animal en voyant ſes excrémens. Il n'y a perſonne qui ne ſente la futilité de cette explication : Carpi a été plus modéré. A la partie inférieure du colon, ſe trouve un prolongement de la longueur & de la groſſeur du petit doigt (a) : c'eſt ce que nous appellons l'appendice cœcale. Notre Auteur eſt le premier qui en ait parlé. L'inteſtin jejunum eſt de couleur jaunâtre, & il eſt toujours vuide ; c'eſt ce qui l'a fait appeller jejunum ; le duodenum eſt droit, il s'abouche dans l'eſtomac, & il communique au foie par le moyen d'un canal qui y porte la bile ; ce canal perce obliquement l'inteſtin duodenum, & ſerpente entre ſes tuniques ; cette direction permet à la bile contenue dans ce canal de couler dans l'inteſtin, & l'empêche de refluer vers le foie (b).

Les remarques de Bérenger Carpi ſur le méſentere, ſont juſtes ; c'eſt lui qui le premier a obſervé que ce repli membraneux étoit diviſé en deux parties, une deſtinée à fixer les inteſtins grêles, & l'autre les gros inteſtins : attendons qu'il plaiſe à quelqu'un de nommer les divers prolongemens.

Parmi pluſieurs détails intéreſſans ſur le ventricule,

(a) Pag. 11.
(b) Iſte canalis ingreditur diagonaliter in iſto inteſtino inter tunicam & tunicam, ne reaſcendat bilis & fortè chilus ad cyſtim.

on voit que ces deux orifices ne font pas dans le même plan, que le fupérieur eft plus antérieur que l'inférieur qui eft placé beaucoup plus en arrie-re. La rate eft placée du côté gauche, elle eft le fiege du ris & de la gaieté ; il y a une artere tor-tueufe (a) qui y aboutit, & une veine qui va pareil-lement s'y rendre ; fa ftructure eft très dilicate. Le foie forme une maffe divifée en plufieurs lobes ; la partie fupérieure eft convexe, l'inférieure eft con-cave ; il y a plufieurs veines & arteres qui vont y aboutir. La defcription que Carpi donne de la veine porte mérite attention : la véficule du fiel eft fituée à la partie antérieure du foie ; & a deux conduits particuliers, un vient du foie, & l'autre va à l'inteftin duodenum (b). Dans l'hiftoire des veines on voit qu'il a injecté les principaux vaiffeaux, & qu'il a connu les papilles. Carpi dit avoir vu deux arteres féminales de chaque côté : les véficules féminales lui font connues, & c'eft à tort qu'on attribue la gloire de cette découverte à Rondelet (c) : les deux véficules aboutiffent à deux canaux qui percent le fonds de l'uretre, & s'ouvrent dans fa cavité : les tefticules fouffrent plufieurs variétés ; ils font quelquefois au nombre de trois, mais communément il n'y en a que deux qui font féparés par une cloifon (d).

La defcription des vaiffeaux du bas-ventre con-tient plufieurs particularités intéreffantes ; il a donné un détail affez ample des veines & arteres du baffin ; & a fait remarquer que les vaiffeaux émulgens du côté droit, étoient plus bas que ceux du côté gauche. Les nerfs font groffiérement exprimés ; à peine en parle-t-il ; il y en a deux qui vont au foie, deux à la veffie.

Pour mieux décrire la matrice de la femme, il faut, dit notre Auteur, la confidérer dans l'état de groffeffe, & hors de cet état, & il l'a fait en effet ;

(a) Page 14.
(b) Page 14.
(c) Ad ifta vafa differentia intra ventrem reflexa defcen-dunt inter rectum & veficam, & ibidem fe dilatant in plu-res cavernas fpermate plenas, page 17.
(d) La defcription de Carpi eft plus exacte que celle de Raw.

il a même donné deux figures grotefques de ce vifcere. Il paroît auffi être le premier qui ait comparé le
col de la matrice au mufeau d'une tanche ; elle n'a
ordinairement qu'une feule cavité ; c'eft un cas très
rare d'en trouver deux , & il n'arrive jamais qu'il
y ait deux matrices , comme quelques - uns l'ont
avancé. Le reproche que Carpi fait , ou à fes contemporains , ou aux Auteurs qui l'ont précédé ,
peut s'appliquer à plufieurs Anatomiftes modernes :
nous nous en rappellerons dans le temps *a*). Carpi
rapporte l'obfervation d'une extirpation de la matrice.

La poitrine de l'homme eft plus grande que celle
de la femme qui a au contraire le baffin plus ample
que l'homme. Un Médecin vivant , qui jouit de la
plus grande réputation , s'eft arrogé cette découverte : le refpect que j'ai pour lui m'empêche de le
nommer ; il fe reconnoîtra lui-même dans cet ouvrage.

Sa defcription du thymus mérite d'être examinée ,
elle eft fupérieure à celle que fes prédéceffeurs avoient
donnée de ce vifcere ; là plupart ne l'avoient point
connu. Les mufcles intercoftaux fervent tous à relever les côtes. L'homme feul a le cœur placé obliquement (*b*); on fait que dans les autres animaux
il a une fituation perpendiculaire : il admet de l'eau
dans le péricarde , & il fait entendre que c'eft de-là
que vient l'eau qui coula par la plaie qu'on fit à Jefus-
Chrift. Cette explication pourroit bien lui avoir mérité la difgrace des Inquifiteurs.

L'hiftoire des vaiffeaux de la poitrine n'eft pas
auffi claire que celle des vaiffeaux du bas-ventre.
Il paroît que les connoiffances que Carpi avoit fur
cette matiere , étoient très limitées , & qu'il n'en
favoit pas même autant que Gabriël de Zerbis , dont
il a fait une amere critique ; cependant il refufe aux
rameaux auriculaires de l'artere temporale le titre
d'arteres fpermatiques , contre l'avis de Galien & de
plufieurs de fes fectateurs. Carpi affure qu'on peut

(*a*) Page 21.
(*b*) Page 27.
(*c*) Commentaria in Anatom. Mundini , pag. 336.

S iij

couper ces vaisseaux sans crainte de rendre le sujet stérile (a).

Ses remarques sur les courbures des arteres carotides & sur celles des arteres vertébrales, sont justes ; les rameaux qui partent de ces arteres & qui se perdent au péricrâne ou aux muscles qui les recouvrent, quoique dans l'ordre naturel, ont été omis par la plupart des Anatomistes modernes, & notamment par Mr. Winslow.

L'anatomie du larinx est un peu plus détaillée dans les ouvrages de Carpi que dans ceux de Mundinus ; il a connu les cinq cartilages dont on ne connoissoit précédamment que trois.

Il admet les muscles hyo-épiglotiques, & les tyro-épiglotiques.

Nous ne parlerons point de son ostéologie, il en dit moins que Galien & nombre d'autres Anatomistes qui l'avoient précédé. Ses idées sur le cerveau sont très obscures dans son *Isagoge* ; elles sont plus étendues dans son commentaire sur Mundinus ; dans cet ouvrage il donne très au long la description des grands ventricules, & il y indique la scissure qu'on attribue communément à Silvius ; la moëlle épiniere y est aussi un peu mieux décrite ; il a vu la ligne longitudinale de division, & l'aqueduc ; il a le premier démontré que le *rete admirabile* placé sur les apophises pierreuses de l'os temporal, n'existoit point ; & a indiqué les principales divisions des arteres carotides.

Carpi critique de Zerbis (b) n'a point connu les nerfs olfactifs : ce qui est extraordinaire, vu le talent exquis qu'il avoit pour l'anatomie : cet exemple prouve que souvent plusieurs s'érigent en critiques d'ouvrages qu'ils ne comprennent pas, & qu'ils devroient étudier sérieusement.

Il est difficile d'assurer si les nerfs obliques se croisent, ou s'ils ne font que s'entre-toucher, *de hoc,* dit-il, *adhuc sub judice lis est* (c).

(a) Page 33.
(b) Zerbis a eu une parfaite connoissance des nerfs de la premiere paire.
(c) Page 49.

Pour ce qui est des muscles, Carpi a à-peu-près connu ceux que Galien avoit décrits; il n'a découvert que le fléchisseur propre du pouce.

Dans ses remarques sur le nez (*a*) & sur les yeux, il décrit les sinus sphénoïdaux; il parle de leurs os principaux, mais il ne connoît point les palatins, ni le canal nazal. Sa description des os unguis, n'est pas digne de lui; cependant il a connu les points & les conduits lachrymaux. Parmi ce langage obscur on trouve la description de cette pellicule membraneuse, placée au-devant de la rétine qu'on attribue à Albinus, & sur laquelle cet Auteur pense que se fait la sensation de la vue (*b*). Voici les propres paroles de Carpi. *Post istas tunicas sunt duæ aliæ, una anterius, altera posterius, quæ est major anteriore: anterior vocatur aranea; posterior retina: aranea est subtilis, densa tamen, lucidior adamante* (*c*). Il a eu connoissance de la membrane, du tympan, des deux osselets de l'ouie, sans cependant s'en approprier la découverte; il ne leur a point donné de nom particulier dans cet ouvrage, *duo officula*, dans son commentaire sur Mundinus, il les a appellés marteau & enclume: Carpi a encore connu le limaçon; mais la description qu'il en donne est très obscure.

La description des extrêmités ne contiene rien de particulier; on y voit seulement l'histoire des veines qu'on saigne au bras, la céphalique, basilique, médiane, salvatelle.

Aux extrêmités inférieures, les saphenes, les veines des extrêmités sont exprimées par quatre figures. Ce que Carpi dit sur les os & sur les muscles est très inférieur à ce qu'Hippocrate & Galien nous ont transmis.

Voilà à-peu-près l'extrait de ce que Carpi savoit en anatomie; on le regarde comme le restaurateur de cette science, & en effet, il l'est par ses travaux & par le temps qu'il a vécu & qu'il a travaillé; mais il faut avouer que son anatomie est si inférieure à celle de Vesale, qu'on feroit beaucoup mieux de lui donner

(*a*) Page 50.
(*b*) Annotationes Acad.
(*c*) Carpi Isagoge, pag. 51 & 52.

la gloire complette que de l'accorder à Carpi, où de la lui faire partager avec lui.

Les connoiffances de l'anatomie conduifent bientôt à la pratique de la Chirurgie ; Carpi y fit de grands progrès, il a enrichi cette partie de l'art de guérir de plufieurs importantes découvertes ; celle qui lui fait un honneur éternel, & de laquelle l'humanité lui fera toujours reconnoiffante, c'eft d'avoir attaqué le mal vénérien avec le mercure. Carpi s'eft fervi le premier des frictions mercurielles. La vérole qui porte fouvent fes fâcheux effets fur le tiffu de la peau, & l'altere en y produifant des ulceres les plus opiniâtres, lui parut avoir de l'analogie avec la plupart des maladies cutanées contre lefquelles on fe fervoit du mercure avec fuccès ; par ce raifonnement judicieux il fe détermina à combattre ce mal rébelle par les frictions mercurielles. Torella & plufieurs autres dont nous avons parlé plus haut, avoient déja prefcrit le mercure fous une autre forme. Peu de Chirurgiens avoient fait attention à ce genre de traitement ; il étoit réfervé à Carpi d'en étendre l'ufage & de le rendre public. Carpi eft, à mon avis, celui qui a fait plus de bien à l'humanité ; fans lui l'univers feroit dévafté par les ravages qu'auroit fait la vérole. Son traité fur les fractures du crâne ne contient rien de particulier ; il n'eft point écrit avec élégance, mais avec franchife, & l'on reconnoît la probité même dans fa diction (a). Il fuit prefque par-tout la façon de penfer des Arabes, rarement celle des Grecs, & à peine les cite-t-il. On trouve un grand nombre de remarques chirurgicales dans le commentaire de Carpi fur l'anatomie de Mundinus ; il y parle d'une extraction de matrice faite avec un fil retors. Voici fes propres paroles. Le fait eft intéreffant. *Quæ mulier habebat matricis corpus extra vulvam ad inftar magnæ burfæ inverfa : & talis matrix corrupta, fœtida & cangrænata : qua matrix exierat in partu difficili, & obftetrices non potuere intromittere : ego autem ligavi eam prope orificium colli, cum filo tortuofo*

(a) Haller. Méthod. ftud. pag. 720.

fatis groffo, & fubito eam jecavi ac fi fecaffem cum raforio. Les fymptômes de la maladie fe calmerent, & la femme guérit. On pourroit contefter à Carpi par bien de raifons, que ce foit précifément la matrice qu'il ait emportée ; mais le fait demanderoit des difcuffions qui nous écarteroient de notre objet. Carpi parle d'une fille qui a conçu à l'âge de neuf à dix ans (*a*). Il a vu un jeune homme de fept ans qui éjaculoit, avoit la voix pleine, du poil au menton & au pubis. Il parle de plufieurs perrfonnes qui rendroient leur urine par l'ombilic (*b*); des hydropiques qui fe font déchargés de leurs eaux par cette voie ; & des femmes d'un âge décrépit qui avoient encore leurs regles (*c*); il admet les naiffances tardives & prématurées ; & nie qu'on puiffe rendre une femme enceinte par l'anus (*d*); il rapporte l'exemple d'une fuperfœtation. La fuperftition paroît fouvent dans les ouvrages de Carpi. Il entre dans quelques détails fcrupuleux fur la lèpre (*f*); il y fait mention d'une veffie qui étoit remplie d'air, & fait l'hiftoire d'une plaie aux finus frontaux, dont il connoît la communication avec les ethmoïdaux (*g*).

Il défend de fe fervir de collires trop irritans, de peur de produire des cicatrices qui bouchent les points lachrymaux (*h*).

De cranii fractura. Bononiæ 1518. *Venetiis* 1535, in-4°. *Lugd. Batav.* 1629, in-8°. *Ibid.* 1651, in-8°. (*i*). *Ibid.* 1715 (*k*).

Ifagogæ breves, perlucidæ, &c. in Anatomiam humani corporis. Bononiæ 1524, in-4°. *Venetiis* 1535, in-4°.

(*a*) Commentaria in Mundinum, edit. Bonon. 1521, pag. CCXXVIII.
(*b*) Fol. CCLXII.
(*c*) Fol. CCXXX.
(*d*) Fol. CCXLVI.
(*e*) Fol. CCXIII.
(*f*) Fol. CCXLIII.
(*g*) Fol. CCCCXIV.
(*h*) Fol. CCCCLXVIII.
(*i*) Manget de fcriptis medic.
(*k*) Haller Method. ftnd. p. 720.

Commentaria cum additionibus super Anatomiam Mundini. Bononia 1552, in-4°. 1621, in-4°.

Almenar (Jean) (a), Professeur de Médecine en Espagne, florissoit vers l'an 1530. Nous avons de lui un ouvrage sur la vérole ; il s'est servi du mercure sans avoir en vue d'exciter la salivation ; au contraire, il recommande l'usage des purgatifs & des lavemens lorsqu'on sent que le mercure porte aux glandes salivaires : il avoit tiré sa méthode des Arabes, que Torella & Léonicenus, & Carpi & Vigo, &c. avoient suivis. On ne voit pas trop pourquoi des Auteurs plus postérieurs ont pris le mauvais effet qu'a le mercure d'exciter la salivation pour une propriété essentielle, & sans laquelle il n'opéreroit point la guérison ; peut-être la cause vient-elle du peu de soin des Auteurs du dernier siecle à consulter ceux qui avoient écrit avant eux : leur esprit ambitieux couroit plutôt à la nouveauté qu'à la lecture des bons ouvrages, & c'est ce qui a fait enfanter mille systêmes pernicieux, & oublier nombre d'objets intéressans. J'espere que cet ouvrage en fera revenir plusieurs.

Nous avons d'Almenar,

De morbo gallico. Papiæ 1520, in-fol. *cum Ang. Bolognini, Leoniceni Alexand. Benedicti. aliorumque de eodem scriptis. Lugduni* 1536, in-4°. *cum iisdem. Lugduni* 1539, in-8°. *& tomo* 1. *operis de morbo gallico. Venetiis*, p. 310.

Ces Auteurs n'auroient point trouvé place dans cet ouvrage s'ils n'eussent été des premiers qui ont employé le mercure contre la vérole ; j'ai cru pouvoir me permettre cette légere digression pour faire honneur à ces bienfaiteurs de l'humanité.

Brabus Chamicus (Jean), Médecin Portugais, enseigna publiquement l'Anatomie dans l'Université de Conimbre. Nous avons de lui un ouvrage sur les plaies de la tête. La théorie qu'il propose pour en expliquer la plupart des fractures, est ridicule. Les principes physiques sur lesquels il s'appuie, sont déduits de la philosophie d'Aristote ; on y

---

(a) Voyez Linden, de scriptis Med. Astruc, de lue venerea, Freind, Haller, &c.

Marginal notes:
XVI. Siecle.
ALMENAR.

1520.
BRABUS
CHAMICUS.

trouve cependant quelque observation intéressante.

L'ouvrage est intitulé :

De capitis vulneribus. Conimbricæ 1516 , in-fol.

Dans le même temps que Brabus Chamicus florissoit en Portugal , Jacques Cataneus exerçoit la Médecine avec célébrité à Gènes. Il s'est fort occupé au traitement des maladies vénériennes ; il a observé que dans cette maladie , après les parties génitales , la bouche & les parties qui y sont contenues , sont les premieres à s'altérer ; il a aussi soutenu que la vérole pouvoit rester dans le corps un grand nombre d'années , sans se déclarer : il a fait usage des frictions mercurielles , & il est le premier qui les ait réitérées lorsqu'elles n'avoient point réussi la premiere fois (*a*).

Tractatus de morbo Gallico , composé avant 1505 (*b*).

Après avoir donné l'histoire de Cataneus, Freind parle d'un certain Pierre Maynard de Verone qui a aussi écrit sur la vérole : il faisoit venir cette maladie d'une constellation particuliere qui avoit depuis peu fait une révolution dans l'orbe céleste , & il prétendoit que lorsque cette constellation s'éloigneroit du globe de la terre , la vérole disparoîtroit avec elle ; il prédit même que ce changement utile & agréable à l'un & à l'autre sexe, ne seroit pas lent à survenir. La prédiction étoit trop avantageuse au genre humain pour qu'elle s'effectuât. Maynard eut le regret de mourir sans voir sa prophétie accomplie , & je crains , pour le malheur de l'espece , que nous ni nos enfans n'ayons le même sort de notre Prophète. Quoique Maynard eut les yeux fascinés par les charmes de l'Astrologie , il ne laissa pas d'observer nombre de faits intéressans à l'histoire de la vérole, comme ulceres au gosier, à la trachée-artere, à la colomne vertébrale , aux articulations , &c.

Nous avons de lui,

De morbo Gallico tractatus duo extant, tomo 1 , *operis de morbo Gallico,* p. 336, 340.

Pratensis ou Apratis (Jason) né à Ziriczée en

(*a*) Freind , Histor. Med. p. 327, in-4°.
(*b*) Haller , Meth. stud, p. 583.

Zélande, exerçoit la Médecine vers l'an 1520.

Nous avons de lui plusieurs ouvrages écrits en très bonne latinité, & où l'on trouve beaucoup d'érudition ; son style est beaucoup plus libre que celui de la plupart des Auteurs ses contemporains. Son traité *de uteris* contient l'histoire des mariages de différens peuples. Sa dissertation sur l'art de faire des enfans, est ornée d'un nombre prodieux d'histoires qui prouvent jusqu'à quel point les hommes ont porté leur crédulité. Les femmes rusées faisoient accroire au peuple que les morts venoient jouir d'elles pendans la nuit. Jason assure que de son temps on croyoit les jeunes veuves très exposées à de pareilles visites de la part des maris qu'elles avoient enterrés.

On trouve de la légéreté dans tous les ouvrages de Jason ; ceux qu'il a donnés sur la pratique, se ressentent de sa frivolité, & je doute beaucoup qu'on puisse déduire la moindre conséquence pratique des ouvrages de cet Auteur.

De tuenda sanitate libri quatuor. Antuerp. 1538, in-4°. *De parturiente & partu liber. Antuerpiæ* 1527, in-8°. *Amstelodami* 1657, in-12.

Libri duo de uteris. Antuerpiæ 1524, in-4°. *Amstelodami* 1657, in-12.

Liber de arcenda sterilitate & progignendis liberis. Antuerpiæ 1531, in-4°.

De cerebri morbis. Basileæ 1549, in-8°.

Durer (Albert) Peintre & Géometre célebre qui florissoit au commencement du seizieme siecle, naquit à Nuremberg le 20 Mai de l'an 1471. Il s'occupa pendant sa jeunesse à l'Orfevrerie, dont son pere faisoit le métier : cependant cet état ne lui convint plus après quelque temps qu'il s'y fut exercé : il embrassa celui de Peintre, courut les principales Provinces de l'Europe, & sur-tout l'Italie qui étoit le théatre de la belle peinture. Il fit des progrès rapides dans cet art, & donna à l'âge de vingt-trois ans des estampes qui sont aujourd'hui très estimées des amateurs. Cet essai fut suivi de divers ouvrages, les uns plus curieux que les autres. Un de ces chefs-d'œuvres, & qui est relatif à notre objet, c'est un traité des proportions dont les Peintres

font grand cas , & dans lequel les Anatomistes pourront puiser nombre de faits intéressans sur les proportions des sujets de divers âges.

*De symmetria partium humanorum corporum , seu
de proportione corporis humani libri quatuor è Ger-
manica lingua in latinam versi.* Norimbergæ 1528 (a)
in-fol. 1534, in-fol. (b). Paris. 1557 , in-fol. p. 122.
De la proportion des parties & portraits des corps
humains ; il a été imprimé en italien. 1594, in-fol.

Felicianus (Jean Bernard) Médecin de Venise, étoit
très versé dans la philosophie & dans la connoissance
des langues étrangeres. Cette étude ne lui fit point
oublier celle de l'Anatomie ; il s'en occupa beaucoup ;
il fit sur-tout plusieurs recherches sur la structure
du fœtus. Ses travaux furent sans fruit pour le progrès de l'Anatomie , & il n'a pour mérite réel que
celui d'avoir été un de ses zélés partisans.

De fœtus formatione : item de septimestri partu ,
in-4°. *Venetiis.*

Marianus Sanctus. De tous ceux qui ont vécu
depuis Celse jusqu'au dix - septieme siecle, Mariana , Médecin d'Italie , s'est le plus occupé à la lithotomie ; il florissoit vers l'an 1539 ; Barleta , petite
Ville du Royaume de Naples, dans la Terre de Bari ,
étoit sa patrie : c'est ce qui l'a fait appeller *Baro-
litanus* , ou *Marianus Sancti Barolitani.* On le connoît communément aujourd'hui sous le nom de
Marianus Sanctus. Quoiqu'il fût Médecin , & fît
son occupation ordinaire de la Chirurgie ; il n'admettoit aucune différence entre ces deux états ; &
croyoit même qu'on ne pouvoit exceller dans quelqu'un d'eux , qu'autant qu'on avoit des connoissances
suffisantes dans l'autre ; il trouvoit cependant dans
la Chirurgie un degré d'évidence & de certitude qu'il
n'entrevoyoit pas dans la Médecine ; c'est ce qui le
détermina à embrasser cette partie de préférence.

Je serai court sur les ouvrages généraux de Chirurgie que Mariana nous a laissés ; cet Auteur n'a
presque rien dit qui lui soit particulier : comme Jean
de Vigo , il a grossi son livre d'un nombre prodi-

(a) Haller , meth. stud. M. p. 322.
(b) Douglas , Bibliograph. Anat. p. 61.

gieux de formules ; il appliquoit sur les plaies un tas d'emplâtres, d'onguens, ou autres ingrédiens qui s'opposoient plutôt à la réunion des bords qu'à la formation de la cicatrice.

Sa théorie sur la saignée est fondée sur les mathématiques ; pour en expliquer les principaux effets, il a fait graver un parallélogramme avec ses deux diagonales : il s'accommode à la figure, & donne une tournure à son explication qui est forcée & très éloignée de la vraisemblance.

Les plaies de la tête sont assez bien circonstanciées, mais on y trouve une énumération si longue des plantes, des emplâtres, des poudres céphaliques, qu'on ne peut en soutenir la lecture sans se faire une violence extrême ; il a une si grande foi à ses emplâtres (a), qu'il dit avoir guéri par ce seul secours nombre de blessés à la tête, avec épanchement dans le crâne. De telles assertions pouvoient être goûtées dans le seizieme siecle ; je doute qu'elles fissent fortune aujourd'hui ; l'on connoît trop la physique du corps humain pour croire que des emplâtres appliqués sur la peau du crâne puissent dissiper les symptomes qui surviennent à la suite des fractures à la tête avec épanchement. Son traité sur la pierre mérite un autre sort que celui dont nous venons de rendre compte. Mariana est le premier qui ait parlé du grand appareil. L'histoire donne à Jean de Romanis l'honneur de la découverte, & à Marianus Sanctus celui d'avoir le premier décrit cette méthode ; c'est des propres ouvrages de Marianus Sanctus qu'on a déduit ce point d'histoire.

Avant d'en venir à la description de sa méthode, Mariana expose les causes du gravier & du calcul ; il y en a d'éloignées & de prochaines ; il y a une matiere patiente & une vertu agente (b), &c. &c. parmi les alimens il n'y en a pas qui produisent plus vîte les graviers que le fromage, que le pain qu'on n'a pas fait fermenter, que l'usage immodéré des farineux. La même maladie peut encore survenir,

(a) De Chirurgia scriptores Gesnero, Tiguri p. 175.
(b) Pag. 176.

lorfqu'on n'a pas un ordre réglé pour prendre fes repas, &c. (a).

Les gens gras font plus fujets au calcul que les maigres, les jeunes que les adultes, & ceux-ci moins que les vieillards.

Il y a deux fortes de pierres; l'une a fon fiege dans les reins, & l'autre dans la veffie; celle de la veffie eft plus ferme que celle des reins; des fignes généraux & particuliers caractérifent chacune de ces maladies; & il y a auffi un genre de traitement affecté à chacune d'elles.

Les fignes de la pierre au rein font une demangeaifon vers les régions rénales, à laquelle fuccede immédiatement après une douleur gravative qui accroît lorfque le malade marche ou qu'il fe tient de bout; le malade fe plaint d'un engourdiffement dans l'extrémité inférieure correfpondante, ou bien il lui femble fentir des fourmis qui rampent fur cette partie: le vomiffement furvient, la refpiration devient gênée à caufe de la proximité des reins avec le diaphragme: les urines font chargées de gravier, & à ce feul figne on diftingue cette maladie de la colique dans laquelle les urines font naturelles: les modernes ont un figne plus pofitif, dont Mariana n'avoit aucune connoiffance; c'eft la rétraction du tefticule; ce fymptome arrive lorfque la pierre eft dans le rein, & ne furvient pas dans les attaques de colique; j'ai été moi-même, dit Mariana, la victime de cette cruelle maladie; & c'eft d'après ma propre expérience que j'en donne la defcription.

Il y a deux genres de traitement; l'un prévient la maladie, & l'autre la guérit; on prévient la maladie en évitant les caufes qui la produifent (b).

On la guérit en ufant des remedes fuivans. Notre Auteur en propofe un nombre prodigieux; voici ceux qu'il paroît préférer.

Prenez fyrop d'endive, d'ofeille & de nymphæa, cinq onces de chacun, eau de fenouil & d'endive, une once; mêlez, vous aurez un fyrop dont Mariana dit s'être très bien trouvé. Ce remede, outre

(a) Pag. 179.
(b) Pag. 180.

mon témoignage, dit Mariana, a celui de Galien qui lui a vu procurer de très bons effets (a) ; cependant ce syrop, quoique très salutaire, n'est pas à comparer à la poudre suivante ; c'est par elle que notre Auteur s'est guéri du calcul ; elle lui avoit été ordonnée par les savans Docteurs ès Arts & en Médecine, *Fabius Francolinus*, & *Nicolas Antoine Panarellus*, possesseur du remede (b).

Prenez semence & racine de persil sauvage, quatre dragmes, fleurs de chardon étoilé, huit dragmes, faites sécher au four jusqu'à que vous puissiez les réduire en poudre, dont vous prendrez un scrupule & demi, ou deux, dans un bouillon, ou dans un verre de vin blanc (c) ; ce remede est si bon, *dit Marianus Sanctus*, que je prie les lecteurs de mon ouvrage de rendre leurs actions de grace aux Auteurs de ce remede, car il réussit aussi bien lorsque la pierre est dans le rein que lorsqu'elle est dans la vessie ; je ne dois cependant point dissimuler, continue notre Auteur, que dans ce dernier cas je me suis bien trouvé d'injecter dans la vessie une décoction, dont personne ne s'est servi avant moi ; elle se fait avec six onces de ézame, quinze onces d'eau commune, trois dragmes de gingembre, & dix dragmes de chausse-trape, faites infuser jusqu'à ce qu'une partie de l'humidité soit évaporée.

La poudre & l'injection sont fort analogues au remede de Mr. Baville, ancien Intendant du Languedoc. On sait que la chausse-trape faisoit la base de ce remede, & elle fait pareillement celle de ceux que prescrit Mariana. Les remedes pris intérieurement font, selon Mariana, un plus grand bien lorsque la pierre est dans le rein que lorsqu'elle est dans la vessie ; au contraire, dans ce cas-ci les injections dans la vessie de liqueurs dissolvantes, procurent des effets plus salutaires que les remedes qu'on prend intérieurement

Les signes du calcul dans la vessie font une diffi-

(a) Pag. 180.
(b) Monopolitanus.
(c) Et propterea istis gratias agite quæso vos omnes qui nostris usurieritis lucubrationibus, Pag. 181.

culté

culté d'uriner, la suppression de l'urine dans le temps que le sujet pisse, des cuissons douloureuses au périné ; l'urine coule quelquefois involontairement, & le malade ressent de très vives douleurs à la verge immédiatément après qu'il a uriné. Mariana propose plusieurs remèdes palliatifs pour faire uriner le malade. Il a recours à un instrument mince & long ; en forme de pinces ; il l'introduit dans l'urethre comme nous introduisons les sondes ; dès que l'instrument est introduit, il écarte les deux cilindres, & il dilate l'urethre ; par ce secours le malade urine presque dans l'instant : cet instrument est bien éloigné pour sa perfection des sondes que nous employons aujourd'hui ; il a quelque ressemblance aux dilatateurs de l'urethre des femmes ; mais il est plus long & plus tortueux ; le frere Côme peut avoir puisé dans cet instrument quelque idée pour la formation de son lithotome.

Cependant le secours le plus efficace contre le calcul de la vessie, est l'opération chirurgicale ; Marianus Sanctus en propose une particuliere qu'il tient de *Jean de Romanis*, son maître, qui exerçoit la Chirugie à Cremone. Avant d'entrer en matiere, il donne une légere description de la vessie : comme toutes les autres opérations de la Chirurgie, celle-ci ne peut se faire avec un égal succès dans toutes les saisons de l'année ; l'automne est la plus favorable ; cependant toutes les automnes ne sont pas encore, ajoute notre Auteur, également salutaires ; il faut examiner le cours des astres, & lire l'avenir dans eux, s'il est possible ; il y a des constellations heureuses & d'autres malheureuses ; ainsi le bonheur des humains dépend presque toujours de la constellation sous laquelle ils sont nés (a). Un grand homme peut-il tenir un langage si puérile ?

La méthode de Mariana ou de Jean de Romanis est aujourd'hui connue sous le nom de grand appareil, soit parcequ'il faut un grand nombre d'instrumens pour la faire, ou parceque l'on fait en premier lieu une petite incision comme Celse la pres-

(a) Pag. 188, B

T

crit, & qu'ensuite on en fait une beaucoup plus grande.

Huit instrumens sont nécessaires à cette opération ; une sonde ronde & d'une figure propre à couler dans l'urethre de l'homme ; c'est par son moyen qu'on 'assure de l'existence de la pierre ; Mariana appelle cet instrument *syringa tentativa*.

Une sonde cannelée, à la faveur de laquelle on fait l'incision nécessaire pour extraire la pierre, & on conduit le gorgeret dans la vessie, l'Auteur la nomme *itinerarius* ; cet instrument est en tout semblable à celui dont nous nous servons encore pour le même objet ; ainsi les modernes n'ont rien innové là-dessus.

Mariana donne la description d'une espece de rasoir pour faire l'incision.

Le cinquieme instrument nécessaire à cette opération, est une sonde creuse qu'on doit introduire dans la vessie après la premiere incision ; c'est par elle qu'on évacue le reste de l'urine qui est contenu dans la vessie, & qu'on s'assure de la grandeur & du nombre des pierres.

Deux conducteurs sont nécessaires pour diriger les tenettes dans la vessie ; ces conducteurs sont d'argent & ressemblent à deux gros stilets un peu recourbés par une de leurs extrémités.

Le dilatatoire consiste en deux lames pliées en zigzag, auxquelles sont adaptées deux autres lames qui s'écartent mutuellement & qui dilatent la plaie en s'éloignant.

Les tenettes dont nous nous servons sont semblables à celles que Mariana a fait représenter.

Les deux latéraux dont parle notre Auteur, sont assez semblables aux tenettes ; de tous les instrumens indiqués, c'est le plus inutile & le plus embarrassant.

Le verveu est un instrument en forme de stilet boutonné qu'on introduit, après qu'on a extrait la pierre, pour s'assurer s'il n'y a pas quelqu'autre corps étranger dans la vessie.

La cuillere est employée au même usage ; on

verra dans le détail comment & avec quel ordre il faut se servir de ces instrumens.

Pour faire cette opération, le malade doit être couché sur le bord d'une table, la tête relevée & les cuisses fléchies, de maniere que les talons soient proches des fesses; on écarte les genoux afin que le périné, qui est la partie sur laquelle on doit opérer, soit plus apparent; le malade est maintenu dans cette position par plusieurs Aides.

On introduit une sonde cannelée dans la vessie, & on la tourne de maniere que la concavité regarde l'intestin rectum, & la convexité fasse saillie vers le périné; avant d'en tenter l'introduction, Mariana recommande d'oindre avec de la graisse ou de l'huile la sonde, de peur d'excorier le canal de l'urethre, ou de faire de fausses routes. On fait relever les bourses par un Aide placé à côté; on lui fait aussi tenir la sonde avec la même main, & tirer la peau vers le côté gauche avec l'autre main qu'il passe sous la cuisse : la sonde doit être placée de maniere que le manche soit vis-à-vis la ligne blanche. Avec un des doigts de l'autre main, le Chirurgien tâche de découvrir le sillon de la sonde afin d'y porter l'instrument tranchant; cette manœuvre faite, sans perdre de vue le point où il faut faire l'incision, le Chirurgien reçoit des mains d'un Aide l'instrument tranchant qui a la figure d'un rasoir; sans en avoir le volume (a), il fait une incision sur la sonde de quelques lignes de longueur, & tâche d'en découvrir la cannelure; il continue la section de trois ou quatre travers de doigt de longueur dans l'adulte, de deux ou trois dans les enfans; en général on doit varier la grandeur de la plaie suivant la grosseur de la pierre. Il ne faut pas que le fer tranchant fasse l'ouverture en entier, il faut après l'incision se servir du dilatant pour aggrandir la voie (b). L'ouverture faite, on introduit à la faveur de la crenelure de la sonde un conducteur dans la vessie; on retire la sonde, & on introduit par le moyen du conducteur un crochet, afin d'amener la pierre

(a) Page 187. B.
(b) Pag. 190. B.

T ij

proche de l'ouverture pour pouvoir l'extraire par le moyen des tenettes.

Si la pierre est trop grosse pour pouvoir passer par l'ouverture, il faut tâcher de la briser dans la vessie en rapprochant fortement les jambes de la tenette; cette précaution est inutile si la pierre n'est pas excessivement grosse; on la retire dès qu'on l'a saisie, en appliquant ses deux mains aux tenettes (*a*).

Il peut y avoir plusieurs pierres dans la vessie, & il seroit fâcheux de cicatriser la plaie sans les avoir extraites : pour s'en assurer, on introduit par la plaie un stilet boutonné qu'on pousse dans la vessie : Mariana nomme cet instrument *verriculus*; on l'appelloit encore de son temps *bucton*. Si par ce moyen on connoît que la vessie contient d'autres pierres, ou qu'il y ait des grumeaux de sang, il faut réintroduire les tenettes & les extraire, comme je l'ai déja indiqué : c'est toujours Mariana qui parle. Cette opération faite, il faut emporter le gravier qui est au fonds de la vessie, soit qu'il y fût depuis long-temps ou qu'il s'y soit déposé pendant l'opération : on introduira en conséquence, à la faveur du conducteur, la cuiller (*a*) avec laquelle l'on vuidera la vessie. Cette manœuvre doit être répétée plusieurs fois, *& hoc non bis , sed ter quaterque vel toties quoties necessitas ipsa exigeret reiterari debet* (*b*). Une précaution des plus intéressantes , & que le Lithotomiste ne doit jamais perdre de vue , c'est de ne point faire l'incision sur la ligne médiane du raphé, mais à côté, à droite ou à gauche, n'importe où : l'Opérateur doit savoir qu'il ne faut point toucher au sphincter de la vessie, parceque si on le coupoit, le malade auroit toute sa vie une incontinence d'urine , peut-être même une fistule au périné ; ni à l'artere hémorrhoïdale, aujourd'hui honteuse externe qui serpente à la partie la plus déclive du périné, & proche du rectum , parcequ'il pourrroit arriver une hémorrhagie mortelle (*c*) ; pour éviter l'un & l'autre de

(*a*) Quam postea leniter parumper extrahat manibus suis, ambos simul forcipes sumentibus , p. 91. B.

(*b*) Pag. 192.

(*c*) Page 191.

Mes inconvéniens , il ne faut point s'approcher de ces parties (a). Mariana expofe enfuite la maniere de traiter la plaie , & d'attaquer en Médecin les principaux fymptomes qui furviennent après l'opé- ration : fes réflexions font juftes pour la plupart ; il eft feulement trop compliqué dans l'appareil & dans l'emploi des topiques.

Il eft rare qu'on foit obligé de tailler les femmes , parcequ'elles font peu fujettes au calcul ; cependant il arrive quelquefois qu'on eft obligé de recourir à cette opération. La méthode de tailler les femmes eft différente de celle que nous avons décrite pour les hommes & les enfans. Lorfque le calcul eft d'un volume médiocre pour l'extraire, il fuffit de dilater le canal de l'urethre ; s'il eft un peu trop gros, il faut faire une ouverture artificielle ; cette ouverture doit fe faire la- téralement, c'eft-à-dire, de l'urethre vers la tubérofité de l'ifchium. On introduira d'abord un conducteur dans le méat urinaire : un Aide retirera avec fes doigts la levre de la vulve du côté vers lequel on doit opérer , & le Chirurgien fera l'incifion du méat uri- naire jufqu'à très peu de diftance de l'os ifchium. Il ne faut point s'épouvanter s'il furvient un peu plus de fang que lorfqu'on fait la taille à un homme ; l'hémorrhagie s'arrête prefque d'elle-même chez les femmes : fi la nature n'étoit pas par elle-même fuffi- fante pour opérer cet heureux effet , il faudroit mettre dans la plaie un plumaceau de charpie qui feroit une douce compreffion fur le vaiffeau ouvert, & tariroit l'hémorrhagie.

La décence auprès des femmes eft dans la focié- té un premier devoir de l'homme ; Mariana l'exi- ge fur-tout du Médecin dans ce cas ci ; cepen- dant il ne veut pas qu'à force d'être décent il foit brufque avec les femmes (b) ; il faut au contraire qu'il leur parle avec douceur ; les femmes aiment

(a) Incidendum inter offis femoris extremum & anum.
(b) Cum primum mulier fe pertractandam medico obtulerit, eam medicus quâ decet reverentiâ & honeftate , omni ani- mi procacitate depofita, incipiat blandis , phaleratifque ver- bis, alioquin in intemeratam taciturnitatem quâ plurimum capiuntur , p. 193.

qu'on babille : le reproche qu'il fait aux Médecins d'être trop taciturnes, tombe apparemment fur les contemporains de l'Auteur : il n'eut point fait ces reproches s'il eût vécu parmi nous.

Voilà à-peu-près ce que contient d'intéressant le traité que Mariana nous a donné fur la lithotomie. Cet Auteur nous a laissé un abregé de Chirurgie en forme de dialogues ; ce traité n'est rempli que de futilités, & il n'y a rien qui mérite d'être rapporté. Quand on compare cet ouvrage de Mariana à celui dont nous venons de faire l'extrait, l'on ne trouve qu'un homme très ordinaire, & qui n'avoit pour tout mérite que celui d'être très ampoulé, & pedant dans fa diction.

Les ouvrages de Mariana font :

Commentaria in Avicennæ textum de apostematibus calidis, contufione, & attritione. Roma 1526, in-4°.

De lapide renum liber, & veficæ lapide excidendo. Venetiis 1535, in-8°. *Paris* 1540, in-4°. *Extat in collectione Chirurgiæ Scriptorum apud Gesnerum Tiguri,* in-fol. C'est cet ouvrage qui a fervi pour notre extrait.

Libellus de quidditatibus, de modo examinandi Medicos Chirurgos. Venetiis 1543, in-4°. *Lugd.* 1542.

De ardore urinæ, & difficultate urinandi libellus. Venetiis 1558, in-8°.

Gerfdorf (Jean) Médecin, naquit à Strasbourg vers le comencement du feizieme fiecle. Il exerça fur-tout la Chirurgie, dans laquelle il fe diftingua beaucoup. On a de lui un ouvrage qui a pour titre :

De Chirurgiâ & corporis humani Anatomiâ.

Ce livre fut imprimé en 1551 in-8°. à Francfort chez Herman Gulferich, en allemand, à Strasbourg en 1526, in-4°. Mr. de Haller foupçonne que cet ouvrage de Gerfdorf eft le même que celui a qui pour titre: *de Chirurgia caftrenfi. Argentor.* 1527, in-4°. 1540, in-fol. *De Chirurgia & corporis humani Anatomia. Argentor.* 1542, in-fol. Francfort 1551, in-8°. en allemand 1598. M. Haller n'a point vu cette édition.

elle manque à la Bibliothèque du Roi. Francfort

1598 , in-4°. 1604 , in-4°.

La Chirurgie de Gersdorf contient presque en entier celle de Guy de Chauliac , avec quelques remarques puisées des Arabes : nous avons cru pouvoir nous dispenser d'en faire un extrait, cet ouvrage ne contenant rien d'original.

Les mêmes raisons m'ont empêché de m'étendre sur son Anatomie qui est , on ne peut plus mauvaise. L'Auteur a emprunté plusieurs descriptions vicieuses de Mundinus , & n'a pas consulté, ou du moins a tronqué celles qui sont exactes.

Lopez (Jacques) naquit à Calatayud, Ville d'Espagne , vers la fin du quinzieme siecle (a). Il a donné un ouvrage intitulé :

Commentarius in librum Avicennæ de viribus cordis.

Il fut imprimé à Tolede en 1527 , in-fol.

Ce traité est rempli d'explications puériles, fastidieuses & dégoutantes. Je m'étois proposé d'en donner un extrait : j'avoue que je n'en ai pu supporter la diction ; ce qui m'a fait désister de mon entreprise. Dans le langage obscur de l'Auteur , je n'ai rien pu entrevoir de relatif à la circulation du sang...

Viringus (Jean Wautier) Prêtre & Médecin , naquit à Arras dans le seizieme siecle , il professa pendant vingt-six ans dans l'école de Médecine en l'Université de Louvain , & se retira ensuite à Arras où il avoit été nommé à une prébende dans la Cathédrale. Nous avons de lui un ouvrage intitulé :

De jejunio & abstinentiâ Medico-ecclesiastici libri quinque. Atrebrig. in-4°. 1547. *River.* 1594 , in-4°.

Il est dédié au Prince Albert, Archiduc d'Autriche , Cardinal & Gouverneur des Pays-Bas. Suivant la coutume de ce temps, cet ouvrage est orné de quantité de pieces de poésie latine , adressées à l'Auteur ; on y voit l'Anagramme qui suit.

Joannes Walterius Viringus
En vigor unus salutaris jejuni.

(a) Douglas Cat, omnium auth. Anato. pag. 60.

Nous avons encore du même Auteur une table élémentaire d'Anatomie ; elle contient le nombre des os qui composent le corps humain, & leurs différentes articulations. Elle fut imprimée d'abord à Louvain, ensuite à Douay, avec augmentation 1527, in-fol. *cum fig.*

Par ce que dit Carpi de Parthenius, on voit qu'il étoit son contemporain & son ami. L'histoire de ce Médecin est très peu détaillée dans les Auteurs ; on ne sait positivement ni en quel pays, ni précisément en quel temps il a exercé la Médecine. Nous avons de lui un ouvrage sur l'Anatomie ; on y trouve beaucoup de raisons & peu de faits ; sa diction est encore obscure.

De humani corporis sectione dialogus, Platone & Harpago interloquentibus, extat cum Georgii Valla de re medica opusculis. Argentorati apud Henricum Sybold 1529, in-8°.

Reingelbergius (Joachimus Fortius) d'Anvers, étoit contemporain de Parthenius. Leurs ouvrages parurent la même année ; celui de Reingelbergius est intitulé :

De homine liber, de urina non visa experimenta. De interpretatione somniorum. Extant cum ejusdem lucubrationibus, &c. Antuerpiæ apud Michaëlem Hillenium 1529, in-8°. Lugduni 1531, in-8°. Basileæ 1538, in-8°.

Fracastor (Jérome) naquit à Verone d'une famille très illustre ; il s'est rendu recommandable par ses belles poésies, & notamment par son traité *de syphilide.* Comme ses parens étoient extrêmement riches, ils ne manquerent point de lui donner une éducation conforme à son état ; on l'envoya à Padoue dès son bas âge pour y faire ses humanités, il y eut les meilleurs maîtres, & c'est-là qu'il prit ce goût exquis qu'il avoit pour les vers : cependant la fureur de rimer ou d'accommoder les mots à la mesure & à la cadence, ne le détourna point des sciences plus abstraites ; il s'adonna avec soin aux mathématiques, & il étudia la philosophie sous Pierre Pomponatius de Mantoue. L'amitié qu'on lie dans les écoles est, dit-on, la meilleure & la plus durable.

Fracaftor fit connoiffance pendant fes études avec Gafpard Contanerus qui devint Cardinal dans la fuite, avec André Nauger & Marc Antoine Contanerus, membre diftingué de la République de Venife, Jacques Buldulonus Mantuanus qui devint un très grand Philofophe, Pomponius & Lucas Gauricus, fameux Aftronomes, & avec Jean-Baptifte Rhamnuffius qui occupa une place fupérieure dans le Sénat; mais parmi tous fes condifciples, il n'y en eut point avec qui il fût plus intimement lié qu'avec Marc Antoine & Jean-Baptifte Rhamnus : c'eft avec eux qu'il prit principalement le goût de la poéfie. Avec de tels fecours & des talens fupérieurs qu'il avoit reçus de la nature, il fit des progrès très rapides dans les langues étrangeres, dont il acquit une connoiffance des plus étendues : il s'avança beaucoup dans les belles Lettres & les fciences, & il devint bon Poëte, excellent Philofophe, favant Médecin & Aftronome profond & judicieux. Un favoir fi prodigieux lui acquit une réputation des plus brillantes, des plus étendues, & des plus durables. On étoit fi fort perfuadé de fon mérite, qu'on difoit publiquement que la Divinité avoit pris un foin particulier pour fa confervation : cette idée étoit fondée fur ce que Fracaftor n'avoit point été tué par le tonnerre qui tomba proche du berceau où il étoit endormi, & qui écrafa fa mere qui le berçoit.

Une anecdote qui lui fera toujours honneur, c'eft d'avoir contribué à faire transférer à Bologne l'affemblée du Concile convoquée à Trente : le fujet de cette tranfmutation n'eft pas bien connu ; les uns difent que par fon profond favoir, Fracaftor connut qu'il furviendroit bientôt à Trente une épidémie, & qu'il la prédit à plufieurs Cardinaux, & au Pape Paul IV, qui craignit pour la fanté des membres de la fainte Eglife, & qui fut d'avis de transférer l'affemblée à Bologne ; d'autres difent que le Pape fe repentit d'avoir convoqué un Concile dans une Ville qui dépendoit de l'Empereur, & que jugeant à propos de la transférer dans une Ville de fa dépendance, il fe fervit de Fracaftor pour venir à bout de fon deffein.

Par ce trait d'histoire, on voit que Fracastor avoit le plus grand crédit chez les Grands. Le Cardinal Bembo étoit son ami particulier, & c'est à lui qu'il a dédié son poëme intitulé Syphilis. Les mœurs & les temps ont changé; un Cardinal ne recevroit point aujourd'hui une telle offrande.

Le goût de la poésie est assez commun chez les jeunes gens; mais il passe avec l'âge. Fracastor en sentit le vuide plusieurs années avant sa mort, il préféra à cette étude celle des Mathématiques, de l'Astrologie, & de la Cosmographie. Il se retira dans une maison de campagne, près de Vérone, & y vécut quelques années. Les Auteurs ne sont pas bien d'accord sur le terme de sa vie; les uns disent qu'il mourut dans sa maison de campagne, & d'autres à Padoue : tous fixent cependant la mort de ce grand homme au 6 Août 1553, en la soixante onzieme de son âge. La plupart des Poëtes de son temps firent des vers à sa louange. On pourra en trouver plusieurs dans les ouvrages de Manget & de Mr. Eloy. La Ville de Vérone fit élever en 1559 une statue à Fracastor qui avoit été un de ses plus beaux ornemens, & on y mit cette inscription.

Hieronimo Fracastorio
Pauli Philippi filio
Ex publica authoritate,
Anno 1559,

Opera omnia philosophica & medica. Venetiis 1555, 1584, *in-4°. Genevæ duobus tomis, in-8°. 1591. Monspessul. 1622, in-8°. Lugduni 1581, tribus tomis. Genevæ 1671, in-8°. in hoc continentur :*

Tractatus de syphilide. Veronæ 1530, in-4°. Londini 1747, in-4°. (a). Il a été traduit en italien & imprimé à Naples en 1731, in-8°. à Vérone en 1739, in-4°. à Boulogne 1738, in-4°.

Il y a dans cet ouvrage une ample description des principaux symptomes de la vérole, mais principalement des ulceres au gosier (b). Il a vanté l'usage

(a) Haller, meth. p. 383.
(b) Freind, Histor. Med. p. 326, édit. in-4°;

les frictions, & il regardoit la salivation nécessaire :
condition pernicieuse qu'il est un des premiers à
admettre. *De contagione & contagiosis morbis. Venetiis*
1546, in-8°. *Lugd.* 1550, in-16. Il y parle de la
vérole, de la peste, & de plusieurs maladies exhan-
témateuses, contre lesquelles il vante l'usage du
vinaigre & du diascordium.

On trouvera dans l'histoire de Michel Servet le
trait le plus humiliant pour l'humanité, & l'opprobre le plus injurieux qu'on ait fait à l'esprit humain.

Michel Servet naquit à Villanova en Aragon,
un des royaumes d'Espagne. Ses progrès furent précoces ; doué d'un génie pénétrant, il acquit par une
étude réfléchie des connoissances très étendues sur
la Physique & sur la Théologie : professions bien
opposées par leur objet. Pensant en Physicien, Servet
ne pouvoit admettre en Théologie que ce qui tom-
boit sous les sens : il douta d'abord du mystere de
la Trinité, & il écrivit ensuite contre ce point sacré
de notre religion : il ne vouloit reconnoître en Dieu
qu'une seule personne, & le traité que Servet avoit
publié sur cette matiere, eut l'effet qu'il devoit en
attendre dans un pays aussi peu éclairé que celui où
il vivoit. L'Inquisition le condamna. Pour se dérober
à la fureur de ce Tribunal, Servet quitta l'Espagne.
L'histoire ne nous apprend pas par quels moyens il
put se soustraire à la punition qu'on faisoit subir
en Espagne à ceux qui osoient s'élever contre quelque
point de la religion catholique. Servet vint à Paris,
& y étudia en Médecine sous le célebre Andernach (a), s'y fit recevoir Docteur dans la Faculté
de cette même Ville, & y professa les Mathématiques dans lesquelles il étoit très versé. Par inconstance ou par quelqu'autre motif que j'ignore, Servet
quitta Paris vers l'an 1540 pour aller à Charlieu,
petite Ville de France, à douze lieues de Lyon. Il
quitta bientôt ce séjour, & parcourut les principales
Villes du royaume. On assure qu'il fut à Toulouse,
& qu'il y fut vivement poursuivi comme hérésiarque.
Ce n'est pas la seule fois que dans cette Ville, cé-

(a) Haller method. stud. p. 313.

lebre d'ailleurs par les sciences, on s'est plu à persé-
cuter les Innovateurs, la superstition à des autels
par-tout où il y a des hommes, & de tems en tems
il en n'ait quelqu'un qui en adore l'idole trop servilement, où qui par un excès contraire ose fron-
der trop ouvertement les dogmes de sa Religion ;
l'un & l'autre est nuisible dans la société. Par une
route qui m'est inconnue, Servet fut en Allemagne,
& en parcourut les différentes Provinces. Il prêchoit
par-tout sa morale, & par-tout il étoit persécuté. Il
revint en France, & fut à Vienne en Dauphiné en
1553. Calvin craignit le voisinage de ce grand
homme ; & comme il avoit déja surpris la crédulité
publique par sa pernicieuse morale, il n'eut pas de
peine à persuader à ses disciples que Servet étoit un
scélérat & un impie qui blasphémoit son Dieu, &
qu'il falloit le punir de ces crimes. La religion trouve
chez les hommes des bras toujours prêts à la défendre. Plusieurs passerent de Genève en France pour
y enlever Servet, afin de le transférer à Genève.
Leur projet fut exécuté. Calvin, maître des jours
de son rival, le condamna à être brûlé vif. La sen-
tence fut exécutée le 27 Octobre 1553, Servet n'étant
âgé que de quarante-quatre ans. Ainsi un hérétique
en fit périr un autre : mais la différence, c'est qu'un
fourbe & un ignorant prononça la condamnation,
& qu'un des plus beaux génies qu'ait eu l'Europe
en fut la triste victime.

Parmi nombre de détails curieux, nous ne rapporterons des ouvrages de Servet que ce qui est de
notre objet. Voici un passage tiré de son livre *de
Trininatis erroribus*, qui démontre clairement que
Servet connoissoit la circulation du sang. » Il y a,
» dit-il, trois esprits dans le corps humain, le na-
» turel, l'animal & le vital. Ces esprits ne sont pas
» tous trois différens ; il n'y en a que deux qui dif-
» ferent entr'eux, le vital & l'esprit qui circule dans
» le corps par le moyen des anastomoses des vaisseaux ;
» on le nomme animal tant qu'il y est contenu. Le
» premier donc est le sang qui est contenu dans le
» foie & dans les veines ; le second est l'esprit vital
» qui est renfermé dans le cœur & dans les arteres ;

» le troisieme , l'esprit animal qui réside dans le cer-
» veau & les nerfs.

» Et pour comprendre comment la vie consiste
» dans le sang , *quomodo sanguis sit ipsissima vita* ,
» il faut plutôt savoir que l'esprit vient de l'air qu'on
» respire qui s'insinue dans le sang , & de-là dans
» le ventricule gauche , &c. cette communication ne
» se fait pas à travers la cloison qui sépare les ven-
» tricules du cœur , comme on le pense communé-
» ment ; mais par un artifice inconnu , le sang est
» porté du ventricule droit aux poumons par la veine
» artérieuse, aujourd'hui artere pulmonaire , & de-là
» dans l'artere veineuse ; l'air s'insinue dans ces vais-
» seaux & se mêle avec le sang ; celui-ci à son tour
» se dépouille par cette voie des humeurs grossieres
» qui le surchargent ; le sang ainsi mêlé avec l'air ,
» est attiré par le ventricule gauche , *attrahitur ven-*
» *triculo sinistro* , qui se dilate pour le recevoir plus
» facilement.

» On ne doutera point , dit encore Servet , que
» cette communication ne se fasse de la sorte , si
» l'on examine la communication qu'il y a entre
» l'artere veineuse & la veine artérieuse.

Servet appuie encore son raisonnement d'une autre
preuve qui n'est pas moins valable que les précédentes ; il la tire de l'extrême grosseur de l'artere
pulmonaire ; la veine artérieuse, dit-il , ne seroit
pas si grande si elle n'étoit destinée qu'à porter au
poumon le sang qui lui est nécessaire pour sa nourriture , & chez le fœtus les poumons se nourrissent ,
quoiqu'il y ait moins de sang dans l'artere, que dans
l'adulte : la quantité excédente doit donc servir à
quelqu'autre usage , &c. Un peu plus bas il ajoute :
cet esprit vital est ensuite porté du ventricule gauche
dans toutes les arteres du corps humain , &c.

De Trinitatis erroribus. lib. 7. *Basil.* 1531.

Rhodion Eucharius , né à Francfort sur le Mein ,
exerçoit la Médecine vers l'an 1548. Il fit une étude
très suivie de la botanique & des accouchemens. Il
nous a laissé un livre sur cette matiere.

Il y a représenté l'enfant se présentant au col de
la matrice , dans presque toutes les situations ; par

les pieds (a), l'enfant ayant les mains appliquées contre la face ; par la tête (b) ; par les pieds, les mains pendantes (c) ; par les pieds, les mains relevées au-deſſus de la tête (d) ; par un pied, l'autre appliqué contre les feſſes (e) ; par le dos, les extrémités relevées (f) ; par deux pieds, les talons s'entretouchant, les jambes & les cuiſſes divaricantes (g) ; par les genoux, par un bras, par les deux bras, les pieds étant en haut ; par les feſſes, par le dos, par les quatre extrémités (h) ; par le ventre (i).

Rhodion parcourt ainſi les diverſes poſitions que peut prendre un enfant dans le ventre de ſa mere. Il indique la manœuvre appropriée à chaque cas particulier.

L'accouchement eſt naturel lorſque l'enfant préſente ſa tête, qu'il a les mains appliquées ſur les parties latérales du thorax (k). L'accouchement eſt contre nature toutes les fois que l'enfant ſe préſente dans une autre ſituation, & il faut que l'art qui a pour objet de ſeconder la nature, travaille à placer l'enfant comme il eſt dans l'accouchement naturel ; de ſorte qu'il faut toutes les fois que l'enfant ne préſente pas la tête, le ramener à l'orifice par diverſes manœuvres, à moins qu'il n'y eût quelques difficultés de repouſſer les pieds, ou qu'on ne vît l'enfant venir aiſément par cette voie. L'accouchement naturel ſe fait avec facilité, ſans grandes douleurs de la part de la mere ou de l'enfant, ou bien il ſe fait avec danger pour la vie de l'un ou de l'autre, ou de tous les deux. On nomme cet accouchement, accouchement difficile, accouchement laborieux. Il ne faut pas le confondre avec l'accouchement contre nature. Dans l'accouchement laborieux, l'enfant ſe préſente

(a) Pag. 4. B.
(b) Pag. 7.
(c) Pag. 7. B.
(d) Page 15. B.
(e) Page 16.
(f) Même pag.
(g) Pag. ſuivante.
(h) Pag. 17. B.
(i) Même page.
(k) Ce précepte eſt tiré des ouvrages d'Albert le Grand,

par la tête ; mais les voies par où il doit paſſer ſont trop reſſerrées , & ce vice peut provenir de diverſes cauſes. Toutes les fois qu'il y a un reſſerrement de matrice, & que la mere a conçu avant l'âge de douze ans , ce qui peut arriver , quoique rarement , le reſſerrement de la matrice peut être produit par quelque cicatrice qui s'eſt faite à la ſuite des abcès des ulceres à ces parties , des fics , des crétes , des condilomes. La même incommodité peut être occaſionnée par les ulceres à la veſſie & aux inteſtins , & autres affections pareilles qui attaquent les parties voiſines, & qui par leur proximité affectent la matrice.

Certaines maladies de l'anus peuvent troubler l'ordre des accouchemens naturels , & les rendre laborieux : telles ſont les hémorrhoïdes , les tumeurs placées autour de cet inteſtin , ou un engorgement de matieres fécales.

Pour que l'accouchement ſe faſſe librement , il faut que la mere jouiſſe de toutes ſes forces ; qu'elle ne ſoit point trop graſſe ni trop exténuée ; qu'elle ne change pas trop fréquemment de poſition pendant l'accouchement. Les femmes qui n'ont point encore fait d'enfant, accouchent plus difficilement que celles qui ont déja accouché. Celles qui ſont triſtes , chagrines , ou qui craignent les ſuites de l'accouchement , ont communément beaucoup de peine à mettre l'enfant au monde.

Mais un fait des plus avérés , dit Rhodion , & qu'il ne faut point qu'un Chirurgien ignore , c'eſt qu'une femme accouche plus facilement d'un mâle que d'une femelle (a). Rhodion n'eſt ici qu'un ſectateur aveugle d'Hippocrate. Ce préjugé a été dans la ſuite adopté d'une foule d'Auteurs , & il n'y a eu que quelques Auteurs philoſophes qui s'en ſoient garantis.

Il y a un juſte terme pour l'accouchement ; la nature l'a fixé à neuf mois : quelquefois cependant elle devance ſon ouvrage , & l'accouchement ſe fait vers le terme de ſept ou de huit mois. Ces accouchemens ſont toujours plus laborieux que ceux qui

(a) Page 8. A.

se font au terme de neuf mois de conception. Vers l'âge de sept à huit mois, la matrice n'est pas assez dilatée, & l'orifice n'est pas encore assez béant pour laisser sortir librement l'enfant.

On ne peut porter aucun pronostic assuré, dit Rhodion, sur l'accouchement d'une mere enceinte de deux enfans, ou d'un enfant monstrueux : il se fait quelquefois plus vîte que les autres, & d'autres fois il est très lent à s'opérer ; en général, quand il y a deux enfans, l'accouchement est plus aisé, parceque chaque enfant est moins gros que s'il étoit seul dans la matrice. L'enfant qui se présente par les deux pieds, par les genoux, ou par une seule de ces parties, sort très difficilement de l'utérus : l'accouchement est encore plus laborieux lorsqu'il se présente par le côté, par les fesses, ou qu'il y a plusieurs enfans, & que chacun présente un de ses pieds.

Une mere qui avorte vers le quatrieme mois, ou qui accouche vers le onzieme, court grand risque (a) de perdre la vie ; celle qui porte un enfant mort, n'accouche pas plus heureusement, parceque l'enfant ne concourt pour lors en rien à l'accouchement. C'est une erreur dont Rhodion n'est pas encore l'auteur. Un de nos fameux Ecrivains modernes, Mr. *Astruc*, l'a adoptée. L'enfant trop foible sort aussi, dit Rhodion, avec plus de difficulté du ventre de sa mere, que l'enfant robuste & vigoureux. On a lieu de craindre un accouchement fâcheux lorsque la mere a été valétudinaire pendant sa grossesse, qu'elle a rendu du lait par ses mammelles quelque temps après la conception de l'enfant, si elle n'a pas senti l'enfant remuer dans son ventre : ce qui peut être un signe de sa mort. Rhodion expose dans un autre chapitre les signes qui l'indiquent.

Pour que l'accouchement se fasse avec aisance, les eaux doivent sortir peu de temps avant l'enfant, afin de lubrefier les voies ; si elles coulent trop tôt ou trop tard, l'accouchement devient laborieux.

L'air de la chambre dans laquelle est la malade,

(a) Cette proposition est extraite des ouvrages de Galien.

ne

ne doit être ni trop froid ni trop chaud ; le froid resserre les parties, le chaud énerve la mere ; ainsi l'une & l'autre intempérie de l'air troublent l'accouchement ; l'effet que produit un air trop froid, est occasionné par l'usage des bains astringens que les femmes prennent vers le cinquieme ou sixieme mois de leur grossesse (a).

L'ordre dans l'accouchement est encore interverti si la femme enceinte vit dans des angoisses, manque de la nourriture qui lui est nécessaire ; si elle fait de trop rudes travaux, ou qu'elle veille trop ; si pour accélérer l'accouchement elle hume par la vulve des odeurs fœtides ; si les douleurs, au lieu de se propager vers l'orifice de la matrice, restent fixes vers le nombril ; si elle a déja accouché avec douleur.

On a au contraire des signes certains d'un accouchement heureux lorsqu'aucun de ceux que nous venons d'indiquer n'existe ; que la femme a déja accouché heureusement & sans une trop grande difficulté ; qu'elle sent, vers le terme ordinaire, des douleurs supportables, même vives, pourvu qu'elles soient vers l'orifice de l'utérus, & non vers l'ombilic.

On doit avoir une certaine espérance dans un accouchement difficile, si la mere sent l'enfant se mouvoir, s'agiter dans la matrice, si les douleurs se propagent de haut en bas, que la femme soit bien constituée, qu'elle ait toutes ses forces, & que sa respiration ne soit point troublée ; on doit au contraire tout appréhender lorsqu'il survient des sueurs froides, que le pouls devient très fréquent (b), & que les forces lui manquent au milieu des travaux.

Pour éviter les accidens d'un accouchement laborieux, il faut examiner attentivement la femme, & voir quelle est la fonction qui est lésée, afin d'y porter remede : ainsi si elle est constipée, on doit la nourrir avec des alimens de facile digestion, & qui relâchent : on peut lui prescrire un suppositoire fait

(a) Cette précaution me paroît superflue.
(b) Venarum pulsus concitatus.

V

avec le favon, le lard, & les jaunes d'œufs ; fi elle eft foible, il faut lui réparer fes forces par les reftaurans. Si les voies par lefquelles l'enfant doit paffer font trop étroites, il faut les lubrefier avec de la graiffe d'oie, du beurre, de l'huile, du mucilage fait avec les graines de lin, de coing, de fenugrec. Quelques jours avant l'accouchement, on lui fera prendre un demi-bain dans une décoction faite de la manne, de la camomille, & de la mercurielle, des femences de lin & de fenugrec, &c. ou bien on la fera laver avec une éponge qu'on abreuvera de cette liqueur : immédiatement après ces lotions, on lui ordonnera de fe frotter avec les relâchans onctueux déja indiqués ; on peut encore retirer quelque avantage des fumigations : ainfi il ne faudra point les négliger.

Il n'y a point de fituation abfolument déterminée pour l'accouchement. Il convient que les femmes maigres foient placées fur un fauteuil, dont le fiege doit être très étroit ; que les femmes graffes foient couchées (a). La femme placée comme il convient, l'Accoucheur introduira fa main enduite de beurre ou d'un autre corps gras, & oindra les parois du vagin, en les dilatant légérement à plufieurs reprifes. Les douleurs font les premiers indices que l'accouchement va fe faire ; Rhodion n'en diftingue pas de vraies & de fauffes, comme font nos Accoucheurs modernes. Ces douleurs font plus ou moins vives, & plus ou moins longues, fuivant l'efpece d'accouchement : eu égard à leur intenfité, on dit qu'un accouchement eft facile ou laborieux ; cependant ordinairement les enveloppes du fœtus fe déchirent & les eaux s'évacuent peu de temps avant l'accouchement. Si cette rupture tardoit trop à fe faire, Rhodion confeille au Chirurgien de les déchirer par le moyen de l'ongle ; fi cet inftrument ne lui fuffit pas, de recourir aux cifeaux ou au biftouri pour faire une légére incifion, en prenant garde de ne pas bleffer la mere ou l'enfant.

Après ces généralités, Rhodion entre dans le dé-

(a) Pag. 14.

tail des accouchemens contre nature ; il indique la manœuvre propre à chaque cas. Quand l'enfant fe préfente par les deux pieds, il ne va point chercher la tête ; cependant il regarde celui qui fe fait par la tête comme le naturel, & l'autre comme contre nature. Cette différence ne l'a pas heureufement induit en erreur pour fa pratique ; Hippocrate qui l'a établie, vouloit que dans toute forte de cas on repouffât le pied pour aller chercher la tête, & cette manœuvre ne pouvoit fe faire fans expofer l'enfant & la mere à de grands accidens : auffi Rhodion défend de repouffer l'enfant s'il eft engagé trop avant.

A l'hiftoire de l'accouchement fuccedent plufieurs chapitres fur les maladies des femmes en couche, fur celles des nouveaux nés. Rhodion expofe très au long les fymptomes qui les caractérifent, & il y indique avec foin les remedes convenables.

Réflexions fur l'ouvrage de Rhodion.

Cet ouvrage eft un des plus complets qu'on ait donnés fur l'art des accouchemens. Hippocrate, Galien, Paul d'Egine, &c. n'avoient traité cette matiere qu'en paffant, ou bien avoient groffi leurs ouvrages par des digreffions ou explications étrangeres au fujet. Rhodion n'a point, comme Hippocrate, confeillé de repouffer l'enfant qui fe préfente par les pieds pour aller chercher la tête ; au contraire, il veut qu'on acheve dans ce cas l'accouchement en tirant doucement l'enfant par les pieds après avoir lié les jambes ou l'une d'elles au-deffus des malléoles, avec un ruban. Cette pratique eft aujourd'hui fuivie par la plupart des Accoucheurs modernes. Il a confeillé l'ufage des onctions & dilatations préparatoires. Mr. Péan, célebre Accoucheur de Paris, s'eft toujours bien trouvé de cette méthode : Rhodion prétend que l'enfant concourt, par fes mouvemens particuliers, à favorifer l'accouchement ; & fa théorie eft fondée fur ce qu'il a obfervé que les femmes qui portoient un enfant mort, accouchoient plus difficilement que celles qui font enceintes d'un enfant vivant : pour appuyer fon même principe, il dit que les femmes qui mettent au monde des enfans robustes & bien proportionnés, souffrent moins pendant l'accouchement que celles qui accouchent d'un petit enfant, ou qui est infirme. Cette théorie, fausse à plusieurs égards, a été adoptée par Mr. *Astruc*, ce savant Médecin que la Faculté de Médecine de Paris a perdu depuis peu.

Rhodion admet les naissances précoces & tardives. Les précoces ont été généralement admises, une fâcheuse expérience n'en a fourni que trop d'exemples; les tardives ne sont pas encore universellement adoptées.

De partu hominis & quæ circa ipsum accidunt. Frantof. (a) 1532, 1535, 1544, in-8°. *Parisiis* (b) 1535, in-8°. *Venetiis* 1536, in-12. *Francofurti* 1551, 1556, in-8°. & en François en 1540. in-12.

L'histoire de Jean Langius de Lemberg, Auteur de plusieurs ouvrages de Chirurgie, n'est pas aussi connue qu'elle devroit l'être, puisqu'il est l'Auteur de plusieurs remarques intéressantes à la Chirurgie.

Il étoit de Léoberg en Silésie, où il naquit l'an 1485. Il étudia premiérement à Leipsic, où il prit ses degrés de Maître ès Arts en 1514 (c). Revêtu de ce nouveau grade, il enseigna dans cette Ville la Cosmographie. Cependant dominé par l'envie de voir les principales Villes de l'Europe, il fut en Italie, & se fixa à Pise pour y étudier la Médecine, & il y écouta le fameux Léonicene, savant Auteur dont nous avons déja donné l'histoire. Après avoir acquis de grandes connoissances dans la Médecine, Langius revint en Allemagne, & l'enseigna à Heidelberg avec beaucoup de distinction, & fut honoré de la charge de Médecin des quatre Electeurs Palatins, savoir, Louis, Frédéric II, Othon Henri & Frédéric III (d). Frédéric II fut celui à qui il fut le plus long-temps attaché. Vanderlinden dit (e) qu'il

(a) Haller, pag. 721.
(b) Vander-Linden.
(c) Vander-Linden, de scriptis.
(d) Elog.
(e) De scriptis medicis.

fut son premier Médecin pendant trente-sept ans, & qu'il l'accompagna dans les principales Provinces de l'Europe, où ce Prince fit plusieurs voyages. Son grand âge ne lui permit pas de continuer plus long-temp l'exercice de la Médecine; il abdiqua toutes ses places, & fit son légataire universel son fils George Werth, qui devint dans la suite Médecin de Charles V & de Philippe II, Roi d'Espagne.

Le passage rapide du trouble & de l'agitation au repos le plus parfait, altere ordinairement la santé, sur-tout quand le corps est depuis long-temps fait à l'exercice. Langius ne gouta pas long-temps le fruit de sa retraite. A peine fut-il retiré qu'il se consuma de langueur. Il mourut à Heidelberg le 21 Juin 1565, âgé de 80 ans.

Il nous a laissé divers ouvrages de Médecine, & quelques-uns de Chirurgie. Les Historiens ont assez exactement indiqué ceux de Médecine; mais ils n'ont point parlé de ceux qu'il a donnés en Chirurgie. Dans le recueil de Gesner, que j'ai eu de la bibliotheque du Roi, j'en ai trouvé un intitulé *Themata aliquot Chirurgica*.

Ces discours sont au nombre de onze; le premier traite des plaies d'armes à feu. L'Auteur se dit le premier qui les ait distinguées d'avec celles qui sont produites par les instrumens tranchans: il peut en effet avoir la gloire complette, parcequ'il vivoit peu de temps après l'invention de la poudre.

Il critique ses Confreres de brûler de la poudre sur la partie contuse, & il veut substituer à leur traitement l'usage de plusieurs eaux distillées, comme celles d'eau-rose, de plantain, &c. prises intérieurement, & dont on doit bassiner la partie. Des remedes si doux sont peu appropriés à un mal si rébelle. La Chirurgie moderne a heureusement pour nous trouvé une méthode plus analogue à la maladie. On trouve plusieurs remedes salutaires dans les ouvrages de Ferri, dont je vais donner l'extrait immédiatement après la vie de Langius. Le second discours traite des plaies. L'Auteur fait une critique amere de ses contemporains; il ne veut point qu'ils introduisent dans la plaie du crin de cheval, ou des autres animaux, & qu'ils les y soutiennent par le moyen de compresses ou plumaceaux. Ce sont, dit-il, des corps étrangers qui s'opposent à l'issue de la sanie de la plaie, & qui la font refluer dans les interstices des muscles, l'obligent à se frayer de nouvelles routes sous la peau, où la font rentrer dans la masse de nos humeurs (a). Ce conseil est salutaire : si les Chirurgiens qui sont venus après Langius y avoient fait attention, on auroit épargné à *Bellofte* les frais de sa dissertation sur l'abcès des tentes & pelotes, & je doute que Mr. Wanswieten citât si souvent ce Chirurgien s'il avoit lu le passage de Langius que je viens de rapporter.

Dans le troisieme chapitre, notre Auteur parle d'une maladie épidémique singuliere : elle consistoit dans une fievre des plus vives, pendant laquelle la langue s'enflammoit, s'abscédoit & se gangrenoit. Certains Chirurgiens se contentant de faire gargariser avec des décoctions émollientes ; d'autres, de froter la langue avec des lambeaux de drap de différentes couleurs (b), notre Auteur les blame avec raison d'ajouter foi à de tels secours ; il en veut de plus efficaces ; c'est de couper avec le fer la partie altérée afin qu'elle n'infecte plus par son contact la partie saine. L'histoire fournit assez d'exemples, dit-il, qui favorisent cette méthode. Combien de personnes n'y a-t-il pas qui ont vécu après des plaies à la langue faites, ou par les dents, ou par des instrumens tranchans : j'ai vu, continue-t-il, en Allemagne, en Espagne & en Italie, principalement à

(a) Audi, obsecro, illorum dementiam. Ne igitur talis ichor.. effluat in cassum : pilo capreolarum, quibus ephippia equorum infarciuntur, osculum vulneris apposito spleniorum fasciculo obstruunt ; quo fit cum sanies illa effluere non possit, ut subter cutanea totum perreptet membrum. Tandem hoc semi putridum obstructis vitalis spiritûs meatibus, sphacelo emoritur, page 312. B. Gesner collectio Chirurgica.

(b) Taceo quod nefas esse ducunt, alio quam fusci aut rubei coloris panno, aut alio quàm pannorum fusci coloris ligno linguam abstergere, ac si specialis in similitudine subsisteret sympathia. O, stulti, quando accidens, neglecta & morbi causa curari satagitis : umbram quoque corporis crétâ dealbare frustra laborabitis, page 313.

Boulogne, percer la langue avec des fers chauds à des malheureux qui étoient livrés à la Justice pour avoir commis divers crimes. Ce suplice est douloureux, mais ne tue point ceux qui sont condamnés à le subir : c'est pourquoi, dans l'épidémie qui régnoit, dit Langius, il étoit plus salutaire de perdre un bout de la langue, que la vie, comme ont fait un millier d'hommes que la maladie a enlevés. Ainsi il falloit sans tarder faire l'amputation de la partie malade.

Les réflexions de Jean Langius sur l'amputation d'une partie de la langue pour arrêter les ravages de la corruption dans le voisinage à la suite de l'épidémie, peuvent avoir en Chirurgie un usage plus étendu que celui que notre Auteur leur assigne. On pourroit tenter l'amputation dans le cas du cancer, dans les ulceres phagédéniques au bout de la langue.

Le quatrieme chapitre contient nombre de réflexions curieuses & intéressantes sur les plaies de la tête. Notre Auteur expose avec clarté & précision les symptomes qui les accompagnent, & les fâcheux effets qui en font les suites. Depuis Galien jusqu'à lui, peu d'Auteurs avoient trépané le crâne. Langius a tenté cette opération avec un succès manifeste sur un enfant qui avoit fait une chute. Cette observation l'autorise à blamer les Chirurgiens qui la négligent, & il ne balance pas de rendre responsables ceux qui l'omettent, de la mort des sujets qu'on a confiés à leurs soins.

La méthode de trépaner étoit si peu en usage de son temps, qu'il dit n'avoir pas même vu un trépan chez Jean de Vigo, un des plus fameux Chirurgiens de son siecle, & dont il avoit été entendre les leçons. Cet Auteur, dit-il, n'a jamais pratiqué cette opération, & n'a pas même les instrumens nécessaires pour la faire.

L'opération du trépan n'étoit pas mieux connue en Allemagne que dans les autres parties de l'Europe. Pour plaisanter, Langius montra un jour un trépan à une troupe de Charlatans ; aucun d'eux ne connut cet instrument, & ils éclaterent de rire dès qu'ils entendirent le nom que Langius lui donnoit : *Langi*

XVI. Siec.le *Doctor , frustrà quæris in Germania abaptista ; non*
1533. *enim Chirurgorum instrumenta nobiscum , sed campana*
Langius. *& pueri baptisantur* ..... & comme on savoit que
Langius avoit été à Rome, ils ajoutèrent, *Romæ*
ea ob præsentiam Pontificis facile baptisari posse (a).

Ses remarques sur les fungus qui surviennent au
cerveau à la suite des plaies du crâne, ne sont pas
aussi justes que celles qu'il fait sur l'opération du
trépan : il nie qu'ils soient des excroissances du cerveau ; mais il veut qu'ils soient formés d'une matiere tout-à-fait étrangere. Il se moque des Chirurgiens qui croient avoir emporté une partie du cerveau
& guéri des plaies dans cette partie. Sa décision est
sans fondement. La Chirurgie moderne, plus avancée
qu'elle n'étoit du temps de Langius, emporte sans
hésiter la substance du cerveau lorsqu'elle est altérée.
Personne n'ignore qu'on a emporté à plusieurs re-
prises des lobes entiers, & une grande partie des
hémisphères : ainsi notre Auteur est dans l'erreur ; &
autant il a eu raison dans les cas précédens de se
moquer des Chirurgiens ses Confreres, autant il est
dans son tort de les critiquer dans ce cas ci : j'ai un
plaisir inexprimable de leur rendre ce qu'il vouloit
leur usurper.

L'ordre conduit Langius aux plaies des yeux, &
il rapporte deux observations singulieres & frap-
pantes. Dans la premiere, il s'agit d'une légere plaie
faite à l'œil, avec un gonflement si prodigieux, qu'on
regardoit l'extraction du globe comme l'unique ressource pour sauver la vie au malade. Notre Auteur
s'y opposa, & il conseilla l'usage d'un collyre dont
les principaux ingrédiens étoient du blanc d'œuf,
de l'huile, de l'eau-rose & du camphre, & ce remede lui réussit.

Dans la seconde observation il s'agit d'une plaie
à la cornée, avec effusion de l'humeur aqueuse. La
cornée étoit affaissée : cependant peu à peu la cicatrice se fit, & l'humeur se régénéra ; le malade
recouvra la vue à l'incommodité près de voir les
objets doubles (b), dont il le guérit en lui faisant
mouvoir le globe en différens sens.

(a) Page 314.
(b) Pag. 315.

Ses remarques fur la faignée, dans le cas dé l'em-
phyfême, forment le feptieme chapitre. Il y détaille
les mauvais effets de l'air fur le corps ; mais avec
peu d'ordre. Sa théorie n'eft point fondée fur les
véritables loix de la phyfique ; ainfi elle ne fert
rien moins qu'à éclaircir la queftion. Notre Auteur
condamne les Chirurgiens qui avant de faire une
faignée, oignent avec des onguens ou avec de la
graiffe la partie qu'ils doivent faigner. Ces moyens
ne lui paroiffent point fuffifans pour diffoudre le
fang, fuppofé qu'il foit épais.

Une erreur qui a été adoptée de prefque toute
l'antiquité, trouve place dans le huitieme chapitre.
Il ne faut point couper les vaiffeaux qui ferpentent
derriere l'oreille, de peur de rendre le fujet ftérile.
Langius cherche la raifon de cette altération dans
les fonctions naturelles : il en propofe plufieurs;
mais elles font bien éloignées de la vraifemblance :
l'on explique tout, & l'on affigne rarement la vraie
caufe. Cette fureur de tout expliquer s'eft tranfmife
jufqu'à nous, & les progrès de l'art en ont été d'autant plus retardés, que l'efprit humain s'eft repu de
fictions & de chimeres, au lieu de s'occuper à la
recherche des faits qui font d'une utilité directe à
fa perfection.

Langius ne fe feroit pas occupé à de telles recherches s'il eût connu l'ouvrage de Mélétius, &
ce qu'il dit pour diffiper cette crainte puérile. Carpi,
fon contemporain, fut fe défendre de ce préjugé :
fon efprit fait à l'obfervation, n'admit guere que
ce qui tomboit fous les fens : Langius eût du fuivre
cette maxime.

Notre Auteur tient un langage plus jufte fur l'é-
réfipelle ; c'eft, dit-il, une extravagance d'appeller
cette maladie *morbus facer*. Dieu n'eft point fujet
à des maladies, & il ne faut point laiffer fubfifter
les dénominations qui peuvent tôt ou tard induire
le peuple groffier en erreur. Cette remarque eft purement grammaticale ; mais en voici une qui mérite les plus grandes attentions des Médecins praticiens. L'éréfipele, dit notre Auteur, eft une maladie inflammatoire : dans l'inflammation, le mou-

vement du fang eft augmenté , & de-là la rougeur, la chaleur, &c. Il faut faire confifter le traitement en des faignées , en des boiffons rafraîchiffantes, & non à prefcrire , comme la plupart de mes confreres le font (c'eft Langius qui parle) , d'après le confeil des plus grands Maîtres de l'Art, les fudorifiques, les emplâtres avec lefquels ils bouchent les pores de la peau.

On fe rend difficilement à la vérité quand on a fon efprit fafciné par les préjugés du temps. Le confeil de Langius n'a pas été fuivi des Médecins jufqu'à ce que le fameux *Sydenham*, conduit par la nature plutôt que par fon propre favoir dans l'hiftoire de la Médecine , eût fait fes fages réflexions : elles font aujourd'hui univerfellement adoptées : Mr. *Wanfwieten* vient de les préfenter fous un nouveau point de vue , & les expreffions dont il fe fert pour confeiller l'ufage des rafraîchiffans dans les maladies inflammatoires, & pour profcrire les remedes échauffans, font fi énergiques, que je doute qu'il y ait un Médecin qui n'admette cette fage méthode ; *Langius* l'a célébrée ; Sydenham l'a adoptée fans le citer ; Wanfwieten l'a préconifée en accordant à ce dernier la découverte, quoiqu'elle remonte quelques fiecles plus haut.

L'application des emplâtres eft célébrée dans le dixieme chapitre. Selon Langius , il n'y a prefque point de maladie dans laquelle les emplâtres ne foient de fouverains remedes. Les plaies récentes demandent des emplâtres agglutinatifs, des emplâtres cicatrifans. Quelle bizarre façon de penfer ! quelle inconftance ! Langius , dans un autre chapitre , défend toute introduction des corps étrangers dans la plaie , & ici il en ordonne l'ufage.

Le dernier chapitre qui traite des maladies des os , ne comprend rien qui foit particulier à l'Auteur. Les principes qu'il détaille font déduits des ouvrages d'Hippocrate, de Galien & d'Oribafe , &c.

Nous avons de lui ,

Themata aliquot Chirurgica ex opere epiftolarum ipfius medicinalium.

Extant in collectione Chirurgorum Gefneri. Tiguri,

in-fol. 1555. Vanderlinden ne parle point de cet ouvrage.

Medicinalium epiftolarum mifcellanea. Bafileæ 1533, in-4°. *Ibid* 1554, in-4°. *Francofurti* 1589, in-8°.

Montuus (Jérome) Seigneur de Mirebeau, fils de Sébaftien Montuus, naquit en Dauphiné (a), où il exerça la Médecine pendant quelques années. Vers l'an 1525 il s'acquit une grande réputation, & fut plufieurs fois appellé à Lyon pour y voir des malades de la premiere diftinction. Son nom parvint jufqu'à la Cour de Henri II, Roi de France, où il fut appellé pour y occuper la place de Médecin du Roi : les uns lui affignent la premiere ; d'autres veulent qu'il n'ait été que Médecin confultant. Dans le grand Dictionnaire de Ducange, au mot *archiater*, l'on trouve une lifte des premiers Médecins des Rois de France, & Montuus y occupe une place.

Il eft Auteur de plufieurs ouvrages de Médecine, dans lefquels on trouve plufieurs differtations chirurgicales.

Practica Medica à doctis Viris diù defiderata, & nunc primum in lucem edita (b), in fex partes divifa. Venetiis 1626, in-4°. La premiere partie traite des maladies particulieres de différens organes. On y trouve quelques réflexions chirurgicales. Il traitoit les maladies cutanées à force de fudorifiques, & il détaille les moyens qu'il faut fuivre pour venir à bout de fon objet. Je fuis furpris que fes malades aient pu réfifter à un traitement fi rigoureux. Le troifieme chapitre traite des maladies des enfans. Sa defcription fur les aphtes, & fur plufieurs autres maladies cutanées, eft affez exacte; mais le traitement qu'il y prefcrit eft peu conforme aux loix de la faine Médecine. On trouve dans le quatrieme livre

____

(a) Les Hiftoriens lui donnent l'épithete d'Allobrox, & le font naître auprès de Lyon ; l'Allobrogie étoit une Province qui s'étendoit depuis Lyon jufqu'à Touloufe. On l'a connue auffi fous le nom de Gaule Narbonoife, & elle comprenoit une partie de la Gafcogne, tout le Languedoc & le Dauphiné ; & comme cette partie de l'Allobrogie étoit la plus proche de Lyon, j'ai cru devoir faire naître Montuus de cette Province.

(b) Ce titre eft bien emphatique.

un détail assez ample des maladies chirurgicales qui exigent un prompt secours ; telles sont les hémorrhagies , les plaies à la tête qui produisent dans l'instant des assoupissemens léthargiques , &c. Ce chapitre n'est point mauvais ; le diagnostic y est exact , & la cure qu'il ordonne est appropriée aux divers cas qui peuvent se présenter. Montuus joignoit à des connoissances médicinales très étendues une parfaite notion de la Chirurgie de son temps ; & , comme ont fait les plus grands hommes , il a manœuvré les opérations chirurgicales dans plusieurs circonstances : si l'on en juge par ce qu'il dit lui-même , & par le témoignage de plusieurs Auteurs ses contemporains , il avoit une grande facilité à opérer. Mr. Goelike porte sur ce Médecin le même jugement.

Tractatus de morbo gallico. Lugd. 1558 , in-4°.

Ferri (Alphonse) Médecin célebre d'Italie , étoit de Naples , & florissoit au commencement du seizieme siecle. Il fut Professeur public de Chirurgie dans sa patrie , & élu en 1534 premier Médecin du Pape Paul III (a). Il s'acquit une grande réputation dans toute l'Italie ; & comme il avoit un goût décidé pour l'Anatomie , il inspira l'amour de cette étude aux jeunes Médecins : ce qui fit éclore nombre de fameux Anatomistes qui ont fleuri dans le seizieme siecle.

Nous avons de lui ,

De sclopetorum sive archibusorum vulneribus libri tres. Corollarium de sclopeti ac similium tormentorum pulvere. De caruncula sive callo quæ cervici vesicæ innascitur opusculum. Lugduni 1553 , *in-4°. Antuerpiæ* 1583 , *in-4°. Tiguri* 1555 , *in-fol. In collectione Chirurgiæ scriptorum , edita à Gesnero* 287. *Authore Alphonso Ferrio , Neapolitano , insigni artium & Medicinæ Doctore.* Nous avons encore du même un

_____

(a) Manget Elog. Vander-Linden lui donne la qualité de premier Chirurgien , sans en donner de preuves ; Ferri étoit Docteur & Médecin. Il exerçoit son état avec distinction , & il n'y a pas apparence qu'il l'eût quitté pour en prendre un autre inférieur.

traité de morbo Gallico extat tomo primo operis de morbo Gallico, in-fol. Venetiis 1566.

Le traité des plaies d'armes à feu de Ferrius, est un des premiers qui ait paru. On doit compter pour peu de chose ce qu'on avoit dit avant lui sur cette matiere. Langius, dans un seul chapitre, a fait part de ses remarques, encore ne sont-elles pas de grande importance.

L'ouvrage de Ferrius est divisé en trois parties ; dans la premiere il traite des signes qui caractérisent ces sortes de plaies, des symptomes qui les accompagnent, & des principales causes qui les produisent. Dans la seconde il indique les topiques & secours extérieurs convenables aux plaies. Dans la troisieme il expose les remedes internes qu'un Médecin doit prescrire en pareil cas.

Dans les plaies d'armes à feu il y a brûlure, contusion, fracture & venin, chacun de ces accidens forme une maladie particuliere, & il faut y avoir égard dans le traitement.

Dans la brûlure il y a solution de continuité faite par un instrument brûlant qui produit par son contact des douleurs, des pustules, des croutes, de la chaleur.

Les symptomes sont les mêmes, quelles que soient les parties qui aient été atteintes ; ils ne varient que par leur intensité ; les douleurs sont par conséquent plus ou moins vives, & il se fait une congestion d'humeurs plus ou moins grande.

Après ces généralités, Ferrius détaille dans différens chapitres le traitement de la brûlure, du venin, des contusions, & des fractures qui accompagnent les plaies d'armes à feu : en suivant cette méthode, on trouve l'ordre & la clarté dans les ouvrages de notre Auteur.

La brûlure doit se traiter par les adoucissans, lorsqu'il n'y a point de croute ; si elle a lieu, par les détersifs ; la croute enlevée, on se sert des dessicatifs.

La poudre à canon est, selon notre Auteur, un véritable poison, car elle est composée de dix parties de nitre, d'une ou deux de soufre, avec autant de

charbon de faule ou de coudrier. Les principaux ingrédiens de cette poudre pris intérieurement, font
des véritables poifons. Cette façon de raifonner, vicieufe à plufieurs égards, ne mérite point d'être
réfutée ; chacun en fentira aifément l'abfurdité:
cependant Ferrius met fon efprit à l'efcrime pour
déterminer quelle eft cette efpece de poifon ; eft-
il froid, eft-il chaud : felon lui, le fouffre eft chaud
& le faule eft froid ; on croiroit qu'il va conclure
qu'ils fe corrigeront mutuellement ; mais il prend
un autre parti ; c'eft, dit-il, un poifon mixte ; &
pour purger la maffe du fang qui en eft infectée,
il ordonne de prendre intérieurement du béfoard &
d'appliquer fur la plaie un blanc d'œuf (a). Ces fecours
font infuffifans. Dans le chapitre fuivant, Ferri prefcrit l'ufage des ventoufes, des fcarifications, des
cauteres, &c.

Dans les contufions des parties molles, il faut
recourir à des remedes plus puiffans ; fi les topiques,
répercuffifs, digeftifs, maturatifs, &c. ne fuffifent
pas, il faudra recourir aux ventoufes & aux incifions.

La fracture eft aux os ce que la plaie eft aux
parties molles, une folution de continuité ; elle peut
être produite par un inftrument contondant (b). Il
y a des fractures tranfverfes & fans efquilles ; d'autres
font avec éclats : il y a des fractures en long . .
Après des coups violens, les os font prefque vermoulus & réduits pour ainfi dire en pouffiere. Pour
obvier à cette altération dans la fubftance des os,
il faut replacer les pieces qui ne font plus dans leur
véritable pofition, extraire celles qui font féparées,
& traiter enfuite la plaie par les moyens convenables.

La balle s'enfonce dans la plaie & y féjourne
feule, ou y entraîne d'autres corps étrangers, comme
feroient des morceaux d'étoffe, &c. Ferrius confacre
le fecond chapitre au détail de ces fortes de plaies.
Pour s'affurer de l'exiftence de ces corps étrangers,
il faut, dit-il, dès que le Chirurgien eft appellé,

(a) Pag. 90.
(b) Inftrumento contundente, quaffante, p. 291.

qu'il introduife fon doigt dans l'ouverture, fi elle eft affez ample, ou un ftilet, fi elle eft étroite : il ne faut cependant pas choifir un ftilet trop fin & trop fouple, crainte qu'il ne faffe de fauffes routes, au lieu de mettre le Chirurgien à portée de découvrir le véritable trajet de la plaie. Pour obvier à cet inconvénient, ce ftilet doit être d'argent ; & autant qu'on en peut juger par la planche qu'il dit être de grandeur naturelle, il-eft long d'environ un demi-pied, d'un diametre de trois à quatre lignes : l'extrêmité qui doit être introduite dans la plaie, eft boutonnée. Par le moyen de cet inftrument, dit notre Auteur, on découvrira aifément dans toutes les plaies, dont la direction eft droite, s'il y a des corps étrangers qui y foient renfermés, ou s'il n'y a aucun obftacle qui s'oppofe à la réunion des bords de la plaie ; je dis dans une plaie dont la direction eft droite, car fi elle étoit tortueufe, il faudroit fe fervir d'une fonde plus flexible qui pût s'accommoder aux differens contours de la plaie : le plomb eft la matiere la plus propre à faire ces fortes de fondes.

Le confeil de notre Auteur eft fage : les Chirurgiens qui lui ont fuccédé en ont profité ; ils ont fait fabriquer la plupart de leurs fondes de cette matiere : & non feulement on s'en eft fervi pour découvrir le véritable fiege d'une plaie, mais encore c'eft à la faveur de ces fondes de plomb qu'on fonde la veffie, qu'on arrête les hémorrhagie du nez en appliquant par leur moyen des tampons de charpie aux arrieres narines, &c.

S'il y a quelque balle engagée dans la plaie, on doit tenter tous les moyens imaginables pour l'extraire. Ferrius a inventé un inftrument propre, à ce qu'il dit, à remplir cet objet : il lui a donné fon nom. *Alphonfinum inftrumentum quod, quia noftrum inventum eft, ita appellare placuit* (a). Je doute cependant qu'il ait l'effet qu'il lui attribue. Il eft trop gros & trop lourd, autant qu'on en peut juger par la defcription, pour qu'on puiffe l'introduire dans la plaie.

(b) Pag. 293. B.

Cependant le Médecin ne doit point négliger de prescrire au malade des cordiaux pour soutenir ses forces, qu'une opération trop cruelle abat nécessairement : il faut aussi qu'il ordonne des aléxipharmaques ; Ferrius a quelque confiance en la thériaque.

D'un autre côté le Chirurgien doit s'occuper à arrêter l'hémorrhagie de différens vaisseaux sanguins : elle peut être produite dans l'instant que la balle fait sa plaie, ou bien elle peut survenir d'elle-même quelque temps après : si l'hémorrhagie n'est pas considérable, on se servira des caustiques ; si elle est forte, on recourra à la ligature. Le meilleur caustique que je connoisse, dit notre Docteur, c'est celui que je fais avec deux onces d'aloës hépatique, quatre onces de mastic, une once de bourre de lievre, un blanc d'œuf ; on formera une pâte du tout ; on la coupera en plusieurs morceaux, & on pourra ajouter à chaque once de pâte une dragme de sublimé corrosif, pour lui donner un certain degré de causticité ; on appliquera sur chaque vaisseau ouvert un morceau de cette pâte ainsi préparée ; & si l'hémorrhagie n'est pas bien considérable, le topique sera très efficace pour l'arrêter. Mais si le vaisseau ouvert est d'un diametre un peu trop grand, il n'y a que la ligature qui puisse s'opposer à l'effusion du sang ; on se servira, pour la faire, d'une aiguille courbe, longue de quelques travers de doigt, pointue par une de ses extrémités, & percée de l'autre ; on passera l'aiguille à travers les chairs ; on l'arrêtera, & on y laissera un fil avec lequel on liera le vaisseau qui darde le sang (a) : ce moyen est unique ; il arrête les hémorrhagies des plus gros vaisseaux. Notre Auteur ne s'en approprie point la découverte : & comment auroit-il osé se l'attribuer ? Albucasis & presque tous les Arabes, Vigo & plusieurs autres dont j'ai déja parlé, s'en étoient servis avec succès : on trouvera la suite de ces recherches dans l'histoire d'Ambroise Paré.

Le Chirurgien doit prévoir les fâcheux symptomes

(a) Page 294.

qui font prefque toujours la fuite des plaies d'armes
à feu ; en replaçant au plutôt les pieces offeufes
qui font dérangées, en recouvrant la plaie avec
divers topiques : on retire de l'avantage d'appliquer
fur la partie des étoupes imbibées de vinaigre, fi
la fracture aux os eft complette, ou même avec déplacement. Les pieces réduites, il faut les foutenir
par le moyen des bandages, des atelles, fans trop
les ferrer, crainte de gêner le membre & d'attirer
une vive inflammation . . . . Ces fecours bien admi-
niftrés, fuffifent ordinairement pour diffiper les plus
fâcheux fymptômes (a). Après que les efquilles font
ôtées, fi la plaie a une certaine étendue, on y fait
quelques points de futur; on s'en paffe fi elle eft
petite : on panfe la plaie deux ou trois fois par jour,
s'il le faut.

Ferri détaille enfuite avec une précifion peu commune, les autres fymptomes qui furviennent pendant le traitement ; en général il s'accommode aux indications, & les remedes qu'il prefcrit doivent néceffairement procurer d'heureux effets. En Médecin
favant & fage, il ne néglige jamais de prefcrire des
remedes internes, & ceux qu'il ordonne font indiqués
par la nature même du mal, dont il a une parfaite connoiffance. Verfé dans la fcience de la Médecine & de la Chirurgie, qui n'en eft qu'une branche,
il pouvoit diriger fes vues vers l'intérieur & l'extérieur de la machine, & obvier aux principaux
fymptomes ; le bleffé étoit à l'abri des diffenfions des
Artiftes ; la même main qui ordonnoit le rémede
le préparoit & l'adminiftroit.

Le traité d'armes à feu par Ferri, quoique rempli
de préceptes judicieux & falutaires, par une fatalité
inconcevable, n'eft prefque point connu des Chirurgiens : j'invite ceux qui font un peu amateurs de
leur art, de confulter cet ouvrage, & je fuis sûr
qu'ils ne perdront point leur temps, quelque verfés

(a) Quapropter hoc te primum, Chirurge, rogo, ne con-
trahas aut demittas animum, neve te obrui, tanquam fluctu,
feu magnitudine laboriofi negotii finas, ex his enim quæ primâ
curatione fiunt, fi diligenter ftrenuèque fiunt, magna ex parte
falus ægroti paranda eft, p. 294. B.

X

qu'ils foient dans cette partie de la Chirurgie.

Son traité fur l'ifchurie produite par l'oblitéra-
tion du col de la veflie, contient quelques détails
curieux. L'Auteur y traite avec beaucoup de clarté
les principaux fymptomes de l'ifchurie ; l'expofition
anatomique qu'il donne du col de la veflie, & des
parties adjacentes, n'eft pas mauvaife ; il a connu
le verumontanum, & ce qu'il dit fur la proftate
eft exact.

Pour guérir cette cruelle maladie, Ferri confeille des remedes externes & des remedes internes,
des remedes chirurgicaux & des remedes médicinaux.
Ses réflexions fur l'art de fonder & fur les fondes
qu'il faut employer, font dignes des plus grands
Maîtres de ce fiecle. Il a fait ufage des fondes de
différens métaux, des bougies, & il en donne la
compofition. Il a porté plus loin fes recherches fur
cette partie de la Chirurgie ; il a fondé avec les
tendrons ou les tiges de la mauve, du perfil, du fenouil, &c. (a) ; & fuivant qu'il falloit déterger ou faire
fuppurer, &c. il couvroit fes fondes des onguens
digeftifs & fuppuratifs.

Quoique Ferri eût toutes ces profondes connoiffances dans la Chirurgie, & qu'il occupât les premieres places de fon état, il n'a pas amaffé beaucoup de bien. Il eût été plus heureux, fuppofé
toutefois qu'il eût fait confifter fon bonheur dans
les richeffes, s'il eût vécu dans notre fiecle, dans
lequel plufieurs Chirurgiens fe font enrichis en vendant à un prix exceffif des fondes dont ils ont caché
la compofition ; Ferri l'avoit indiquée tant pour fa
gloire que pour le bien public, au fervice duquel
il avoit confacré fes travaux.

Paulus (Pierre François) célebre Médecin de Florence, de la fecte de Galien, étoit en grande réputation vers l'an 1528 (b). Il a donné De vena
fectione adverfus Avicennam. Cet ouvrage fut im-

_____

(a) Sunt igitur malvarum, feu petrofelini, aut fœniculi,
aut alterius confimilis herbæ turbones five cauliculi, longi
tamen ac duriufculi, quibus caruneulam five callum inqui-
rere & rumpere commodò poffimus, p. 307.
(b) Vander Linden, de fcrip. Medic. pag. 891.

X.

primé à Venise en 1535, in-4°. il le fut encore
l'année suivante à Lyon avec d'autres petits ouvrages
de la nouvelle Académie de Florence.

Il y a peu d'anatomie ou de chirurgie dans les
ouvrages de Paul : il a cependant dit quelque chose
sur les veines qu'il convient d'ouvrir, des instrumens qu'il faut employer, & de la maniere qu'il faut
faire l'opération : du reste on trouve dans cet ouvrage
peu de faits & beaucoup d'explications tirées pour la
plupart de Galien.

Si l'on suivoit l'ordre de la publication des ouvrages, Tagault ne devroit trouver place que dans
l'année 1543; mais comme Tagault a professé la
Chirurgie à Paris, & qu'il a eu plusieurs Eleves
qui ont fleuri vers l'an 1535, j'ai cru devoir inter-
vertir l'ordre, & placer le Maître avant les disciples.

Tagault (Jean) d'Amiens, florissoit à Paris vers
l'an 1544. Il y professa la Chirurgie avec distinction. La plupart de ses disciples devinrent célebres
par leurs ouvrages; il eut pour condisciple Vesale,
& Lacuna dit lui devoir la plupart de ses connoissances. Il eut pour confreres Silvius, Fernel, Andernach, Ruele, &c.

Tagault s'acquit à Paris une grande réputation
parmi les Gens de Lettres ; mais il ne paroît pas
qu'il fût aussi heureux chez les grands, & qu'il ait
été fort occupé à la pratique de la Médecine ; ce
qui le prouve, c'est qu'il quitta cette Capitale pour
se retirer à Padoue où il professa la Chirurgie, &
écrivit divers ouvrages de Médecine.

*De Chirurgicâ institutione libri quinque. Parisiis
1543, in-fol. Lugduni 1547, in-8°. Huic secunda
editioni accessit liber sextus de materia Chirurgica Jacobi
Hollerii Stempanii Venetiis 1549, in-8°. Tiguri apud
Gesneros & (primus extat in collectione) 1555, in-fol.
Lugduni 1560, in-8°. 1567, in-8°.*

Cet ouvrage a été traduit en françois avec quelques
additions, & imprimé à Lyon en 1580, in-8°.

Il a encore paru en Italien 1596, in-8°.

L'ouvrage que nous annonçons est le même que
celui de Guy de Chauliac quant au fond : il n'en dif-

fere que par la diction qui eft beaucoup plus correcte, &
par quelques notes tirées des anciens Auteurs, principalement de Galien : Tagault en a encore changé l'ordre
dans quelques endroits. Cette Chirurgie eft dédiée
à François I. L'Auteur loue ce grand Roi d'avoir
le premier introduit à Paris des Savans de toute
efpece, & d'en faire autant de cas que des Grands
de fa Cour : vous êtes, lui dit-il, le premier des
Rois de France qui fouffriez indiftinctement à côté
de vous les Savans mêlés avec les Grands de votre
Cour : *Sed & in menfâ illa tua regia frequenti principum illuftriumque virorum, Cardinalium & Epifco-
porum, confpectu ac confeffu femper aliquid ardui,
doctique, & honefti contra morem & exemplum aliorum Principum, &c. (a).*

Tagault divife la Chirurgie en pratique & en théorique. Selon lui, les opérations chirurgicales peuvent
fe réduire à trois claffes ; à la diærhefe, à la fyn-
thefe, & à l'aphæræfe.

Il diftingue les fecours médicinaux des chirurgicaux, & il s'étend beaucoup plus fur cette première
partie du traitement que n'avoit fait Guy de Chauliac. On trouve encore dans cet ouvrage quelques
figures fur des inftrumens de Chirurgie, dont Guy
de Chauliac n'avoit fait aucune mention. Son traitement des luxations & des fractures differe de celui
que propofe le Docteur Guy. Les moyens curatifs
qu'il prefcrit, font plus nombreux ; ils font appropriés aux différentes efpeces des maladies qu'il a
multipliées.

L'ouvrage de Tagault a fervi à fon tour de modele à plufieurs Auteurs : Ambroife Paré, Guillemeau, &c. en ont fuivi l'ordre dans plufieurs endroits de leurs écrits. Fuchfius, un peu moins laborieux que ces Auteurs, l'a prefque copié d'un bout
à l'autre

Vanderlinden cite un autre ouvrage de Tagault,
Metaphrafis in Guidonem de Cauliaco. Parifiis 1545,
in-4°.

Jo n'ai pu me procurer cet ouvrage, quelques

_(a) Epiftola nuncupatoria.

recherches que j'aie faites dans les meilleures bibliotheques de Paris. Je doute qu'il existe. M. de Haller
soupçonne que c'est le même que le précédent : les
titres ont du moins de la resseemblance.

Lacuna (André) ou par corruption, Laguna,
Médecin Espagnol, naquit à Ségovie l'an 1499. Il
fit ses études de Belles-Lettres & de Philosophie dans
l'Université de Salamanque, & s'y distingua par son
zele & par ses progrès. Orné de ces connoissances,
Lacuna vint à Paris pour y écouter les leçons des
grands Maîtres qui y professoient pour lors. Il apprit
le grec de Pierre Danesius & de Jacques Tusanus.
Il suivit plusieurs Professeurs de Médecine, mais
sur-tout Ruele & Tagault. Avant de se retirer dans
sa patrie, il prit à Paris le grade de Maître ès Arts.
De retour en Espagne, il fit son unique occupation
de l'étude de la Médecine ; il y acquit de grandes
connoissances, & se fit recevoir Médecin à Tolede.

Ce nouveau grade le mit à même de faire en 1540
plusieurs campagnes en Flandre où campoit l'armée
espagnole ; & c'est-là qu'il s'occupa fortement à la
pratique de la Médecine qu'il n'avoit étudiée jusqu'ici
que par spéculation. La ville de Metz lui parut un
théâtre digne de lui pour y exercer sa profession,
il s'y établit, y séjourna pendant l'espace de cinq
ans, & rendit de grands secours aux habitans en
les traitant pendant une peste des plus terribles qu'ils
eurent à essuyer. La Flandre étoit continuellement
désolée par les fureurs de la guerre. Lacuna chercha
un endroit où il pût mener une vie moins agitée.
Il crut trouver la tranquillité dans l'Italie, & se
réfugia à Boulogne ; cette Ville étoit depuis long-
temps fameuse par les sciences : Lacuna y prit le grade
de Docteur, & fut de-là à Rome exercer la Médecine ; ses talens y furent bientôt connus ; le Pape
Léon le fit Chevalier de la Toison d'or & Comte
Palatin. On n'accordoit pour lors ces marques de distinction qu'aux personnes qui s'étoient rendues célebres dans les sciences. Son séjour à Rome ne fut
pas de longue durée ; Lacuna revint en Allemagne
& y fut Médecin du Cardinal Bombadille, illustre

protecteur des sciences & de ceux qui les cultivoient ;
cependant soit par légereté, par inconstance, ou
qu'il lui survînt quelque affaire particuliere, il revint à Ségovie, sa patrie : il y fut bientôt après attaqué
d'un flux hémorrhoïdal qui l'y fixa pour toujours,
en lui ôtant la vie. Il y mourut vers l'an 1560,
âgé de soixante-un ans, & fut enterré dans le tombeau de ses peres (a).

Nous avons de lui un grand nombre d'ouvrages
sur toutes les parties de la Médecine. Voici ceux qui
sont de notre objet, & qu'il nous importe de connoître.

*Anatomica methodus sive de dissectione humani cor-
poris contemplatio. Parisiis* 1535, in-8°.

Cet ouvrage est rempli de réflexions morales &
politiques. Il compare la plupart des visceres aux
différens Royaumes qui se secourent mutuellement
pendant la paix, en se communiquant les diverses
productions de la terre, mais qui tâchent à se détruire pendant la guerre. Le Roi le plus fort, ravage
le Royaume de son adversaire ; c'est ainsi, dit Lacuna, que dans l'état de santé tous les visceres
concourent par leurs fonctions à prolonger la vie
de l'homme ; mais dans l'état de maladie, l'équi-
libre des Puissances est rompu . . . . il compare les
vaisseaux mésentériques aux isles que la seine forme
auprès de Rouen (b). Parmi ce langage emphatique,
on trouve quelques descriptions exactes dans ses
ouvrages.

Il a connu la valvule du cœcum (c) sans avoir
aucune notion de son appendice, dont Carpi avoit
donné une exacte description depuis quelques années (d) : ce qui prouve que Lacuna s'étoit plus
occupé à parcourir les différentes Provinces de l'Europe qu'à lire les ouvrages de ses contemporains.

Ses remarques sur la circulation sont curieuses ;

(a) Voyez Manget, de Bibliotheca Medec.
(b) M. Antoine Petit se sert quelquefois de cette même comparaison dans ses Cours particuliers.
(c) Pag. 16.
(d) L'ouvrage de Carpi parut en 1518, & celui de Lacuna en
1535.

Il dit que le poumon reçoit son sang du ventricule droit par le moyen de l'artere veineuse, & la tête & les autres parties, du ventricule gauche. La portion de sang contenu dans le ventricule gauche, qui est porté au cerveau, se décompose dans ce viscere pour se changer en un fluide subtil spiritueux qui s'insinue dans les nerfs. Pour donner une idée claire de cette métamorphose, Lacuna compare cette décomposition à l'échange que les Portugais font des épées & fusils avec de l'or, &c. qu'ils rapportent des pays étrangers. Il n'a admis que deux ventricules, *nec scio (a) quid eorum enigma velit qui tertium etiam cordi ventriculum addunt, nisi forsan per illum poros eos qui in septulo sunt, intelligant.* En admettant ces trous qui percent de part en part le septum du cœur, Lacuna devoit nécessairement tomber dans une erreur grossiere sur la circulation : par une conséquence nécessaire à son exposition anatomique, il veut, comme ses prédécesseurs, qu'une partie du sang passe du ventricule droit dans le ventricule gauche à travers des pretendus orifices ; le reste du sang est porté dans le poumon par la veine artérieuse.

Le cœur exécute deux mouvemens particuliers ; celui de dilatation ou diastole, & celui de contraction ou de systole. Les arteres ont un mouvement tout-à-fait opposé ; elles se dilatent lorsque le cœur se contracte, & se resserrent quand le cœur se dilate, *atque is demum arteriarum est motus qui ob fluxum partis & refluxum vitalis spiritûs per arterias, meritò causari videtur. Si quidem, dum cor dilatatur, arteriarum fit systole seu concidentia, regorgitantibus ad cor spiritibus universis ; dum verò comprimitur diastole seu dilatatio earumdem quod ad arterias, tunc temporis spiritus relabantur.*

Lacuna fait, comme l'on voit, refluer le sang des arteres dans le cœur, & du cœur dans les arteres : il est assez surprenant qu'il tienne ce langage, connoissant, comme il faisoit, les valvules des oreillettes & des ventricules du cœur : il étoit sur le point de découvrir la circulation, & la postérité la

(a) Pag. 37.

lui eût accordée s'il eût admis la moitié du période de fa phrafe.

La force du pouls eft proportionnée à celle du cœur (a) : *Nam fi virtus valida fit (cordis), pulfus etiam validus erit ; ita ut tangentes manus acerrimè ferire videatur : fin verò dejecta fit atque imbecillis, pulfus fane adeo languidius erit, ut ne dilatari quidem percipiantur arteriæ.*

Lacuna a donné une idée exacte des parties dont la bouche eft formée ; il s'étend beaucoup fur l'ufage du frein de la langue ; felon lui, les femmes l'ont plus lâche que les hommes : ce qui les rend plus babillardes. Quoiqu'il n'ait pas parlé de l'appendice cæcale, décrite par Carpi, il a cependant connu les interfections tendineufes des mufcles droits : mais il tombe dans l'erreur fur leur nombre & fur leur pofition ; il en admet quatre, & il les place à des diftances égales. La defcription que Carpi a donnée de ces énervations, approche plus de la naturelle.

Voilà à-peu-près ce qu'on trouve de curieux & d'intéreffant dans l'ouvrage d'Anatomie de Lacuna. Ses réflexions fur les excroiffances qui naiffent au col de la veffie, ou dans le canal de l'urethre, méritent d'être lues ; elles font pour la plupart conformes à celles de Ferrius fur cette maladie. On pourroit foupçonner Lacuna d'avoir puifé dans cette fource (b). il confeille, comme lui, l'ufage des bougies, &c.

Methodus cognofcendi extirpandique excrefcentes in vefica collo carunculas.

Autore Andrea Lacuna Segobienfi, Medico Julii tertii, Pont. Max.

Illuftr. ac Rever. D. D. Francifci à Mendofa. Card. Burgienenfis, Romæ in-12. 1551, *Compluti* 1551, *eadem forma Ullyffiponè* 1560, in-8°.

La Faculté de Paris fe félicitera toujours de compter parmi fes Membres CHARLES ETIENNE, un des plus fameux Anatomiftes qu'il y eût au commence-

(a) Pag. 43.
(b) L'ouvrage de Ferrius de Caruncula fut imprimé en 1533, & celui de Lacuna en 1534 : voyez l'édition de Ferrius dans Gefner, & celle de Lacuna dans Vander-Linden.

ment du feizieme fiecle. Il naquit vers l'an 1503 de Henri Etienne premier, & il eut pour freres François & Robert premier, qui fe font tous rendus célebres dans l'Imprimerie. Cet art étoit au berceau lorfque cette famille fe faifoit un honneur de le cultiver ; & elle y étoit d'autant plus intéreffée, qu'elle s'étoit toujours occupée des Belles - Lettres. Les Etiennes étoient bien différens de ces ouvriers qui n'ont pour tout mérite qu'une manœuvre purement méchanique & mercenaire ; ils trouverent leurs inftructions dans les livres qu'ils imprimerent, & ceux - ci à leur tour étoient enrichis des remarques que ces favans Imprimeurs leur faifoient. La fcience ne s'affocie pas toujours avec la fortune: la famille d'Etienne , quoique favante , n'acquit jamais de grandes richeffes. L'amour de la vérité nous éloigne ordinairement de cette ambition fordide de gagner du bien qui nous eft toujours étranger , au lieu que les fciences font partie de nousmêmes. Les troubles qui furviennent dans les Religions , influent fur l'ordre & l'harmonie de la fociété; la famille de Charles Etienne éprouva plus que toute autre , combien il eft dur d'avoir une Religion différente de celle du Prince qui nous gouverne; elle étoit de la Religion prétendue réformée , & par conféquent exclue de toutes les récompenfes auxquelles elle auroit pu prétendre d'ailleurs. Leur ferveur les expofa aux plus rudes fouffrances ; les uns furent chaffés hors du Royaume ; les autres périrent dans les prifons. C'eft parmi ces troubles, que Charles Etienne vécut & fleurit à Paris. Son zele pour la Médecine n'en fut point ralenti ; il l'exerça avec diftinction ; & il paroît que malgré fes occupations littéraires , il s'occupoit à la pratique (a). Les vers fuivans de Buchanan femblent nous l'apprendre.

XVI. Siecle.

1536.
CHARLES
ETIENNE.

Sæpè mihi medicas Grofcollius explicat herbas ,
Et fpe languentem confilioque juvat ,
Sæpè mihi Stephani Solertia provida Carli
Ad mala præfentem triftia portat opem.

(a) Elégie fur la goutte.

Il est encore aisé de juger de sa science dans toutes les parties de la Médecine par les ouvrages qu'il donna sur quelques-unes, comme sur les alimens, sur les plantes, sur l'Anatomie : c'est ce dernier qu'il nous intéresse le plus de connoître, & dont je vais rendre compte.

De dissectione partium corporis humani libri tres, unà cum figuris & incisionum declarationibus à Stephano Riverio, Chirurgo compositis. Parisiis apud Simonem Colinæum 1545, in-fol. .. 1536 (a). in-8°. 1546, in-folio en françois, avec des figures & déclarations, composées par Etienne de la Riviere, Chirurgien.

Peu content de l'ordre que les anciens avoient suivi (b) dans leurs ouvrages d'Anatomie, Charles Etienne crut devoir s'écarter de la route ordinaire. Après avoir parlé des os, des cartilages, & des ligamens, il passe à la description des tendons (b) qui forment les têtes des os & les extrêmités des muscles ; les membranes sont dans la même classe, elles couvrent & enveloppent les muscles, & sont des expansions des tendons. Il suit dans le reste le plan de Galien.

L'os, selon lui (c), est une partie simple & similaire, dure & seche, formée en quelque façon de la lie de la sémence, qui par elle-même ne fait faire aucune action au corps ; mais lui sert comme les pieux aux tentes, & les murs aux édifices ; cette comparaison a quelque validité ; mais les principes qu'il attribue aux os sont chimériques, & peuvent passer pour de fades histoires, dont Galien a rempli ses ouvrages. Après Galien, les Arabes adoptérent cette formation prétendue des os. Les Anatomistes du quatorzieme siecle suivirent aveuglément ces sentimens. Achillinus & Carpi, plus sages que la plûpart de leurs contemporains, ont mieux aimé se taire sur la structure de ces organes, que de leur assigner une telle origine. En France, sans interruption, cette explication puérile trouva place dans les livres d'Anatomie ; Charles Etienne la suivit sans presque y rien changer ; Dulau-

(a) Bibliothec. Adriani, p. 176.
(b) Pag. 8.
(c) Pag. 9.

tens a cru mieux faire en paraphrafant le texte, &
en affignant des caufes encore plus ridicules. Nous
renvoyons à l'original, ou à l'hiftoire de cet Anatomifte, qu'on trouvera dans cet ouvrage.

Charles Etienne penfe que le périofte (a) vient de la
partie graffe & huileufe des os. Les cartilages font formés de la femence ; ils font polis & couvrent les extrêmités des os mobiles, ce qui leur donne plus de facilité
à fe mouvoir l'un fur l'autre, en diminuant leur frottement mutuel (b). Le cartilage, dit-il, eft une partie du corps vraiement appellée fimple & fimilaire,
plus dure que nulle des autres, & plus molle que les
os : blanche, unie, polie, fouple & flexible. Cette
définition eft de Galien ; M. Winflou l'a attribuée à
Charles Etienne, je ne fais trop fur quel fondement.
Je renvoie aux ouvrages de ces deux Anatomiftes
ceux qui voudront les comparer.

En parlant des futures de la tête (c), il remarque
que dans les pays chauds on trouve plus aifément
qu'ailleurs des crânes fans futures, & que leur mul-
tiplication nuit à la fanté. Cependant outre l'ufage
de ralentir les coups portés à la tête ; il leur attribue
celui de laiffer un libre paffage aux vapeurs du cerveau & aux petites membranes, aux veines & aux arteres fituées fur le cerveau. Voyez Galien à ce fujet.

Ses remarques fur l'organe de l'ouie (d), ne font
pas auffi parfaites & auffi exactes qu'elles pourroient
l'être : quoique Carpi eût parlé de deux offelets de
l'ouie, l'enclume & le marteau, Charles Etienne les
paffe fous filence : il n'eft point excufable, Carpi vivoit au moins trente ans avant lui, & fon livre étoit
divulgué ; puifque la plûpart des Médecins Parifiens
& fes contemporains y avoient puifé la méthode de
traiter la vérole par les frictions mercurielles. Il fait
feulement remarquer à l'os pierreux le canal auditif
d'abord droit, enfuite tortueux, qui vers le cerveau
s'ouvre par plufieurs petits trous, par lefquels le fon
lui eft communiqué : il ajoute que le méat auditif eft

(a) Pag. 10.
(b) Pag. 10, 38.
(c) Pag. 17.
(d) Pag. 19.

conduit au cerveau par une apophyse remarquable, de la grosseur du pouce, que Galien appelle belonoïde ou graphoïde.

Il compte quinze os à la mâchoire supérieure (*a*) ; trois à la racine des yeux de chaque côté : à leur description on reconnoît la portion supérieure & orbitaire de l'os maxillaire supérieure. Il semble aussi faire un os séparé de cette portion d'os que nous nommons unguis placé au grand angle de l'œil ; deux sous la machoire par lesquels les trous des narines communiquent avec le palais ; deux autres à l'extrêmité de la machoire où sont attachées les dents incisives. Il dit que ces os sont trop intérieurs pour être aisément apperçus au-dehors; sa réflexion est juste, & je doute qu'avec les meilleurs yeux on puisse trouver quelques-uns des os dont notre Auteur parle. Galien avoit déja fait la plûpart de ces réflexions, & notre Auteur n'est ici qu'un pur copiste : ce qu'il dit sur les autres os n'est gueres plus exact.

Mais voici une réflexion plus juste, & qui mérite d'être rapportée tout au long. En parlant de l'omoplatte (*b*), il blâme la conduite des nourrices qui bandent le corps des enfans, ou qui avant qu'ils soient assez forts pour se soutenir, les obligent de marcher en les soutenant avec des lizieres ; à cet âge les parties sont souples, cèdent facilement à la pression ; la position naturelle des os se dérange, & les muscles qui s'y attachent sont obligés de s'accommoder à ce déplacement. Peu de Médecins ont fait attention à ce précepte ; l'usage des corps & des maillots s'est fortifié par le tems : les Médecins eux-mêmes l'ont préconisé ou n'ont point connu ses inconvénients. Riolan plus judicieux a fait les mêmes réflexions que Charles Etienne ; il dit que les Dames

_____

(*a*) Pag. 20.

(*b*) Quibusdam armi tument & gibbosi sunt , aut propter naturæ defectum, aut nutricum negligentiam, dum infantes adhuc molles & teneros fasciis perperam deligant, aut etiam magis dum præter ætatem tenellos cogunt ambulare inepteque sustinent in ambulationum motibus docendis. Hujusmodi enim corporum os omoplatæ (parte inferna satis debile) facile cedit immoderato motui & sursum erigitur ac prominet, musculisque internis sese attollentibus locum præbet.

Françoises ont pour la plûpart une épaule plus haute que l'autre : la vérité se fait toujours connoître, Riolan l'a saisie (*a*) ; il a bien fait de la manifester, mais il a eu tort de passer sous silence le nom de Charles Etienne : le plagiat a été à la mode de tous tems ; on lit dans les Mémoires de l'Académie des Sciences plusieurs observations sur l'abus des corps & des maillots, par M. Winslou. Ce mémoire est bien fait ; mais on n'y lit ni le nom de Charles Etienne ni celui de Riolan : Je pourrois descendre un peu plus loin, & titrer de plagiaires plusieurs Anatomistes vivans, qui ne citent ni les uns ni les autres de ces trois Auteurs. Ils se reconnoîtront aisément dans cet ouvrage ; le respect que j'ai pour eux m'empêche de les nommer.

Charles Etienne (*b*) a été encore copié dans beaucoup d'autres points ; il fait remarquer qu'aux extrémités de la clavicule, se trouve plusieurs forts ligamens qui la fixent contre le sternum & contre l'omoplate. La description de ces ligamens est assez claire pour être comprise : M. Weibrecht, Auteur de plusieurs mémoires & d'un excellent ouvrage sur les ligamens du corps humain, n'a point rendu à Charles

(*a*) Il est aussi difficile, dit ce fameux Anatomiste, » d'apporter les causes de cela que de l'incommodité que nous » voyons arriver en France ; où les filles, principalement les » nobles, ont ordinairement l'espaule droite plus élevée & plus » enflée que la gauche, y ayant à peine dix filles entre cent, » qui aient les espaules bien faites, ce qui vient peut-être de » ce qu'elles remuent trop souvent & trop facilement les bras » droits : d'où il arrive que l'espaule venant à s'escarter du » corps, les muscles qui sont en ce lieu s'eslevent, & font ad-» vancer cette partie. *Manuel Anatom.* p. 633.

Le même Auteur, dit ailleurs : » La mauvaise conformation » du thorax provenant de la distortion de l'espine du dos arrive » plus souvent aux femmes qu'aux hommes, parce qu'elles sont » plus foibles. On tasche de corriger ce défaut par le moyen » d'un poitrail ou busque, large, fait ou de cuir ferme ou de » toile piquée, & garnie de baleine ou d'une plaque de fer bien » déliée ; l'espine devient souvent tortue par des mouvemens » contraires fréquents. Par fois on apporte ce défaut au monde » ayant été contracté dès le ventre de la mere, en la première » conformation, auquel cas il n'y a point de moyen de le corri-» ger, quoi que puissent promettre tous ces Renoueurs ou Rha-» billeurs d'os ». P. 283.

(*b*) Pag. 28.

Etienne la justice qu'il mérite. Il auroit pu le citer honorablement dans son mémoire, sur les ligamens de la clavicule, imprimé dans le Recueil de l'Académie de Petersbourg.

Observateur exact, Etienne apperçut jusqu'aux petits trous par où passent les vaisseaux sanguins dans la substance de l'os ; tels sont ceux qu'on apperçoit en grande quantité (principalement à la partie antérieure) des vertebres des lombes ; au nombre de quatre ou plus à la partie externe de l'omoplate du côté de l'épaule ; ceux qui criblent la partie moyenne & extérieure de la clavicule ; celui qui ordinairement perce l'humerus de haut en bas à sa partie moyenne & interne, du côté des côtes ; ceux qui pénétrent pareillement l'os du femur à la partie antérieure de la gouttiere, qui s'étendent depuis le grand trochanter jusqu'au milieu de l'os ; ceux sans nombre qui criblent les têtes des os du bras & de la jambe, & des os du métacarpe & des doigts.

Etienne (a) s'est surpassé dans la description des ligamens ; & la plûpart des Anatomistes ont puisé dans cette source. Le cartilage inter-articulaire des mâchoires est très bien décrit : entre l'apophyse de la mâchoire inférieure & le sinus, dit-il, est un petit cartilage dont les bords sont durs & épais, mais dont le milieu est creux & contient une humeur qui sert à lubrifier l'articulation. Notre Auteur avertit qu'on trouve au genoüil un pareil ligament.

Les ligamens de l'épine sont très nombreux ; notre Auteur donne une description particuliere de chacun d'eux ; il y en a une qui vient de l'occiput, qui passe par-dessus les vertebres du col & s'attache en partie aux dernieres vertebres de cette classe & aux omoplates ; un commun à toutes les vertebres excepté à la premiere ; il s'étend depuis la seconde jusqu'à l'os sacrum, & couvre le corps des vertebres. Sa structure est assez irréguliere ; nombre de fibres ont une direction parallele à l'axe vertébral, d'autres transverses, d'autres obliques : il est plus épais en avant que sur les côtés. Cette description est dans l'ordre. On auroit

(a) Page 45. & suiv.

du consulter Charles Etienne sur cette matiere ; il a
ajouté sur le travail de ses prédécesseurs. Selon notre Auteur, ce ligament paroît s'enfoncer entre les
vertebres, & se joindre avec les intervertébraux. Galien avoit dit quelque chose d'équivalent : ses remarques ont été inutiles ; il n'y a que deux ou trois Anatomistes modernes qui les ait saisies ; Bertin se trouve
du nombre. La premiere vertebre a ses ligamens particuliers ; il y en a un à la partie antérieure & interne qui s'attache aussi au trou occipital ; & à la dent
de la seconde vertebre, on voit deux ligamens larges
& lâches, qui vont des bords supérieurs & postérieurs
de la premiere vertebre, aux petites éminences qui
bordent le trou occipital.

Les ligamens des vertebres du dos sont plus serrés,
parcequ'elles n'ont besoin que de très peu de mouvement ; c'est à ce sujet qu'Etienne dit avoir vu plusieurs fois des vertebres jointes ensemble, au nombre de deux ou trois, & tellement unies qu'on n'y
voyoit pas la moindre séparation ; mais, dit-il, cela
paroît être contre nature. Les ligamens des vertebres
des lombes, sont plus forts & plus épais ; mais aussi
plus lâches. L'os sacrum est à son tour joint aux
trois dernieres vertebres par un ligament particulier,
& le coccix en a jusqu'à trois.

Les côtes ont nombre de ligamens qui les fixent
dans leur place ; il y en a qui attachent leur corps
ou tubérosité aux apophyses transverses des vertebres,
& d'autres qui enveloppent les extrêmités antérieures
des côtes, & les cartilages qui y aboutissent : des
ligamens qui fixent les côtes aux vertebres, les supérieurs sont plus tendus que les inférieurs. La
clavicule devroit être soutenue par des ligamens particuliers : la nature lui en a donné deux, un qui
l'attache au sternum, & l'autre qui la fixe à l'omoplatte. Entre la clavicule & ces deux os, se trouvent
deux cartilages, quelques Auteurs modernes s'en
font attribué la découverte ; & beaucoup d'autres
les ont passés sous silence. Je renvoie à ce que j'ai
déja dit à ce sujet au commencement de cet extrait.

Les ligamens des extrêmités sont assez bien décrits ;
l'Auteur a consulté, & le cadavre, & les ouvrages

XVI. Siecle.

1536.
Charles
Etienne.

de Galien. Les os pubis font joints entr'eux par des ligamens très nombreux & très forts; Charles Etienne nie que ces os puiffent s'écarter pendant l'accouchement: fon fentiment a été adopté pendant une longue fuite d'années. On trouvera à l'article Bertin des détails ultérieurs fur cet objet.

L'hiftoire des nerfs (a) n'eft pas auffi exacte que celle des ligamens; elle contient cependant quelques particularités intéreffantes, l'Auteur les divife en nerfs folides & en nerfs mols, & ceux-ci ont une fenfation très vive; les folides font formés d'une tunique qui provient de la dure-mere, & d'une pulpe qu'on peut regarder comme un prolongement du cerveau.

La cinquieme paire des modernes (b) qui forme la troifieme paire de notre Auteur, eft mieux décrite que dans les Ecrivains qui l'ont précédé. Il a connu les trois rameaux; le premier s'infinue dans l'orbite; le fecond pénetre la machoire fupérieure; le troifieme s'enfonce dans la machoire inférieure. La plupart de leurs branches ont une defcription particuliere, la branche ophtalmique y eft fur-tout bien décrite. On y lit avec plaifir la defcription de la troifieme branche. Il a diftingué le grand nerf fympathique d'avec la huitieme paire que les Auteurs précédens confondoient fans raifon, fans que l'obfervation de Galien ait pu leur ouvrir les yeux. Charles Etienne a compris le fens de ce paffage. *Quin etiam hos rursùs ipfos nervos, qui propter coftarum radices deorsùm porriguntur, à fextâ conjugatione propagatos effe prodiderunt omnes: multiplex porrò & horum commixtio eft cum nervis intercoftalibus ... aliifque ferè omnibus qui graciliores per lumbos extenduntur; denique cum reliquâ eorum parte qui ad os ventriculi pertinent, &c (c)*, Mr. de Haller qui a fait des recherches prodigieufes fur l'hiftoire de l'Anatomie, n'a pas oublié de donner cette découverte à Charles Etienne. La huitieme paire des

(a) Pag. 55, 57.
(b) Pag. 67.
(c) Page 69, 76.

modernes

modernes a quelque détail particulier dans son ouvrage.

Etienne (a) a connu la vraie origine du nerf dia-
phragmatique ; il a suivi plusieurs de ses filets jusques
dans les muscles droits. Les trente paires de nerfs
qui sortent par les trous de conjugaison des vertebres,
ne lui étoient pas inconnues. Il a admis cinq nerfs
à l'extrêmité supérieure, & il a passablement bien
décrit ceux de l'extrêmité inférieure.

L'ordre (b) conduit notre Auteur à l'exposition des
membranes ; elles viennent pour la plupart des
mêmes parties qu'elles recouvrent, ou de l'extrêmité des tendons. Il attribue au péricrane un autre
usage que celui de couvrir la tête, comme plusieurs
l'avoient avancé avant lui. Il s'insinue, dit-il, dans
les sutures, & en fait même un portion dans le
bas âge : ce qui donne des ligamens particuliers aux
os. Kerkringius, qui a vécu environ cent ans après
notre Auteur, a tenu à-peu-près le même langage.
Charles Etienne parcourt la plupart des membranes
du corps humain, il indique leur origine, leur structure, leur connexion & leurs usages. L'administration des muscles suit immédiatement après l'exposition de ces parties, & on trouve à la fin de l'ouvrage des planches dans lesquelles leur ensemble est
exprimé ; on en trouve plusieurs autres qui représentent chacun des muscles en particulier ; ces planches, quoique grotesques, désignent le génie & le
goût exquis que Charles Etienne avoit pour l'Anatomie. Il n'est point à la vérité le premier qui ait
donné des planches d'Anatomie, quoique Goëlicke
l'avance ; Magnus Hund, Carpi, Achillinus, Driander, & plusieurs autres dont nous avons parlé, en
avoient déja donné avant que Charles Etienne publiât les siennes.

La comparaison que la plûpart des Auteurs précédens ou de ses contemporains, faisoient d'un muscle
avec un rat écorché, ne lui paroît pas des plus justes ; sa réflexion est vraie ; & auroit dû être adoptée
des Anatomistes qui lui ont succédé. On voit ici avec

(a) Pag. 77.
(b) Pag. 87. & suiv.

Y

regret que la plûpart des Anatomistes qui ont vécu
après Charles Etienne, aient servilement adopté l'ancienne comparaison. Il est le premier qui ait décrit
les muscles transverses de la génération (a).

L'histoire des visceres contient quelques remarques
utiles sur l'Anatomie (b). Les glandes, selon lui,
varient : les unes servent à différentes fonctions ;
les autres sont destinées à soutenir les vaisseaux,
ou à remplir les vuides.

L'exposition du cerveau est imparfaite ; Achillinus
en savoit plus que notre Auteur (c). Etienne a cependant observé que l'humeur contenue naturellement dans les ventricules du cerveau, étoit en petite
quantité, & d'une légere consistance immédiatement
après la mort ; qu'elle s'accumuloit & s'épaississoit
au bout de quelque temps. Il compare la figure des
ventricules à celle de l'oreille humaine, cette comparaison sembleroit assez indiquer que Charles Etienne
a connu les parties inférieures & récurrentes des ventricules du cerveau ; par conséquent qu'il a eu une
notion de l'hypocampus, & de ses productions. Il
nie que les nerfs optiques s'entrecroisent.

Le cœur n'a point de nerfs (d) ; il est placé obliquement ; & est dirigé du milieu de la poitrine vers
la partie latérale gauche ; il jouit de deux mouvemens ; celui de sistole & de diastole (e). Dans la diastole le cœur diminue en longueur, & s'élargit par sa
base. Notre Auteur faisoit nombre d'ouvertures de
cadavres des sujets morts à la suite des maladies
qu'il avoit traitées : ce qui l'a mis à même de découvrir les dilatations des ventricules & des oreillettes.

Les visceres du bas-ventre sont à-peu-près décrits
comme dans les ouvrages de Galien. La position respective de chacun d'eux est un peu mieux indiquée.
Les parties de la génération de la femme sont com-
parées avec celles de l'homme. Bonaccioli, après

(a) Morgagni, Epist. Anat. n°. 82.
(b) Pag. 128.
(c) Page 243.
(d) Page 216.
(e) Pag. 214.

Mundinus, s'étoit servi de la même comparaison. Je renvoie à ces Auteurs ceux qui voudront de plus amples détails à ce sujet. Il paroît avoir connu les véficules féminaires (a). Quoiqu'on voie dans la planche, qui eft a la page 285, l'appendice cœcale exprimée, il n'en a point parlé dans fa defcription. Il eût cependant pu là connoître s'il eût fouillé dans les ouvrages de Carpi : & il n'eft pas excufable de ne les avoir pas connus. Il n'attribue à l'inteftin cœcum qu'une feule ouverture. S'il eût confulté les ouvrages que Lacuna écrivit quelques années avant qu'il publiât le fien, il eût évité cette erreur.

L'hiftoire des vaiffeaux fanguins eft fort imparfaite; il y a foutenu plufieurs paradoxes; il écrit entr'autres, que dans l'état naturel, la veine-cave, dans l'endroit où elle fournit les veines iliaques, ne recouvre point immédiatement l'artere aorte : il donne par là à entendre qu'il y a un efpace libre entre ces vaiffeaux (b). Il a pris la peine d'ouvrir plufieurs veines, & y a apperçu les valvules qu'il a appellées *apophyfes venarum*. On peut le regarder par-là comme le premier qui en ait parlé, il a vécu avant Silvius, auquel plufieurs Anatomiftes ont attribué la découverte de ces valvules. C'eft en parlant du foie & des rameaux de la veine-porte, que notre Auteur parle de ces membranes. *Porro autem, dit-il, ne fanguis qui elaboratur in hepate, interdum regurgitet, faƈti funt à natura quidam veluti exortus & apophyfes membranarum, quæ hujus modi periculo obfint, quemadmodum in corde valvulæ ad fpiritus confervationem* (c).

Nous terminerons cet extrait d'Anatomie par une remarque que Charles Etienne fait fur la ftructure de la moëlle épiniere. Selon lui, il y a au milieu

(a) Atque illic quidem ipfa ejaculantia vafa latiffima & ampla admodùm fiunt, permultafque venulas & arteriolas (fi quidem ita nobis loqui liceat) fibi comites habent, quo in loco proftatas afficiunt in quibus tum demum perfeƈtiffime fp rma elaboratur ... Inter reƈtum inteftinum & veficam fiti, in quibus albiffimum fperma fit, p. 193.

(b) Pag. 142.

(c) Page 182, 183, 357.

Y ij

de sa substance un canal qui se propage du cerveau à l'extrémité de la moëlle, & qui est rempli d'un liquide jaunâtre. *Cæterùm quod ad interiora ipsius medulla spectat, cavitatem in internum ejus substantik manifestam reperire licet, qua ceu quidam ipsius ventriculus esse conspicitur, in quo aquosus quidam humor subflavus continetur, paulò tamen liquidior quàm qui in anterioribus cerebri delitescit* (a). Cette description est exacte, je ne sais par quelle fatalité une découverte si intéressante & si curieuse a resté inconnue aux Anatomistes pendant une longue suite d'années; elle le seroit encore si Mr. de *Senac* ne se fût assuré plus d'une fois de l'existence de ce canal. Ce savant Auteur du traité du cœur, qui a joint à l'étude la plus profonde la pratique la plus longue & la plus réfléchie de l'Anatomie, m'a fait part de cette particularité intéressante. Je me fais un honneur & un devoir de la publier, & de lui en témoigner ma reconnoissance; Mr. *le Roi*, Professeur célebre de Médecine à Montpellier, a donné depuis peu un Mémoire à la Société royale des Sciences sur ce même objet, ce Mémoire n'a pas encore été imprimé, & je ne le connois pas assez pour en rendre compte.

L'Anatomie & la Chirurgie ont une si grande analogie, qu'on ne peut guere savoir une de ses parties qu'on n'excelle dans l'autre. On trouve dans l'ouvrage de Charles Etienne, quelques réflexions chirurgicales intéressantes; il y parle assez au long de l'opération césarienne (b), & il a donné des planches analogues à ce sujet.

Malgré tous ses travaux recommandables, Charles Etienne ne fit pas une fin bien heureuse. Après avoir pratiqué long-temps la Médecine, & s'être acquis une gloire immortelle parmi les Anatomistes & les gens lettrés; après avoir donné à l'Etat nombre de savans Médecins & de savans Littérateurs, il eut le malheur de voir, son frere poursuivi par la Justice, il fut obligé de prendre les soins de son imprimerie, à laquelle il s'occupa plusieurs années dans

(a) Pag. 357.
(b) Pag. 261 & suiv.

fa maifon paternelle qu'on voit encore aujourd'hui dans la rue Saint-Jean de Beauvais. Il fut nommé Imprimeur du Roi, & fe diftingua dans cet Art par de magnifiques éditions. Il ne fut pas trop largement récompenfé de fes peines ; il mourut dans un cachot (a) à l'âge d'environ foixante ans, laiffant après lui une fille nommé Nicole Etienne, qui fe diftingua par fa fcience & fon efprit.

CHAPITRE XV.

DES ANATOMISTES ET DES CHIRURGIENS qui ont vécu depuis l'an 1536 jufqu'en 1543, ou depuis Andernach jufqu'à Vefal.

LES Sciences languiffoient en France, quoiqu'elles fuffent depuis long-tems cultivées dans l'Italie avec diftinction. Par une fatalité inconcevable, les meilleurs ouvrages qu'on avoient publiés en Italie, fur l'Anatomie ou fur la Chirurgie, étoient inconnus en France ; Guy de Chauliac fut le feul dans l'efpace de plufieurs fiecles, qui fit ufage des découvertes des Italiens ; ceux qui lui fuccéderent marcherent peu fur fes traces. A Montpellier même, quoique voifins de l'Italie, on a peu profité des connoiffances des Auteurs de cette nation ; Arnaud de Villeneuve, Gordon, Varanda, &c. femblent les avoir méprifées. Charles Etienne qui florit à Paris dans des tems beaucoup plus poftérieurs, ne cite ni Mundinus, ni Achillinus, ni Carpi, ni Vigo, qui auroient pu lui fournir des remarques útiles & intéreffantes à fon Art.

L'Italie feule poffédoit les fciences ; & les Savants qui les cultivoient, étoient concentrés dans cette partie de l'Europe : ceux qui avoient reçu le jour dans d'autres climats fe croyoient étrangers aux fciences ;

(a) Dict. Profp. March. in carcere caftelli inclufus obiit, an. 1664.

& fe réfugioient en Italie pour les y apprendre ou
même pour les y enfeigner Tagault, quelques années
avant la fondation du College Royal, paſſa de Paris à Padoue ; Lacuna quitta Metz pour aller à Boulogne ; pluſieurs abandonnerent l'Eſpagne, depuis
long-tems le ſiégé de l'ignorance, pour aller exercer
la Médecine en Italie. François I, ce Roi de France
d'éternelle mémoire, ſentit la néceſſité d'attirer dans
ſon Royaume de ſavans étrangers, afin de partager
avec eux leurs connoiſſances. Il fonda le College
Royal de France, & y établit divers Profeſſeurs pour
y enfeigner les différentes ſciences ; Vidus Vidius,
Médecin célebre, qui floriſſoit à Florence, fut chat-
gé de la partie de la Médecine.

Ces Savans introduits en France, répandirent bientôt le goût des Sciences, des Arts & des Belles-Lettres ; chaque jour les François virent accroître leurs
connoiſſances, & comme ils avoient de la pénétra-
tion, du génie & de la ſagacité, dans peu ils perfec-
tionnerent ce que les Italiens n'avoient fait qu'ébaucher. L'étude des Langues étrangeres leur devint familiere, & ils y firent tant de progrès qu'on vit peu
de tems après les François ſurpaſſer leurs maîtres. La
Peinture s'y perfectionna en très peu de tems, & l'Architecture fut portée à un ſi haut degré de perfection,
que les Italiens eux-mêmes en furent jaloux (a). L'A-
natomie prit une nouvelle forme, on vit les Fernel
& les Andernach ſe perfectionner par les fréquentes
converſations qu'ils eurent avec Vidus Vidius (b) ; les
Sylvius, les Lacuna, &c. ſortirent de cette Ecole,
& ceux ci à leur tour formerent les Veſal, les Fallope, les Rondelets, &c. Cependant les Ecoles d'A-
natomie de France, quoique fameuſes, ne prirent
point ſur la célébrité de celles d'Italie ; Boulogne,
Padoue & Ferrare fourniſſoient à l'Europe la plus
grande quantité des Savans ; Veſal lui-même, perſuadé que les plus grands Anatomiſtes étoient en
Italie, fut s'y établir & y enfeigner cette partie de la

(a) Voyez le Dictionnaire de Mœurs & uſages des François, au
mot Architecte
(b) Voyez l'Hiſtoire du Collége Royal, par Duval

Médecine. Les Columbus , les Fallope, les Euftache, les Cannanus, &c. y firent leur féjour & y enfeigne-rent depuis le milieu jufqu'à la fin du fixieme fie-cle , & ceux-ci furent remplacés par un grand nom-bre d'autres encore auffi fameux , & dont nous par-lerons dans la fuite de cette Hiftoire.

Les Ecoles de Paris & celles de Montpellier ne fe maintinrent pas dans la même célébrité ; on vit à Paris peu d'Anatomiftes de nom , depuis Sylvius jufqu'à Riolan. Les Ecoles de Montpellier ne furent pas mieux fournies d'Anatomiftes ; Rondelet avoit fondé un très bel amphitéatre , & il n'y avoit pref-que point de Profeffeurs en état d'y enfeigner l'Ana-tomie ; Laurent Joubert , & André Dulaucus qui lui fuccéda s'y diftinguerent ; mais qu'il y a loin de ces deux Médecins à Vefale , à Cananus , à Arantius leurs contemporains , & qui floriffoient en Italie. Je ne prétends point déprimer le mérite des Profeffeurs & Médecins de Montpellier , je fais que cette partie y a toujours été fupérieurement cultivée ; mais j'ofe avancer que depuis Rondelet jufqu'à Vieuffens , cette Univerfité n'a eu aucun Anatomifte qui ait avancé l'art qu'il a cultivé ; il faut donc malgré nous accor-der la palme aux Anatomiftes Italiens du feizieme fie-cle , fur ceux de toute l'Europe.

La Chirurgie Françoife n'eft pas tout-à-fait dans le même cas ; cette partie de l'art de guérir avoit en France dans le feizieme fiecle une plus grande célé-brité qu'elle n'avoit dans les autres Royaumes. Am-broife Paré , Guillaume Gourmelin , Laurent Jou-bert , &c. en foutinrent l'éclat & la dignité.

Le corps des Chirurgiens étoit pour lors divifé en deux claffes ; les Chirurgiens de Robe Longue , & les Chirurgiens de Robe Courte ; la premiere comprenoit les Maitres ès Arts , l'autre étoit formée par les Bar-biers. On vit cette derniere fecte s'accroître fur la fin du quinzieme fiecle , comme une nouvelle Commu-nauté. Les Barbiers deftinés jufques-là à faire la barbe & les cheveux , fe mêlerent , dit l'Auteur des Anec-dotes Françoifes (a) , d'abord de faigner & de vouloir

(a) Tom. I. p. 475.

entreprendre les autres opérations de Chirurgie : à la sollicitation d'un de leurs membres, pour qui on avoit à la Cour quelque considération ; ils obtinrent le nom de Barbiers-Chirurgiens, pour les distinguer des anciens, qu'on appelloit Chirurgiens de Robe Longue ou de Saint Côme. Ce qu'il y eut de plus particulier dans ce siecle, est le nouveau titre qu'ils obtinrent ; car du tems *de Guy de Chauliac*, qui vivoit dans le quatorzieme siecle (a), il y avoit des Chirurgiens lettrés, & d'autres non lettrés, & qui faisoient la barbe. On peut trouver cette anecdote dans l'épître dédicatoire de Laurent Joubert, que j'ai rapportée plus haut.

Le Corps des Barbiers Chirurgiens ne laissa pas que de produire quelques grands hommes ; il semble même qu'il domina par sa science & son savoir sur le Corps de Saint Côme. Ambroise Paré, qui s'est acquis par ses travaux une gloire immortelle, en étoit un digne membre. Je renvoie à des tems plus postérieurs l'Histoire de ce Corps.

Gonthier (Jean) Médecin de François I, naquit en 1487 à Andernach, Ville d'Allemagne dans le cercle du bas Rhin, & dans l'Archevêché de Cologne. Ses parens sont peu connus. Il étudia d'abord dans sa patrie ; il fut ensuite à Utrecht. Ses facultés ne lui permirent point de faire un long séjour dans ces Villes ; il se transporta à Malbourg dans l'espoir d'y trouver de plus grandes ressources : où il eut, en effet occasion de faire connoître son profond savoir dans les langues étrangeres, & en Physique. Sa réputation s'étendit à Goslar, Ville voisine de Matpurg : Les habitans l'appellerent pour y enseigner la Philosophie. L'Université de Louvain, de tout temps jalouse d'attirer chez elle les grands hommes de l'Europe, s'appropria Gonthier en lui accordant une place de Professeur de langue grecque.

Le goût des Savans est sujet à bien des variations. Celui de Gonthier n'éprouva pas moins de vicissitudes, il se sentit un penchant pour la Médecine. Il vint en France, fixa son séjour à Paris, &

(a) Voyez notre Histoire p. 210 &. suiv.

affifta aux leçons des favans Profeffeurs en Médecine de ce temps. Son efprit orné de tant de connoiffances acceffoires à la Médecine , le mit à même
de faire de grands progrès dans cette fcience. Il reçut
le grade de Bachelier en 1528 , fous le décanat de
Pierre Allen Fernel , dont nous ferons bientôt l'hiftoire. Deux ans après il reçut le bonnet de Doéteur ,
& on lui remit la moitié des frais : l'hiftoire ne nous
apprend point pofitivement quels furent les auteurs
de ce don. Quelques Ecrivains prétendent que la
Faculté de Médecine fe départit de la moitié de fes
droits ; d'autres affurent que François I fit la remife
à l'Univerfité de la fomme qui étoit néceffaire à Andernach pour achever de prendre fes grades. Il y a
un troifieme fentiment : certains Hiftoriens attribuent
l'honneur de la récompenfe au Cardinal du Belay ,
proteéteur de Gonthier ; quoi qu'il en foit , Gonthier ne tarda point à fe faire connoître dans le
monde favant ; il lia une étroite amitié avec les
Profeffeurs du College royal que François I avoit
appellés de différentes parties de l'Europe.

De toutes les parties de la Médecine , l'Anatomie
parut à notre Auteur la plus digne de fes recherches.
Il s'y occupa avec zele , & y fit des progrès rapides.
Il l'enfeigna publiquement , & eut pour auditeurs
un grand nombre d'Eleves qui ont dans les fuites
rempli l'Europe de leur nom ; les Silvius , les Vefale ,
les Rondelet , les Euftache , les Fallope , recurent des
leçons d'Anatomie dans cette Ecole.

Les préjugés du temps ne permirent point à Gonthier d'Andernach de difféquer un grand nombre de
cadavres humains. Il étoit obligé de confulter les
animaux : c'eft peut-être ce genre d'étude qui donna
un goût exquis à Rondelet pour l'Anatomie comparée. Notre Auteur a fait plufieurs découvertes dans
l'Anatomie ; c'eft lui qui a le premier donné le nom
de pancréas à la glande placée au milieu du méfentere de certains animaux. Dans l'homme il y a un
grand nombre de glandes du méfentere , qui ont le
même volume ; elles ont été découvertes par Galien.
Ainfi la découverte de Jean d'Andernach ne peut
s'appliquer à l'homme , à moins qu'on ne lui attribue

la découverte du vrai pancréas : ce que je ne crois pas que personne ose faire. Asellius est tombé dans la même erreur, & les glandes du mésentere ont retenu depuis le nom de pancréas d'Asellius. C'est ainsi que souvent l'on commet des fautes grossieres, en attribuant à l'homme ce que l'on ne voit que dans les animaux. Notre Auteur a donné une assez exacte description des muscles ; il n'a cependant point découvert les muscles interosseux du méta-carpe, quoique plusieurs des Apologistes de ce Médecin lui en attribuent la découverte. Galien connoissoit ces muscles, & nous renvoyons à l'histoire de ce grand homme ceux qui douteroient de ce fait. Il a donné une description des différentes anastomoses, des veines du bras, & des testicules ; il a même indiqué la communication des arteres & des veines spermatiques. Les arteres, selon lui, prennent leur origine de la partie intérieure de l'aorte sous les arteres renales ou émulgentes. D'après Galien, Gonthier a admis un sphincter à la matrice.

Du reste, Gonthier mérite plus d'éloges de notre part par rapport au goût exquis qu'il avoit pour l'Anatomie, & qu'il a communiqué à ses auditeurs, que par les découvertes qu'il a faites. Vesale, qui s'exprime par-tout avec une franchise & une naïveté peu communes aux Savans qui ont vécu dans des temps plus postérieurs, reproche à Gonthier d'An-dernach de s'être plus occupé à disséquer des animaux que des cadavres humains.

Le goût que Gonthier avoit pour l'Anatomie, lui fit faire une étude particuliere de la Chirurgie. Il usa plus familiérement que ses prédécesseurs pour ses opérations, du fer ou du feu : moyens que la superstition ou la pusillanimité avoient proscrits de la Chirurgie.

Les autres branches de l'art de guérir ne furent point inconnues à Gonthier : la chymie, la bota-nique, & la pratique de la Médecine, lui sont re-devables de plusieurs découvertes. Nous n'en rendrons point compte, ce travail n'étant point de notre objet. La réputation de Gonthier d'Andernach s'accroissoit de jour en jour, lorsque François I lui donna une marque non équivoque de son estime, en le nommant son premier Médecin. Peu de temps après il obtint de l'Empereur Ferdinand I des Lettres de noblesse, mais il ne jouit pas long-temps de ces honneurs; il mourut, âgé de quatre-vingt-sept ans, après avoir joui d'une santé peu commune aux hommes. Nous renvoyons ceux qui voudront en savoir davantage sur la vie de ce grand homme, à l'éloge qu'en a fait Mr. Hérissant, Médecin de la Faculté de Paris. Cet éloge contient des recherches curieuses qu'on ne peut voir que dans l'original.

Voici le titre des ouvrages que Gonthier a donnés sur l'Anatomie ou sur la Chirurgie.

Anatomicarum institutionum, secundùm Galeni sententiam, ad Candidatos Medicinæ, lib. IV. Basileæ 1536, in-8°. 1539, in-4°. huic edit. accesserunt Theophili Protospatarii de corporis humani fabrica, lib. v. Junio Paulo Crasso interprete. Item Hippocratis Coï de medicamentis purgatoriis libellus, nunquam ante nostra tempora in lucem editus, eodem Jun. Paulo Crasso interprete, apud eundem, 1556, in-8°.; adjecto huic opusculo Georgii Vallæ de partibus humani corporis. Venetiis 1555, in-16. Patavii 1558, in-8°.: ab Andr. Vesalio auctiores & emendatiores redditi, atque unà, cum dicto Georgii Vallæ opusculo, sed sine cæteris prioribus editionibus additis, editi Wittembergæ 1613, in-8°.

Gynæciorum commentariolus de gradivarum, parturientium, puerperarum, & infantium curâ : ex bibliotheca Schenckiana emissus à Johanne Georgio Schenckio F. Argentorati 1606, in-8°.

Paracelse (Philippe Théophraste Bombaft de Hohenheim) naquit en 1493, près de Zuric en Suisse, dans un petit Bourg appellé Einsideln, de Guillaume, fils naturel d'un Prince habile dans les sciences, & qui eut grand soin de son éducation. Paracelse remplit entièrement ses vues. Son goût particulier le porta à l'étude de la Médecine, dans laquelle il fit des progrès très rapides. Pour mieux approfondir les matieres, & pour converser avec les Savans de l'Europe, il voyagea en France, en Espagne, en Italie, & parcourut différentes Provinces d'Allemagne. A son retour en Suisse , il s'arrêta dans la Ville de Basle ; on dit qu'il y enseigna la Médecine en langue allemande vulgaire (a).

Paracelse avoit une maniere propre de traiter les maladies , il comptoit pour peu tout ce que ses prédécesseurs avoient écrit ; & comme il avoit de grandes connoissances de chymie , il en tiroit les principaux médicamens dont il faisoit un fréquent usage dans sa pratique. Sa méthode plut beaucoup à ses contemporains. Paracelse fut appellé de toutes parts pour voir des malades. Il étoit grand amateur des richesses , & il le prouva auprès de Jean Lichtinfels , Chanoine de Basle ; il fut appellé pour le traiter d'une maladie très grave , & qui l'avoit mis à l'extrêmité. Ce Chanoine promit à Paracelse une somme considérable d'argent s'il le remettoit en santé : Paracelse assez heureux pour y réussir demanda la récompense promise ; il eut affaire à un ingrat qui la lui refusa. Il attaqua juridiquement le Chanoine ; mais les Juges n'ayant condamné le Chanoine qu'à lui payer la taxe ordinaire , Paracelse en fut si outré , qu'il quitta la Ville de Basle pour se retirer en Alsace.

Il a donné un livre de Chirurgie intitulé *Chirurgia magna.* Il fait dans les maladies intérieures un très fréquent usage des remedes chymiques. Il décrit plusieurs especes de vésicatoires & de caustiques dont il promet les effets. Paracelse a été beaucoup plus hardi dans l'application des topiques, que nos Chirurgiens ne le font aujourd'hui. Il ne craignoit pas de mettre de l'orpiment sur les cancers ; & il faisoit un usage très fréquent des plantes vulnéraires. On dit qu'il guérit un Gentilhomme d'une hydropisie , en lui donnant un hydragogue si fort ,

---

(a) Ce trait sera sans doute approuvé de ceux qui blâment les François de parler le latin dans les Ecoles , nous osons cependant nous élever contre leur façon de penser & contre la maniere d'agir de Paracelse ; il faut dans les Sciences une Langue commune, au moyen de laquelle les Savants de différents Royaumes puissent se communiquer mutuellement leurs découvertes , & il n'y a point de Pays où l'on n'en puisse faire de très intéressantes.

qu'il lui fît rendre tout de suite plusieurs pintes d'eau :
Gesner dit de Paracelse qu'il guérissoit les ulceres les
plus malins, & les maladies les plus rébelles.

Oporinus, son disciple, est du même sentiment
que Gesner sur ce qui concerne la cure des ulceres. Il dit que Paracelse *faisoit à cet égard des mira-*
cles. Il ne prescrivoit aucun régime particulier. Paracelse avoit une façon d'écrire très obscure ; il affectoit même de se servir de termes peu usités ; & en
faisoit de nouveaux, ou changeoit totalement leur
signification. C'est ce qui a fait tomber la plupart
des Historiens dans des méprises grossieres. M. Leclerc,
dans le plan qu'il trace pour l'histoire moderne de
la Médecine, a ramassé plusieurs mots familiers à
notre Auteur, dont il est très difficile de donner
l'explication. On les trouve dans le texte même de
son ouvrage. Tels sont ceux de *paramirum*, de
parugranum. On lit encore les mots de *iliadus* ou
iliadum, *iliaster*, *idechtrum*, *domor gagastrum*, *ga-*
gastricum, *pagoycum*, *relolleus*, *cheryonius coester*,
ylech, *trarames*, *turban*, &c. &c. (*a*).

Operum medico chymicorum sine paradoxorum tomi
duodecim. Francof. apud Palthenios 1603, in-4°.
4. vol.

La Chirurgie y est traitée dans la troisieme partie
du tome II, *de origine morborum omnium ex tartaro.*
La même question est traitée dans la sixieme & septieme parties du tome III. Il est de nouveau agitée
dans le IVe. tome. On trouve un traité sur les scarifications & sur la saignée dans le tome V. On trouve
encore dans le même volume l'Anatomie de l'œil.
Le tome XII traite de plusieurs maladies de la peau.
Sa petite Chirurgie, *Chirurgia minor*, se trouve dans
le VIe. tome.

Paracelse affectoit de mal parler de l'Anatomie, quoiqu'il s'en servît & s'en trouvât bien dans la pratique.
Il a décrit deux especes d'Anatomie, l'une *locale*,
& l'autre *matérielle.* La premiere se borne à séparer
les chairs, comme arteres, veines, nerfs, &c. Pour
être grand Anatomiste, il n'y a qu'à regarder la po-

(*a*) Leclerc Histoire de la Med. p. 804.

sition & la connexion des parties de l'homme, & c'est peu de chose. La seconde espece d'Anatomie est la principale ; elle s'occupe des liqueurs du corps humain ; elle analyse le sang, la lymphe, évalue leur proportion respective, examine leur propriété ; elle examine encore quel est le cœur, & de quel sel, de quel soufre, de quel mercure il est composé (a) ; elle en fait autant à l'égard des visces. Dans un endroit de ses ouvrages, il parle d'une espece d'Anatomie qui consiste à savoir le rapport des corps qui se doivent joindre dans cette classe : la chiromancie & la physionomie doivent y tenir une place. Avec tout ce fatras de paroles, il a fait l'histoire de plusieurs vers qui adhéroient à la dure-mere, & qu'il a regardés comme la cause de la phrénésie dont étoit mort le sujet qu'il disséquoit. Il a aussi trouvé plusieurs pierres dans les ventricules du cœur.

On ne peut point refuser du génie à Paracelse ; mais il étoit rempli de prévention, & même de fourberie. Voyez le sentiment de Mr. de Haller sur ce Médecin (b). Les ouvrages de Paracelse sont imprimés à Francfort en 1603, en quatre tomes, divisés en douze parties, sous ce titre : *Opera medico chymica sive paradoxa.* Sa Chirurgie est intitulée *Chirurgia magna. Argent.* 1573, *latine ; & prodiit Germanicè. Ulmæ* 1536, 1585, in-fol.

Chirurgia minor. Basileæ 1579, in-8°, 1671, in-4°, 1573, in-fol. 1608, in-8°. Il a donné plusieurs autres ouvrages qui ne sont pas de notre ressort.

Massa (Nicolas) fleurissoit l'année 1530 ; il professa la Médecine à Venise, sa patrie ; & il fut contemporain de Triucavelle. (c). Nous avons de lui plusieurs ouvrages d'Anatomie & de Chirurgie qui lui ont mérité une place entre les plus grands Anatomistes.

Cependant parmi nombre de recherches curieuses & utiles, il a introduit plusieurs erreurs dans la Médecine, entr'autres l'existence d'un panicule charnu, placé dans toute l'habitude du corps au-dessous

(a) Leclerc, Histoire de la Med. p. 805.
(b) Haller, methodus studii Medici.
(c) Anat. p. 10.

de la peau (*a*). Galien avoit été plus réfervé que
lui ; il avoit borné le mufcle cutané au col , & l'a-
voit appellé *platifma myodes* (*b*). Il y a à préfumer
que Maſſa ne s'eſt point contenté de diſſéquer des
cadavres d'homme , & qu'il a appliqué au corps
humain ce qu'il n'ayoit vu que ſur les animaux.
Cette erreur , introduite par Maſſa , ne fut pas long-
temps admiſe en Anatomie ; Charles Etienne la dé-
truiſit pour toujours bientôt après , en prouvant qu'il
n'exiſtoit point dans l'homme.

Il a fait des recherches ultérieures à celles de
Carpi ſur les muſcles droits du bas-ventre ; il a
obſervé qu'il y avoit ſouvent trois interſections (*c*) :
les muſcles aſcendans ont leurs aponévroſes diviſées
en deux lames qui forment une jonction aux muſcles
droits (*d*). Carpi ne s'étoit pas expliqué avec la même
préciſion. Au deſſous de ces deux feuillets ſe trouve
l'aponévroſe du muſcle tranſverſe qui eſt intimement
jointe avec le feuillet poſtérieur de l'oblique.

Le péritoine recouvre la plupart des viſceres du
bas-ventre , & forme un ſac qui adhere , d'une part ,
au diaphragme , de l'autre , aux muſcles abdominaux
à la colomne vertébrale , &c. On peut cependant
ſortir les viſceres de ce ſac (*e*) *ego vero ſæpe ipſum
excoriavi extraxique. . . . membra. . . .* Il ſe replie ,
ſelon lui , diverſement , & forme des cloiſons & des
enveloppes ſans être percé.

Le méconium que les fœtus ont dans les inteſtins ,
vient de la véſicule du fiel (*f*). Nicolas Maſſa a
embraſſé le ſentiment de Galien ſur les uſages de
l'ouraque ; c'eſt , dit-il , un canal qui porte l'urine
de l'enfant (*g*) à la membrane alcantoïde.

Il n'a pas complettement admis la découverte de

(*a*) Fol. 8. Detectâ pinguedine . . . . videbis panniculum . . . .
tendit ad rubedinem . . . qui panniculus , ſive muſculus mem-
braneus & procedit per totum ventrem inferiorem . . . per totum
corpus & etiam ſupra caput & artus.
(*b*) Voyez notre extrait.
(*c*) Pag. 11. B.
(*d*) Page 12.
(*e*) Page 12. B.
(*f*) Pag. 14. B.
(*g*) Pag. 15.

Carpi fut l'appendice locale (a). Sans citer d'Auteur de la découverte, il dit qu'il a vu plusieurs sujets qui n'avoient point un appendice, & notre Auteur croit que cet appendice disparoît lorsque l'intestin cœcum est entiérement développé. Je n'avois pas lu Massa fur ce point, quoique dans mes cours d'Anatomie j'attribuasse à ce prolongement le même usage : je me fondois fur ce que cet appendice est plus long chez les enfans que chez les adultes ; fur ce qu'il diminue beaucoup en longueur quand on souffle avec force l'intestin cœcum ; du reste, je n'avancois cette explication que faute d'une meilleure.

Le ventricule change de position lorsqu'on y introduit de l'air ; il fe porte plus en avant & un peu plus fur le côté gauche (b). On verra dans la fuite qu'on peut déduire quelques conséquences utiles à la Chirurgie & à la Médecine de ce changement de position (c). La structure des reins lui a été mieux connue qu'à Carpi, fur-tout la substance tubuleuse. Les reins font les vrais organes sécrétoires de l'urine ; ils font joints à la vessie par le moyen des ureteres : ces canaux ont cependant une structure bien différente ; la vessie a plusieurs tuniques, & les ureteres n'en ont qu'une (d). Que quelques modernes fassent attention à ce passage ; qu'ils apprennent à ne pas diviser ce qui n'est pas susceptible de division ; je connois deux Anatomistes qui admettent trois tuniques dans les ureteres, quoique dans le vrai il n'y en ait qu'une ; telle enfin que Massa l'a décrite.

Les vésicules séminales, décrites par Carpi, font inconnues à Massa ; mais celui-ci à fon tour connoissoit la glande prostate, dont Carpi n'avoit point soupçonné l'existence (e).   Il

Toutes les parties concourent à la propagation de l'espece ; chaque membre produit un liqueur par-

(a) Pag. 12.
(b) Pag. 24.
(c) Voyez un Mémoire de M. Schaw, dans les Transactions Philosophiques, année 1732 ou 1733 à peu près.
(d) Eustache semble s'approprier cette réflexion. Pag. 22. B.
(e) Pag. 34.

ticuliere

riculiere qui eft portée aux tefticules ; les liqueurs
s'y ramaffent fans fe confondre, & forment la femence ; chaque partie fe développe enfuite dans la
matrice, & tous les membres fe trouvent formés.
Cette explication fur la génération, qui eft d'Hippocrate, a été renouvellée par un Ecrivain moderne,
connu par fa vafte érudition & par l'éloquence qui
regne dans tous fes écrits.

La pofition de la veffie, lorfqu'elle eft vuide,
eft bien différente de celle qu'elle a lorfqu'elle eft
remplie d'urine ; Maffa décrit au mieux ce changement de fituation. Il a pouffé un peu plus loin fes
recherches fur cet organe. Il a apperçu une épaiffeur
plus grande dans les tuniques de ce vifcere entre le
col de la veffie & les ureteres (a). Voilà les premieres
traces du trigone de Mr. *Lieutaud* ; mais Maffa s'eft
arrêté au plus beau de l'ouvrage, & il étoit réfervé
à Mr. Lieutaud de continuer, d'augmenter & d'enrichir un travail que Maffa n'avoit que groffiérement ébauché : cependant on trouvera extraordinaire, & à la honte d'une foule d'Anatomiftes, qu'il
n'y ait eu qu'un feul Anatomifte, Mr. Lieutaud, qui
ait donné une exacte defcription de la veffie, tandis
que mille Chirurgiens fe font occupés, à l'envi l'un
de l'autre, à perfectionner les méthodes de tailler
qu'on fait fur ce vifcere. Maffa a auffi donné la defcription d'un fœtus monftrueux.

Le fcrotum eft compofé de deux cavités féparées
par une cloifon, *habet præterea ifta burfa panniculum mediaftinum, qui dividit tefticulum dextrum à
finiftro (b).* Maffa tire quelques conféquences fur cette
ftructure, relatives à la pratique de la Chirurgie.
Nous renvoyons à l'original ; il mérite d'être confulté fur cet article. Les mufcles de l'anus font encore
très bien décrits dans les ouvrages que nous annonçons.

Les idées que Maffa avoit fur le cœur, n'étoient
pas des plus juftes ; il admettoit trois ventricules.
Il eft certain que le ventricule droit eft divifé vers
fa bafe par une duplicature membraneufe, que Mr.

(a) Pag. 35. B.
(b) Pag. 73.

―――― *Lieutaud* a nommée cloison valvulaire ; mais cette cloison n'est point complette ; ainsi l'on ne sauroit admettre trois ventricules comme fait Massa, ni quatre comme ont fait plusieurs anciens Anatomistes.

La langue joue un si grand rôle dans l'économie animale, & est exposée à de si grandes vicissitudes, que notre Auteur a cru devoir l'examiner plus particuliérement qu'on n'avoit fait jusqu'à lui. Ses travaux ne furent point superflus ; il a vu que c'étoit un organe musculeux. Certaines fibres se bornent à la langue ; d'autres sortent de ce viscere, & s'implantent aux parties voisines. On peut réduire ces muscles au nombre de neuf. Massa les divise en intrinseques & en extrinseques. Nous ne le suivrons pas plus loin sur cet objet.

Sa description de l'organe de l'ouie est assez exacte pour son temps. Il a parlé des deux osselets de l'ouie, sans citer Carpi, l'Auteur de la découverte.

On ne reconnoît plus l'Auteur de tant de découvertes, quand on examine son histoire du cerveau. Il n'a point profité des découvertes d'Achillinus, & il a renchéri sur les explications fastidieuses que Galien a données des parties dont le cerveau est composé. Au-dessous de l'entrecroisement des nerfs se trouvent, suivant Massa, plusieurs conduits qui portent la pituite dans les sinus sphénoïdaux. Cette fade théorie a été adoptée par la plupart des Ecrivains du seizieme siecle ; le prolixe du Laurens sur-tout, en a grossi son volume.

L'histoire des nerfs est assez bien détaillée. Massa a connu tous ceux que ses prédécesseurs avoient découverts. La premiere paire est très bien décrite, &c.

Parmi tous ces détails anatomiques, sont éparses nombre d'observations intéressantes de Chirurgie. Les plaies du bas-ventre y sont bien traitées (a). L'auteur y recommande d'aggrandir les plaies avec déplacement pour réduire les visceres, plutôt que d'avoir recours aux piquures pour en dégager l'air. Pour aggrandir la plaie, il faut inciser le muscle

(a) Pag. 16.

plutôt que l'aponévrose. Les plaies aux inteſtins grêles ſont incurables, Hippocrate l'a dit ; celle des gros inteſtins exige la ſuture ; on fait enſuite l'opération de la gaſtroraphie. Après la réduction d'une hernie, l'on voit fréquemment la maladie reparoître, & ce vice vient de ce qu'on ſe contente de réduire ce viſcere, ſans diminuer l'ouverture qui a donné lieu au déplacement ; notre Auteur conſeille de toucher tout le tour avec la pierre à cautere ; on excite une légere plaie qui ſe cicatriſe, & par-là l'ouverture diſparoît, ou du moins diminue (a). Les maladies inflammatoires de la poitrine ſe terminent ſouvent par abcès. Notre Auteur décrit toutes leurs eſpeces ; il inſiſte ſur-tout ſur les abcès au médiaſtin, qu'il regarde comme très dangereux (b). Les os ſont naturellement inſenſibles ; Maſſa a vu un exemple du contraire dans un homme qui avoit un ulcere à la cuiſſe, au fond duquel on voyoit le femur à découvert. Le malade ſe plaignoit de très vives douleurs toutes les fois qu'on lui touchoit cet os avec un ſtilet. De peur que la poſtérité ne doutât du fait qu'il rapporte, il prend Dieu à témoin pour en conſtater la réalité.

Ses ouvrages d'Anatomie ou de Chirurgie, ſont :

Anatomiæ liber introductorius, in quo quàm plurimæ partes, actiones, atque utilitates humani corporis nunc primùm manifeſtantur, quæ à cæteris tam veteribus quà recentioribus prætermiſſa fuerant. Veneriis 1536, 1539, 1559, in-4°.

Epiſtolæ Medicinales. Veneriis 1542, 1550, in-4°.

De morbo Gallico liber. Veneriis 1532 & 1536, in-4°. & 1563, in-4°. *auctior* 1540, in-4°.

De venæ ſectione. prodiit 1560, in-4°. 1568, *Heiſter.*

Victorius ou de Victoriis (Benoît) Médecin né à Faënza dont il portoit le nom, étoit neveu de Léonelle Victorius ou de Victoriis, connu par ſes ouvrages de Médecine. Ce grand homme ſe fit un nom célebre, & profeſſa avec diſtinction la Médecine à Boulogne. Il n'y en a point, diſent pluſieurs Auteurs,

(a) Pag. 16.
(b) Pag. 51.

qui aient été plus habiles que lui dans la pratique. Il floriſſoit vers l'an 1540. Nous avons de lui ,

1536.
VICTORIUS

Empirica Medicina de curandis morbis totiûs corporis & febribus , cum exhortatione ad medicum rectè ſancteque medicari cupientem. Venetiis 1550 & 1554, in-8°.

On a ajouté à la derniere édition la méthode rationnelle de Camillus Thomajus , & le livre de Trotuta ſur la cure de la mélancolie des femmes. *Francof.* 1598 & 1626, in-8°.

Practicæ magnæ de morbis curandis , ad Tyrones , tomi 2.

Le premier chapitre traite de la cure des maladies de la tête , & le ſecond de celles des parties qui ſervent à la reſpiration. *Francof.* 1628, in-8°. *Venet.* 1562, in-fol.

Medicinalia conſilia ad varia morborum genera. Venetiis , in-4°. 1551 , & in-8°. 1557.

A cette ſeconde édition ont été ajoutés quelques nouveaux principes de l'Auteur.

De morbo Gallico liber. Baſileæ 1536 , in-4°.

Cet ouvrage fut imprimé avec ceux de pluſieurs autres Médecins qui avoient écrit ſur la même maladie. Il contient une planche d'Anatomie (a) , & il n'indique que le bain pour la cure de la vérole. Il fut réimprimé à Florence en 1551 , in-8°. avec neuf cartes, cette édition contient pluſieurs préceptes médicinaux qu'il eſt néceſſaire d'obſerver, & un livre ſur la cure de la pleuréſie par la ſaignée, ſelon Hippocrate & Galien.

Compendium de doſibus Medicinarum port. 1550 , in-8°.

Cet ouvrage ſe trouve au nombre de ceux des grands Médecins qui ont écrit ſur les doſes des médicamens.

Nous avons encore de lui d'autres ouvrages fort eſtimés ; mais qui ne ſont pas de notre objet.

1537.
DRIANDER.

Vers le même temps vivoit un nommé Eichmann (a) , aujourd'hui connu ſous le nom de Jean Driander. Il étoit de Wetteren , au pays de Heſſe ,

(a) Chirurgia de Chirurg.
(b) Haller. ſtud. Med. p. 500.

& Médecin d'une Faculté d'Allemagne. Livré à l'ambition, il ne crut pas pouvoir la satisfaire dans son pays : ce qui le détermina à venir en France où il pratiqua la Médecine, qu'il professa ensuite à Marpurg. L'art de guérir ne fut pas sa seule occupation ; doué d'un vaste génie, il s'occupa avec distinction aux Mathématiques, & les professa. Il inventa plusieurs instrumens d'Aftronomie, & grand nombre d'autres. Il mourut le 20 Décembre de l'an 1560 à Marpurg (a), Ville considérable au Landgraviat de Hesse-Cassel. Ce grand homme nous a laissé un ouvrage d'Anatomie qui contient nombre de planches moins grossieres que celles de Carpi, par rapport à la gravure ; mais plus imparfaites relativement à l'Anatomie : il a particuliérement représenté la tête & les différentes parties qui la composent ; la poitrine en général, ou dans ses parties. Il a aussi décrit le tissu muqueux de la vulve. Il s'est montré dans tous ses écrits rival de Véfale, & l'a attaqué dans plusieurs endroits, quoiqu'ils eussent été bons amis pendant long tems, & même qu'ils se fussent consultés dans plusieurs occasion (b). Driander n'a pas réussi à altérer la réputation de ce grand homme ; c'est un pigmée qui tâche d'abattre un colosse. Le mérite excite toujours la basse jalousie : c'est aussi ce qui a attiré à Véfale un si grand nombre de rivaux : heureusement sa gloire, à l'abri de toute perfécution, n'en a pas été flétrie, & les calomnies qu'il eut à essuyer pendant sa vie, n'empêcherent point son nom de parvenir à la postérité la plus reculée.

Les ouvrages d'Anatomie de Driander sont intitulés :

Anatomica, hoc est, corporis humani dissectionis pars prior : in qua singula quæ ad caput spectant, membra & partes recensentur, cum figuris & iconibus. Item, Anatomia porci & Anatomia infantis. Marpurgi 1537, *in folio.*

De Anatomiá Mundini. Marpurgi 1541.

Bonaccioli (Louis) Médecin fameux, florissoit BONACCIOLI. à Ferrare vers l'an 1530. Douglas en a rendu le

(a) Haller, loco citato.
(b) Véfale, de fabrica corporis humani, p. 425.

Z iij

premier un témoignage fort authentique. Les Auteurs qui l'ont copié ont tenu le même langage. Mr. de Haller, dont les décisions sont du plus grand poids sur cette matiere, n'en a pas fait un éloge aussi complet. En effet, les ouvrages de Bonaccioli, que nous avons consultés, ne contiennent que des rapsodies, des explications fastidieuses, diffuses, & peu de détails vraiment anatomiques. Analysons un peu les découvertes que Douglas lui attribue (a). Il est, dit-il, le premier qui ait distingué le clitoris des nymphes, que les Anatomistes précédens confondoient sous un seul nom. Mr. Douglas n'avoit sans doute pas lu attentivement Avicenne, ni Carpi. Ces deux Anatomistes ont établi une différence réelle entre ces deux parties ; nous y renvoyons le lecteur curieux de s'instruire de la vérité. Douglas le loue d'avoir avancé que l'orifice de l'utérus, avec son col, avoit la ressemblance du gland de l'homme. Je renvoie à Mundinus pour convaincre que Bonaccioli n'est qu'un copiste ; & quand il seroit l'Auteur de cette comparaison, on ne devroit pas lui attribuer une grande justesse dans le raisonnement ; car ces parties sont tout-à-fait différentes ; & si par l'une d'elles il a voulu donner la description d'une autre, Bonaccioli a induit les Anatomistes dans une erreur qui a subsisté pendant plusieurs siecles dans nos Auteurs d'Anatomie.

Douglas n'a pas plus de raison de lui attribuer la gloire d'avoir dit le premier que la semence étoit composée d'une partie subtile éthérée, & d'une partie visqueuse. Hippocrate avoit déja fait cette réflexion ; Avicenne l'a copiée, & Néméfius a indiqué les sources de cette humeur, dont Bonaccioli n'a eu aucune connoissance. La derniere louange que Douglas lui donne d'avoir dit que les testicules étoient légérement applatis sur les côtés, n'est pas mieux fondée. Columella, Achillinus, Carpi, & plusieurs autres Auteurs que Bonaccioli auroit dû citer, avoient fait la même observation.

Non seulement Bonaccioli n'a point fait de dé-

(a) Pag. 73.

couvertes, mais il a rempli son Anatomie de la matrice, de puérilités ; il prétend que les femmes ont la poitrine moins ample que celle des hommes, par rapport à la compreßion continuelle que les mammelles exercent sur elle. Il s'eſt amuſé à rechercher en quel terme de la conception l'ame alloit s'unir au corps ; & il n'y a pas de rapſodie dans les ouvrages des anciens qu'il n'ait rapportées pour étayer ſon ſentiment. Cependant parmi cette foule de préjugés qui obſcurciſſent ſon ouvrage, l'on trouve une deſcription aſſez exacte de l'hymen. Cette membrane, dit-il, exiſte chez toutes les filles vierges, & eſt placée à l'entrée du vagin (a). Dès que le mâle en approche, elle ſe déchire en pluſieurs lambeaux, & c'eſt à ce ſigne qu'on peut connoître qu'une fille eſt déflorée ; mais, dit notre Auteur, le ſexe eſt fin & ruſé ; il tache de réparer par art l'outrage fait à la nature, en introduiſant dans le vagin de forts aſtringens : *porrò nonnullæ ſubdolæ fallacioſæque ſunt, quæ viciata, genitalia ex policaria, pulegio, agnocaſto, æquis portionibus diſcocta aquâ, foveant ; demum contritum ex vino auſtero alumen in lanæ naturæ ſublavent* (b). Avec ces topiques elles reſſerrent ſi fort le vagin, qu'elles en impoſent à l'homme le plus expert dans cette partie de la gymnaſtique. Sans avoir lu ce paſſage de Bonaccioli, pluſieurs vieilles femmes font encore l'indigne profeſſion d'adminiſtrer ce topique ſur de jeunes créatures qu'elles proſtituent ; par ce traitement, &c. non ſeulement elles inſultent à l'humanité en trompant la foi publique, mais elles donnent ſouvent lieu à des maladies qui peuvent devenir mortelles. L'expérience nous a appris que cette triſte cataſtrophe n'étoit que trop commune dans cette Ville.

Bonaccioli étoit plus inſtruit dans la partie médicinale que dans la partie phyſiologique des accou-

(a) Il a évité l'erreur d'Achillinus, qui plaçoit cette membrane au-devant de l'orifice de l'utérus, à la partie poſtérieure du vagin.

(b) Page 11, en ſe donnant ſoi-même la peine de compter, car il n'y a point de numéro aux pages.

chemens. Dès que la femme a conçu (a), l'utérus se contracte ; mais il se distend quelque temps après que l'orifice commence à se dilater, & cette dilatation va toujours en augmentant jusqu'au neuvieme qui est le terme ordinaire de l'accouchement. Dès qu'une femme est enceinte, elle ressent un poids considérable dans tout son corps ; ses yeux sont obscurcis, & sa tête devient pesante : ces symptomes cependant n'arrivent pas aussi-tôt dans toutes les femmes ; il y en a qui s'en plaignent dans l'instant même que la conception commence à s'opérer ; d'autres ne se sentent incommodées qu'après neuf à dix jours.

Cependant l'embryon prend tous les jours un nouveau surcroît d'accroissement ; la matrice se dilate, ses fibres sont violemment distendues, & de-là une vive douleur dans la région hypogastrique. Les nausées & les vomissemens se mettent de la partie, & vers la fin de la grossesse, l'urine coule involontairement. Les femmes qui ont souffert les approches de leur mari pendant le temps de leur grossesse, supportent plus facilement leur grossesse que celles qui fuient le commerce de l'homme ; elles n'ont point sur leur visage cette pâleur qui rend les autres hideuses. La remarque de Bonaccioli a resté long-temps ignorée des Chirurgiens-Accoucheurs. Heureusement pour nous que l'expérience a fait ouvrir les yeux à plusieurs Accoucheurs modernes qui ne sont pas de beaucoup aussi scrupuleux, & permettent aux femmes d'approcher sobrement de leur mari : comme l'ordonnance est douce, elles s'y conforment volontiers ; quelquefois même elles tombent dans un excès opposé. Curieux observateur des phénomenes de la nature, notre Auteur assure qu'il n'y a que la femme & la jument qui supportent les approches du mâle pendant leur grossesse, & que les autres animaux en ont une grande aversion (b). La jument est aussi exposée à la superfœtation : elle arrive aussi chez les femmes, mais rarement. Parmi

(a) Cap. 4.
(b) Mulier & equa omnium maximè animalium gravidæ coïtum patiuntur, cætera ubi gravida fuerint fugiunt mares, chap. quatrieme, p. 12.

ces préceptes falutaires, Bonaccioli décele fa mauvaife logique : les femmes enceintes d'une fille ont
de plus grands dégoûts que celles qui le font d'un
garçon ; les premieres, dit-il d'après Hippocrate,
reffentent un poids du côté gauche, & les autres
du côté droit. Malgré fa complaifance pour les
femmes, Bonaccioli donne ici, comme l'on voit,
la prééminence à l'homme. Il parcourt les différens
états de leur groffeffe, & donne des préceptes pour
fe conferver en fanté. Le meilleur, à fon avis, c'eft
que la femme faffe un exercice modéré. Les femmes
de la campagne accouchent, felon lui, plus heureufement que les Dames de la Ville. En travaillant
elles détournent de leur imagination ces envies de
manger des alimens de mauvaife qualité, &c.

De uteri partiumque ejus confectione. Argent. 1537,
in-8°. (a).

De conceptionis indiciis, &c. &c. *Lugduni* 1639;
ibid. 1641 & 1650, in-12 ; *ibid.* 1660 in-12; *Amfte-*
lodami 1663, in-12, *in his quinque poftremis edi-*
tionibus cum Severini Pinci opufculo de notis virgini-
tatis, &c. &c.

Ifraël Spach a fait imprimer ces deux ouvrages
fous le titre d'*Enneas muliebris,* &c.

Lucas Gauricus, Médecin de Naples, vivoit vers
l'an 1540. Les Aureurs ne nous ont rien appris fur
l'hiftoire de fa vie. Nous n'avons de lui qu'un très
petit traité en forme de thefe, fur les accouchemens. Nous n'avons pu nous le procurer. Mr. de
Haller n'en a point parlé ; à peine cite-t-il fon nom,
même les lettres.

De conceptu natorum & feptimeftri partu. Venetiis
1533.

Alcalanus (Profper) Médecin né dans la Tofcane,
floriffoit vers l'an 1524. Il fe diftingua dans la Médecine d'abord à Rome, & enfuite à Boulogne en
Italie. Nous avons de lui,

Paraphrafis in libros Galeni, de inequali intem-
perie, cui adjectus eft commentarius de atrâ bile,
imprimé à Lyon en 1538, in-8°.

(c) Vander Linden.

Ce livre contient quelques remarques anatomiques, mais en très petit nombre, & de peu de conséquence.

Vers le même temps florissoit un certain Sébastien Acquitanus, Médecin; on ignore si c'est son vrai nom ou surnom. Quelques Auteurs soupçonnent qu'il fut ainsi nommé à cause de la Ville d'Aquilée où il naquit (a). Il florissoit vers l'an 1508, du temps de Louis de Gonzales, Evêque de Mantoue. Aquitanus étoit un des plus zélés partisans de Galien. Nous avons de lui un ouvrage intitulé :

De febre sanguineâ ad mentem Galeni. Extat cum Marci Gatinariæ practicâ. Basileæ 1537, in-8°. *Lugd.* 1538, in-8°. *Francofurti* 1604, in-8°. *De morbo Gallico tractatus.*

Plusieurs Médecins ont emprunté du traité de cet Auteur (b), imprimé avec la pratique de Marcus Gatinaria, toutes les différentes méthodes dont ils se sont servis jusqu'alors pour la cure de cette maladie. Cet Auteur doit être regardé comme un de ceux qui ont le plus accrédité l'usage du mercure, & c'est ce qui lui fait donner une place dans cet ouvrage.

Tolet (Pierre) Médecin de l'Hôpital de Lyon, florissoit vers l'an 1534. Nous avons de lui,

Appendices ad opusculum Pauli Bagestardi , de morbis puerorum. Lugduni 1538, in-8°.

Sylvius (Jacques) en François Jacques Dubois, né à Louville , Village près d'Amiens , d'une famille peu riche & très chargée d'enfans , étoit frere de François Sylvius , Professeur en Eloquence du Collège de Tournai à Paris; leur pere Nicolas Dubois travailloit en camelot; sa fortune très modique ne lui permettoit point de lui donner une honnéte éducation; c'est pourquoi François Dubois son frere l'attira à Paris , & lui fit faire avec le plus grand soin ses basses classes. Il fit de très grands progrès dans la Latinité & dans plusieurs autres Langues; il s'appliqua encore beaucoup aux Mathématiques; cependant sentant que ce genre de travail ne le conduiroit

_____

(a) Dict. Hist. de la Méd. Tom. I. p. 71.
(b) Vander-Linden, de scrip. Medi. pag. 962 & 963.

pas à une grande fortune , dont il étoit très avide , il prit le parti de la Médecine. Après avoir étudié à fonds Hippocrate & Galien , il s'attacha uniquement à l'Anatomie , & y fit de grands progrès. René Moreau (a) assure qu'il eut Tagault pour Maître : si cela est , ajoute M. Astruc (b) , le disciple surpassa bientôt son Maître ; car il devint un des premiers Anatomistes de son siecle.

Quoique les principes d'Anatomie servent de boussole & de guide aux Médecins dans le traitement des maladies , ils ne sont point suffisans pour former un Praticien ; il faut d'autres connoissances. Jacques Sylvius en sentit toute l'utilité , c'est pourquoi il étudia la Pharmacie ; & pour acquérir des notions plus solides , il fit divers voyages afin de voir sur les lieux les remedes que différens pays produisoient. Sylvius suffisamment instruit revint à Paris , & se proposa d'y faire des cours de Médecine ; ses espérances furent vaines : la Faculté de Paris usa de ses droits contre notre jeune Médecin, on l'obligea de suspendre ses cours ; pour prévenir les suites Sylvius alla à Montpellier prendre des degrés en Médecine ; il y arriva suivant Moreri en 1530 , une année plus tard que ne dit M. Astruc, cet habile Historien , qui a soumis toutes les époques au calcul , & qui a puisé les principaux faits historiques des registres même de la Faculté de Montpellier. Suivant lui , Sylvius arriva dans cette fameuse Université le 21 Novembre 1529 : il y fut immatriculé le même jour , & il reçut son bonnet de Docteur avant la fin du même mois , sous la Présidence de Jean Schyron. L'Université de Montpellier , en lui abrégeant son tems , eut vrai-semblablement égard à la grande réputation & au grande âge qu'avoit Sylvius. M. Astruc croit qu'il étoit environ dans sa cinquante-unieme année. Orné de ce grade , Sylvius revint à Paris , & y commença de nouveau ses cours ; cependant la Faculté ne l'inquiéta pas moins que la premiere fois , ce qui le détermina à prende le grade de Bachelier ; il l'obtint le 28 Juin 1531 , sous le Décanat d'Hubert Cocquiel : il n'alla

(a) In vita Sylvii.
(b) Pag. 335 , Histoire de la Fac. de Med. de Montpellier.

pas plus loin dans cette Faculté ; on a eu tort de le mettre au nombre des Docteurs Régents. En 1535 il enseigna au Collége de Trinquet, en même tems que Fernel enseignoit au Collége de Cornouaille : le plus grand nombre d'Auditeurs étoient pour Sylvius ; on dit qu'il en avoit au moins quatre cents, tandis que Fernel n'en avoit pas plus de quinze à vingt. En 1550 il fut nommé Professeur au Collége Royal, pour occuper la Chaire vacante par le départ de Vidus Vidius en Italie. Ce célébre Médecin de Florence avoit été appellé en France par François I, pour enseigner dans le Collége Royal, la Chirurgie presque oubliée dans ce Royaume. Henri II, connoissant le talent de Sylvius le désigna pour successeur ; il prit possession de la place en 1550, après avoir, dit-on, long-tems balancé s'il l'accepteroit ; il la remplit avec toute la distinction possible. Outre les vastes connoissances que Sylvius avoit dans les différentes parties de la Médecine, il s'expliquoit avec une éloquence mâle qui captive toujours l'attention de l'Auditeur, & il démontroit les parties dont le corps est composé, & les différentes drogues dont on use dans le traitement des maladies, avec une clarté & une précision peu communes, s'expliquant toujours en très bon Latin.

Parmi le grand nombre d'Auditeurs de Sylvius, il y en eut plusieurs qui se sont rendus recommandables ; Vesale est un de ceux qui s'est le plus distingué ; on peut même dire que le disciple ne tarda pas à surpasser son Maître. Ils ont eu entr'eux une dispute fameuse ; la gloire que le disciple s'étoit acquise en publiant son grand ouvrage d'Anatomie, excita la jalousie de Sylvius son Maître. Vesale reproche avec raison plusieurs erreurs à Galien ; Sylvius entreprit de le justifier : cette querelle produisit plusieurs ouvrages de part & d'autre ; Sylvius s'emporta jusqu'à dire des injures grossieres contre Vesale ; mais la postérité qui est le vrai juge des actions des hommes, blâmera toujours une telle conduite : on verra avec indignation un Sylvius s'élever contre Vesale, ce prince des Anatomistes ; disciple bien plus savant que son Maître, & qui pour devenir grand en Anatomie a été vraisemblablement obligé plus d'une fois de fe faire violence , pour oublier ce qu'il avoit appris dans les leçons de Sylvius.

Quoi qu'en dife Moreau , Sylvius étoit très attaché à la Médecine des Arabes (a) ; on lui a reproché une avarice fordide , parcequ'il fe faifoit payer de fes leçons particulieres ; ce reproche nous paroît mal fondé , & chacun en fentira aifément les raifons . Il mourut à l'âge de 77 ans ; fuivant le plus grand nombre des Hiftoriens , on lui fit cette épitaphe après fa mort :

> Sylvius hic fitus eft , gratis qui nil dedit unquam ,
> Mortuus , & gratis quod legis ifta , dolet.

Avant de finir l'Hiftorique de Sylvius , nous ferons obferver que fes ouvrages font remplis de traits d'amour propre , d'orgueil & de mépris pour fes contemporains (b) , & qu'il fe prodigue de temps en temps des éloges déplacés ; fes fuccefleurs lui auroient aflez donné les louanges qu'il mérite réellement , fans qu'il fût lui-même fon panégirifte.

On trouve plufieurs découvertes ou plufieurs amples defcriptions Anatomiques dans fes ouvrages , relativement à l'oftéologie ; c'eft lui qui a le premier décrit bien exactement les apophifes ptérigoïdes , les apophifes clynoïdes (c) de l'os fphénoïde , conformément aux regles de la nature les plus communes ; il n'en admet que trois , deux en avant & une en arriere ; nos modernes en admettent communément quatre , & fans favoir pourquoi ; car on n'en obferve que trois , & la remarque de Sylvius eft très jufte. Il a donné une aflez exacte defcription des finus fphénoïdaux de l'adulte , mais il ignoroit que ces finus n'exiftoient point chez les enfans , ce que Fallope a dit dans fon ouvrage ; il a connu les os palatins, fans en favoir bien la figure & l'étendue. L'os unguis, quoique petit & friable n'a point échappé tel qu'il eft

---

(a) M. Aftruc , Hiftoire de la Faculté de Montpellier.

(b) Dans fa Dédicace il dit à fon Mécene : uni tibi , præter cæteros labores , hunc meum de Medicæ lectionis ordine dedicarem , mole quidem exiguum , fed facultate maximum.

(c) Pag. 61. in-fol. édit Genevæ.

aux recherches de notre Observateur (a) ; c'est lui
qui a le premier donné le nom d'obliques & de transf-
verses aux apophises des vertebres ; il a aussi très
amplement décrit leurs corps & leurs facettes articulaires qu'on trouve sur les côtés des vertebres
dorsales, auxquelles s'articulent les têtes des côtes.
Ses recherches sur le sternum sont curieuses, il le décrit tel qu'il est dans les différents âges de la vie. Les
fœtus ont le sternum cartilagineux ; les enfans ont un
nombre prodigieux de points osseux dans le sternum ;
chez les adultes il n'est formé que des trois pieces
osseuses ; dans les vieillards les trois pieces sont si intimement réunies qu'il n'y a qu'un seul os. Sylvius a
encore dit que les enfans ont le sternum moins long
que les adultes, proportion gardée avec les autres
parties. Il admet après Galien l'existence de la membrane allantoïde dans le fœtus ; cette membrane forme, dit-il, une vessie qui reçoit l'urine de l'enfant ;
ses généralités sur les os, cartilages, membranes, ligaments & fibres, sont dignes du plus grand
Maître. Il passe ensuite à l'exposition des vaisseaux :
elle est en général inférieure, il faut l'avouer, à celle
de Fernel son contemporain. Il a cependant parlé des
valvules, des veines azigos, jugulaires, bronchiales,
crurales ; il y a apparence, dit M. Haller (b), qu'il
a puisé ce fait des ouvrages de Cannanus ; ce soupçon
ne me paroît pas bien fondé, puisque Cannanus n'a
écrit que plusieurs années après. L'histoire des nerfs
est tronquée : selon lui, les nerfs optiques forment la premiere paire (c), ceux de l'épine ne sont
pas mieux décrits (d). Sylvius parle de quelques injections colorées qu'il a fait dans différents vaisseaux (e).

Sylvius eût été un des plus grands Anatomistes
du seizieme siecle, s'il eût écrit sur toutes les parties du corps humain avec autant d'exactitude qu'il
l'a fait sur les muscles ; il a en général bien indiqué
leur structure & leur position ; c'est lui qui a donné

(a) Page 64.
(b) Haller, Methodus studendi, pag. 434.
(c) Voyez plus haut Gabriel de Zerbis.
(d) Page 113.
(e) Sylvius Isag. Anat. lib. 14. p. 66. Haller Meth. stud. page
557.

des noms particuliers à plusieurs que les anciens n'a-voient pas caractérisés; il admet les muscles hyoepi-glotiques, & parle des muscles succenturiaux; ce-pendant c'est à Fallope qu'est dûe la découverte; Syl-vius en eut dû citer l'Auteur, mais il vouloit absor-ber la gloire de tous ses disciples. Au reste, quoi-qu'Auteur de plusieurs découvertes, Sylvius étoit rempli de préjugés; il a soutenu qu'une dent in-cisive avoit été remplacée quatre fois dans le mê-me jour par de nouvelles dents qui se dévelop-poient & sortoient de leurs alvéoles. Contre le bon sens & la raison, il a voulu trouver dans Galien les découvertes que Vesale a faites en Anatomie; & il a critiqué Vesale sans aucun fondement: une telle con-duite dénote une ame jalouse, & qui a des sentimens bas & rempans, & on ne peut voir sans indignation un Sylvius insulter au plus grand Prince des Anato-mistes; dans ses critiques il s'est souvent servi du terme *vesanus*, au lieu de Vesalius, &c. Cette insulte est grossiere, & fera toujours du tort à la mémoire de Sylvius.

Les ouvrages de Sylvius sont:

Opera medica, jam demum in sex partes digesta, castigata, & indicibus necessariis instructa. Adjuncta est ejusdem vita & icon, operâ & studio Renati Mo-reau, Parisiensis. Colonia Allobr. apud Jacob. Chouet, 1630 in-fol.

Cet ouvrage a été imprimé séparément. Paris 1561 in-8°.

In Hippocratis Elementa Commentarius. Parisiis, in-fol. 1542.

Apud Ægidium Gorbinum, in-8°. 1561. Venetiis, in-8°. 1543. Basilea, in-16. 1556.

In variis corporibus secundis observata quædam.

Vesani cujusdam calumniarum in Hippocratis Ga-lenique rem Anatomicam depulsio. Paris, in-8°. 1561.

Isagoge brevissima in libros Galeni de usu partium corporis humani.

De mensibus mulierum, & hominis generatione. Ve-netiis, in-8°. 1556. Basilea, in-8°. 1556.

Dans la sixieme partie de cet ouvrage on trouve:

Disputatio de partu cujusdam infantulæ, Agennensis, an sit septimestris, an novem mensium, cum responsionibus Doctorum.

SYLVIUS.   *Item. Galeni Commentarium in Hippocratis librum de natura humanâ, de temperamentis. Lib. tres, de motu musculorum, de usu partium;* il fut imprimé à Paris en 1539 (*a*). Ces derniers ouvrages ne contiennent presque rien de particulier.

SABIO.   M. de Haller parle (*b*) d'un certain Nicolas DE SABIO, Auteur d'un Traité d'Anatomie, intitulé :

Viscerum viva delineatio. Venetiis, in-fol. 1539. Suivant M. de Haller, il y a dans cet ouvrage deux planches ; dans l'une on voit les parties de la génération de l'homme, & dans l'autre celles de la femme : l'Auteur a représenté les visceres par ordre de position, & comme ils se présentent à la vue dans nos dissections ; ainsi ceux qu'on voit les premiers forment la premiere figure, & ceux qu'on voit les derniers la derniere, du reste ces planches, dit M. de Haller, sont fort grossieres.

Ce livre est extrêmement rare, il n'y a que M. de Haller qui en ait parlé, & il manque dans les meilleures Bibliotheques de Paris.

PARISIENSIS   Parisiensis ou de Parisiis (Jean) a écrit un traité sur les différentes manieres de guérir les plaies, de quelque sorte qu'elles soient, par l'incision, la ponction, la contusion, ou enfin par les boulets de canon, &c. Ce traité comprend en un mot toutes les plaies qu'on peut recevoir depuis les pieds jusqu'à la tête, inclusivement. Suivant Goëlike, il fut imprimé en allemand à Strasbourg (*c*). Cet Auteur ne parle point de l'année que parut cette édition. L'ouvrage est sur-tout estimable en ce que l'Auteur n'a point multiplié les remedes, & qu'il s'est contenté d'un petit nombre qu'il a éprouvés dans sa pratique. On ne sait pas positivement l'année que parut son ouvrage.

LE VASSEUR.   Le Vasseur (Louis) Médecin, disciple de Sylvius,

---

(*a*) Douglas, pag. 103.
(*b*) Method. stud. Med. p. 500.
(*c*) Hist. de la Chirugie, p. 123.

étoit

étoit de Châlons sur Marne (a). Il fit sa principale
étude de l'Anatomie, & ses progrès furent rapides. Il
connoissoit exactement ses anciens Auteurs, & il
avoit disséqué quelques cadavres. Doué d'un esprit
juste, il n'eut pas de peine à s'appercevoir que les
livres qu'on avoit donnés en Anatomie étoient fort
diffus. Il en entreprit un abregé en tables; afin de
se faire plus aisément entendre; elles ne sont qu'au
nombre de quatre; elles contiennent quelques particularités intéressantes; quoiqu'elles soient défectueuses en plusieurs points. Moréri & Douglas, qui
se sont mutuellement copiés, pensent différemment
sur ces planches; ils disent que ces planches sont
très commodes, & qu'il n'y a pas une petite partie
du corps que l'on n'y trouve; pour moi, je sou-
tiens qu'il y en a au contraire beaucoup qui n'y
sont point représentées: ces Messieurs pourroient
bien avoir jugé l'ouvrage sans l'avoir vu: je doute
qu'ils eussent tenu ce langage s'ils l'eussent examiné.
La première représente les différens visceres de la
poitrine & du bas-ventre; le cœur y paroit parallele à l'axe du corps, & si élevé, qu'il est presque
au-dessous des clavicules. Les lobes des poumons
ne sont point exprimés. Le diaphragme est singulié-
rement représenté; il a la figure d'un parapluie. Il
n'est pas plus heureux dans le portrait qu'il a fait
faire de la rate & du foie. L'estomac est un peu
mieux représenté; on voit le cardia en haut & à
gauche, le pilore en bas & à droite, mais sans être
trop incliné; il ne s'en faut que de quelques lignes
qu'il ne soit au niveau du cardia. Cette position est
naturelle; les Anatomistes précédens ne l'avoient
point indiquée; ainsi *le Vasseur est le premier qui ait
connu la véritable position du pilore.*

On voit dans cette même table les vaisseaux courts
qui rampent sur la grosse tubérosité de l'estomac,
& qui s'insinuent dans la rate.

(a) Il le dit lui-même dans ses ouvrages; M. Eloy a traduit le
mot *Catalaunensis* de Catalogne, quoiqu'il signifie également
Châlons sur Marne; Moreri n'a pas commis la même faute
grammaticale, & l'a fait naître, comme il devoit, à Châlons sur
Marne.

A a

Au lieu de déduire les ureteres de la partie interne , & présque inférieure du rein , il les a fait
venir de l'extrémité des vaisseaux émulgens qui s'a-
bouche au rein. Les intestins sont fort mal exprimés.
On croit au premier aspect voir un peloton de vers.
Cette planche est semblable à celle que Charles
Etienne a donnée sur cet objet. La seconde & la
troisieme figure représentent le squelete sec ; dans
l'une on le voit en avant, & dans l'autre en arriere ;
en général ces deux figures sont assez bonnes ; on
y trouve cependant plusieurs erreurs ; il est bon de
les relever , parcequ'elles sont repandues dans les
ouvrages de plusieurs de nos Anatomistes modernes. L'épine y paroît droite, quoiqu'elle fasse nombre de contours ; les condiles de l'humérus sont
placés de maniere que l'un est directement en dedans
& l'autre en dehors. Ce défaut dans les planches
de le Vasseur paroît venir de la mauvaise dénomination qu'on leur a donnée de condile interne & externe. Ambroise Paré n'a point commis cette erreur,
mais n'a point changé leur dénomination ; quoiqu'on
voie dans ces planches le prétendu condile interne
directement placé en arriere & l'externe en avant. La
remarque étoit juste ; mais elle ne fut pas suivie des
Anatomistes. La fausse dénomination subsistoit &
induisoit continuellement les Anatomistes dans l'erreur. Mr. Winslow est, parmi les modernes, un
des premiers qui ne se soit point laissé séduire par
les fausses descriptions.

Le Vasseur a aussi donné aux fémurs une direction
très peu conforme à la naturelle ; ils paroissent pa-
ralleles , quoiqu'ils soient placés obliquement : les
extrémités supérieures se trouvant plus écartées que
les extrémités inférieures. Cette erreur , dans la direction ; a conduit le Vasseur à une nouvelle faute.
Il a représenté les condiles dans le même plan. Vesale,
qui a presque soumis à ses sens tous les objets qu'il
a décrits ou fait représenter, a franchi tous ces obstacles. Riolan , Vieussens , Bertin , l'ont imité ;
mais un grand nombre d'autres Anatomistes que je
ne nommerai pas pour leur épargner la honte d'un
pareil reproche, sont tombés dans l'erreur de Vasseus.

La quatrieme figure qui représente les parties in-

ternes de la génération de la femme, eſt la plus
vicieuſe de toutes. Je ſerois trop long ſi je voulois
en relever les erreurs; je me contenterai de faire
obſerver que malgré toute apparence de vérité, elles
ſe trouvent les mêmes en pluſieurs endroits dans Charles Etienne, & dans le bon Verreyen qui a vécu ſi
long-temps après.

On trouve immédiatement après ces planches, des
explications pour éclaircir le texte; la plupart ſont
tirées des ouvrages de Galien; le Vaſſeur y a peu
ajouté. Dans l'expoſition des ligamens de la matrice
j'ai trouvé quelques particularités qu'il a extraites
des ouvrages de Zerbis, où du moins qui s'y trouvent,
ſans cependant le citer; il y a, dit-il, pluſieurs ligamens qui fixent la partie inférieure de la matrice;
les uns vont vers la veſſie, & les autres vers l'inteſtin
rectum & l'os ſacrum (a).

Les ligamens poſtérieurs que notre Auteur décrit,
ne ſont point un être de raiſon; ils exiſtent, &
on les voit au premier coup d'œil, ſans aucune préparation; n'eſt-il pas étonnant qu'il n'y ait eu depuis
Vaſſeus que Santorini qui en ait parlé, & que les
Anatomiſtes ſes contemporains, ou qui lui ont
ſurvécu, n'en aient point parlé? Mais continuons
l'examen des ligamens qui fixent la matrice, & dont
Vaſſeus a donné la deſcription: deux viennent, dit
cet Anatomiſte, des lombes; ils donnent de côté
& d'autre divers prolongemens: c'eſt vraiſemblablement des ligamens larges dont il parle. Le Vaſſeur
& les modernes, j'entends Mr. Winſlow qui a ra-
maſſé dans ſon livre la plupart de leurs connoiſſances
anatomiques, ſont tombés dans l'erreur; le premier n'a connu que les attaches ſupérieures de ces
ligamens, & n'a pas fait mention de l'adhérence
qu'ils contractent ſur les côtés avec les muſcles
iliaques: ceux-ci n'ont connu que ce point d'appui,
& ont méconnu l'adhérence ſupérieure de ces ligamens; ainſi l'erreur a toujours des victimes; nous
courons à la nouveauté, & nous ignorons ce que

(a) Alligatus eſt recto inteſtino & veſicæ fibroſis quibuſdam
& tenuibus anſulis, &c. Sacro oſſi etiam adhæret a quo, multorum ſententia, ſuſpenſus eſt, p. 9.

favoient nos ancêtres. Peu inftruits de ce que Vaffeus avoit dit fur ces ligamens , deux modernes fe difputent l'honneur d'avoir les premiers trouvé deux ligamens particuliers qui vont , difent-ils , des reins à la matrice ; ces attaches aux reins font imaginaires, & ce ne font point des ligamens particuliers, s'ils font portion des ligamens larges : ce que Vaffeus a ignoré , & ils s'attachent aux lombes près des piliers du draphragme , comme notre Auteur l'a dit dans fa defcription (a) : ce que ne favent pas les modernes qui s'arrogent la découverte de ces ligamens.

C'eft fans fondement, felon le Vaffeut, que les Anatomiftes ont admis l'exiftence de l'hymen ; c'eft une fable qu'ils ont faite à plaifir : l'hymen n'exifte pas , & le filence de Galien fur cette cloifon eft pour lui une preuve des plus complettes fur la validité de fon fentiment. Au lieu de prendre Galien pour garant , il auroit mieux fait de fouiller dans le cadavre , & il fe feroit aifément convaincu qu'il n'eft fouvent rien de plus pernicieux que de croire aveuglément nos maîtres.

Les remarques de le Vaffeut fur la ftructure du cœur, méritent la plus grande attention des Anatomiftes ; il n'a admis que deux ventricules , un à droite & l'autre à gauche ; le droit eft plus grand que l'autre , & les parois mufculeufes dont il eft formé , font moins épaiffes que ne font celles qui forment le ventricule gauche ; par-deffus fe trouvent les deux oreillettes ; il y a à chacun d'eux deux orifices ; de ceux qu'on voit au ventricule droit , le plus grand permet une communication entre l'oreillette droite & le ventricule du même côté ; le plus petit s'ouvre dans la veine artérieufe ; au contour du grand orifice fe trouvent trois pellicules qui empêchent le fang qui tombe de la veine-cave dans le ventricule , de refluer dans l'oreillette (b). On voit un égal

____

(a) Validis quibufdam vinculis . . . . etiam ex lumbi vertebris depen iet , id que ex grandium hujus mufculorum interventu , qui infignes utrobique proceffus emittunt in utramque uteri partem , &c.

(b) Paratæ ob id funt ne materiæ remigratent.

nombre de digues autour du trou de communication entre le ventricule droit & la veine artérieuse
(artere pulmonaire) : le ventricule gauche a auffi
deux ouvertures ; le plus grand eft à la racine de
la grande artere, le plus petit entre le ventricule
gauche & l'oreillette du même côté : il y a cinq
membranes autour de ces orifices, trois dans le grand
& deux dans le petit ; les trois premieres font dirigées de dedans en dehors, & les autres deux, du
dehors au dedans (a) : nous ne favons aujourd'hui
rien de plus précis fur le nombre & la pofition de
ces valvules.

Le Vaffeur en favoit autant que nous fur les ufages
de ces parties. Le fang, dit-il, eft porté au ventricule droit par la veine-cave, de-là au poumon par
la veine artérieufe ; il eft repris par l'artere veineufe
qui le conduit au ventricule droit, d'où il eft de nouveau porté dans la grande artere. Pour que ce tranfport
fe faffe, la nature a placé autour des orifices du
coeur diverfes membranes dont les unes s'élevent
pendant la contraction du coeur, & permettent au
fang de fortir ; les autres font l'office d'une digue,
& l'empêchent de refluer. De peur qu'on ne m'accufe d'avoir tronqué le texte, je rapporte les propres
paroles de l'Auteur.

*Dextrum, ventriculum, qui fanguineus adpellatur,
vena cava* INGREDITUR, *& vena arteriofa* EGREDI-
TUR, *quæ in pulmonem difpergitur, fanguinem elaboratum conferens ... Siniftro cordis qui caloris nativi
fons eft, & fpirituofus appellatur arteria venofa* QUÆ
EX PULMONE..... *Inde prodit magna arteria, omnium aliarum origo, &c.*

*In dextro totidem funt (foramina) ; alterum ma-
jus, ex vena cava fanguinem in ipfum cor intro-
mittens ; alterum minus, ex vena arteriofa fanguinem ex ipfo corde in pulmonem deducens. His foraminibus .... Ex utroque latere ..... adfunt membranæ, . (b). Ex his membranis quæ intus foras ferun-*

(a) Tres in orificio magnæ arteriæ intro foras etiam fpectantes, duæ tantùm in orificio arteriæ venofæ foris intrò perti-
nentes.
(b) Fol. 16.

A a iij

tur, paratæ ob id funt ne materiæ remigrarent : quæ vero foris intrò, quæ majores & fortiores funt, non ob id modò, fed ut etiam attrahendi effent inftrumenta. Tenfæ enim à corde per eas vaforum tunicæ expeditiis contrahuntur, impelluntque faciliùs, trahente corde, ipfas materias : ipfius porrò rurfùs tenfio in diaftole, membranas intus foras fpectantes, radicibus trahens atque ad ipfum cor intrò reflectens, omnefque rectas conftituens vaforum materias intromittentium, fcilicet venæ cavæ & arteriæ venofæ, clauditans educentium.

Voilà, je crois, une expofition des ufages des valvules auffi claire & auffi fuccinte que celle qu'Harvée a donnée fur ces parties, cent ans après. Je fuis furpris que les Hiftoriens n'en aient point fait honneur à le Vaffeur.

L'ouvrage que Vafféus nous a laiffé, porte ce titre : *In Anatomen corporis humani tabulæ quatuor. Lutetiæ* 1540, 1541, 1553, in-fol. *Lugduni* 1560, in-8°. *Venetiis* 1544, in-8°. Jean Cannappe en a donné auffi une édition en 1555, in-8°. en françois.

Ludovicus (Antoine) Médecin, floriffoit à Lisbone vers l'an 1538. Il joignoit à la connoiffance de cet art celle des langues grecque & latine. On en trouve une preuve dans fes ouvrages.

Parmi plufieurs écrits qu'il a publiés, fe trouvent ceux-ci :

De ufu refpirationis, lib. 1. *De corde, liber.* 1. Dans ce livre il explique plufieurs erreurs d'Ariftote, & donne la folution de quelques queftions, plus hypothétiques que réelles.

De re medica. Olyffiponæ 1540 (a), 1543.

Ces ouvrages font remplis de queftions erronées, chimériques, fouvent fuperftitieufes : toute l'antiquité y eft citée ; & ce qu'a dit Hippocrate ou Galien, eft, dit l'Auteur, préférable à tout ce que nous pouvons voir & obferver, parceque ces Auteurs avoient leurs yeux faits à l'obfervation, au lieu que ceux de l'Auteur & de la plupart des autres Médecins fes contemporains, étoiens fafcinés par l'erreur & couverts d'un bandeau des plus épais. Comptant

(a) Douglas Biblieg. Anatomica, p. 74.

donc si peu sur ses forces & sur celles des modernes, il a négligé toutes les occasions d'observer & de juger par lui-même.

Manard (Jean) célebre Médecin, naquit à Ferrare l'an 1462. Il s'appliqua dès ses premieres années à l'étude de la Médecine, sous Nicolas Léonicene, & y fit des progrès rapides. Il exerça la Médecine à Ferrare vers l'an 1513. En 1514 il fut appellé en Hongrie pour être premier Médecin du Roi Ladislas, qui mourut deux ans après. Manard revint dans son pays, où il commença à enseigner la Médecine l'an 1519. Il se maria à un âge fort avancé, & l'on assure qu'il prit une jeune fille de la plus grande beauté. Il en connut toute la valeur, & le desir d'avoir des enfans le porta, disent les Historiens, à des excès peu connus aux gens de son âge, il en fut la victime; car il mourut à Ferrare l'an 1536, âgé de 74 ans. Son corps fut inhumé dans le cloître des Carmes de cette Ville. Nous avons de cet Auteur plusieurs ouvrages, parmi lesquels se trouvent ceux-ci.

Epistolarum Medicinalium, libri 20, necnon in Joannis Mesuæ simplicia & composita, annotationes & censura. A Basle en 1540, in-fol.

In primum artis parvæ Galeni librum commentarius. A Basle en 1538, in-4°.

De morbo Gallico, epistolæ duæ, & de ligno Indico totidem.

Les questions que Manard embrasse dans son ouvrage sont des plus communes. Il dit au livre septieme, épitre premiere, que les plaies de la tête ne sont pas toujours mortelles. Dans le second il indique la méthode de se guérir de certaines affections dont notre corps est susceptible, comme des douleurs dans les membres, de la démangeaison des narines, de la chassie, & de ces petits ulceres de la face, &c.

Le Livre septieme est plutôt une nomenclature des maladies qu'un traité de Médecine; l'Auteur cherche l'étymologie de tous les mots, lorsqu'il lui paroissent peu significatifs, il en forge de nouveaux, souvent plus ridicules que les premiers; cependant à travers fon langage pédantefque , on trouve quelques obfervations curieufes fur les maladies cutanées des enfans.

Niconitius (François) Médecin Polonois , floriffoit en Italie vers le milieu du feizieme fiecle. Noùs avons de lui le traité fuivant.

Bis centum & viginti quatuor rationes dubitandi , feu argumenta non unius loci , fed plurium authoritatibus , non fcriptis alibi comprobata , quibus videbatur filium natum ex uxore , abfente marito , per decennium , effe legitimum. Craçoviæ , in - 8°. 1541 , avec cette épigraphe.

Incivile eft non tota lege perfpeɛɑ judicare.

Cet ouvrage , comme on le voit au feul titre , eft le fruit d'une imagination échauffée. Les raifons que l'Auteur allegue pour prouver qu'un enfant né d'une femme qui eft féparée de fon mari depuis dix ans , eft légitime , font futiles , erronées , fuperftitieufes , en un mot , dépourvues de bon fens ; l'ouvrage eft encore très mal écrit , mal imprimé , & rempli d'abreviations prefque inintelligibles. L'Auteur ne l'a point fait imprimer lui-même ; & perfonne ne blamera fa conduite , car il eût mieux valu que cet ouvrage ne vît pas le jour. C'eft un de fes amis qui l'a fait imprimer à Cracovie , & qui y ajouté les vers fuivans.

Clemens Janicius
Ad uxores
Conjugum adulteria prohibet , Niconitius at vos
Jam lapfas , magno protegit ingenio :
Talem & tam doɛum vobis nec prifca tulerunt
Sæcula patronum , neque futura dabunt.

Janicius fe trompe , les femmes trouvent tous les jours de tels avocats ; mais heureufement pour elles qu'ils plaident plus éloquemment leur caufe que n'a fait notre Auteur.

Ryff (Gauthier Herman) Médecin & Chirurgien de Strasbourg , vivoit à Mayence avec beaucoup de

réputation vers l'an 1539. Il a ajouté plusieurs remarques intéressantes aux œuvres de Dioscoride Nous
avons de lui des notes sur les écrits de ce grand
Botaniste; de plus, il nous a laissé plusieurs ouvrages
écrits en allemand, sur l'Anatomie & la Chirurgie;
ils ont été imprimés, les uns à Strasbourg, & les
autres à Francfort vers l'an 1541. Il a encore écrit un
traité sur les accouchemens, où il a fait entrer des
faits relatifs à l'Anatomie. La lecture de ses ouvrages
ne peut être que profitable à ceux qui savent la
langue allemande : nous exhortons nos lecteurs à
les lire, d'après Mr. de Haller, qui en fait un très
grand cas : le lecteur consultera à ce sujet son
methodus studendi Medicinæ.

Entius (Grégoire) exerça la Médecine dans le dix-
septieme siecle, & fut Président du Collège des Médecins de Londres. Il a écrit,

*Animadversiones in Malach. Thruston Diatriben.
De respirationis usu primario. Lond.* 1678, in - 8°.
*Item apologiam pro circulatione sanguinis, quâ Æmilio
Parisano, Medico Veneto, respondetur. Lond.* 1541,
in-8°.

Le style & la disposition des ouvrages Médico-
physiques de cet Auteur, sont d'une beauté & d'une
élégance admirables. Les observations (a) les plus
curieuses & les raisonnemens les plus solides qui
en font la base, font tirés d'une philosophie certaine; c'est l'expérience qui lui sert de guide.

Antonelli (Hypolite) vécut dans le seizieme siecle.
On a de lui *Apparatus animadversionum in authori-
tates & rationes quibus Hypolitus Obicius vinum
exhibet ægrotis omni tempore & in omni febre* (b).
Venet. 1631, in-8°.

De Cucurbitulâ libellus. Parisiis 1541, in-8°.

Le premier ouvrage est une pure critique d'un Médecin qui traitoit avec le vin la plupart des maladies.
L'Auteur est d'un avis contraire, il croit que dans
le général de nos infirmités, l'inflammation joue
le plus grand rôle, & que par conséquent il vaut
mieux mettre en usage les antiphlogistiques, principalement les saignées, que de recourir au vin, &c.

(a) Biblioth. script. Med. pag. 222, Tom. II.

Le traité des ventoufes ne contient rien de particulier à l'Auteur.

Damianus (Tertius) Médecin, florifloit vers l'an 1538 : il nous a laiffé,

Theorica Medicinæ, totam rem miro compendio complectentes, non modo Medicis aut Chirurgis, verum & omnibus, quibus fanitatis divitiæ cordi funt, accommodata atque adeo neceffariæ. Antuerpiæ 1541, in-4°.

Cet Auteur mit la derniere main à fon ouvrage dans le temps d'une épidémie. Ce traité eft affez bien fait ; il traite en abregé des principaux points de Médecine ; il peut être confulté avec fruit, &c.

Gefner (Conrad) Médecin allemand, fut furnommé le Pline d'Allemagne. Il naquit en 1516 à Zurich en Suiffe. Voici l'éloge que Mr. de Thou fait de lui. Nous l'avons tranfcrit mot à mot, parce-qu'il nous paroît expreffif. ɔɔ La mort de Conrad ɔɔ Gefnèr de Zurich (dit-il) acheva l'année. Elle ɔɔ doit être d'autant plus déplorée de tous les fiecles, ɔɔ qu'à peine étoit-il âgé de 49 ans : il étoit digne ɔɔ d'une plus longue vie ; & ceux qui voudront me-ɔɔ furer la fienne par le grand nombre de bons livres ɔɔ qu'il a compofés, croiront fans doute qu'il a vécu ɔɔ fort long-temps. Il commença en France, à Paris ɔɔ & à Bourges (*a*), à faire, pour ainfi dire, fon ɔɔ coup d'effai de fes études. De-là, comme il ex-ɔɔ celloit en toutes fortes de fciences, & étoit favant ɔɔ en grec & en latin, après avoir vu l'Italie, il s'en ɔɔ retourna en fon pays où il profeffa la Médecine ; ɔɔ & gagé par le public, il y enfeigna la Philofo-ɔɔ phie, dont il expliqua particuliérement cette partie ɔɔ qui regarde l'hiftoire naturelle. Il mit auffi au ɔɔ jour quantité de vieux livres, principalement de ɔɔ Théologie. Son érudition étoit foutenue d'une ex-ɔɔ trême paffion de contribuer à la facilité des études, ɔɔ qui lui dura jufqu'à la mort. Enfin fe fentant frappé ɔɔ de la pefte, comme les forces lui manquoient ɔɔ déja, il fe leva de fon lit, non pour donner ordre

(*a*) Il étudia auffi la Médecine quelque tems à Montpellier ; je fuis furpris que M. de Thou ait obmis cette anecdote : voyez Goelick, Hiftor. Chirurg. p. 138.

» à ses affaires domestiques, mais à ses écrits, afin
» que ce qu'il n'avoit pu faire imprimer pendant sa
» vie, pût l'être après sa mort, pour l'utilité du
» public. Comme il étoit occupé à ce travail, plus
» que ses forces ne le permettoient, la mort le surprit
» en travaillant, lui qui n'avoit jamais été oisif; &
» on auroit dit qu'elle nous envioit les derniers ou-
» vrages de ce grand homme. Ils ne périrent pourtant
» pas tous; car après sa mort, on en tira plusieurs
» de sa bibliotheque, & Gaspard Volf en a publié
» un grand nombre, qui renouvellent encore la
» douleur qu'on a de sa perte ». Les Auteurs ne
s'accordent pas sur le temps de sa mort; les uns
disent qu'il mourut le 22 Décembre 1565, & les
autres le 13 du même mois. Sosias Simler prononça
son oraison funebre, & Beze fit son éloge en vers.

Nous avons de cet Auteur célebre quantité d'ouvrages sur l'histoire naturelle & la botanique, nous
en recommandons la lecture, sans les indiquer ici,
vu qu'ils ne sont point de notre objet. Ceux d'Anatomie & de Chirurgie se réduisent à ceux-ci.

Libellus de lacte. Tiguri 1541, in-8°.

*Chirurgia. De Chirurgia scriptores optimi quique
veteres & recentiores plerique, in Germania antehac
non editi, nunc primum in unum conjuncti volumen.
Tiguri* 1555, in-fol.

Epistolarum Medicinalium, libri tres. Tiguri 1577,
in-4°.

On trouve dans ces lettres quantité de descriptions
anatomiques.

Le recueil de Chirurgie que j'ai annoncé comprend
les ouvrages des plus grands Chirurgiens qui avoient
flori avant Gesner, & une note historique de tous
ceux qui s'étoient médiocrement rendus recommandables dans la Chirurgie. Ces Auteurs sont rangés
par ordre alphabétique, & forment un dictionnaire historique très utile, & que j'ai consulté plusieurs fois avec avantage. Peu d'Auteurs ont puisé
dans cette source: aussi leurs ouvrages historiques
laissent-ils un vuide qui se fait aisément appercevoir.

On trouve dans cet ouvrage ceux d'un grand

nombre d'Auteurs. La Chirurgie de Jean Tagault, dont nous avons déja fait l'histoire, paroit la premiere, & tient une grande place dans le recueil : on y lit ensuite successivement les ouvrages de Jacques Houllier, de Marianus Sanctus, d'Angelus Bologninus, de Michel-Ange Blondus, de Barthelemi Maggius, d'Alphonsus Ferrius, de Jean Langius, de Galien, d'Oribaze d'Héliodore, de Jacques Dondus ; on y trouve aussi des recherches sur la lepre par un anonyme. Tous ces ouvrages sont ornés de figures, telles qu'on les voit dans l'original. On a déja trouvé dans cette histoire l'extrait des ouvrages que je viens d'annoncer ; j'y renvoie le lecteur.

Blondus (Michel-Ange) Médecin Italien, florissoit à Naples (a) vers le milieu du seizieme siecle. Il parcourut, pour son instruction, différentes Provinces de l'Europe, & notamment la France ; il s'arrêta quelque temps à Paris & à Montpellier, & y entendit les Professeurs qui y enseignoient pour lors. Il fut disciple de Niphus, Médecin fameux, qui florissoit auprès de Naples.

Il a composé divers ouvrages : voici ceux qui sont de notre objet.

De partibus ictu sectis certissimè sanandis, & medicamento aquæ nuper invento. Idem in plurimorum opinionem de origine morbi Gallici deque ligni Indici ancipiti proprietate. Venetiis 1542, in-8°.

De maculis corporis liber. Romæ 1544, in-4°.

L'ouvrage sur les contusions est dédié à Antoine Puccius, Cardinal. L'Auteur, suivant la coutume du temps, lui fait bassement sa cour. Blondus étoit servilement attaché aux préceptes de Galien & d'Avicenne : *laudabilius est*, dit-il, *cum his errare, quàm cum cæteris parare laudem* (b). Cependant il lui paroît quelquefois difficile de satisfaire aux deux Auteurs, parcequ'ils sont d'un avis différent en bien des points. La crédulité servile nous aveugle souvent ;

____

(a) Voyez la fin de son ouvrage, sur les plaies, ailleurs dans le même ouvrage il rapporte une Cure qu'il a faite à Sulmone petite Ville du Royaume de Naples.

(b) Pag. 225. In Collect. Chirurgic. operum à Gesnero, edita. Tiguri, &c.

Blondus en a été la victime plus que tout autre. Ces Auteurs ne se contredisent, dit-il, qu'en apparence; un génie plus profond que le sien pourroit les concilier. Il est faux que ces grands Médecins, Hippocrate, Galien & Avicenne, se contredisent, dit Blondus, comme font mes contemporains, qui ne sont jamais d'accord : cette méthode de disputer étoit si familiere du temps de l'Auteur, qu'il dit, *nusquam etenim inveni, ut Medici inter se conveniant* (a).

La plaie est une solution de continuité; elle est superficielle ou profonde, pénétrante ou non pénétrante, simple ou composée. Il y a des plaies où les chairs sont les seules parties affectées; il y en a où les os sont altérés, comme vermoulus; les unes sont faites en droite ligne, d'autres sont courbes; quelques unes sont cruciales, &c. L'hémorrhagie paroît à notre Auteur le symptome le plus fâcheux: aussi commence-t-il par indiquer les remedes qu'il faut mettre en usage pour l'arrêter. Il se borne aux caustiques actuels ou potentiels (b), aux résineux, comme à l'aloës, à l'encens, à la toile d'araignée, &c. Voici la poudre qu'il recommande. Prenez vitriol romain, sang de dragon, bol d'Arménie, bourre de lievre, verd-de-gris, aloës, encens, toile d'araignée, parties égales. Notre Auteur n'en détermine point la quantité, il prescrit seulement de les incorporer dans un blanc d'œuf. La ligature n'y est point décrite, & on ne sauroit excuser *Blondus* de l'avoir omise. *Ferrius*, qui publia son ouvrage environ neuf ans auparavant, l'avoit indiquée; & notre Auteur auroit dû en parler, & même la prescrire, au lieu de vanter avec tant d'emphase ses prétendus astringens (c): peut-être cet ouvrage a-t-il fait oublier la ligature pour un tems (d). Ce qu'il y a

(a) Pag. 125. B.
(b) Page 226.
(c) L'ouvrage de Ferrius parut en 1533, & celui de Blondus en 1542.
(d) La premiere édition des ouvrages d'Ambroise Paré, parut en 1549.

de singulier dans le procédé de Blondus, c'est qu'il cite dans d'autres endroits de son ouvrage Ferrius avec honneur, & qu'il en adopte les maximes.

En général, dans toute sorte de plaie, le Chirurgien doit être extrêmement attentif à ne penser à la cicatrice qu'après en avoir ôté les corps étrangers, qui non seulement pourroient produire de fâcheux symptomes locaux, mais encore donner lieu à des accidens intérieurs très fâcheux. Le sang est un corps étranger ; il ne faut point en laisser croupir de grumeaux dans l'intérieur de la plaie, &c. Pour prévenir quelque accident funeste, il faut purger de temps en temps le malade avec les plus doux minoratifs. Ces remedes généraux prescrits, il faudra recommander l'usage de l'huile de sapin, avec laquelle on détergera la plaie, *quo*, dit Blondus, *plurimum fructus & honoris consecutus sum postquam ejus proprietatem novi.* La même huile, ajoute-t-il, mêlée avec deux parties d'huile rosat, produit des effets merveilleux : *est enim hoc . . . . favore maximi superum, præstantissimum solamen in omnibus vulneribus . . . . &c.* (a). Ce mélange lui a réussi à Sulmone, petite Ville au Royaume de Naples, & il n'y a pas d'éloge qu'il ne lui prodigue. Notre Auteur en recommande sur-tout l'usage dans les plaies baveuses ; quand elles sont seches, ou même qu'elles tiennent un juste milieu, il recommande de se servir de l'eau pure.

Pour éclaircir ce point de Chirurgie, il propose la question comme un problême, *an sectis partibus medicamen ex aquâ conveniat.* Il ne balance pas à conclure l'affirmative ; ce topique lui paroît divin, & il est stupéfait que Paul, Alphonse Ferrius, Marianus Sanctus, & Jacques Pérusinus, ses contemporains, n'en aient point fait usage ; il y a même, dit-il, de célebres Médecins qui ont l'eau en aversion ; ils pensent sur ces topiques d'une maniere bien différente de la mienne : je trouve dans l'eau un secours merveilleux, & je ne puis assez

(a) Pag. 226. B

admirer sa vertu surnaturelle (a). Les plaies aux nerfs lui paroissent seules en contre-indiquer l'usage, & il s'appuie sur un passage de Galien pour le prouver ; les spiritueux & les huiles éthérées lui paroissent pour lors préférables. Les Chirurgiens modernes suivent cette pratique, & en retirent de grands avantages.

Dans son traité sur l'origine de la vérole, l'Auteur s'oppose au sentiment reçu de son temps. Ce n'est pas, selon lui, une maladie nouvelle, & le nom de mal François, Espagnol ou Italien, lui paroît ridicule ; il ne regarde pas comme plus probable que cette maladie ait été apportée de l'Inde ; du reste, il blame l'usage des bois sudorifiques, & conseille celui du mercure, &c.

Schegkius (Jacques) né à Schorndorff, Ville du Wittemberg, l'an 1511, de Bernard Degen, ordinairement appellé Schegkius, homme peu riche, mais d'une probité reconnue, fut reçu à Tubingen Professeur de Philosophie vers l'an 1529 ; deux ans après il étudia la Théologie, & enfin la Médecine, & reçut le bonnet de Docteur en 1539. Depuis ce temps-là il enseigna la Médecine ; mais jamais en public (b). Il donnoit des avis fort salutaires à ses amis lorsqu'ils le consultoient. En 1577 il fut totalement privé de la vue qu'il avoit naturellement foible. Cet accident, qui auroit ralenti le zele du plus fervent, ne lui fit point totalement interrompre ses études ; il fit paroître encore plusieurs traités, & mourut le 9 Mai de l'an 1587, dans le 76e. de son âge. Parmi les ouvrages que nous avons de lui, se trouvent ceux-ci.

De animæ principatu dialogus. Tubingæ 1542, in-8°. Il y développe les raisons qu'Aristote apportoit pour prouver que le siege principal de l'ame étoit dans le cœur, & celles de Galien qui prétendoit qu'il étoit dans le cerveau.

De primo sanguificationis instrumento liber unus.

(a) Ego autem mirificium opus aquæ perspiciens, in sectis partibus, non possum non mirari virtutem ejus super cœlestem.

(b) Vander-Linden, de scrip. Med. pag. 493.

De calido & humido liber unus. Argentor. 1581. in-8°.

De plasticâ seminis facultate libri tres. Arg. 1580. in-8°.

Trattationum Physicarum & Medicarum, tom. 1. *Francof.* 1585, in-12. 1590, in-12.

Ce dernier ouvrage contient sept livres. Le premier roule sur les facultés occultes & manifestes des médicamens, & sur la fausse opinion de ceux qui pensent que les choses inanimées subsistent par le mélange des élémens, & non par la forme substancielle. Le second traite des médicamens purgatifs qu'on doit dire efficaces. Le troisieme fait voir que l'esprit qui est contenu dans le cerveau, ne doit pas être appellé animal, mais vital. Le quatrieme traite du cœur & de son excellence sur les autres organes de l'ame végétale. Le cinquieme expose la force de la chaleur & l'efficacité qu'elle a tant dans la génération que dans la corruption des choses naturelles. Dans le sixieme l'Auteur y traite, après Galien, les causes des frissons de la fievre. Le septieme enfin est une réfutation de l'erreur de Simon Simonius, qui croyant que la fievre putride venoit du mélange d'une bile jaune, qui enflammoit le cœur, disoit que Galien s'étoit trompé ; cet ouvrage ne vaut rien, & est indigne de voir le jour.

Fernel (Jean) Médecin célebre de France, né à Mondidier dans le Diocèse d'Amiens, & non à Clermont, comme quelques-uns le disent, reçut les plus grands talens de la nature. Dès son bas âge il donna des marques d'un génie des plus pénétrans. Il fit ses basses classes avec distinction & honneur dans son pays ; il vint ensuite à Paris faire sa Philosophie ; il y donna des marques publiques de son profond savoir : il avoit cependant négligé, pendant le cours de ses études classiques, celle de la Géométrie, la seule science qui puisse fixer l'imagination d'un jeune homme, & lui donner la justesse d'un bon esprit. Fernel voulut réparer par ses études particulieres, ce qu'il avoit négligé dans sa Philosophie. Il s'occupa donc sérieusement aux Mathématiques & à la Géographie,

graphie , & il paroît même qu'il fit de grands progrès. Il compofa dans la fuite un traité intitulé ,
Cofmographie , qui forme un volume in-4°. Ce livre
eft fort rare ; il manque dans les meilleures bibliotheques ; je ne l'ai vu que dans celle de Mr. Lieutaud. Orné de toutes ces connoiffances, Fernel étudia
la Médecine dans les Ecoles de Paris ; il y fuivit
les meilleurs Profeffeurs , & y prit fes degrés : c'eft
lui qui a donné le bonnet de Docteur à Gonthier
d'Andernach. Il fe fit bientôt une grande réputation dans
cette Capitale du monde , où les talens percent tôt
ou tard , malgré la cabale & la brigue qui tâchent
de noircir les actions les plus louables ; Fernel en fut
l'objet toute fa vie. Son nom étoit devenu célebre
dans toutes les Ecoles de l'Europe , pendant qu'il
étoit méprifé & raillé de la plupart de fes confreres. Il devint premier Médecin du Roi Henri II ;
c'eft par fes foins que la Reine Catherine de Médicis
devint féconde ; fon art confifta à procurer à la Reine
l'évacuation périodique & naturelle des menftrues.

Les ouvrages latins que Fernel nous a laiffés ,
font extrêmement bien écrits ; on y trouve plufieurs
réflexions qui lui font propres , mais il a beaucoup
puifé dans les ouvrages des Arabes : c'eft ce qui a fait
dire de Fernel , *faces Arabum melle latinitatis condidit.* On trouve dans fes ouvrages quelques objets
intéreffans. La defcription des ligamens de l'épine eft
exacte (a). Il a donné une idée claire des ligamens an-
nulaires du carpe & du métacarpe. Suivant lui la cuiffe
eft reçue par fon extrémité fupérieure dans une très
profonde cavité , & y eft affujettie par un ligament caché dans l'articulation , très fort & très folide ; la capfule articulaire eft très forte, plus en devant qu'en arriere ; vers fon extrémité inférieure elle eft jointe avec le
tibia par une capfule circulaire , & par deux ligamens
croifés qui bornent les mouvemens de la jambe en
avant , & qui lui permettent tous les mouvemens de
flexion. On trouve dans la même articulation deux
ligamens concaves , d'une part , & convexes , de
l'autre , qui s'adaptent aux parties offeufes , fans y

(a) Pag. 7.

être fortement attachés. *Inter imi femoris nodos se conjiciunt*, &c. Les ligamens sont très forts ; nous venons, dit-il, d'en avoir une preuve sur le corps d'un criminel que quatre chevaux n'ont pu écarteler qu'après que les bourreaux en ont eu coupé les ligamens de l'articulation avec les poignards. Les muscles sont les principaux agens des mouvemens ; ils sont composés d'un nombre prodigieux de fibres ou filets liés & distincts les uns des autres ; ils ont un corps, une tête & une queue, & leur figure varie. Le front est recouvert d'un muscle très mince, mais très large ; quelques-uns en ont attribué la découverte à Eustache : ils reconnoîtront leur tort, s'ils lisent cet extrait. Comme Galien, &c. Fernel admet deux muscles pour relever la paupiere supérieure : l'un, dit-il, est placé au grand angle, & l'autre au petit angle de l'œil. Les muscles ont été adoptés par tous les Anatomistes depuis Galien jusqu'à Fallope, qui a reconnu qu'il n'y avoit qu'un muscle destiné à mouvoir la paupiere supérieure.

Il y a sept muscles à l'œil, dit Fernel, quatre droits, deux obliques & un qui embrasse le nerf optique, &c.

Ce qu'il dit des muscles de la tête & de l'épine, est assez éloigné du vrai. Son exposition des muscles intercostaux est plus conforme à la vérité ; il en admet vingt-deux de chaque côté ; les intérieurs relèvent les côtes & les extérieurs les abaissent. Cet usage est opposé à celui que Fallope leur assigne. Nous renvoyons à l'ouvrage de ce grand Anatomiste. Les connoissances que Fernel a sur les autres muscles sont assez exactes. Il a connu l'adhérence que le colon contracte avec le rein droit.

Le mésentere est un repli du péritoine, il est plissé comme une manchette, on le divise facilement en deux membranes, & c'est entre ces deux membranes que sont logés les intestins.

Des arteres spermatiques, la gauche vient du tronc de l'artere aorte, & la droite de l'artere émulgente.

Des veines qui vont aux testicules, la gauche, dit notre Auteur, vient de la partie antérieure de la veine

XVI. Siecle.

1542.
FERNEL.

XVI. Siecle.
1542.
FERNEL.

cave, la droite vient de la veine émulgente. Andernach
n'en favoit pas autant, ce Médecin prétendoit, comme
comme on le verra plus bas, que les deux arteres venoient du tronc même de l'aorte, & les deux veines
du tronc de la cave. Fernel n'a point connu les véficules féminales ; mais il a bien décrit la situation & l'é-
tendue des canaux déférens. Ils prennent, dit-il,
leur origine des épididimes ; rémontent, paffent par
les anneaux des mufcles du bas-ventre, s'enfoncent
dans le baffin, en s'approchant mutuellement ; ils
font collés à la partie poftérieure & inférieure de
la veffie, près de la racine de la verge ; ils fe réuniffent en un feul tronc ; & percent l'uretre, s'ouvrent proche de l'ouverture de la veffie dans l'uretre. Dans le même endroit des ouvrages de Fernel,
on trouve une defcription groffiere & informe des
trompes de Fallope (a).

La matrice, felon lui, reçoit fes arteres & fes veines de la bifurcation de l'artere aorte & de la veine
cave. Fernel fe trompe, il a pris les arteres & veines
hémorrhoïdales pour les vaiffeaux de l'utérus ; il
admet l'exiftence de l'hymen, mais la fituation qu'il
lui affigne n'eft point conforme à lavérité, il eft, dit
il après Mundinus, placé au col de l'utérus ; il auroit dû dire à l'extrêmité inférieure du vagin, &c.

Le bas-ventre eft féparé de la poitrine par une cloifon mufculeufe appellée diaphragme, elle eft percée
de trois trous, un qui donne paffage à l'œfophage, un
autre à l'aorte, & le troifieme à la veine cave ; Fernel
ne parle point des trous qui donnent paffage aux
nerfs. Le péricarde eft une enveloppe membraneufe
du cœur, & qui en a la figure, il renferme une humeur
qui entretient la foupleffe des fibres du cœur ; *quo*
femper cor madefcit, ne forte ardore affiduo torreatur.

Le cœur a la figure pyramidale, d'une part il eft
fous le fternum vers la cinquieme côte ; fa pointe fe
trouve fous le mamelon gauche, on le fent quelque-
quefois frapper les côtes.

Fernel, comme on le voit, connoiffoit avant Vefale
la fituation oblique du cœur. Les autres particularités

(a) Pag. 151.

du cœur ne lui ont point échappé. Il a connu les valvules ; car il désigne exactement leur nombre ; il connoissoit aussi les vaisseaux principaux qui aboutissent au cœur : cependant , sa description , il faut l'avouer à sa honte , est inférieure à celle que Galien en avoit donnée. Son exposition Anatomique du poumon, de la trachée-artere & du larynx est puisée dans Galien & dans Mundinus. Il n'y a rien qui lui soit propre sur le cerveau , au contraire il a laissé en arriere plusieurs objets que Gabriel de Zerbis avoit indiqués ; il auroit pû d'après cet Auteur & d'après Nemesius , décrire la premiere paire des nerfs, ou le nerf olfactoire dont il n'a point parlé. Il a cependant connu le mouvement du cerveau dans le crâne ; ce mouvement se réduit à un gonflement & un resserrement de la substance du cerveau ou des ventricules; c'est à la faveur de ce mouvement que l'esprit vital arrêté , est poussé dans les nerfs. Je parlerai dans la suite des recherches que MM. *Schliting* , *Haller* & *Lamure* ont faites à ce sujet,

Les veines viennent du foie , elles n'ont qu'une tunique qui est de composée de fibres longitudinales.

La veine porte se distribue en gastrique , en mésentérique & en splénique ; celle-ci donne des vaisseaux courts , la gastro-épiploïque , l'épiploïque gauche ; l'hépatique fournit la mésentérique droite , l'épiploïque droite , &c.

La veine cave se divise en veine cave ascendante & en veine cave descendante : l'ascendante va du foie au cœur , & delà à la téte ; elle fournit aux extrémitées supérieures. La veine cave descendante , passe sur la partie latérale droite du corps des vertebres lombaires. La veine cave ascendante fournit les veines spléniques , les médiastines , les coronaires ; elle s'ouvre dans le sinus droit du cœur vers la cinquieme vertebre du dos : la veine cave ascendante donne de sa partie postérieure un seul tronc veineux qui s'insinue sur la partie latérale droite de la poitrine , en se collant aux côtes & très près du corps des vertebres ; on a donné à cette veine le nom d'azygos , veine impaire. Cette veine donne autant de ramifications qu'il y a d'espaces intercostaux : elle va jusqu'au diaphragme ; Fernel n'en dit pas davantage fur cet objet.

Au deſſous de ce rameau veineux la cave aſcendante donne des rameaux à toutes les parties voiſines ; elle ſe diviſe près d'une glande en deux gros troncs, ſavoir les veines ſouclavieres qui paſſent ſous les aiſſelles, & qu'on nomme à cet endroit axillaires.

De celles-ci viennent ſouvent les trois intercoſtales ſupérieures, les mammaires, les articulaires, les muſculaires ; au-dehors elles fourniſſent les ſcapulaires internes & externes, & les thorachiques, &c.

Les veines jugulaires viennent des ſouclavieres ; elles ne forment d'abord qu'un ſeul tronc : elles ſe diviſent enſuite en deux canaux, dont l'un s'enfonce entre les muſcles antérieurs du col, pour pénétrer le crâne : l'autre devient extérieur ; à ſon tour, il ſe diviſe en veine jugulaire antérieure, & en veine jugulaire poſtérieure ; il y a des branches de communication ; & l'on voit des veines rétrogrades qui vont au bras former l'humérale, la céphalique, &c. Les veines jugulaires externes ſe trouvent ſur les parties latérales de la tête ; elles donnent des rameaux au front, à l'occiput, à l'oreille, &c.

Les veines jugulaires internes ſe diſtribuent dans le cerveau, &c. Fernel ne ſoutient pas ici l'exactitude qu'il a montrée dans la deſcription des veines extérieures.

Telle eſt la diſtribution des veines de la tête ; nous allons expoſer celles de l'extrêmité ſupérieure ; la veine axillaire fournit la bazilique & la céphelique. La bazilique eſt ſur la partie interne du bras, la céphalique eſt placée à l'extérieure. Il y a deux veines médianes ; la médiane ſimple & la médiane moyenne.

La veine cave deſcendante fournit les veines adipeuſes, les émulgentes, les ſpermatiques, les lombaires. La veine cave vers la derniere vertébre des lombes ſe diviſe en deux branches ; une qui s'enfonce dans le baſſin, & l'autre qui va aux extrêmités inférieures : on les nomme iliaques. L'iliaque interne donne dix rameaux, Fernel indique les endroits où ils ſe diſtribuent, nous n'en ſavons pas davantage aujourd'hui : j'oſe même aſſurer que pluſieurs Auteurs modernes ne font pas auſſi exacts & étendus ſur cette partie de l'Anatomie, que l'a été Fernel. La crurale donne des branches aux aînes, aux parties latérales externes. Elle fournit intérieurement une branche nommée ſaphene, qui ſe répend ſur la partie antérieure de la cuiſſe & de la jambe ; elle s'enfonce en gagnant la partie externe de la cuiſſe, & ſe place derriere le jarret. Elle fournit la tibiale, la peroniere, &c. ces détails ſont fort exacts. Il y a apparence que Fernel a conſulté les cadavres plus d'une fois. La deſcription qu'il donne des arteres n'eſt point inférieure à celle des veines, nous y renvoyons. On trouvera dans l'ouvrage de Fernel, immédiatement après l'expoſition des vaiſſeaux ſanguins, une méthode de diſſequer, où on pourra puiſer pluſieurs faits intéreſſans pour la pratique de l'Anatomie.

L'ouvrage de Fernel contient auſſi un Traité ſuccint des maladies externes : l'éléphantiaſis eſt décrit fort au long : il y traite de la vérole dans pluſieurs chapitres. L'auteur penſe que cette maladie a commencé de faire des ravages en Europe dans l'Armée des François qui étoient campés près de Naples (a) l'an 1493. Cette maladie ne peut ſe contracter que par le coït, ou bien de naiſſance. Par toute autre eſpece de contact, quelque uſage que l'on faſſe des alimens quelconques, on ne peut acquérir cette maladie. C'eſt une erreur, dit notre Auteur, de croire que cette maladie s'adouciſſe à proportion qu'elle vieillit. Elle eſt, ſuivant Fernel, auſſi dangéreuſe dans le tems que j'écris, qu'elle l'étoit dès ſon origine ; heureuſement, ajoute-il, nous avons un remede ſouverain, ſi nous l'employons à propos ; c'eſt le mercure. On voit par-là que les Italiens ne reſterent pas long-tems les ſeuls poſſeſſeurs de ce remede ; Fernel étoit preſque contemporain de Carpi ; il propoſe le mercure ſous différentes formes, cependant il recommande avec confiance contre la même maladie l'uſage du gayac qu'il nomme l'antivénérien par excellence (b); cependant dans un chapitre différent qui roule ſur le traitement de cette maladie, Fernel donne la préférence aux frictions mercurielles ſur tout autre remede. Le ſuc-

(a) Page 584.
(b) Pag. 523.

cès continuel qu'on en obtient est une preuve de leur valeur. Il ne faut pas trop faire attention à la théorie que Fernel donne des tumeurs ; mais on doit examiner scrupuleusement les especes qu'il établit, les symptomes qui les caractérisent, & les moyens curatifs qu'il propose. On pourroit ajouter à plusieurs traités sur cette matiere, publiés par des Médecins modernes, beaucoup de réflexions de Fernel sur les tumeurs ; mais un tel travail n'est point de notre objet.

Notre Auteur paroît éloigné de toute opération Chirurgicale, ce n'est qu'à l'extrêmité qu'il ordonne d'y recourir. Le trépan exige beaucoup de ménagement : il ne faut le pratiquer, s'il y a une grande fracture au crâne; mais il faut y recourir s'il y a des symtômes fort pressans, & que la fracture soit petite. Il est grand partisan des sutures pour la réunion des plaies, & il décrit différentes aiguilles pour faire cette opération; Fernel donne des preuves de sa capacité dans tous les objets qu'il traite : ses remarques sur le calcul sont sur-tout intéressantes : il ordonne plusieurs remedes internes ; mais il ne dit rien sur l'opération de la taille : voyez son ouvrage intitulé :

Universa medicina , Venet. 1564 in-4°. *Lutetiæ* 1567 in-fol. *Francofur.* 1592 in-fol. 1603 in-8°. 1607 in-8°. *2 vol. Hanow.* 1610. in-fol. *Paris* 1602. *Lugd.* 1645 in-8°. *Genevæ* 1679 , &c.

Joannis Fernelii Ambianatis de naturali parte medicinæ libri septem Henricum , Francisci Galliæ Regis filium (a). Paris 1542. *Venet.* 1547. *Lugd.* 1551.

Dans le premier livre page 14 de cette édition , on trouve l'Anatomie ; & dans le sixieme, page 427 la Chirurgie.

Landi (Bassiano) Médecin, naquit vers le commencement du seizieme siecle à Plaisance en Italie ; il y étudia d'abord les humanités , & fut ensuite à Padoue où il fit sa Philosophie sous le célebre J. B. Montan. Il professa la Philosophie dans cette Ville avec un applaudissement universel , fut ensuite nommé Professeur de Médecine , & l'enseigna avec

(a) Douglas , page 76.

diſtinction juſqu'à la fin de ſa vie, qu'accélérerent des ſcélérats qui lui donnerent ſept coups de bayonnet-tes, dont il mourut le 31 Octobre 1562.

Parmi le grand nombre d'ouvrages que nous a don-né cet Auteur, ſe trouve celui-ci qui a paru ſous deux titres différens

Anatomia corporis humani Bazil. 1542 in-4°. *Francof.* 1605 in-8°.

Sive

De capitis, cerebri, cordis, pulmonis, oſſium, nervorum, membranarum, venarum, arteriarum, muſ-culorum, inteſtinorum, renum, cæterorumque omnium & ſingularum corporis humani partium conſtitutione ac cognitione.

Le volume que nous venons d'annoncer & dont nous allons donner une idée, eſt diviſé en deux li-vres. Le premier ſe borne à une diviſion exacte de la Médecine, & des différentes parties qui la compo-ſent : il comprend ſpécialement l'Anatomie, & l'Au-teur définit de nouveau chacune de ſes parties & les objets qui la concernent. L'os eſt un corps ſec, ter-reſtre, froid & dépourvu de ſentiment ; il en rap-porte le nombre, & fait voir leurs trous, leurs émi-nences & leurs articulations, &c.

Après les os viennent les dents qui ont la même ſtructure qu'eux ; les ongles y trouvent auſſi leur place ; il définit les unes & les autres, & indique leur uſage & leur différence. La moëlle eſt, dit-il, une ſubſtance terreſtre contenue dans les cavités des os qu'elle nourrit. Le cerveau fournit les nerfs qu'il nomme miniſtres des ſens & du mouvement ; c'eſt, ajoute-il, une ſubſtance naturellement froide, humi-de & immobile, quoiqu'elle ſoit ſans ceſſe échauffée par les vapeurs qui y montent. Le cerveau produit les eſprits, & le ſommeil eſt une ſuſpenſion de ſes fonc-tions ; il y a des animaux qui dorment pluſieurs mois de l'année. Landi diviſe le cerveau en trois ſinus, & place dans chacun une opération de l'a-me, & comme il a mal diviſé les opérations de l'a-me, il s'eſt auſſi mal entendu en diviſant le cerveau.

Les nerfs, dit notre Auteur, portent au cerveau

les impreſſions que les corps étrangers font ſur les
organes des ſens auxquels ils ſe diſtribuent & ſe rami-
fient preſque à l'infini. Il y a pluſieurs organes, il y
a auſſi pluſieurs paires de nerfs.

Les veines naiſſent les unes du foie & les autres
du cœur. La différence qu'il met entre les reins & les
arteres, eſt que la veine contient dans ſon ſinus plus
de ſang que l'artere, & que l'artere a plus d'eſprits :
la veine, ajoute-il enſuite, n'a qu'une tunique, au
lieu que l'artere en a deux, excepté celles qui vont
du cœur au poulmon qui varient quelquefois. Le
cœur eſt la partie la plus noble du corps humain, il
eſt le ſiege de la joie, du chagrin, & l'Auteur de la
vie ; la petiteſſe de ſon volume produit la hardieſſe,
& de ſa grandeur naît la timidité.

On voit par ces détails vagues, érronés, vains,
frivoles & ſuperſtitieux, que Landi n'avoit aucune connoiſſance des bons Auteurs qui l'avoient précédé, &
qu'il mérite une place diſtinguée parmi ceux qui ont
retardé les progrès de l'art.

Fumanellus (Antoine) Médecin, fleuriſſoit à Vérone vers l'an 1529 ; il jouit d'une ſi grande réputation qu'il fût appellé en conſultation dans les principales Villes de l'Italie.

Nous avons de lui un grand nombre d'ouvrages ſur
les différentes parties de la Médecine, ils ont tous
eu une grande célébrité dans le monde ſavant : voici
ceux qui ſont de nôtre objet, & qui ſont imprimés
dans ſon grand ouvrage, intitulé :

*Opera multa & varia, cùm ad tuendam ſanitatem
tum ad proffligandos plurimum conducentia.* Tig. 1557.
Magdeburgi 1592 in-fol. ng

*De lepra & elephante morbo, eorumque curatione, li-
bellus.*

*De capitis uſtione, in oculorum & pulmonis morbis
abhumorum de fluxu.*

*De calvaria fractura & ejus curatione, vulnere pec-
toris, & pulmonis phlegmoneque conſilium ſeorſim pro-
dierunt Baſileæ* 1542 in-4°.

CHAPITRE XVI.

Des Anatomistes et des Chirurgiens qui ont fleuri depuis l'an 1543 jusqu'en l'an 1551, ou depuis Vesale jusqu'à Paré.

Epoque intéressante à l'Anatomie, à laquelle on rapporte la plûpart des connoissances, des Anatomistes anciens & modernes.

VESALE.

Il découvrit un nouveau monde avant l'âge de 28 ans.

Senac, Traité du cœur, Tome I. pag. 24.

VESALE (André) l'un des plus savans Médecins & Anatomistes du seizieme siecle, naquit à Bruxelles le 31 Décembre de l'année 1514, sur les cinq heures du matin (a), d'André Vésale, Apothicaire de l'Empereur Maximilien, qui tiroit son origine de la ville de Vesel dans le Duché de Cleves. Ses ancêtres avoient fait de la Médecine une étude particuliere, & se sont rendus recommandables par leurs travaux. *Everard,* son aïeul, nous a laissé de très bons commentaires sur les ouvrages de Rhasis; François Vésale, son frere cadet, se rendit encore célébre dans la Médecine; ses parens l'avoient destiné à la profession d'Avocat; mais il prit malgré eux l'état de Médecin; il disoit qu'il n'avoit rien de plus à cœur que de pouvoir venger un jour les insultes mal fondées qu'on faisoit à son frere André. Dominé par le zele le plus vif & l'ardeur la plus forte de se signaler dans son état, il avoit déja fait des progrès rapides en peu de temps, lorsque la mort mit fin à ses projets en tranchant le fil de ses jours.

Vésale étoit donc né d'une famille qui avoit na-

(a) Voyez l'inscription qui est à son portrait.

turellement un goût décidé pour la Médecine (a); aussi n'épargna-t'elle rien pour lui donner une bonne éducation. On l'envoya dès son bas âge à Louvain pour y faire ses Humanités & son cours de Philosophie. Il fit de rapides progrès dans l'une & l'autre science ; & a été un des plus grands Physiciens du seizieme siecle ; ce qu'il y a de plus admirable en lui, c'est qu'il sut si bien distinguer les cas où il falloit s'abstenir de raisonner, que ceux qui exigeoient des explications physiques, encore en usa-t-il très sobrement. Il savoit parfaitement le grec ; il le parloit, & l'écrivoit avec la même facilité. Sylvius qui se piquoit aussi d'entendre cette langue, en fut jaloux, & accusa André Vésale de se servir de la plume d'autrui. Riolan, plein d'érudition, a adopté le sentiment de Sylvius, & lui a fait le même reproche ; mais ni l'un ni l'autre de ces deux célebres Auteurs ne nous paroît bien fondé. Orné de ces connoissances, Vésale porta ses pas à Montpellier pour y étudier la Médecine : il eut pour condisciple le célebre Tagault. Les grands Maîtres qui enseignoient dans l'Université de Paris, engagerent Vésale à venir dans cette Ville. Il y reçut les leçons des Andernach, des Sylvius, des Fernel, &c. Vésale fit paroître tout le zele qu'il avoit pour la Médecine, & sur-tout pour l'Aanatomie qui étoit la partie à laquelle il donnoit toutes ses occupations : c'est ce zele qui lui fit braver les dangers auxquels il s'exposoit ; tantôt il alloit avec quelques-uns de ses condisciples au charnier des Innocens, tantôt aux fourches patibulaires pour y enlever des cadavres. Il ne se borna pas aux cadavres humains, il ouvrit aussi nombre d'animaux, & par ses dissections fréquentes, par ses méditations profondes sur la nature humaine, & par ses lectures longues & répétées, il surpassa bientôt les plus grands Maîtres. Cependant la guerre qui s'éleva en France obligea Vésale à quitter Paris ; il s'en revint à Louvain, sa patrie, avec le célebre

(a) Manget. post Boerhavium. Bibl. script. Med. Tom. IV. p. 503. Ita sane videatur in Vesalianâ stirpe culta hæsisse Medicina ut in Asclepiadeâ olim habitasse gente, antiquitas notavit.

Frisius Gemma. Les connoissances qu'il avoit acquises dans l'Anatomie le mirent bientôt à même de la professer dans cette Ville avec distinction. Cependant pour être plus à portée de faire des recherches dans l'Anatomie, & se perfectionner de plus en plus, Vésale suivit en 1535 l'armée que l'Empereur avoit levée contre la France ; sa réputation s'accrut. Le mérite ne peut rester long-temps inconnu ; la République de Venise le choisit pour occuper une place de Professeur dans l'Université de Padoue, & il y enseigna pendant sept ans la Médecine, & sur-tout l'Anatomie. Vésale publia en 1539 des planches anatomiques qui ont fait l'admiration des savans ; il fut le premier qui osa dévoiler les erreurs de Galien, tant en Médecine qu'en Anatomie ; avant lui les Anatomistes auroient cru commettre un sacrilege s'ils l'avoient contredit. Cette conduite lui attira nombre d'ennemis ; les préjugés ont eu de tout temps un pouvoir suprême sur les hommes, & quiconque les brave, doit craindre de ne passer, ou pour fou, ou pour téméraire. Toute l'Europe fut remplie des injures qu'on vomissoit contre Vésale. Eustache à Rome, Driander à Marpurg, & Sylvius à Paris, s'éleverent contre lui ; mais sur-tout celui-ci qui employa toutes sortes de calomnies pour le noircir dans l'esprit de ses protecteurs ; au lieu de le nommer Vésalius, comme étoit son nom de famille, il l'appelloit Vésanus : opprobre humiliant pour l'esprit humain ! C'est Sylvius lui-même qui devint fol dans le moment même qu'il osa donner cette épithete au génie le plus droit qu'eût l'Europe. Sylvius accusoit Vésale d'impéritie, d'arrogance & d'impiété ; Fallope seul, fut maintenu dans son devoir : disciple de Vésale, il n'oublia jamais ce qu'il devoit à son maître, & quoiqu'il fût beaucoup plus fondé que Sylvius à critiquer ses ouvrages, puisqu'il avoit des objections si valables à opposer a ses ouvrages, il le fit avec la plus grande modération & le plus grand respect que puissent dicter l'estime & la reconnoissance des bienfaits dont il étoit redevable à Vésale : Fallope parla en Anatomiste instruit, & non en l'homme emporté, jaloux & vindicatif; mais sicelui-ci se maintint dans les regles de la bienféance envers son maître : Véfale obferva envers son difciple les procédés les plus doux & les plus honnêtes. A peine les remarques de Fallope fur l'ouvrage de Véfale furent-elles parvenues en Efpagne, que Véfale s'enferma pour lui répondre ; il prit le parti de l'Anatomie plutôt que le fien, & répondit à Fallope comme un pere auroit répondu à fon fils.

Fallope, cet homme qui s'eft rendu immortel par les vaftes connoiffances qu'il acquit dans l'Anatomie, eft bien éloigné du fentiment de Sylvius ; il ne rougit pas d'être une créature de Véfale, & d'avoir puifé dans l'école de ce grand homme la plupart de fes connoiffances en Anatomie ; il avoue que Véfale n'a pas affez refpecté Galien, ce pere de la Médecine ; mais, dit-il, fes reproches font en général bien fondés. Cependant la réputation de Véfale croiffoit de jour en jour, & il jettoit pour l'Anatomie des fondemens folides & durables, lorfque l'Empereur Charles-Quint, qui l'avoit déja honoré de fes faveurs, le choifit pour fon premier Médecin (a) : ce qui le fixa entiérement à la Cour. Il eut la confiance des Grands, & il donna plus d'une fois des marques non équivoques de fon profond favoir dans la pratique de la Médecine. J. A. de Thou rapporte de lui un fait mémorable ; il dit que Véfale ayant averti Maximilien d'Egmont, Comte de Bures dans la Gueldre, du jour de l'heure de fa mort, ce Seigneur fit préparer un fuperbe feftin, & charger les tables de toute fa vaiffelle, invita fes amis, s'affit auprès d'eux, les convia à faire bonne chere, leur diftribua libéralement fes tréfors ; puis leur ayant dit adieu, fans aucune émotion d'efprit, il fe recoucha & mourut au même temps que Véfale l'avoit prédit.

(a) Sed id infeliciter accidit, & cum maximo damno anatomes, ut poft paucos annos inter anatomicos labores confumtos, cæfar VESALIUM avocaret ad aulam, & expeditiones bellicas. Hinc poft annum ætatis 29, vix quidquam profecit VESALIUS, cum editio fecunda magni operis à prima figuris nufpiam, fermone omnino parùm differat. Haller, Method. Stud. Tome I. p. 501.

Ce trait admirable, qui dénote, s'il eſt vrai, un ſavoir preſque ſurnaturel attira de plus en plus à Véſale la confiance de ſon Prince : malheureuſement il n'en jouit pas long-temps ; Véſale apprit bientôt que les plus brillantes fortunes ſont ſujettes à de grandes révolutions ; un Gentilhomme Eſpagnol qu'il avoit traité, étant mort, Véſal demanda aux parens du défunt la permiſſion d'ouvrir le cadavre ; à peine eut-il enfoncé ſon ſcapel, & ouvert la poitrine, qu'il y vit le cœur palpitant. Cette triſte cataſtrophe parvint aux oreilles des parens qui le pourſuirent, non ſeulement comme un meurtrier, mais ils l'accuſerent encore d'impiété devant l'Inquiſition. Ce Tribunal ſévere alloit le punir de ſon crime, lorſque Philippe II, Roi d'Eſpagne, trouva le moyen de le ſouſtraire à la faveur de ſes Juges, en lui faiſant faire un pélerinage à la Terre ſainte. Véſale ſe détermina en conſéquence à faire le voyage de la Paleſtine ; il paſſa en Chypre avec *Jacques Malateſte*, Général des Vénitiens, & de-là à Jéruſalem. Peu de temps après la mort du célebre Fallope qui ariva vers l'an 1564, le Sénat de Veniſe le rappella pour lui donner ſa place ; mais comme il faiſoit voile pour revenir à Padoue, il fut jetté avec les débris de ſon navire dans l'Iſle de Zante, où ce grand homme, réduit aux dernieres extrémités, mourut de faim (*a*) le 15 Octobre de l'année 1564, âgé ſeulement de cinquante ans. On rapporte qu'un Orfevre ayant, quelque tems après, abordé dans ce même endroit, lui procura la ſépulture, & qu'on voit cette épitaphe gravée ſur ſon tombeau dans l'Egliſe de la Sainte Vierge de cette Iſle.

Tumulus
Andreæ Veſali Bruxellenſis
Qui obiit idibus octobris
Anno. M. D. LXIV.
Ætatis Vero ſuæ L.
Cum hieroſolymis rediiſſet.

A peine Véſale avoit-il atteint l'âge de vingt-cinq

(*a*) Voyez Ambroiſe Paré qui écrivoit neuf ans après cette cataſtrophe.

ans lorfqu'il publia fon ouvrage fur la ftructure du
corps humain, cette production précoce paroîtroit-
fabuleufe fi elle n'étoit atteftée par les Auteurs
les plus dignes de foi. Qu'un Auteur publie à un
âge auffi tendre un ouvrage de littérature, il n'y
a rien d'extraordinaire ; mais qu'il donne un ouvrage d'anatomie fi ample, fi exact, qui fuppofe des
recherches immenfes fur l'homme, & dans un temps
où c'étoit un facrilege de difféquer des corps humains, c'eft ce qu'on ne fauroit comprendre, fans
accorder à Véfale un génie des plus profond, & un
zele des plus outrés pour l'Anatomie. Véfale me
paroît un des plus grands hommes qui ait exifté.
Que les Aftronomes me vantent Copernic ; les Phy-
ficiens, Galilée, Toricelli, &c ; les Mathématiciens,
Pafchal ; les Géographes, Chriftophe Colomb, je
mettrai toujours Véfale au-deffus de leurs héros. La
premiere étude pour l'homme, c'eft l'homme, Véfale a eu ce noble objet, & l'a rempli dignement ;
il a fait fur lui-même, & dans le corps de tous
fes femblables, des découvertes que Colomb n'a pu
faire qu'en fe tranfportant à l'extrémité de l'univers.
Les découvertes de Véfale touchent directement
l'homme ; en acquérant de nouvelles connoiffances
fur fa ftructure, l'homme agrandit, pour ainfi dire,
fon exiftence, au lieu que les découvertes de Géographie, d'Aftronomie ne touchent l'homme que
d'une maniere très indirecte. La maifon de Véfale
fert aujourd'hui de Couvent aux Capucins de Bruxelles. Ces Religieux fe font encore un honneur de
dater leurs lettres *ex ædibus Vefalianis*. On trouve
des gens de goût dans tous les états.

Les ouvrages que Véfale nous a laiffés fur l'Anatomie & la Chirurgie, font :

De humani corporis fabrica libri feptem. Bafileæ
1543, 1555, 1563, in-fol. *Venetiis* 1568, 1604,
in-fol. *Lugduni* 1552, deux volumes in-16, fans
figures. *Tigur.* 1551, 1573, in fol. Paris, 1564.

*Epiftola docens venam axillarem dextri cubiti in
dolore laterum fecandam. Bafil.* 1539, in-4°.

*Suorum librorum de corporis humani fabrica epi-
tome. Bafileæ* 1542, in-fol. 1543, in-fol. Paris 1560.

Coloniæ 1600, in-fol. *Leidæ* 1616, in-4°. *Amſtelod.* 1633, in-4°. avec les remarques de P. Paw. *Amſtelod.* 1617, in-fol. avec des notes de Nicolas Fontanus. *Amſtelod.* 1642. Thomas Gemini a donné une édition de cet ouvrage en Anglois, ſous ce titre : *Compendioſa totius anatomes de lineatione ære exarata.* *Londini* 1545, 1553, 1559, in-fol.

Dé radice chinæ uſu. Baſileæ 1543, 1546, in-fol. *Venetiis* 1546. *Lugduni* 1547, in-12.

Examen obſervationum Fallopii. Venetiis 1564, in-4°. *Madriti* 1561. *Hanov.* 1609. *Marnium* 1609 & 1610, in-8°.

Chirurgia magna in ſeptem libros digeſta. Venetiis 1568, 1569, in-8°. par Proſper Borgarullius.

Conſilium proviſu partim depravato, partim abolito. *Baſileæ* 1583, in-8°.

Opera omnia Anatomica & Chirurgica, curâ Hermanni Boherhave, & B. S. Albini. Leidæ 1725, 2 vol. in-fol.

Véſale fut à Baſle en 1546 pour préſider à une nouvelle édition de ſes ouvrages. Il profita du loiſir que lui laiſſoit ſon ſéjour dans cette Ville, pour préparer un ſquelete d'homme dont il fit préſent au corps des Médecins. On le reçut avecle plus grand plaiſir ; & pour preuve de leur reconnoiſſance, on y ajouta l'inſcription ſuivante qu'on y lit encore aujourd'hui.

Andreas Veſalius Bruxell.

Caroli V. aug. Archiatrus

Laudatiſſ. Anatomicarum

Adminiſtr. Comm.

In hac urbe regia

Publicaturus

Virile quod cernis Sceleton

Artis & induſtriæ ſuæ

Specimen

Anno chriſtiano

M. D. XLVI.

Exhibuit erexitque.

Pour donner avec clarté & méthode une idée des travaux

travaux de Véfale, nous fuivrons le même ordre anato-mique qu'il a fuivi lui-même : en parlant des diffé-rentes parties qui compofent le corps humain, nous verrons ce que notre Auteur a fait ou dit de relatif, & pour faire connoître ce qu'il a de particulier en chaque genre ; je comparerai quelquefois les ou-vrages de Véfale avec ceux de Mr. Winflow qui a fans contredit donné un traité général d'Anatomie des plus complets qui ait paru dans ce fiecle.

L'oftéologie eft la bafe de l'Anatomie ; c'eft par elle qu'il convient de commencer. Les os recouvrent ou font recouverts par les parties molles, leur donnent attache & les mettent à l'abri des injures des corps extérieurs. Véfale a commencé fa defcrip-tion de l'homme par l'expofition des os ; il dit qu'ils font cartilagineux dans le fœtus, & qu'ils fe dur-ciffent avec l'âge. L'os eft de toutes les parties du corps la plus ferme & la plus folide ; c'eft par leur affemblage que le fquelette (a) eft formé ; il y en a de grands, de petits, de ronds, de quarrés, de longs, de plats ; chaque os fe divife en corps & en extrémités ; il a fur chacun d'eux des dépreffions & des éminences, *appendices* ; il y en a de plufieurs efpeces ; notre Auteur les parcourt toutes, & très au long : c'eft dans cette abondante fource que plu-fieurs Anatomiftes modernes ont puifé, & notam-ment Mr. Winflow qui femble avoir prefque tra-duit littéralement de Véfale toutes les généralités fur les os (b). Pour remplir fes différentes fonctions, l'homme ne pouvoit être formé d'une feule piece offeufe ; & afin de concilier la folidité à la foupleffe des parties, l'Auteur de la nature a conftruit fon corps d'un grand nombre de pieces différemment combinées entr'elles : leur affemblage forme le fque-lete ; il y en a de frais, de fecs, d'enfant, d'adulte, d'homme & de femme. Chacun de ces fqueletes con-tient des particularités intéreffantes. Véfale les dé-taille fort au long. Cependant il falloit un ordre dans

(a) De humani corporis fabricâ. edit Bafil. 1543, p. 2.

(b) Confrontez l'ouvrage de Véfale depuis la page 7 jufqu'à la page 11, avec les pages 1, 2, 3, 4, 5, 6, 7 & 8 de l'ouvrage in 4°. de M. Winflow.

l'arrangement de ces pieces offeufes ; les unes deſ
voient être fixes., & les autres mobiles. Véfale nommé
articulation leur rapport mutuel , & leur arrangement fymmétrique. Il y a plufieurs efpeces d'articulations ; le mouvement des pieces eft plus ou moins
grand , plus ou moins libre ; ils fe font en rond , ou
dans une autre direction ; les pieces gliffent les unes
fur les autres ; certains membres font bornés à la flexion & à l'extenfion ; d'autres exécutent des mouvemens latéraux ; il y a des pieces offeufes qui font deftinées au repos , & font fixées par des ligamens plus ou
moins courts ; elles ne font fimplement que s'entre-
toucher , ou bien elles fe reçoivent mutuellement
par des cavités ou des éminences. Pour repréfenter
tous ces objets , Véfale a confacré un très long chapitre. (a) : voyez-en l'extrait dans l'ouvrage de Mr.
Winflow (b). Cet Anatomifte a cependant enchéri
fur ceux du grand Véfale , en ajoutant l'articulation par amphiarthrofe , ou articulation mixte entre
la diarthrofe & la fynarthrofe : divifion bien fubtile,
& qui encore ne lui appartient pas.

La tête fe divife en crâne & en face. La defcription des os du crâne eft plus concife & plus fuccinte
dans l'expofition anatomique de Mr. Winflow que
dans l'ouvrage de Véfale ; cependant à l'exception près
d'un chapitre qui contient des rapfodies (c) , on trouvera dans l'ouvrage de Véfale le même ordre & les mêmes defcriptions générales. Cependant les defcriptions
particulieres de Véfale font moins étendues & moins
fuivies que celles de Mr. Winflow : ainfi l'un gagne
ce que l'autre perd ; c'eft pourquoi il eft néceffaire
de confulter les deux ouvrages fi l'on veut avoir
une idée exacte des os du crâne.

La face , fuivant Véfale , eft compofée de deux
parties qu'on nomme machoires ; la fupérieure qui
eft formée par les douze os fpongieux , & l'inférieure par un feul os affez folide. Galien avoit avancé
que les os de la machoire fupérieure étoient plus
folides que celui de la machoire inférieure ; Véfale

(a) Pag. 11., 12 , 13 , 14 , 15 , 16 , 17.
(b) Pag. 13 , 14 , 15 , 16 , 17.
(c) Page 18.

n'a pas craint de contredire son maître en cette occasion (a).

Vésale comprend sous six paires d'os les douze dont
la machoire supérieure est composée.

Nous connoissons aujourd'hui les os de la premiere paire sous le nom d'os de la pomette ; ceux de
la seconde, sous le nom d'os unguis ; la troisieme
paire comprend les os planum qui sont partie de l'os
ethmoïde, & que Mr. Winslow a compris, avec
raison, avec cet os. Vésale est dans l'erreur ; les os
planum qu'il décrit avec ceux de la face, appartenant à l'os ethmoïde, devroient trouver place parmi
les os du crâne. La quatrieme paire étoit formée
des deux os connus aujourd'hui sous le nom des maxillaires ; la cinquieme, des os quarrés du nez ; la
sixieme, les palatins. Vésale regardoit l'os vomer
& les cornets inférieurs comme des dépendances de
l'os ethmoïde ; & en effet, ces os sont joints à l'ethmoïde chez les enfans, & dans la plupart des têtes
des adultes (b). Vésale ne s'est pas conformé à Fernel
qui regardoit le dernier comme un os particulier. En
décrivant la mâchoire supérieure, Vésale donne une
ample description des sinus sphénoïdaux, des sinus
maxillaires, des ethmoïdaux & des frontaux. Il nie
formellement tout passage des sinus sphénoïdaux dans
la cavité du crâne.

La machoire inférieure est décrite aussi exactement
dans les ouvrages de Vésale que dans ceux de Mr.
Winslow : l'on y voit quelle est l'étendue, la situation & la direction du conduit oblique ; on y trouve
le nombre des alvéoles. Il n'a pas oublié d'avertir
qu'après l'extraction d'une dent, leurs parois se rap-
prochoient, & que ces cavités s'oblitéroient ; il connoissoit aussi les cartilages interarticulaires, & les principaux ligamens de l'articulation (c).

Vésale n'a décrit que deux osselets de l'ouïe, le
marteau & l'enclume ; cependant il dit un peu plus
bas qu'il y en a quatre, dont il ne donne point la

(a) Page 42.
(b) Voyez Santorini, Observation Anatom. pag. 88. Palfyn,
commenté par M. Petit, pag. 75. Tom. I.
(c) Page 25.

Cc ij

dénomination (*a*). Il parle vraisemblablement des deux osselets de chaque côté. Le limaçon, les trois canaux demi-circulaires, n'étoient point connus à Vésale, ou du moins il ne les a point décrits.

Il y a dans l'ouvrage de Vésale (*b*) une assez longue exposition des dents de l'adulte; cependant cette exposition laisse à desirer un grand nombre d'objets intéressans : nous en rendrons compte en parlant de Fallope, d'Eustache, de Duverney, d'Albinus, de Bertin, &c.

Le tronc est composé de trois parties, une commune & deux particulieres; la commune est appellée l'épine; les deux particulieres sont la poitrine & le bassin. Des vertebres, sept servent à former le col, douze, le dos, cinq, les lombes, & environ cinq ou six le bassin, avec un prolongement appellé coccix. Ces vertebres, qui forment la partie postérieure du bassin, sont soutenues ensemble, & forment un os appellé sacrum. Il faut recourir à l'original pour voir quelles sont les courbures de l'épine, comment les pieces s'articulent entr'elles, quels sont les corps qui les séparent, ou quels sont ceux qui les réunissent. Ces objets sont décrits avec la plus grande clarté, la plus grande précision, & la plus grande exactitude.

Il y a communément douze côtes de chaque côté; les unes sont vraies & les autres sont fausses; Vésale donne les figures caractéristiques de chacune d'elles en général & en particulier. On voit dans les planches quelle est leur courbure, leur distance naturelle; quels sont les cartilages qui y aboutissent & qui les lient au sternum; ce dernier os est encore exactement décrit, si on en excepte le trou qu'on y trouve quelquefois, dont Columbus a parlé, & qu'il n'a point connu; d'où je puis conclure que Vésale étoit aussi savant que nous sur cette matiere.

Vésale n'a pas le seul mérite d'avoir décrit le premier avec exactitude la plupart des os de la poitrine, il a encore celui de ne s'être point laissé séduire par la force

_____

(*a*) Pag. 36. Præter quatuor officula auditus instrumentorum constructionem ingredientia.

(*b*) Pag. 46. Voyez aussi l'ouvrage de M. Winslow.

des préjugés qu'on avoit fervilement adopté en Anatomie. Notre Auteur examine tout & veut tout foumettre au témoignage des fens ; conduit par l'efprit de doute, à peine jetta-t-il les yeux fur le cœur de l'homme, qu'il s'apperçut que l'os du cœur, décrit par Galien & les Anatomiftes qui lui avoient fuccédé, étoit un être de raifon : feulement, dit notre Auteur, on voit l'extrémité des vaiffeaux, adhérente au cœur, un peu plus folide & plus épaiffe que ne font ailleurs les parois des mêmes vaiffeaux. On trouve à la jonction de ces vaiffeaux au cœur une efpece de cercle de la nature d'un cartilage, mais qui n'eft jamais offeux (a). Ces réflexions font juftes & déduites de la nature même ; cependant elles n'ont pas été univerfellement admifes après lui.

Les os de l'épaule, fi faciles à décrire, puifqu'ils font fi fenfibles, n'étoient rien moins que décrits avant Véfale : c'eft lui qui le premier a divifé les omoplates (b) en faces, en angles & en bords. Ces divifions font néceffaires, dit notre Auteur, pour défigner l'attache de chaque mufcle. Les apophyfes, coracoïde & acromium, ne font pas feulement indiquées ; mais par la defcription qu'il en a donnée, il les repréfente pour ainfi dire à l'imagination : là elles font courbes, ici elles font horifontales, &c, Cette defcription eft fi claire, que l'Auteur femble les faire appercevoir. La clavicule forme une efpece d'S romain ; elle a deux extrémités, l'une fternale, & l'autre humérale ; entre ces extrémités offeufes, le fternum & l'apophyfe acromium, on trouve deux cartilages diftincts & féparés des os, qui permettent le jeu néceffaire aux parties. Il n'y a que l'homme & les animaux qui fe fervent de leurs extrémités fupérieures pour porter les alimens à la bouche, comme le finge & l'ours, qui aient des clavicules ; elles forment deux arcs-boutans qui éloignent les omoplates de la poitrine : ce qui diminue le frottement des parties ; elles mettent encore les vaiffeaux axillaires à l'abri d'une trop forte compreffion, &c. &c. &c.

(a) Pag. 94.
(b) Pag. 100, 101 & 102.

XVI. Siecle. 1543. VESALE.

Parmi nombre de détails curieux dans lesquels notre Auteur entre en décrivant les os de l'extrémité supérieure, on lit avec plaisir l'histoire des articulations de différens os qui la composent. Vésale parle fort au long d'un cartilage qui est attaché à l'extrémité inférieure du cubitus, & qui est placé entre les os de l'avant-bras & ceux du carpe. Il n'oublie point les ligamens latéraux de l'articulation, & les sinuosités creusées sur les extrémités des os de l'avant-bras qui donnent passage aux tendons fléchisseurs & extenseurs de la main. Bertin ne paroît avoir puisé les principaux faits de sa description des os de l'avant-bras que dans cette source. Les os du carpe sont au nombre de huit ; ils forment un groupe osseux, & sont placés en deux rangées ; un seul est hors du rang : ces os n'ont point de noms particuliers ; leur dénomination est simplement tirée de leur situation ; ainsi il y a le premier, le second & le troisieme, &c. &c.

Les os innominés sont à l'extrémité inférieure ce que l'épaule est à l'extrémité supérieure ; mais en outre ils concourent à former la cavité du bassin qui contient nombre de viscéres. Le bassin est composé des os, *ilium* & *ischium* qui sont chacun au nombre de deux, & de l'os sacrum qui est placé en arrière, & qui est impair. Vésale a regardé l'os *ischium* comme une dépendance de l'os *ileum* (a). Il y a dans le contour du bassin plusieurs ouvertures & plusieurs éminences.

La partie osseuse de la cavité cotiloïde, est décrite de main de maître. Le contour cartilagineux, le ligament rond, & l'échancrure interne, sont indiquées ; Vésale a seulement omis de parler des glandes synoviales dont Clopton Harvers a donné dans la suite une ample description. Ces glandes ont été unanimement admises pendant une longue suite d'années : un Anatomiste moderne, Mr. Lieutaud, révoque en doute leur existence (b).

La description du trou ovalaire, du ligament qui

(a) Os coxendicis, pag. 128.
(b) Anatom. historique, pag. 459.

le bouche , & de la plûpart des muscles voisins est
fort exacte ; l'Auteur n'a cependant point connu l'obturateur externe.

Parmi nombre de détails intéressans , dans lesquels
Vésale entre sur les os de l'extrémité inférieure ,
on lit avec plaisir la description des cartilages ,
sémi-lunaires ; ils ont presque la structure des ligamens , des capsules articulaires de la cuisse ou du
pied. Toujours soumis aux regles de la nature , il
a fait peindre les extrémités inférieures du fémur plus
rapprochées que les extrémités supérieures.

Ce que dit Vésale sur les malléoles , fit naître
des réflexions judicieuses sur la nature des diastases
& des entorses : je prie les modernes de consulter
cet article ; ils y trouveront de quoi se satisfaire.

La description des os du pied n'est point inférieure
à celles du fémur , du tibia & du péroné ; on y
voit que le tarse est composé de sept os ; le pédium
ou le métatarse est composé de cinq. L'histoire des
phalanges est exacte , & celle des os sésamoïdes
n'est pas inférieure. Les os sésamoïdes étoient peu
connus avant Vésale qui en a donné une exacte
description. Ces os , dit-il , naissent sur les extrémités articulaires des os , au-dessous des tendons des
muscles fléchisseurs ou extenseurs ; il y en a qui
forment une espece de coulisse ; quelquefois l'on en
observe deux qui sont liés par le moyen d'un ligament : ces os sont fort communs aux articulations
des doigts de la main & de ceux du pied. Vésale a
aussi donné une exacte description de l'os hyoïde ;
on pourra la consulter dans l'original ; il nomme
cet os , os qui a la figure d'un V.

L'esprit de superstition avoit fait imaginer qu'il
y avoit dans l'homme un os d'une nature toute particuliere ; il n'avoit aucun poids ; il étoit incorrup-
tible , & n'étoit point combustible , quelque violent
que fût le feu auquel on l'exposât. C'étoit de cet
os que la résurrection devoit s'opérer , & un tel usage
lui attiroit du respect & de la vénération ; chaque
Anatomiste vouloit le trouver , peut-être pour lui
offrir son hommage : Vésale plus sage , se contenta

de dire qu'il laiſſoit ſur l'exiſtence de cet os la queſtion
à décider aux Théologiens (a).

La conduite de Véſale n'a rien que de louable ;
en frondant ce préjugé, il devoit craindre l'inquiſition ; en l'adoptant, c'étoit donner une preuve
d'ignorance : le parti le plus ſage étoit d'abandonner la queſtion à d'autres Juges. Le procédé de
Riolan n'eſt pas auſſi digne de louange : quoique
cet Anatomiſte vécût dans un temps éclairé, &
qu'il eût pu dire librement ſon avis ſur cet objet,
comme il le fit ſur pluſieurs autres, il ne rougit point
de conſulter le bourreau pour ſavoir de lui ſi, quand
il brûloit un criminel, toutes les parties étoient con-
ſumées par le feu ; la réponſe fut affirmative (b).

La deſcription des cartilages & des ligamens ſe
trouve compriſe, pour la moyenne partie, dans celle
des os ; il n'y a que les cartilages longs & ceux de
l'oreille, du nez, du larynx & de la tranchée-artere,
qui ſont décrits en particulier (c). Les cartilages tarſes
ſont au nombre de deux ; chaque oreille n'a qu'un
cartilage qui eſt entouré en forme de cornet, &c.
ceux du nez ſont au nombre de cinq, & ſont ſou-
tenus par divers ligamens. Les cartilages du larynx
& de la trachée-artere, ſont décrits au naturel ;
l'Auteur n'a rien dit de particulier ſur la glotte. Voyez
nos extraits ſur Galien, ſur Mundinus, ſur Carpi,
ſur Fallope, ſur Arantius, ſur Morgani, ſur Dodard,
& ſur Ferrein, &c. &c.

Une connoiſſance exacte des os conduit bientôt à
celle des muſcles : ces parties de l'anatomie ont
entr'elles une intime union. Véſale nous a laiſſé une
ample deſcription des muſcles : je ne m'arrêterai
point à ſes généralités ; voici une table ſuccinte de
ceux qu'il a connus.

Parmi les muſcles de la tête, le frontal eſt décrit en
premier lieu, il a ſes fibres obliques, & donne des prolongemens aux paupieres ſupérieures (d). Les paupieres
ont un muſcle orbiculaire, dont les fibres ſe réuniſſent

(a) Pag. 126.
(b) Pag. 621. Manuel Anatomique.
(c) Pag. 150.
(d) Pag. 237.

au grand angle de l'œil. La paupiere supérieure en a deux placés à ses extrémités ; ils proviennent du frontal (*a*). Il y a sept muscles qui meuvent les globes des yeux; quatre droits & deux obliques; les droits s'attachent au fond de l'orbite ; des obliques, l'un est supérieur & s'attache au bord de l'angle externe ; l'inférieur s'attache au fond de l'orbite à l'angle externe. Ces six muscles dégénerent en une membrane qui s'attache à la partie antérieure du globe, & forme l'albuginée. On voit par la description de l'oblique supérieur que Vésale ne connoissoit point la poulie, & qu'il en faisoit deux muscles : aussi il admettoit avec ses prédécesseurs un septieme muscle qui s'attache au fond de l'orbite, près du trou optique, au bord interne, &c. (*b*). Il a déduit la plupart des muscles de la dure-mere, & il a soutenu son erreur dans la réponse aux observations de Fallope : ce qui prouve qu'il n'a point disséqué des yeux d'hommes, ni bien exactement ceux des animaux.

Il n'y a que douze muscles destinés à mouvoir où à former les lêvres ou le nez : le nez en a proprement quatre, la bouche six, qui sont recouverts par deux autres muscles très larges qui couvrent aussi le col (*c*). Ces deux derniers muscles sont extrêmement larges, & sont placés immédiatement sous la peau, & même sont ils adhérens avec elle : ils sont d'un côté attachés à une apophyse des vertebres cervicales, à l'omoplate, & au bord supérieur de la clavicule, presque jusqu'au sternum ; en haut ils se terminent au-dessus des muscles masseters : la direction des fibres de ce muscle n'est pas partout la même ; par divers prolongemens, le muscle large adhere à l'oreille, à la bouche ; il fronce la peau sous laquelle il est placé, lorsqu'il entre en contraction : ce froncement n'est pas bien régulier, parce qu'il y a plusieurs points membraneux dans le muscle, & qui ne se contractent point. Vésale ne donne point de nom particulier à ces deux muscles; nous les appellons aujourd'hui les péauciers : Galien

(*a*) Page 237.
(*b*) Pag. 240.
() Page 244.

les a découverts & les a nommés *platifma myodes*; mais il les a mal décrits ; au lieu que la defcription qu'en a donnée Véfale , eft très exacte ; cependant Véfale auroit dû citer Galien en cette occafion , & lui rendre ce qui lui étoit dû. Depuis Véfale les Anatomiftes ont donné des defcriptions très diverfes du péaucier ; il n'y a prefque parmi les modernes que Mr. Lieutaud qui nous en ait bien indiqué la ftruc-ture (*a*).

Au-deffous de ces deux mufcles fe trouvent deux autres mufcles qui forment le contour de la bouche , aujourd'hui nommés orbiculaires ; à ces mufcles rayonnés vont aboutir deux mufcles qui font attachés aux os des joues ; les Anatomiftes modernes les appel-lent mufcles zigomatiques : en bas fe trouvent deux mufcles particuliers qui s'attachent, d'une part , à la commiffure des lêvres , & de l'autre , à la ma-choire inférieure ; je crois que c'eft le triangulaire. On voit par cette defcription qu'il ne connoiffoit point l'incifif, le canin & le quarré , &c. Les quatre mufcles qu'il accorde au nez font les piramidaux & les myrtiformes ; il en a encore admis deux dans l'intérieur du nez , auxquels il affignoit l'ufage de ferrer les narines. Ces mufcles n'exiftent pas ; Co-lumbus & Ingraffias fon copifte , l'ont relevé de cette erreur ; Vefale les appelle (*b*) intérieurs & latéraux.

La machoire inférieure a huit mufcles pour la mouvoir , quatre de chaque côté ; il y en a trois en haut & un en bas : cette proportion eft bien ob-fervée , peu de force fuffit pour ouvrir la bouche ; le poids feul de la machoire favorife ce mouve-ment , au lieu qu'il faut de fortes puiffances pour appliquer la machoire inférieure contre la fupé-rieure , afin d'exécuter la maftication. On fait que les dents font deftinées à broyer des corps fort durs : ce qu'elles ne fauroient faire fans une action violente des mufcles.

Les mufcles releveurs font le maffeter , le tem-poral & le caché (*c*) ; Véfale entend par-là le mufcle

(*a*) Voyez fes Effais Anatomiques , pag. 139 & 140.
(*b*) Page 244.
(*c*) Mufculus delitefcens.

grand ptérigoïdien. L'abaisseur est un muscle à deux
ventres. Les trois premiers muscles sont mieux décrits que les digastriques. Vésale a pris le muscle
stiloïdien pour la partie postérieure du digastrique :
on s'apperçoit aisément que nous connoissons aujourd'hui un muscle de plus ; c'est le petit ptérigoïdien (a).

XVI. Siecle.
1543.
VESALE.

L'os hyoïde a huit muscles, quatre en haut &
quatre en bas ; des supérieurs, deux viennent du
corps de la machoire inférieure (b), & deux autres
des apophyses stiloïdes de l'os temporal : des inférieurs, deux sont attachés à l'omoplate, & deux
au sternum. Ces huit muscles aboutissent à l'os
hyoïde ; les supérieurs s'emplantent à son bord supérieur, & les inférieurs à son bord inférieur :
Vésale ne paroît pas avoir connu le mylo-hyoï-
dien, ou il l'a confondu avec les muscles voisins.

Il fait venir le coraco-hyoïdien des modernes du
bord supérieur de l'omoplate.

Au-dessus des muscles sternohyoïdiens se trouvent
deux muscles plats & courts qui viennent d'abord
du fond de l'os hyoïde, & qui vont s'attacher au
côté large du tyroïde.

Les muscles dont la langue est composée, ou qui servent à la mouvoir, sont, dit notre Auteur, très difficiles
à développer par rapport à leur entrelacement mutuel.
On peut les réduire au nombre de neuf. Quatre viennent de l'os hyoïde, deux des apophyses stiloïdes de
l'os temporal, & deux de l'os de la machoire ; ceux-
ci sont recouverts d'un autre muscle impair qui fait
le neuvieme de la langue ; des quatre qui viennent
de l'os hyoïde, deux adherent au corps, & les deux
autres aux cornes. Les Anatomistes modernes ont
donné à ces deux muscles les noms de hyo-bazio-
glosse, & de hyo-kerato-glosse, & quelques-uns,
bazio-kerato-glosse, &c. &c. &c. Les deux muscles
de Vésale, qui sont attachés, d'une part, aux apophyses stiloïdes, & de l'autre, à la langue, sont
appellés stiloglosses ; les deux muscles antérieurs de
génioglosses.

(a) Voyez l'Extrait des ouvrages Anatomiques de Fallope.
(b) Page 251. Ils sont distingués & séparés les uns des autres.

Véfale s'eft trompé groffiérement en admettant le neuvieme mufcle, c'eft le mufcle milohyoïdien qui appartient à l'os hyoïde, & non à la langue : il couvre les géniohyoïdiens, & on ne voit pas comment Véfale a pû faire une faute pareille (a) ; du refte, on trouve dans les ouvrages de notre Auteur une defcription ample de la direction, de la connexion, & de la diftribution des fibres mufculeufes dans la langue : Mr. Winflow a puifé dans la même fource.

Les cartilages du larynx, dont j'ai parlé précédemment, ont des mufcles deftinés à les mouvoir. Il y en a de deux efpeces, de propres & de communs ; les propres font au nombre de douze, & les communs au nombre de fix. Ces mufcles font les mêmes que nous connoiffons, fi ce n'eft que Vefale a fait quatre mufcles croifés des deux ary-tenoïdiens croifés ; il a encore admis deux mufcles hyo-épiglotiques qui n'exiftent point dans l'homme : ces remarques nous feroient penfer avec Columbus (b), que Vefale a décrit le larynx du finge pour celui de l'homme.

Vefale a auffi indiqué les ligamens connus aujourd'hui fous le nom de cordes vocales. Les mufcles fervent à dilater ou à rétrecir la glotte, afin de rendre les fons graves ou aigus, &c.

L'ordre que Vefale a fuivi dans tous fes écrits, & qui fait le principal objet d'un ouvrage, le conduit à la defcription des mufcles du bras ; mais avant d'expofer leur ftructure, il indique les principaux mouvemens de l'humérus dans la cavité glénoïde de l'omoplate : ils font au nombre de cinq ; favoir, celui par lequel on approche le bras de la poitrine ; celui qui l'en éloigne, qui l'éleve, qui l'abaiffe ; & le cinquieme mouvement eft celui de rotation, ou le mouvement fucceffif des quatre premiers.

Les mufcles du bras (c) font au nombre de fept ; le premier, appliqué fur les côtés, rapproche le bras de la poitrine : c'eft le pectoral des modernes ; le fecond mufcle a la forme d'un triangle ; il eft placé au haut du bras, &c. c'eft le deltoïde. Le troi-

(a) Page 254.
(b) De re Anatomicâ, pag. 431
(c) Page 262.

sieme muscle de Vesale est aujourd'hui nommé le muscle rond : dénomination vicieuse, puisqu'il n'a nullement cette figure. Le quatrieme porte chez nous le nom de grand dorsal ; le cinquieme, celui de sous-épineux ; le sixieme, celui de sous-scapulaire ; le septieme, celui de sur-épineux. La description de ces muscles est précise & exacte : non seulement leurs attaches sont indiquées, mais on voit encore quel est leur volume, la direction de leurs fibres, leur communication réciproque, & leurs usages particuliers. Vesale a confondu le petit rond avec le grand ; & par conséquent n'a point connu ce muscle : il n'a pas non plus parlé du muscle coraco-brachial. Le bras a encore des ligamens qui l'affermissent ; ils sont au nombre de quatre ; un capsulaire, & trois à bandelettes qui le recouvrent, &c. (a).

L'omoplate, selon Vesale, n'a que quatre muscles ; le premier est placé au-dessous de l'adducteur du bras : c'est le petit pectoral. Le second muscle de l'omoplate est nommé chez les modernes, muscle trapese. Le troisieme, l'angulaire ; le quatrieme, le rhomboïde. Vesale a mis le grand dentelé & le souclavier dans la classe des muscles de la respiration.

Selon Vesale, il y a neuf paires de muscles destinés à mouvoir la tête sur le tronc. Les splénius des modernes forment la premiere paire ; les complexus, la seconde : la troisieme comprend les muscles grands droits postérieurs ; la quatrieme, les petits droits ; la cinquieme, les petits obliques ; la sixieme, les grands obliques ; la septieme les muscles sterno-mastoïdiens, la huitieme & la neuvieme, les quatre muscles que Vesale dit être placés au-dessous du pharynx. Les attaches, les connexions, & les positions de ces muscles, sont très bien décrites. Mr. Winslow met ces muscles dans la classe des muscles du col ; & en effet, cette place leur convient mieux.

Après avoir décrit les muscles qui meuvent la tête sur le tronc, Vesale parle des ligamens qui fixent

(a) Pag. 276.

les vertebres; on y lit entr'autres une exacte description du ligament transversal de la seconde vertebre;
de ceux qui assujettissent l'apophyse ondontoïde
contre l'os occipital, & de plusieurs ligamens tendus
sur les apophyses transverses, ou sur les apophyses
épineuses, &c. (a).

Le bas-ventre a huit muscles de chaque côté;
l'oblique ascendant, l'oblique descendant, les droits
& les transverses. Dans ce chapitre il ne parle en
aucune maniere des muscles pyramidaux; cependant
dans les planches on les voit très clairement exprimés. Les muscles obliques & transverses ne sont pas
absolument mal décrits : cependant Carpi étoit entré
dans quelques détails sur les aponévroses qui sont supérieurs aux siens. On trouve dans le même chapitre
(b) une description des muscles droits de l'homme &
du singe : ils different dans ces animaux, en ce que
chez le singe ils sont beaucoup plus larges; car,
d'une part, ils sont attachés aux premieres côtes, &
de l'autre, aux os pubis. Quelques jaloux (c) de
Vesale lui ont reproché de n'avoir point connu la
véritable structure des muscles droits de l'homme.
Cette imputation est fausse; Vesale a décrit, & ceux
de l'homme, & ceux du singe, & ne les a pas confondus : d'ailleurs il ne faut pas croire qu'il y ait
toujours une si grande différence entre les muscles
droits du singe & de l'homme. J'ai eu occasion de
voir & de démontrer dans l'homme les muscles droits
qui avoient la même longueur du tronc : d'une part,
ils étoient attachés aux premieres clavicules, & de
l'autre, à l'os pubis; ces muscles étoient, en un
mot, dans l'homme tels que Vesale les a fait peindre
dans la cinquieme planche sur les muscles : ce qui le
justifieroit des reproches qu'on lui fait.

L'ordre conduit Vesale à la description des muscles
des testicules de l'homme & de l'utérus de la femme.
Les muscles des testicules ne sont qu'au nombre de
deux de chaque côté; ils viennent du péritoine &

(a) Page 280.
(d) Page 282.
(c) Voyez mes extraits sur Columbus & sur ingrassias,

fe portent aux testicules. L'origine de ces muscles n'est pas telle, dit Vesale, qu'on le croit. Ces muscles sont des productions des petits obliques & des transverses du bas-ventre (a). Les plus grands hommes sont susceptibles d'erreur ; Vesale n'a pas toujours pu s'en garantir, il a sans raison admis des fibres musculaires dans les ligamens de la matrice : ils sont cependant un être de raison.

Les mouvemens de la poitrine dépendent d'un grand nombre de muscles ; il y en a trente-quatre de chaque côté. Aux côtés sont les intercostaux ; un impair, qui forme une cloison entre la poitrine & le bas-ventre, nommé diaphragme ; un couché sous la clavicule (sous-clavier) ; deux sur les parties latérales du col & au haut de la poitrine (scalenes) ; deux au derriere & au haut de la poitrine (dentelés, postérieurs & supérieurs) ; deux en bas & en arriere : ce sont les dentelés postérieurs & inférieurs.

Vesale les a distribués, selon son usage, en paires. La premiere comprend les sous-claviers : dont l'action est très peu puissante pour élever les côtes. La seconde, les grands dentelés ; la troisieme, les scalenes ; la quatrieme, le dentelé postérieur & supérieur ; la cinquieme, le dentelé postérieur & inférieur. Vesale parle ensuite des intercostaux & du diaphragme. On trouvera dans ce chapitre (b) des détails très intéressans pour les Anatomistes. Je voudrois que mon ouvrage me permît de m'étendre plus au long sur une matiere aussi intéressante. Les côtes, le sternum, & les vertebres ont nombre de ligamens : voyez-en la description dans l'original (c).

Le dos exécute quatre principaux mouvemens ; ceux de flexion, d'extension, & sur les côtés ; le quatrieme, où celui de rotation est produit par ces trois successivement répétés. La nature a donné au dos un nombre prodigieux de muscles. Pour en présenter une idée claire, Vesale les range sous huit paires. Il y en a qui meuvent la tête ; nous en avons

(a) Pag. 285.
(b) Pag. 268.
(c) Pag. 294.

parlé. Il y en a d'autres qui meuvent principalement le dos. La premiere paire défigne les mufcles antérieurs droits du col ; la feconde , les fcalenes ; la troifieme , le grand tranfverfaire du col ; la quatrieme , les épineux ; la cinquieme , les facro-lombaires ; la fixieme , le très long du dos ; la feptieme , le quarré des lombes ; la huitieme , le demi-épineux du dos (a).

Cette defcription, quoiqu'un peu minutieufe, eft analogue à celle que *Stenon* nous en a donné ; mais moins diffufe ; ce dernier Anatomifte , au lieu de mettre de l'ordre & de la clarté dans l'expofition de ces mufcles , comme il fe l'étoit propofé , l'a tellement compliquée , qu'il eft impoffible aux perfonnes les mieux inftruites d'y rien comprendre : cependant , felon la fervile coutume qu'ont eu la plupart de nos Auteurs de le copier , cette divifion a été adoptée par un grand nombre d'Anatomiftes.

Les vertebres ont entre leurs corps des couches ligamenteufes ; un ligament qui les revêt en-dehors ; un autre qui les tapiffe en-dedans (b), & un grand nombre de petits ligamens tendus entre les apophyfes tranfverfes , ou entre les apophyfes épineufes, &c.

Vefale revient aux mufcles de la main , & il commence fon expofition par le palmaire : felon lui , ce mufcle ne produit point l'aponévrofe palmaire ; car l'aponévrofe exifte toujours , quoique ce mufcle manque fréquemment : ce qui prouve qu'elle eft indépendante du mufcle.

Les doigts ont vingt-huit mufcles (c) ; le premier eft aujourd'hui connu fous le nom de fublime ; le fecond, le profond ; treize fervent à mouvoir les premieres phalanges des quatre doigts : le pouce a des mufcles particuliers qui le meuvent : Véfale eft le premier Auteur qui en ait donné une defcription convenable. Les Arabes , & Galien lui-même , fe contentoient de dire qu'il y avoit dans la main un tas de mufcles couverts de graiffes. Il étoit réfervé à notre Auteur de

(a) Pag. 299.
(b) Pag. 300.
(c) Pag. 305.

débrouiller

débrouiller ce cahos. Il a connu les interoffeux, les
lombricaux : il faut cependant avouer que quoiqu'il
foit l'Auteur de la plûpart de ces découvertes, il n'a
pas décrit ces mufcles avec la même précifion & la
même exactitude qu'il a décrit ceux des autres parties
du corps.

Vefale eft encore le premier qui ait donné une
exacte defcription du ligament tranfverfal du corps,
des jambes, des doigts, de l'aponévrofe palmaire,
des ligamens articulaires des doigts & des os du métacarpe.

La defcription des mufcles de l'avant-bras qui
auroit dû précéder celle des doigts, fe trouve placée
immédiatement après celle-ci dans l'ouvrage de
Vefale. Il admet quatre mufcles pour mouvoir l'avant-
bras : nous les appellons aujourd'hui le cubital interne & externe, le radial interne & externe : il y
en a encore qui produifent le mouvement de fupi-
nation & de pronation ; nous les connoiffons fous
le nom de long fupinateur, de court fupinateur, de
pronateur rond & de pronateur carré.

Il y a cinq mufcles qui meuvent le cubitus fur
l'humérus ; deux le fléchiffent & trois l'étendent :
le premier fléchiffeur porte aujourd'hui le nom de
biceps. La defcription que Vefale en donne, eft fupérieure à celle qu'en ont donnée plufieurs modernes.
Il indique la véritable attache de ce mufcle autour
de la cavité glénoïde de l'omoplate : ce que n'ont pas
fait la plûpart de fes fucceffeurs qui fe font contentés
de dire que le tendon de ce mufcle du biceps s'atta-
choit au haut de la cavité glénoïde de l'omoplate.
Deux Anatomiftes modernes fe glorifient de la découverte. Le mufcle brachial interne eft le fecond
fléchiffeur de Vefale, & les trois longs anconés forment les trois extenfeurs : Vefale n'a point connu
l'anconé (a).

La verge a quatre mufcles ; deux viennent des
os ifchium, & fe terminent au corps caverneux ;
les modernes les appellent ifchio-caverneux ; les
deux autres font couchés fur l'extrémité inférieure

(a) Pag. 319.

D d

de l'urethre : cette partie du canal est connue sous le nom de bulbe, & les muscles, sous celui de bulbo-caverneux. Les quatre muscles décrits par Vesale, se trouvent dans l'homme, & il est difficile d'en démontrer davantage, on les a multipliés sans nécessité.

La vessie a un sphincter & un muscle composé de fibres longitudinales, placées entre les membranes de la vessie. L'anus a trois releveurs, deux latéraux & un antérieur. L'extrémité de cet intestin est encore muni d'un sphincter (a).

Il y a neuf muscles destinés à mouvoir la jambe. Vesale donne le nom de premier muscle au droit antérieur ; il ne connoissoit point l'attache que ce muscle contracte autour de la cavité cotyloïde : le second est le grêle interne : nous appellons demi-nerveux le troisieme muscle de Vesale ; le quatrieme est appellé demi-membraneux ; le cinquieme, biceps ; le sixieme, couturier ; le septieme, vaste externe ; le huitieme, vaste interne ; le neuvieme, le crural. Vesale parle du muscle poplité dans un chapitre particulier (b) ; il dit que ce muscle ne lui paroît nullement destiné à fléchir la jambe.

Les mouvemens que le fémur exécute, sont l'adduction & l'abduction, la flexion & la rotation ; il y a dix muscles destinés à les produire : on pourroit, ajoute Vesale, les diviser jusqu'au nombre de quatorze. Nous nommons fessiers ses trois premiers muscles ; le quatrieme est connu sous le nom de pyramidal ; le cinquieme, de pectiné ; le sixieme, de psoas ; le septieme est l'iliaque ; le huitieme, le triceps, le neuvieme, le quarré ; le dixieme, l'obturateur interne, dont le tendon est couvert par deux muscles ; nous les nommons aujourd'hui les muscles jumeaux. Dans les planches de myologie (c), on voit les muscles du fascia-lata & le transverse ; la plupart de ces muscles sont décrits avec une précision inimitable. Le grand Albinus

(a) Voyez l'Anatomie de M. Winslow, traité de Myologie, article biceps.

(b) Pag. 239.

(c) Planches 11, 12 & 13.

a vraisemblablement puisé dans cette source.

Le pied exécute (a) ses mouvemens sur la jambe à la faveur de neuf muscles ; cinq placés en arrière, & quatre en avant. Le premier de Vesale est connu aujourd'hui sous le nom de jumeau interne, & le second, sous celui de jumeau externe ; le troisieme est le plantaire grêle. Vesale avertit expressément qu'il est faux que ce muscle produise l'aponévrose plantaire. Nous nommons le quatrieme, le solaire ; le cinquieme, jambier postérieur : il y en a trois attachés au péroné ; ce sont les sixieme, septieme & huitieme : le neuvieme de Vesale est le même que le jambier antérieur. Vesale ne laisse rien à desirer sur ces muscles.

Ceux qui meuvent les os du métatarse, ou les doigts du pieds, ont beaucoup d'analogie avec ceux qui meuvent le carpe & les doigts de la main : on peut les réduire au nombre de vingt-deux. Le premier est placé au derriere de la jambe ; il fléchit les quatre derniers doigts, en s'attachant aux dernieres phalanges. Le second & le troisieme sont congénéres ; ce sont le court fléchisseur & l'accessoire du grand fléchisseur. Ces trois muscles se distribuent aux secondes & aux troisiemes phalanges des doigts du pied ; de maniere que celui qui est inférieur vers la plante du pied, devient supérieur vers les doigts, & que celui qui est supérieur vers la plante, est inférieur vers les doigts. Les tendons du court fléchisseur sont percés, & à travers ses ouvertures passent ceux du long fléchisseur. Les premieres phalanges ont des muscles qui leur sont propres ; Vesale en donne une description fort confuse, & il est très difficile de le comprendre. Le quatorzieme muscle est destiné à étendre les doigts : ce muscle est long & placé au-devant de la jambe & sur les doigts du pied, au-dessous du jambier antérieur (b). Le quinzieme est le releveur du pouce ; le dix-septieme, le court extenseur ou le pédius ; le dix-huitieme, le grand parathenar. Les doigts du pied ont encore

(a) Pag. 146.
(b) Pag. 151. Il n'est point au-dessous, mais à côté entre le jambier antérieur & le grand péronier, Winslow, p. 618.

quatre muscles adducteurs. La description que Vesale
en donne caractérisent les muscles lombricaux (a).

Le bassin & les extrémités inférieures ont nombre
de ligamens ; Vesale en parle fort au long ; il y
décrit ceux qui lient les os pubis entr'eux , ceux qui
fixent l'os sacrum & les os des isles ; ceux qui lient le
fémur dans la cavité cotyloïde, la rotule au tibia , la
membrane qui bouche en partie les trous ovalaires ,
le ligament qui remplit les intervalles que laissent le
tibia & le péroné ; les ligamens propres au pied n'y
sont pas omis ; les transverses généraux ou particuliers y trouvent leur place ; en un mot , l'histoire
des ligamens des extrémités est aussi complette que
celle des muscles , dont Vesale a eu une connoissance
des plus étendues ; il y en a cependant un grand
nombre qu'il n'a pas connus : nous en rendrons
compte en parlant de ses successeurs. La méthode de
disséquer les muscles, de préparer les ligamens , ou
de faire des squelettes , &c. est digne du plus grand
Maître de nos jours.

L'histoire des vaisseaux sanguins fait le sujet de
la troisieme partie de l'ouvrage de Vesale (b). La
veine est une partie instrumentaire ronde en forme
de canal : ses parois sont formées de trois rangs de
fibres ; dont les unes sont longitudinales, d'autres
transverses , & d'autres obliques (c). Il y a dans
leurs cavités quelques membranes que Fallope n'a
pas voulu admettre , ce sont les valvules que *Cannanus* m'a démontrées (d). L'artere est un canal qui se
contracte & se dilate. Aristote , dit Vesale (e) , donnoit aux vaisseaux sanguins une dénomination toute
opposée à la notre. Il nommoit artere ce que nous
nommons veine ; mais par succession de temps , on
a appellé ces canaux artere par rapport à l'épaisseur
& à la densité de leurs tuniques qui sont supérieures
à celles des veines ; cependant elles sont , comme les

(a) Pag. 252.
(b) 257.
(c) L'on a aujourd'hui une idée toute différente sur la structure des veines : voyez la planche 6 de la structure du cœur de
M. de Senac.
(d) Voyez notre Extrait.
(e) Pag. 259.

veines , compofées de fibres obliques longitudinales
& tranfverfes (a), Pour rendre les objets plus fenfibles,
notre illuftre Auteur a fait repréfenter le vaiffeau dans
fon entier , ou ouvert ; on voit diftinctement dans l'artere aorte & pulmonaire les trois valvules fygmoïdes.
Les rameaux prennent obliquement origine du tronc ,
& les éperons des modernes y font très bien exprimés.
Il y a quatre veines & deux arteres ; des quatre veines
deux font dans le bas-ventre ; la troifieme va du
foie au cœur , & la quatrieme du cœur au col, Il
y a deux arteres , la premiere va au poumon , &
la feconde fe diftribue à toutes les parties du corps.
Vefale fait venir ces deux arteres du ventricule gauche du cœur , vraifemblament parcequ'il regarde le
tronc des veines pulmonaires comme une artere (b).
Ces vaiffeaux fe divifent en un grand nombre de
ramifications ; & de peur que les rameaux , par un
effort trop violent du liquide , ne fuffent féparés du
tronc, la nature leur a donné un ferme appui , en
plaçant les glandes par-deffous , comme autant de
fulcres. Toutes les glandes du corps n'ont point la
même ftructure ; il y en a de plus fermes , de plus
rouges, de plus groffes les unes que les autres, &
la plupart font deftinées à verfer un liquide particulier : telles font les glandes pituitaires , les amigdales , les glandes du larynx , de la langue ; la
glande qui eft placée au col de la veffie ; celles qui
fe trouvent au méfentere ; celle qui eft placée fous
le duodenum , & qui le lubrifie par le liquide qu'il
verfe dans le canal inteftinal (c). Vefale parle encore
des glandes du gofier, de celles qui fe trouvent à
la racine de l'oreille (d), apparemment de la parotide,
des maxillaires , des glandes galactophores , des
axillaires inguinales (e), de la luette.

Les inteftins, la rate, le foie, l'épiploon & le méfen-
re reçoivent leurs veines du tronc de la veine porte. La
veine cave ventrale fournit aux reins, aux lombes &
aux tefticules. Les arteres des inteftins , du méfen-

XVI. Siecle,

1543.
VESALE.

(a) Cette defcription n'eft pas conforme à la nôtre.
(b) Pag. 260.
(c) N'eft-ce pas le pancreas.
(d) Pag. 316,

D iij

tere, du foie & de la rate, viennent immédiatement
de l'aorte, &c. Pour ce qui concerne la defcription
particuliere des vaiffeaux fanguins, Vefale n'eft guere
plus avancé que l'étoit *Fernel* fur cette partie de l'A-
natomie, auffi ne répéterons nous point ce qui a été
dit à ce fujet. Il parle cependant d'une double veine
azigos. Il indique plus particulierement la fituation des
veines & arteres coronaires du cœur ; des vaiffeaux
fpermatiques, & des vaiffeaux obturateurs du baffin.
Plufieurs finus & arteres du cerveau font admirablement bien décrits (a) ; la pofition refpective, les en-
trelacemens mutuels des vaiffeaux y font très bien
indiqués ; mais il a commis des erreurs très groffieres en décrivant les arteres carotides épineufes du
méfocolon. Pour connoître plus exactement le travail
de Wius & Vieuffens fur les nerfs, il eft bon d'avoir
une idée de celui de Vefale.

Les nerfs naiffent du cerveau & de la moëlle épiniere, & non du cœur, comme le vouloit Ariftote ;
les rameaux qui vont aux vifceres viennent plutôt du
cerveau (b). Ils different entr'eux par leur nombre,
par leur groffeur, & par leur denfité. Vefale n'admettoit que fept paires de nerfs qui venoient du cerveau, & environ trente paires qui venoient de la
moëlle épiniere. Il n'a point connu les nerfs olfac-
toires. Il forme la premiere paire des nerfs optiques ;
il affure que ces nerfs ne s'entrecroifent point, &
qu'ils ne font que s'entre-toucher en fe recourbant
de l'œil vers les couches blanches médullaires (optiques). Ce qu'il avance eft déduit de la diffection de
deux fujets borgnes de l'œil droit qui avoient le nerf
optique du même côté beaucoup plus grêle que le
gauche qui aboutiffoit à l'œil fain (c). La feconde
paire fournit fept branches qui vont aux mufcles des
yeux (c'eft la troifieme de Vieuffens qui en connoiffoit beaucoup mieux la ftructure que Vefale). La
troifieme paire de Vefale eft la branche ophtalmique, ou la premiere paire de la cinquieme de Vieuf-

(a) Voyez la figure du quatorzieme chapitre.
(b) Page 316.
(c) Page 324.

fens : du refte il la décrit affez exactement. Vefale
prend pour la quatrieme paire de nerfs , la feconde branche de la cinquieme paire : c'eft ce nerf , dit
notre Auteur , qui forme la tunique qui revêt l'intérieure de la bouche. La cinquieme paire de Vefale
comprend le nerf acouftique & la portion dure , ou la
feptieme paire des modernes. Notre Auteur tombe
dans une erreur des plus groffieres ; il déduit de ces
nerfs ceux qui vont à la mâchoire fupérieure & inférieure. La fixieme paire des modernes eft la même
que la huitieme des modernes , il la confond avec le
grand nerf fympathique , & en donne une defcription
très vicieufe. Le nerf hypogloffe , ou la neuvieme
paire de Vieuffens forme la feptieme de Vefale.

Sans faire par lui-même de découverte , notre Auteur auroit pu donner une plus exacte defcription des
nerfs de la tête , s'il eut confulté les ouvrages de Gabriel de Zerbis qui a parlé de la premiere paire ,
ceux d'Achillinus qui a décrit la quatrieme paire , &
ceux de Charles Etienne qui a donné une idée très
claire des ramaux de la cinquieme paire , & qui a
diftingué le nerf fympathique de celui de la huitieme
paire (a). Vefale montre plus d'exactitude dans la defcription des nerfs de l'épine , & de ceux des extrêmités
qui en tirent origine. Ces nerfs font au nombre de 37,
14 paffent par les trous de conjonction des vertébres cervicales ; douze par ceux des vertébres du dos ;
cinq par ceux des lombes ; fix par ceux de l'os facrum. Les nerfs cervicaux forment un entrelacement
aujourd'hui plexus , duquel partent fix nerfs qui fe
portent à l'extrêmité fupérieure , & deux nerfs qui vont
au diaphragme. Les nerfs dorfaux fourniffent aux
côtes & aux mufcles du dos , les lombaires aux mufcles du bas-ventre ; ils fe réuniffent & produifent les
nerfs antérieurs de la cuiffe & de la jambe. Ceux de
l'os facrum forment un plexus duquel part un gros
nerf qui fe répand dans l'extrêmité inférieure (c'eft
le fciatique de Vieuffens). On voit par ce court expofé que les connoiffances de Vefale n'étoient pas fi
bornées fur cette partie de la Névrologie , qu'elles l'é-
toient fur les nerfs qui viennent de la moëlle épinie-

(a) Voyez plus haut l'Hiftoire de Charles Etienne.

Dd iv

re : il est cependant tombé dans de grandes erreurs, Il ne connoissoit point la communication réciproque des nerfs vertébraux avec le grand nerf sympathique, dont il avoit une connoissance très obscure.

La derniere partie de l'ouvrage sur la structure de l'homme comprend la description des visceres. Ceux du bas-ventre sont décrits en premier lieu ; ceux de la poitrine forment le second Chapitre, & ceux de la tête le troisieme.

Le péritoine joue un grand rôle dans la formation des visceres du bas-ventre (a). C'est de lui qu'ils reçoivent presque toutes leurs enveloppes ; en outre il les couvre tous en général & les défend d'une trop forte pression des muscles du bas ventre ; il est divisé en deux lames, l'interne est percée vers les anneaux des muscles du bas-ventre, & l'externe accompagne les testicules ; c'est une erreur que Fernel ni Massa n'ont point commise ; Vesale auroit pu connoître ses ouvrages & ne pas se tromper si grossierement (b), &c.

Le ventricule est le principal organe de la digestion, il ressemble à une cornemuse (c) ; il a deux courbures, une petite supérieure concave, & une inférieure plus grande qui est convexe : deux extrémités, une droite & une gauche ; deux orifices, un supérieur & antérieur, & un inférieur & postérieur ; il y a une valvule à celui-ci (d). Il y a plusieurs glandes dans le ventricule ; Vesale décrit les glandes : il me paroît être le premier qui soit entré dans quelques détails à ce sujet. Le ventricule a deux tuniques, une intérieure & l'autre extérieure, l'extérieure lui paroît musculeuse, &c.

Vesale est ici dans l'erreur sur plusieurs points : il n'a pas indiqué comme Carpi le changement de position des visceres (e). Je ne dirai rien des nerfs & des vais-

---

(a) Page 385.

(b) Voyez l'article de Fernel, de Massa, de Francon, &c.

(c) M. Winslow s'est servi de la même comparaison comparaison.

(d) Selon M. Haller, Meth. Stud. Med. p. 354. Vesale est le premier qui ait parlé de cette valvule qui est dans l'homme un être de raison.

(e) Voyez l'article de Carpi, ou la remarque de M. Haller, Riolan a eu grand tort d'en attribuer la découverte à Douglas.

feaux fanguins que Vefale attribue à ce vifcere, ne connoiffant point le nerf fympathique, il ne pouvoit qu'être très infidele à cet égard.

L'épiploon ou omentum eft placé au-deffous du ventricule ; il adhére au foie, à la rate, au colon & à l'inteftin duodenum. Il s'étend plus ou moins dans divers fujets ; il a la figure d'une bourfe qui eft formée par deux membranes du péritoine ; entr'elles fe trouve de la graiffe qui varie en quantité dans divers fujets : cette graiffe, dit notre illuftre Auteur, eft exprimée des vaiffeaux fanguins dans les cellules de l'épiploon. Comme l'on voit des glandes adipeufes, que des Anatomiftes du dernier fiecle ont fuppofées opatuitement Les vaiffeaux fanguins qui vont à l'épiploon viennent des arteres & des veines voifines, fur-tout de celles qui appartiennent vont à l'eftomach, au foie ou à la rate. Le contour de ces vaiffeaux eft d'un tiffu cellulaire lâche & fans graiffe, ce qui permet aux arteres de fe dilater & fe contracter (a). L'épiploon a encore quelques productions connues fous le nom d'appendices, Douglas a grand tort d'en attribuer la découverte à Riolan (b). Les inteftins font de deux efpeces, les grêles & les gros. Les grêles font au nombre de trois, le duodenum, &c. Vefale a connu l'appendice cœcale, & non la valvule du colon, comme quelques-uns le difent. Il parle des glandes inteftinales ; on ne fait s'il s'agit de celle de Brunner ou de celle de Peyer ; au refte la defcription qu'il donne du canal inteftinal eft très exacte, & peut fervir de modele aux Ecrivains modernes.

La defcription du méfentere mérite d'être lue : c'eft lui qui le premier l'a divifé en méfentere méfocolon, méforeftum, &c.

L'Hiftoire de la rate, du foie & de la véficule du fiel, comprend plufieurs détails intéreffans, & beaucoup plus exacts que ceux qu'avoient donnés les anciens Anatomiftes. L'Auteur remarque que ceux qui périffent de l'éléphantiafis, ou de l'affection hypochondriaque,

(a) Page 497.
(b) Haller. Méthod. Anal. pag. 3540.

ont la rate extrêmement groffe. Il a décrit les ligamens coronaires (*a*), & le ligament gauche du foie;
la defcription des vifceres n'eft point exacte, leur fubftance eft charnue, parfemée de vaiffeaux fanguins
qui portent l'urine, ou des vaiffeaux urinaires qui la
pompent (*b*) & la rapportent dans la veffie, en fe réu-
niffant à un canal appellé urètre. Les urètres font au
nombre de deux, un de chaque côté; ils font placés
derriere le péritoine, en haut ils font larges, en bas ils
aboutiffent à la veffie & la percent obliquement (*c*).

En décrivant la veffie, Vefal défigne exactement
quelle eft fa pofition, quelles font fes connexions;
il l'a divifée en fond & en col: il admet trois tuniques, une mufculeufe & deux membraneufes. L'exiftence du fphincter n'eft point révoquée en doute, &
il parle de la cavité de l'ouraque, comme d'une chofe
démontrée.

L'expofition des parties naturelles de l'homme contient plufieurs faits dignes d'attention. Les tefticules font les vrais organes deftinés à filtrer la femence; ils font formés par un nombre prodigieux de
circonvolutions de vaiffeaux d'un caractere particulier. Cet amas de vaiffeaux forme un peloton de
figure prefque ronde, & par-deffus ce peloton fe
trouve un autre entrelacement de vaiffeaux du même
genre que les premiers Le premier corps eft appellé
didyme, & le fecond épididyme; ils font recouverts
par une forte membrane. Aux tefticules vont aboutir
de chaque côté une artere & plufieurs veines. Des tefticules partent deux vaiffeaux appellés déférens: ces
vaiffeaux remontent & aflent par les anneaux des
mufcles du bas-ventre, & fe placent entre la veffie &
l'inteftin rectum, & adherent au col de la veffie. Il
s'y trouve une maffe glanduleufe qui foutient les vaiffeaux déférens & les empêche de fe dilater un peu
trop. Cette glande a plufieurs ouvertures dans la veffie, elle contient quelquefois de la femence, fur-

(*a*) Pag. 509.
(*b*) Voyez Mundinus.
(*c*) Voyez notre Hiftoire aux articles Carpi, Euftache, Ferri,
Bertin, &c.

tout chez ceux qui ont obfervé une longue continence (a) , &c.

Cette derniere réflexion donneroit à penfer que
Vefale avoit une légere connoiffance des glandes féminales , dont Rondelet donna peu de tems après une
ample defcription. Hippocrate & Carpi en avoient déja parlé fort au long. . . La verge eft compofée de
deux corps caverneux , de l'uretre & du gland qui
en eft une fuite. Il y a deux arteres & une groffe
veine par-deffus , &c. Vefale a connu le verumontanum , le ligament fufpenfoir de la verge , & il en
parle affez au long ; mais il n'a point décrit le feptum
qui fépare les refticules dont Maffa avoit parlé depuis
peu d'années.

Les parties de la génération de la femme font externes & internes. Les externes font le vagin , les
nymphes : dans fon grand ouvrage il ne parle point de
l'hymen : ce n'eft que dans fon examen fur les obfervations de Falloppe , qu'il entre en quelques détails.
Les internes font l'utérus , les refticules & les cornes : ces parties font recouvertes d'une forte membrane ; il n'y a point de cotilédons. L'utérus eft divifé par une forte ligne médiane ; particularité intéreffante à laquelle peu d'Anatomiftes ont fait attention. Du refte , il n'y a rien de particulier à Vefale
fur ces parties. Il n'a pas connu les orifices des
glandes proftates dont Carpi avoit parlé. Il paroît
que Vefale a tiré la plûpart de fes defcriptions de divers animaux , & qu'il a très peu confulté le cadavre
de la femme. L'hiftoire du fœtus eft tronquée ; Vefale ne parle que des enveloppes ; il en admet trois , le
chorion , la membrane allantoïde & l'amnios. Il a
adopté l'ufage que fes prédéceffeurs avoient affigné à
l'ouraque. En traitant des vaiffeaux il a parlé des arteres & des veines ombilicales , &c. Il paffe fous filence
le thymus connu de Carpi (b). Les mamelles font traitées fort au long (c). Vefale y indique leur pofition ,
leur forme & leur ftructure : il décrit nombre de vaiffeaux galotophores qui vont aboutir des mamelles, au-
devant de la poitrine , leur pofition eft très commode

(a) Pag. 524 , 525.
(b) Voyez l'article de Carpi.
(c) Page 543.

pour allaiter les enfans, parceque les meres peuvent les affeoir en même-tems fur leurs avant-bras (a). Les mamelles font douées d'un grand nombre de nerfs qui donnent une extrême fenfibilité aux mamelons, ce qui produit une fenfation agréable à la mere, lorfque l'enfant tette : ainfi la nature a diminué aux meres les peines de la nutrition.

La poitrine renferme les poumons, le cœur & nombre de vaiffeaux fanguins & nerveux ; elle eft tapiffée par une membrane appellée plevre, qui eft formée de deux facs qui s'adoffent vers le milieu de la poitrine, & forment une cloifon remplie de graiffe qu'on nomme médiaftin.

La defcription que Vefale a donnée du cœur eft très ample & très exacte, il en a connu la vraie pofition, & l'a pour ainfi dire remis dans la place dont plufieurs Auteurs, notamment Charles Etienne, l'a- voient tiré. Selon Vefale fa bafe répond au milieu du thorax, & la pointe eft tournée vers le côté gauche, M. de Senac a fait dans fon Livre fur la ftructure du cœur, un extrait des connoiffances que Vefale avoit fur ce vifcere : voici comme il s'exprime (b). " La " figure de cet organe eft pyramidale, ,..., la baze " répond au milieu du thorax ; la pointe tournée vers " le côté gauche, avance vers ce côté ; c'eft-à-dire " que felon cet Ecrivain, la fituation du cœur eft " tranfverfale.

" Le cœur, continue Vefale, eft un mufcle ; mais " les fibres y font plus ferrées que dans les autres ; on " ne peut fuivre ces fibres en les féparant, ni dans " les cœurs bouillis, ni dans ceux qui font dans leur " état naturel ; elles font droites, obliques & tranf- " verfes. Ce qu'il y a de plus fingulier, c'eft que Ve- " fale a obfervé que les couches internes marchoient " à contre fens des fibres externes. Pour donner une " idée de l'arrangement de ces fibres, il les compare à " un tiffu de joncs qu'on rouleroit diverfement, & " dont on formeroit une pyramide. Cette maffe pyra- " midale, ajoute-t-il, eft couverte d'une membrane

(a) M. Petit dans fes cours d'Anatomie, donne la même ex- plication Vefale, page 545.
(b) Traité fur la ftructure du cœur, Tom. I. pag. 24 & fuiv.

>> dé même que la maffe des autres mufcles.

XVI. Siecle.

1543.
VESALE,

» Dans la fubftance du cœur , ajoute Vefale , font
» creufées deux cavités , l'une à droite & l'autre à
» gauche : leur furface interne eft raboteufe, creufée
» par diverfes foffettes , ou enfoncemens ; mais ces
» creux ne percent point la cloifon. Le ventricule
» droit eft plus ample que le gauche.

» Vers la pointe naiffent les colonnes ou les pi-
» liers , felon Vefale. De ces piliers partent des fibres
» qui vont fe rendre aux valvules. Ces membranes
» font attachées aux embouchures veineufes du cœur ;
» elles fortent du contour du cercle , & en avançant
» elles fe divifent. Ces valvules font donc continues ,
» felon Vefale , au tour de leur cercle ou de leur ra-
» cine ; c'eft dans leur progrès feulement qu'elles fe
» féparent.

» Cet Ecrivain remarque qu'il n'y en a que deux
» dans le ventricule gauche , au lieu qu'il y en a
» trois dans le ventricule droit. Ces deux valvules
» font, dit il , plus fortes à leurs bords ; celles du
» ventricule droit font plus foibles : il en part des
» fibres qui ne font point charnues , ce font les filets
» que Galien avoit appellés tendineux.

» Vefale a marqué exactement la différence de ces
» valvules , & des valvules artérielles ; il compare
» ces dernieres qui font dans chaque artere au nom-
» bre de trois , il les compare, dis-je , à trois demi-
» cercles ; il en fixe la pofition à la racine de l'artere
» pulmonaire & de l'aorte ; elles ne viennent pas ,
» dit-il, d'un cercle comme les valvules veineufes ,
» mais les demi-cercles adoffés forment des angles.

» Enfin Vefale décrit les oreillettes , leur figure ,
» quand elles font vuides , & quand elles font rem-
» plies, les replis qu'elles forment, lorfqu'elles font
» relâchées la graiffe qui eft à leur furface externe.
» Trois fortes de fibres , dit-il, entrent dans la ftruc-
» ture de ces facs. Le gauche, ajoute-t-il, eft plus pe-
» tit , il eft auffi plus fort dans les vieillards . . . . . .
» Le grand Vefale a donné un exemple prefqu'inimi-
» table : ce n'eft pas trop dire que fa defcription du
» cœur peut être placée à côté de celle de M. Wins-

» low ; mais elle eſt la premiere , & un modéle peu
» différent de la ſeconde ».

La deſcription que Veſale donne des poumons eſt
très détaillée , & l'Auteur entre dans nombre de détails curieux : je me ſuis déja étendu ſur le larynx.
Ici Véſale parle du méchaniſe de la voix, il nie que le
ſon ſoit produit dans le larynx , comme dans une
flute. *Larynx longè omnium fiſtularum artificium vincit.*

Il dit un peu plus bas que l'air fait l'office d'ar-
chet, *plectrum.* Il n'admet que deux lobes aux poumons , & en cela il ſe trompé groſſiérement. Galien,
Mundinus & Carpi avoient déja dit que le droit
étoit formé de trois, le gauche de deux & demi :
Veſale auroit pu profiter des découvertes de ces grands
hommes. L'inſpection ſeule du cadavre ne ſuſit pas
à un Anatomiſte ; il faut conſulter les ouvrages des
grands hommes qui nous ont précédés : les uns fixent
notre attention ſur un objet, & les autres ſur un
autre, & ce n'eſt qu'en réuniſſant les différentes
deſcriptions, qu'on apprend pour ainſi dire à lire
dans le grand livre de la nature. Veſale a vraiſem-
blament tiré d'un chien la figure qu'il a donnée
de l'aorte & de ſes vaiſſeaux : elle eſt trop droite,
& il n'y a aucune proportion d'obſervée dans la diſtribution des rameaux artériels. Veſale n'a point parlé
du canal artériel, &c. ce qui eſt ſurprenant, puiſqu'il
connoiſſoit le trou ovale ; & cette découverte, faite
à la vérité après Galien, devoit le conduire à l'autre.
Ses recherches ſur le péricarde ne ſont pas bien curieuſes : notre Auteur en donne une courte deſcription ;
il réfute tout mouvement & toute eſpece d'action
de cette membrane ſur le cœur. C'eſt un agent paſſif
qui met ſeulement le cœur à l'abri de la compreſſion
que le poumon pourroit faire ſur lui, ou qui borne
l'extenſion des ventricules & des oreillettes. Veſale
déduit ſes uſages de la ſtructure membraneuſe du
péricarde. Il ſavoit qu'il n'y a que les muſcles qui
exécutent des mouvemens dans la machine humaine,
& que ſans l'action muſculaire, toutes les parties
ſeroient dans un repos des plus parfaits.

Dépourvus des vraies connoiſſances phyſiologiques,
pluſieurs Auteurs du dernier ſiecle, Valſalva, Lan-

cify , Vieuſſens , Baglivi ont propoſé un ſyſtême contraire , & Mrs. Morgani , Senac & Haller ont réfuté
victorieuſement ces rêveries. Je les croyois proſcrites
pour toujours & plongées dans un éternel oubli, lorſque je les ai vu revivre dans les commentaires ſur
l'Anatomie de Mr. Verdier (a).

Le crâne renferme le plus eſſentiel des organes ;
le cerveau, le cerveler, & la moëlle allongée. Le
cerveau ſupérieurement eſt diviſé en deux parties
par une duplicature de la dure-mere ; il a deux
ſubſtances , une extérieure qui eſt cendrée , une
interne qui eſt blanchâtre : celle-ci forme les nerfs.
On obſerve ſur la ſurface extérieure des enfoncemens & des élevations : ce qui forme des ſillons où
ſe trouvent nombre de vaiſſeaux. Le cerveau eſt dix
ou onze fois plus grand que le cervelet , & ils
ſont liés par le moyen de la moëlle épiniere (a).
Au-deſſus du replis membraneux , ou de la faulx des
modernes, la ſubſtance blanche de la partie droite
du cerveau , ſe joint avec la ſubſtance de même nature de la portion gauche. Les fibres s'entrecroiſent
& forment un corps dur : (Veſale le nomme calleux).
Il y a par-deſſus & au milieu une ligne médiane ,
ſur les bords deux ſillons (b) : au-deſſous ſe trouve
un prolongement médullaire qui eſt joint à une membrane qui forme une cloiſon qui ſépare les ventricules ; elle eſt tranſparente à la clarté du jour. Veſale
entre dans des détails plus curieux ſur le *ſeptum lu-
cidum.* Je ne puis le ſuivre dans cet ouvrage ; j'y
renvoie le lecteur.

Il y a trois ventricules dans le cerveau & un dans
le cervelet ; il y en a deux au-deſſous des corps
calleux qui ſont très grands, recourbés en forme de
cornes de belier, rapprochés, étroits en avant &
en arriere , larges vers le milieu ; il y a quatre
paires d'éminences, &c. &c. &c. Veſale donne enſuite
une très ample deſcription des autres parties ; il a
connu les cinq éminences , la glande pinéale, les
teſtes & les *nates.* Le troiſieme & quatrieme ventri-

(a) Pag. 21. Tom. II.
(b) Pag. 631.
(c) Pag. 662.

cule ont leur canal de communication. Il a dit quelque chose, d'obscur à la vérité, sur l'hypocarpe & ses productions, sur l'appendice vermiforme, l'arbre de vie, &c. La description que Vésale donne du cerveau, est enfin, pour le dire en un mot, digne des plus grands éloges : on a très peu ajouté depuis sa mort, & l'on ignore aujourd'hui vulgairement beaucoup de points intéressans que Vesale a saisis : il est cependant tombé dans une erreur, en réfutant Herophile sur la membrane qu'il dit tapisser les ventricules. Cette membrane existe réellement, & plusieurs modernes s'en sont attribué la découverte (a). Les usages qu'il attribue à la membrane, & les canaux excréteurs qu'il désigne, sont chimériques (b). Ses remarques sur les yeux sont intéressantes ; il décrit exactement les humeurs & les replis de l'uvée qu'il dit à tort être percée dans son milieu. Il admet deux chambres ; il divise les membranes de l'œil de celles du cerveau, & il a mal à propos donné au nerf optique la même direction de l'axe de l'œil, &c. &c. &c.

Avant que de finir cet extrait, je dois avertir que Vesale donne, après la description de la partie, le moyen de la préparer & de la démontrer. Cette administration anatomique est presque en tout supérieure à celle que les modernes proposent dans leurs livres d'Anatomie.

Voilà un tableau des connoissances que Vesale avoit de l'Anatomie. Elles sont, comme on voit, très étendues. Je suis entré dans un ample détail, afin d'avoir dans cet ouvrage un point fixe auquel on puisse rapporter la plupart des découvertes que beaucoup de modernes se flattent d'avoir faites.

Les connoissances étendues que Vesale avoit en Anatomie, l'ont souvent conduit dans la partie chirurgicale de la Médecine : il a traité avec succès plusieurs plaies à la tête. On lit dans sa Chirurgie la guérison d'une fistule pénétrante dans la poitrine, dont le Grand Duc de Terre-neuve étoit attaqué depuis très long-temps. Il a guéri plusieurs personnes

(a) Voyez notre Histoire sur Hérophile.
(b) Voyez Schneïder.

qui

qui avoient des épanchemens confidérables fur le
diaphragme. Il n'a point ignoré que chez les enfans
les épiphifes fe féparoient quelquefois du refte du
corps de l'os. Cependant il faut avouer que fa Chirurgie n'eft pas écrite avec le même foin, & n'eft
pas auffi intéreffante que fon Anatomie. Plufieurs
Auteurs, & fur-tout Vanhorne, penfent que la Chirurgie de Vefale n'eft qu'une compilation, fouvent même une traduction des anciens Chirurgiens :
Guy de Chauliac fur-tout s'y trouve d'un bout à
l'autre.

XVI. Siecle.
1543.
VESALE.

   Vefale a fait plufieurs expériences fur les animaux;
il a connu l'extrême fenfibilité de la moëlle épiniere ;
il a auffi lié les arteres, & a vu que la partie la
plus proche du cœur continuoit à battre, au lieu
que la plus éloignée fe vuidoit & n'avoit plus aucune
pulfation (a. Il n'a point ignoré que c'étoit du cœur,
que le fang étoit pouffé dans les arteres, & qu'elles ne
fe dilatoient que par la force du liquide. Il s'eft encore
convaincu que le poulmon n'avoit plus aucun mouvement lorfque la poitrine étoit ouverte ; que l'animal perdoit la voix quand on lioit ou qu'on coupoit
les nerfs récurrens (b). Une expérience plus curieufe
que Vefale a propofée, c'eft de fouffler dans les poumons d'un animal immédiatement après fa mort,
afin de reffufciter les mouvemens du cœur, &c.
&c. &c.

   On trouvera dans notre extrait de l'Anatomie de
Columbus nombre de détails qui ont du rapport avec
l'hiftoire de Vefale.

   Horman (Guillaume) de Sarisburi en Angleterre,
mourut en 1535. Nous avons de lui,

HORMAN.

   Anatomia corporis humani 2 lib.

   Il n'y a que Mr. Douglas qui en parle, & je n'ai
pu trouver cet ouvrage dans les meilleures bibliotheques de Paris.

   Bifianus Landas parle d'un certain Hyllus, Médecin d'Angleterre, & il le dit Auteur de plufieurs
commentaires fur Galien. Douglas eft le feul qui

HYLLUS.

(b) Page 659.
() Voyez Galien & Mundinus, &c.

E e

XVI. Siecle.

én ait fait mention (a). Je n'ai pu me procurer cet ouvrage.

1543.
FORTIUS.

Fortius (Angelus) Médecin de Venise, vécut dans le commencement du seizieme siecle. Il nous a laissé un livre intitulé :

De mirabilibus vitæ humanæ naturalia fundamenta. Venetiis 1543, in-8°. 1555, in-8°.

Cet ouvrage n'est pas mal vu ; l'ordre y est assez observé ; la latinité est claire, & l'on y trouve nombre de descriptions anatomiques assez intéressantes.

DIONISIUS.

Dionisius (Paul) Médecin de Vérone, a vécu dans le commencement du seizieme siecle. Il nous a laissé un traité sur la structure de l'œil en vers hexametres ; il est intitulé :

De materiâ oculi & ejus partibus. 1543 (b). *Aphorismi Hippocratis versibus redditi. Veronæ* 1599, in-4°. (c).

L'Auteur s'est plus occupé à remplir les regles de la prosodie, que celles de la Philosophie qui exige une exposition claire & succinte des objets sensibles : quand on a lu cet ouvrage, on est aussi avancé qu'on l'étoit avant de le connoître : beaucoup de dactiles & de spondées, mais point d'Anatomie ni de Médecine, ou du moins ce qui s'y trouve est peu exact.

DRIVIERE.

Driviere, connu sous le nom de (Jerome Thriviere) Professeur en Médecine dans l'Université de Louvain, naquit au commencement du seizieme siecle dans un Village nommé Brakela, près de Grand-Mont. Il s'acquit beaucoup de réputation par son savoir & par ses ouvrages. Les Auteurs ne s'accordent pas sur le temps de sa mort ; Eloy (d) la fixe en 1554. Wanderlinden (e), Manget (f) & Douglas (g), disent qu'il mourut en 1558. Nous avons

---

(a) Pag. 247.
(b) Douglas Bibliog. Anatom. specim.
(e) Vander-Linden, descrip. Med. & Manget, Bibliotheca scriptorum Medicorum, pag. 181.
(d) Dict. Hist. de la Med. tom. I. p. 302.
(e) Descript. Med p 432.
(f) Biblioth. script. Med. Tom IV. p. 377.
(g) Bibliog. Anatom. specimen, pag. 90.

beaucoup d'ouvrages de lui fur différens objets. Voici celui qui nous intéreffe.

Difceptatio cum Ariftotele & Galeno, fuper naturâ partium folidarum. Antuerpiæ 1543, *in* - 8°. On y a ajouté plufieurs argumens fur lefquels on établit certains paradoxes jufqu'ici ambigus ou inconnus.

Haller (*a*) cite de cet Auteur un difcours adreffé aux Etudiants en Médecine ; il roule fur les deux fectes des Médecins, & fur leurs différentes méthodes; on le trouve encore cité dans plufieurs autres endroits de l'ouvrage de Haller : on peut l'y voir.

Burres (Laurens) Chirurgien du feizieme fiecle, a donné un ouvrage de Chirurgie imprimé à *Erforrt.* 1544, in-4°. (*b*.. Il eft écrit en allemand

Ingraffias (Jean Philippe) Médecin célebre de Palerme, naquit à Rachelburg (*c*) en Sicile en 1510, & fleurit vers l'an 1546 (*d*). Il étoit contemporain de Vefale, d'Euftache, de Columbus, de Fallope & de Cananus. Il fut Profeffeur en Médecine à Padoue, enfuite à Naples ; il devint Philofophe & Médecin du Roi de Sicile, & enfin parvint en 1563 à la place de premier Médecin de Philippe II, Roi d'Efpagne : il remplit tous ces emplois avec honneur & diftinction. Lorfqu'il profeffoit, fes cours étoient fi fuivis, qu'on ne favoit où loger les auditeurs. L'Anatomie fit long-temps fa principale occupation ; mais il s'adonna dans la fuite à la pratique de la Médecine qu'il enfeigna en même temps : moyen unique de faire de bons Ecoliers ; car non feulement il étoit à même de leur faire part du fruit de fes lectures, mais encore de fes obfervations : ainfi il pouvoit, d'après fa propre expérience, donner du poids à Hippocrate, à Galien, à Actius Oribafe, &c. &c. qu'il poffédoit à fonds, & les critiquer lorfqu'ils en étoient fufceptibles. In-

(*a*) Hift. Med. p. 961.
(*b*) Haller. Meth. ftud. p. 721.
(*c*) Rachelburgi.
(*d*) Cette anecdote eft tirée de fes ouvrages même : François Baronius ledit de Palerme, mais il eft dans l'erreur.

graſſias ne fut point l'eſclave, mais le Juge éclairé de ces grands hommes.

On mit en ſa faveur, ſur les murs de l'Univerſité de Médecine de Naples, cette épigraphe.

Philippo Ingraſſiæ, Siculo, qui veram Medicinæ artem, atque Anatomen publicè enarrando, Neapoli reſtituit, Diſcipuli memoriæ causâ. P. P. M. D.

La grande réputation qu'il s'étoit acquiſe le ſuivit par-tout où il porta ſes pas A peine fut-il élevé au rang de premier Médecin du Roi d'Eſpagne (a), en Sicile & aux Iſles voiſines, qu'il jouit des premiers honneurs de ſon état. Il étoit comme le chef & l'arbitre des Médecins; c'étoit lui qui étoit le canal des graces & des récompenſes; il faiſoit ſubir aux Candidats des examens multipliés; & à peine étoient-ils Docteurs en Médecine, qu'il les obligeoit à ſe préparer à un examen de pratique qu'il leur faiſoit ſubir quelques années après. Cette maniere de procéder eſt la ſeule qui puiſſe fournir à la patrie de ſavans Médecins, & des Médecins praticiens. Il y a long-temps qu'on a formé en France un pareil projet : il ſeroit temps, pour le bien public, qu'on l'effectuât.

Cependant Ingraſſias ajouta un nouveau luſtre à ſa gloire, en ſoulageant les pauvres peſtiférés. Il régna en 1575 à Palerme, & dans la plus grande partie de la Sicile, une peſte des plus terribles. Ingraſſias fut chargé de l'inſpection des Médecins, & occupa la place de premier Conſeiller de ſanté. Honoré de la confiance du peuple, il fut jaloux de la mériter; & Ingraſſias prit un ſoin extrême des malades, en guérit le plus grand nombre, & il eut une attention particuliere à prévenir la contagion. Ses ſoins ne furent point ſuperflus; la Ville de Palerme fut preſque garantie de cette cruelle maladie, tandis que ſes campagnes en étoient dévaſtées. En reconnoiſſance de ces bienfaits, cette Capitale de la Sicile lui fit tous les mois une penſion de 250 écus

_____

(a) Voyez Douglas, p. 185, & Manget, T. III. Biblioth. ſcript. Med.

d'or ; mais Ingraffias qui favoit que la vraie félicité
ne fe trouve point dans les richeffes , les refufa ;
il accepte feulement une fomme honnête pour faire
réparer & orner la Chapelle de fainte Barbe qui
étoit dans l'Eglife des Peres Dominicains. Par fes
confeils & fes inftances réitérées , il obtint de la
République qu'on mettroit à fec un lac qu'il y avoit
autour des murs de la Ville , & dont les exhalaifons peftilentielles pouvoient avoir donné lieu au
trifte fléau qu'on venoit de combattre. Pénétrés de
de la valeur des fervices qu'Ingraffias avoit rendus
à la patrie , on l'appella prefque d'une commune
voix l'Hippocrate Sicilien , *Hippocrates Siculus.*

On voit par ces traits recommandables, qu'Ingraffias
fut affable , humain , & doux dans la fociété ; il
ne refufa jamais fon fecours à ceux qui le récla-
merent ; & quoiqu'il fît fa principale occupation de
la Médecine , lorfqu'il étoit chez lui il trouvoit
le moyen de fe nourrir de la lecture des meilleurs
Hiftoriens , des Poëtes grecs , latins & italiens :
accablé de travaux & d'années , il mourut couvert
de gloire le 6 Novembre 1580 , à l'âge de 70 ans ,
& fut enterré dans la Chapelle de fainte Barbe. Les
Médecins , Chirurgiens & Apothicaires de la Ville
fe rendirent au convoi ; le public fuivit en foule ,
en verfant un torrent de larmes : & c'eft-là que
peut-être pour la premiere fois on vit les trois corps
de Médecine fe réunir pour iouer & pleurer le grand
homme qu'on venoit de perdre , & qui étoit également cher à chacun d'eux. Son nom a été célébré
par le plus grand nombre d'Hiftoriens. On en trouvera la lifte dans la bibliotheque des Ecrivains en
Médecine de Manget.

Nous avons de lui plufieurs ouvrages : voici ceux
qui font de notre objet.

In Galeni librum de offibus commentaria. Panormi
1603 , in-fol. *Venetiis* 1604, in-fol.

De tumoribus præter naturam. Neapoli 1553 , in fol.
Venetiis 1568

*Trattato affai bello , ed utile di due moftri nati in
Palermo in diverfi tempi.* 1558. *Panormi* 1560 ,
in-4°.

*Methodus dandi relationes pro mutilatis torquendis,
aut à torturâ excufandis, pro deformibus, venenatifque
judicandis ; pro elephantiacis extra urbem propulfan-
dis, five intus urbem domi fequeftrandis, vel fortaffis
publicè converfari dimittendis.* 1578, 1637, in-fol.
Jatropologia. Venetiis 1544, 1558, in-8°. (a).

Ses remarques anatomiques fur Galien, ne roulent
que fur les os. Il a commenté Galien, & fon ouvrage eft divifé en vingt-quatre livres, qui font
remplis de beaucoup d'érudition. Il a donné une
exacte defcription de l'os fphénoïde & ethmoïde. Il
a connu les finus fphénoïdaux (b), & les trous, orbitaire antérieur, & orbitaire poftérieur ; mais je
ne crois pas que dans le détail de fes defcriptions
il fe pare de la découverte des petites aîles de l'os
fphénoïde, ni qu'il les ait mieux décrits que l'a-
voit fait Galien ; & j'ai tout lieu de m'étonner que
Mr. *Winflow*, & autres Anatomiftes, aient donné à ces petites aîles du fphénoïde le nom de petites
aîles d'Ingraffias. Il y a en Anatomie nombre de dénominations qui ne font pas mieux fondées. Ingraffias
me paroît être le premier Anatomifte qui ait parlé de
l'étrier; Columbus s'en eft arrogé la découverte: auffi
Ingraffias n'a point manqué de la revendiquer, &
de titrer Columbus de plagiaire. Fallope, moins
ambitieux de gloire que jaloux de dire la vérité,
fe dépouille de la découverte qu'il croyoit lui-même
avoir faite, pour l'attribuer à Ingraffias; Coitier, qui
vivoit en même temps, & qui étoit difciple de
Fallope, la lui a auffi accordée (c); Euftache, fi célebre par tant d'autres objets, ne fuivit pas la
même route ; il décrivit l'étrier, & foutint être le
premier qui l'eût connu; Véfale, dans fa réponfe
à Fallope, dit avoir connu cet os à Rome, *in-
duftriâ Romanâ* : que défigne-t-il ? Mr. de Haller

(a) Haller, Methodus ftud. Med. 1105.
(b) Lifez les pages 75, 76, 77, 78. Edit. in-fol. Panormi
1603.
(c) Hæc tria officula prifcis fuere incognita, duo à Jacobo
Carpenti, unum à Johanne Philipo ab Ingraffia Siculo inventum, page 97. de auditús inftrumento.

veut que ce soit Euſtache. Cependant ſi l'on peſe toutes ces circonſtances, & ſi l'on fait attention au nombre prodigieux d'auditeurs qu'eut Ingraſſias quand il profeſſoit à Naples, au grand âge qu'il avoit lorſqu'il travailla à l'impreſſion de ſes ouvrages, au témoignage de Fallope & de Coitier, l'on ne doutera point que la découverte ne lui ſoit due à tous égards : d'ailleurs comment Ingraſſias auroit-il oſé la revendiquer, & accuſer Columbus de plagiat ? Apparemment qu'il étoit ſûr de trouver autant de témoins qu'il avoit eu d'Ecoliers qui l'avoient entendu (a). Ingraſſias parle auſſi fort au long de la cavité du tympan. Il a connu les fenêtres ronde & ovale, le cordon du tambour qui la traverſe, la plupart des éminences qui s'y trouvent, du limaçon & des canaux demi-circulaires ; les cellules maſtoïdiennes ſont auſſi extrêmement bien décrites ; & ſi l'on en juge par une de ſes planches (b), il a

(a) Quo autem modo id oſſiculum primò nobis cognitum fuerit, dum publicè Neapoli theoricam & praticam, ambas medicinæ ſic vocantur partes, atque, anatomen quoque proficemur ; id tertium non invenimus, ſed reperimus ; ipſum enim minimè quærebamus, quia nullam de eo notitiam, neque ſuſpicionem habebamus. Scalpro autem, malleoque auris oſſa percutientes, ut internas cavernulas, & in ipſis contentas ſubſtantias circumſtantibus ſcholaribus noſtris oſtenderemus, ubi jam duo priora oſſicula demonſtraveramus, tertium id oſſiculum, neſcio quomodo in tabulæ plano, caſu potiùs inſpeximus : quod inſpectum, conſideratumque ac adamuſſim perpenſum, non ex accidenti, ſed ex naturæ propoſito factum eſſe decrevimus. Unde autem reſilierit, & quis ejus eſſet uſus ignorabamus. Statim igitur aliorum animalium, præſertimque boum diverſa capita, quæ in macellis non defuerant, diſſecare aggreſſi ſumus, faciliméque ſingulas oſſis in quo auditùs fit partes obſervando, alteri tandem, longiori ſcilicet, tenui orique incudis cruri annexum, pendenſque, id tertium oſſiculum invenimus : indeque quàmprimùm ad humani capitis diſſectionem reverſi, perpetim illud vel clauſis oculis invenimus, cui quidem veſtigando ſtaphæ primum nomen impoſuimus ; quia longe majorem ſimilitudinem hoc oſſiculum habet cum ſtapha, ſeu ſtapede, quàm alia duo cum malleo & incude . . . . cum tamen a quibuſdam noſtris ſcholaribus (ut compertiſſimum habemus) & rem, & nomen, atque uſum, licet imperfectè hunc didicerint, p. 7, 8.

(b) Page 57.

E e iv

———— connu le mufcle du marteau dont on accorde la découverte à Euftache.

L'hiftoire des futures du crâne eft traitée fort au
long, & même jufqu'au minutieux & au fuperflu.
L'expofition des éminences des trous communs ou
propres, fe trouve très détaillée dans le même ouvrage, mais à la vérité d'une maniere peu claire
& peu correcte : on trouve fouvent à la fin ce qui
devroit être au commencement. Avant de finir fur
les os même, nous ferons obferver qu'Ingraffias s'eft
vanté d'avoir le premier obfervé que les fœtus
n'avoient point de finus dans les os du crâne ou
de la face, & que même ces finus étoient fort petits
chez les enfans, mais qu'ils croiffoient avec l'âge.
Fallope avoit déja fait cette remarque avant que
l'ouvrage d'Ingraffias fût publié & il y apparence
qu'elle lui appartient : il auroit cité Ingraffias comme
il l'avoit fait à l'occafion de l'étrier. Ingraffias ne
lui rend pas le même fervice. Parmi nombre d'ufages
qu'il affigne à ces finus, il leur attribue celui de
fervir à la voix, en la rendant plus forte & plus
pleine ; les enfans l'ont très petite & très haute,
parcequ'ils ont ces finus petits ; les adultes l'ont plus
pleine, parceque chez eux ces finus font amples :
il en eft, dit Ingraffias, à l'égard de ces finus,
comme des inftrumens à corde ou à vent qui rendent
un fon d'autant plus grave, qu'ils ont plus de capacité. Ariftote avoit eu une idée à peu près pareille.
Il y a du pour & du contre dans cette explication ;
ce n'eft pas ici le lieu d'en apprécier le vrai & d'en
combattre le vicieux ; je me contenterai de dire que
cette explication a été adoptée telle qu'elle eft par la
plupart des Auteurs qui ont furvécu à Ingraffias ; on
la trouvera fur-tout très détaillée dans l'Anatomie
de Mr. *Deidier*, ancien Profeffeur en Médecine de
Montpellier. L'hiftoire des dents préfente auffi quelques particularités ; l'Auteur a connu leur germe,
les nerfs, arteres & veines qui vont fe diftribuer
dans leurs cavités ; il a admis quatre dentitions,
une qui fe fait chez le fœtus contenu dans la matrice ; les autres trois fe font dans le cours de la

vie : il a connu la membrane qui couvre le germe
de la dent. Ingraſſias a fait graver dans ſon ouvrage
quelques figures ; mais elles ne ſont point originales :
on les trouve dans les ouvrages de Veſale ; il a auſſi
parlé des véſicules ſéminales. Ingraſſias a obſervé
que les femmes avoient les feſles plus dodues &
plus larges que les hommes (a) , & cela provient ,
ſelon lui , de ce qu'elles ont le baſſin plus ample que
celui de l'homme ; les femmes ont auſſi les os des iſles
plus larges , leur épine eſt plus renverſée en dehors ,
& leur cavité moyenne eſt plus bombée extérieurement. Les os pubis des femmes different de ceux
des hommes par deux endroits ; leur extrémité antérieure eſt moins groſſe , & leur apophyſe plus di-
varicante , ce qui rend l'arc antérieur du baſſin plus
grand : il y a une plus grande diſtance des tubéro-
ſités de l'iſchium entr'elles chez les femmes qu'il n'y
en a chez les hommes. Ses remarques anatomiques ſur
les autres os de la charpente , ſe trouvent dans les
ouvrages dont nous avons déja parlé ; c'eſt pourquoi
je n'entrerai point dans des détails ultérieurs.

La Chirurgie d'Ingraſſias renferme quelques particularités curieuſes ; il y parle d'un abcès au cerveau ,
d'un décolement du col du fémur qu'on avoit pris
pour une luxation , d'un empyême guéri en appliquant trois cauteres : il a fait mention d'une dartre
au cœur (b) qu'on trouva à l'ouverture du cadavre :
il dit avoir guéri un hydrocéphale (c) par le moyen
des hydragogues. La Chirurgie d'Ingraſſias eſt remplie de citations tirées des Auteurs Grecs & Arabes ;
il les a combinés les uns avec les autres , & ſouvent
forcé pour ainſi dire leur texte pour l'accommoder
au ſien ; il n'y a preſque point de chapitres dans
tout cet ouvrage , quoiqu'infolio : ce qui en rend la
lecture fort difficile. Dans pluſieurs endroits , Ingraſſias paroît avoir été fort ſuperſtitieux : il parle
de diables qui ſe ſont oppoſés à la cure de pluſieurs
maladies , &c. &c.

(a) Pag. 246.
(b) Schol p. 544.
(c) M. de Haller a indiqué la plûpart de ces objets.

Caius (Jean) né en Angleterre l'an 1510 dans la Ville de Norfoleck, se distingua beaucoup dans la Médecine; il étudia dans son pays, & puis dans l'Université de Padoue, sous le célebre Jean-Baptiste Montan. Il reçut le Bonnet de Docteur à Cambridge, & par son mérite il s'acquit l'estime générale: on le nomma en 1547 Médecin du Roi Edouard VI; il devint ensuite successivement celui des Reines Marie & Elisabeth. Ce grand homme avoit plusieurs belles qualités; entr'autres, il étoit fort généreux, comme on peut le voir par les édifices publics qu'il fit rétablir à ses propres dépens. Il finit ses jours l'an 1573; il étoit âgé de soixante-trois ans. Nous avons de lui plusieurs ouvrages fort estimés: voici ceux qu'il a donnés sur l'Anatomie.

Commentarius in libros Galeni de administrationibus Anatomicis; item in ejusdem librum de motu musculorum; in librum de ossibus ad tyrones; in Anatomiam Hippocratis, &c. Basileæ 1544, in-4°.

Il a remis ces livres dans leur ancienne intégrité; il y a fait quelques corrections, & les a décorés de ses remarques.

Nous avons encore de ce grand homme si heureux & si laborieux à éclaircir les écrits des anciens, un fragment qui manquoit au septieme livre de Galien sur l'usage des parties. Il a encore traduit fort heureusement plusieurs ouvrages de grec en latin. De plus, il a donné une description fort exacte de la fievre qui fit de son temps tant de ravages dans l'Europe. Ses ouvrages contiennent peu d'Anatomie, il n'eût pas trouvé place dans cette Histoire si M. de Haller ne l'eût inféré dans son Recueil.

Houllier (Jacques) Médecin célebre de Paris, qui florissoit vers le milieu du seizieme siecle, étoit d'Estampes, Ville de France dans la Beauce. Il fit une étude particuliere des anciens Médecins, sur-tout des ouvrages d'Hippocrate, dont il nous a laissé un commentaire. Il exerça la pratique de la Médecine avec beaucoup de célébrité: ce qui le mit à même d'acquérir de grandes richesses & de se faire une réputation des plus brillantes. Il eut plusieurs enfans qu'il plaça très honorablement : il y en eut un Conseiller à la Cour des Aides de Paris , qui se distingua par son génie & par son goût exquis pour les sciences : c'est à ce fils que nous sommes redevables de la plupart des ouvrages de Jacques Houllier , dont nous jouissons aujourd'hui ; il présida lui-même à l'édition de plusieurs que son pere n'avoit pu ou n'avoit pas voulu faire imprimer de son vivant. Les soins pénibles de la pratique de la Médecine n'empecherent pas Houllier de professer ses différentes parties ; il s'adonna sur-tout à la partie chirurgicale , & il aida Tagault dans son commentaire sur Guy de Chauliac ; il ajouta même de son chef un traité de matiere médicale qui a été fort goûté. Il remplissoit les devoirs de son état avec un zele extrême : aussi a-t-il fait du bien au public , & par lui-meme , & par les bons Médecins qui sortoient de son école , & dont plusieurs se rendoient recommandables , surtout Louis Duret. Ce savant commentateur d'Hippocrate , Jacques Houllier , mourut l'an 1562 (a).

Nous avons de lui plusieurs ouvrages : voici ceux qui sont de notre objet.

De materiâ Chirurgicâ libri tres. Parisiis 1544 , in-fol. 1552 , 1610 , in-fol. *Lugduni* 1547 , in-8°. *Francofurti* 1589 , in-12. *cum Tagaultio & in collectione Gesneri* 1555 , in-fol.

La matiere médicale d'Houllier est divisée en quatorze chapitres ; dans le premier il traite des répercussifs ; dans le second , des remedes attirans ; dans le troisieme , des résolutifs ; dans le quatrieme , des émolliens ; dans le cinquieme , des suppuratifs ; dans le sixieme , il expose les moyens d'ouvrir les abcès ;

(a) De Thou dans le trente quatrieme Livre de son Histoire parle de lui en ces termes : » c'étoit un homme , dit il illustre » par la philosophie & par la Médecine , comme il étoit riche » & qu'il ne se soucioit pas du gain , qui est fort considerable » pour ceux de cette profession dans cette grande Ville ; il ap- » porta dans la Médecine un jugement si éclairé , par une pro- » fonde meditation qu'il guérissoit heureusement les maladies » désesperées , que les autres qui ne faisoient que fatiguer leurs » mules , en courant de malades en malades , ne connoissoient » pas » .

dans le huitieme, il traite des farcotiques; dans le neuvieme, des dépilatoires; dans le dixieme, des agglutinatifs; dans le onzieme, des efcarotiques; dans le douzieme, il s'occupe de la douleur, & indique les remedes calmans; dans le treizieme, il s'agit de l'hémorrhagie & des remedes qu'il faut employer pour l'arrêter; dans le dernier livre, l'Auteur indique les remedes qu'il convient d'employer dans la plupart des maladies des os.

Cette matiere médicale externe eft en général bonne. L'Auteur a ramaffé dans ce traité ce qu'il y avoit de plus connu, & qu'on avoit écrit fur cette matiere. Il a évité la confufion qui regne dans les écrits de la plupart des anciens, & il a éprouvé la plus grande partie des remedes qu'il indique. Ce qu'il dit fur les abcès & fur la maniere de les ouvrir, mérite d'être confulté. Dans toutes fes defcriptions, l'Auteur donne des marques de fon profond favoir en littérature & en Médecine. Ce livre eft par-tout écrit avec beaucoup d'ordre & de clarté : j'en confeille la lecture.

Willich (Joffé) né à Refel en 1501, ville de la Province de Varmeland dans la Pruffe, fe diftingua beaucoup parmi les Médecins de fon temps; il fut d'abord reçu Maître ès Arts à Francfort fur l'Oder; il expliqua enfuite publiquement dans cette Ville les bucoliques de Virgile, & fit imprimer des commentaires qu'il avoit faits fur cet ouvrage. Moreri, au lieu de Francfort, dit Erfort (a). Linden (b) dit qu'il n'y profeffa que pendant quelque temps. Et 1524 il fut nommé Profeffeur de grec dans l'Univerfité de cette Ville; on dit même qu'il fut Recteur. L'an 1541 on le reçut Docteur & Profeffeur en Médecine dans la même Univerfité; il étoit pour lors âgé de quarante ans; il mourut onze ans après l'an 1552, & le cinquante-unieme de fon âge. Il avoit excellé dans toute forte de fcience; il s'étoit fur-tout appliqué à l'interprétation des œuvres d'Hippocrate; & l'habileté qu'il montra dans ce genre d'écrire, auroit fuffi

(a) Diction. Hift.
(b) Pag. 707. de fcript. Med.

pour lui gagner l'estime de tout le monde, s'il ne se la fût pas déja acquise par mille autres belles qualités.

Il laissa en mourant un fils de son nom, qui fut comme lui, grand Philosophe & Médecin célebre ; il mourut à Francfort sur l'Oder le 5 Juillet 1590. Nous avons du pere un ouvrage anatomique, intitulé :

Commentarius Anatomicus, seu diligens omnium partium corporis humani enumeratio, cum dialogo de locustis. Argentor. 1544, in-8°.

Cet ouvrage, selon Mr. Haller, est extrait de ceux de Galien : en voici une notice ; on pourra les comparer. L'épitre dédicatoire qui est à la tête de ce commentaire, fait un détail des écrits qu'il a composés ou qu'il doit publier ; il y promet de donner dans la suite, sur l'Anatomie, des ouvrages plus exacts que son commentaire. Je doute fort qu'il ait tenu sa parole, ou du moins s'il l'a fait, nous ne connoissons point ce qu'il a écrit.

Le commentaire contient une succinte description de toutes les parties du corps humain, par demandes & réponses. Il est divisé en quatre livres. L'Auteur examine d'abord quelles sont les parties du corps ; combien il y en a, ainsi que de cavités, & comment il faut diviser la basse région du ventre ; il passe ensuite à la description des muscles de l'abdomen, traite du mésentere, du péritoine, des intestins, des reins, du foie, de la rate, de la vessie, de la verge, des testicules, des vaisseaux de la semence des hommes & des femmes, & des enveloppes du fœtus. Il compare la veine-cave à un aqueduc, d'où le sang sort par de petits tubes pour aller se distribuer à toutes les parties du corps ; il passe ensuite au cœur qui est divisé en pointe & en base ; il fait l'énumération des côtes, il traite du sternum, des cartilages & des membranes de la poitrine, du médiastin, de la plevre ; il donne la figure des poumons & indique quelle est leur substance & les vaisseaux qu'ils ont. On trouve encore vers la fin de ce commentaire quelques notes sur l'âpre arcere , &c. & le chemin qu'elle fait pour aller au col & à l'épine.

Cet Auteur ne manque pas de donner quelquefois dans certaines explications puériles qui mettent quelqu'obſcurité dans ſon ouvrage , qui , comme l'a dit Mr. de Haller , eſt un extrait pur & ſimple de ceux de Galien.

Bucca-Ferrei , ou Bocca-di-Ferro (Louis) de Boulogne , célebre Philoſophe , qui vivoit dans le ſeizieme ſiecle , étudia ſous Alexandre Achillini , & s'attacha à la Médecine ; il fut engagé à enſeigner la Philophie , & il le fit avec tant de ſuccès , qu'on le regarda comme le plus grand Philoſophe de ſon ſiecle. Deux Cardinaux de la maiſon de Gonſague , ſes écoliers & ſes amis , lui procurerent des bénéfices , & lui perſuaderent d'aller à Rome ; ce qu'il fit ſans héſiter , & y fut très bien accueilli ; il y enſeigna depuis l'an 1521 juſqu'en 1526 que cette ville fut priſe par les Impériaux. Il retourna à Boulogne où il reprit ſes exercice , aimé , eſtimé & honoré de tout le monde. Il y mourut le 3 Mai 1545 , âgé de ſoixante-trois ans. Nous avons de cet Auteur ,

Oratio de principatu partium corporis.

Ce diſcours ſe trouve dans l'apologie de François Puteus , pour Galien , contre André Veſale.

Il ſe trouve encore dans le traité de Gaſpard Hoffman , intitulé , *pro veritate* , imprimé à Paris en 1647. Il n'a que trois pages & demie in-4°. & ne contient rien de particulier.

Paulus Juliarius , Médecin célebre de Verone , floriſſoit vers le milieu du ſeizieme ſiecle. Nous avons de lui deux ouvrages de Chirurgie , intitulés :

De vulnerum capitis curatione libellus. Verona 1581, in-4°. in-12. *Venetiis* 1549 , & ſe trouve à la bibliotheque du Roi. *De lepra & ejus curatione. Verona* in-12. 1545.

Ce traité n'eſt point annoncé dans les ouvrages de Vanderlinden ; il ſe trouve , comme le précédent , à la bibliotheque du Roi.

L'ouvrage des plaies à la tête ne contient que cinq pages ; l'Auteur y expoſe en abregé les principaux symptomes qui surviennent à la suite des fractures du crâne. Il ordonne l'opération du trépan, dans le cas de fracture avec épanchement, & le proscrit dans toute autre circonstance : le contact de l'air est dangereux au cerveau & à la dure-mere, & il ne faut exposer les parties à ses influences que dans des cas de nécessité absolue.

Les Auteurs qui ont écrit sur la lépre étoient, selon lui, peu au fait de la question, comme dans la plupart des autres maladies : ils ont écrit sans trop savoir ce qu'ils faisoient ; la plupart ont fait consister, c'est toujours Paulus Juliarius qui parle, leur mérite à publier de gros volumes dans lesquels le lecteur se perd (a). Les Arabes seuls ont fait tant d'especes de lépres, & se sont servis d'un si grand nombre de termes pour les caractériser, qu'ils ont mis de la confusion dans les choses les plus simples ; quoique l'éléphantiasis fût une maladie différente de la lépre, ils l'ont regardée comme une & même maladie. On s'attendroit à ce début, que Paulus Juliarius va donner des signes caractéristiques de chacune de ces maladies ; mais il se perd dans des raisonnemens fastidieux : l'une vient, suivant lui, de la bile, l'autre de la mélancholie : par une autre inconséquence, il prescrit un même traitement à deux maladies qu'il croit différentes ; les saignées, les purgations & les emplâtres qu'il indique, sont les remedes qu'il prescrit sans choix & presque sans indications. Ce traité n'a que six pages. Si l'Auteur se fût rendu justice, il auroit du craindre qu'en condamnant au feu les ouvrages des plus grands hommes qui l'avoient précédé, il ne prononçât lui-même sa condamnation ; car son livre n'est point digne d'être à côté de ceux même qu'il a condamnés aux flammes.

Gorris (Jean de), en latin Gorreus, Médecin célébre, fleurissoit dans le seizieme siecle, né en 1505,

(a) Ego vero artis prolixitatem cognoscens, longiorem efficere non erubescerem, eoque magis quod me palam dicentem audierint, longè meliùs futurum pro humanâ salute si præter Hyppocratem & Galenum, paucis dumtaxat exceptis, omnes libri qui de medicinâ editi sunt igne comburerentur.

étoit de Paris, & fils de Pierre de Gorris de Bourges, Médecin. On peut dire, dit Scevole de Sainte-Marthe, qu'il posséda parfaitement les deux chofes les plus néceffaires pour former un excellent Médecin, car il favoit très bien le grec, & avoit une parfaite connoiffance des fecrets de la nature. On la regardé comme un des plus grands Poëtes Latins ; il traduifit les Œuvres du Poëte Nicandre de grec en latin, & y a ajouté fes notes ; il publia les définitions de la Médecine. Il avoit préparé d'autres ouvrages dont il auroit enrichi cette fcience ; mais un fâcheux accident qui lui arriva le détourna de fon objet. Des foldats armés qui arrêterent un caroffe dans lequel il étoit, lui firent tant de peur, qu'il en devint comme tout perclus de fes fens. Ce favant homme vécut plufieurs années dans cet état déplorable, & mourut en 1577, âgé de foixante & douze ans. Nous avons de ce célebre Auteur,

Hippocratis Coï medicorum principis de geniturâ & naturâ pueri libellus. Parifiis 1545, 1564, *in-4°.* page 83.

Il a donné avec cet ouvrage de favantes remarques en grec & en latin, dans lefquelles il tâche d'expliquer pourquoi la mere eft en général deftinée à accoucher au bout de neuf mois, &c. La feule entreprife de l'Auteur fera regarder fon livre plutôt comme un roman que comme un ouvrage de Médecine.

Definitionum medicarum lib. 24, *litteris græcis diftincti. Parifiis* 1564, *in-fol. Francofurti* 1578, 1601.

Ce dernier ouvrage, qui a été admiré de tous ceux qui l'ont vu, & qui probablement ne le fera pas moins de ceux entre les mains defquels il tombera dans la fuite, eft un lexicon des termes de Médecine, dérivés du grec, avec une explication & comparaifon des autres Auteurs claffiques.

Gemini (Thomas) s'établit à Londres, étoit un ouvrier étranger qui gravoit avec beaucoup d'induftrie. Il grava le premier fur du cuivre les figures d'André Vefale, qui deux ans auparavant avoient paru en Allemagne fur du bois. Cet homme poffédoit l'art de graver dans une grande perfection ; mais

il

Il s'eſt rendu très blâmable en ſupprimant le nom de Veſale, & en aſſurant que les deſſeins étoient de ſon invention (a). Il donne dans ſes tables une deſcription de toutes les parties du corps humain qu'il a tirée de l'épitome de Veſale : a ajouté la même explication que lui, & doit en remercier Mr. Udel & d'autres Docteurs qui lui ont ſervi de pédagogues, car il étoit auſſi ignorant dans l'Anatomie que dans le latin & l'anglois, dont il n'avoit aucune connoiſſance.

Il y a eu trois éditions de cet ouvrage : la premiere parut en latin ſous le regne de Henri VIII; la ſeconde, qui fut donnée ſous Edouard VI, étoit écrite en anglois; la troiſieme, auſſi écrite en anglois, parut du temps de la Reine Eliſabeth. Cet ouvrage eſt intitulé : voyez les ouvrages de M. Eloy.

Compendioſa totiûs Anatomiæ delineatio ære exarata per Thomam Geminum. Londini 1545, in-fol. page 140.

Il fut traduit en anglois à Londres en 1553, in-fol. & en 1559.

Riviere (Charles, de la) Chirurgien qui vivoit vers le milieu du ſeizieme ſiecle, a donné une traduction des ouvrages de Charles Etienne ſur la diſſection des parties du corps, a compoſé les planches qui s'y trouvent, & y a ajouté quelques réflexions anatomiques.

Gomezius (Alphonſe) étoit Chirurgien de Seville; il naquit vers le commencement du ſeizieme ſiecle. Nous avons de lui un livre intitulé :

De tumorum præparatione. Hyſpali. 1546, in-12.

Ce livre eſt fort rare ; je n'ai pu me le procurer.

Bucoldianus (Gerard) eſt l'Auteur du traité ſuivant.

De puellâ quæ ſine cibo & potu vitam tranſigit, brevis narratio. Pariſiis 1547, in-8°.

Fieſſelle (Philippe) étoit Docteur en Médecine de la Faculté de Paris, dont il ſoutint vivement les droits contre tous ceux qui oſerent les enfreindre.

Nous avons de lui un ouvrage ſur la Chirurgie, intitulé :

(a) Dictionnaire de l'Encyclopedie, p. 413. Tome I.

F f

Chirurgie rationelle. A Paris, in-8°. 1553. Cette édition est connue de tous les Historiens. Il y en a une autre plus ancienne à la bibliotheque du Roi ; elle est de 1547, chez Jacques Gaulterot. Cet ouvrage est dédié au Cardinal Chatellan, & l'épitre dédicatoire est en latin, quoique l'ouvrage soit en françois. Cet ouvrage est de peu de conséquence ; l'Auteur l'a rempli de définitions des tempéramens & des humeurs ; tantôt c'est la mélancholie ; tantôt c'est de la bile qui domine, &c. &c. Cet ouvrage peut donc tout au plus être rangé parmi les livres inutiles.

Mr. Flesselle étoit communément consulté dans tous les cas chirurgicaux ; & en effet, il avoit des connoissances dans cette partie. Ambroise Paré (*a*) rapporte de lui un fait singulier.

» Mr. Flesselle, dit-il, Docteur en la Faculté de
» Médecine, homme savant & bien expérimenté,
» me pria un jour de l'accompagner au Village de
» Champigny, deux lieues près de Paris, où il avoit
» une petite maison ; où étant arrivé, cependant
» qu'il se promenoit en la cour, vint une grosse
» garce, en bon point, lui demanda l'aumône
» en l'honneur de M. Saint Fiacre, & levant sa
» cotte & chemise, montra un gros boyau de lon-
» gueur de demi-pied & plus, qui lui sortoit du
» cul, duquel découloit une liqueur semblable à de
» la boue d'apostême qui lui avoit teint & bar-
» bouillé toutes ses cuisses, ensemble sa chemise,
» devant & derriere, de façon que cela étoit fort
» vilain & des-honnête à voir. L'ayant interrogée
» combien il y avoit de temps qu'elle avoit ce mal,
» elle lui fit réponse qu'il y avoit environ quatre ans :
» alors ledit Flesselle contemplant le visage & l'ha-
» bitude de tout son corps, cognut qu'il étoit im-
» possible, (étant ainsi grasse & fessue), qu'il put
» sortir telle quantité d'excrémens, qu'elle en devint
» émaciée, seiche & hectique : alors d'un plein saut
» se jetta de grande colere sur cette garce, lui donnant
» plusieurs coups de pied sous le ventre, tellement

(*a*) Page 669, édition de Lyon, année 1641. Histoire d'une Cagnardiere feignant être malade du mal de S. Fiacre, & lui sortoit du cul un long & gros boyau fait par artifice.

» qu'il l'arrêta & lui fit fortir le boyau hors de fon
» fiege avec fon & bruit, & autre chofe, & la con-
» traignit lui déclarer l'impofture : ce qu'elle fit,
» en difant que c'étoit un boyau de bœuf noué en
» deux lieux, dont l'un des nœuds étoit dans le cul,
» & étoit ledit boyau rempli de fang & de laict
» mêlés enfemble, auquel elle avoit fait plufieurs
» trous, afin que cette mixtion s'écoulât ; & de rechef
» cognoiffant cette impofture, lui donna plufieurs
» autres coups de pied deffus le ventre, de forte
» qu'elle feignoit être morte. Lors étant entré dans
» fa maifon pour appeller quelqu'un de fes gens,
» feignant envoyer querir des Sergens pour la confti-
» tuer prifonniere ; elle voyant la porte de la cour
» ouverte, fe leva fubit en furfaut, ainfi que fi elle
» n'eût point été battue, & fe print à courir, &
» jamais plus ne fut vue audit Champigny ». Ce
fait donne un idée du caractere bouillant & impétueux
de M. Fleffelle.

Goupil (Jacques) de Luçon, Médecin célebre
dans le feizieme fiecle, étoit d'une bonne famille,
alliée de celle de Tiraqueau. Il étudia dans l'Univerfité de Poitiers, d'où il alla en Saintonge, où il fe
chargea de l'éducation de quelques enfans nobles de
la Province ; il vint enfuite à Paris, y écouta les
leçons que Pierre Danes faifoit fur la langue grecque au College royal. Par fon affiduité & par fes
talens perfonnels, il mérita l'eftime de cet illuftre
Profeffeur, & celle de fon collegue, Mr. Touffin,
fon zèle augmenta en fréquentant ces deux Rhéteurs,
il étudia la Médecine, & fut fait Licencié en 1548,
& reçut le bonnet de Docteur quelque temps après.
Yves Rofpeau, fon Panégirifte, dit dans des vers
latins qu'il fit à fa louange, qu'il excella dans la
Médecine, & qu'il fe diftingua dans l'éloquence
& la poëfie. Son mérite le fit connoître de Henry II,
qui le nomma en 1554 (a) pour remplir la chaire
de Profeffeur en Médecine au College royal que
Jacques Sylvius ou Dubois venoit de laiffer vacante
par fa mort. Avant qu'il eût été nommé à cette pla-

(a) Duval, livre intitulé, le Collége Royal, p. 65.

XVI. Siecle.
1548.
GOUPIL.

ce, il avoit donné de bonnes éditions de quelques Médecins Grecs, qu'il avoit enrichies d'observations pour en rendre la lecture plus facile & plus utile. Dès 1548, il mit au jour douze livres d'Alexandre de Tralles fur la thérapeutique, & il y joignit un traité de Rhazes fur la peste. Goupil exerça fa charge avec beaucoup de distinction jusques vers l'an 1568 (a), quoiqu'on lise dans Moreri qu'il ne vécut que jusqu'en 1564. Ce grand homme mourut du chagrin de ce qu'on avoit pillé fa bibliotheque composée d'un grand nombre d'imprimés & des manuscrits qu'il avoit rassemblés avec beaucoup de foin & de dépenses. Voici un ouvrage analogue à notre objet, qui est forti de fa plume; il contient peu de Chirurgie, c'est cependant le seul qui lui ait mérité une place dans notre Histoire.

Actuarii Joan. Fr. Zachariæ de actionibus & affectibus spiritûs animalis gracè edidit. Disputatio de partuu cujusdam infantulæ Agennensis.

On trouve ce dernier ouvrage dans la sixieme partie de ceux de Jacques Sylvius, in-fól.

VICARY.

Vicary (Thomas) naquit à Londres vers le commencement du seizieme siecle. Goëlicke (b) le dit premier Chirurgien de l'Hôpital Saint Barthelemi des Londres, & Douglas assure qu'il fût le premier à écrire en anglois fur l'Anatomie. Ce titre, dit Mr. Eloy (c), est la circonstance la plus remarquable de fa vie: son livre est intitulé: *The Anglisman's treafure, or the true Anatomy of man's body.* Le trésor d'un Anglois, ou la véritable Anatomie du corps humain. Il fut imprimé à Londres en 1548, *ibidem* en 1577, in-8°. *ibid.* 1587, in-4°. *ibid.* 1633.

1549.
MOLLINIUS.

Antoine Mollinius vivoit vers le milieu du seizieme siecle. On ignore fes qualités & le pays où il a vécu.

Nous avons de lui,

De diverfa hominum natura cognoscenda, prout à

(a) Duval, Liv. intit. le Colleg. Royal.
(b) Introductio in Hiftoriam litterariam Anatomes, &c.
(c) Pag. 448. Tom. II. Diction. Hiftorique de la Médecine.

veteribus Philosophis ex corporum speciebus reperta est.
1549, in-8°.

Nous ne sommes pas plus instruits sur l'histoire
de Fortunatus Affaitat ; nous savons seulement qu'il
est l'Auteur d'un ouvrage intitulé : *De hermaphro-
ditis. Venetiis* 1549.

L'Auteur admet leur existence, & il rapporte,
pour la prouver, nombre d'observations qu'on lui a
communiquées, ou qu'il a lues ; il se cite très peu
lui-même. On comprend assez ce que peut valoir
un ouvrage qui roule sur un objet chimérique.

Cornax (Mathias) Médecin, disciple de Nicolas
Massa, fut Professeur à Vienne, & vivoit dans le
seizieme siecle. Nous avons de lui,

*Historia quinquennis fere gestationis in utero, &
quomodo infans semiputridus, resectâ alvo, exemptus sit, & mater curata evaserit. Venetiis* 1550,
in-4°.

Historia 11 *quod eadem fœmina denuò conceperit
& interierit. Ibid. Eadem cum multis appendicibus
similis argumenti prodiit, cum ejus consultationibus
medicis. Basileæ* 1564, in-4°.

Ses ouvrages méritent d'être scrupuleusement exa
minés : il y est question d'une femme enceinte,
qui, après le terme ordinaire de la grossesse, sentit les douleurs de l'enfantement : elles furent extrêmement vives, & l'on entendit un craquement
(*a*) dans le ventre de la mere : cependant les sym-
tomes devinrent moins urgens ; quoiqu'ils ne fussent
point calmés, la malade vécut quatre ans avec le
ventre distendu, des douleurs & un écoulement purulent par la vulve. Il survint pendant cet espace
de temps un abcès vers le nombril, par lequel il
s'écoula une grande quantité de matiere purulente,
& il en sortit plusieurs fragmens osseux. Un autre
abcès s'étant formé à quelque distance de celui-ci,
le péroné du fœtus en sortit en entier avec des portions de quelques autres os.

Les symptomes venoient de plus en plus fâcheux,

(*a*) Fragor quidam increpuit : à la seconde page en se donnant
foi même la peine de les compter, car il n'y a point de numéro
aux pages.

& l'on n'avoit qu'à attendre une mort prochaine ; lorfqu'on prit le parti de faire l'opération céfarienne : avant d'y recourir, l'Auteur & les confultans furent long-temps dans l'embarras ; mais enfin ils céderent aux confeils d'Hippocrate, *extremis morbis, extrema remedia.* On confulta les parens de la malade ; on leur repréfenta le danger de la maladie, & celui de l'opération ; mais ils ajouterent qu'il n'y avoit de ref-fource que dans l'opération : ils acquiefcerent en conféquence, pour fe conformer à l'opinion commune.

Mathias Cornax fit faire l'opération en préfence de deux Docteurs en Médecine ; Jean Enzianez & Mathias Cornax. Cette opération confifta à aggrandir la plaie qui s'étoit déja formée auprès de l'ombilic, en dirigeant l'incifion vers le côté droit, le long des mufcles droits, de l'étendue d'un demi-pied & deux pouces environ. Notre Docteur en traça la route, & le Chirurgien la fuivit (a). L'ouverture faite, il s'exhala une odeur des plus fœtides ; on retira tout de fuite l'enfant contenu dans la matrice : il étoit à demi pourri, & très petit ; la tête feule parut en affez bon état.

Pendant l'opération la femme montra un courage héroïque, & ne fentit aucune foibleffe : on travailla enfuite à l'appareil, & on s'occupa à prefcrire un régime approprié à la circonftance. Les futures ne furent point mifes en ufage (b), cependant la cicatrice ne fut pas moins belle, ne tarda pas long-temps à fe former, & la femme recouvra une parfaite fanté.

Le fuccès de cette opération, dit Cornax, doit prouver aux femmes enceintes qu'il y a un Dieu qui a un foin particulier d'elles, & qui préfide à leurs couches.

Dans le fecond ouvrage que nous avons annoncé, l'Auteur dit que cette femme devint enceinte de nouveau, & qu'elle accoucha heureufement. Cette obfervation eft très curieufe ; il eft furprenant qu'elle

(a) Sectio cum fummâ diligentiâ pacta eft, linea autem fectionis ex meâ defignatione ducta eft.... à Chirurgis undique liberatum eft & exemptus fœtus, &c.
(b) Sine ullâ futurâ.

inconnue à la plupart de nos Chirurgiens.

Notre Auteur parle dans son premier ouvrage de quelques abcès à la base du cœur, qu'on trouva dans un sujet qu'une mort subite venoit d'enlever. Cette ouverture se fit en présence des Docteurs Jean Newman, Jean Enzianez, Martin Stainpeiss, Uniclhelmo Pilinger, George Taster, Simon Lucz, Leopold Jordan, Jean Gastgeb, Uldaric Fabri, Jean Haen. Il y avoit deux Chirurgiens ; savoir, Maître Wolfangus & Maître George. Nicolas Massa avoit déja parlé d'un pareil abcès au cœur ; mais avec cette différence, que le sujet qui en étoit mort n'avoit senti aucune syncope, au lieu que l'homme qui fait le sujet de l'observation de Cornax, y fut fréquemment sujet avant sa mort.

La Ville de Fribourg en Brisgau vit naître en 1501, dans l'enceinte de ses murs, le célebre Médecin Jacques Milich, il reçut le jour d'un pere distingué dans la magistrature, qui lui donna une éducation digne de sa naissance. Milich commença ses études dans sa patrie, & alla les continuer à Vienne, où il lia une étroite amitié avec Erasme, Philippe Melancthon, Joachim Camerarius, & quantité d'autres grands hommes qui florissoient de son temps. Notre Auteur étudia avec beaucoup de soin les Mathématiques ; on assure qu'il fut le premier avec Volmare à les introduire à Wittemberg : il vint en 1524 dans cette Ville, & y fut nommé Professeur en Médecine, qu'il enseigna pendant plusieurs années, il l'exerça même avec tant de succès, que quand les Princes d'Enhal étoient indisposés, ils n'avoient pas d'autre Médecin que lui. Cet Auteur célebre, qui nous a donné quantité d'ouvrages excellens, mourut d'apoplexie, âgé de cinquante huit ans, en 1559. Voici le titre des ouvrages analogues à notre partie.

Oratio de studio doctrinæ Anatomiæ. Wittembergæ 1550, in-8°.

On trouve encore ce discours dans le tome second des déclamations choisies de Philippe Melancthon, page 385. *Basilea* 1542.

XVI. Siecle.

1550.
MILICH.

Oratio de partibus & motibus cordis extat. ib.
page 291.

Oratio de pulmone & diſcrimine arteriæ tracheæ &
æſophagi ext. ibid, page 679.

Je n'ai pu me procurer ces ouvrages, & les Hiſtoriens ne m'ont rien fourni : c'eſt pourquoi je me
borne à l'expoſition de leurs titres.

CURTIUS.

Curtius (Mathieu) Médecin de Pavie, floriſſoit
en Italie vers l'an 1530 ; il ſe diſtingua principalement à Boulogne, à Padoue, à Florence & à Piſe ;
il fixa ſon ſéjour pendant un certain temps dans chacune de ces Villes, d'où il fut appellé dans preſque
toutes les autres d'Italie ; il fut pluſieurs fois conſulté par le Pape Clément VII ; & le ſuivit à Mar-
ſeille dans un voyage. Les grandes occupations de
la pratique ne l'empêcherent pas de compoſer pluſieurs ouvrages. Après une longue ſuite de travaux,
il revint dans ſa patrie, & y mourut à l'âge de ſoixante & dix ans. Coſme de Medicis, qui avoit la
plus grande eſtime pour Curtius, lui fit élever un
tombeau ſur lequel on grava cette épitaphe.

Matth. Curtio Ticinenſi
Qui Hippocratis Galenique Vindex, ſalutis augurium egit,
Medicinamque exercendo & Colendo ipſe valens ſemper excoluit
Monumentum hoc amplius quam F. F. T. P. I.
Coſmus Med. Florentiæ Dux II. ære ſuo, p. c.
Anno 1564
Vixit annos LXX.

Nous avons de lui pluſieurs ouvrages d'Anatomie ;
entr'autres, un commentaire ſur Mundinus : on n'y
trouve rien qui déſigne le grand homme : il y a apparence que ſes occupations dans la pratique de la Médecine l'ont empêché de fouiller dans les cadavres :
ſeul moyen d'apprendre l'Anatomie. Quoiqu'il ait
commenté Mundinus, j'oſe aſſurer qu'il n'en ſavoit
pas autant que lui. Dans le texte de Mundinus on
reconnoît un obſervateur zélé & véridique : dans le
commentaire de Curtius l'on ne trouve qu'un rai-
ſonneur qui veut donner la cauſe de la cauſe, qui

cite à tort & à travers Galien (*a*), dont il vénere jusqu'aux erreurs, Averrhoës qu'il suit dans toutes ses maximes, Avicenne qu'il imite dans ses descriptions les plus vicieuses. Curtius étoit, à mon avis, un très mauvais Anatomiste, & je ne sais pourquoi on l'a tant préconisé. J'espere que ceux qui liront ses ouvrages, en lui rendant la justice qu'il mérite, seront de mon avis.

Ses ouvrages sont, *in Mundini Anatomen explicatio. Papiæ* 1550. *Lugduni* 1551, *in-8°. De septimestri partu, consilium ; extat inter opuscula inscripta de dosibus tractationis medicinalis. Venetiis* 1562, *in-8°.*

Textor (Benoît) célebre Médecin qui florissoit vers le milieu du seizieme siecle, naquit au Pont-de-Vaux dans la Bresse, & se distingua par nombre d'ouvrages de Médecine. Voici ceux qu'il nous importe d'annoncer.

De cancro & ejus naturâ & curatione. Lugduni 1550, in-8°.

Ce traité, suivant que l'Auteur nous l'apprend, est extrait des meilleurs ouvrages qu'on avoit déja donnés en ce genre : selon lui on ne trouvoit dans l'un que le diagnostic, dans l'autre le prognostic : quelques uns s'étoient contentés d'indiquer les moyens curatifs sans prescrire les cas qui en autorisoient l'usage, ou qui les proscrivoient ; ainsi dans tous il y avoit quelque chose de défectueux. Textor a pris le parti, à ce qu'il dit, de combiner ce que chacun a écrit sur cette maladie, & d'en composer un ample traité (*b*). On croiroit à l'entendre qu'il parle d'un infolio, ou du moins d'un gros volume. Son ouvrage ne comprend que quarante-cinq pages in-12, gros caractere, encore y trouve-t-on nombre de formules extraites des ouvrages de Paulus, d'Avicenne, de Guy de Chauliac, de Tagault, &c. Il faut cependant avouer que cet ouvrage est écrit avec beaucoup d'ordre & de clarté. L'Auteur a distingué le cancer dans ses différens états, & il a ordonné les remedes

---

(*a*) Nunquam autem perfectè adeo habita fuit Anatomiæ cognitio ac Galeni temporibus, &c. p. 5. *Præmium in Commentaria in Mundinum.*

(*b*) Voyez sa préface.

—— qui leur conviennent dans toutes les circonstances, &c.

En fuivant l'ordre chronologique des éditions, nous devons citer Jean Lonicerus, Auteur de l'*Erotemata in Galeni de ufu partium librum* 17. Francfort 1550, in-8°. Il n'y a que Mr. de Haller qui ait parlé de cet ouvrage en traitant de l'hiftoire de l'Anatomie.

CHAPITRE XVI.

DES ANATOMISTES ET DES CHIRURGIENS qui ont vécu depuis Paré jusqu'à Eustache.

ÉPOQUE INTÉRESSANTE A LA CHIRURGIE.

AMBROISE PARÉ.

Rectius feciffet .. fi folas obfervationes edidiffet, neque auxiffet librum alieno labore ; nihil tamen inde dece. dit magni viri meritis.

Van-Horne, Mirotech, p. 526, & Haller, meth. ftud. p. 722.

LA Chirurgie françoife regardera toujours Ambroife Paré comme le reftaurateur de fon art; on trouve dans fon ouvrage la plupart des découvertes des anciens & des modernes. Ambroife Paré fut un de ces hommes rares qui ne négligent rien pour leur inftruction , & emploient tous les moyens honnêtes pour avancer l'art qu'ils profeffent. Il naquit à Laval au Páys du Maine , vers le commencement du feizieme fiecle. Ses parens ne jouirent ni d'un état diftingué, ni d'une fortune brillante : ce qui leur fit entiérement négliger l'éducation de leur fils. Paré fut prefque livré à lui-même pendant fa jeuneffe. L'étude des Belles-Lettres lui fut donc totalement étrangere ; cependant fon goût le fixa à la Chirurgie ; il fuivit différens Maîtres de qui il apprit une méthode particuliere de traiter les plaies : nous en rendrons compte dans la fuite. Ambroife Paré fit de rapides progrès dans l'état qu'il venoit d'embraffer , & s'acquit une grande réputation. Il vint à Paris & y exerça l'Anatomie dans les Ecoles de Médecine : cette étude ne lui fuffit point ; la pratique feule de la Chirurgie lui parut digne de fes travaux ; il fuivit long-temps les armées , & c'eft-là qu'il eut occafion de faire un nombre prodigieux

d'obſervations qui ont ſervi de baſe à ſa pratique, & qui l'ont mis à même d'établir pour jamais
de ſûrs & véritables préceptes, dont les Chirurgiens
ne peuvent s'écarter ſans commettre des fautes groſſieres.

L'armée fut donc l'école la plus ſalutaire pour Ambroiſe Paré ; il y appliqua aux corps vivans la plupart des préceptes qu'il n'avoit mis en exécution que
ſur les cadavres : éclairé des véritables principes,
il ne put qu'être heureux dans ſa pratique, ſi l'on
peut appeller bonheur ce qui dépend entiérement du
profond ſavoir. La réputation dont il jouiſſoit déja
s'accrut au point, que Henri II, Roi de France,
l'adopta pour ſon premier Chirurgien, il fut encore
celui de François II, de Henri III & de Charles IX.
Ses travaux lui avoient acquis le plus grand crédit
dans l'Etat. Charles IX ne crut pouvoir mieux ré-
compenſer ſes ſervices qu'en le mettant à l'abri des
perſécutions qu'on préparoit aux Proteſtans, parmi
leſquels étoit Ambroiſe Paré. Tout le monde ſait
que le jour de Saint Barthelemi fut indiqué pour ce
carnage, dont le ſouvenir offenſe l'humanité : Ambroiſe Paré fut du petit nombre de ceux qui en furent
ſouſtraits (a). Ce grand homme parvint à une extrême vieilleſſe, & mourut, ſuivant le ſentiment le
plus reçu, le 22 Décembre de l'année 1590 (b). Son
corps fut inhumé à Saint André des Arts, au bas de
la nef, près du clocher, comme le portent les ré-
giſtres de la Paroiſſe.

Riolan aſſure que l'ambition de tranſmettre ſon
nom à la poſtérité, fut le mobile de toutes les actions
d'Ambroiſe Paré, il lui fait dire : *non omnis moriar,
magnaque pars mei vitabit libitinam* (c) ; mais comme
j'examine le phyſique plutôt que le moral de l'homme,
loin d'entrer dans toutes ces diſcuſſions, je me bor-
nerai à l'examen des ouvrages d'Ambroiſe Paré.

Nous en avons pluſieurs de ce grand homme,
renfermés dans un ſeul volume intitulé :

(a) Charles IX diſoit qu'il n'étoit pas à propos d'avancer la
mort d'un homme qui pouvoit conſerver un monde entier.
(b) M. Devaux fixe ſa mort au 23 Avril 1592.
(c) P. Antropol.pag. 31.

Les Œuvres d'Ambroife Paré, &c. in-fol. A Paris 1561. Guillemau en a donné un traduction fous le titre fuivant.

Opera à Jac. Guillemau elimata, novis iconibus elegantiffimis illuftrata & latinitate donata. Parifiis 1561, 1582, in-fol. *Francof.* 1612, in-fol. *novis iconibus* 1593, in-fol. *Francof.* 1584, 1610. Il fut imprimé à Lyon en françois en 1641, in-fol. 1652, in-fol. Il a été imprimé à Leide en langue flamande en 1604, à Amfterdam en 1615, 1636, 1649. La plupart des traités qui font contenus dans ce grand ouvrage, ont encore été imprimés féparément.

Maniere de traiter les plaies par arquebufes, fleches, &c. Paris 1551, in-8°. *Brieve collection de l'admi- niftration Anatomique.* Paris 1549, in-8°.

Ce grand ouvrage (*a*) eft divifé en vingt-huit livres ; on y trouve près de trois cents planches avec plus de cinq cents figures, tant de l'Anatomie que de la Chirurgie ; elles font affez mal gravées ; celles de l'Anatomie font extraites de l'ouvrage de Vefale celles des machines de Chirurgie, des ouvrages d'O- ribaze, des bandages de Soranus (*b*), celles des monf- tres du livre de Ruef, Chirurgien Suiffe ; on en trou- ve cependant quelques figures qui lui appartiennent. Mais en petit nombre le premier livre fert d'introduc- tion à la Chirurgie ; on y trouve fa définition. Selon notre Auteur, » la Chirurgie eft un art qui enfeigne » à méthodiquement curer, préferver & pallier les » maladies, caufes & accidens qui arrivent au corps » humain, fur-tout par l'opération manuelle ; on » trouve dans ce même livre l'hiftoire d'une fonde qui

(*a*) Ingens illud volumen quod ipfius nomen in fronte gerit à Medicis Parifienfibus elaboratum ac concinnatum fuit, am- plam exemplorum Chirurgorum fegetem fuppeditante Pareo, quibus illi formam induerunt, imô ut in majorem molem opus excrefceret multa fuperflua & à Chirurgo inftituto aliena adjun- xerint. Profecto melius expertus ille vir fuæ famæ confu- liffet fi fingulares curationes & variorum affectuum obferva- tiones, atque remedia infallibili ufu & tot annorum experien- tia ipfi comprobata parvo volumine comprehenfa in lucem edidiffet. *Van-Horn.*

M. de Haller penfe de même, on ne peut qu'adherer aux fentiments de ces grands hommes.

(*b*) Galien, commenté par Chartier, Tom. XII.

seroit entrée tout-à-fait dans la veſſie d'un grand Seigneur, ſi Ambroiſe Paré n'eût eu ſoin de la replier par le bout extérieur (a). Il définit les élémens, & les met au nombre de quatre, ſavoir, l'eau, l'air, le feu & terre ; c'eſt de ce mélange, plus ou moins complet, en proportion égale ou inégale, que dépend la diverſité des tempéramens. La plupart des maladies y ſont définies, & les définitions roulent plutôt ſur les effets que ſur les cauſes : maniere de procéder différente de celle de ſes contemporains. Ces définitions préliminaires conduiſent notre Auteur à donner des préceptes ſur la gymnaſtique & ſur l'uſage des alimens : ainſi il parle des choſes naturelles & non naturelles, &c. &c.

Pour qu'un Chirurgien puiſſe ſe conduire avec ſûreté dans la pratique de ſon art, Ambroiſe Paré a fait graver dans ſon ouvrage une table ſur les indications, & une autre ſur la maniere de connoître les maladies par les cinq ſens. Pour les indications, Ambroiſe Paré preſcrit de faire attention à la force du tempéramment, à l'habitude, à l'âge, au pays, & à la maniere de vivre du malade : chacun de ces points eſt confirmé par des exemples fournis par ſa pratique, ou par celle des plus grands Maîtres : en voici un tiré indiſtinctement de cette table. » Autant » il y a de pays, autant il y a de manieres de guérir : » une plaie à la tête eſt plus difficile à guérir à Paris » qu'à Avignon, & les ulceres aux jambes ſont plus » dangereux à Avignon qu'à Paris.» Cette remarque eſt déduite des ouvrages de Guy de Chauliac. Relativement au tempéramment, il fait remarquer qu'il faut traiter » les gens délicats, comme ceux qui ſont oiſifs » & nourris à leur aiſe, différemment des robuſtes, » comme charretiers, crocheteurs, mariniers, Soldats, » & laboureurs ». Cette remarque, dit Ambroiſe Paré, conduit ſi fort à la pratique, qu'il y en a quelques-uns qui ne ſont point purgés ou émétiſés par les remedes les plus violens, tandis que d'autres, après » avoir pris de la tiſane, pomme, ſole, perdrix, eau, » ou autres choſes, vomiſſent (b).

(a) Page 16. édition de Lyon, in-fol. 1641.
(b) Pag. 2.

Il faut faire un libre usage des cinq sens dans l'examen des maladies : par la vue on considere la couleur du malade, on voit celles des urines & des matieres fécales, si la couleur du malade est jaunâtre, & principalement la partie des yeux qui est naturellement blanche, on le jugera ictérique ; si l'urine du malade est rouge, enflammée, on connoît qu'il a la fievre ; si l'urine est *boueuse*, on soupçonne un ulcere aux reins, à la vessie, ou aux parties voisines ; s'il y a du pus mêlé avec les matieres fécales, il y a à appréhender un ulcere aux intestins : si d'un ulcere extérieur & placé au-dessus d'un os, il en sort une sanie noirâtre & fétide, la carie est à l'os ; s'il en sort un pus blanc, l'os est sain. Ambroise Paré, comme la plupart de ses comtemporains, pensoit différemment de nous sur l'origine des tumeurs : si une tumeur est rouge en couleur, disoit-il, on connoîtra qu'elle sera produite par le sang ; si elle est jaunâtre, par la bile ; si elle est blanche, par la pituite ; si elle est livide ou *plombine*, par la mélancholie ; par la vue, on s'assure encore de la mauvaise conformation d'un membre ; la forme en est changée s'il y a luxation ; & on connoît si un bras ou une jambe sont luxés en les comparant l'un à l'autre : d'un côté on voit une tumeur formée par l'os déplacé, & de l'autre une cavité qui répond à l'articulation que l'os a abandonné : si l'os de la cuisse est hors de sa cavité, on verra la jambe plus courte si la luxation est en dehors, & plus longue, si elle est en dedans. On s'assure encore par la vue si un malade est plus ou moins éloigné de la mort ; si le malade a les yeux caves, les temples abattus, & le nez pointu, on connoît qu'il est proche de la mort.

Il n'est point hors de propos d'examiner si le malade exécute des mouvemens déréglés. Lorsqu'un malade amasse tout à lui, ou qu'il pense amasser de petits fétus, il y a à craindre pour ses jours ; si un malade, dit Ambroise Paré, » fait beaucoup » de singeries, vacillant dans ses faits & paroles, & » pete devant d'honnêtes personnes, sans honte ni

» vergogne, on connoît qu'il eſt malade de l'enten-
» dement.

L'ouie eſt d'un grand ſecours dans le traitement
des maladies. Si quelques luxations, & principalement celle de l'épaule ou cuiſſe eſt réduite, on la
connoît par un ſon qui fait *cloc* ; ſi on ſonde la
veſſie, & qu'il y ait une pierre, on entend un ſon
qui fait *tac* ; s'il y a de la boue ou autre humeur
contenue au thorax, on entend un ſon comme celui
d'une bouteille à demi-pleine qui gourgouille ; ſi
quelqu'un parle *renault*, on connoît que le palais eſt
troué, ajoute notre Auteur ; quand on entend ſortir
d'une plaie faite au thorax un ſon avec ſifflement,
on connoît que la plaie eſt pénétrante ; ſi on entend
des vents contenus au ventre inférieur, on juge que
c'eſt une colique venteuſe ; réduiſant une *hernie*, ſi
on entend des vents comme un gourgouillement,
on la juge inteſtinale ; on juge que quelqu'un à
l'imagination troublée, quand il dit tantôt une choſe,
& tantôt une autre.

L'odorat vient encore au ſecours ; c'eſt par lui
qu'on s'aſſure qu'une perſonne eſt punais, s'il y a
putréfaction ou gangrenne à une partie, ſi la carie
eſt aux os, ſi le pus eſt d'un bon ou mauvais caractere, ſi les ſueurs, urines & autres excrétions ſont
naturelles.

Par le goût, le malade diſtingue s'il eſt ſurchargé
de matieres putrides, &c. &c.

Par le tact on connoît le pouls, & par celui-ci on
connoît ſi le malade a la fievre ou non ; on connoît
encore par le tact s'il eſt fort ou foible ; ſi un abcès
eſt ſuperficiel ou profond par la pulſation ou le ſifflement qu'on ſent à une tumeur, on s'aſſure que c'eſt
un anévriſme, &c.

Dans ces deux tables les faits ſont rangés en colom-
nes chacun dans leur ordre, & dans leur rang ces tables ne ſont pas nouvelles ; pluſieurs Auteurs, &
principalement Guy de Chauliac, en avoient donné
une eſquiſſe ; cependant il faut l'avouer, elles ſont
dans Ambroiſe Paré bien au-deſſus de celles qu'on
avoit données avant lui, & on y reconnoît le profond

fond savoir de son Auteur sur les maladies chirurgicales ; je les ai rapportées afin que le lecteur puisse
en juger.

Les tumeurs en général font le sujet du premier livre
de Chirurgie, quoiqu'il soit le septieme de son grand ouvrage : les premiers traitent de physiologie. On peut les
regarder comme un rêve que l'Auteur a pris la peine
de transcrire ; on trouve des détails intéressans dans
presque tous les points de Chirurgie qu'il traite.
Voici ce qu'il dit sur la maniere & le temps d'ouvrir
les abcès. Il faut , (a) 1°. » que la section soit faite à
» l'endroit le plus mol qui s'enfonce sous les doigts ,
» & fait souvent une pointe ; 2°. qu'elle soit faite au
» plus bas lieu de la tumeur , afin que la matiere
» contenue ne croupisse & se puisse mieux écouler ;
» 3°. qu'elle soit faite selon les rides du cuir & recti-
» tude des muscles ; 4°. qu'on évite les grands vais-
» seaux , comme veines , nerfs & arteres ; 5°. que
» la matiere ne soit point vuidée tout à coup , prin-
» cipalement aux grands abcès , afin que ne s'en-
» suive débilitation de la vertu , par la trop grande
» évacuation qui se pourroit faire des esprits avec la
» matiere ; 6°. que le lieu soit traité doucement , sans
» exciter douleur le moins qu'il sera possible ; 7°. qu'a-
» près l'ouverture , le lieu soit mondifié , incarné ,
» consolidé & cicatrisé. Après telle apertion coutu-
» miérement , reste encore quelque portion de la tu-
» meur , laquelle n'aura pas été du tout suppurée ;
» & partant le Chirurgien doit avoir égard qu'il y
» a complication de disposition ; à savoir , tumeur
» & ulcere. L'ordre de curation , c'est de guarir pre-
» miérement la tumeur que l'ulcere , car elle ne peut
» être guarie , que la partie ne soit rendue en sa
» nature : donc tu continuras les médicamens suppu-
» ratifs , &c. &c. (b). » Notre Auteur décrit ensuite
les divers topiques dont il faut se servir , & détaille
fort au long , & dans des chapitres particuliers , les
symptomes qui font la suite des tumeurs inflam-

(a) Pag. 167. L'Auteur a principalement puisé dans les ouvrages de Bertapalia , les signes caractéristiques de l'abcès , commençant & formé , &c. Ars Chirurgica , p. 267.
(b) Bertapalia , page 268.

Gg

matoires; il avoue qu'il doit la plupart de ses connoissances aux Médecins : comme j'aime à rendre à chacun ce qui lui appartient ; je rapporte ses propres paroles: » de la nature & curation desquelles » j'ai dité ici briévement ce que j'en ai appris de » Mrs. nos Maîtres les Docteurs en Médecine, avec » lesquels j'ai hanté & pratiqué (a).

L'histoire de l'anévrisme est fort exacte; l'Auteur y rapporte plusieurs observations curieuses; ils peuvent se former dans toutes les parties du corps, & ils sont produits par anastomoses, diapédeses, ruptions, érosions, & plaies, ils surviennent fréquemment à la gorge des femmes qui ont souffert quelque accouchement laborieux : la respiration trop long-temps suspendue produit des dilatations dans les arteres qui se rompent. » Puis le sang & l'esprit » sortent petit à petit, & s'amassent sous le cuir. » Les signes sont tumeurs grandes ou petites, avec » pulsation, couleur, comme la peau étant en son » tempérammment naturel, molle au toucher, qui » cede & obéit quand on la presse avec les doigts ; de » façon que si la tumeur est petite, elle se perd du » tout, à cause que l'esprit & le sang entrent au- » dedans du corps de l'artere ; puis ayant ôté les » doigts de dessus, on sent un bruit ou sifflement; » mais aussi sans compression, qui se fait par » l'impétuosité de l'air spirituel qui entre & sort » par la petite ouverture de l'artere; mais ès ané- » vrismes qui se font par une grande ruption de l'ar- » tere, on n'entend aucun bruit ; car tel sifflement » vient par l'angustie & petite ouverture. Si les » anévrismes sont grands, étant aux aisselles, aînes » & autres parties, où il y grands vaisseaux, ne re- » çoivent curation, parceque les incisant, en sort » subit une grande abondance de sang & d'esprit » vital qui cause souvent la mort du malade ». Ambroise Paré confirme cette pratique par plusieurs ouvertures de cadavres: il parle d'un Prêtre de Saint André des Arcs qui périt tout d'un coup par la rupture d'un anévrisme qu'il portoit sous l'aisselle : il

(a) Page 167.

lui avoit prescrit l'usage d'un emplâtre astringent,
d'une lame de plomb; quelquefois il lui faisoit appliquer des compresses trempées dans du jus de mo-
relle, & de la joubarbe mêlée avec du fromage frais;
il lui avoit défendu tout exercice violent, & même
le chant : le Prêtre indocile fit peu d'attention à
l'avis de notre Chirurgien; la tumeur augmenta; le
Prêtre se confia à un Barbier qui lui conseilla d'ouvrir la tumeur, & lui appliqua en conséquence un
caustique qui en peu de temps perça la tumeur &
l'artere, & occasionna une mort subite. Cet exemple
fait conclure à Ambroise Paré qu'il ne faut pas ouvrir les gros anévrismes. »» Partant je conseille au
»» jeune Chirurgien qu'il se garde d'ouvrir les ané-
»» vrismes, si elles ne sont fort petites, & en parties
»» non dangereuses, coupant le cuir au-dessus, le
»» séparant de l'artere, puis on passera une aiguille
»» à séton, enfilée d'un fort fil, par sous l'artere aux
»» deux côtés de la plaie, laissant tomber le fil de
»» soi-même; & ce faisant, nature engendre chair, qui
»» sera cause de boucher l.artere ». Il y a encore un
autre anévrisme, & qui est le plus dangereux;
c'est celui qui arrive intérieurement : on ne peut
nullement le guérir par aucuns remedes.

Les tumeurs font l'objet du huitieme livre (a),
& elles y sont rangées par ordre depuis la tête jusqu'aux pieds. Les enfans sont sujets à une hydropisie de la tête; les Grecs l'ont nommée hydrocéphale (b); il y en a de plusieurs especes, & elles
se tirent de l'espace que l'eau épanchée occupe : ainsi
il y a des hydrocéphales dans lesquels l'eau occupe
l'intérieur du crâne, d'autres où elle est ramassée
au dehors : les premiers sont internes, & les autres
sont externes. Parmi les internes l'eau épanchée peut
avoir son siege dans les ventricules entre le cerveau
ou le cervelet & la dure-mere, entre la dure-mere
& le crâne. Parmi les hydrocéphales externes, Paré

(a) Voyez le Traité des Tumeurs de Galien; Ambroise Paré
a extrait une partie de son ouvrage, de tumoribus præter naturalibus, pag. 313, Tom. VIII. édit. de Chartier : voyez aussi
Gui de Chauliac.
(b) Pag. 186.

compte celles où l'eau réside entre le péricrâne &
le crâne, entre le péricrâne & la peau. Dans l'hydrocéphale interne, les malades ont les sens hébétés.
Chez les enfans les sutures sont lâches & séparées;
le crâne est élevé, mol; s'il est externe, le malade ressent des douleurs, la tumeur est plus grande,
& le malade conserve un libre usage de ses sens.
Notre Auteur n'admet de traitement que dans l'hydrocéphale externe, encore ne le regardoit-il que
palliatif : ce traitement consiste en une simple incision qu'il fait aux tégumens; il conseille de remplir ensuite la plaie avec de la charpie. Il s'est assuré
par l'ouverture de plusieurs cadavres, qu'on trouvoit sur ceux qui étoient morts de cette maladie,
le cerveau très petit, & presque mucilagineux. Les
anciens & les modernes ont été plus loin qu'Ambroise Paré sur le traitement de cette maladie. Hippocrate faisoit l'opération du trépan (a), & Mr. le
Cat fait aujourd'hui la ponction au crâne dans l'hydrocéphale interne (b).

Il y a cinq especes de polypes (c); savoir,
l'espece membraneuse, molle, longue, mince,
qui fait ronfler le malade en dormant, & parler
d'une voix cassée qui sort hors du nez dans l'expiration, & rentre pendant l'inspiration, charnue, dure
au toucher, qui gêne la respiration & la parole :
» aucun d'iceux, ajoute-t-il, sont ulcérés, les autres
» non; & de ceux qui sont ulcérés, sort une sanie
» puante, infecte, & de mauvaise odeur. Il ne faut
» mettre la main à ceux qui sont douloureux, durs,
» avec rénitence, ayant la couleur tirant sur le livide
» ou plombé, parcequ'ils tiennent de la nature du
» chancre, & souvent dégenerent totalement. Toute-
» fois à cause de la douleur, on pourra user des mé-
» dicamens adoucissans (d).

La parotide est une tumeur de la glande qui a
son siege au-dessous de l'oreille ; il y en a de cri-

(a) Voyez l'article d'Hippocrate.
(b) Voyez l'article de M. le Cat.
(c) Pag. 186.
(d) L'Auteur a puisé dans les ouvrages de Roger plusieurs particularités relatives aux polypes : V. Ars Chirurgica, p. 366.

ßques & de symtomatiques : les enfans y font plus sujets que les vieillards : si la tumeur devient extrêmement grande à cause des nerfs de la cinquieme paire (7eme des modernes), il survient une douleur insupportable ; leur terminaison est ordinairement par suppuration. Quand la tumeur est produite par une matiere critique, il faut bien se garder d'appliquer les répercussifs ; l'on recourra au contraire aux maturatifs ; si elle est symptomatique, on pourra au commencement avoir recours aux répercussifs ; » & s'il est nécessaire à faire, apertion » sera faite, & l'ulcere traité comme il convient.

Les épulides (a), ou tumeurs des gencives, occasionnent de fâcheux accidens, lorsqu'elles deviennent trop grosses ; elles viennent souvent à la suite des caries des dents, & elles acquierent quelquefois la consistance d'un cartilage. » J'en ai amputé qui » étoient si grosses, que partie d'icelles sortoit hors » la bouche, qui rendoit le malade fort hideux à » voir, & jamais Chirurgien n'en avoit osé entre- » prendre la guérison à ceux que ladite excroissance » étoit de couleur livide : & je considérois, outre » cette lividité, qu'elle n'avoit point ou peu de sen- » timent : donc je pris la hardiesse de la couper, » puis cautériser, & le malade fut entiérement guari ; » non toutefois à une seule fois, mais à plusieurs, » à cause qu'elle repulluloit, combien que je l'eusse » cautérisée.

Ambroise Paré conseille de traiter la grenouillette par le moyen du cautere actuel, & il propose en conséquence un instrument propre à inciser les amigdales, sans intéresser les parties voisines : cet instrument, dit-il, est préférable à l'usage du bistouri, ou de la lancette, qui ne procurent qu'un effet palliatif.

Les amigdales grossissent (b) quelquefois à un tel point, qu'elles intercepteroient le passage à l'air & l'empêcheroient de pénétrer dans les poumons

(a) Pag. 188.
(b) Ambroise Paré a presque copié Gui de Chauliac mot à mot, & celui-ci Guillaume de Salicet, mais avec quelques modifications, p. 19. B. Ars Chirurgica, Venetiis 1546.

si l'art ne venoit au secours de la nature, & ce
ce secours consiste à faire une ouverture à la trachée-artere ; l'Auteur défend d'intéresser les cartilages dans l'opération , & recommande la suture :
je ne sais par quel moyen il seroit venu à bout
de la pratiquer ; un tel précepte me paroît chimérique. L'Auteur eût dû être plus hardi dans l'opération d'après les observations favorables qu'il avoit
sur la réunion des plaies de la trachée-artere.

La luette se gonfle & gêne la respiration & la
déglutition ; elle est quelquefois douloureuse , rougeâtre , ou d'une couleur plus foncée , d'autres fois
indolente , blanchâtre ; si ce cas existe , il ne faut
point y toucher , crainte d'augmenter l'inflammation , ou même d'y attirer la gangrenne ; s'il n'y
a aucune marque d'inflammation , il faut user de
répercussifs & astringens ; si ces secours ne suffisent
pas , il faut en venir à l'opération manuelle , ou
la cautériser avec de l'eau forte ; & si ce secours
est encore insuffisant , il faudra en venir à la ligature & à la section de la tumeur : pour faire la
ligature , Ambroise Paré conseille l'usage d'un nouvel instrument dont il donne la description ; il donne
encore celle d'un autre qui est propre à ouvrir la
bouche : je renvoie à l'Auteur.

L'esquinancie trouve sa place dans l'ouvrage
d'Ambroise Paré ; mais comme il ne dit rien à ce
sujet qui lui soit propre , je passerai cet article sous
silence.

Le goître dont quelques Auteurs modernes parlent
si succintement , & sur lequel ils disent peu de chose
d'utile , est traité avec exactitude dans les ouvrages
d'Ambroise Paré. » Or ce mot de bronchocele est ,
» dit-il , commun en général ; mais il a plusieurs
» espèces & différences , car aucunes sont mélice-
» rides , autres stéatomes , aucunes athéromes , les
» autres anévrismes ; en aucune est trouvée une
» chair stupide , c'est-à-dire , avec peu de douleur ,
» & souvent sans douleur , toutes lesquelles seront
» connues par leurs signes , & celles qui sont cu-
» rables ou incurables ; aucunes sont petites , au-
» cunes sont grandes qui occupent quasi toute la

» gorge ; aucunes ont un kist ; les autres n'en ont
» point ; en icelles qui se peuvent curer, on fera ou-
» verture, soit avec le cautere actuel ou potentiel, ou
» lancette ; puis seront ôtés les corps étrangers tout
» d'un coup, s'il est possible ; & où on ne le pourra
» faire, seront ôtés à plusieurs fois, avec remedes
» propres ; puis l'ulcere sera consolidé & cicatrisé.

A la suite de la pleurésie, il se forme souvent un
épanchement purulent dans la poitrine : Ambroise
Paré recommande l'ouverture de la poitrine pour
donner issue au pus ; selon lui, cette opération se doit
faire entre la troisieme & la quatrieme des vraies
côtes (a) : il prescrit, pour faire l'ouverture, le
cautere actuel ou potentiel, ou le bistouri à deux tranchans : il recommande dans leur application de s'é-
loigner du bord inférieur de la côte, de peur d'ouvrir l'artere intercostale ; il prescrit même, si le cas
le requéroit, après le conseil d'Hippocrate, de trépaner la côte, &c. &c. &c.

Dans l'hydropisie ascite (b), confirmée & ancienne,
après un usage des remedes internes indiqués, il faut,
dit-il, recourir à la paracenthèse, quoi qu'en ait dit
Erasistrate, Avicenne & Gordon. La blessure que l'on
fait au bas-ventre dans cette opération, est de très
peu de conséquence ; le péritoine se cicatrise facilement avec les muscles, & les plaies des membranes
ne sont point dangereuses. Pour faire l'opération de
la paracenthèse, il faut situer le malade sur le côté
droit, si on prétend faire l'incision au côté gauche,
& le situer sur le gauche si on veut la faire au côté
droit ; puis le Chirurgien avec son Aide pincera la
peau du ventre avec le panniculé charnu, afin de
l'élever en haut : il coupera en travers jusqu'aux
muscles ; après cela il tirera la partie supérieure qu'il
aura incisée, assez haut vers l'estomac, afin que la
peau retourne mieux dessus, quand on voudra la
consolider ; il fera ensuite une petite incision aux
muscles & au péritoine, en prenant bien garde de

(a) Guillaume de Salicet ordonne de faire l'ouverture de la
poitrine au même endroit qu'Ambroise Paré ; pag. 335. Ars
Chirurgica.
(b) Pag. 194.

toucher à l'épiploon ou aux inteftins. Il faudra, continue notre Auteur, mettre dans la plaie une tente d'or ou d'argent cannelée & courbée, de la groffeur d'un tuyau de plume d'oie, & de la longueur d'un demi-doigt, ou environ ; cette tente doit avoir la tête affez large, de peur qu'elle ne tombe dans la capacité du ventre ; & pour empêcher que cette tente ne tombe, elle doit avoir à fa partie extérieure deux petits trous dans lefquels on paffera deux petits rubans qu'on attachera adroitement au milieu du corps, de façon qu'elle ne puiffe fortir de la plaie que quand il le defirera. L'ufage de cet inftrument eft d'évacuer l'eau au moyen d'une éponge qu'il contient, & qu'on ôtera toutes les fois qu'il faudra faire fortir l'eau renfermée dans le bas-ventre. » L'eau » ne doit être tirée tout à coup pour la réfolution & dif- » fipation des efprits qui fe feroit en fi grande quanti- » té dont s'enfuivroit mort fubite (a) ». Ce précepte, quoique falutaire, avoit été oublié des Médecins juf- qu'à Mr. Mead, fameux Médecin de Londres, qui l'a remis en ufage (b).

Les hernies jouent un grand rôle parmi les ma- ladies chirurgicales ; Ambroife Paré a fenti l'impor- tance du fujet, & l'a dignement rempli. Les *hargnes*, dit le pere des Chirurgiens François, font ainfi appellées, parceque ceux qui en font attaqués font *coutumiérement hargnieux*. Cette maladie confifte dans une tumeur furvenue à la circonférence du bas-ventre, & produite par le déplacement de quelques vifceres, ou par une collection de vents, d'os, de fang, de chair, ou autres matieres ; elles fe forment commu- nément à l'ombilic, ou aux aînes, & les vifceres qui fe déplacent font l'épiploon & les inteftins ; dans

---

(a) Ambroife Paré a puifé cette derniere maxime des ou- vrages de Brunus, & celui-ci a imité Hippocrate ; voici les pa- roles de Brunus : Et cave ne extrahatur ex eâ plufquam oportet in horâ unâ tantum : quoniam fortaffe morietur infirmus prop- ter refolutionem fpiritûs animalis : vel fuperveniret ei fyncope & appropinquaret morti ; fed evacuetur ex eâ fecundum quan- titatem virtutis infirmi, deinde, extrahe canellum & opila foramen, alterâ vero die intromitte canellum & extrahe. . . . page 126. Ars Chirurgica.

(b) Voyez l'Effai fur l'Hydropifie de Monro.

les hernies, le péritoine est rompu ou relâché : la
premiere est connue sous le nom d'épiplocele, l'autre
porte le nom d'enterocele : » si les deux visceres y
» descendent ensemble, enteroepiplocele ; si c'est
» l'eau, hydrocele, ou aqueuse ; si c'est le vent,
» physocele, ou venteuse ; s'il y a du vent & de l'eau
» ensemble, comme il arrive ordinairement, prendra
» semblablement le nom des deux, & se nommera
» hydrophysocele, c'est-à-dire, aqueuse & venteuse ;
» s'il y a excroissance de chair dans la substance du
» testicule, ou autour d'icelui, telle hargne se nom-
» mera sarcocele ou charneuse ; s'il y a veines grosses
» entortillées ou dilatées, circocele ou variqueuse ;
» si ce sont humeurs, la tumeur prendra le nom de
» l'humeur dominante, & sera dite phlegmoneuse,
» œdémateuse, & ainsi des autres, comme nous avons
» dit au chapitre des apostêmes (a) ». Les hernies à
l'aîne sont complettes & incomplettes. Tous ces dé-
placemens viennent à la suite des exercices violens ;
les femmes qui ont porté de gros & pesans enfans, y
sont sujettes (b). Si l'épiploon fait la tumeur, la
partie aura la couleur de la peau, & sera molle au
toucher, & avec peu de douleur ; elle rentre facilement
dans le bas-ventre, sans faire aucun bruit : outre ces
signes, si ce sont les intestins qui sont déplacés,
la tumeur est plus inégale ; & quand on la presse on
sent un gargouillement ; si c'est une carnosité, la tumeur sera plus dure & ne rentrera ni par la pression,
ni par les diverses positions qu'on fera prendre au
malade ; si c'est de ventosité, la tumeur sera molle
& se remettra tout de suite dans saplace après la compression, quoique le malade se mette à la renverse,
& si l'on frappe·dessus l'on entend un bruit semblable à celui d'un petit *tabourin* ; » si c'est aquosité,
» la tumeur est semblablement molle ; mais elle n'o-
» béit pas quand on la presse, sans diminuer ni aug-
» menter ; si c'est effusion de sang, elle se montre
» livide ; & si le sang est artérial, les signes seront
» semblables à ceux des anévrismes ». Pour la cure
de ces hernies, on fera coucher le malade, & on

(a) Page 135.
(b) Pag. 195.

procédera à la réduction. On observera s'il s'agit d'une hernie inguinale (*a*), de faire baisser la tête au sujet, & de lui relever les fesses ; » cela fait, on tiendra » la peau où étoient contenus les intestins & l'épi- » ploon, & on passera à travers une grosse aiguille » enfilée d'une petite ficelle assez forte ; on fera des » incisions autour assez profondes, afin que ladite peau » se réaglutine mieux, puis de rechef on repassera » ladite aiguille deux ou trois fois, ou plus, selon » que le cuir aura été étendu en grosseur, longueur » & largeur, & sera serrée la ficelle assez fort ; » puis de rechef on liera la totalité vers le ventre ; » & en ce faisant, la peau qui aura été distendue, » tombera avec lesdites ligatures ; & pour bien faire, » lorsque la peau aura été fort distendue, on la » pourra amputer assez près de la ligature extérieure, » puis l'ulcere sera traité & cicatrisé, ainsi qu'il ap- » partient. La venteuse sera curée par remedes ci- » dessus escrits aux tumeurs venteuses ; celle qui est » faite d'humeurs aqueuses, sera vuidée, faisant pe- » tite incision, la tenant ouverte tant qu'il sera » besoin (*b*) ». L'intestin réduit, & l'opération pra- tiquée, on appliquera par-dessus, d'après le conseil d'Ambroise Paré, un emplâtre astringent ; l'Auteur en recommande plusieurs espèces, & rapporte nombre de formules qu'il seroit superflu d'extraire ; il prescrit aussi des remèdes intérieurs auxquels nous n'ajoutons pas grande foi. Ces précautions prises, Paré décrit plusieurs bandages, & indique les moyens de les ap- pliquer : on les trouvera représentés dans plusieurs figures de son ouvrage.

Ces moyens sont bons à suivre lorsque la hernie peut se réduire facilement ; mais lorsqu'il arrive que la tumeur ne peut être réduite, soit qu'elle soit trop grosse pour passer par les ouvertures ordinaires, soit qu'elle ait contracté des adhérences avec les parties voisines, il faut nécessairement recourir à une opé- ration des plus dangereuses : » pour obvier à un tel » accident (*b*), faut venir à l'extrême remede, plutôt

(*a*) Pag. 196.
(*b*) Pag. 195.
(*c*) Pag. 198.

» que laisser mourir le malade si vilainement: ce qui
» se fera par l'œuvre de la main en cette maniere.
» Le malade sera situé , comme avons dit ci-devant ,
» sur une table ou sur un banc , puis lui sera faite
» incision en la partie supérieure du scrotum , se
» donnant bien garde de toucher les intestins ; après
» faut avoir une canule d'argent , grosse comme une
» plume d'oie , ronde d'un côté, cave de l'autre » ; on
l'enfoncera dans la production du péritoine qu'on ou-
vrira par le moyen du bistouri ; en portant la pointe
dans la canule de la sonde , on augmentera ainsi la voie
par laquelle le viscere doit passer pour pénétrer dans
le bas ventre , &c. &c. on fera immédiatement après
la gastroraphie , &c. cependant on aura une grande
attention à n'opérer que ceux qui ne sont point
épuisés par la maladie. Notre Auteur prescrit plusieurs
méthodes de faire cette opération , & donne dans
une planche la figure de trois instrumens nécessaires :
Je voudrois pouvoir le suivre dans tous ses détails qui
sont réellement curieux & intéressans ; mais l'ordre
que je me suis prescrit dans cet ouvrage, m'empêche
de m'étendre plus au long sur ce sujet.

Dans la hernie aqueuse (a) , il faut dabord user
de résolutifs & dessiccatifs , &c. » & ce pour la trop
» grande quantité , ces remedes ne sont suffisans ;
» faut venir à l'œuvre manuelle , en appliquant un
» seton au travers du scrotum & des membranes
» où est contenue l'aquosité , & passer une aiguille
» assez grosse qui ait la pointe en triangle , enfilée
» de fil de soie en huit ou neuf doubles , la passer
» (dis-je) promptement au travers des trous des te-
» nailles à seton , se gardant bien de toucher la sub-
» stance des testicules ; ce fait , on y laissera le fil ,
» lequel sera remué deux ou trois fois le jour, afin que
» l'eau soit évacuée peu à peu ; & s'il y survenoit
» grande douleur ou inflammation , à cause dudit
» seton , subit sera ôté , & la propre cure délaissée ,
» pour subvenir aux accidens (b) ». Pour la hernie
venteuse , notre Auteur recommande l'usage des fomentations résolutives & carminatives , & l'appli-

(a) Pag. 201.
(b) Même pag.

cation de l'emplâtre de Vigo, *cum mercurio & de diacalcitheos*, diſſous dans un vin ſpiritueux. Le ſarcocele mérite auſſi de grandes attentions de la part du Chirurgien. La cure ne peut ſe faire que par l'amputation ; mais le Chirurgien doit avant de l'entreprendre, bien examiner ſi le cordon n'eſt pas affecté trop haut, car ſi cela étoit, il ne pourroit point l'emporter en entier, & le mal qui ſurviendroit ſeroit pire que le premier ; »mais ſi la tumeur »n'eſt que petite ou médiocre, le Chirurgien la pren- »dra avec le teſticule & le proceſſus, & fera inciſion »juſqu'à ladite tumeur, & la ſéparera du ſcrotum ; »cela fait, il paſſera une aiguille enfilée d'une ficelle »forte au travers du proceſſus, au-deſſus du teſti- »cule charneux ; puis ſera retournée, par le milieu »même par où on l'avoit paſſée ; lors le bout du fil, »qui n'a point paſſé, & l'autre où eſt l'aiguille, »ſeront noués enſemble, en comprenant l'autre »moitié du proceſſus : le tout ainſi noué, faudra »couper & entiérement amputer ledit proceſſus avec »le teſticule, & laiſſer les bouts de la ficelle dont »on aura fait la ligature, aſſez longs, ſortant hors »la plaie : dedans la plaie on mettra un digeſtif fait »de jaune d'œuf, térébenthine & huile roſat ; après »on y appliquera des répercuſſifs ſur la plaie & »parties voiſines, avec bandes & compreſſes, &c. ». &c. (a).

La hernie variqueuſe exige un autre traitement. Pour la guérir entiérement, il faut faire, dit Paré, une ouverture au ſcrotum, par-deſſus la varice, de la grandeur de deux doigts, ou à peu près ; on paſſe enſuite par-deſſous une aiguille enfilée d'un fil que l'on nouera le plus haut de la varice qu'on pourra, afin de la lier vers ſa racine ; on paſſera à la partie baſſe l'aiguille, en laiſſant l'eſpace d'environ un doigt entre les ligatures ; »mais premier qu'étreindre le »fil de la derniere ligature, faut ouvrir la varice »en l'eſpace moyen, comme ſi on vouloit ſaigner, »afin d'évacuer le ſang contenu au ſcrotum, ainſi »que l'avons pratiqué ci-devant en la cure des va-

(a) Pag. 202.

« rices ; puis fera la plaie traitée comme l'art le com-
» mande, laissant tomber les filets d'eux-mêmes, &
» procurant qu'il s'y fasse une cicatrice & callosité
» au lieu où on aura lié la veine variqueuse, par
» ce moyen le sang ne pourra plus couler au tra-
» vers (a).

En traitant de la hernie humorale, notre Auteur
fait une remarque judicieuse ; il dit que *les testicules
s'arrêtent*, quelquefois chez les enfans, *aux anneaux*
des muscles du bas-ventre ; qu'ils y produisent une
tumeur accompagnée de douleurs très vives, &c.
maladie qu'il ne faut pas confondre avec une hernie.
Ce que dit Ambroise Paré est confirmé par une observation ; nous y renvoyons le lecteur curieux de
s'instruire.

L'ordre conduit notre Auteur au traitement des
fistules à l'anus, & des hémorrhoïdes ; il y fait ju-
dicieusement remarquer qu'il ne faut point perdre
trop de temps pour le traitement ; en conséquence il
prescrit d'ouvrir les abcès dans ces parties, avant
qu'ils soient parvenus à leur degré de maturité. Hippocrate l'avoit dit, & notre Chirurgien se pare de
son autorité.

Le panaris formé doit être ouvert ; mais avant d'en
venir à l'opération, Paré veut qu'on plonge le doigt
malade dans de bon vinaigre, dans lequel on aura
dissous de la thériaque, &c. (b) : ce topique administré
au commencement, dissipe la maladie & soustrait le
malade à l'opération.

Les articulations sont sujettes à des tumeurs humorales ; notre Auteur défend d'y faire des incisions ; il
préfere l'usage des sangsues, & prescrit intérieurement les phlegmagogues(c). Le dragonneau n'est point
formé par un amas de vers, ni par des varices, comme
quelques Auteurs anciens l'avoient avancé (d).

Ambroise Paré n'omet rien de ce qui peut rendre
son ouvrage recommandable ; il donne une histoire

(a) Même pag.
(b) Page 203.
(c) Pag. 204.
(d) Voyez l'Histoire que nous avons donnée de Léonide, page
117 de cet ouvrage.

très judicieuse des plaies ; les généralités précedent la description de chacune d'elles, dont il traite dans des chapitres différens. Dans ces généralités on trouve la description des plaies ; on voit quelle est leur différence ; l'Auteur les a rangées dans un table particuliere ; il en a indiqué les causes, les signes, & a porté un jugement sur chacune d'elles, a prescrit la cure qui leur convient : ses préceptes sont appuyés sur sa propre expérience, & sur les observations d'Hippocrate & des plus grands hommes qui l'avoient précédé. Quoique Paré fût sans Lettres, il a su très bien se faire entendre, & je doute que nos meilleurs Auteurs modernes, avec leur belle diction, décrivent mieux une opération chirurgicale que notre Chirurgien l'a fait.

Pour la réunion, il parle de trois ligatures ; » la » premiere est dite glutinative, ou incarnative ; la » seconde, expulsive ; la tierce, rétentrice (a). La » premiere convient aux plaies récentes ; la seconde, » aux ulceres sanieux ; & la troisieme, aux parties » qui ne peuvent être trop fortement serrées sans » qu'il ne survienne diverses douleurs, &c.

Les plus grands Maîtres condamnent de nos jours l'usage des tentes ; Ambroise Paré les a prévenus ; il en a défendu l'usage, à moins qu'il n'y ait quelque corps étranger d'engagé dans la plaie, qu'il soit nécessaire d'extraire (b). Il y a cinq especes de sutures ; notre Auteur les recommande toutes ; mais en divers cas ; » la premiere, dit-il, est bien faite en laissant » la distance d'un doigt entre les points, & est propre » aux plaies récentes faites aux parties charneuses » qui ne se peuvent joindre avec les autres, & quand » il n'y a rien d'étrange en la plaie. Voici la maniere » dont il convient de la traiter ; il faut avoir une » aiguille enfilée, unie, ayant la pointe triangu- » laire, afin qu'elle entre plus facilement en la chair ; » il faut que l'extrémité de la tête soit cave, afin » que le fil se cache ; ainsi faisant, ladite aiguille » poussera plus librement ; pareillement faut avoir » une canule fenestrée, sur laquelle sera appuyée

(a) Page 209.
(b) Voyez notre extrait de la Chirurgie de Vigo, pag. 257. &c.

» une partie de la lévre de la plaie, afin qu'elle ne
» tourne ne çà ne là en poussant ladite aiguille,
» & qu'on puisse voir par là fenestre, quand l'aiguille
» sera passée, pour la tirer avecque le filet, en
» appuyant la lévre, de peur que lorsqu'on tire le
» fil, elle ne le suive; & ayant ainsi passé les lévres
» de la plaie, soit fait un nœud, & sera coupé le
» fil assez près d'icelui, de peur que le reste du fil
» n'adhere contre les emplâtres, qui, en les ôtant,
» pourroient induire douleur; & faut noter qu'il
» faut faire le premier nœud au milieu de la plaie,
» & le second au moyen espace, en faisant qu'il y
» ait entre chacun point la distance d'un doigt, & ne
» faut joindre du tout les lévres l'une près de l'autre,
» afin que le pus se puisse vuider, & éviter inflamma-
» tion & douleur; car si on joint les lévres ensemble,
» au temps que le pus se fait, survient tumeur à
» la partie, laquelle distend les lévres, & étant
» distendues, le fil les coupe: semblablement ne faut
» prendre la chair superficiellement, ni trop profon-
» démeut; car si on la prend superficiellement, ne
» tiendra point, & si on la prend trop profondé-
» ment, induit douleur & inflammation, & rend la
» cicatrice laide. Vrai est, quand les plaies sont pro-
» fondes, au travers des gros muscles, qu'il faut faire
» la couture profonde, c'est-à-dire, prendre beau-
» coup de chair, afin que les points ne se rompent.
» Or quelquefois les plaies se font en tel lieu, qu'il
» faut avoir canon & aiguille courbe, autrement ce
» seroit impossible faire la suture, comme désirerois.
» La seconde suture est faite en maniere que les pelle-
» tiers cousent leurs peaux, & est propre aux plaies
» des intestins, craignant que les matieres ne sortent,
» & tombent hors par la plaie: la troisieme est faite
» en passant une ou plusieurs aiguilles enfilées au
» travers des lévres de la plaie, puis remplier & tourner
» le fil autour d'icelles, ainsi que font les écoliers,
» lorsqu'ils veulent garder leur aiguille dans leurs
» bonnets; & telle suture est appropriée aux lévres
» fendues, soit par nature ou par art, comme nous
» montrerons ci-après, t'en donnant le portrait: la

» quatrieme eſt dite gaſtroraphie, qui eſt appro-
» priée ſeulement aux grandes plaies des muſcles de
» l'épigaſtre, avec inciſion du péritoine, laquelle
» ſera déclarée en ſon propre lieu : la cinquieme eſt
» la future ſeche qui s'accommode ſeulement aux
» plaies de la face, laquelle nous décrirons en ſon pro-
» pre lieu.

A la ſuite des plaies il ſurvient des ſymptomes
fâcheux ; tels ſont l'hémorrhagie, la douleur, le
ſpaſme, la paralyſie, la ſyncope & le délire ; chacun
y eſt traité dans de chapitres particuliers. Les deſcriptions qu'il donne de ces ſymptomes, & les remedes qu'il indique pour y remédier, ſont aſſez
exacts, mais ne lui appartiennent point : j'ai déja
indiqué la plupart de ces procédés curatifs dans divers endroits de cet ouvrage. Le chapitre ſur l'hémorrhagie eſt le ſeul qui mérite quelques diſcuſſions ;
Ambroiſe Paré y preſcrit l'uſage des ſtiptiques, la
ligature & la ſection du vaiſſeau, s'il n'étoit point
totalement coupé ; mais ce dernier ſecours ne vaut
qu'autant qu'on ne peut faire la ligature : ces trois
moyens de s'oppoſer à la ſortie du ſang hors de ſes
canaux, étoient connus des anciens ; la ligature même
avoit été recommandée, & Ambroiſe Paré n'a jamais
prétendu s'approprier la gloire de la découverte :
quelques Auteurs modernes, un peu trop complai-
ſans, peut-être pour faire honneur à un de leurs
confreres, peut-être par impéritie ou par vanité, lui
ont adjugé la découverte en entier. On reçoit avi-
dement tout ce qui nous flatte ; Ambroiſe Paré a eu
beaucoup de panégiriſtes, & peu ont été dignes de
chanter ſes louanges : ſectateurs aveugles dés préjugés de leur maître, la plupart ont admiré juſqu'à
ſes ſotiſes, & n'ont point ſu apprécier ſes travaux ;
ils l'ont loué des erreurs qu'il avoit commiſes, &
n'ont fait aucune mention de pluſieurs remarques
intéreſſantes qu'il a faites dans ſon ouvrage ; la plupart des écrivains l'ont loué d'avoir le premier lié
les vaiſſeaux ; je dois être véridique, & dire dans cet
ouvrage ce que je ſais pour & contre un Auteur ; je
réfuſe complettement la découverte à Ambroiſe Paré,

&

& je l'accorde aux Arabes ; c'est chez eux que je
j'ai trouvée décrite en premier lieu ; Albucasis (a)
en a parlé d'une maniere très intelligible. Mais
peut-être, me dira-t-on, si Ambroise Paré n'a
pas l'honneur de la découverte, du moins est-il le
premier qui s'en soit servi, & qui en ait renouvellé
l'usage totalement oublié de son temps : le passage
que j'ai extrait des ouvrages de Vigo, & que j'ai
rapporté en faisant son histoire, prouvera clairement
le contraire (b). La méthode de lier les vaisseaux
s'est conservée en Italie pendant une longue suite de
siecles, & vraisemblablement c'est-là qu'Ambroise
Paré l'a apprise, ou qu'il a pu l'apprendre lorsqu'il
y accompagna l'armée françoise ; il auroit encore
pu l'extraire des ouvrages de Ferrius qui l'a décrite fort au long (c) : cet ouvrage parut avant celui
d'Ambroise Paré, & Ferrius étoit fort vieux lorsqu'il
publia sa méthode.

Les plaies de la tête ont été la pierre d'achop-
pement des plus grands Chirurgiens : Ambroise
Paré a profité de leurs fautes, & en a déduit des préceptes curatifs très salutaires : ces plaies sont en très
grand nombre ; les unes n'attaquent que les tégu-

(a) Ligetur arteria, cum filo ligatione forti. Voyez l'Histoire d'Albucasis, p. 161 de cet ouvrage.

(b) Modus autem ligationis, &c. V. p. 264 de notre Histoire
& p. 36 des ouvrages de Vigo.

(c) Quod si hæc remedia sanguine vincantur, ad venæ,
vel arteriæ illaqueationem deveniendum est, quod hoc modo fit : fit, exempli gratiâ, transversum vulnus in raseta ma-
nûs, tum supra ejus juncturam, tribus, aut quaternis digitis
vena, vel arteria acu deprehendenda est : quæ sanè acus fer-
rea sit, longa semipalmum ; tum retusis lateribus quadrata,
ne in transeundo intercidat, ac recta nisi prope cuspidem, qua
parte falcatam ac retortam ad basis foramen esse oportet.
Ea itaque duplex filum ducente venâ solum, sine arteriâ
prehendatur ; in quo plurimum juverit Anatomica cognitio :
deinde duobus hinc inde fili capitibus pulvina plurima dupli-
catione constantem, seu plures alterum alteri impositos, su-
pernè ac strictim, non nimio tamen cum dolore compre-
hendendum est, nec dimittendum usquam dum venæ, vel arteriæ conglutinationem factam existimes, atque eo prohibitum
sanguinis profluvium, &c. Alphonsus Ferrius, de scloptor.
vulneribus, lib. 2. in collectione operum Chirurgorum à Ges-
neto edita, p. 294.

Hh

mens, fans intéreſſer le crâne ; les autres portent leur impreſſion, & ſur les parties molles, & ſur les parties dures : celles - ci ſont au nombre de cinq ; Hippocrate l'a dit & l'a prouvé, & notre Auteur ſe rend à ſon témoignage. Pour rendre la queſtion plus facile à ſaiſir, il a fait graver une table où chacune de leurs eſpèces eſt gravée en ſon lieu & place. J'entrerois volontiers dans quelque détail à ce ſujet, ſi je ne m'étois déja très étendu ſur cette partie de la Chirurgie dans les articles d'Hippocrate, de Celſe & de Paul d'Egine : cependant Ambroiſe Paré n'eſt pas ſimple compilateur ; il a confirmé les préceptes de ces trois grands hommes par nombre d'obſervations intéreſſantes ; il y preſcrit fortement la ſaignée (a), il défend d'extraire avec trop de violence les eſquilles (b), ordonne la ligature lorſqu'on ouvre (c) quelques vaiſſeaux (d), & donne la deſcription d'un nouveau trépan, afin d'éviter les inconvéniens d'une trop rude dépreſſion, accident qui ſurvient communément lorſqu'on ſe ſert du trépan des anciens : » or, quant » à la trépane, pluſieurs en ont innové à leur plaiſir ; » de ſorte que maintenant on en trouve de pluſieurs » & diverſes façons ; mais je te puis bien aſſurer que » ceſte-ci, qui eſt par moi inventée, eſt plus ſûre » que nulle autre, (au moins que j'aie connu), » pour ce qu'elle ne peut nullement enfoncer dedans » le crâne, & par conſéquent bleſſer les membranes » & le cerveau, à raiſon d'une piece de fer appellée » chaperon, lequel ſe hauſſe & ſe baiſſe du tout » à ta volonté, & garde que le trépan ne pénetre » & paſſe outre ce que ſeulement tu prétends couper » de l'os, lequel (comme nous avons dit) n'eſt d'une » même groſſeur, épeſſeur & dureté ; & par ainſi » nulle trépane ne peut être faite de certaine hauteur » ou petiteſſe, ſans icelui chaperon, lequel ſe hauſſant » & baiſſant, fait tel arreſt à ladite trépane, qu'il » te plaît ; voir & fuſt de l'eſpeſſeur d'une ligne.

(a) Theodoric lui a fourni pluſieurs préceptes dont il a profité, Liber 2. De vulneribus capitis.
(b) Page 231.
(c) Page 210.
(d) Pag. 236.

">Et le danger de pénétrer ſon trépan aux membranes
">& au cerveau, n'emporte ſeulement que la vie du
">patient : ce que j'ai vu advenir pluſieurs fois, non
">ſeulement par la faute des jeunes Chirurgies, mais
">auſſi de ceux qui pluſieurs fois avoient trépané.

L'opération faite, la nature travaille à la formation du cal, pourvu que l'on tienne le malade à
un bon régime, & qu'il n'ait point de vice particulier
dans le ſang ; cependant elle eſt lente dans ſon opération ; & comme il pourroit en ſurvenir quelque
fâcheux accident, ſi le cerveau étoit comprimé
par un corps extérieur, il eſt bon de couvrir la
tête, afin de mettre le cerveau à l'abri de l'altération. Ambroiſe Paré raiſonne d'après l'obſervation ;
voici ſes paroles (a) : ">& pour ceſte cauſe fis faite
">à un laquais qui ſe trouvoit dans le cas un bonnet
">de cuir bouilli, pour réſiſter aux injures externes,
">qu'il porta juſqu'à ce que la cicatrice fût bien ſo-
">lidée, & la partie fortifiée : or, il y a d'aucuns ſoi-
">diſans Chirurgiens, mais plutôt ſont de ces abu-
">ſeurs, coureurs & larrons, que lorſqu'ils ſont
">appellés pour traiter les plaies de tête, où il y
">aura quelque portion d'os amputé, font accroire au
">malade & aux aſſiſtans, qu'au lieu dudit os, leur
">faut mettre une piece d'or ; & de fait en la pré-
">ſence du malade l'ayant reçue, la battent & la
">rendent de la figure de la plaie, & l'appliquent
">deſſus, & diſent qu'elle y demeure pour ſervir au
">lieu de l'os & de couverture au cerveau ; mais
">toſt après la mettent dans leur bourſe, & le len-
">demain s'en vont laiſſant le patient en cette im-
">preſſion : les autres diſent que par leur induſtrie
">& grand ſavoir, ils font coaleſcer une piece de
">cougourde deſſéchée au lieu de l'os amputé : &
">ainſi abuſent les ignorans qui ne cognoiſſent que
">tant s'enfaut que cela ſe puiſſe faire, que nature
">ne peut ſouffrir un petit poil enfermé en une plaie,
">ou autre petit corps étranger.

La ſaignée eſt néceſſaire dans le cas de commotion
au cerveau : notre Auteur rapporte pluſieurs cas dans

(a) Page 241 & 242.

H h ij

lefquels elle lui a bien réufli. La perte de fubftance du cerveau, fans altération dans les fonctions vitales a été révoquée en doute pendant une longue fuite de fiecles, quoique plufieurs Savans euffent rapporté nombre d'obfervations contraires au préjugé : Ambroife Paré eut la même peine pour diffiper les préjugés de fon fiecle; une partie de la fubftance du cerveau fortit par la plaie d'un malade qu'il traitoit avec un autre Chirurgien ; celui-ci foutint que c'étoit de la graiffe qui s'étoit fait jour au travers de l'ouverture du crâne : pour décider la queftion, il fallut en venir à l'expérience chymique (a) : »car je tenois que fi » c'étoit graiffe, elle nageroit fur l'eau ; au con- » traire, que fi c'eftoit de la fubftance du cerveau, » qu'elle iroit au fond : davantage, fi c'eftoit graiffe, » en la mettant fur une pefle chaude, elle fondroit ; » & fi c'eftoit du cerveau, il fe deffeicheroit & de- » meureroit aride comme parchemin, fans fe fondre » ou liquéfier, & promptement brufleroit, pour ce » qu'il eft gluant, humide & aqueux : & furent faites » telles épreuves, dont fut trouvé mon dire être vrai : » & combien que ledit Page eût telle portion de la » fubftance du cerveau perdue, il guarit ; refte qu'il » demeura fourd.

La future doit être employée dans toutes les plaies à la face (b) ; on paffera l'aiguille à travers les mufcles & la peau, & l'on épargnera les cartilages. Dans le cas d'inflammation ou de plaie à l'œil, le premier fecours que le Chirurgien doit porter à la partie, eft d'extraire les corps étrangers, s'il y en a. Ambroife Paré a décrit & fait graver un inftrument propre à tenir les paupieres écartées ; c'eft le *fpeculum oculi*. Le féton eft un des plus puiffans remedes lorfqu'il eft appliqué à la nuque ; on trouvera les inftrumens qu'il faut employer repréfentés dans une planche particuliere. Je renvoie à l'Auteur pour le refte du traitement des plaies ; le lecteur judicieux voit déja affez par l'extrait que j'en ai fait, quelle

(a) Page 243.
(b) Théodoric a pofé le même précepte, & s'eft fervi à-peuprès des mêmes termes qu'Ambroife Paré, en traitant des plaies des paupieres, p. 147. B.

peut être la méthode de l'Auteur. L'hiftoire & le
traitement des maladies des os fe trouvent prefque
d'un bout à l'autre dans les ouvrages d'Oribafe.

Ambroife Paré traite fort au long des maladies
Chirurgicales de la veffie : il fuit pour la taille la méthode de Jean de Romanis, & l'a prefque copié d'un
bout à l'autre (a) en y adaptant en leur lieu & place
plufieurs obfervations intéreffantes. Dans l'hydrocele
il a fait ufage du feton, & en a retiré de l'avantage ;
il parle fort au long de l'opération céfarienne, & donne quelques préceptes relatifs aux accouchemens. Il
veut que dans l'amputation d'un membre, on faffe la
fection dans la partie faine (b) ; il fe fert d'un grand
coûteau courbe pour faire la premiere incifion, d'un
plus petit pour couper les chairs qui fe trouvent entre deux os ; d'une fcie, d'une pince à bec à corbin
pour faifir les vaiffeaux, & d'un fil retor.

Voici la maniere qu'il prefcrit pour faire cette opération : » Les chofes ainfi faites, s'il advenoit puis
» après qu'aucun defdits vaiffeaux fe déliât, il te
» faut relier le membre de ta premiere ligature,
» comme a été dit ci-devant ; ou au lieu de ce faire
» (ce que je loue davantage, & qui eft trop plus
» aifé & moins douloureux) qu'un ferviteur prenne
» le membre à deux mains, preffant fort de fes doigts
» fur l'endroit du chemin defdits vaiffeaux : car en ce
» faifant, il empêchera le flux de fang. Cependant
» tu prendras une aiguille longue de quatre pouces
» ou environ, quarrée & bien tranchante, enfilée de
» bon fil en trois ou quatre doubles, de laquelle tu
» reliras les vaiffeaux à la façon qui s'enfuit : car
» alors le bec de corbin ne te pourroit fervir. Tu
» pafferas ladite aiguille par le dehors de la plaie,
» à demi-doigt au plus, à côté dudit vaiffeau, juf-
» ques au travers de la plaie, près l'orifice du vaif-
» feau : puis la repafferas fous ledit vaiffeau, le
» comprenant de ton fil, & feras fortir ton aiguille

(a) Voyez notre extrait fur Mariana.
(b) Il n'eft point l'Auteur de cette méthode, ceux qui la lui
attribuent tombent dans l'erreur la plus groffiere ; plufieurs Auteurs l'ayoient recommandée avant lui.

» en ladite partie extérieure de l'autre côté dudit
» vaisseau, laissant entre les deux chemins de la-
» dite aiguille, seulement l'espace d'un doigt, puis
» tu liras ton fil assez serré sur une petite compresse
» de linge en deux ou trois doubles de la grosseur
» d'un doigt, qui en gardera que le nœud n'entre
» dedans la chair, & l'arrêteras sûrement. Ladite li-
» gature retirée entierement dedans la bouche &
» l'orifice de la veine ou artere, avec lesquelles aussi
» cachées & couvertes des parties charneuses adja-
» centes, se reprend aisément ledit orifice. Je te puis
» asseurer qu'après telle opération, on ne voit sor-
» tir une goutte de sang des vaisseaux ainsi liés ; &
» ne faut travailler d'user des susdits moyens d'ar-
» rêter le sang aux petits vaisseaux : pour ce qu'ai-
» sément il sera supprimé par les astringens que nous
» t'ordonnerons ci-après. Tu pourras trouver cette
» maniere d'opérer assez obscure & mal intelligi-
» ble : mais tu peux considérer que c'est chose très
» difficile de mettre clairement & entierement par
» écrit la Chirugie Manuelle ; car elle se doit plu-
» tôt apprendre par imagination & en voyant be-
» songner de bons & expérimentés maîtres, si tu en
» as le moyen : ou bien l'essayer sur des corps morts,
» comme j'ai plusieurs fois fait (a) ».

Dans le cas d'amputation aux extrêmités, Ambroise Paré pose pour regle générale de ne jamais
couper dans l'article ; cependant il s'est écarté de
cette regle dans quelques cas particuliers, il rapporte une observation des plus curieuses sur une amputation au coude (b) qu'il fit à un Soldat. Le traitement qu'il indique pour les fistules en général est pareil à celui qu'on prescrivoit généralement trente ans
avant lui ; celui qu'il prescrit pour la fistule à l'anus est
à-peu-près le même que celui de Vigo (c). Comme cette
méthode a été extrêmement négligée, quoique bonne
à plusieurs égards, & que quelques modernes veulent
la faire revivre sans en faire honneur à leurs Auteurs,

(a) Pag. 307.
(b) Pag. 23.
(c) Œuvre d'Ambroise paré, p. 33. de notre Histoire.

je conseille la lecture de ce passage (a), qui contient nombre de détails très utiles. L'Auteur y vante l'usage des escarotiques, afin de réduire la fistule à l'état de plaie simple ; il prescrit l'usage du cautere actuel ou potentiel, s'il y a carie à quelques os : cependant comme le cautere n'est pas toujours suffisant, sur-tout lorsque la carie est profonde, il recommande encore d'autres remedes : » or, dit-il, » quand la fistule vient à cause de l'os altéré & » pourri, on doit considérer si le vice est en la su- » perficie, ou profondité, ou s'il est du tout corrom- » pu : & s'il n'est qu'en la superficie, il sera raclé & » ruginé seulement : & si la carie est profonde, on la » doit ôter avec un trépan exfoliatif : & si la cor- » ruption est communiquée jusqu'à la moëlle : elle » sera ôtée avec une tenaille incisive pour y faire » plus ample ouverture, y appliquant premierement, » si besoin est un petit trépan, pour donner passage » à ladite tenaille ; & s'il est du tout corrompu, il » sera pareillement du tout coupé, comme en l'os » d'une jointure du doigt, du rayon, du coude, de » l'os de la grêve ou tibia. Mais advenant ce mal à » la boîte de la hanche, ou en la teste de l'os de la » cuisse, ou à une vertébre, ne faut entreprendre la » cure, non plus qu'à autre quelconque fistule qui de » soi est incurable, quelles sont celles qui pénétrent » jusqu'aux membres principaux, ou se rencontrent » aux parties veineuses, arterieuses ou nerveuses : » ou qui adviennent à personnes délicates, qui choi- » siroient plûtôt de mourir avec leur mal, qu'en- » durer le tourment de l'opération : ou bien, quand » de l'incision doit survenir autre plus fâcheuse in- » disposition ; comme convulsion en fistule de par- » tie nerveuse : en tel cas le Chirurgien ne doit cher- » cher l'entiere cure & parfaite, ainsi se doit con- » tenter de la palliative ».

La Chirurgie du Barreau a fort occupé Ambroise Paré ; de son tems les Chirurgiens étoient plus souvent consultés par la justice qu'ils ne le sont aujourd'hui ; c'est ce qui a fait qu'ils ont pour la plûpart

(a) Pag. 324 & 325.

négligé ce genre d'étude. L'Auteur parcourt les diffé-rens cas qui peuvent se présenter en justice : en voici quelques-uns qui peuvent se présenter, l'Auteur en donne la solution ; s'il s'agit d'un enfant qu'on soup-çonne avoir été étouffé : » Il y a grande apparence que » le petit enfant mort, aura été étouffé par sa nour-» rice qui se sera endormie sur lui en l'allaitant, ou » autrement par malice : si ledit enfant se portoit » bien, & ne se plaignoit de rien au précédent, s'il » à la bouche & le nez pleins d'écumes : s'il a le » reste de la face non pâle & blaffarde, mais vio-» lette & comme de couleur de pourpre : si ouvert est » trouvé avoir les poulmons pleins comme d'air » escumeux (a) ».

S'il s'agit d'un homme qu'on ait trouvé pendu, ou couvert de blessures, & qu'on veuille savoir s'il a été pendu ou blessé avant ou après sa mort, il faut faire attention aux signes suivans. « Si les plaies lui » ont été faites pendant qu'il vivoit ; elles seront » trouvées rouges & sanguinolentes, & les levres » d'icelles tuméfiées & plombines. Au contraire si on » les lui a données après la mort, elles ne seront » rouges, sanglantes, ni tuméfiées, ni livides. .... » S'il a été pendu vif, le vestige du cordeau à la cir-» conférence du col, sera trouvé rouge, livide & » noirâtre, & le cuir d'autour amoncelé, replié & » ridé pour la compression qu'aura fait la corde ; & » quelquefois le chef de la trachée-artere rompu & » laceré, & la seconde vertébre du col hors de sa » place. Semblablement les jambes & bras seront » trouvés livide, & toute la face ; à raison que tous » les esprits ont été suffoqués tout-à-coup : aussi pa-» reillement il sera trouvé de la bave en la bouche » & de la morve issant du nez : au contraire si le » personnage a été pendu étant mort, on ne trouve-» ra les choses telles ; car le vestige du cordeau ne » sera rouge, ne livide, mais de couleur des autres » parties du corps : pareillement la tête & le thorax » sont trouvés pleins de sang » (b).

S'il est question d'un homme qu'on ait trouvé dans

(a) Pag. 771.
(b) Pag. 771.

l'eau, & qu'il faille décider fi on l'y a jetté étant mort, ou s'il y a péri ; l'on examinera s'il a de l'eau à l'eſtomac ou dans les inteſtins : s'il a de la morve au nez & de l'écume à la bouche ; il aura été noyé : fi ces fignes ne fe trouvent pas, l'homme aura été jetté dans l'eau après fa mort.

Ambroiſe Paré parle immédiatement après de ceux qui auront été en danger d'être étouffés par la vapeur du charbon ; il recommande pour en prévenir les fâcheux effets, lorſque les ſymptômes commencent à fe manifeſter, de frictionner l'épine & les extrémités avec des ſpiritueux, d'adminiſtrer les violens purgatifs & l'émétique ; c'eſt en ſuivant cette maxime, qu'il dit avoir tiré pluſieurs perſonnes du plus grand danger. L'Auteur a obſervé que cette mort étoit occaſionnée par un manque de reſpiration auquel ſe joignoient les ſymptômes d'une véritable apoplexie.

Mais voici un modele de rapport qu'on trouve dans Ambroiſe Paré, & que le lecteur ne ſera pas fâché d'avoir fous les yeux ; il s'agit de déterminer fi une fille eſt vierge ou non. « Or quand à faire fi une » fille eſt pucelle ou non, cela eſt fort difficile : tou- » tefois les Matrônes tiennent pour choſe aſſurée, » qu'elles le peuvent cognoiſtre, parcequ'elles di- » ſent trouver une ruption d'une taye qui ſe rompt » au premier combat vénérique (a) ; mais cette taye » n'exiſte pas ; la preuve giſt en l'expérience & à la » grandeur, ou anguſtie du col de la matrice; mais » elles peuvent être bien déçues & trompées ; car » ſelon la grandeur du corps & l'âge de la fille, » l'ouverture ſera plus grande ou plus petite : parce » qu'une grande fille doit avoir ſon ouverture plus » grande qu'une petite : car toutes les parties de no- » tre corps ſe doivent rapporter les unes aux autres; » une âgée de quinze ans l'aura plus grande qu'une » de douze..., auſſi celle qui aura mis quelquefois » ſon doigt bien profondement au col de ſa matrice, » pour quelque prurit qu'elle y auroit, ou y auroit » mis quelque peſſaire ou *nodulus*, à cauſe de la ré- » tention de ſes mois, ou autre indiſpoſition, & que

(a) Page 773.

» par ce moyen son ouverture lui fût trouvée plus
» grande, seroit-elle pour cela moins pucelle? N'en-
» ny: parcequ'il n'y aura différence entre y avoir mis
» un pessaire ou le doigt, ou autre chose de la gros-
» seur de la verge virile, qui puisse remarquer ces
» différences : par quoi il me semble qu'on ne peut à
» la vérité juger du pucelage d'une fille. Davantage
» les Matrones ni Chirurgiens ne peuvent juger une
» fille n'être pucelle, à laquelle on trouvera avoir du
» lait aux mamelles ».

Les remarques qu'Ambroise Paré a faites sur la
saignée méritent quelque considération des connois-
seurs. Pour procéder à l'opération, on fera asséoir
le malade dans une chaise, de maniéré que le jour
donne sur la partie qu'on veut piquer ; un Chirurgien la frottera avec sa main ou linge chaud « puis
» fera une ligature un peu au-dessus dudit vaisseau
» qu'il voudra ouvrir, & renvoira le sang des par-
» ties inférieures vers la ligature, & empoignera le
» bras du malade avec sa main gauche, si c'est le
» bras droit & si c'est le bras gauche, le prendra de la
» droite, mettant le pouce un peu plus bas que le
» vaisseau, afin qu'il le tienne & ne vacille çà & là,
» le fera élever à cause du sang qui aura été envoyé:
» cela fait, de son ongle marquera le cuir qui sera
» sur la veine à l'endroit où la voudra inciser, puis
» subit prendra une petite goutte d'huile ou de beurre
» frais, & frottera le lieu marqué par l'ongle, afin
» de rendre le cuir plus lisse & l'amolir, & par ce
» moyen sera plus facile à couper, & fera moindre
» douleur au malade, à raison que la lancette entrera
» plus doucement. Or le Chirurgien tiendra la lan-
» cette du pouce & du doigt index, non trop loin ni
» trop près de la pointe, & de ses trois autres s'ap-
» puyra contre la partie, & d'abondant mettra les
» deux doigts susdits desquels il tient la lancette, sur
» le poulce, pour avoir davantage sa main ferme &
» non tremblante : alors fera incision un peu oblique-
» ment au corps du vaisseau, qui soit moyenne, non
» trop grande ni trop petite selon le corps du vais-
» seau, & le sang gros & subtil que l'on aura conjec-
» turé y être contenu ». Il ne bornoit pas les saignées

aux feuls vaiffeaux veineux ; il faifoit quelquefois ouvrir l'artere temporale , & cette méthode lui a réuffi dans plufieurs maladies de la tête.

En habile Praticien, Ambroife Paré indique les dangers de la faigné , & prefcrit les remedes qu'il faut leur oppofer. « Et fe faut garder de toucher l'artere » qui eft fouvent couchée fous la bazilique , & fous » la médiane un nerf , ou le tendon du biceps , & » quand à la veine céphalique , il n'y a aucun danger; » il fera tiré du fang felon qu'il fera befoin , puis » défera la ligature , & en fera une autre fur le corps » de la veine , pour arrêter le fang , avec une petite » compreffe : la ligature ne fera trop lâche ni trop » ferrée , de façon que le malade pourra plier le bras » à fon aife ; & pour faire comme il appartient , » faudra à l'heure que l'on la voudra faire , com- » mander au malade de plier le bras ; car fi on le » bandoit étant droit, il ne pourroit après plier ». Lorfque le tendon où l'aponévrofe eft piquée, Ambroife Paré recommande les embrocations & les fomentations des liqueurs fpiritueufes & des huiles éthérées, &c. (a).

Le Traité des plaies d'armes à feu d'Ambroife Paré, contient nombre d'obfervations intéreffantes , & de préceptes judicieux confirmés par la longue expérience que l'Auteur avoit acquife dans les Armées , mais déduits pour la plûpart des ouvrages de Langius , de Ferrius, de Rota & de Botal : le lecteur judicieux pourra s'inftruire de la vérité , s'il fe donne lui-même la peine de recourir aux originaux.

Le Traité des monftres d'Ambroife Paré eft un des plus mauvais ouvrages qui foit forti des mains des hommes; c'eft l'opprobre du génie humain, & il n'y a qu'un Auteur crédule & fuperftitieux qui l'ait pû mettre au jour. Tous les fpectres que l'imagination troublée préfente aux enfans dans leur fommeil , font exprimées dans autant de planches & de figures patticulieres : l'Auteur a fait peindre & graver des êtres qui n'avoient exifté que dans fon idée , ou dans celle de gens auffi crédules que lui. Les belles

(a) Pag. 770.

productions de Ruef, Chirurgien Suisse, à qui M. Garengeot vouloit attribuer la découverte de la circulation, y sont représentées à côté de celles de plusieurs autres Auteurs auxquels Ambroise Paré a ajouté de très longs commentaires.

L'Anatomie d'Ambroise Paré n'est pas à beaucoup près aussi exacte qu'il auroit pu la donner, s'il eut possédé ses Auteurs d'Anatomie, comme il possédoit ceux de Chirurgie. Il n'a point connu les vésicules féminales, ni le veru-montanum; il n'a eu aucune idée sur la circulation; sur la structure des nerfs optiques, sur le limaçon & le labyrinthe, &c. objets qui avoient tous été décrits avant que l'Auteur publiât son ouvrage; cependant ce Traité d'Anatomie est dans le fond aussi exact, quoique dépourvu de découvertes originales, que l'ont été ceux qu'ont publié les Auteurs médiocres du seizieme siecle; les planches qu'on y trouve sont extraites des ouvrages de Vésale, mais elles sont plus mauvaises qu'elles (a) ne sont dans l'original, souvent même elles y paroissent tronquées: celles que l'Auteur y a ajoûtées sont ridicules, du reste il a nié l'existence de la membranne allentoïde après Massa, Sylvius, Vidus Vidius & Franco. Sa façon de penser sur la structure des dents & de la dentition, est assez conforme à celle qu'on a aujourd'hui. Ambroise Paré rapporte quelques observations par lesquelles il prouve qu'une dent replacée dans l'alvéole bien-tôt après qu'une autre en est sortie, peut s'y reprendre & s'y fixer. Il avertit que le péritoine n'est point percé par les vaisseaux spermatiques, &c. Il a connu la vraie position des condyle de l'humérus. Quelques-uns lui accordent l'honneur d'avoir découvert le premier la membrane commune des muscles, seroit-ce du tissu cellulaire ou du muscle cutané, je ne sais trop sur quel fondement; les plus anciens Anatomistes en avoient parlé, & l'avoient indiquée aussi clairement que l'a fait Ambroise Paré.

La Ville de Wembdingen, dans les Etats du Duché de Baviere, vit naître en 1501, dans l'enceinte de ses murs, Leonard Fuchsius, ou Fusch, qui se ren-

(a) Miserè tamen depravantur, Douglas, p. 118.

dit célebre dans la Médecine par ses vastes connoissances : il eut pour pere Jean Fusch qu'il eut le
malheur de perdre dès sa plus tendre enfance. Sa
mere , originaire d'une famille distinguée, le fit élever avec tout le soin possible ; elle l'envoya à l'âge
de dix ans au College d'Hailbron , Ville impériale
du cercle de Souabe. Le jeune Fuchius ne fut pas
long-temps à se distinguer dans sa classe ; par ses
travaux & son application à l'étude il s'acquit l'affection de son Professeur : cependant il ne resta pas
long-temps dans ce College , car ses parens l'en-
voyerent bientôt après à Tubinge, où les sciences & les
arts florissoient. Il s'avança dans les langues grecques
& latine. Orné de toutes ces connoissances, Fuchsius
s'appliqua à l'étude de la Médecine , & reçut le bonnet
de Docteur en 1524 ; bientôt après son doctorat il
épousa Anne Fuidpergera (a) , fille qui à sa haute naissance réunissoit tous les talens extérieurs ,
il en eut quatre garçons & six filles. La réputation
qu'il s'étoit acquise le fit rechercher de plusieurs Uni-
versités pour lui donner une chaire de Professeur ; il
en occupa une à Munich & à Ingolstadt ; il remplit les
devoirs de sa charge avec beaucoup de distinction :
& mettoit tant de clarté & de politesse dans ses
leçons , qu'il attiroit les Ecoliers de tous les côtés ; il passa pour un des plus habiles Médecins de
l'Europe. Fuchsius ne borna pas-là ses travaux , il
s'appliqua beaucoup à la pratique de la Médecine ;
les succés qu'il avoit dans les maladies qu'il traitoit ,
lui firent donner le nom d'*Æginete d'Allemagne*.
Côme, Duc de Toscane , lui offrit cinq cens écus
d'appointemens pour l'obliger de remplir une place
de Professeur de Médecine dans l'Université de Pise.
L'Empereur Charles - Quint l'annoblit pour lui témoigner l'estime qu'il faisoit de son mérite & de
ses connoissances en Médecine. Fuchsius , après
avoir eu tant d'honneurs & dignités, mourut à Tubingen le 10 Mai 1566 , âgé de soixante-cinq ans.
Il a laissé un grand nombre de bons ouvrages ; nous

(a) Voyez la vie de Fuchsius qui est à la tête de ses ouvrages,
dans l'édition de 1604.

ne parlerons que de ceux qui nous concernent, &
qui font,

Épitomes Anatomiæ. Tubingæ 1551, in-8°. *Lugd.*
1555, in-8°. *Francof.* 1604, in-fol.

*De fanandis totius humani corporis affectibus. Ba-
filea* 1542, 1568. *Lugduni* 1547, in-16.

L'Auteur annonce dans fa préface que fon ouvrage
n'eft qu'un extrait de ceux de Vefale; & pour donner plus de valeur à fon livre, il fait un éloge des
plus complets de ce grand Anatomifte; il le met au-
deffus de Galien (a); il fait un reproche à un Médecin
de fon temps de négliger l'Anatomie, & il critique
expreffément les Médecins d'Allemagne. Selon lui,
depuis Mundinus jufqu'à Carpi, & depuis Carpi
jufqu'à Andernach, il n'y a eu aucun Anatomifte
qui méritât d'être cité; mais, ajoute-t-il, quelle
différence de ceux-là au grand Vefale, qui eft un
prodige de la nature.

L'ouvrage de Fuchfius fur l'Anatomie eft un abregé
court & fuccint, mais exact; l'Auteur y a fcrupu-
leufement fuivi Vefale; il s'eft même fervi le plus
fouvent de fes dénominations caractériftiques, ainfi
que de celles des anciens, comme de premiere, de
feconde & de troifieme paire des mufcles, &c.

On trouve dans les cinquieme, feptieme & huitieme livres de fon grand ouvrage, *de curandi ratione*,
plufieurs réflexions chirurgicales fur les plaies &
ulceres, fractures & luxations, &c. Fuchfius, avec
fa candeur ordinaire, avoue qu'il n'y a rien ajouté
du fien, qu'il a puifé dans les ouvrages de Galien,
de Paul, d'Aëtius, & de Guy de Chauliac, & il
affure que Tagault lui a aidé à écrire fon livre.
Un tel aveu caractérife l'honnête homme, & ne diminue en rien la grande réputation que Fuchfius
s'étoit acquife dans toute l'Allemagne: il vaux mieux
favoir d'autrui de bonnes chofes, que d'être l'Auteur
de fyftêmes hardis & éloignés de toute vraifemblance.

(a) Cujus, Vefalii, Anatomica tantum abeft ut contèm-
nenda putem, ut illum omnibus aliis Galeno etiam ipfi præ-
feram. In præf. pag. 278, édit. in-fol. Francof. 1604.

Douglas parle d'un certain Albert Novocampianus qui a donné les ouvrages suivans.

Annotationes in fabricationem hominis à Cicerone lib. 2 de naturá deorum descriptam.

Dissertatio utrum cor an jecur in formatione fœtus consistat prius. Cracoviæ 1551 , in-8°.

Je n'ai pu me procurer cet ouvrage ; Mr. de Haller s'est contenté de l'annoncer sans en donner l'analyse ; il y a aparence qu'il manque dans sa bibliotheque.

On trouve aussi dans les ouvrages qui traitent de l'histoire de l'anatomie le livre de *Urinis* de *Odonius* ; je l'ai parcouru ; mais je n'y ai rien trouvé d'anatomique ; il n'y a que des analyses chymiques. L'Auteur donne des moyens de connoître toutes les maladies par l'infpection des urines ; ce livre est intitulé :

De urinis 1551 ; il est imprimé avec ceux d'Henri Martines.

Coitier cite Odonius comme un amateur zélé & un favant en Anatomie ; il l'a connu à Boulogne : ainfi Odonius devoit vivre vers le milieu du feizieme fiecle.

Porta (Simon) naquit à Naples en 1496 ; il fut difciple de Pomponace de Mantoue ; on croit qu'il fuça de lui la plupart de fes faufles maximes fur l'immortalité de l'ame ; on le foupçonne de foutenir, ainfi que fon maître , qu'on ne pouvoit prouver cette immortalité par la raifon naturelle , d'une maniere démonftrative. Porta expliqua long-temps la philofophie d'Ariftote à Pife, s'adonna beaucoup à l'hiftoire naturelle , & y acquit beaucoup de connoiffances : il étoit fur le point de faire imprimer un ouvrage fur cette partie , lorfqu'il reçut celui que Guillaume Rondelet avoit compofé fur les mémoires de Mr. Pelliffier , Evêque de Montpellier. Cette nouvelle le fit défifter de fon entreprife ; il mourut à Naples l'an 1553. Nous avons de lui divers traités de Phyfique médicinale ; tels font ceux *de dolore , de coloribus oculorum , de rerum naturalium principiis , de mente humaná.* Gefner dit que ce dernier ouvrage eft plutôt digne d'un porc que d'un homme raifonnable.

Rodrigues (Jean) de Castelblanco, c'est-à-dire de Château-blanc, vulgairement connu sous le nom d'Amatus Luzitanus, fleurit en Portugal vers l'an 1550, il y exerça la Médecine & la Chirurgie, parties qui, comme l'on sait, ont une si grande analogie, qu'on ne peut bien savoir l'une d'elles qu'autant qu'on excelle en l'autre. Il étudia à Salamanque, y prit ses degrés en Médecine, y exerça cette science, & s'y acquit une des plus brillantes réputations. Cependant Amatus Luzitanus comptant pour très peu la gloire qu'il s'étoit acquise dans un pays si ignorant & si superstitieux, quitta sa patrie, voyagea en France, dans les Pays-Bas, & en Italie, il s'arrêta à Ferrare pour y enseigner la Médecine ; mais soit par inconstance ou par quelqu'autre raison que j'ignore, il n'y demeura pas long-temps ; Ancone lui parut digne de son séjour ; il s'y retira & y exerça la Médecine avec célébrité. Son nom parvint dans toutes les principales Villes de l'Europe. Le Roi de Pologne & la république de Raguse voulurent l'attirer dans leurs Etats ; peu sensible à leurs invitations, Amatus Luzitanus porta ses pas dans des contrées tout-à-fait opposées ; il fut à Thessalonique ou Salonicki, célebre Ville de la Turquie européenne, où il se fit Juif : pour cacher sa démarche & sa conduite, il quitta le nom de Jean Rodrigues pour prendre celui d'Amatus Luzitanus. Il séjourna dans la Turquie un certain nombre d'années, & il y finit ses jours, suivant le sentiment des Auteurs.

Amatus Luzitanus étoit un homme instruit, ingénieux & grand observateur ; il avoit beaucoup lu & conversé avec la plupart des Savans de l'Europe ; à Anvers il connut Louis Vives, à Ferrare, Jean Baptiste Cananus & Antoine Muza Brasavole ; à Venise, Didacus Mendosa ; à Pise il fut extrêmement lié avec Guidon Embaldus, Duc d'Urbin, homme connu par son profond savoir. Nous avons de lui,

Curationum medicinalium centuriæ septem. Florent. 1551, in-8°. *Ven.* 1654, in-12. *Burdig.* 1620, in-4°. *Barcin.* 1628. *Lugd.* 1560, 1580, in-12. *Francof.* 1646, in-fol.

On

On trouve dans cet ouvrage un nombre prodigieux d'obſervations intéreſſantes ſur divers points de Chirurgie ; l'Auteur y traite fort au long de la chûte de l'utérus : accident qu'il dit avoir guéri par le moyen des ventouſes appliquées ſur l'ombilic , d'un peſſaire fait avec de la toile roulée , couverte d'un emplâtre aſtringent , &c. &c. (a).

XVI. Siecle.

1551.
AMATUS.
LUZITANUS.

On lit dans la même centurie différentes obſervations ſur les ulceres de la bouche (b) , & ſur celles des extrémités contre leſquelles il recommande l'uſage (c) des ſcarifications ; l'hiſtoire d'une contuſion à la tête , guérie par le moyen des ventouſes & des poudres aſtringentes (d) , d'une imperforation du gland , contre laquelle Cananus propoſa un trois-quart particulier de ſon invention (e). On trouve dans le même ouvrage la deſcription de pluſieurs monſtres, de pluſieurs moles , &c. (f).

Les grands Médecins ne perdent aucune occaſion d'obſerver les phénomenes de la nature : l'Auteur a été lui-même le ſujet d'une obſervation ; il eut une tumeur à la cuiſſe qui le gêna dans ſa marche : elle étoit ſans fievre , quoique très douloureuſe ; cette tumeur vint bientôt à ſuppuration , dit notre Auteur , par le moyen d'un cataplaſme fait avec la mie de pain , par l'application des raiſins écraſés , des figues , de l'huile roſat , de différentes graiſſes , du blanc d'œuf, &c. &c. &c. Amatus Luzitanus penſe que cet affection chirurgicale eſt la même que celle que les Italiens appellent bocnon , les Catalans divieſo , les Portuguais lecenſo. La deſcription de cette maladie ſe trouve dans une lettre qu'Amatus Luzitanus a écrite à Cananus ſon intime ami ; l'Auteur termine cette lettre par ces paroles , *ea litteris mandare jucundius eſt quam ea pati* (g).

L'Auteur parle de quelques cancers guéris par divers

(a) Pag. 121 , Centurie premiere , édition de Lyon , 1580, in-8°.
(b) Page 142.
(c) Pag. 145.
(d) Pag. 148.
(e) Page 168.
(f) Pag. 174.
(g) Pag. 189.

topiques, principalement par les suppuratifs (a); d'une inflammation des plus vives survenue au doigt à la suite d'une piqûre d'épingle qu'il guérit par l'incision, en oignant l'extrémité avec de l'huile rosat, & en appliquant par-dessus la plaie un liminent fait avec le blanc & le jaune d'œuf brouillés ensemble (b); d'une angine guérie par l'application d'un nid d'hirondelle sur la partie antérieure du col par le moyen du suif de chandelle (c); d'une ischurie produite par deux pierres engagées au bout du canal de l'urethre sous le gland, guérie par une incision faite au canal par-dessous la pierre; d'une maladie des yeux, guérie par l'application d'un séton à la nuque (d); d'une tumeur au genou, extrêmement douloureuse, & accompagnée des symptomes de l'apoplexie qui enleverent le malade (e); d'un abcès survenu à la mammelle, guéri par l'application de plusieurs cauteres actuels (f).

La vérole & ses principaux symptomes sont détaillés dans nombre d'observations; l'Auteur y parle de plusieurs enfans venus au monde avec cette maladie, qui en ont infecté leurs nourrices, & celles-ci leurs maris, dont plusieurs sont morts (g). Un enfant portoit en naissant une corne sur sa tête; un Chirurgien ordinaire veut la couper, & l'enfant meurt pendant l'opération (h). Fondé sur des connoissances anatomiques, Amatus Luzitanus croyoit que dans la pleuréfie il convenoit de faigner la veine axillaire du même côté (i): il étoit partisan de l'empyême, & il ordonne qu'on fasse cette opération toutes les fois qu'il y a épanchement de pus dans la poitrine; il vouloit qu'on la fît avec l'instrument tranchant, ou le fer chaud poussé entre la seconde

(a) Pag. 200.
(b) Pag. 239.
(c) Pag. 243. Tom. I. & Tom. II. p. 112, 502, 617.
(d) Page 253.
(e) Page 255.
(f) Pag. 261.
(g) Pag. 266. Tom. I. On trouve quelque chose d'analogue, pag. 432, Tom. II. p. 570.
(h) Pag. 267.
(i) Pag. 268.

& la troisieme des vraies côtes (a). L'Auteur a disséqué à Ferrare avec le frere de Vesale un sujet sur lequel il avoit fait l'opération ; il ne trouva aucune altération au diaphragme, & il conclut qu'il falloit faire l'opération entre la seconde & la troisieme, & non entre la troisieme & la quatrieme, ou encore moins entre la quatrieme & la cinquieme des vraies côtes (b) : cette remarque est intéressante ; je voudrois que l'Auteur nous eût appris de quel côté il avoit fait cette opération ; les Anatomistes modernes savent que le diaphragme est plus élevé du côté droit que du côté gauche.

On lit avec plaisir dans les ouvrages d'Amatus Luzitanus l'histoire d'un jeune enfant attaqué d'un hydrocéphale depuis quelques tems, guéri par le moyen d'un onguent composé de différens toniques (c). On trouve dans le même ouvrage plusieurs consultations sur les ulceres chironiens (d), des ulceres au gosier (e), de la tumeur connue sous le nom de taupe (f), d'une chute de cheveux que l'Auteur dit avoir arrêtée avec une décoction astringente & par l'application de plusieurs baumes (g).

Personne n'ignore les mauvais effets que produit la matiere d'un abcès lorsqu'elle rentre tout d'un coup dans les voies de la circulation. Amatus parle d'une jaunisse survenue peu de temps après qu'un abcès à la cuisse eut disparu de lui-même ; d'une galle répercutée qui produisit des ulceres au visage, & qu'on ne guérit que par le moyen du lait (h) ; l'Auteur recommande contre cette maladie un onguent fait avec égale partie de graisse, & de racine d'énula campana. Dans le même volume Amatus Luzitanus traite d'une luxation incomplette d'une vertebre qui avoit rendu une jeune fille bossue (i) ;

(b) Page 299.
(b) Pag. 303, Tom. I.
(c) Pag. 323.
(d) Pag. 332.
(e) Pag. 328.
(f) Pag. 335.
(g) Pag. 348.
(h) Pag. 461.
(i) Pag. 348.

d'une chute du rectum, guérie par la réduction, &
par le moyen d'un suppositoire astringent (a). La
lépre des anciens (b), la galle, les dartres & les
verrues sont assez bien décrites. Amatus Luzitanus
faisoit, après la réduction de l'entérocele, l'opération de la castration, se servoit de la ligature, &
usoit du cautere actuel (c); il se servoit du cautere potentiel dans l'hydrocele. Le même Auteur parle d'une
plaie au cerveau qui pénétroit dans le ventricule,
& dont le malade guérit (d). A la suite d'une plaie
à la poitrine au-dessous de la clavicule, il survint
des symptômes fâcheux, comme difficulté extrême
de respirer, &c. &c. &c; on craignoit pour la vie
du malade : un Chirurgien hardi, dit Amatus Luzitanus, fit une ouverture entre la troisieme & la
quatrieme des fausses côtes ; il tira plusieurs caillots
de sang contenus dans la poitrine (e). Il n'y a point,
selon lui, de meilleur remede contre la brûlure,
que les feuilles de laurier mises en cendre, en ver-
sant sur elles de la graisse bouillante ; la graisse se
refroidit, & il en résulte un onguent dont on doit
frotter la partie malade.

L'Auteur présente dans le second & dans le troisieme volumes, sous de nouvelles formes, la plupart
des observations que j'ai indiquées. Ce qu'il a de plus
particulier dans ces volumes, roule sur les plaies de la
tête : il a fait appliquer le trépan à la partie postérieure de l'endroit qui avoit été frappé, parceque
les symptomes ne cédoient point aux remedes ordinaires (f) : il faisoit trépaner sur les sutures & sur
l'os occipital : il vante comme un remede souverain
contre les hémorrhoïdes un onguent fait avec la
pulpe d'orange, de l'huile rosat & des semences de
lavande. La plupart des observations que je viens de
rapporter dénotent le génie & le savoir de l'observateur.
On trouve cependant parmi ces faits intéressans nom-

(a) Pag. 395.
(b) Pag. 536, 537 & 542.
(c) Pag. 610.
(d) Pag. 566.
(e) Pag. 589.
(f) Pag. 151. Tom. II. p. 46.

bre de puérilités : Amatus Luzitanus parle d'une fille qui devint garçon (a) ; il croit qu'une femme plongée dans un bain où un homme a répandu sa semence, peut devenir enceinte (b). De telles histoires seront plutôt regardées par les gens qui ont du bon sens comme des chimeres que comme des réalités.

On trouve dans le même ouvrage quelques remarques anatomiques ; il a admis l'existence des valvules dans la veine azigos, &c. & il a parlé du trou du cartilage kiphoïde : ce qu'il dit sur les accouchemens n'est pas digne de remarque.

J'ai en général rapporté tout ce qu'on trouve dans cet ouvrage qui a du rapport à la Chirurgie, & qui mérite attention ; & si je suis entré dans des détails circonstanciés, minutieux, c'est pour donner une idée plus exacte d'un ouvrage qui mérite d'être connu & consulté dans l'occasion ; il est plutôt le fruit de l'observation que du génie.

Vega (Christophe), Médecin Espagnol, naquit à Alcana de Henarez, Ville d'Espagne, dans laquelle Ville il professa la Médecine avec beaucoup de célébrité : sa réputation parvint jusqu'au trône ; le Prince Charles, fils de Philippe II, Roi d'Espagne, le choisit pour son Médecin, & lui donna une entiere confiance. Quoique Vega eût été extrêmement occupé de la théorie & de la pratique de son art, il trouva le loisir de composer plusieurs ouvrages de Médecine, dans lesquels on reconnoît le Médecin théoricien & le Médecin praticien.

Parmi plusieurs ouvrages de Médecine, voici le seul qui soit de notre objet.

De curatione caruncularum. A Salamanque 1552, A Alcala 1553.

On lit cet ouvrage avec plaisir ; la diction de l'Auteur est claire & expressive, sans être trop diffuse. Les préceptes que Mariana & Ferrius exposent dans leurs ouvrages de Lacuna, se trouvent copiés dans ceux de Vega : l'Auteur y a cependant ajouté quelques observations particulieres : il seroit seulement à souhaiter qu'il eût rendu plus de justice aux

(a) Pag. 553.
(b. Pag. 473. Tom. II.

Auteurs qui lui ont fourni des réflexions utiles à son objet.

Maggi ou Maggius (Barthelemi) vécut vers l'an 1541., & florissoit à Boulogne sa patrie : il s'acquit une si grande réputation, que le Pape Jule III l'appella pour son Médecin. Cette nouvelle dignité lui fit quitter sa patrie pour aller à Rome : l'air de cette Ville ne lui fut point favorable ; ce qui l'obligea de retourner à Boulogne sa patrie. Le Pape lui donna toutes les marques d'attachement ; mais il ne put s'opposer à sa retraite, la cause en étant si légitime, Maggius passa le reste de sa vie à Boulogne ; il y mourut l'année 1552 ; il fut enterré dans l'Eglise de Saint François, & l'on mit sur son tombeau l'épitaphe suivante.

D. O. M.

Bartholomæo Maggio Bonon.

Philosopho ac Medico præclaro , cujus

Mira virtutum facultas Julio III. Pont. Max.

Henrico Galliarum Regi totique orbi notissima fuerat.

Qui vixit. an. LXXV. Mens. VII. D. XXII.

Obiit VII. Cal. Aprilis. Johan. Bapt. Maggius

Fratri. B. P. M. D. LII.

Le livre de Maggius est intitulé :

De sclopetorum & bombardarum vulnerum curatione liber. Bononia 1552, *in-4°. Venetiis* 1566, *in-8°.* Le même ouvrage se trouve dans la collection de Gesner , page 243. A Zurich en 1555 in-fol.

Ce que cet ouvrage contient de plus essentiel , roule sur les amputations d'un membre : je suivrai l'Auteur dans ces détails , parcequ'il y propose une méthode nouvelle pour opérer. Si le mal, dit-il, a déja tellement vicié la partie, qu'il ait affecté la chair , les nerfs & les os même, & qu'il les ait privés de leurs esprits animaux , naturels & vitaux , au point qu'il n'y ait aucune espérance de pouvoir parvenir à une cure complette & parfaite , ni même espoir de pouvoir conserver la partie, & d'empêcher que celles qui sont voisines ne soient infectées , il faut , pour prévenir des effets si funestes , en faire cesser la

cause en amputant le membre; puisque pour empêcher un membre sain de se gâter par la proximité ou le contact d'un autre qui est infecté, l'amputation est l'unique remede & la vraie méthode
qui soit seule suffisante.

Les instrumens nécessaires sont la scie & un couteau en forme de faulx; il y en a encore un autre
qui a la forme d'un couteau. Voici la façon indiquée pour remédier à la putréfaction d'un membre
sain ; on peut se servir de la ligature. . . . . . .
ou si l'infection se communique à une partie qui
n'est nullement viciée, il faut tremper cette partie
dans de l'huile bouillante simple ou mêlée avec du
soufre liquefié , ou la traiter par le moyen des cauteres actuels. Cependant pour agir avec plus de précaution , on arrosera l'endroit où le membre aura
été coupé avec de la poudre de colcan que les Arabes
nomment colcotar ; & arrétant l'effusion du sang , on
appliquera un médicament lénitif ou adoucissant. Les
modernes se comportent autrement dans l'amputation ;
voici leur méthode : dans un seul & même temps , &
avec un instrument qui a la forme d'un grand couteau ;
ils coupent le membre & brûlent la chair , les veines
& les arteres , sans faire attention aux inconvéniens
qui en résultent. Pour nous, nous coupons les parties d'une autre maniere ; nous croyons avoir inventé cette méthode , & nous souhaitons que les
raisons que nous apportons pour l'appuyer puissent
convaincre tout le monde de son efficacité. Après
avoir lié le membre , j'examine si la corruption est
éloignée de l'articulation , si elle en est proche , ou
si enfin c'est l'articulation même qui est affectée ;
si elle est près de l'articulation , on coupe le membre transversalement , comme l'a pensé Hippocrate.

Si on faisoit l'amputation dans une partie saine, & qu'on la fît sur le genouil ou sur le coude ,
elle deviendroit dangereuse à cause des grands vaisseaux qui y sont ; c'est pourquoi je n'oserois pas
faire cette opération sur les articulations & particuliérement sur le genouil , à moins , ajoute-t-il ,
que je n'y fusse forcé. Après ces considérations ,

quand il s'agit d'en venir à l'amputation d'une partie, soit aux extrémités supérieures, soit aux inférieures, il faut d'abord couper toutes les parties molles avec un bon rasoir, ensuite avec l'instrument fait en forme de faulx que l'on inférera dans la plaie ; il faut brûler les parties divisées, afin de s'opposer à l'effusion du sang, & séparer ensuite la partie gâtée de la saine en sciant l'os ; après cela avec des fers chauds qui ont à leur extrémité un figure d'olive ou de globe, on brûle le bout des vaisseaux, & l'on répand sur la plaie du colcant pulvérisé avec de la gomme propre à refermer les plaies, & qu'on nomme en latin sarcocolla. Pour consolider le bout de la partie qui a été coupée, & lui donner plus de solidité & de consistance, on applique dessus une espece de ciment fait avec de la bourre de lievre trempée dans des blancs d'œuf, du bol d'Arménie, de la poudre d'aloës & autres choses semblables ; on se sert d'étoupes enduites de ce même emplâtre, qu'on met dessus. Ce topique procure de grands avantages ; non seulement il arrête l'hémorrhagie, mais encore il conserve quelquefois les parties saines, en les préservant de la corruption : au bout de trois jours on leve cet appareil après l'avoir humecté d'oxicrat ou du gros vin, afin de le séparer plus aisément de la plaie, & on met dessus des tentes & des coussins trempés dans un onguent fait de cire, de graisse, de résine & de poix, pour faire tomber l'escarre & faire cesser la douleur & l'inflammation : on ne doit pas aussi oublier de mettre sur l'orifice des vaisseaux coupés de la poudre d'aloës hépatique & du bol d'Arménie, qui, par leur nature emplastique, non seulement arrêteront l'effusion du sang, mais encore mettront à l'abri de la putréfaction les nerfs, les tendons & les vaisseaux. . . . .

Quand il n'y a plus de symptomes fâcheux, on nettoie l'ulcere avec le médicament détersif dont je viens de donner la description ; on passe ensuite aux sarcotiques, & insensiblement on obtient la guérison radicale & parfaite.

En suivant cette méthode il ne survient aucun inconvénient, soit de la part de la scie, soit de la part du malade , foit enfin de celle des Aides. Pour obvier à l'hémorrhagie, j'arrête le fang avec l'inftrument en forme de faulx avant de couper l'os ou de le brûler ; car fi je le coupois & brûlois en même temps comme le font mes contemporains , je m'écarterois du fentiment de Celfe , je contredirois Galien lui-même , & je démentirois Hippocrate , le pere de la Médecine , & je ne fatisferois pas à l'indication ; c'eft pourquoi , pour fuivre & imiter les célebres Auteurs que je viens de citer , pour ne nuire à perfonne , & pour éviter de tomber dans l'erreur dans laquelle vivent les modernes de notre fiécle , je ferai toujours l'amputation ainfi que je l'ai décrite. . . . . .

Si quelqu'un, continue-t-il, ofoit m'objecter que je fais faire l'amputation dans la partie faine , contre les principes de Paulus qui difoit qu'il la falloit faire entre la partie faine & la partie viciée , laiffant la faine dans toute fon intégrité , je lui répondrois que je ne confeille pas de fuivre cette méthode en toutes fortes de cas.

Après l'incifion circulaire à la peau , j'ordonne à mes Aides de la tirer , autant qu'ils le peuvent , vers eux ; enfuite je fais la ligature & coupe un peu au-deffus ; & quand l'opération eft faite , je me fers du fer chaud pour arrêter l'effufion de fang qui fort en grande quantité par les arteres & les veines ; je fais relâcher la peau & la chair qui avoient été relevées ; quelquefois elles recouvrent d'elles-mêmes toutes la jointure , auffi bien que fi on les y appliquoit avec la main , & pour lors il n'eft point befoin de cautere , ou du moins de peu pour arrêter l'hémorrhagie ; car la peau qui recouvre les vaiffeaux , en ferme tellement les orifices , que le fang ne peut plus en fortir ; cependant pour mieux appliquer la peau fur les vaiffeaux ouverts , on peut l'attirer un peu avec les doigts , & on fait quelques points de futures comme on les doit . . . . obfervant toujours de couvrir toute l'extrémité du bras ; quand on a ainfi procédé , on applique fur la plaie les emplâtres décrits. ... .

Les Licteurs de Venife n'ont pas ignoré la méthode

d'amputer les membres, que je viens de rapporter ;
ces Licteurs, dis-je, devant couper la main à quelqu'un qui avoit commis quelque forfait, faisoient
relever la peau vers le haut, comme je viens de le
dire ; & après l'amputation, la cousoient exactement
autour de la jointure. Pour arrêter l'hémorrhagie,
ils appliquoient sur la plaie le ventre d'une poule
mourante qui empêchoit aussi-tôt le sang de couler.
Cette méthode ne differe pas non plus de celle de
Galien qui dit qu'on peut arrêter le flux de sang en
mettant la propre peau sur la plaie. Maggius, p. 4.

On trouve dans le même ouvrage plusieurs maximes
intéressantes au traitement des plaies ; le lecteur ne
se repentira pas de la peine qu'il prendra de les
consulter (a).

Belon (Pierre), Docteur en Médecine de la Faculté de Paris, étoit de la Province du Maine,
d'un hameau nommé la Soulletiere, près de la Fouille-
Tourte, en la Paroisse d'Oisé. Il florissoit à Paris vers
le milieu du seizieme siecle. Après avoir parcouru
les principaux pays du monde, comme la Judée,
l'Egypte, la Grece & l'Arabie ; son goût pour l'histoire naturelle le mit à portée de faire plusieurs observations intéressantes qu'il a rendues publiques dans
divers ouvrages ; celui qui nous intéresse traite des
moyens qu'il faut employer pour conserver les cadavres ; c'est cet ouvrage qui lui donne une place
dans notre histoire. De Thou le soupçonne d'avoir
pillé quelque ouvrage de Pierre Gilles d'Alby ; quoi
qu'il en soit Belon s'acquit une réputation des plus
étendues, les Rois de France, Henri II & Charles
IX l'honorerent de leur estime, & il eut beaucoup
de part dans l'amitié du Cardinal Tournon, grand
amateur d'histoire naturelle, digne juge & protecteur magnifique des talens, mais sur-tout des Auteurs en histoire naturelle, il en donna une preuve

_____

(a) Les ouvrages de Jean d'Argentier, célébre Médecin, ont
paru la même année que ceux de Maggius ; je les passe cependant sous silence, puisqu'ils ne contiennent presque rien qui
soit de notre objet ; Douglas & Goëlicke n'en ont point parlé : M. de Haller n'a cité dans son Histoire de l'Anatomie que
l'ouvrage *de calido innato*, je l'ai consulté, mais je n'ai rien
trouvé qui eût de rapport avec l'Anatomie.

en prenant Rondelet pour fon Médecin & en le com-
blant de biens. Les belles prérogatives & les grandes
qualités de Pierre Belon, ne le garantirent pas d'une
trifte fin ; il fut affaffiné en 1564 dans les environs de
Paris.

*De medicamentis nonnullis fervandi cadaveris vim
obtinentibus libri tres. Parifiis* 1553.

Ces médicamens font les réfines, baumes & efprits
de différens pays. L'Auteur a pris à contribution toutes
les parties de l'Europe pour en obtenir des moyens
propres à conferver les cadavres ; mais fes peines
ont été fuperflues ; nous nous fervons encore aujourd'hui des mêmes drogues, & nous avons le regret
de voir nos préparations devenir la proie des vers
peu de temps après qu'elles font forties de nos
mains.

Philologus (Thomas) étoit de Ravenne, Ville
d'Italie dans l'Etat eccléfiaftique, où il naquit vers
le milieu du quinzieme fiecle ; il étudia la Médecine dans l'Univerfité de Padoue, & y reçut le bonnet
de Docteur ; de-là il vint à Ferrare & enfuite à Venife
où fon érudition lui attira l'eftime de tout le monde,
& où il acquit des richeffes confidérables. En 1496
il obtint une place de Profeffeur dans l'Ecole de
Padoue, où il mourut, fuivant l'hiftoire, en 1551,
âgé de plus de cent vingt ans ; auffi compofa-t-il
un ouvrage dans lequel il donnoit des moyens pour
parvenir au-delà de cent ans ; & il en fut d'autant
plus cru, qu'il donnoit lui-même l'exemple.

*De vitâ hominis ultra centum annos producendâ,
liber elegantiffimus. Venetiis* 1553, in-4°.

De modo collegiandi. Venetiis 1565, in-4°.

*De Microcofmi affectuum, maris, fœminæ, herma-
phroditi, Gallique miferiâ. Venetiis* 1575, in-8°.

Il y a dans ces ouvrages quelques détails d'anatomie ; mais rien d'original.

Adrian l'Alemant, Docteur en Médecine, vivoit
à Paris vers le milieu du feizieme fiecle. Cet Auteur
eft peu connu ; aucun des Hiftoriens que j'ai con-
fultés, Mrs. Douglas, Goelicke & Haller, &c. n'en
ont point parlé : nous avons de lui un livre intitulé,

Dialectique en françois pour les Barbiers & Chirur-

giens, composée par Maître Adrian l'Alemant, Docteur en Médecine. A Paris, in-2. 1553.

L'Auteur vit à son grand regret que les Chirurgiens François, qui n'avoient pas fait leurs études, ne raisonnoient pas bien conséquemment sur tous les objets de leur art, & que cependant ils avoient la manie de disputer; »laquelle chose ne se peut »commodément faire sans la connoissance de la Lo-»gique, dit notre Auteur: à cette cause, ajoute-t-»il, me suis mis en devoir d'écrire compendieuse-»ment en françois, non pour ceux qu'ont l'intelli-»gence des Lettres latines, mais pour les autres qui »ne laissent pas de cognoitre qu'ils ne soient insti-»tués auxdites Lettres». C'est à la vérité une chose bien singuliere à entendre, dit Adrian : qu'un Chirurgien qui parle & qui ne sait pas pousser un argument ; pourra t-il dans cette méthode persuader l'auditeur & déterminer un malade à l'opération ?

Pour donner une connoissance plus étendue de ce livre, car il est unique dans son espece, nous suivrons notre Auteur dans quelques détails : cet ouvrage est divisé en trente-deux chapitres. Voici des modeles d'argument.

,, La premiere figure a quatre modes, desquelles ,, le premier, par deux universelles affirmatives, ,, conclut une proposition universelle affirmative. ,, Exemple.

BAR ,, Toutes tumeurs contre nature demandent abla- ,, tion.

BA ,, Toutes inflammations sont tumeurs contre na- ,, ture.

RA. ,, Par quoi toutes inflammations demandent abla- ,, tion.

,, Le second, par une majeure universelle néga- ,, tive, mineure affirmative universelle conclut une ,, universelle négative.

CE ,, Exemple. Nul chancre occulte est curable.

IA ,, Toute lépre confirmée est chancre occulte.

RET. ,, Par quoi nulle lépre confirmée est cura- ,, ble.

,, Le tiers par une majeure universelle affirmative,

,, & une mineure particuliere affirmative , conclut
,, une particuliere affirmative.

,, Exemple. Toutes choses ameres efchauffent.

,, Aucuns médicaments font amers , par quoi
,, aucuns médicamens efchauffent , &c.

Cette façon de raifonner eft finguliere ; l'Auteur
l'a propofée dans un fiecle moins éclairé que celui-
ci , & cependant elle ne lui réuffit pas. On regardera
aujourd'hui cet ouvrage comme le produit d'une imagination crédule , remplie des préjugés de l'école ,
& digne d'un Pédant de College.

Scaliger ou Lefcale (Jules Cefar) , un des premiers
Savans qu'ait produit le feizieme fiecle , naquit en
1484 au Château de Rípa , dans le territoire de Verone : il parcourut les différentes provinces d'Italie ,
y écouta les différens Maîtres qui y enfeignoient
avec célébrité , & étudia avec ardeur les différentes fciences qu'ils profeffoient. L'Hiftoire Naturelle fut cependant la partie à laquelle il s'adonna
le plus , & comme cette partie étoit extrêmement
goûtée des grands de l'Europe , il mérita l'amitié de
plufieurs ; il étoit extrêmement connu en Italie , lorfqu'il fe retira dans la Guyenne. Les Hiftoriens ne
nous apprennent point les raifons qui le détermi-
nerent à quitter fa patrie ; les trouveroit-on dans les
conteftations vives & répétées qu'il eût avec nombre de Savans d'Italie , notamment avec Nyphus
qui le critiqua fur fon oftentation & fa vanité à fe
parer d'une nobleffe chimérique. Scaliger prétendoit
defcendre des Princes de Lefcale , maîtres de Verone & de plufieurs autres places de l'Italie ; il n'a
rien négligé pour le prouver. Ce n'eft pas feulement
en vantant fon origine , que Scaliger a donné des
marques de fa fatuité , il publia dans divers écrits fes
actions , tant dans la littérature que dans les armes :
à l'entendre il étoit le premier Militaire & le premier Savant qui eût exifté ; tant de fuffifance eft in-
fupportable dans un Savant qui fe paroit du titre de
Philofophe. Scaliger eut peu de femblables dans le
tems où il vécut , s'il eut exifté dans notre fiecle ,
il eut trouvé plufieurs Emules. Parvenu en Guyenne
il fixa fon féjour à Agen , il y pratiqua la Médecine

avec fuccès, & quoiqu'il fût déja d'un âge très avancé, il époufa Andiere de Rocques Lobejac, fille d'un rang diftingué, qui n'avoit que treize ans ; il continua après ce mariage l'exercice de fon art & eut plufieurs enfans. Le nom de quelques-uns s'eft tranfmis jufqu'à nous, nous en connoiffons quatre ; le premier portoit le nom de Conftant, & comme il étoit emporté, vif & vindicatif, il fut furnommé le Diable ; fes excès le conduifirent à une fin des plus tragiques, il fut affaffiné en Pologne. Léonard fon fecond frere eut le même fort à Laon, il y a apparence qu'il ne menoit pas une vie plus réguliere, & qu'il donna, par fa conduite, lieu à cette fâcheufe cataftrophe. Le troifieme eut un fort plus hèureux, il portoit le nom de Sylvius, il exerça la Médecine avec célébrité, & mourut dans le fein de fa famille. Jofeph Jufte Scaliger, étoit le quatrieme de fes enfans, c'eft celui qui s'eft rendu recommandable par divers ouvrages de littérature.

Quoique Jules Cefar Scaliger fût né dans le lieu où la Religion Catholique étoit dans la plus grande vénération, on l'a accufé de n'avoir pas toujours eu des fentimens bien orthodoxes, & on en trouve la preuve dans fes ouvrages ; cependant fes partifans, perfuadés du contraire, foutiennent que ce qu'il y a de répréhenfible dans fes écrits a été ajouté par les Calviniftes, qui ont même fupprimé de fes ouvrages des Poëmes qu'il avoit compofés en l'honneur des Saints. Il mourut à Agen le 22 Décembre 1558, dans la 75e. année de fon âge : il fut enterré dans l'Eglife des Auguftins de cette Ville, où on voit encore cette épitaphe qu'il compofa lui-même.

Julii Cæfaris Scaligeri quod fuit,

Obiit M. D. LVIII.

Kal. Novembris,

Ætatis Jud. LXXV.

Extulit Italia, eduxit Germania, Julii

Ultima Scaligeri funera Gallus habet.

Hinc Phœbi dotes, hinc duri robora Martis

Reddere non potuit nobiliore loco.

Nous avons de lui :

Difputatio de partu cujufdam infantuli Agenenfis, an fit Septimeftris an novem menfium extat Op. J. Sylvii.

Colon. 1630, in-fol. *Aristotelis historia de animalibus Julio Cæfare Scaligero interprete, cum ejufdem commentariis. Tolofæ* 1619, in-fol.

Les preuves fur lefquelles Scaliger s'appuye pour établir le terme de l'accouchement font conjecturales pour la plûpart, il les déduit d'un fyftéme qu'il s'eft formé fur le méchanifme des accouchemens ; il tire fes raifons du rapport que le pere & la mere lui font fur le terme de la conception, & quoiqu'il eût pu, pour donner de la valeur à fon fentiment, déduire plufieurs preuves de l'Anatomie ; il n'a rien emprunté de cette Science.

Valleriola ou Variola (François) floriffoit en France du temps de Gefner, c'eft-à-dire vers l'an 1540, & mourut à Turin vers l'an 1580, après y avoir profeffé la Médecine avec beaucoup de diftinction. Voici à peu près le titre de fes ouvrages.

Obfervationum Medicinalium libri 6. Lugduni 1573, in-fol. 1588, in-8°

Commentarii in lib. Galeni de conftitutione artis Medicæ. Geneva 1577, in-8°.

De re medicâ oratio. Venetiis 1548, in-8°.

Commentarii in fex lib. Galeni de morbis & fymptomatis. Lugduni 1540, in-8°. *Venetiis* 1548, in-8°.

Enarrationum medicinalium libri 6. Item *refponfionum liber unus. Lugduni* 1554, infol.

Ces ouvrages contiennent quelques détails fur la Chirurgie, mais en petit nombre, & de peu de conféquence.

Ruef floriffoit à Zurich vers le milieu de feizieme fiecle : les Auteurs ne font point d'accord fur fa profeffion, Douglas le fait Médecin & Chirurgien ; Goëlicke le dit fimplement Chirurgien (*a*) ; cependant au titre de l'ouvrage, l'Auteur prend la qualité de Chirurgien ; Mr. *Lafaye*, Chirurgien de Paris (*b*), revendique ce titre, & nous le lui accorderons fans peine. Ruef eft un des plus mauvais Ecrivains qu'ait fourni le feizieme fiecle ; il a fait revivre la plûpart des contes puériles que les bonnes femmes débitoient fur les accouchemens & fur les

(*a*) Pag. 107. Medicus & Chirurgus folertiffimus.
(*b*) Splanchnologie de Garengeot, pag. 156 & 157. Tom. II.

monſtres. Ce que ſon livre contient (a) de bon, eſt extrait de Rhodion, & ce bon eſt noyé dans un ſi grand fatras de paroles inutiles, qu'on a toute la peine à l'y reconnoître.

Cet ouvrage eſt diviſé en ſix livres; le premier traite de la ſemence; l'Auteur y examine ſon caractere, ſa qualité, ſa propriété; il recherche la cauſe de ſa formation : la ſemence provient, dit-il, en premier lieu des alimens, & on peut la regarder comme un réſidu préparé dans les différens couloirs du corps : notre Auteur entreprend d'en faire l'énumération; mais il ſe perd dans ſa route, & raiſonne on ne peut plus inconſéquemment; dans le même livre ſe trouve l'expoſition anatomique des enveloppes du fœtus, & du fœtus lui-même : l'Auteur n'a rien ajouté de particulier, & a omis pluſieurs faits intéreſſans.

Le ſecond livre contient la deſcription des parties génitales de la femme, Ruef y a fait graver trois planches on ne peut pas plus mauvaiſes; les ovaires ſont attachés à l'aorte; la matrice eſt diſtendue comme un balon, les ovaires ont la figure d'une frambroiſe; la veine-cave couvre l'aorte vers le diaphragme; le rein droit eſt plus élevé que le rein gauche, &c. je ne finirois pas ſi je voulois détailler tous les défauts anatomiques qui ſe trouvent dans ces planches : l'Auteur eſt-il excuſable d'avoir commis des fautes ſi groſſieres ? Non ſans doute; il auroit pu les éviter en conſultant les ouvrages de Charles Etienne & ceux de Veſale qui avoient paru dix ans avant qu'il publiât le ſien.

Dans le troiſieme & quatrieme livre l'Auteur a fait repréſenter dans pluſieurs planches les différentes poſitions que l'enfant prend dans la matrice : je défie aux partiſans de Ruef d'oſer dire qu'il y en ait une ſeule de paſſable; cependant parmi toutes ces inepties on trouve la deſcription & une planche d'un forceps qui peut avoir donné aux modernes quelque idée avantageuſe pour conſtruire celui qui eſt aujourd'hui en vogue.

(a) Parum utilis author. . . . monet Mercurialis compilaſſe Euchatium Rhodionem, Haller, p 383.

L'Auteur

L'Auteur croyoit à l'aftrologie judiciaire ; il a déduit des conftellations , la caufe de la formation des monftres; & pour donner une idée de leurs différentes efpeces , il a fait repréfenter l'enfant fous toutes fortes de formes : il a mis tous les regnes de la nature à contribution ; tantôt on le voit fous la forme d'un poiffon (a) , ou d'un oifeau (b); leur figure eft quelquefois analogue à celle de plufieurs animaux , par la reffemblance de différentes parties : ainfi l'on en voit un qui a la tête d'un finge & le pied d'un bœuf (c) ; un autre qui a à fon mufeau , la trompe d'un éléphant ; à fes oreilles , les ouies d'un poiffon (d) ; rien de plus commun que de voir des enfans à deux têtes (e), à quatre bras (f), à trois ou quatre jambes , fans bras , fans mains , fans jambes , &c. On voit par cette énumération quelle étoit la fimplicité du Chirurgien Ruef ; mais ce qu'il y a de plus humiliant pour l'efprit humain , c'eft qu'il croyoit que la naiffance de ces monftres étoit toujours fignalée par quelque cataftrophe, foit dans l'orbe célefte , foit fur la terre : *Ubi* , dit-il , *Mofes eis aphorifmis particula 23 fic fcribit , in Sicilia accidit eclipfis folis magna , & illo anno mulieres filios deformes ac bicipites peperere.* L'Auteur y ajoute foi.

Ruef termine fon ouvrage par quelques préceptes relatifs à l'avortement , & autres maladies des femmes ; il indique une foule de remedes dans tous les maux , & il les propofe fous différentes formes.

J'ai donc , à ce que je crois , prouvé que cet Auteur eft un des plus mauvais qui aient écrit dans le feizieme fiecle ; car il n'y a pas d'erreur qu'il n'ait foutenue , & fi quelqu'un doutoit de la force de ma propofition , il n'auroit qu'à fe donner lui-même la peine de faire le parallele : c'eft cependant à cet Auteur, que MM. *Garengeot* & *Lafaye* ont voulu attribuer l'honneur de la découverte de la circulation.

(a) Pag. 48.
(b) Pag. 51.
(c) Pag. 48.
(d) Pag. 49.
(e) Eadem , pag.
(f) Pag. 50.
(g) 51.

Kk

Comme on y accuse les Médecins de mauvaise foi, à l'égard des Chirurgiens, il est bon de les justifier dans l'occasion qui se présente : voici le sujet de la contestation, il est tiré de la Splanchnologie de M. Garengeot.

» Veut-on encore savoir ce que c'est que la cir-
» culation, & sa véritable époque ? il faut consul-
» ter Rueff (a), célébre Chirurgien, qui a fait im-
» primer plus de cent ans avant Harvée, les mou-
» vemens du cœur & des arteres, & la marche que
» tient le sang du cœur aux différentes parties du
» corps, & de celles-ci au cœur ; ce qui n'est au-
» tre chose que ce que nous appellons la circula-
» tion.

» En effet ce célébre Chirurgien a clairement fait
» connoître que le cœur, aussi méchaniquement cons-
» truit que je viens de le décrire, jouissoit par force
» naturelle, du mouvement de se resserrer & se dila-
» ter alternativement ; ce que nous appellons sistole
» & diastole ; qu'en se resserrant le cœur poussoit le
» sang à tous les membres, par les arteres qui lui
» sont annexées, pour leur nourriture & autres fonc-
» tions que nous connoissons mieux que les anciens ;
» & que ces dernieres se resserrant à leur tour, ra-
» menoient le sang au cœur qui se dilatoit alors pour
» le recevoir.

» N'est-ce pas là précisément la circulation bien
» établie ? je n'ai pas traduit le passage de ce Chi-
» rurgien à la lettre ; parceque nos anciens Anato-
» mistes nous ayant défriché la matiere, qui par
» elle-même est fort épineuse, n'ont pas pu aller
» plus loin, & si nous sommes plus clairs aujour-
» d'hui, c'est que nous avons l'avantage de travail-
» ler sur d'excellens modeles : mais dans ce passage
» on y trouvera l'essentiel de ce que je viens d'avan-
» cer ». Et suum in corde locum habet. Ea autem
cor à quo per arterias annexas vitalis spiritus ad omnia membra, naturali facultate disposita, vivifican-
da, cor atque arterias dilatando & constringendo procedit. Dilatando, inquam, quia quæ cordi motiva

(a) M. Garengeot, splanchnologie, &c. Tom. II pag. 156
157 & 158.

Vis ineſt , ipſius cordis motum à medio ipſius , in omnes extremitates dilatat ; conſtringendo autem , quia eadem vis cordis motum ab omnibus extremitatibus rurſum ad medium ipſius colligit & conſtringit (a).
» Comme je ne ſais point me parer des plumes des
» autres , ajoute le même Auteur ; voici les réfle-
» xions de M. Lafaye , très habile Chirurgien , &
» mon Collègue , écrites de ſa main ſur le livre de
» Rueff qu'il m'a communiqué.

» Jacques Rueff étoit Chirurgien dans la Ville de
» Zurich en Suiſſe ; & Lindenius Renovatus dans ſon
» livre *de Scriptis Medicis* , n'a pas dit que cet
» Auteur étoit Chirurgien. Pourquoi ſupprimer ainſi
» la profeſſion d'un Auteur , quand le titre y eſt ſi
» formel ? (Je ne doute pas que M. Lafaye ne ſache
le pourquoi). » Harvée auroit-il lu ce paſſage impri-
» mé plus de cent ans avant lui ? C'eſt préciſément la
» circulation.

L'honneur de la découverte de la circulation que
M M. *Lafaye* & *Garengeot* attribuent à Ruef, n'eſt
appuyé ſur aucun fondement ; ces deux Auteurs reſpectables d'ailleurs , & dont je fais un très grand
cas , ſe ſont plutôt laiſſé conduire par des ſentimens
de jalouſie & de rivalité , que par ceux que dicte
l'amour de la vérité : Servet , Vaſſa & pluſieurs autres Médecins , qui ont vécu nombre d'années auparavant , s'étoient expliqués d'une maniere beaucoup
plus claire & beaucoup plus conforme à l'idée que
nous avons aujourd'hui de la circulation ; je renvoye le lecteur , curieux de s'inſtruire de la vérité ,
à ces Auteurs dont on trouvera l'Hiſtoire un peu plus
haut (b). En confrontant les paſſages on verra que ces
prédéceſſeurs de Ruef ont eu une idée claire de la
circulation du ſang dans le poumon , & que Ruef
n'en a nulle connoiſſance : On trouvera dans les ouvrages de Servet & de Vaſſeus une expoſition des uſages des valvules , en tout conforme à celle que nos
meilleurs Phiſiologiſtes donneroient aujourd'hui ;
mais dans les ouvrages de Ruef on ne trouvera pas

(a) Ruef, p. 6.
(b) Servet publia ſon ouvrage en 1531 , & Vaſſeus en 1540 ;
Ruef eut dû les citer.

même le nom de ces parties : M M. Lafaye & Garengeot sont tombés dans une autre inconféquence dont on ne peut trouver la raifon ; ils ont extrait des ouvrages de Ruef, pour prouver la circulation, un paffage des plus obfcurs, quoique dans la même page qu'ils indiquent on en trouve un qui eft beaucoup plus clair & plus intelligible, mais qui ne porte pas conviction (a) ; je l'ai extrait mot à mot afin de mettre le lecteur à même de le comparer avec celui que M. Garengeot a rapporté dans fon livre, il jugera du bon goût des panégiriftes de Ruef.

On voit à préfent d'une maniete très claire que l'Auteur n'a point connu le paffage du fang des arteres dans les veines, mais qu'il le faifoit retourner au cœur par la même voie ; qu'il n'a pas eu une idée auffi claire fur l'ufage des valvules & fur la circulation du fang dans le poumon, que les Médecins Servet & Vaffeus qui l'avoient précédé, & que MM. Garengeot & Lafaye ont intenté un procès aux Médecins hors de propos ; les Médecins vraiment favants

(a) Et revera hic fpiritus fubtile quoddam corpus eft, caloris vi generatum, propter fanguinem in hepate fcaturientem per anhelitum & arterias attractus ; indeque per venas ad omnia membra diffufus, corpora vivificans, promovendo motui, mediantibus nervis & mufculis, inferviens. Hic autem, 1°. ad hepar dirigitur hoc modo : calore exiftente in fanguine, ebullitio quædam fit in hepate, unde fumus quidam vel vapor prodit qui mox per venas hepatis depuratus in fubtilem quamdam aeream mutatur fubftantiam, & fpiritus naturalis dicitur, qui fanguinem fubtiliat, & inde ad fingula membra dimittitur. Inde ab hepate, inquam, idem ille fpiritus per venas quafdam ad cor tranfmittitur, ubi motu partium cordis & agitatione mutuâ magis purus fit, & in naturam magis fubtilem convertitur, & vitalis fpiritus effe incipit ; eò quòd à corde per arterias ad totiûs corporis membra fe diffundit, & naturalis fpiritus virtutem auget & adjuvat. Rurfùm autem & à corde idem ille fpiritus fursùm per arterias ad cerebri cellulas penetrans, ibidem plus elaboratur & in effentiam animalis fpiritus qui omnium eft puriffimus, tranfmutatur, unde mox rursùm per fenfuum organa ad confirmandos illos aliquatenus dimittitur. Licet ergo idem ille verus fit fpiritus, tamen propter diverfa in diverfis partibus officia, aliter at que aliter intelligitur, ut in hepate naturalis, in corde vitalis, in cerebro verò animalis dicatur, p. 6. B.

(a) Page 6. B.

me fe font jamais laiffé féduire par des fentimens de jaloufie & da rivalité ; ils ont rendu à chaque Auteur la juftice qui lui étoit dûe , & s'ils n'ont point parlé de Ruef, ils ont agi avec trop de complaifance ; parceque cet Auteur étoit digne de la critique la plus amere.

Le Traité des tumeurs de Ruef eft de beaucoup au-deffus de celui qu'il a donné fur les accouchemens : il n'y traite prefque que des tumeurs enkiftées ; mais les préceptes curatifs qu'il propofe font fondés fur la pratique la plus confommée ; il propofe la ligature dans le cas d'une tumeur à pédicule grêle , l'incifion & le cauftique lorfque la tumeur eft à baze large, ou bien la compreffion par le moyen d'une plaque de plomb.

Jean de Vigo avoit déja propofé de pareils fecours : Ruef a puifé dans cette fource féconde ; il a ici le mérite du choix.

De conceptu & generatione hominis , & iis quæ circa hæc potiffimùm confiderantur , libr. 4. Tiguri 1554, in-4°. Francofur. 1580 , in-4°. 1587 & 1588 , in-4°.

Libellus de tumoribus quibufdam phlegmaticis non naturalibus. Tiguri 1556, in-4°. Amftelod. 1662 , in-8°.

Record (Robert) Anglois , fleuriffoit vers l'an 1554 (a). Nous avons de lui un Traité fur les urines & fur l'Anatomie de fes couloirs ; il a été compofé & imprimé en Anglois.

The urinal of phyfik , by Rob. Record. Doctor of phyfik. London 1582 , in-8°. 1665. in-8°.

On trouve dans cet ouvrage , au rapport de Douglas , une defcription & quelques figures fur les reins , les uretéres & la veffie.

Selneccer (Nicolas) eft l'Auteur d'un Traité d'Anatomie , intitulé :

De partibus corporis humani. Witteb. 1554, in-4°.

Nous n'avons pu nous procurer cet ouvrage , & nous avons cela de commun avec la plûpart de ceux qui ont écrit fur l'Hiftoire de l'Anatomie. Douglas ,

(a) Douglas , p. 248.

K k iij

Goëliçke & Linden n'ont pas même connu l'Auteur;
M. Haller m'en a fourni le titre (a).

Rondelet (Guillaume), fameux Médecin de l'U-
niversité de Montpellier, naquit à Montpellier le
27 Septembre 1507 de Jean Rondelet, Marchand
épicier, & de Jeanne Renalde de Monceau. Il perdit
son pere les premieres années de sa vie, & il n'eut
pour tout secours qu'une mere tendre qui veilla à
la conservation de sa santé qui étoit très délicate.
Avant que de mourir son pere lui avoit inspiré le goût
de l'état monastique, comptant sur les secours d'un
de ses oncles qui étoit Prévôt du Chapitre régulier
de Maguelonne. Il se flattoit si fort que son fils pren-
droit cet état, qu'il ne lui laissa que 300 livres de
légitime; & quoiqu'il eût plusieurs enfans, il fit son
aîné unique héritier. Le lien du sang qui est très
foible chez la plûpart des freres & sœurs, fut une
loi pour l'aîné de Rondelet qui l'obligea à secourir
son frere; en conséquence il lui fit faire ses études
avec tout le soin possible. Rondelet commença d'é-
tudier à Montpellier, & vint ensuite à l'âge de dix-
huit ans à Paris pour s'y perfectionner dans ses Humanités; il fit sa Philosophie avec la plus grande
application, & y fit en très peu de temps de grands
progrès. Son séjour à Paris ne fut que de quatre ans;
il revint à Montpellier, étudia la Médecine se sentant du goût pour elle; il se fit immatriculer le 2 de
Juin de l'année 1529 (b); & suivant l'usage de ce
temps-là, dit Mr. Astruc, il choisit pour son patrain,
en s'inscrivant, Gilbert Griffi. Lorsqu'il eut acquis
quelques connoissances & qu'il eut consacré à l'étude
de la Médecine le temps nécessaire, il prit le grade
de Bachelier, & fut immédiatement après exercer la
Médecine en Provence; on obligeoit pour lors (c)
les Bacheliers de s'exercer à la pratique de la Médecine avant de recevoir le bonnet de Docteur: sage
méthode & qui n'a plus malheureusement lieu aujourd'hui; ce qui a fait que l'Université de Mont-

(b) Meth. stud. pag. 503.
(b) Extrait des Registres de l'Université de Montpellier:
voyez l'Histoire de l'université de Montpellier, par M. Astruc.
(c) Pag 236.

pellier a peuplé le Royaume de raisonneurs au lieu de praticiens ; cependant graces à la Philosophie du temps & aux soins multipliés des savans Professeurs qui enseignent aujourd'hui dans cette Université, nous y voyons renaître le goût de l'observation & la théorie réduite à sa juste valeur.

La pratique ne fournit point aux besoins de Rondelet ; ce qui le détermina à enseigner la grammaire aux enfans. Il revint ensuite à Paris pour y étudier la langue grecque : comme il étoit persuadé qu'il n'y avoit pas de meilleur moyen pour s'instruire que celui d'enseigner les autres, il éleva dans cette langue un jeune enfant : Moréri dit qu'il donna l'éducation ; a un de ses parens ; Mr. Astruc assure au contraire que c'étoit un fils du Vicomte de Turenne : ce qui est plus probable ; vu les circonstances, car Rondelet étant dépourvu de tous secours nécessaires, il étoit naturel qu'il profitât d'un moyen honnête pour se les procurer. C'est dans ce second voyage qu'il eut occasion de voir Gonthier d'Andernach ; ils lierent une étroite amité & cultiverent ensemble l'Anatomie ; tous deux avoient un talent extraordinaire pour cette partie. Rondelet est devenu le plus grand naturaliste de son temps, & Gonthier d'Andernach un des grands Anatomistes qu'ait fourni le sixieme siecle. A juger par la différence de leur âge, il est à présumer que Gonthier fut le Professeur de Rondelet ; Gonthier avoit environ quinze ans de plus que Rondelet ; ce qui fait une grande différence ; Mr. Astruc voudroit les faire passer pour condisciples ; il s'appuie sur un passage de Joubert, qui dit, en parlant de Rondelet, *quo cum Anatomia scrupulosius incubuit.* On peut interpreter différemment les paroles de Joubert, &c.

Rondelet, en revenant de Paris, s'arrêta quelque temps à Maringues, petite Ville d'Auvergne, où il exerça la Médecine avec succès.

Il fut de retour à Montpellier en 1537, & il y prit en arrivant le bonnet de Docteur sous la présidence de Jean Faucon, Doyen de la Faculté, il se maria avec Jeanne Sandre, dont la sœur étoit mariée avec un Florentin nommé Jean Botegari, qui s'engagea à la nourrir avec son mari & leurs domestiques pendant l'espace de quatre ans : Botegari n'eut point d'enfans, & donna à Rondelet & à sa femme la moitié de ses biens, & lui assura le reste après sa mort ; le Cardinal de Tournon le choisit peu de temps après pour son Médecin, à la recommandation de Jean Schyron, & Rondelet le suivit dans les différens voyages qu'il fit dans les ambassades dont il fut chargé par le Roi ; par ce moyen Rondelet séjourna long-temps en Italie (a). On croit que c'est dans ces différens voyages que Rondelet acquit beaucoup de connoissances sur l'histoire des poissons.

La place de Professeur de Médecine de Pierre Laurent venant à vaquer par sa mort, Rondelet en prit possession en 1545. Ce nouvel emploi ne l'empêcha point de suivre le Cardinal de Tournon dans ses courses, & de perfectionner son traité sur les poissons qu'il publia en 1554.

Rondelet traita le Cardinal de Tournon de plusieurs maladies graves ; celui-ci, pour lui témoigner sa reconnoissance, lui assura une pension de 200 livres.

Notre Auteur avoit un goût excessif pour toutes les parties de l'histoire naturelle, mais sur-tout pour l'Anatomie ; c'est lui qui a le plus contribué à l'établissement des cours d'Anatomie & de l'amphithéâtre qu'on voit encore dans l'Université de Montpellier ; on lit sur le frontispice de cet édifice cette inscription : *Curantibus Joanne Schyronio, Antonio Sapporta, Guillemo Rondeletio & J. Bocatio.* L'amphithéâtre fut construit aux dépens du Roi, & Rondelet fut désigné pour y démontrer. Après la mort de Jean Schyron, Chancelier de l'Université, Rondelet fut élu pour son successeur presque d'une voix unanime, ce qui prouve, dit Mr. Astruc : que les Professeurs se choisissoient eux-mêmes un chef. En 1566 Rondelet étant obligé d'aller à Toulouse pour des affaires particulieres à ses beaux freres, fut attaqué d'une dissenterie ; cette maladie ne l'empêcha pas d'aller à Réalmont voir l'épouse de Mr. Coras son ami, qui étoit

(a) M. Astruc, Histoire de l'Université de Montpellier, page 237.

dangereufement malade ; ils partirent enfemble le 20 Juillet, & arriverent le lendemain. La fatigue du voyage ou la chaleur de la faifon firent tant d'impreffion fur Rondelet, qu'il y tomba malade. Vraifemblablement fes fâcheux effets de fa diffenterie augmenterent. Rondelet fe livra aux Médecins du pays : Mr. Aftruc fait obferver qu'il ne fut point faigné , » quoi-
» qu'il eût une diffenterie violente avec tenfion &
» douleur dans les entrailles, & qu'on lui laiffa man-
» ger beaucoup de mauvais alimens, malgré la fievre
» qu'il avoit. Quoi qu'il en foit, Rondelet fuccomba
» fous le mauvais traitement, ou fous les forces de
» la maladie, & mourut le 30 Juillet 1566, le neu-
» vieme jour de fon féjour à Réalmont, petite ville
» au Diocefe d'Alby, qu'il ne faut point confondre
» avec Montreal, quoique Laurent Joubert donne
» le nom de *Regalis Mons*, à Realmont.

L'Univerfité de Montpellier a voulu éternifer la mémoire du favant Médecin dont je fais l'hiftoire , en faifant graver cette infcription fur le frontifpice des Ecoles de Médecine. *Guillel. Rondeletius Montifpeff. ingenii fœcunditate & doctrinæ ubertate , toto orbe clariffimus Univerfitatis Medicinæ xxi annis Profeffor regius , x annis Cancellarius digniffimus , poft diuturnam in docendo & fcribendo navatam fedulò operam , & edita raræ eruditionis non pauca monumenta , pluribus ex codicillo ad recognofcendum creditis fidei Laurent. Jouberti in regia Profeff. fuccef foris fui , Tolofæ rediens , obiit in Regali Monte an. D. 1566 die 30 menfis Julii. Vixit annos 58 menfes 10 , dies 4. Laurentius Joubertus Cancellar. Præcept. chariff. D. S. M. H. P. C.*

Rondelet a beaucoup contribué à accréditer les eaux de Balaruc. On lit dans l'hiftoire naturelle du Languedoc (a) que Guillaume de la Chaume de Pouffans fut le premier à ufer de ces eaux du confeil de Rondelet. Ces eaux font aujourd'hui regardées comme fpécifiques pour la plupart des paralyfies ou des rhumatifmes ; elles guériffent auffi plufieurs maladies chirurgicales ; ce qui me donne lieu de m'étendre

(a) Part. I. chap. 1. pag. 293 , 294.

fur cet objet. Il avoit un zele outré pour l'Anatomie ; on assure qu'après la mort d'un de ses enfans,
il le fit porter dans l'amphitéâtre des Ecoles pour
en faire l'ouverture.

Notre Auteur a été plus loin. Posthius son difciple nous apprend que Rondelet pria instamment
Fontanus son collegue, dangereusement malade, de
se laisser ouvrir après sa mort (a).

Les Auteurs accordent à Rondelet une grande fa-
gacité & une mémoire prodigieuse ; Goelicke, avec
plusieurs autres, lui attribuent la découverte des
véficules féminales dans l'homme ; Morgani (b)
observe qu'elles ont été reconnues & décrites par
Hippocrate, & en rapporte les propres paroles :
semen porrò velut favus ab utroque vesicæ parte est.
La description que Rondelet en donne est plus claire.
Le Baron de Haller (c) dit que Rondelet les a découvertes dans le Dauphin ; mais en lisant son livre *de pif-
cibus*, p. 461, on voit qu'il les connoissoit dans l'homme. Ces véficules, quoique décrites par Hippocrate,
n'étoient nullement connues du tems de Rondelet :
Vefale n'en a point parlé : cependant Rondelet semble
partager la gloire avec Carpi (d) qui les connoissoit
avant 1523, Rondelet n'étant âgé que de seize ans,
& avec Vidus Vidius qui a professé au College royal
avant que Rondelet vînt à Paris.

La découverte de la valvule du colon doit être
adjugée à Rondelet ; Posthius qui l'a décrite, dit
la connoître de Rondelet qu'il a suivi dans les cours
d'Anatomie qu'il faisoit à Montpellier (e). La defcription que Graaf donne des véficules féminaires,
paroît être copiée de Rondelet ; mais à son tour
celui-ci a été servilement copié par le bon Palfin.
Rondelet a aussi parlé de la poulie de l'œil (f), &
son ouvrage fut publié avant celui de Falloppe.

(a) Posthibus, p. 507.
(b) Epistola primâ, auctoris histor. hepatis, §. 88.
(c) Prælect. Acad. 2. Tom. IV. pag. 177.
(d) Isagog. pag. 18. Boërho. pag 28.
(e) Rondelet a vécu avant Gaspar, Salomon, Albert, Bauhin,
& avant Varoli auquel plusieurs attribuent la découverte de la
valvule.
(f) Riolan, Antrop. pag. 740. Edit. 1649.

Rondelet doit donc tenir une place honorable dans cet ouvrage, tant à cause du goût exquis qu'il avoit pour l'Anatomie, que par les découvertes qu'il y a faites. Il a donné plusieurs ouvrages, entr'autres ceux-ci : *De piscibus libri 18 in quibus vivæ piscium imagines expressæ sunt. Lugd.* 1554, in-fol. *Universæ aquatilium historiæ pars altera, cum vivis ipsorum imaginibus. Lugd.* 1555, in-fol.

Cet ouvrage a été traduit en françois & imprimé à Lyon en 1558. On croit que Laurent Joubert est le traducteur de cet ouvrage, *De materiâ medicinali & compositione medicamentorum. Patav.* 1556, in-8°. *Methodus curandorum omnium morborum corporis humani, in tres libros distincta. Lugd.* 1583, 1585, in-8°. *Francof.* 1591, in-8°. *Monspel.* 1601. Il y en a nombre d'autres éditions.

De morbo Gallico in-fol. traduit en françois par Etienne Manuel, à Bordeaux 1576.

Michinus (François) de Saint Archangeli, est l'Auteur des ouvrages suivans.

Observationes Anatomicæ. Venetiis 1554, in-4°.

Flos Anatomiæ de perversis locationibus aut fractionibus corporis humani.

Ces ouvrages sont fort rares ; je n'ai pu me les procurer. Marcellus Donatus vante les réflexions de l'Auteur sur la structure de la veine azigos.

Montan (Mathurin), naquit à Périgueux, Ville de France, vers le commencement du seizieme siecle : il étoit Jurisconsulte & Médecin ; nous avons de lui :

Genialium dierum commentarii in præclarum Julii Pauli responsum, lib. sept. de statu hominum. Paris. 1555, in-8°.

Ce livre est un extrait des plus mauvais qu'on ait fait en ce genre.

Collado (Louis) de Valence en Espagne, disciple zélé de Vésale, & Professeur en Médecine, a publié un commentaire sur l'ostéologie de Galien, à laquelle il a ajouté une exposition des os de la tête. Ce livre a pour titre :

In Galeni librum de ossibus ad tyrones enarrationes. Valentiæ 1555, in-8°. page 783 à la fin on trouve,

Ossium capitis foraminum & sinuum ad tyrones brevis descriptio, page 8.

Cet ouvrage ne contient rien de remarquable, & est mal écrit.

Hennerus (Réné), Médecin de Lindaw, Ville d'Allemagne, disciple de Fuchsius, vivoit vers l'an 1555 ; il a donné,

Apologia adversus Jacobi Sylvii depulsionum Anatomicarum calumnias pro Andreâ Vesalio, in quâ præcipuè totius penè negotii anatomici controversiæ explicantur; il a ajouté, *Jacobi Sylvii depulsionum libellus. Venetiis 1555*, in-8°.

L'Auteur a choisi un noble sujet d'écrire : il faut défendre la vérité lorsqu'elle est opprimée, sur-tout quand c'est par la calomnie qui part d'une ame basse & jalouse du succès, parcequ'elle n'en est pas l'Auteur: Sylvius est rabaissé dans cet ouvrage, & Vesale y a les éloges qui lui sont dus, &c. L'Auteur a déduit des ouvrages même de Vesale les plus fortes raisons contre Sylvius son adversaire. L'Université de Montpellier applaudit aux travaux de Réné Hennerus, quoiqu'il eût sévi contre un de ses membres. La vérité a des charmes auxquels on ne peut se refuser. Cette époque fait honneur à la Faculté de Montpellier : je suis surpris que ses panégiristes n'en aient point tiré le parti convenable.

Rota (Jean-François), Médecin célebre de Boulogne, professa avec distinction la Chirurgie dans sa patrie, & mourut le 7 Mai 1558. Nous avons de lui un livre de Chirurgie intitulé :

De tormentorum vulnerum naturâ & curatione liber. Bonon. 1555; in-4°. *Francof.* in-4°. *1515, cum tractatu de vulneribus sclopetorum, ferri, in Ferrii & Botalli quosdam libros. Venetiis 1566.*

On ne trouve dans cet ouvrage rien de particulier ; l'Auteur regarde les plaies d'armes à feu comme envenimées, ou comme des brûlures, & il les traite en conséquence. Il a copié Ferrius dans plusieurs endroits ; cependant il n'a pas, comme lui, parlé de la ligature des vaisseaux. Cet ouvrage est d'ailleurs écrit avec éloquence; on y trouve nombre de vers atins puifés de différens Auteurs, ou qui font propres à Rota. Les effets phyfiques de la bombe font admirablement bien décrits (a).

Haultpas (Nicolas de,) Médecin , a publié l'ouvrage fuivant.

De contemplatione humanæ naturæ nempe de formatione fœtus in utero. Lutetiæ 1555 , in-8°.

Ligæus (Jean) , Médecin , eft l'Auteur d'un Traité
d'Anatomie en vers, intitulé :

De humani corporis harmoniâ libri quatuor. Lutet. 1555 , in-4°. 1556 , in-4°.

L'Auteur donne d'abord en vers héxametres l'expofition anatomique des extrémités , & détaille fort au long leurs ufages ; il paffe de là à celle des capacités ; il donne une defcription générale des parties , & indique enfuite leurs ufages : ce qu'il a dit de la paume de la main mérite réflexion (b). Sa defcription du cœur approche de la naturelle (c) , & les ufages qu'il affigne à ce vifcere fe rapprochent de ceux que Columbus lui a attribué. Du refte cet ouvrage eft écrit avec clarté , le lecteur en jugera par les vers fuivans que j'ai extraits mot à mot de l'original.

> Sed cor fcrutemur generofum & nobile vifcus
> Quafque facultates habeat , quem præbeat ufum
> Partibus humanis , methodo expediamus eadem
> Illud in humano calidi vitalis oiigo eft.
> Corpore fons eiam fæcundus fpiritus omnis
> Ac velut eft toto fol author in orbe caloris
> Omni parens , quo fit , fœcundaque multum ;
> Cor ita prædicti fons eft & origo caloris ,
> Cujus tota fuo fubftantia fpiffa tenore ,
> Et compacta probè eft ; diverfis condita fibris ,
> Affiduè quibus afficitur motu que cietur ,
> Multiplici , hinc lætis , hinc triftibus obruta rebus ;
> Unde omnis fedes affectus jure vocatur.
> Pectoris in medio pofitum cor effe videtur ,
> Non nihil in partem fed vergit . . . . finiftram

(a) Pag. 5. édit. de Francfort.
(b) Pag. 7.
(c) Pag. 26.

Effigiem coni referens ubi basis aperta ,
Amplior & gibba est , thalami sicut apta duobus
De quibus , officio patefacto cordis agémica.

De duobus cordis ventriculis.

Sunt cordis thalami duo , ventriculi , que sinus que
Quodam discreto medio , spatioque, minuto :
Venaque ventriculum transcendens , concava dextrum
Hepatis adducit largum à cavitate cruorem. . . .
Altera , ventriculum prædictum , vena subintrat
Cordis ab inspecta ducens exordia basi
Quæ , quia subtilem defert per membra cruorem,
Cætera duricie sextuplâ vascula vincit.
Nobilior superest thalamusque , sinusque sinister.
Qui velut arx vitæ est in quo fit spiritus ille
Vivus , ab advecto per debita vasa cruore ;
Huic duo subrepunt præstantia vascula . . . &c. &c.

Francisci (Jean), *de oculorum fabrica & coloribus carmen. Vitteb.* 1556.

Franco (Pierre) , né à Turrieres en Provence , s'adonna avec succès à la Chirurgie , qu'il exerça long-tems à Lauzanne , à Berne & à Orange. Il fût scrupuleusement attaché aux devoirs de la Religion Catholique , il acquit de grandes connoissances dans l'Anatomie & dans la Chirurgie ; il fit plusieurs préparations curieuses pour ce tems , entr'autres , un squelette dont il fit présent à la Bibliotheque de Berne ; il a enseigné à Fribourg & à Lauzanne.

Nous avons de lui *un Traité contenant une des parties principales de Chirurgie , laquelle les Chirurgiens hernies exercent.* A Lyon 1556, in-8°. (a).

Traité des Hernies contenant une ample déclaration de toutes leurs especes , & autres excellentes parties de la Chirurgie ; à savoir , de la PIERRE, *des* CATA-RACTES *des yeux & autres maladies . . . . . avec leurs causes , signes , accidens ; Anatomie des parties affec-*

(a) Method. stud. de Haller , p. 456.
(b) Douglas pag. 256.

tées, & leur entiere guérison. A Lyon 1561, in-8°.

On trouve dans le dernier ouvrage nombre de par-
ticularitées intéressantes ; l'Auteur traite des hernies.
Son livre commence par une exposition très longue
& très détaillée des parties qui peuvent se déplacer.
L'Histoire du péritoine contient quelques détails curieux (a) : » il est composé, dit-il, de deux tuni-
» ques, il prend son origine des vertébres des lom-
» bes (b), descend aux testicules pour les couvrir :
» & avec lui descendent les vaisseaux spermatiques
» préparans ; & par la même voie remontent les éja-
» culatoires, ou expéllans. Aucuns disent que ledit
» péritoine est percé en ce lieu. Or il n'y a nulle ap-
» parence ; mais fait un processus, ou voie comme la
» cavité d'un doigt de gant, & par-là descendent les
» intestins ou zirbus (épiploon) qui font les rélaxa-
» tions, comme enterocele, épiplocele, bubonoce-
» le, qui arrivent par la dilatation ou ruption dudit
» péritoine en ces parties basses, pour ce qu'il est
» plus foible, comme a été dit, & se dilate fort,
» quand les intestins descendent jusqu'à l'oceon ou
» scrotum ; car lesdits intestins le font dilater à cause
» de leur pésanteur : tout ainsi, comme une vessie
» s'enfle & se dilate, quand on soufle dedans. Or de-
» puis qu'il entre en le scrotum, il est appellé dartos
» & érythroïdes, avec lesquelles tuniques descendent
» les vaisseaux spermatiques.

Il n'est point le premier qui ait observé que le
péritoine n'étoit point percé. Nicolas Massa, Fernel, Sylvius & Vidus Vidius l'avoient déja écrit, &
l'on n'y avoit pas fait d'attention ; après lui les Anatomistes ne profiterent pas davantage de ses réflexions ; il n'y a eu que Douglas qui en ait pour ainsi
dire renouvellé la découverte.

Dans son exposition des testicules, il reléve un
préjugé dans lequel on étoit de son tems (c). » Quel-
» ques-uns ont voulu dire que, d'autant que le vais-
» seau spermatique senestre vient de la veine émul-
» gente ; que le sang est encore impur, excrémen-

(a) Page 6.
(b) Eadem pag. & seq.
(c) Pag. 17 & 18.

» teux & féreux, & qu'il eft reçu au teſticule gau-
» che des mâles, & auſſi du côté feneftre de la ma-
» trice des femmes. Pour cette cauſe veulent prouver
» que au côté droit s'engendrent les mâles, & au
» côté feneftre les femelles ; ce qui eft faux : car j'en
» fais très bien la vérité, en ayant panſé pluſieurs
» du gauche, & avoir pluſieurs fils & filles, & pa-
» reillement de l'autre côté. Il eft bien vrai, quand
» on a ôté les deux teſticules, n'y a plus eſpérance
» de génération : & auſſi qu'ils perdent aucunement
» la force & courage. Et quand ils font couppés de
» deux côtés ; étant grands, la barbe ſe diminue, &
» vient plus déliée & plus claire, & leur viſage eft
» efféminé ».

Après ce détail Anatomique, notre Auteur entre
en matiere.

Il y cite pluſieurs eſpeces de hernies, &c. La Chirurgie feule peut les guérir, & il eft ridicule, dit-
il, de chercher des fecours dans la Médecine.
Franco recommande l'uſage du point doré, & dit
s'être toujours bien trouvé de cette méthode (a),
» ayant fait l'inciſion au lieu qui a été dit au chapitre
» précédent, & ayant tiré le didyme de fuffiſance,
» en obſervant toutes les choſes qui ont été dites au-
» dit chapitre : faut mettre la tenaille figurée au cha-
» pitre précédent, ayant tiré le didyme, comme a
» été dit. Et puis après l'avoir miſe, la tenir moyen-
» nement ferme : mais il convient en premier lieu ap-
» prêter & préparer un fil d'or de ducat, ou autre
» or femblable, de la longueur de plus d'un doigt,
» en prenant en long (toutefois felon la groſſeur
» du didyme, ce qui gît à la diſcretion du maître),
» & de la groſſeur d'une groſſe eſpingle, ou environ,
» lequel fil fera pointu d'un des bouts ; & après
» faut diviſer en fon eſprit la largeur du didyme en
» quatre parties égales, comme avons dit, & paſſer
» le fil par la premiere partie, & commencement de
» la feconde, en le repaſſant par la fin de la troiſie-
» me, & commencement de la quatrieme partie, ſe
» donnant garde de piquer, ou percer les vaiſſeaux

(a) Pag. 59.

» fpermatiques.

XVI. Siecle.
1556.
FRANCO.

» fpermatiques. Cela fait le faut repaſſer de rechef
» par la fin de la premiere partie : & outre ce, il le
» faut repaſſer quelquefois par-deſſus le premier fil,
» comme ſi des deux on vouloit faire un anneau
» tors. Puis le faut repaſſer par la fin de la troiſieme
» partie, comme a été dit par le pertuis même, & le
» paſſer par-deſſus l'autre fil en le torſant tellement
» qu'on comprend avec le fil, la moitié du didyme,
» ſavoir ce qui eſt au milieu. Combien qu'il n'y a
» point de danger d'en comprendre davantage. En
» ſomme, pour plus facilement l'entendre, il n'em-
» porte rien, encore que le fil d'or fût plus épais &
» pointu d'un côté & de la longueur d'un doigt ou
» plus ; car on en ôte s'il eſt ſuperflus : toutefois
» ſera meilleur qu'il en y ait de reſte. Ayant appreſté
» le fil, il le faut paſſer aſſez près d'un des côtés du
» didyme, & puis faire du même en l'autre côté.
» Puis rejoindre le fil, en rélargiſſant un peu la te-
» naille pour ce qu'icelle tient la didyme large. Ayant
» rejoint les deux bouts du fil ; la plupart du didy-
» me demeurera encloſe dedans le fil d'or, & mê-
» me preſque tout, ſi l'on veut, hormis quelque peu
» de chacun côté pour empeſcher le fil de côller &
» reculer. Et faut que le didyme ne ſoit point preſſé,
» afin que les vaiſſeaux ſpermatiques puiſſent faire
» leur action, ou office de génération. Ayant fait ces
» choſes, faut prendre les deux bouts dudit fil & les
» crôcher enſemble, comme font ceux qui font les
» chainettes. Or, après qu'ils ſeront repliés l'un avec
» l'autre bien ferme, avec des tenailles propres à
» cela, comme font celles de ceux qui font les mail-
» les ; il faut après en limer bien fort les deux bouts
» du fil d'or ja courbés, à celle fin qu'ils n'ulcerent
» la partie, quand ils ſeront remis dedans, & con-
» vient que la lime ſoit douce. Après ces choſes fai-
» tes, faut mettre le didyme dedans, & procéder au
» reſte, comme a été dit ci-devant ; & alors l'ulcere
» ſe conſolidera, & le fil tiendra ferme. L'un des
» bouts du fil pourra être replié avant que celui qui
» n'eſt point pointu. Il ne faut craindre que ledit fil
» donne douleur, comme j'ai expérimenté : avec ce
» qu'il eſt ami de nature comme le plomb, pourvu

L l

» qu'il foit bien limé, & que les bouts ne paffent
» point. Je trouve cette façon plus propre & fûre,
» que la précédente ; d'autant qu'il ne faut craindre
» que les vaiffeaux foient coppez, comme il eft dif-
» ficile que autrement advienne en la précédente : &
» avec ce qu'il ne faut point coupper du didyme, ne
» cauterifer, lefquelles chofes peuvent être faites en
» moins de douleur. Il faut entendre que plufieurs
» maîtres de notre art ont trompé & trompent en-
» core aujourd'hui plufieurs, leur donnant à enten-
» dre qu'ils leur feront un point doré, & cependant
» font fi effrontés qu'ils ofent bien paffer un fil de
» chanvre, ou lin, ou foie, & comprendre tout le
» didyme, ou la moitié, ou plus ou moins. Aucuns
» incifent, comme avons dit, & lient le didyme, le
» remettant après dedans ; autres fans incifion en pre-
» nant fur le pénil paffent une aiguille courbée par-
» deffus le didyme, de forte que l'aiguille forte de
» l'autre côté, après avoir enclos le didyme : & ayant
» comprins à tout fon filet bien fort, ils lient fort &
» roidement les deux bouts du nœud, en le tirant
» tous les jours, jufqu'à ce que ledit fil ait coppé
» tout le didyme, & ce qui eft comprins dans icelui.
» A raifon de quoi faut que le tefticule, & vafes
» fpermatiques flétriffent, n'ayant plus de nourriture ;
» car le paffage d'icelle eft ofté. Tels gens ne fe fou-
» cient, pourvu qu'ils ayent argent ; car, à vrai dire
» font prefque brigands tant effrontés, qu'ils n'au-
» ront honte d'y procéder devant gens favans, & leur
» donner entendre que c'eft vraiment le point doré.
» Un petit enfant n'en jugeroit-il pas que le point
» doré ne fe peut faire que de fil d'or, qui eft la
» caufe qu'il eft appellé d'oré ? Ayant donc procédé
» en la première façon, & avoir feulement lié le di-
» dyme, & coppé le bout des fils & confolidé la
» plaie, ne faut-il pas que le fil de chanvre fe pour-
» riffe, environ trois fepmaines ou un mois, ou plus
» ou moins ? lequel étant pourri les inteftins defcen-
» dent comme auparavant ; mais ils ne s'en foucient
» pourvu qu'il tienne jufqu'à ce qu'ils s'en foient
» allez. Telles chofes appartiennent bien à beaucoup
» de gens qu'il y a, d'autant qu'ils peuvent bien pen-

» ser que le fil de chanvre, ou autre pourrit : ce que
» ne fait pas le fil d'or ; & avec ce qu'il est plus dou-
» loureux. Je dis ceci expressément afin d'avertir les
» hommes de se garder de tels affronteurs.

Après l'exposition de sa méthode, Franco décrit celles qui étoient en usage ; mais aucune selon
lui, n'est comparable à la sienne ; pour en constater
la validité, notre Auteur rapporte nombre d'observations qui sont favorables à sa méthode. Fertile en
ressources, il traite l'hydrocele de plusieurs manieres,
l'incision & l'application du seton sont indispensables :
il faut faire, dit il, l'incision à la partie la plus déclive
du scrotum, emporter le testicule, s'il est vicié, ou
le laisser en place, s'il est sain.

Cependant cette méthode ne réussit pas toujours,
dit notre Auteur ; » l'eau retourne au bout de cinq
» ou six mois ou plutôt : l'usage du seton emporte
» plus fréquemment la cause de la maladie. Il expose
assez au long la maniere d'appliquer le seton ; mais
il avoue que cette méthode n'est pas encore la
meilleure (a). » Je trouve que la maniere & méthode
» qui s'ensuit est plus propre : à savoir de faire ou-
» verture au didyme avec lancette, ou rasoir ; envi-
» ron deux doigts près du testicule, en allant dou-
» cement, de peur de blesser icelui & les vaisseaux
» spermatiques, & faut que ladite ouverture soit de
» trois ou quatre doigts de long, toutefois selon la
» grandeur de la hernie & du personnage. Après cela,
» il faut mettre une tente de charpie, ou étoupe ou
» linge, ou esponge, qui est bien propre pour tenir
» la plaie ouverte aux premiers jours. Ladite tente
» pourra être large plutôt que ronde, comme le long
» de la plaie, afin d'empescher la glutination d'icelle,
» en la trempant premierement en huile rosat un peu
» chaude, puis mettre dessus des restrinctifs propres
» à cela.

L'ordre conduit notre Auteur au traitement du sarcocele ; il en rapporte les signes & les causes d'une
maniere très claire & très concise ; il condamne l'u-
sage des corrosifs, & pour preuve de son sentiment,

(a) Pag. 82.

L l ij

il rapporte nombre d'observations qui en constatent le danger. L'extraction seule lui paroît indiquée dans cette triste maladie ; mais pour la faire avec succès, il ne faut pas que la tumeur monte au-dessus des anneaux ; une des conditions des plus favorables à cette observation, c'est de pouvoir emporter toute la partie altérée (a) ; » mais si en tâtant en haut du didyme, on » pouvoit trouver la fin de ladite chair, il faut pro- » céder, comme s'ensuit. Ayant coppé le scrotum » vers la plus haute partie, il convient lier le didyme » au plus haut de ladite hernie, tant qu'on pourra ; » puis le copper & cautériser ; & procéder, comme a » été dit en hernie intestinale, ou rupture. Mais si » ladite chair étoit adhérente audit scrotum (com- » me le plus souvent advient aux grandes hernies » charneuses), il vaut mieux partir l'œuvre en deux » fois, afin de n'affliger tant le patient, en liant » seulement le didyme la premiere fois fort étroite- » ment, pour lui faire perdre le sentiment desdites » parties, en le laissant ainsi par quelques jours, jus- » qu'à la mortification de ladite chair, & puis le » copper auprès du fil, & cautériser, si l'on voit qu'il » soit besoin, & après séparer la chair du scrotum : » ou si l'on veut, incontinent avoir été lié, le cop- » per & cautériser, puis quelques jours après que l'on » sera asseuré, que ne vienne inflammation, que » pourra être dans six ou sept jours, & que ne rece- » vra sentiment & vie que par le moyen du scrotum, » on pourra descharner & séparer l'excroissance du » scrotum. Et s'il appréhendoit par trop la douleur, » & que l'hernie fût grande & fâcheuse, on pourroit » attendre davantage, ou le laisser venir à suppura- » tion & matiere, & lui aider à ce, si besoin étoit : » encore que ce moyen soit plus long : car en faisant » tout-à-la-fois, principalement quand les hernies » sont grandes, ou quand le patient est foible, avec » ce qu'il y a assez grande abondance de sanie, qui » est la cause que la plaie n'est pas sitôt consolidée ; » comme de rupture pourroit advenir quelques fâ- » cheux accident ; & étant tout fait, on procédera,

(a) Pag. 87.

» comme aux autres ulceres & médicamens des her-
» nies, comme fera montré ci-après.

La cure du varicocele eft encore décrite d'une maniere très peu connue, & quoiqu'elle mérite beaucoup d'être divulguée ; comme le langage de notre
Auteur eft affez précis & intelligible, & que le lecteur fera bien aife d'avoir une parfaite connoiffance
de l'original, voici ce que l'Auteur en dit (a) : » Le
» malade préparé, il faut faire bonne ouverture en
» long au fcrotum, depuis le milieu d'icelui en haut,
» puis tirer affez fort le didyme, afin de prendre la
» varice tant haut qu'il fera poffible au didyme, pour
» empêcher qu'elle ne redefcende en bas : & au plus
» haut que fera poffible, on paffera une aiguille d'ar-
» gent, ou autre un peu pliée, comme eft figurée en
» ungula, & enfilée de fil affez fort, un peu oint
» d'huile rofat. Elle paffera par-deffous la varice,
» afin de la lier, & cela fe fera en deux lieux pro-
» chains l'un de l'autre. Puis convient copper en-
» tre deux entraves la varice. Or devant que de ref-
» treindre le filet, il faut laiffer fluer le fang qui eft
» contenu en icelle, & mefmement celui qui eft en
» la partie fupérieure, une grande partie, s'il vient :
» étant le patient fitué comme demi droit, & après
» reftreindre le filet afin qu'il ne flue plus. Quand à
» celui qui eft en bas au didyme, on le doit tout
» faire fortir, en levant le tefticule en haut, & puis
» reftreindre le filet, comme deffus & faire ainfi à
» toutes les varices, fi meftier eft. Ayant refteint les
» filets, on pourra cautérifer lefdites varices avec
» cautere actuel, ou huile rofat bouillant, comme
» avons dit ci-deffus, car fuffit autant que le fer,
» avec ce qu'il n'y a pas tant d'appréhenfion ; puis
» faut laiffer les bouts des filets un peu longs, afin
» qu'ils fortent dehors, & procéder à la guérifon,
» comme des autres ulceres. Si par ce moyen, on ne
» pouvoit garir, ou qu'il y eût une grande douleur ;
» il faudroit copper le didyme & procéder comme a
» été dit en la rupture, &c. ».

Cette méthode eft confirmée par l'obfervation heureufe que Franco a faite fur divers fujets.

(a) Pag. 89 & fuivantes.

La néceſſité excite l'induſtrie des perſonnes judicieuſes ; c'eſt dans une pareille circonſtance que
Franco a donné des marques de ſon génie : il avoit
entrepris de faire l'opération de la taille par le grand
appareil ; mais il trouva la pierre ſi volumineuſe qu'il
ne pût jamais l'extraire par cette méthode quelqu'éffort
qu'il fit ; cependant pour ne point abandonner le malade à ſon triſte ſort, c'étoit un enfant de deux ans,
Franco eut recours pour extraire la pierre à une méthode différente de toutes celles qu'on avoit exécutées
avant lui. Je récitérai, dit Franco avec ſa naïveté
ordinaire, » ce qu'une fois m'eſt advenu (a). Voulant
» tirer une pierre à un enfant de deux ans ou envi-
» ron, auquel ayant trouvé la pierre de la groſſeur
» d'un œuf de poule, ou à peu près ; je fey tout ce
» que j'ai peu pour la mener bas ; & voyant que je
» ne pouvois rien avancer par tous mes efforts, avec
» ce que le patient étoit merveilleuſement tourmen-
» té, & auſſi les parens déſirant qu'il mourût plutôt
» que de vivre en tel travail : joint auſſi que je ne
» voulois pas qu'il me fût reproché de ne l'avoir ſcu
» tirer (qui étoit à moi grande folie), je délibérai
» avec l'importunité du pere, mere & amis, de cop-
» per ledit enfant par-deſſus l'os pubis, d'autant que
» la pierre ne voulut deſcendre bas, & fut coppé ſur
» le pénil un peu à côté, & ſur la pierre. Car je le-
» vois icelle avec mes doigts qui étoient au fonde-
» ment, & d'autre côté en la tenant ſubjette avec les
» mains d'un ſerviteur qui comprimoit le petit ventre
» au-deſſus de la pierre, dont elle fut tirée hors par
» ce moyen, & puis après le patient fut guéri (no-
» nobſtant qu'il en fût bien malade), & la plaie con-
» ſolidée : combien que je ne conſeille à homme
» d'ainſi faire : ains plutôt d'uſer du moyen par nous
» inventé : duquel nous venons de parler, qui eſt
» convenant, plutôt que de laiſſer les patiens en dé-
» ſeſpoir, comme cette maladie porte ».

Cependant cette méthode qui a été célébrée dans
la ſuite, ne mérita pas l'approbation de notre habile
Chirurgien ; il crut trouver dans la méchanique des

(a) Pag. 139 & 140.

moyens propres à l'éviter & dont il pourroit se servir, en taillant par le grand appareil, inventé par
Jean de Romanis ; il imagina différentes tenailles incisives pour couper la pierre dans la vessie : on trouvera la description & la figure de cet instrument dans
son ouvrage (a).

On s'étoit peu occupé jusqu'à lui à tailler les femmes & à rechercher une méthode qui fût propre à
cette opération : l'on suivoit en tout la méthode de
Mariana, de sorte qu'on pratiquoit chez la femme le
grand appareil, comme on le pratiquoit chez l'homme. Franco entrevit dans cette façon de procéder des
inconvéniens, & pour les éviter, il imagina un dilatatoire, à la faveur duquel il introduisoit par le canal de l'uretre des tenailles, & retiroit la pierre,
sans faire aucune incision (b). » Considérant aussi que
» le col de la vessie des femmes est plus court &
» plus large que celui des hommes ; lesquelles choses
» se pourront faire sans incision avec le dilatoire, tel
» qu'il est ici figuré. Ayant mis le dilatoir dûment
» ouvert selon la pierre, faut aller prendre icelle
» avec telles tenailles que dessus ou autres. Or, ce-
» pendant qu'on fait l'opération, il est requis tenir
» là par derriere avec les doigts au col de la matri-
» ce, si c'est femme : & au fond, si elle est jeune,
» afin qu'elle ne recule, & aussi pour la tenir plus
» ferme contre l'instrument, & quelque serviteur
» tiendra le dilatoir ouvert ; & le maître de l'autre
» main tiendra la pierre avec les tenailles comme est
» dit, & la tirera hors tout bellement, en branlant
» çà & là : je trouve meilleur tenant ainsi la pierre
» subjette, comme avons dit, prendre la canule &
» tariere, laquelle est propre pour tenir la pierre,
» quand elle est à la verge, suivant ce qu'en a été dit
» en son lieu, pour mettre ladite canule au col, ou
» conduit de la vessie, jusqu'à ce qu'elle touche la
» pierre ».

Franco est encore l'Auteur d'un gorgeret & d'une
tenette différente de celle dont on se servoit avant lui :
elle est composée de deux branches qui s'ouvrent dans

(a) Pag. 134 & 135.
(b) Pag. 143 & 144.

la veffie par le moyen d'un reffort particulier logé dans une canule. Il faut jetter un coup d'œil fur la figure pour s'en faire une véritable idée. Cet inftrument donna lieu, dit notre Chirurgien, à un de fes coufins d'inventer une autre tenette à quatre branches qui s'ouvrent dans la veffie par le moyen d'un reffort logé dans une canule, comme il eft dans l'inftrument précédent : je renvoye le lecteur à l'original même. Franco confeille d'attendre que la fuppuration fe faffe pour extraire la pierre fi elle eft un peu trop groffe pour paffer par l'ouverture : Il ne veut point en taillant les hommes qu'on faffe feulement l'incifion avec le rafoir ; il faut, felon lui, légerement entamer avec cet inftrument le col de la veffie, introduire les tenettes incifives, les ouvrir & achever la fection de la veffie en les retirant au-dehors, &c.

Franco parcourt les différentes maladies de la veffie, & paffe enfuite à celles des yeux : il traite de chacune d'elles en particulier, & ce qu'il dit à leur égard mérite d'être confulté par les Amateurs de la Chirurgie. Ambroife Paré n'a point méconnu ce traité ; il en a puifé nombre de defcriptions intéreffantes, & n'a pas toujours cité la fource d'où il les avoit tirées La cataracte y eft fur-tout bien traitée : l'Auteur la croyoit toujours membraneufe, comme tous ceux de fon tems ; mais cette fauffe hypothèfe ne l'a pas empêché de propofer une affez bonne cure pour le tems.

La ftructure, les fonctions & les ufages de la matrice font détaillées dans le même ouvrage. On n'y trouve rien qui foit digne d'être noté. En fuivant un ordre différent de celui qu'ont fuivi les Auteurs qui ont écrit fur la Chirurgie, Franco parcourt les différentes maladies chirurgicales, comme maladies cutanées, plaies, ulceres, fractures, luxations, &c.

Paxman (Henri), a donné l'ouvrage fuivant :

Propofitiones de partibus humani corporis & méthodo. Witteberg. 1558, in-8°. (a).

Valverda (Jean), Médecin, Anatomifte célébre d'Efpagne, fut furnommé *Hamufcenus* ou de *Hamufco*, nom de fa patrie, au Diocèfe de Palenza,

(a) Douglas, pag. 109.

dans la vieille Castille : il eut un goût excessif pour la Médecine, & principalement pour l'Anatomie : mais son ardeur pour ces deux sciences lui devenoit inutile dans le pays qu'il habitoit. Par un zele mal entendu on interdisoit en Espagne toute sorte de dissection sur les cadavres humains ; le Cardinal Tolet, Archevêque de Saint Jacques, dont Valverda étoit le Médecin, lui fournit une occasion favorable pour contenter son zele, il le prit à Rome en qualité de son premier Médecin. Outre ses grandes connoissances en Médecine, Valverda avoit fait une étude suivie des ouvrages de Vesale, à l'aide de ses planches il s'étoit formé une idée assez juste de l'homme ; mais il lui manquoit l'exercice de l'Anatomie sur le cadavre ; il en disséqua plusieurs sous le célébre Columbus, & c'est dans l'école de ce grand homme qu'il puisa ses connoissances en Anatomie. Il revint en Espagne, & y apporta le vrai goût de cette science ; nous avons de lui :

Historia de la composicion del cuerpo humano. Roma 1556, in-fol. 1560, in-fol.

Anatome corporis humani. Venet. 1589, 1607, in-fol.

L'ouvrage d'Anatomie de Valverda est presque le même que celui de Vesale ; il y a seulement ajouté quelques remarques peu essentielles, & il a fait graver ses planches sur le cuivre, ce qui les rend plus belles à la vue, sans leur donner plus de justesse : au contraire en plusieurs endroits, Valverda leur a ôté de leur exactitude en les compliquant par des objets étrangers à l'Anatomie. Ainsi l'on y trouve des cadavres cuirassés, armés d'un bouclier & d'une épée, &c. ornemens bien étrangers à l'art. Dans l'édition (*a*) que Columbus dirigea, il y a quatre planches sur la Myologie qui sont de beaucoup inférieures à celles que Vesale avoit données sur cette matiere. Parmi ces différentes descriptions empruntées de l'ouvrage de Vesale, on trouve les principales objections que Columbus faisoit à cet Auteur. Ainsi Valverda n'a fait que combiner l'un avec l'autre.

(*a*) Pag. 205, édit. 1607.

XVI. Siecle.

1557.
CASTILLO.

ROSTINIS.

MOLINA.

MONTANUS.

Caftrillo (François-Martin de), eft l'Auteur d'un ouvrage fur la dentition. Nous n'avons pu nous le procurer ; il eft intitulé,

Colloquium de dentitione & ordine quo dentes prodeunt (a). *Pinciæ* 1557, in-8°. *Matrit.* 1570, in-8°.

Roftinis (Pierre-Louis), Médecin Italien.

Compendio di totta la Chirurgia. Venetiis 1557, 1588, 1630, in-8°.

Molina (Roderic), eft l'Auteur de cet ouvrage. *Inftitutio Chirurgica. Grænadæ* 1557.

Montanus , Monti ou Montan (Jean Baptifte), naquit à Verone en 1498 ; il étoit de la noble famille de Monti en Tofcane , qui s'eft rendue fi recommandable par les grands hommes qu'elle a produits. Il fit fes premieres études avec la plus grande exactitude , & fe diftingua dans fes Humanités & dans la Philofophie avant de fe livrer à l'étude de la Médecine, dans laquelle il fe rendit fi célebre dans la fuite. Orné du grade de Docteur en Médecine , il parcourut les différentes Villes d'Italie, & y exerça fa profeffion avec éclat. Inftruit dans la théorie & dans la pratique de la Médecine , il occupa d'abord une place de Profeffeur dans l'Univerfité de Naples, d'où il paffa à Rome pour remplir le même emploi : cependant comme il étoit accoutumé de voyager , il ne put fe fixer dans cette Capitale ; il brigua la place de Profeffeur à Boulogne , & l'obtint. Cette derniere dignité ne remplit pas fon ambition ; de Boulogne il fut à Padoue pour y enfeigner la Médecine. Sa réputation le fuivoit , ou même le devançoit par-tout où il portoit fes pas : il trouva dans toutes ces Univerfités un nombre prodigieux d'amateurs prêts à l'entendre & à profiter de fes leçons : chacun emporta au loin le nom de fon maître, & ainfi fucceffivement Montanus aggrandit tellement fa réputation , qu'il fut regardé comme l'Hippocrate de l'Italie. Padoue fut le terme de fes courfes ; il y demeura , malgré les invitations réitérées que lui firent Charles V, François I & le Duc de Tofcane qui vouloient l'attirer dans leurs Etats. Il profeffa l'efpace de

(a) Douglas , pag. 109.

Vingt ans dans cette célebre Université : on difoit de lui dans cette Ville que l'ame de Galien étoit paffée dans fon corps, Caffé de travaux plutôt que de vieilleffe, il fentit fes forces diminuer fenfiblement vers l'âge de cinquante ans ; peu de temps après il fut attaqué de la pierre. Il crut qu'il lui feroit favorable de changer d'air ; il fe fit tranfporter à Terrazo dans le territoire de Verone, où il mourut le 6 Mai 1551 à l'âge de cinquante-trois ans (a).

On lit fur fon tombeau l'épitaphe fuivante.

Dum mediâ, Montane, doces ope vincere fata,

Et, Lachefi invitâ, vivere poffe diu,

Letheo indignans preffit te Parca fopore,

Et fecuit vitæ grandia fila tuæ.

Sic animas & tu Æfclepi dum fubtrahis Orco,

Te quoque fævorum perdidit ira Deûm.

Nous avons de lui nombre d'ouvrages dans lefquels on trouve plufieurs détails anatomiques ; voici entr'autres celui qu'il eft bon de confulter.

Opufcula varia ac præclara. Bafileæ 1558, in-8°. 1565, in-8°.

Lallament (Jean), Médecin d'Autun, s'eft rendu LALLAMENT célebre dans le feizieme fiecle par fon profond favoir, principalement par fes connoiffances dans les Mathématiques.

Nous avons de lui deux ouvrages de Chirurgie, intitulés, *de mora partus in utero*, & fe trouve dans les commentaires fur Galien, *de diebus decretoriis. Lugd.* 1599, in-4°.

In Hippocratis librum de feptimeftri & oftimeftri partu comment. Genevæ 1558.

Moftella (Thomas) publia la même année un MOSTELLA. livre intitulé :

Synopfis arteriarum & venarum ex Vefalio. Witté-

(a) Manget & Douglas qui le font vivre 63 ans, tombent en contradiction avec eux-mêmes en le faifant naître 1498, & mourir en 1551, il y a dix ans de mécompte ; M. Eloi qui a voulu les concilier en le faifant mourir en 1561, & qui dit que Fracaftor fit fon épitaphe, tombe encore en contradiction avec lui même ; Fracaftor mourut en 1553.

berg. 1558 , in-8°. Je n'ai pu trouver cet ouvrage ; Mr. de Haller dit qu'il répond à son titre (*a*).

Susius (Jean-Baptiste) Médecin de Mantoue , a publié les ouvrages qui ont pour titre :

Libellus de missione sanguinis. Basileæ 1558 , 1571 , in-8°. *Romæ* 1628 , in-12.

De venis è directo secandis libri tres. Cremonæ 1559 , in-4°.

Vallesio (François) , connu de quelques-uns sous le nom de Valles , Médecin célebre d'Espagne , & premier Médecin de Philippe II , &c. qui florissoit vers la fin du seizieme , a publié nombre d'ouvrages en Médecine , dans lesquels on trouve quelques détails d'anatomie , mais en très petit nombre. Cet Auteur doit plutôt trouver place parmi les Ecrivains de Médecine que parmi ceux d'Anatomie & de Chirurgie ; c'est pourquoi je n'entre pas dans de plus longs détails : je renvoie aux Historiens de la Médecine.

Douglas cite le livre suivant.

Tractatus medicinales. Lugd. 1559 , in-8°. *Colon.* 1592 , 1594 , in-fol.

Cet Auteur a donné un grand nombre d'autres ouvrages , mais qui ne sont point de notre objet.

Rupeus (Jerome) de Toulouse , Médecin , a écrit un ouvrage qui contient plusieurs points de Chirurgie.

Paradoxa & theoremata rei medicæ quæ in quadruplici sunt differentiâ, de his quæ ad Medicum , quæ ad Chirurgicum , quæ ad Pharmacopolum , quæ ad Obstetrices spectant. Omnia octoginta tribus propositionibus contenta. Tolosæ 1559 , in-4°.

Columbus (Realdus) , Médecin célebre d'Italie , étoit de Cremone , petite Ville dans le Milanez. Son pere étoit Apothicaire de Leonicos. Il fut disciple de Vesale , dont il remplit la place de Professeur (*b*) pendant son absence , & après qu'il fut nommé à celle de premier Médecin du Roi d'Espagne. Columbus s'acquitta dignement de son emploi : les Etudians vinrent de tous côtés pour entendre ses leçons , &

(*a*) Pag. 428. Meth. stud.
(*b*) Tiré des ouvrages même de l'Auteur, pag. 60 , Douglas rapporte le même passage , pag. 113.

portèrent au loin le nom de leur maître. Il fut appellé à Rome pour y professer l'Anatomie ; Columbus n'eut point de peine à se rendre à la proposition qu'on lui fit ; il quitta la place de Professeur qu'il avoit dans l'Université de Padoue pour aller enseigner dans le College de Rome. La réputation qui l'avoit déja devancé, s'accrut à son arrivée ; le Pape Paul IV lui donna les plus grandes marques de faveur : Columbus, par reconnoissance, lui dédia son ouvrage *de re Anatomica* ; il est divisé en quinze livres ; l'Auteur y traite différens points d'Anatomie. Columbus a eu en vue de donner un supplément aux ouvrages de Galien & de Vesale ; il le dit lui-même dans sa préface ; on y trouve en général nombre de remarques curieuses ; on peut cependant lui reprocher de les avoir publiées avec trop d'emphase & d'orgueil ; il s'est copié lui-même dans un portrait qu'il fait des Charlatans. Cette conduite lui attira plusieurs ennemis : Carcanus en parle en termes injurieux (*a*) ; mais il exagere autant dans ses reproches, que Columbus étoit outré dans les éloges personnels qu'il se prodiguoit : cet excès d'amour propre lui fit critiquer avec trop de chaleur Vesale son maître, quoiqu'il lui dût la plus grande reconnoissance, puisqu'il tenoit de lui la plupart de ses connoissances en anatomie.

L'ouvrage que Columbus nous a laissé, est,

De re Anatomicâ libri 15. Venetiis 1559, in-fol. *Parif.* 1562, in-8°. 1572, in-8°. *Francofurti* 1590, 1593, avec les observations de Jean Posthius, Médecin. 1599, in-8°. *Lugd. Batavorum* 1667, in-8°.

Columbus traite des os dans le premier livre de son ouvrage ; le squelete est à l'homme ce que la charpente est à un édifice ; notre Auteur en soutient la comparaison par plusieurs exemples ; & comme, quand on construit un édifice, on commence par la charpente, de même on doit commencer la description de l'homme par celle des os qui le composent : les modernes, & sur-tout Mr. Vinslow, ont adopté cette comparaison, & l'ont soutenue.

_____
(*a*) Cette remarque appartient à M. de Haller , pag. 273.

Les os n'ont par eux-mêmes aucun sentiment dans l'état de santé ; c'est le périoste seul qui les recouvre, il est sensible (a) ; & ce qui le prouve, c'est qu'après avoir découvert l'os de son périoste, l'animal ou l'homme ne sent plus aucune douleur, quoiqu'on le coupe en le sciant, en le ruginant, en le piquant, quoiqu'on le brûle, &c. Columbus expose ensuite les différences des os, & y reprend Galien & Vésale d'avoir dit que les petits os n'ont point de moëlle.

Vésale auroit dû connoître les différens trous & les différens conduits qui pénetrent leur substance ; Columbus les décrit, il donne sa description comme une découverte (b) ; cependant il s'en faut qu'il puisse & doive se l'approprier ; Charles Etienne en avoit déja parlé fort au long : à la vérité d'une maniere plus vague ; Columbus a décrit les vaisseaux qui se plongent dans leur substance, & leur a attribué l'usage de porter aux os le suc nourricier (c) : les appendices sont strictement jointes aux os ; outre le cartilage intermédiaire, il y a dans les épiphises une réception mutuelle de cavités & & d'éminences : cette réflexion est juste ; les modernes y ont fait peu d'attention ; Mr. *Duverney* est le seul qui ait bien décrit ces avances & ces cavités (d) ; mais il n'est point le premier, puisque Columbus l'avoit précédé de plus de cent cinquante ans.

L'union réciproque qu'il y a naturellement entre ces pieces, rend la réduction des épiphises très difficile. *Quam luxationem numquam aut summa cum difficultate curari posse crediderim, propter sinuum ac tuberculorum multitudinem, quibus utraque pars tum appendicis quàm ossis abundat.*

L'apophise (e) est à l'os ce qu'une branche d'arbre

(a) Pag. 3. De re Anat. in-fol. édit. de Venise 1559.
(b) Voyez l'article de Charles Etienne.
(c) Voyez ce Mémoire de M. Duverney dans les premiers Volume de l'Accadémie Royale des Sciences.
(d) Anat. de Duverney, Tome premier, pag 376.
(e) Columbus, de re Anatomia, p. 7.

eſt à ſon tronc (a); elles peuvent avoir des épiphiſes comme celles-ci peuvent avoir des apophiſes : Mr. *Winſlow* s'eſt ſervi des mêmes expreſſions; voyez auſſi le tome premier de l'oſtéologie de Bertin.

Les apophiſes ont différens noms; ils ſont tirés de leur figure, de leur volume, de leur ſituation, de leur direction, de leur dureté & de leurs uſages. Columbus parcourt & explique ces différens points en faiſant l'application de chacun à certaines apophiſes déterminées; Mr. Winſlow a adopté cet ordre, & l'a ſuivi d'un bout à l'autre; Columbus n'a pas eu le bonheur d'être cité. L'ordre ramene notre Auteur à l'explication des éminences, à celle des cavités (b); il fait appercevoir avec beaucoup d'ordre & de clarté, qu'il y en a de profondes & de ſuperficielles; il donne à chacune d'elles un nom particulier & uſité, car il a averti qu'il ne changeroit jamais la dénomination des parties, crainte de rendre l'étude des noms plus longue & plus difficile que celle des faits. On trouve dans ſon ouvrage une table ſur les articulations (c): le ſyſtême qu'il propoſe eſt différent de celui de Veſale & de Galien qui définiſſoient la ſynarthroſe une articulation dont le mouvement eſt très obſcur, & enſuite l'appliquoient aux os du crâne qui n'ont aucune mobilité : l'Auteur fait remarquer pluſieurs contradictions pareilles, mais qui ne ſont pas de grande importance. Ses obſervations ſur l'os occipital ont leur mérite particulier; il dit que la partie ſupérieure eſt plus épaiſſe que l'inférieure ; ce qui le met en état de réſiſter au choc des corps extérieurs (d) : il a auſſi obſervé que cet os eſt compoſé dans les enfans de quatre pieces oſſeuſes.

L'os ſphénoïde eſt bien décrit dans les ouvrages de Columbus; on peut ſeulement reprocher à cet Auteur de n'avoir point rendu à Veſale le tribut d'éloges qu'il lui devoit, d'avoir le premier nié l'exiſtence des conduits que Galien avoit décrits dans la

(a) Voyez l'Anatomie de Palfin, au chapitre des éminences, &c.
(b) Pag. 7.
(c) Voyez l'Hiſtoire de Peſale.
(d) Pag. 23.

felle du turc : Columbus les réfute, mais il femble s'en approprier la découverte ; il critique Galien fans dire un mot de Vefale : comment donc pouvoir le croire quand il critique ce grand homme, s'il lui refufe ici les éloges qu'il méritoit à tous égards.

Il a connu les trois offeletsde l'ouie ; il ignore quels font les Auteurs qui ont découvert le marteau & l'enclume ; pour l'étrier, il s'en attribue la décou-verte (a) ; voici ce qu'il dit : *his tertium accedit, nemini, quod fciam, ante nos cognitum. Jacet hoc vel latet potiùs in cavernacula quâdam ferme rotunda, inter finem auditorium exfculpta ; quo fit ut ad organi auditûs fabricam non pertinere non poffit. Cavum eft & perforatum, egregiè ferrei inftrumenti naturam quod fta-pham novo vocabulo nuncupamus, in quo equorum fellis pedes fiftunt (b).*

Sans s'en douter, Columbus a auffi connu l'os lenticulaire ; il le regarde comme une apophife de l'enclume : voici encore les propres paroles de l'Au-teur. *Una re tamen ftapede differt, quod caret eo fo-ramine in quo lora immittuntur ad ftapedem fellæ utrin-que alligandum, & hujus loco capitulum extat (b).* On trouvera des détails ultérieurs fur cette matiere dans l'hiftoire de Falloppe & d'Ingraflias ; nous y ren-voyons le lecteur.

La machoire fupérieure, quoi qu'en aient dit les anciens Anatomiftes, eft compofée de treize os ; Galien & Vefale fe font trompés en n'en admettant que douze : *ego tredecim,* dit Columbus, *femper ob-fervavi* ; & en effet, il le décrit affez exactement ; il fe flatte d'avoir découvert l'os vomer ; mais en cela notre Auteur eft dans une erreur groffiere ; Charles Etienne & Fernel en avoient déja parlé (c) ; Colum-bus eft cependant le premier qui l'ait comparé au foc d'une charrue, & c'eft de lui que lui eft venu le nom de vomer : *hujus forma aratri vomer imitatur imaginem ; cultri fervat præterquam quod & manubrio*

(a) Voyez l'Hiftoire de Fallope.
(b) Eadem pagina.
(c) La premiere édition *de differtione partium,* &c. de Charles Etienne parut en 1536, la feconde en 1545, & la premiere édi-tion de l'ouvrage de Columbus ne fut publiée qu'en 1559.

caret

ὥaret & finuofa, atque inæquali exiſtit acie (a). Notre
Auteur donne de cet os une defcription fort exacte ;
il a connu fa jonction au criſta-galli de l'os ethmoïde,
& fa réception dans la raînure des deux os maxillaires, &c. Dans l'homme comme dans la plupart
des autres animaux ; il n'y a que la machoire inférieure de mobile ; la fupérieure reſte dans un repos
parfait pendant la maſtication : cette regle eſt gé-
rale chez les animaux ; il y a cependant quelques
exceptions ; le crodile meut la machoire fupérieure,
& n'a aucun mouvement dans l'inférieure ; le perro-
quet jouit par-deſſus l'homme & le reſte des animaux, d'un avantage réel ; il meut l'une & l'autre
machoire (b) : les dents ont une fenfibilité extrême,
& cette fenfibilité leur provient des nerfs qui s'infinuent dans leurs racines & vont y aboutir en fe
dépouillant de leurs enveloppes dans une cavité particuliere gravée dans la fubſtance de la dent ; outre
les nerfs, les vaiſſeaux fanguins s'infinuent par ces
mêmes canaux ; il entre dans chaque canal une veine,
une artere & un nerf (c). Pour combattre un préjugé, notre Auteur tombe dans un autre : c'eſt à
tort, dit-il, que quelques-uns penfent que les dents
fe forment dans les alvéoles peu de temps avant
qu'elles en fortent : j'ai, c'eſt toujours Columbus
qui parle, examiné pluſieures machoires de fœtus
ou d'enfant, & j'ai toujours apperçu les dents renfermées dans leurs alvéoles : *nam dentes in ipfo ma-
tris utero efformari certo comperi* ; auſſi dès que la dent
eſt fortie, il ne faut l'arracher qu'avec beaucoup de
circonfpection, parceque c'eſt d'une portion de la
racine qui reſte dans l'alvéole que doit naître celle
qui lui fuccédera (d). La queſtion que Columbus foutient eſt éloignée de toute vraifemblance ; auſſi les
Anatomiſtes qui lui ont furvécu ne l'ont point épar-

(a) Pag. 31.
(b) Eadem pagina.
(c) Page 36.
(d) Sed accuratiſſimè radix ipfa quoad ejus fieri poteſt, fervari poteſt, fervari debet ; in eo enim, veluti in femine quodam, ipſius dentis regenerandi fpes refidet, eoque radicitus
evulfo dente, dentes non amplius vel rariſſimò renafcuntur.
Pag. 36.

M m

gné, & l'ont relevé plus d'une fois de l'erreur qu'il avoit commise : Falloppe ne tarda pas à le combattre, & ce ne fut pas par des raisonnemens spécieux, mais par l'exposition autoptique des pieces : il ouvrit plusieurs os maxillaires des fœtus ou des enfans, & y trouva deux germes contenus dans les mêmes alvéoles : ce qui lui fit conclure que l'un étoit destiné à succéder à l'autre, en se développant dans des temps inégaux.

Le larynx paroît à notre Auteur tenir autant de la substance osseuse que de la cartilagineuse ; chez les vieillards le larynx est toujours ossifié ; chez les enfans il est cartilagineux (a) : or, cette métamorphose se fait dans tous les os ; ainsi Columbus se croiroit plutôt fondé de placer le larynx dans la classe des os que dans celle des cartilages : cette distinction est purement philosophique ; mais il n'a point perdu de vue la description des pieces qui composent le larynx. Columbus avoit naturellement le génie anatomique ; s'il s'écarte quelquefois de son sujet, il ne le perd cependant point de vue ; il y revient & laisse peu d'objets à desirer dans ses détails. On reconnoît la main de maître dans presque toutes les descriptions que Columbus nous a données ; mais sur-tout dans celle des vertebres : on y voit d'abord quels sont leurs caracteres généraux ; toutes ont un corps, sept apophises ; entre le corps & les apophises est un trou ; les vertebres adossées les unes sur les autres forment un canal ; le corps est plus ou moins grand dans quelques-unes d'elles ; les apophises sont plus ou moins grosses, plus ou moins inclinées, & c'est de toutes ces différences que notre Auteur déduit les signes particuliers aux différentes classes des vertebres, & à chacune d'elles : il les décrit avec une précision, un ordre & une méthode admirables. Je ne suivrai pas l'Auteur dans tous ses détails ; j'y renvoie le lecteur jaloux de s'instruire ; il se refusera un plaisir personnel s'il en néglige la lecture. Avant que de terminer cet article, je dois cependant faire observer que Columbus a décrit le trou qu'on voit derriere le corps des vertebres. Parmi les modernes

(c) Pag. 47.

Il n'y a guere que Bertin qui en ait parlé ; plusieurs même lui ont accordé l'honneur de la découverte, mais sans fondement Columbus l'a devancé On trouve dans la description que ces deux Auteurs donnent de ces conduits, plusieurs particularités qui leur appartiennent, & ce n'est qu'en combinant ce qu'ils ont dit de propre qu'on peut en avoir une description exacte (a).

Les côtes sont communément au nombre de douze : rarement la nature s'écarte-t-elle de cette regle ; cependant comme elle varie dans toutes ses productions, elle forme quelquefois treize côtes, d'autres fois elle n'en forme qu'onze. Columbus montroit aux incrédules les variétés de la nature dans deux squeletes différens (b). Dans le même chapitre de son ouvrage il donne une description des plus exactes & des plus complettes des côtes & de leur cartilage, du sternum & de son appendice ; on y lit avec plaisir des détails sur la position, la structure & la connéxion de ces os ; le flambeau de la clarté, de l'exactitude & de l'évidence l'éclaire par-tout, & par-tout l'on reconnoît la nature dans ses descriptions.

Ce qu'il dit sur les os des extrémités, est au-dessus de nos éloges ; il n'y a pas de point essentiel à observer que Columbus n'ait indiqué : dans quelques endroits il s'est éloigné du sentiment reçu par la plupart des Anatomistes ses contemporains ; il ne

(a) Vers le milieu de la face postérieure de chaque corps des vertébres en général, l'on observe deux ouvertures (quelquefois il n'y en a qu'une grande) oblongues, partagées par une cloison osseuse, quelquefois cette cloison n'est que ligamenteuse. Ces ouvertures donnent passage à deux arteres & deux veines, qui étant entrées dans le canal de l'épine se plongent dans la substance du corps de chaque vertébre ; quelquefois ces fentes ou ouvertures ont la forme de deux trous réguliers ; ces ouvertures sont peu connues. *Ostéologie de Bertin*, Tom. III. p. 5.

(a) Illud autem omnium vertebrarum dempta cervicis prima commune fuerit quod in posteriore corporis parte, quam utique spinalis medulla, parte sua anteriore attingit, adsistit foramen patens ac pervium subintrantibus venis atque etiam arteriis ut alimentum abundè suggerant *Columbus de ossibus, Liber primus, p. 55 sub fine.*

(b) Columbus, de re Anat. pag. 64.

Mm ij

croyoit pas que l'os sacrum & les os pubis puissent exécuter aucun mouvement, encore moins s'écarter pendant l'accouchement (a). L'histoire des cartilages est aussi exacte que celle des os ; presque tout ce que l'Auteur dit est vrai, & il y a peu à ajouter à ses descriptions : je reviendrai sur cet objet dans la suite.

Celles des ligamens est encore plus complette : cette partie a été extrêmement négligée des Anatomistes, je vais entrer dans quelques détails.

Les os de l'épine sont joints entr'eux par un nombre prodigieux de ligamens ; il y en a de courts & de longs ; les courts vont du corps d'une vertebre à l'autre, & sont plusieurs en nombre ; sur chacun de ces os il y en a qui s'attachent par leurs extrémités aux apophises articulaires ; les apophises épineuses ont aussi leurs ligamens particuliers : par-dessus tout cet appareil l'on voit un grand ligament qui vient de la partie antérieure du corps de la premiere vertebre (b).

Deux ligamens qui s'attachent, d'une part, aux apophises stiloïdes, & de l'autre, aux cornes de l'os hyoïde, font l'office de deux chaînes en tenant cet os suspendu comme une pierre d'aimant soutient le coffre de fer dans lequel on croit que Mahomet est renfermé (c). La langue, quoique très mobile, est cependant bridée dans ses mouvemens par un ligament particulier qui est placé au-dessous de sa pointe : ce ligament est quelquefois trop court, & gêne par-là la prononciation ; par un effet tout opposé, dit ailleurs le même Auteur, il est quelquefois trop long, & ceux qui ont ce défaut de configuration, bégaient pour avoir trop de mobilité dans la langue.

Je ne suis pas plus loin notre Auteur, quoiqu'il soit fort exact & fort détaillé dans ses descriptions :

(a) Pag. 82 & 103. Quandoquidem dimoveri nullo modo posse novimus cum saepe non modico labore nostro cultrodividenda curaverimus ; voyez l'article *Bertin*.

(b) Pag. 105.

(c) Instar duarum catenarum suspensum detinent, quemadmodum Mahometti arcam ferream à magnetis, vi attractam in aere aiunt suspendi, p. 107.

il a cependant emprunté de Vefale la plupart des
faits, & afin de ne pas me répéter trop fouvent dans
mon ouvrage, je renvoie à l'article de Vefale.

Columbus a fait auffi plufieurs remarques utiles
fur les mufcles ; il en a découvert quelques-uns ;
le frontal, felon lui, n'a point les fibres droites,
mais courbes & inclinées vers les temples : notre
Auteur fait à Vefale un reproche de leur avoir attribué une direction toute contraire. Ces mufcles font
les vrais moteurs de la peau qui revêt le front ; on
le favoit avant Columbus ; mais on ne le favoit que
d'après le cadavre : la pratique de la Chirurgie a
fourni à Columbus une occafion de s'en affurer d'une
maniere évidente : le Cardinal Ardingelius eut une
légere plaie au front, à la fuite de laquelle il furvint
convulfion au mufcle ; on voyoit la peau qui recou-
vroit la portion faine du mufcle, fe mouvoir à
plufieurs reprifes, tandis que celle qui répondoit à
la plaie n'avoit aucun mouvement.

Columbus a découvert les mufcles pyramidaux du
nez (a), les fourcillers (b), les genioglofes (c) ; il
a décrit la vraie origine & l'infertion naturelle de la
plupart des autres mufcles du corps ; mais ce qui paroîtra plus furprenant aux Anatomiftes modernes qui mé-
prifent la lecture des anciens, c'eft que Columbus ait
connu les gaînes céllulaires qui logent les tendons des
mufcles, & qu'il leur donne, comme Mr. *Albinus*, le
nom de bourfe ; il en parle d'abord dans fes généralités, & il indique plufieurs d'elles dans le détail.

Le tendon de l'obturateur interne eft recouvert
par deux mufcles connus fous le nom de jumeaux ;
ces mufcles adherent entr'eux & forment une efpece
de gaîne.

Mr. *Lieutaud* a faifi cette véritable ftructure, & a
cru devoir changer la dénomination des mufcles jumeaux, & leur donner le nom de cannelé : Columbus s'étoit formé une idée à peu près pareille fur
ces parties ; aucun François, excepté Mr. *Lieutaud*,
n'y avoit fait attention ; mas la nature ne perd pas

(a) Pag. 120.
(b) Pag. 122.
(c) Pag. 128.

ſes droits ; tôt ou tard quelqu'un de judicieux ſa réhabilite. *Bernardinus Genga*, Anatomiſte Italien, a fait la même remarque en 1672 (*a*). Au reſte, Columbus, en critiquant Veſale dans preſque toutes les pages de ſon ouvrage, n'a pas laiſſé que de le ſuivre, & on peut même dire qu'il lui a ſervi de modele dans la plupart de ſes deſcriptions des muſcles ; il a parlé vaguement des muſcles pyramidaux, ſans cependant les admettre : il y a, dit-il, quelques Anatomiſtes de mon temps qui donnent dix muſcles au bas-ventre, les huit connus & deux très petits placés au-deſſous des os pubis entre les muſcles droits : *ſea hi me hercle falluntur*. Un tel langage dáns la bouche d'un grand Anatomiſte n'eſt point pardonnable : il n'y auroit rien d'étonnant qu'il eût paſſé ce muſcle ſous ſilence ; il auroit partagé cette infortune avec les grands Anatomiſtes qui l'avoient précédé ; mais s'oppoſer à la découverte & ſoutenir le contraire, c'eſt une choſe honteuſe, & qu'on ne ſauroit lui pardonner.

Dans cet ouvrage la critique & la louange doivent paroître tour à tour quand l'Auteur s'eſt rendu digne de l'un & de l'autre. Je Columbus eſt blâmable de

(*a*) Decimus & ultimus femoris muſculus interiore in parte eſt qui foramen occupat quam primum tendineſcit, tendinis que ſubſtantiam capere videtur, natura ſtatim prudentiſſima carneum marſupium paravit de induſtria, in quo tendinem hunc collocat, ut tutus incedat, neque ab oſſis duritiè ullo pacto lædatur. *Columb.* p. 148.

(*a*) Le cannelé... ce muſcle eſt creuſé dans toute ſa longueur, par une gouttiere qui reçoit le tendon de l'obturateur interne avec lequel il ſe confond. Cette eſpece de diviſion a porté les Anatomiſtes à en faire deux muſcles qu'ils ont nommé jumeaux ; mais ſi l'on prend la peine de détacher le tendon de l'obturateur interne & de l'enlever, on verra que c'eſt ſans fondement qu'on l'a voulu diviſer. *Anat. de Lieutaud*, p. 507, *ſeconde édition*.

Per caggione di queſta maſſa carnoſa, d'alla quale queſto muſculoſo otteratore interno nel ſuo tendine vien riceuuto, como in una borſa & e detto ancor muſculo maſupiale ſoglione, quaſi tutti gli Anatomici aſſignar, queſta maſſa carnoſa, per cue muſcoli di quadrigemini ; ma ſe vogliamo ſepararla in due muſcoli, non peri farſi ſenza laceratione, che percco cum *Marcheti* lo numerando per un ſolo muſculo, p. 383 ; *Anatomica Chirurgica di Bernardino Genga. In Roma* 1672.

n'avoir point admis les muscles pyramidaux, mais
on doit le louer ici de n'en avoir admis que quatre au
bulbe de l'urethre, que nous nommons aujourd'hui
les bulbo-caverneux & les ischio-caverneux ; il les a
connus sous des noms différens, mais en a donné
une description fort claire : on a multiplié ces muscles
dans la suite sans nécessité Columbus s'est garanti de
l'erreur (a). L'histoire des vaisseaux sanguins (b) est
assez exacte ; l'Auteur commence celle des veines par
l'exposition du foie ; il nie que dans l'homme il soit
divisé en plusieurs lobes ; la description du cœur (c)
mérite l'attention des gens de l'art, & je ne saurois
mieux faire que d'y renvoyer le lecteur. Les veines
& arteres sont aussi détaillées fort au long ; mais
la plupart de ces descriptions se trouvent dans les
ouvrages de Fernel ou de Vesale, &c. Columbus
s'étoit formé une idée très vraisemblable sur les
usages du cœur & des vaisseaux. Selon lui, lorsque
le cœur se dilate, le sang tombe de la veine cave
dans l'oreillette droite, de celle-ci dans le ventricule droit, pénetre la veine artérieuse (l'artere pulmonaire), de cette artere pénetre dans la veine artérieuse (veine pulmonaire), & est porté dans l'o-
reillette gauche qui se décharge dans le ventricule
gauche ; celui-ci à son tour ie pousse dans l'artere
aorte ; pour expliquer une telle marche du sang,
il a fait exécuter aux valvules le même jeu que nous
leur attribuons encore aujourd'hui ; les trois valvules tricuspides de l'oreillette droite, & les deux
mitrales se baissent dans le temps de la diastole du
cœur, ou lorsque le sang pénetre dans les ventricules, les sigmoïdes sont abaissées ; cependant le cœur
distendu par le sang qui tombe dans ses ventricules tâche de s'en délivrer en se contractant ; les valvules sigmoïdes se relevent en s'écartant, & laissent
un vuide entr'elles ; les valvules des oreillettes se
relevent aussi, mais s'approchent & bouchent tout
passage au sang ; celui-ci cédant à la force qui le

(a) Page 143.
(b) Pag. 145.
(c) Page 163.

M m iv

presse , pénetre dans les ouvertures artérielles (a) ,
s'insinue dans les veines. L'Auteur suit exactement
le sang dans le poumon , & il le ramene au cœur
par la véritable voie ; mais il se perd quand il veut
expliquer la circulation dans les autres parties du
corps. La nature a prescrit des bornes au génie de
l'homme qu'il ne sauroit franchir que par dégré ;
à peine fait-il un pas vers la vérité , que mille obstacles l'en écartent. Columbus n'est pas le premier
qui ait assigné de tels usages au cœur & aux vaisseaux
qui en partent ; Servet & Vassa étoient entrés avant
lui dans des détails à ce sujet ; mais il faut avouer
qu'ils n'avoient été ni aussi clairs ni aussi exacts que
Columbus ; il s'explique d'une maniere très intelligible ; il eût seulement dû rendre aux Auteurs que
je viens de citer , l'hommage qui leur étoit dû , &
ne point s'approprier la découverte en entier: *quod
nemo* , dit notre Auteur , *hactenus , aut animad-
vertit , aut scriptum reliquit , licet omnibus sit animad-
vertendum* (b). S'il eût lu les ouvrage des ses prédécesseurs , il n'auroit certainement point tenu un
langage pareil ; cependant Columbus n'a bien connu
la circulation que dans le poumon ; il se contredit
lui-même dans son explication ; voici le témoignage
que Mr. de Senac rend des travaux de cet Auteur (c).
» La circulation du sang dans le poumon est donc
» exactement tracée dans les écrits de Realdus Co-
» lumbus ; mais jusqu'où a-t-il poussé ses idées ?
» a-t-il connu le retour du sang des autres parties
» dans le cœur ? C'est-là un point qu'il nous reste à
» examiner. Or , pour cet examen nous n'aurions
» qu'à consulter notre Auteur sur l'usage des vaisseaux
» qui se rendent au foie. La veine-porte , dit-il ,
» se divise en plusieurs rameaux ; ceux qui sont en-
» voyés à l'estomac sont destinés à lui porter la nour-
» riture , car ce n'est pas du chyle qu'il peut se
» nourrir ; le quatrieme rameau va à la rate , & il
» est destiné à porter dans ce viscere le sang mé-

(a) Pag. 175.
(b) Page 176.
(c) Traité du cœur , pag. 13. Tom. II.

» lancholique qui vient au foie : l'ufage de la veine
» porte & de fes ramifications , eft de porter le chyle
» dans le foie où il doit être changé en fang , &
» de porter le fang qui doit nourrir le méfentere ,
» les inteftins , le ventricule & l'omentum.

» Il eft donc évident que Columbus n'a pas re-
» connu la circulation du fang dans le foie, & qu'il
» n'a point marqué dans fes écrits que les veines
» répandues dans le refte du corps repriffent le fang
» des arteres & le ramenaffent au cœur : il n'a donc
» connu la circulation que dans le poumon : en lui
» rendant le témoignage que méritent fes recherches ,
» on peut donc affurer qu'il a moins penfé à la
» circulation qu'au paffage dans le ventricule gauche;
» c'étoit un paffage qu'il regardoit comme néceffaire
» avec toute l'antiquité : les parois mitoyennes
» des ventricules font trop épaiffes pour que le fang
» puiffe les traverfer ; il eft donc néceffaire qu'il y
» ait une autre voie qui le conduife dans le ven-
» tricule gauche : l'artere pulmonaire , par fon ca-
» libre , par fes ramifications nombreufes, a paru
» montrer le chemin que fuivoit le fang : c'eft donc
» par ce chemin que Columbus & Servet ont cru
» que le fang pénétroit dans le tiffu des poumons
» & fe rendoit au ventricule gauche. Tout ce que
» Columbus a ajouté aux idées de Servet , fe réduit
» à ne pas borner l'ufage des veines pulmonaires
» à prendre feulement l'efprit vital : c'eft tout le
» fang qui paffe dans ces veines ; il eft atténué &
» préparé dans ce paffage : ce font les propres termes
» dont fe fert Columbus : c'eft par cette préparation
» que le fang devient fpiritueux ; il eft enfuite tranf-
» porté au ventricule gauche & fe répand dans toutes
» les parties du corps , felon les idées de ce Mé-
» decin.

» Ce qui donne un nouveau mérite à ces idées ,
» c'eft qu'elles ne font pas dictées par une imagi-
» nation qui ne confulte pas la nature , & qui ne
» cherche que des hypothefes pour les appliquer à
» des faits qui les démentent prefque toujours : c'eft
» de la ftructure de la machine animale , du nombre
» de vaiffeaux pulmonaires, de la quantité de fang

» que reçoivent des vaiſſeaux ſubſidiaires qu'on trouve
» dans le fœtus ; c'eſt enfin de l'uſage de toutes ces
» parties & de leur aſſemblage, que Columbus a con-
» clu que le ſang paſſoit dans les arteres pulmonaires
» pour ſe rendre dans le ventricule gauche du cœur.
» Mais il eſt vrai encore une fois que cette route
» étant découverte dans le poumon & dans l'aorte,
» il n'eſt pas difficile d'en découvrir une ſemblable
» dans tous les autres viſceres, & dans les autres
» parties de la machine animale.

Le cerveau eſt le ſiege de l'ame, & eſt conſéquemment l'organe le plus eſſentiel à la vie, quoi
qu'en ait dit Ariſtote qui regardoit le cœur comme
le premier des organes (a) : il eſt dans un mouvement continuel comme le cœur ; il ſe contracte &
ſe dilate. A entendre Columbus, on croiroit qu'il
a été le premier à l'obſerver ; cependant la connoiſſance de ce fait remonte plus haut ; j'en ai déja
parlé pluſieurs fois. Le cerveau eſt recouvert de deux
membranes : une forte, épaiſſe & peu ſenſible ; c'eſt la
dure-mere connue de tous les anciens (b) : une mince,
tranſparente & très ſenſible quand on la pique ; Columbus la nomme la pie-mere ; elle étoit connue
avant lui. La dure-mere adhere, d'une part, au
crâne, & de l'autre, produit pluſieurs replis dans
leſquels ſont pratiqués divers canaux .... Il y a un
repli qui a la figure d'une faulx de moiſſonneur :
figura ejus eſt falcis in modum (c). La pie-mere s'enfonce dans la ſubſtance du cerveau, le ſoutient preſque ſuſpendu, l'empêche de s'affaiſſer & le rend plus
léger ; elle contribue à la formation des anfractuoſités. Quelques Philoſophes, dit Columbus, regardent
ces anfractuoſités comme le vrai ſiege de l'imagination ; mais cet uſage, dit-il, eſt futile & chimérique ; s'il avoit lieu, les ânes & les autres animaux
auroient l'imagination la plus brillante (d). Ce ſyſtê-

(a) Pag. 188.
(b) Page 190.
(c) Pag. 189.
(d) Non defunt ſcriptores, qui aliam cauſam tot cerebri
circumvolutionum ſe inveniſſe putent, ut ſcilicet cerebrum
intelligeret ; at ſi hæ circumvolutiones in cerebro intellectio-

me de Columbus n'a-t-il pas quelque rapport avec celui que Mr. Lieutaud a exposé dans ses Essais Anatomiques (a).

Les ventricules du cerveau sont tapissés par une membrane ; elle se replie au-dessous de la voute à trois piliers, & forme une cloison qui sépare le ventricule droit d'avec le ventricule gauche (b). Notre Auteur donne une assez exacte description de ces ventricules, & de la plupart des éminences qui s'y trouvent : il a changé la dénomination des grands ventricules ; avant lui on les appelloit ventricules antérieurs ; il a cru devoir les nommer ventricules supérieurs. On sait que Mr. Winslow a été peu content de cette dénomination , & qu'il les a appellés ventricules latéraux (c). Columbus, ainsi que Charles Etienne, a admis une cavité dans la moëlle épiniere ; mais il est allé au-delà ; il a déterminé sa figure & sa grandeur , en la comparant à une plume à écrire.

Les circonvolutions du cervelet sont différentes de celles du cerveau , l'on y voit des éminences qui ont la figure d'un ver (d) ; sa substance n'est pas plus ferme que celle du cerveau , comme Galien l'avoit dit, & il est faux qu'il y ait des nerfs qui en viennent (e) : notre Auteur ne se laisse pas éblouir par l'autorité d'un grand nom.

L'exposition des nerfs, quoique très étendue , n'en est cependant pas plus exacte ; l'Auteur a confondu , comme ses prédécesseurs , la branche ophtalmique de la cinquieme paire avec la troisieme paire , & a

tionis causa existunt, asini quoque cæteraque bruta animalia quorum cerebrum gyris hisce præditum est, non intelligere non possent, pag. 190.

(a) Les différentes portions de cette masse , qui par la situation du corps deviennent les plus inférieures , seroient affaissées sous le poids de ce fardeau , si la nature ne l'avoit rendu plus léger en le soutenant par des cloisons très solides, &c. Essais Anatom. p. 353.

(b) Pag. 191.

(c) Voyez Winslow , article cerveau.

(d) Pag. 193.

(e) Eadem pag. Nullum nervorum par a cerebello exoritur , sed a cerebro solum , quidquid Gallenus opinetur , a quo non sunt omnia accipienda tamquam ab oraculo.

regardé la maxillaire supérieure, branche de la cinq-
eme paire comme une branche nouvelle dont il s'eft
arrogé la découverte (a) : Charles Etienne, dont nous
avons déja parlé, avoit fu éviter cette erreur.

Cependant Columbus entre dans des détails affez
exacts fur la premiere paire des nerfs (b), & fur
ceux de la quatrieme paire (c) ; ces nerfs étoient de
nouveau inconnus aux Anatomiftes, parcequ'ils ne
lifoient plus les ouvrages de leurs prédéceffeurs. Selon
Columbus, la premiere paire naît de la partie antérieure du cerveau ; les nerfs qui la forment font
tous nombreux, & leur confiftance eft molle ; ils
pénetrent dans les trous de l'os ethmoïde, & chacun
de ces nerfs fe couvre d'une production membraneufe qui appartient à la dure-mere dans l'intérieur
du nez.

La quatrieme paire prend naiffance des éminences
teftes & nates : Columbus s'attribue l'honneur de la
découverte, mais fans aucun fondement (d).

La moëlle épiniere, ajoute Columbus, n'a pas
la figure d'un cone, comme quelques-uns le difent ;
elle eft un peu plus groffe, à la vérité, au haut
près l'occipital qu'elle n'eft en bas ; mais depuis ce
bourfouflement jufqu'à fon extrémité inférieure,
elle a à peu près la même dimenfion (e) ; fa fubftance n'eft pas homogene, elle eft, depuis l'occipital
jufqu'à la derniere vertebre du dos, molle comme
le cerveau, en un mot médullaire ; elle devient ici
prefque membraneufe, & eft formée d'un nombre
prodigieux de filamens nerveux ; la moëlle épiniere eft recouverte par la pie-mere & par la dure-
mere, & il ne faut pas, dit notre Auteur, confondre cette membrane, comme l'a fait Galien,
avec le ligament interne qui revêt le canal vertébral. Il part de la moëlle épiniere, trente paires de
nerfs ; Columbus les décrit tous fucceffivement les
uns après les autres. Dans ce même chapitre il dé-

(a) Pag. 152.
(b) Pag. 193.
(c) Pag. 198.
(d) Voyez l'Hiftoire d'Achillinus.
(e) Pag. 209.

crit aussi le grand nerf intercostal & la huitieme paire sous des noms étrangers, & d'une maniere peu intelligible ; on voit seulement qu'il n'a pas confondu ces deux nerfs, &c. &c. &c. (a).

Les nerfs sont enfin, conclut notre Auteur, les canaux par lesquels les muscles reçoivent la force motrice, & il n'y a point de muscle qui n'ait ses nerfs, quoi qu'en ait dit Vesale (b) qui vraisemblablement a voulu plutôt terminer ses travaux que la difficulté (c).

En décrivant les visceres de la poitrine, notre Auteur donne une description du médiastin assez exacte ; il observe qu'il est formé par l'adossement de deux sacs de la plevre, & qu'il y a vers le sternum un espace rempli par de la graisse ou par le thimus, & que par maladie il se forme des abcès très dangereux qu'on ne peut guérir qu'en trépanant le sternum : *inter mediastinum, id est, hanc duplicem plevram, thoracem in duo secantem, materia aliqua colligi potest quæ perforato sterno tutò satis extrahi potest à diligenti Chirurgo, reique Anatomicæ peritissimo (d*. Le conseil de Columbus n'a pas été suivi ; on a laissé périr nombre de malheureux sans oser éprouver cette opération ; bien plus, quelques Chirurgiens de nom l'ont combattue. Mais la verité se fait jour tôt ou tard ; elle perce les nuages les plus épais. Pénétrés de l'importance de cette opération, plusieurs Chirurgiens modernes l'ont décrite & la conseillent aujourd'hui dans leurs ouvrages : je voudrois seulement qu'on citât Columbus, & qu'on lui rendît ce qui lui est dû ; je ne prétends cependant pas dire que Columbus soit le premier qui en ait parlé ; Galien & plusieurs Arabes ont prescrit cette opération ; mais Columbus l'a fait revivre dans un temps où elle étoit totalement tombée dans l'oubli.

(a) Pag. 207.
(b) Page 212.
(c) Eadem pag. Quæ mihi admirabilis esse videtur cum secando deffessus esset: scriptura reliquit musculos aliquos absque nervis reperiri.
(d) Pag. 225.

L'anatomie de Columbus est éclairée par le flambeau de la Médecine pratique ; l'on y trouve nombre
d'observations intéressantes faites sur le malade ; il
se sert souvent de l'état contre nature pour établir
les usages des parties ; c'est en suivant cette maxime
qu'il est parvenu à connoître que le principal usage
de la luette étoit de modifier le son & de concourir
à la formation de la voix : la preuve complette,
dit Columbus, que la luette remplit ces usages dans
l'économie animale, c'est que ceux qui l'ont coupée
ou rongée par quelque ulcere, ne peuvent prononcer
aucune parole bien intelligible. (a).

La description des visceres du bas-ventre est assez
exacte, quoique l'Auteur y ait fait peu de nouvelles
remarques ; il y a cependant parlé des vésicules séminales, mais d'une maniere très obscure & très
éloignée de la naturelle (b). Selon lui, les veines
spermatiques s'anastomosent avec les arteres (c) ;
les veines mésentériques ont dans leur intérieur &
vers leurs racines, des cloisons membraneuses qui
empêchent le sang de rebrousser (d). Le même Auteur
fait observer qu'il y a une éminence oblongue placée
auprès des canaux excréteurs de la semence ; il parle
apparamment du *veru-montanum* ; cette éminence se
trouve au milieu & au-dessus de deux glandes, dont les
canaux excrétoires s'ouvrent dans l'uretre & versent
la liqueur renfermée dans les glandes dans le moment
de l'éjaculation (e) ; ces glandes ne seroient-elles pas
les mêmes que celles que Cowper dit avoir découvertes ; il est sûr que Columbus ne peut désigner les
glandes séminales ni la glande prostate qui sont placées beaucoup plus en arriere.

On trouve dans les ouvrages de Columbus un
catalogue des principales observations d'Anatomie
ou de Chirurgie que l'Auteur a eu occasion de faire
pendant sa vie ; il y en a plusieurs d'intéressantes,

(a) Pag. 221.
(b Page 237.
(c) Pag 237.
(d) Pag. 233.
(e) Cui duæ eminentiæ adstant glandulæ prostaticæ, hoc est,
assistentes propterea ductor crassæ albæ, p. 234.

comme font celles des ulceres & des tumeurs au
cœur, des pierres dans le poumons, &c. &c. (a).

Delphinus Julius de Pavie.

Quæstionales medicinales. Venetiis 1559, dans laquelle fe trouve une differtation fur les cauteres.

Botal (Léonard) né à Aft dans le Piémont, exerça
la Médecine avec beaucoup de célébrité vers le milieu
du feizieme fiecle ; il fut reçu Docteur en Médecine à Pavie, d'où il paffa en France ; il s'y fit une
des plus brillantes réputations ; le peuple, ainfi que
les grands, accoururent le confulter ; le Duc d'Orléans le voulut d'abord pour fon premier Médecin ;
il devint enfuite premier Médecin de Henri II. Ce
titre ne lui fervit pas peu à accréditer les opinions
particulieres qu'il avoit fur plufieurs points de Médecine. La Faculté de Médecine de Paris avoit prefque
pour maxime de purger dans toutes les maladies,
Botal propofa une méthode tout-à-fait oppofée ; il
vouloit qu'on faignât dans prefque toutes les ma-
dies : l'on ne fronde pas ainfi les préjugés reçus ;
Botal trouva prefqu'autant d'ennemis qu'il y avoit
de Médecins. La Faculté de Médecine qui ne fe plai-
foit pas à prodiguer le fang humain, s'oppofa vivement au fentiment de Botal. Bonaventure Gran-
ger, un de fes membres, entreprit de combattre la
nouvelle méthode dans un ouvrage qu'il publia fur
la faignée ; il y conclut judicieufement qu'il faut
ufer de la faignée avec modération : cette critique
eft modefte & digne de fervir de modele à quelques
Ecrivains de nos jours qui écrivent plutôt contre
l'Auteur que contre fes maximes. Botal, dans fon
ouvrage fur la faignée, a recherché prefque tous
les cas qui peuvent fe préfenter en Médecine, & a
fait voir par fes raifonnemens & par fes obfervations, plus ou moins mal faites, que la faignée étoit
un remede univerfel : il a dit qu'on pouvoit faigner
dans tous les âges de la vie, plutôt même les vieillards
que les jeunes gens (b)) ; qu'il n'y avoit point de
faifon où on ne pût faire la faignée ; qu'on pouvoit
employer ce remede chez les femmes enceintes comme

(a) Pag. 268.
(b) Pag. 8, édit. Lugd. 1655.

comme chez celles qui ne l'étoient pas (a) : il a porté plus loin les éloges de la faignée ; il prétend que les femmes enceintes doivent plutôt fe faire faigner que les filles : dans toutes fortes de toux, fievres putrides, malignes, dans les catharres, même dans l'épuifément furvenu après un ufage trop fréquent des femmes, il n'eft rien, dit notre Auteur, de meilleur que d'ufer de la faignée (b). De telles affertions ne méritent point d'être réfutées ; tout Médecin judicieux en fentira aifément le ridicule.

Suivant Botal (c) il n'eft rien de plus fingulier que de choifir une veine préférablement à une autre pour l'opération ; une faignée à la céphalique a le même effet qu'une faignée à la bafilique ; *omnis vena*, ajoute-il, *vifu manifefta aut quæ fenfu tactûs percipitur*, *in humanum ufum tundi poteft* (d) ; on obfervera feulement de préférer les groffes veines aux petites, parceque, dit-il, le fang épais en fort plus facilement.

Il n'y a parmi les arteres que les temporales qu'on puiffe faigner, & l'on ne doit point négliger de le faire dans les violens maux de tête, dans les inflammations opiniâtres des yeux, dans le tintement d'oreilles ; car dans ces maladies, la faignée à la temporale produit des effets furprenans (e).

Notre Auteur expofe dans un chapitre particulier les différentes méthodes de faigner ; il dit qu'on peut attaquer les vaiffeaux de trois manieres, obliquement, tranfverfalement & longitudinalement ; & pour mieux donner à entendre ce qu'il a à dire de particulier, il a fait repréfenter ces objets par une figure particuliere. Botal parle de deux efpeces de lancettes ; une à reffort, employée communément

(a) Pag. 16.
(b) Pref. . . . Quæ profecto non dubitamus futuræ medicinæ ftudiofis & reliquis mortalibus utiliffima, licet non æquè verbo ut corde ingratos homines faffuros minime dubitemus. Sed malumus multis ingratis benefacere, quam paucos gratos & innumeros alios quibus neque gratitudinis neque ingratitudinis nomen convenit, hoc beneficio privari.
(c) Pag. 191.
(d) Pag 190.
(e) Pag 195.

en Allemagne, & l'autre composée d'une lame tranchante des deux côtés & enchassée dans un manche
mobile & fait de deux pieces : c'est la lancette dont
on se sert en France. Botal donne la préférence
à la premiere espece de lancette ; on peut par son
moyen graduer, pour ainsi dire, la grandeur de l'ouverture, & enfoncer la lame à un dégré convenable ;
ce qu'on ne peut faire avec la lancette françoise.

Le traité des plaies d'armes à feu de Botal contient peu de détails qui lui appartiennent ; Ferrius
y paroît sous un nouvel ordre ; l'Auteur l'a seulement contredit sur l'usage de la saignée qu'il voudroit rendre beaucoup plus fréquent : cependant par
une bizarrerie inconcevable, Botal n'a point parlé
de la ligature des vaisseaux pour arrêter l'hémorrhagie : il a inventé un instrument pour faire l'amputation des membres ; cet instrument est fort compliqué, & dangereux dans la pratique ; c'est pourquoi on ne s'en sert plus en Chirurgie, supposé qu'on
s'en soit jamais servi : il ne croit pas à la brûlure
ni au venin des plaies d'armes à feu ; la contusion
lui paroît le plus grand des désordres qu'elles operent.

Quoique Botal n'ait eu qu'une connoissance de
l'Anatomie très limitée, il a été assez heureux pour
donner son nom à l'ouverture du septum des oreillettes, à la faveur de laquelle le sang du fœtus
passe en partie de l'oreillette droite dans l'oreillette
gauche ; ce qui diminue la quantité de celui qui
tombe dans le ventricule droit : Botal n'est cependant pas le premier qui ait décrit ce trou de communication ; cette découverte remonte jusqu'à Galien qui en a donné une description des plus amples,
des plus claires & des plus exactes : la plupart des
Anatomistes qui lui ont survécu en ont parlé. Botal
n'en dit qu'un mot ; à peine même peut-on l'entendre ; cependant quelques Anatomistes qui lui ont
succédé sont si simples & si peu instruits de l'histoire
de leur art, qu'ils lui accordent l'honneur de la découverte dont il étoit indigne à tous égards : ainsi
son nom qui devoit rester dans un éternel oubli,
s'est transmis jusqu'à nous par l'ignorance de ceux

qui lui ont fuccédé : admirateurs frivoles des ouᵛrages d'un fot, pourquoi ne fouilloient-ils pas dans ceux de Galien ? ils euſſent trouvé de quoi confondre leur impéritie.

De célebres hiſtoriens, Mrs. Morgagni, Senac, Haller, ont relevé cette faute dans pluſieurs endroits de leurs ouvrages. La vérité parle tôt ou tard ; mais il n'y a que peu d'hommes qui puiſſent la reconnoître & la faiſir. L'ignorance a toujours un nombre prodigieux de victimes ; & malgré les écrits de ces grands hommes, où la vérité paroît dans tout ſon jour, nombre d'Anatomiſtes vivans, célebres dans leur art, qui ſe piquent d'érudition, ignorent ce fait ſi intéreſſant pour l'hiſtoire de l'Anatomie qu'ils cultivent. On lit dans leurs écrits, on entend dans leurs cours appeller le trou ovale (a) le trou de Botal ; cependant cette dénomination eſt fauſſe ; & pour dévoiler l'erreur & la mettre dans tout ſon jour, voici la deſcription que Galien & Botal ont donnée du trou de communication des oreillettes.

Extrait des ouvrages de Galien (b).	*Extrait des ouvrages de Botal (c).*
At cur pulmo in iis qui utero geruntur ſit ruber, non autem, ut in perfectis animalibus, ſubalbus ? Quia tunc nutritur (quemadmodum reliqua viſcera) per vaſa unicam tunicam & eam tenuem habentia. Ad ea enim ex venâ cavâ ſanguis pervenit, quo tempore fœtus utero geſtatur, in natis verò occæcatur quidem vaſorum perforatio, aer autem copioſiſſimus tunc incidit, ſanguis verò pauciſſimus, idemque tenuiſſimus. Quin etiam pulmo tunc motu perpetuo agitatur, animali nimirum reſpi-	Diebus iis proxime peractis cum Galenum atque Columbum diſſentire viderem de viâ per quam in cor ſanguis qui in arteriis vagatur, fertur, aſſerente Galeno hunc in cor transfundi per parva foramiula cordis ſepto inſita : Columbo vero per alia ad arteriam venoſam, quæ, etſi fruſtra perquiſiverim, nuper tamen denuò eidem inquiſitioni me tradens, vituli cor dividere recepi, ubi paulò ſuprà coronatum (quam ſtephanoïdem appellant Græci) ſatis conſpicuum reperi duc-

(a) C'eſt Carcanus qui lui a donné cette épithete, pag. 31, *Ticini* 1574.

(b) Galien, ch. 6, liv. 15, de uſu partium, interprêté par Nicolas Regius, dont on a donné l'Hiſtoire, &c. pag.

(c) Botal. Opuſc. de mat. cord. & ſang. initio.

zante : quo fit ut fanguis à fpiritu attenuatus mótu duplici, altero quem ex arteriis habet, altero quem ex toto pulmone acquiric, tenuior adhuc fe ipfo & mollior ac veluti fpumofus efficiatur...... Ob eam igitur caufam in fœtibus vena cava in arteriam venofam EST PERFORATA. Cum autem hoc vas venæ officium huic vifceri præftaret, necefle fuit alterum vas in arteriæ ufum tranfmutari quo circa natura id quoque in magnam arteriam, pertudit. Verum cum hæc vafa (venam intellige arteriofam & arteriam magnam) inter fe aliquantulum diftarent, aliud tertium vas, quod utrumque conjungeret, effecit. In reliquis vero duobus (nempe vena cava & arteria venofa) cum hæc quoque mutuo fe contingerent, velut foramen quoddam utrinque commune pertudit ; tum membranam quamdam in eo inftar operculi eft machinata, quæ ad pulmonis vas facile refupinaretur, quò fanguini à venâ cavâ impetu affluenti cederet quidem, prohiberet autem, ne fanguis rurfum in venam cavam reverteretur. Hæc quidem omnia naturæ opera funt admiranda. Superat autem omnem admirationem, prædicti foraminis haud ita multò poft

tum, juxta auriculam dextram qui ftatim in finiftram aurem recto tramite fertur : qui ductus, vel vena jure arteriarum, vitaliumque fpirituum nutrix dici poteft, ab id quod per hanc fertur fanguis arterialis in cordis finiftrum ventriculum & confequenter in omnes arterias, non autem per feptum, vel venofam arteriam, ut Galenus, vel Columbus putarunt : hæc autem via a me inventa in vitulis, fuibus, canibufque fatis grandis patenfque exiftit. In homine vero paulò minor eft, quæ etiam non æque recta fertur, ut in prædictis brutis, fed flexuofa & veluti valvulis utrinque munita eft. Hinc fit ut fanguis coactus in finiftro cordis humani ventriculo non offendatur, in brutis verò fecus ob rectitudinem magnitudinemque dicti canalis in ipfis exiftentis........ hoc anno præterito reperi ego, quod in fine libelli mei de catarro declaravi quâ viâ fanguis a dextro cordis ventriculo in finiftrum feratur & confequenter in arteriis, quod pauci momenti non eft in medicinâ. Id tamen Galenum & quot ante nos fuerunt latuiffe videtur.

conglutinatio. Etenim quam primùm animans in lucem eft editum, aut ante unum, vel duos dies, in quibufdam vero ante quatuor aut quinque, vel nonnunquam plures, membranam quæ eft ad foramen coalefcentem reperies. Cum autem animal perfectum fuerit, ætateve jam floruerit, fi locum hunc ad unguem denfatum infpexeris, negabis aliquando fuiffe tempus in quo fuerit pertufus, &c.

Pari modo id vas quod magnam arteriam venæ quæ fertur ad pulmonem connectit, cum aliæ omnes animalis particulæ augeantur, non modo non augetur, verùm etiam tenuius femper effici confpicitur adeò ut tempore procedente penitus tabefcat, atque exficcetur. Quod igitur hæc omnia natura affabrè faciat, declarat fingulorum ufus. Invenire autem ipfiûs facultatem qua hæc efficit humani ingenii captum superat; &c.

Le même Livre VI. de usu partium Chapitre XX. Advertens natura pulmonem , qui utero etiam num geritur, formatur ac motu omni caret , non eamdem postulare procurationem , atque is qui perfectus est & jam movetur; alterum quidem vas (venam arteriosam) validum , crassum ac densum ad arteriam magnam : alterum (arteriam venosam) imbecillum , tenue ac rarum ad venam oavam anastomosi applicuit.

Ibid Chap XXI. Quemadmodum natura venam illam , quæ ab umbilico pertinet ad jecur . & arterias quæ sunt ad spinam , tandem exsiccat & veluti funiculos quosdam tenues efficit; eumdem in modum & prædictas vasorum quæ ad cor pertinent , anastomoses , in animali jam nato abolet.

On voit clairement que ces deux Auteurs ne different qu'en ce que Galien dit que le trou de communication se ferme peu de jours après que l'enfant est né , tandis que Botal pense que cette voie de communication reste ouverte un plus long espace de la vie (a). On voit encore par les propres paroles de Galien qu'il regardoit cette communication comme un trou ouvert chez les fœtus , & qui se ferme chez les enfans par le moyen d'une valvule dont il a connu les véritables usages.

Botal ne s'étoit pas fait une idée aussi claire de cette ouverture que Galien : ce qu'il a dit sur la valvule est très obscur , & par sa description il semble plutôt parler d'un canal que d'un trou. On peut donc conclure sans médisance , que Galien s'étoit formé une idée beaucoup plus conforme à la nature que n'avoit fait Botal , & qu'il est ridicule de donner à Botal la découverte du trou ovale qui appartient à tous égards à Galien , Auteur de beaucoup d'autres découvertes.

Nous avertissons le lecteur de ne pas confondre les ouvrages de Botal qu'il a publiés lui-même avec ceux dont Van Horne a été l'éditeur : la figure qu'on y voit lui appartient. Les ouvrages que Botal nous a laissés sur l'Anatomie ou sur la Chirurgie , sont :

Tractatus de curatione vulnerum sclopetorum. Lugd. 1560, in-8°. 1565 , in-16 , *Venetiis* 1566 , in-8°.

(a) M. Morgagni s'est assuré depuis que le trou ovale restoit quelquefois ouvert jusqu'au dernier âge de la vie. *Adv. Anat.* V. pag. 24.

1597; in-8°. *Antuerpiæ* 1583, en allemand en 1676, in-8°.

De curatione per sanguinis missionem, scarificationem, hirudines. Lugduni 1580, in-8°. *Antuerpiæ* 1583. *Lugduni* 1655, in-8°.

Opera omnia. Leidæ 1660. On trouve dans ce recueil :

Observatio Anatomica de monstroso rene, page 59.

Observatio alia de ossibus inventis inter utrumque cerebri ventriculum, page 65.

Alia observatio de venâ arteriarum nutrice, page 66.

Ratio incidendæ venæ ; cutis scarificandæ & hiruninum applicandarum modus, page 74.

De catharro commentarius, page 35.

De lue venerea, ejusque curandæ ratione liber, page 341.

De curandis vulneribus sclopetorum libellus, page 599.

Sententia de via sanguinis in corde. Venetiis 1640, in-4°. *Judicium Apollinis in ea opinionem de via sangninis*, in-4°.

Chaumet (Antoine), Chirurgien, né à Vergesac dans le Veley, après avoir étudié en Médecine pendant quelque temps dans l'Université de Montpellier sous Guillaume Rondelet & Antoine Saporta, vint à Paris entendre les leçons de Jacques Sylvius, Professeur au Collége royal ; il suivit aussi les cours de plusieurs Chirurgiens ; il fut sur-tout à Montpellier très exact à suivre la pratique de Guillaume Lothier ; il fit sous chacun de ces Maîtres des recueils de ce qu'il avoit entendu ; & soit qu'il manquât de fonds pour prendre ses dégrés en Médecine, soit que quelqu'autre raison l'ait détourné de prendre cet état, il fut exercer la Chirurgie dans sa patrie (*a*) pour y gagner son honnête entretien. Sa santé jusqu'ici avoit été infirme ; mais à peine eut-il respiré l'air

(*a*) Cæpi verò, postquam plerisque in locis Chirurgiæ Magistris interviffem, tantum apud me cogitare, quam inutile ac laboriosum (ne dicam miserum) semper discurrere & passim vagari : ac tandem mihi locum aliquèm esse deligendum, in quo ætatis meæ reliquum transigerem ac tunc reipublicæ inservies, victum ex re Chirurgicâ, honeste mihi conquirerem, pag. 4.

N n iij

(marginal notes)

XVI. Siecle.

1560.
BOTAL.

CHAUMET.

natal, qu'il acquit de nouvelles forces qui le mirent à même d'exercer son état. Elevé dans le sein de la Médecine, il n'eut point de peine à bien vivre avec les Médecins de son pays ; il les confulta dans les occafions, & fuivit fréquemment leurs confeils. Avec de tels guides, des talens & de la docilité, notre Auteur fut bientôt occupé à la pratique de la Chirurgie ; & comme fon efprit étoit formé à l'obfervation, il n'eut point de peine à trouver dans la pratique nombre de faits dignes de l'impreffion ; il les recueillit, & chargea Adam Fontanus, Docteur en Médecine, de les rédiger & de corriger fa diction. Chaumet lui rend un témoignage de fa reconnoiffance dans la préface de fon livre (a).

Cet ouvrage eft intitulé :

Enchiridion Chirurgicum externorum morborum remedia, tum univerfalia, tum particularia, breviffimè complectens ; quibus morbi venerei curandi methodus probatiffima acceffit. Parifiis 1560, 1564, 1567, *in-8°. Lugduni* 1570, 1588, *in-12. addita inftrumentorum & ferramentorum delineatione.* ibid. 1568, *in-12*, 1588, *in-12. Patav.* 1593, *in-8°. Baf.* 1621, *in-8°. Orlean.* 1621, *in-8°. Pl.* 1636, *in-8°.* &c. &c.

Cet ouvrage eft écrit avec beaucoup d'ordre & de clarté ; l'Auteur y a très peu ajouté du fien : c'eft un précis de la Chirurgie pratique extrait des meilleurs ouvrages qu'on avoit donnés avant lui ; il a confulté les Grecs & les Arabes, & la plupart des autres Auteurs qui avoient écrit en Chirurgie. Guy de Chauliac a fourni la plus grande partie des détails de cet ouvrage. Chaumet a quelquefois même fuivi l'ordre de cet Ecrivain. La plupart des formules contenues dans l'ouvrage de Vigo fe trouvent dans le précis de Chirurgie que j'annonce ; ainfi notre Auteur eft répréhenfible à cet égard : quoiqu'il ait été contemporain d'Ambrofe Paré, & qu'il ait publié fon ouvrage vers le même temps, il ne l'a point cité, il a cependant parlé de la ligature dans les cas d'hémorrhagie provenant de la fection des hémorrhoïdes;

(d) Page 6.

Voici ses propres paroles : *Soleo tamen minori labore
& dolore acu aduncâ & recurvâ filum traducere sub
venâ, eamque ligare ac filum relinquere, donec ex se
cadat* (a). Il a fait un usage fréquent du mercure
dans la vérole, lorsque les remedes ordinaires ne réus-
sissoient pas. Dans son traité sur la vérole il le recommande sous différentes formes, & il dit s'en être toujours bien trouvé.

Fallope (Gabriel) naquit à Modene en 1523. Thomasini & Ghilini le font naître en 1490 ; mais ils se
trompent ; Fallope a été le disciple de Vesale ; il
tiroit son origine de la famille Fallopio, célebre
dans l'Italie. Il reçut de la nature tous les talens du
corps & de l'esprit nécessaires pour faire des progrès
dans les sciences. Il jouissoit de la meilleure santé
& fut doué d'un génie des plus pénétrans. Dès sa
tendre jeunesse il étudia avec zele les Belles Lettres,
& il fit ses études de Philosophie au-dessous de l'âge
ordinaire ; Fallope s'appliqua à toutes les parties de la
Médecine, mais principalement à l'Anatomie pour
laquelle il eut un goût prodigieux. Pour acquérir diverses connoissances, il parcourut nombre de
Provinces de l'Europe, & il lia une étroite amitié avec
plusieurs grands Anatomistes, sur-tout avec Barthelemi Madius, Columbus, Cananus, Ingrassias ; il
les consultoit dans les occasions (b) ; il faisoit un
cas particulier d'un certain Capredon. Fallope s'acquit
une si grande réputation en Italie, qu'il fut surnommé
l'*Esculape de son siecle*. L'Université de Pise lui donna
une place de Professeur en 1548, & il eut en 1551 le
même emploi à Padoue. Il jouit peu de temps de cette
place. Ce grand homme, digne d'une vie éternelle, ne
parcourut pas même le terme ordinaire de la vie
humaine ; il mourut à l'âge de trente-neuf à quarante ans, quoi qu'en disent Goelicke, Eloy d'après
Thomasini & Ghilini qui le font vivre soixante-trois
ans. Il fut enterré dans l'Eglise Saint Antoine ; l'on
y voit encore son tombeau avec cette inscription.

Fallopi, hîc tumulo solus non conderis : una
Est pariter tecum nostra sepulta domus.

(a) Page 88. B.
(b) Pag. 365.

L'hiſtoire rapporte que la ville de Padoue, pour réparer la perte de Fallope, avoit de nouveau nommé Veſale, quoique fort âgé, & qui revenoit de Jéruſalem. Le ſort en décida autrement; ſans cela on auroit vu le Maître ſuccéder au diſciple.

Fallope a laiſſé divers ouvrages dont nous rendrons compte (a).

Obſervationes, Anatomicæ. Venetiis 1561. *Pariſiis* 1561. *Helmeſtadii* 1588. *Coloniæ* 1562, *in-8°. additæ operibus Veſaliis. Lugd. Batav.* 1726. *Expoſitio in librum Galeni de oſſibus, cui acceſſerunt obſervationes de venis cum aliquot earundem figuris. Venetiis* 1570, *in-4°. Lectiones de partibus ſimilaribus humani corporis ex diverſis exemplaribus à Volch Coitero collecta. Noviberga* 1575, *in-fol. De humani corporis Anatome compendium. Patavii* 1585, *in-8°. Venetiis* 1571. *De ulceribus liber. Erphordiæ* 1577, *in-4°. De parte Medicinæ, quæ Chirurgia nuncupatur. Venetiis* 1571, *in-4°. Libelli duo, alter de ulceribus, alter de tumoribus præter naturam. Venetiis* 1563, *in-4°. Opera genuina omnia. Venetiis* 1584, *in-fol.* 1606, *in-fol.* 3. vol. 1600, 1606, *in-4°.*

L'ouvrage du grand Véſale paroît avoir excité l'émulation de Fallope ſur l'Anatomie, & l'avoir déterminé à faire des recherches ſur le corps humain. Fallope avoit pour Veſale le plus grand reſpect; mais il ſentoit que Veſale avoit laiſſé beaucoup d'objets à découvrir dans l'homme. Fallope entreprit de les recueillir. Il y avoit long-temps qu'il s'occupoit à l'Anatomie, lorſque Veſale publia ſon grand ouvrage, *ad quod quidem genus,* dit Fallope (b), *inſtituti non levi impellebar ratione dum abſolutiſſimum Andreæ Veſalii opus Anatomicum legerem, in quo mihi videbatur nihil poſſe deſiderari quod aut ad copiam expliçationum, aut magnitudinem, aut ſubſtantiam, aut ſpeciem, vel uſum, aut denique quod ad integerrimam humani corporis pertineret. Hinc enim colligebam divi-*

(a) *Opus ejus . . . a nemine anatomes cupido debet unquam ex occulis omitti.* Haller, method. ſtud. p. 504.

(b) Pag. 354. in-fol. *Opera omnia.*

num hoc Vefalii monumentûm perpetuo duraturum effe,
&c. &c.

Malgré ce pompeux éloge que Fallope donne à
Vefale, pénétré de refpect pour Galien il craignoit beaucoup que la gloire du fameux commentateur d'Hippocrate, qui étoit pour lors l'ange de
l'Ecole, n'en fût altérée, & que Vefale ne prît le
deffus fur l'efprit des Médecins. Fallope veut pefer
le mérite d'un chacun & donner la palme à celui
qui la mérite (a). Il paroît que de fon temps les
Médecins étoient divifés, & que les uns fe difoient
fectateurs de Galien & les autres de Vefale. Fallope,
après de longues & férieufes confidérations fur le
talent de ces deux grands hommes, embraffa le
parti de Vefale, *fed in maxima adverfus fententia-*
rum parte pedibus etiam ipfis ego in fententiam divini
Vefalii veni, atque nunc perfifto; quod optime mihi ceffiffe
video. L'efprit humain eft bien fujet à des variations.
Fallope ne penfa pas toujours comme il le fait dans
fa préface; il critiqua Vefale fouvent hors de
propos. Il fait d'abord des remarques en général
fur les Anatomiftes; il propofe dans le fecond article une Anatomie abregée; dans le troifieme, il
traite très au long des os; dans le quatrieme, des
veines; on trouve un peu plus bas après plufieurs
remarques chirurgicales, dont je parlerai dans cet
extrait, un traité des parties féminales.

Notre Auteur rapporte plufieurs faits curieux dans
ces divers traités; c'eft pourquoi nous le fuivrons
exactement partie par partie. Pour donner plus
d'ordre à notre extrait, & pour l'accommoder à l'u-
fage reçu; je parlerai en premier lieu de l'oftéo-
gie de Fallope; j'analyferai fucceffivement les autres
parties de fon Anatomie.

L'os eft, dit-il, la partie la plus ferme & la plus folide du corps humain; c'eft par le moyen des os que toutes les parties molles font foutenues dans leur place

(a) Cùm quafi folidiores animi mei vires perfentirem, primam
difquirere cœpi, arque etiam judicium meum interponere ten-
tavi inter Galenum & Vefalium ipfum, quifnam illorum
magis ad veritatem acceflerit in maximis illis controverfiis,
p. 403. édit. Francof. 1600.

naturelle, & que les principaux viſceres ſont à couvert des injures des corps extérieurs ; c'eſt par les os que l'homme eſt tranſporté d'un endroit à l'autre à l'aide des muſcles qui les meuvent (a) ; ſans le ſecours des os nous ne pourrions point fléchir , plier les membres à notre gré , ni par conſéquent marcher , ſaiſir les corps qui peuvent être utiles ou nuiſibles à la conſervation de notre individu ; notre corps tire ſa forme réguliere & majeſtueuſe des os ; ſans le ſecours de ces puiſſans leviers , le corps ſeroit une maſſe informe & irréguliere.

Ils n'ont point de ſentiment ; leur couleur naturelle eſt d'un blanc tirant ſur le rouge ; ils ſont malades s'ils ſont ou trop blancs ou trop rouges ; s'ils ſont trop blancs , ils ſont caſſans ; trop rouges , ils ſont flexibles ; pour qu'ils ſe maintiennent dans leur intégrité , il faut que les voies par où paſſe la matiere nourriciere , ſoient libres (b). Afin que les mouvemens ſoient plus aiſés , les os ont à leur extrémités des portions oſſeuſes ſéparées du corps de l'os par des cartilages ; Fallope les nomme épiphiſes ; ces épiphiſes ne ſe trouvent que vers les quatorze premieres années de la vie ; ſouvent elles diſparoiſſent avant la ſeptieme ; ce qui prouve que l'oſſification n'attend point pour ſe former le nombre des années ; cependant , dit Fallope , il y en a qui s'oſſifient avec l'âge , & d'autres qui reſtent pendant la vie de l'homme tels qu'ils ſont dans l'enfance ; pour ne point les confondre , il faut les appeller appendices , au lieu de ſe ſervir du terme d'éminence qui eſt trop vague (c) ; par le moyen de ces appendices , l'enfant peut ſe rouler en globe (d). Cette remarque de Fallope ſur les parties molles qui doivent ſe changer en os , mérite l'attention des vrais Anato

(a) Pag. 471.

(b) Ut habeant meatus opportunos tranſmittendi alimenti ; cùm ergo illi meatus aut non ſint manifeſti , aut non adſint , tunc afficiuntur præter naturam , p. 472. fol. édit. Francfort 1600.

(c) Plurimæ ſunt oſſium partes , quas ab Anatomicis proceſſus vocari leges aut audies , cùm tamen appendices ſint , pag. 356.

(d) Pag. 477.

miftes ; peu ont réfléchi qu'on donne le nom de cartilage aux parties tout-à-fait différentes (a).

Tous les os , excepté les dents , font recouverts d'un périofte ; pour ceux du crâne il ne fe trouve qu'à leur furface externe , & manque à l'interne (b). Cette remarque de Fallope , faite dans des temps fi reculés , fe trouve confirmée par les recherches de Mrs. Nesbith , Haller & Bertin ; ces Anatomiftes ont même été plus loin ; ils ont fcié les os longs & n'y ont point trouvé de périofte interne. Les idées des grands hommes , quoique vagues , font autant de germes de découvertes que des efprits judicieux font éclorre tôt ou tard. Le périofte foutient les vaiffeaux qui vont fe diftribuer à l'os ; & dès que par quelque caufe extérieure l'os en eft dépouillé , il n'eft plus nourri & s'exfolie.

Les bouts des os fracturés fe joignent entr'eux par une matiere glutineufe qui colle les pieces offeufes. Galien avoit deja fait cette remarque avant Fallope (c).

Il y a plufieurs différences à établir dans les os ; les unes fe tirent de leurs qualités comme la couleur , volume , grandeur , &c. les autres de leur pofition ou de leurs ufages : certains os font formés lorfque l'enfant vient au monde ; tels font le marteau , l'enclume & l'étrier (d) ; d'autres fe forment avec l'âge ; tel eft l'os hyoïde , &c. &c.

La nature ne s'eft point fervi des mêmes moyens pour lier les os ; les uns font joints avec moyen , d'autres fans moyen ; quelques-uns avec des chairs , d'autres avec des ligamens (e) ; il y a des articulations par dyarthrofe , & il y en a par fynarthrofe.

(a) Scribonius Largus dit , diffimilia nomina diffimilibus.

(b) Exterius tantùm galea tegitur , internis verò nullâ membranâ , p. 472.

(c) Natura alimento quo nutriuntur offa , gignit materiam offeam quæ callus dicitur , qui conglutinat os fractum.

(d) Alterum fcilicet quod incudis habet figuram , alterum quod malleoli , nos tamen addimus , tertium quod fimile eft illi ferreo , quod ab ephippio dependet , in quo quiefcit pes quod vulgo dicitur ftaffa , latini vocant ftapedem. On verra plus bas l'hiftoire de ces os.

(e) Medio nervofo , aut ligamentofo.

Les ligamens qui affermiſſent le ſquelete ne s'implantent pas dans le corps de l'os chez l'enfant, mais dans les *appendices ;* ce qui leur donne un ſurcroît de force parcequ'ils ſe combinent plus intimement, s'identifient pour ainſi dire avec eux ; la nature ſuit les mêmes regles dans l'homme que dans les autres ouvrages qu'elle a formés ; elle ſe ſert, dit Fallope, d'un corps mol pour unir deux corps durs & ſolides.

Fallope a donné une table longue & très raiſonnée des articulations ; il a expliqué le ſyſtéme de Galien ; & y a ajouté quelques particularités, comme l'articulation trochoïde, ginglifmoïdale (*a*).

Les os contiennent un ſuc onctueux, appellé moëlle ; il ne ſe trouve pas en égale quantité dans tous ; il y en a même où on n'en trouve point ; on croit que les os des animaux féroces n'en ont point ; il eſt impoſſible d'en trouver dans les os du lion. Fallope fronde le ſentiment de Galien ſur l'uſage de la moëlle ; ſelon lui, elle ne ſert point à nourrir les os ; ils tirent, dit-il, leur nourriture du ſang lui-même que les vaiſſeaux ſanguins leur portent en abondance : les animaux qui vivent long-temps engourdis & ſans faire aucun mouvement, ont plus de cervelle que ceux qui font de l'exercice. Pour établir ces vérités, Fallope ſe ſert d'un langage peu intelligible ; la théorie la plus obſcure fait ici la baſe de ſes diſcuſſions, & ce n'eſt qu'en écartant tout le fatras de paroles, que nous avons pu extraire ce que cet Anatomiſte dit d'intéreſſant au ſujet de la moëlle ; j'en ai dit aſſez pour y trouver le germe de pluſieurs mémoires publiés dans le ſiecle comme nouveaux.

La tête a la figure d'une ſphére applatie ſur les côtés (*b*) ; elle eſt par-là très ample & très forte : il falloit qu'elle fût très ample pour loger le cerveau de l'homme qui eſt très volumineux ; qu'elle fût forte pour réſiſter aux chocs & aux chutes : ſi un ennemi veut du mal à quelqu'un, & qu'il l'attaque, c'eſt à la tête, dit Fallope, qu'il viſe ſon coup ; ſi l'on fait un faux pas, c'eſt la tête qui heurte contre terre. Pour pré-

(*a*) Fallope, p. 361. Haller, Methodus ſtud. Tom. premier, pag. 272.
(*b*) Pag. 87.

venir les fractures, la nature n'a point formé la tête d'un seul os, mais de plusieurs qui sont séparés par des sutures ; entre ces sutures est un ligament qui joint les pieces osseuses (a) ; Fallope parle apparemment des crânes des fœtus ou des enfans : ces prétendus ligamens ne se trouvent point dans un âge plus avancé ; les sutures empêchent l'action d'un coup de se transmettre à la partie opposée du crâne, comme cela arrive aux pots de terre ou de verre ; chacun, dit notre Auteur, peut éprouver qu'en frappant légerement sur un globe de verre, on casse toujours la partie opposée au point qu'on a frappé. La théorie de Fallope que nous ne pouvons discuter ici au long, est fausse en beaucoup de points, & n'est nullement applicable à l'homme ; elle a été cependant adoptée dela plupart des Auteurs qui ont écrit sur la Chirurgie. Fallope a eu beaucoup de sectateurs pour ses erreurs, & il y a peu de personnes qui aient embrassé les vérités qu'il a proposées ; il est vrai que les Anatomistes se sont plus attachés aux raisonnemens qu'aux faits.

Fallope n'ajoute point foi à la remarque d'Aristote, qui croyoit que les femmes avoient un plus grand nombre de sutures que les hommes ; s'il y a, dit notre Auteur, quelque différence dans les sutures du crâne de l'homme & celles du crâne de la femme, elles disparoissent avec l'âge ; ce qui fait qu'il est rare de les trouver chez les vieillards, comme il est rare de ne pas les voir aux crânes des enfans. Les supérieures sont les premieres qui disparoissent ; les inférieures subsistent presque toujours, principalement les sutures temporales. Notre Auteur demande pourquoi les os pariétaux & les temporaux sont amincis, pourquoi ils se recouvrent mutuellement sans aucune union réciproque ; il répond à la question d'une maniere peu satisfaisante ; on trouvera la réponse à la demande dans un mémoire de Mr. Hulnaud, dont je rendrai compte dans les suites.

Ces réflexions générales conduisent notre Auteur à des descriptions particulieres des os du crâne ;

(a) Natura disjunxit calvariam per suturas, per quas transit ligamentum medium, pag. 87.

il décrit d'abord l'os fphénoïde ; il lui donne plufieurs noms : fa defcription eft auffi claire que celle
que donnent les modernes de cet os ; il a apperçu
les deux finus dans les os fphénoïdes de l'adulte (a),
& il avoue qu'ils n'exiftent point dans ceux du
fœtus : les raifons qu'il donne de ce changement de
configuration, ne font pas fatisfaifantes.

Cette particularité intéreffante pour l'hiftoire du
fœtus, a été omife par Kerchringius qui a écrit *ex
profeffo* fur cette matiere ; Mr. Morgagni lui fait
reproche d'avoir paffé fous filence un point d'Anatomie des plus curieux (b). Quelques modernes qui
n'ont vraifemblablement lu ni Fallope ni Morgagni,
font affez fuffifans pour fe dire les premiers qui
aient apperçu que les fœtus n'avoient point de finus ;
dans leurs longues leçons ils propofent des explications fades & puériles ; pour rendre raifon de cete
métamorphofe, &c. Le fphénoïde eft compofé de
quatre pieces dans le fœtus ; ces quatre pieces fe réuniffent avec l'âge.

Ses remarques fur la ftructure des os pariétaux
méritent d'être citées. Il y a, dit-il, dans la furface
interne de ces os plufieurs fillons qui logent des
vaiffeaux fanguins ; par le moyen de ces fillons,
ces vaiffeaux font à l'abri de la compreffion que la
dure-mere pourroit exercer fur l'os, ou l'os fur la membrane ; cette preffion réciproque fait qu'on voit fur
la furface externe de la dure-mere des fillons qui
répondent à ceux qui font dans les os pariétaux.

Fallope a mieux connu l'organe de l'ouie qu'aucun
de fes prédéceffeurs ; il a le premier décrit le canal
par où paffe la portion dure de la feptieme paire ;
il a auffi indiqué les fenêtres ronde & ovale ; il a
décrit, immédiatement après Ingraffias, peut-être en
même temps, l'offelet de l'ouie, qui a la forme
d'un étrier, & qu'on connoît fous ce nom.

(a) Habent cavitates geminas & amplas quæ occulata fide
patent & videri poffunt, cum tales fint ut digitus maximus
in has ingrediatur ; fed hoc parvi eft momenti : majoris momenti eft cur in pueris fit denfum, in adultis & fenioribus verò
exculptum.

(b) Ad 11. §. 69.

[» Il y a, dit-il, plusieurs cavités dans les os des
» tempes, parmi lesquelles trois se font distinguer
» par leur capacité & par l'usage qu'elles ont de
» contenir les nerfs de l'organe, l'air inné, & les
» autres pieces de l'ouie.

» Les cavités ont été décrites très briévement par
» les Anatomistes; d'autres ont donné des descrip-
» tions fausses; mais écoutez-moi, vous verrez
» comme ces parties font construites, & vous saurez
» quelle est la situation de chacune d'elles (a).

Fallope décrit en premier lieu le cerceau osséo-
cartilagineux des enfans ou des fœtus, & observe
que ce cerceau forme en se prolongeant le canal
auditif externe; Fallope croit qu'en s'étendant en
différens sens, ce cercle peut donner à la membrane
du tympan un degré de tension suffisant pour que
les vibrations de l'air puissent s'y établir d'une maniere convenable : aussi bien que nos modernes,
Fallope indique la véritable position de cette cloison
membraneuse; elle est, dit-il, placée obliquement
de haut en bas, plus avancée en haut qu'en bas,
& un peu tournée en avant, de maniere, dit-il,
que la partie de la circonférence, qui est près de
l'éminence zigomatique, est plus postérieure que
celle qui est proche de l'apophise mastoïde (b) : ce
grand homme dit que l'apophise mastoïde ne paroît
point chez les enfans, mais qu'elle se développe
avec l'âge : combien d'Anatomistes modernes qui
ignorent ce fait curieux & intéressant (c).

Derriere cette membrane (d) se trouve une ample
cavité; je la nommerai, dit Fallope, *tambour*, par
rapport à sa ressemblance (e) avec une caisse militaire; elle est placée entre l'apophise mastoïde &
la cavité articulaire qui loge l'os maxillaire inférieur, & elle est gravée dans les os pierreux.

Il y a plusieurs objets à considérer dans le tam-

(a) Pag. 349.
(b) Pag. 365
(c) Pag. 364.
(d) Miringa à barbaris, pag. 365, n°. 1.
(e) Quæ tympanum semper à me vocabitur ob eam quam
habet cum militari tympano similitudinem.

bour ; trois os, deux fenêtres (*a*), un corps en forme de fil ou de nerf ; Fallope défigne la corde du tambour ; les trois offelets font très petits ; il font joints par deux articulations qui ont des cartilages comme en ont les autres articulations du corps humain.

Fallope adjuge la découverte du marteau & de l'enclume à Carpi : on peut voir ce que j'ai dit fur ce point d'hiftoire en écrivant fur la vie & fur l'Anatomie de ce grand homme.

Le troifieme os a été découvert par Ingraffias (*b*). Cependant Fallope le démontroit avant qu'Ingraffias eût écrit : j'étois, dit notre illuftre Anatomifte, occupé à faire une leçon fur l'oreille, & je démontrois le troifieme os dont il eft ici queftion, lorfqu'un jeune Docteur en Médecine, dont je ne me rappelle point le nom (*c*), qui étoit très lié avec Ingraffias, m'affura qu'Ingraffias démontroit depuis quelque temps le troifieme os de l'ouie : j'écrivis à Cananus, à Columbus, à Bartholomeus Madius ; aucun d'eux ne connoiffoit l'étrier. Fallope l'a ainfi appellé à caufe de fa figure avec les étriers dont fe fervoient les anciens. Pour ce qui eft de la découverte, Fallope la donne à Ingraffias : *& quamvis aliquando meum hoc dixerim, aliique illud idem de fe affirmarint, Deus tamen gloriofus fcit Ingraffias fuiffe inventum.* Quelle franchife, quelle façon de penfer différente de celle de plufieurs de nos Anatomiftes modernes. Fallope décrit les articulations de ces trois os, & mérite d'être lu fur tous ces points d'Anatomie :

Le marteau eft placé le plus près de la membrane du tympan ; l'étrier eft adapté à la fenêtre ovale ; l'enclume tient le milieu ; il a deux jambes, une groffe qui eft adhérente à la cavité du tympan, & une mince & grêle qui fe joint à l'étrier. Le marteau

(*a*) In tympano tria funt obfervanda : primum, officula tria : fecundum feneftræ geminæ : tertium, canales quidam veluti aquæ ductus ; quibus tanquam quarto in loco addi poffet corpus quoddam, quod veluti nerveum filum videtur.

(*b*) Tertium (fi debita laude nolumus quemquam defraudari) invenit ac promulgavit primus Joannes Ingraffias, Siculus Philofophus, &c. &c. pag. 365.

(*c*) Doctoratus ornamentis jam infignis.

a

sa queue, ou son pédicule attaché à la face interne de la membrane ; sa tête repose sur la partie la plus évasée de l'enclume, & il y a entre ces deux os une réception mutuelle de cavités & d'éminences ; les surfaces articulaires sont incrustées de cartilage, & leurs extrémités ont même des capsules articulaires ; par cette union intime des osselets entr'eux, & avec la membrane de la fenêtre ronde & du tympan, le mouvement imprimé par les rayons sonores à la membrane du tympan, se transmet à la membrane de la fenêtre ronde.

Quelle précision & quelle justesse dans le raisonnement. Nos Physiciens Anatomistes pourroient-ils donner une exposition plus claire des usages de ces parties ? Disons mieux, raisonnent-ils aussi bien ?

Le second objet, digne de contemplation, qu'on trouve dans le tambour, c'est, dit Fallope, les deux fenêtres ; l'une est élevée & placée au fond & presque au milieu de la cavité ; elle est ovale & s'ouvre dans la seconde cavité ou dans le labyrinthe ; elle est couverte du côté du tympan par l'étrier ; l'autre fenêtre est plus basse & plus postérieure, & est arrondie & s'ouvre dans le labyrinthe & dans le *limaçon* : il n'y a aucun os qui bouche cette fenêtre.

Un troisieme objet intéressant, & dont Fallope parle avec admiration, c'est un canal qui passe par-dessous le tympan ; il s'ouvre d'une part dans le crâne ; & par l'autre extrémité, il aboutit entre l'apophise mastoïde & l'apophise stiloïde (*a*) ; il passe dans ce canal, dit Fallope, une branche de la cinquieme paire des nerfs ; les modernes, plus instruits sur cette partie de la névrologie, la connoissent sous le nom de portion dure de la septieme paire ; ce canal n'est point tortueux ni borgne comme le disoient les contemporains de Fallope ; mais il a, dit-il, la figure d'un aqueduc (*b*).

(*a*) Canalis quidem osseus est, qui tecto hujus cavitatis (tympani) quasi subtenditur, exitque extra calvariam post radicem calcaris inter illam ac mamillarem processum. Principium autem ipsius est intra calvariam, p. 366.

(*b*) Via igitur istius nervi canalis hic est, de quo loquor ; & *aquaductum* à similitudine appello.

Il y a une autre particularité intéreffante aux Anatomiftes ; Fallope l'a décrite ; c'eft un corps filamenteux appliqué fur la furface interne de la membrane du tympan qui la traverfe comme une corde traverfe la peau d'un tambour ; il eft fixé avec la jambe du marteau qui adhere à la branche de l'enclume articulée avec l'étrier ; Fallope ne connoît point la nature de cette corde : eft-ce une artériole, eft-ce un nerf ? C'eft ce que, dit-il, je n'entreprendrai point de déterminer : *ego quid fit, fateor, ignoro; aliquando arteriola, aliquando nervus videtur, &c. (a).* Cependant notre Auteur foupçonne que l'altération de cette corde produit un affoibliffement dans l'ouie (b).

Fallope n'a pas borné là fes recherches; de la cavité du tympan, il paffe à la defcription du labyrinthe : les diffections fréquentes lui ont appris qu'il étoit placé à la racine de l'apophife pierreufe du temporal. A ce labyrinthe viennent aboutir, d'une part, trois canaux, & de l'autre, le limaçon ; il y a nombre d'orifices, de contours, ce qui m'a fait ainfi appeller cette partie de l'oreille.

La furface entiere de toutes ces cavités eft tapiffée d'une membrane très fine & très molle ; Fallope ne détermine point la nature de cette expanfion membraneufe (c).

La defcription que Fallope donne de l'oreille, eft curieufe : on admire dans tous ces ouvrages la clarté & l'ordre avec lequel il décrit les parties du corps ; il en examine les moindres dimenfions ; il en indique la ftructure, & propofe leurs ufages fans trop infifter dans fes explications.

Fallope a mieux connu que fes prédéceffeurs l'os ethmoïde ; il le divife en quatre parties : l'apophife fupérieure qui loge dans l'échancrure coronale, la lame percée, celle qui forme la cloifon du nez, & la portion fpongieufe qui compofe la paroi interne de l'orbite. Cette portion de l'ethmoïde eft remplie de cellules qui communiquent avec les finus fphé-

(a) Page 66.
(b) Pag. 406.
(c) An fit nervus expanfus, an aliud, non refert, p. 367.

noïdaux, avec les finus frontaux, & avec les finus des machoires (a). N'est-ce pas là les finus maxillaires dont Fallope veut parler ? Faut-il attendre le fiecle d'Hygmore pour avoir une connoiffance de ces finus ? Mais fuivons notre Auteur ; on lui a refufé l'honneur de plufieurs autres découvertes qu'il mérite à tous égards : en parlant des finus frontaux, qui font, fuivant Fallope, au nombre de deux dans les adultes, il dit : *vestiuntur illi finus, ficuti alii, tenuissimâ quadam membrana aut pelliculâ.* Voilà la membrane pituitaire décrite ; c'eft cependant à Schneider qui a vécu plus de cent ans après qu'on en attribue la découverte.

La machoire inférieure eft formée chez les enfans de deux pieces qui fe réuniffent avec l'âge pour n'en produire qu'une feule ; il y a dans ces trois os plufieurs cavités appellées alvéoles, dans lefquelles font logées les dents ; ces alvéoles font tapiffées d'une membrane très fine, & il y a plufieurs vaiffeaux qui pénetrent dans les racines des dents.

Les dents dans le fœtus forment deux rangs ; les unes fortent plutôt que les autres de leurs cavités ; les antérieures avant les poftérieures ; en fortant, ces dents déchirent une enveloppe membraneufe dans laquelle elles font enfermées : *atque folliculus difrumpitur, & dens nudus durufque extat (b).*

L'expofition anatomique des vertebres eft inférieure à celle que Fallope a donnée des os de la tête ; on y trouve cependant quelques détails fur l'offification, qui font très curieux, & dont Kerckringius & autres auroient dû profiter. Les trois pieces, dont les os innominés de Galien font compofés, n'ont point échappé à fa connoiffance ; il fait voir que c'eft à tort que Ruffus d'Ephefe les a appellés *ifchio;* Galien & Avicenne, *innominés;* Celfe, os de la *hanche;* quelques-uns, *pubis;* il affure que ces trois os exiftent féparément jufqu'à l'âge de fept ans, temps auquel ils fe réuniffent.

L'hiftoire des extrémités offeufes contient quelques détails. Fallope décrit avec pius d'exactitude que fes

(a) Quæ in offe frontis & malis contentæ funt, p. 367.
(b) Page 370. fub fine.

O o ij

prédécesseurs les condiles du bras, du fémur & du tibia; ce qu'il dit sur leur ossification, est intéressant.

Les grands hommes laissent toujours des traces de leur génie sur les parties qu'ils traitent. Fallope a enrichi la myologie de plusieurs découvertes ; en voici l'extrait.

Il y a sur l'os occipital deux muscles collés à la peau, inconnus, suivant Fallope, aux Anatomistes précédens ; M. Haller accorde à Fallope la découverte de ces muscles (a) : deux autres muscles recouvrent le coronal. Ces quatre muscles communiquent entr'eux ; c'est par leur moyen que nous pouvons mouvoir le cuir chevelu.

L'oreille a trois muscles ; l'un est placé en avant, & l'autre en arriere, & le troisieme par-dessus, &c... le troisieme ne vient point de l'apophise mastoïde, comme on l'a dit, mais des parties charnues qui la recouvrent (b).

L'orbiculaire des paupieres n'est pas à beaucoup près tel que Galien & Oribase l'ont dit; ce muscle, suivant Fallope, n'a point de tendon qui s'attache à l'angle interne; dans l'ægilops on coupe ou l'on brûle la paupiere à cet endroit sans qu'il en survienne d'accidens fâcheux.

La paupiere supérieure a un *muscle releveur*; l'inférieure n'en a point dans l'homme, ce n'est que chez les animaux que ce muscle existe.

Les muscles zigomatiques, les pyramidaux, les canins, &c. ne sont point inconnus à Fallope.

Il y a six muscles destinés à mouvoir le globe de l'œil ; quatre sont droits & deux contournés ; ils sont inégaux en longueur ; le court est placé audessous du globe; le long est divisé par un tendon qui passe sur un petit cartilage placé au grand angle de l'œil ; Fallope appelle ce cartilage poulie : *trochleam verò appello cartilaginem quandam quæ cana-*

(a) Pag. 292, tome premier.
(b) Un grand nombre d'Auteurs François modernes, & que je ne nommerai point, sont tombés dans l'erreur que Fallope réfute.

Rem habet, per quem currit dicta corda. Cette poulie est très apparente, & Fallope est surpris que ses prédécesseurs ne l'aient point décrite ; ce muscle est adhérent au fonds de l'orbite, près des os maxillaires & de l'os coronal, & non à l'œil, comme le croyoient les contemporains de Fallope ; ce n'est qu'en avant qu'il adhere au globe.

La machoire inférieure exécute différens mouvemens ; elle s'approche de la supérieure ; elle s'en éloigne ; elle se tourne sur les côtés, *circumducit* ; ces mouvemens sont produits par divers muscles ; mais les Anatomistes ne les connoissent pas tous ; Fallope a décrit le premier le muscle ptérygoïdien externe, ou le petit ptérygoïdien.

Il a aussi découvert le muscle géni-hyoïdien, & il connoît tous ceux que nous décrivons aujourd'hui, & que nous attribuons à l'os hyoïde ; il en connoît le nombre, la position, les connexions, & il en indique les usages ; c'est lui qui a le premier parlé du style hyoïdien ; il en a indiqué l'attache au larynx. Nous avons vu précédemment que Vesale confondoit le muscle avec le ventre postérieur du digastrique.

La description que Fallope donne des muscles de la langue, du pharinx & du voile du palais, lui méritera toujours des éloges des vrais Anatomistes ; il les a exposés avec beaucoup d'ordre & de clarté ; c'est lui qui a le premier découvert le muscle contourné & le muscle releveur du palais.

Les muscles qui meuvent la tête l'ont aussi fort occupé, Fallope a fait des découvertes intéressantes : *doleo*, dit-il, *quod in his minime sim concors cum reliquis Anatomicis* ; & si jamais, continue Fallope, je me suis éloigné du sentiment reçu dans les Ecoles, ce n'est pas par esprit de contradiction, par suffisance ni par vanité, mais par le désir d'être utile à la société : je respecte, dit il, jusqu'aux erreurs de Vesale ; mais ce respect ne doit point m'empêcher de publier mes découvertes.

Après avoir donné ces marques de respect pour ses maîtres, Fallope décrit les muscles droits antérieurs de la tête, & le maſtoïdien latéral ; en les décrivant il s'exprime de la maniere la plus claire & la plus laconique.

Les muſcles du bas-ventre, dont Veſale avoit donné une ample deſcription, furent pour Fallope un ſujet de nouvelles découvertes : Veſale avoit dit que les muſcles droits étoient plus larges en bas qu'en haut : Fallope s'apperçut que cet excès de largeur en bas venoit de deux petits muſcles, de figure pyramidale, & que nous connoiſſons encore aujourd'hui ſous le nom de muſcles *pyramidaux*. Voici la deſcription de ces muſcles telle que la donne Fallope. A la partie inférieure du bas-ventre, entre la ligne blanche à l'endroit où ſe réuniſſent les aponévroſes des muſcles du bas-ventre, ſe trouvent deux muſcles, un de chaque côté de la ligne blanche; ces muſcles ſont charnus vers les os pubis auxquels ils adherent vers l'ombilic où ils vont ſe terminer; ils ſont plus larges & plus épais vers le bas, plus minces vers le haut (*a*); ils ſont en partie attachés à deux ligamens qui ſont fixés, d'une part, aux os pubis, & de l'autre, à l'épine des os ileum; c'eſt ce ligament que l'ignorance a fait attribuer à Poupart, qui a vécu cent ans après : quelle erreur ! quelle faute d'hiſtoire ! des Anatomiſtes modernes, fameux d'ailleurs, ſont cependant ſujets à de pareilles mépriſes. Les fibres de ces muſcles ſont obliques, au lieu que celles des muſcles droits ſont droites; il n'y a quelquefois qu'un ſeul muſcle; ils manquent quelquefois tous les deux, & pour lors les muſcles droits ſont plus épais : la deſcription que Fallope donne de ces muſcles eſt exacte; mais les uſages qu'il leur attribue ſont tirés de fort loin : Fallope croit que ces muſcles, en ſe

(*a*) Inferiori itaque abdomine inter illam lineam albam, in quam concurrunt chordæ omnium ferè muſculorum atque principium nervorum rectorum, oritur muſculus quidam totus carnoſus, principio non admodum lato ab oſſe pubis, quaſi à parte ipſius exteriore qui obliquè aſcendens verſùs lineam dictam albam, in acutum deſinit totuſque obliquo fibrarum ductu in ipſum inſeritur. Longitudo iſtius muſculi non admodum magna eſt, cùm non pertingat ad umbilicum uſque, nec ſpatium quatuor digitorum excedat, p. 385.

Contractant, compriment les visceres du bas-ventre, & favorisent l'excrétion des urines & des matieres fécales.

Les progrès que faisoit Fallope dans l'Anatomie ne furent point regardés d'un œil indifférent des Anatomistes contemporains. Fallope nous apprend qu'il eut beaucoup de critiques à essuyer de la part de ses confreres ; ils trouvoient ridicules, dit notre illustre Auteur, les usages que j'attribuois à ces muscles ; mais ils étoient forcés de dire qu'ils existoient & qu'ils les avoient vus quelquefois. Parsons, Anatomiste Anglois, qui vivoit il y a peu d'années, a voulu justifier Fallope sur les usages qu'il avoit attribués à ces muscles. Nous reviendrons sur cet objet dans les suites.

Les muscles de la respiration sont indiqués par Fallope ; on voit qu'il avoit une idée confuse des muscles de Verreyen. Il blame Galien d'avoir dit que les muscles intercostaux externes servoient à dilater la poitrine, & les internes à la resserrer. Notre Auteur trouva nombre d'adversaires qui prirent la défense de Galien, & critiquerent sa proposition, mais sans succès : *nam quamvis aliquot nostrorum temporum Anatomici sibi ipsis atque aliis imponentes in dissectionibus vivorum hoc opus ostendere tentent, illis tamen non succedit, tunc fide maximâ quâ omnia illis creduntur, magis quam oculis opus est (a)*.

La même dispute s'est renouvellée de nos jours entre deux grands hommes, Mrs. Hamberger & Haller ; le premier étoit du sentiment de Galien ; j'ignore s'il lui en a fait honneur ; pour l'expliquer il s'appuie sur les principes de mathématique ; le second s'est contenté d'interroger la nature. Mr. de Haller a fait nombre d'expériences sur les animaux vivans. Le résultat a été avantageux à son opinion. Il a prouvé d'une maniere incontestable, que les muscles intercostaux externes & internes remplissoient le même usage dans l'économie animale : aussi le sentiment de Fallope, qui avoit essuyé mille contradictions dans le temps qu'il a été proposé, est-il

(a) Pag. 387.
(b) Page 388.

réhabilité & prouvé deux cents ans après la mort de fon Auteur.

Les mufcles dorfaux, dit Fallope, font extrêmement compliqués ; pour les démontrer avec plus de clatté, nous n'en diftinguerons que fix, A entendre notre Auteur l'on fe perfuaderoit qu'il va porter un nouveau jour fur ces parties ; mais il eft au contraire très obfcur. Il femble que les Anatomiftes des derniers fiecles fe foient étudiés à obfcurcir l'hiftoire des mufcles de l'épine : graces aux Anatomiftes modernes , nous y voyons un peu plus clair.

L'ouvrage de Fallope ne contient prefque rien de particulier fur les mufcles de l'extrémité fupérieure ; il renvoie à Vefale qui les a , felon lui , parfaitement décrits ; il ajoute feulement la defcription du palmaire que Vefale ne connoiffoit pas : ce n'eft pas moi, dit-il , qui ai découvert le premier ce mufcle ; c'eft le Savant *Cananus*. Malgré cet aveu , plufieurs Anatomiftes lui en attribuent la découverte. Une telle faute prouve qu'ils ne fe font point donné la peine de fouiller l'original.

Il regardoit les mufcles fublimes & profonds comme une feule maffe ; cependant il a indiqué exactement les infertions de ces mufcles aux phalanges, & mieux que Vefale n'avoit fait. Le ligament tranfverfal n'a point échappé à fa connoiffance. Il parle des mufcles interoffeux, & il paroît qu'il a connu d'après Galien les mufcles lombricaux, auxquels peu d'Anatomiftes du feizieme fiecle avoient fait attention.

Les mufcles de la veffie font de deux efpeces ; il y en a de tranfverfes & de longitudinaux ; il y a auffi un fphincter qui referre le col de la veffie. L'anus a quatre mufcles ; trois font décrits par Galien ; le quatrieme lui a échappé : ce mufcle eft couché fous la peau, comme font les mufcles orbiculaires des paupieres (a). Galien avoit déja indiqué le fphincter , il auroit dû le citer.

Fallope n'a pas auffi bien écrit fur les vaiffeaux fanguins, qu'il l'a fait fur les autres parties ; il a nié l'exiftence des valvules dans la veine azigos, & il

(a) Pag. 323.

se moque d'Amatus Luzitanus qui dit que Cananus les lui a démontrées. Il a donné une planche des veines, & l'on voit qu'il avoit une notion de presque toutes celles que nous connoissons aujourd'hui. Il a indiqué les quatre sinus circulaires sphénoïdaux, &c.

Il y a à présumer que cet Anatomiste a fait nombre d'expériences pour connoître le mouvement du sang. Il savoit que les arteres ne battoient point au-dessous des ligatures. L'histoire des nerfs est très obscure. Fallope ne connoissoit que sept paires de nerfs provenant du cerveau. Il a vaguement indiqué le grand nerf sympathique, & n'a presque pas parlé des nerfs vertébraux; il a cependant connu la quatrieme paire, & est entré dans quelques détails sur les nerfs du cœur.

Notre Auteur a connu les vaisseaux lymphatiques; mais il n'a parlé que de ceux du foie.

L'histoire des visceres est plus exacte: après avoir indiqué leur position générale, il a décrit leur structure particuliere. Il a connu les points lacrymaux & les deux canaux qui y aboutissent: l'un, dit-il, est à la paupiere supérieure, & l'autre à la paupiere inférieure, tous deux derriere la caroncule.

Ils se réunissent & forment un sac qui s'ouvre dans le nez; ce sac est contenu dans un canal osseux, creusé en grande partie dans un os écailleux, placé à l'angle interne; Fallope veut apparemment parler de l'os unguis.

La glande lacrymale ne lui étoit point inconnue; c'est même la seule glande qu'il admet dans l'œil. Il n'a rien de particulier sur le nombre des tuniques de l'œil; il dit seulement qu'il est ridicule de les faire venir du cerveau; que leur structure est différente de celle des méninges. Ses remarques sur le crystallin, & sur l'humeur aqueuse, sont justes; il a décrit leurs tuniques, leurs membranes. Il ne pense pas que la tunique du crystallin soit la même que celle qui revêt le corps vitré: la membrane du crystallin, dit-il, est plus épaisse que la membrane vitrée; il dit être le premier qui en ait parlé; c'est lui qui a donné

(a) Pag. 415.

le nom au ligament *ciliaire*. Le cryftallin n'eft point, dit Fallope, exactement lenticulaire ; fa face poftérieure eft plus convexe que l'antérieure ; celle-ci paroît prefque applatie.

L'œfophage & le ventricule ont trois tuniques ; une extérieure qui eft membraneufe ; l'interne qui eft nerveufe, elle eft recouverte d'une mucofité femblable à celle qui revêt la langue, la moyenne eft mufculeufe. Il a connu les valvules conniventes des inteftins. Ses réflexions fur les ufages de la bile font dignes du plus grand génie. Parmi nombre de faits intéreffants & curieux. Fallope affure que la bile coule continuellement du foie dans l'inteftin, à moins qu'il n'y ait un obftacle dans le canal ; la bile pour lors reflue dans la véficule. L'obfervation a juftifié les raifonnemens de Fallope : on en trouvera la preuve à l'article *Lieutaud*, &c.

La même ftructure, dit Fallope, fe trouve dans la veffie ; fes tuniques peuvent facilement fe féparer les unes des autres ; l'intérieure eft compofée de plufieurs plans de fibres qui s'entrecroifent ; les unes font longitudinales, les autres circulaires.

Cette defcription eft éloignée de la naturelle ; elle a été cependant regardée comme vraie pendant près de deux fiecles. Il étoit réfervé à Mr. Lieutaud de faire dans cet organe une abondante moiffon de découvertes.

Sa defcription des parties de la génération contient quelques détails curieux ; il admet quatre tuniques qui revêtent les tefticules, & il leur donne des noms particuliers : il diftingue le didyme de l'épididyme ; il fait remarquer les canaux déférens, & il donne une defcription des glandes féminales plus exacte que celle d'Hippocrate, & que celle de Rondelet fon contemporain : les arteres, veines & nerfs fpermatiques font auffi bien décrits.

Après avoir parlé des parties internes, il procede à la defcription des externes. Il y a des remarques particulieres fur les corps caverneux ; ils ne forment point deux canaux réguliers comme fes prédéceffeurs l'avoient dit ; mais ce font deux corps remplis de cellules qui communiquent entr'elles ; il y a même une communication entre les deux corps caverneux ; à ces cellules vont aboutir plusieurs arteres & plusieurs veines ; il y en a sur-tout une qui serpente sur le dos de la verge ; elle passe sous les os pubis & se divise vers le gland en deux petites veines.

Les parties génitales de la femme lui ont fourni un plus vaste champ pour faire des découvertes. Instruit des recherches d'Avicenne sur le clitoris, il a été à même d'en donner une description fort ample & fort judicieuse ; il a parlé de ses muscles, de son prépuce & de ses racines,

L'hymen n'est point un être de raison ; il existe, dit Fallope, chez les vierges ; c'est une cloison membraneuse placée à la partie antérieure du vagin : on se moque des Anatomistes qui l'admettent ; mais on a tort : *verùm, meâ fententiâ, non funt ita deridendi, quoniàm revera, ut videri poteris, in virginibus membranam quandam nerveam, non autem corneam, quæ immediatè poft urethram adeft & claudit finum per traf-verfum (a).* Cette membrane, continue-t-il, est percée vers son milieu, afin que la matiere des regles puisse couler librement ; elle se rompt aux premieres approches du mâle, & laisse couler du sang, comme fait chez l'homme la rupture du frein.

On voit par ce que dit Fallope, que de son temps plusieurs Anatomistes révoquoient en doute l'existence de l'hymen ; pour se mettre à l'abri des reproches, Fallope a fait des recherches particulieres ; il l'a vu & démontré dans ses cours, & décrit dans son ouvrage. Des Anatomistes modernes cependant, malgré l'autorité de ce grand homme, ont été aussi incrédules que les contemporains de Fallope. Les préjugés se perpétuent d'âge en âge.

Les deux conduits tortueux qui aboutissent au fonds de l'utérus, étoient peu connus ; à peine Herophile, Ruffus & Soranus les avoient - ils vus extérieurement, & même chez les animaux. Fallope fouilla dans le bas-ventre des femmes, & apperçut leur contour, leur volume, leur position entr'eux ; il les ouvre & il les trouve creux.

(a) Page 419.

Cette découverte est si belle, que notre Auteur avoit de la peine à se persuader d'en être l'auteur; il avoit même quelque difficulté de se l'approprier dans ses écrits : il appelle ces canaux *méatus séminares...vel tuba.* Ces trompes sont ouvertes par leurs extrémités; une ouverture communique avec l'utérus, & l'autre est cachée sous des franges membraneuses; l'orifice qui s'ouvre dans l'utérus est étroit; celui qui est à son autre extrémité est tortueux, & se termine par quelques franges de couleur rougeâtre, & qui semblent vasculaires (a).

L'utérus est soutenu par deux productions membraneuses & vasculeuses qui adherent aux parties supérieures latérales & antérieures; elles passent par les ouvertures du grand oblique, & vont se répandre sur les grandes levres; ces productions soutiennent l'utérus; Fallope les nomme *crémaster* : ce ne sont point deux muscles comme Vesale l'avoit dit, mais un repli du péritoine qui contient plusieurs vaisseaux.

Anatomiste judicieux, Fallope a senti combien il étoit utile de faire des recherches dans les sujets d'un âge différent; il disséqua plusieurs fœtus, & a connu le trou ovale, le canal artériel, il s'apperçut que la membrane allantoïde étoit un être de raison.

Fallope a été aussi grand Chirurgien qu'il a été grand Anatomiste : dans son ouvrage sur la Chirurgie il a traité des plaies en général, & en particulier de celles des différens organes : il a recommandé l'usage des sutures; il a donné un traité sur les tumeurs, ou l'on trouve des particularités intéressantes au traitement des luxations; les ulceres l'ont fort occupé, il en a distingué plusieurs especes, & il a proposé nombre de remedes : il a traité des différentes opérations de Chirurgie; en a exposé les indications & les contre-indications; d'un côté il a nié l'existence des contre-coups dans les os du crâne; & de l'autre il dit que les sutures s'oposent à cet accident; cependant il observa une contre-fente; mais il en attribua la cause à un double coup. Il

(a) Pag. 421.

fe fervoit du feu pour arrêter les hémorrhagies. Il
a prefcrit de faire la paracenthefe près des os des
ifles , & il fe fervoit d'un inftrument tranchant avec
lequel il confeille de percer les mufcles plutôt que les
aponévrofes : *fi ergo quis vellet in hydrope afcite ab-*
domen aperire pro aqua extrahenda, debet illud fecare
in parte abdominis magis carnofa (a), afin , dit-il ,
que la cicatrice puiffe fe faire plus facilement. L'anchilofe ne lui a pas été inconnue ; il a rapporté une
obfervation d'une anchilofe de plufieurs vertebres ;
il a obfervé une excroiffance fongueufe du cerveau :
on ne fait pas bien de quelle maniere il opéroit
en pareil cas. Mr. de Haller dit que Fallope a connu
les pierres enkiftées.

Voilà à peu près ce que les ouvrages de Fallope
contiennent d'intéreffant fur l'Anatomie & fur la Chirurgie. On peut donc voir d'après cet extrait, que Fallope a été un des plus grands Anatomiftes & un des
plus grands Chirurgiens du feizieme fiecle. Son génie
brille par-tout, & par-tout l'on trouve les traces d'un
obfervateur judicieux. Il étoit d'un caractere doux,
affable, & point préfomptueux; il propofoit fes découvertes avec modeftie, & combattoit les erreurs des autres avec modération : il eut toute fa vie un refpect extrême pour Vefale fon maître , & il ne manqua jamais
aux droits de l'amitié ; en un mot Fallope fut doué de
prefque toutes les bonnes qualités qu'on defire dans
un Savant , & qu'on trouve rarement chez lui.

Vidus Vidius , Senior, pour le diftinguer de Vidus
Vidius Junior fon neveu (b) , vivoit à Florence vers
l'an 1530 ; il fut premier Médecin de François I, Roi
de France, & premier Lecteur & Profeffeur en Médecine au College royal de France ; il entra en exercice
en 1542 , & il jouit en France de fes places pendant
l'efpace de fix années. Il fut appellé dans fa patrie
en 1548 (c). Il enfeigna publiquement la Médecine à

(a) Page 531.
(b) Nous ne fuivons pas l'ordre Chronologique pour l'Hiftoire de Vidus Vidius , fes ouvrages ne parurent qu'après fa
mort , & l'on y trouve les principales découvertes de Fallope.
(c) Duval , Hiftoire du College Royal de France , pag. 64.
Manget le fait partir pour l'Italie une année plutôt.

————— Pise pendant l'espace de vingt ans. Il mourut en 1567. Duval dit de lui au sujet de son arrivée en France.

Vidus venit, Vidius vidit, Vidus vicit.

Nous avons de lui plusieurs ouvrages qui sont:

Ars Medicinalis, in qua cuncta quæ ad humani corporis valetudinem præsentem tuendam, & absentem revocandam pertinent, quæ per Vidum Vidium Juniorem diligentissimè recognita fuerunt. Venetiis 1611, in-fol. trois tomes. *Francof. apud Ambrios* 1626, 1645, in-fol. Ibidem *apud Jacobum Gottofredum Seycrum* 1667, in-fol. *vol.* 3. sub titulo, *Opera omnia Medica, Chirurgica, Anatomica.*

On trouve dans le troisieme tome de *Chirurgiâ, lib.* 5, *græco in latinum à se conversi cum commentariis propriis & Galeni seorsum extant. Lutetiæ* 1544, in-fol. C'est une des plus belles & des plus rares éditions. L'ouvrage est dédié à François I.

De Anatome, lib. 8, *tabulis 78 in æs incisis illustrat. & exornat. seorsim extant. Venetiis* 1611, in-fol.

De curatione generatim partis secundæ sect. duæ. Florentiæ 1594, in-fol. *Francof.* 1596, in-fol.

De curatione generatim partis secundæ sectio secunda diligentissime à Vido Vidio Juniore recognita seorsim excisa. Venet. 1686, in-fol.

On y trouve *Hippocratis libri de ulceribus, de vulneribus capitis, cum Vidi Vidii in singulos commentariis.*

Hippocrat. de fracturis cum tribus Galeni commentariis.

De articulis cum ejusdem quatuor commentariis.

De officina Medici cum ejusdem tribus commentariis.

Galeni de fasciis liber.

Oribasii de laqueis & machinamentis libellus.

Les ouvrages d'Anatomie de Vidus Vidius ont paru long-temps après l'an 1542 qu'il fut installé à la place de Professeur au College royal; ils ont été publiés après ceux de Vesale & de Fallope, & Vidus a profité de leurs travaux: ce qui nous met dans l'embarras pour assigner à chacun d'eux les découvertes dont ils font les auteurs. Les difciples peuvent ufurper les découvertes d'un maître & s'en parer ; mais les maîtres à leur tour abufent fouvent de leur qualité, & tâchent d'abforber les travaux de leurs difciples. De deux maux il faut éviter le pire : c'eft pourquoi je fuivrai, pour l'adjudication des découvertes, l'ordre de la publication de leurs ouvrages toutes les fois qu'il n'y aura point d'obftacles.

L'Anatomie de Vidus Vidius contient le plus grand nombre de remarques difperfées dans l'ouvrage de Vefale. La plupart des planches font les mêmes ; il y en a peu d'originales. L'ouvrage eft divifé en fept livres. Dans le premier l'Auteur donne diverfes regles de diffection, & y fait la defcription des inftrumens ; & ce qui paroîtra étonnant, c'eft que cet ouvrage paroît en plufieurs points une copie de Vefale, ou *vice verfa*.

Le fecond traite des os. Vidus Vidius y a fait repréfenter le fquelete fous plufieurs points de vue ; il a enfuite fait exprimer chacun de ces os en particulier : dans fes defcriptions il procede auffi du général au particulier ; comme Vefale il divife la tête en crâne & en face ; le crâne eft formé de huit os; notre Auteur en donne une defcription affez exacte, il y indique leur figure, leur pofition générale & particuliere, leurs connexions, leur ftructure & leurs ufages : l'os temporal y eft fur-tout bien décrit. Vidus Vidius parle de trois offelets, fans citer Carpi ni Fallope, ni Ingraffias. L'aqueduc de Fallope ne lui étoit point inconnu ; mais notre Auteur paffe fous filence le nom de Fallope. Les deux fenêtres, les canaux demi-circulaires, le limaçon & le veftibule, n'ont point échappé à fa connoiffance : il a auffi connu les filets de nerfs de la portion molle, qui pénetrent l'organe de l'ouie & fe difperfent fur la membrane qui tapiffe les canaux demi-circulaires. L'Auteur rapporte quelques faits relatifs à l'offification; il fait appercevoir qu'il y a chez les enfans un cerceau offeux au lieu d'un canal oblique. Cette remarque appartient à Fallope.

Marchant fur les traces de Fallope, fans cependant

le citer, Vidus décrit les sinus sphénoïdaux ; il savoit que les enfans en étoient dépourvus, & que
les vieillards les avoient au contraire très amples :
il fait la même réflexion sur les sinus frontaux. Les
trous & les éminences de l'os sphénoïde sont exposés avec clarté & précision. Notre Auteur a surpassé Fallope en ce point d'Anatomie, ainsi que le
font nos Anatomistes ; Vidus Vidius parle des vaisseaux
sanguins ou nerveux qui y passent. Il a le premier
décrit les os palatins avec assez d'exactitude. La cloison osseuse du nez, dont Fernel avoit fait un os
particulier, que Columbus a quelque temps appellée
vomer, est, suivant Vidus Vidius, une appendice
de l'os sphénoïde. Quelques modernes ont voulu
s'approprier cette découverte. Je renvoie à l'histoire de *Sanctorini*, de Mr. *Lieutaud*, de *Palfin*, de
Petit, &c. ceux qui voudront en savoir davantage
sur cette matiere.

Le reste de son exposition sur les os se ressent
assez des Auteurs qu'il a copiés : il faut cependant
avouer qu'il a mieux décrit les vertebres qu'aucun
de ses prédécesseurs ; il a très bien distingué que la
premiere vertebre cervicale n'avoit point d'apophise
épineuse ; que la septieme l'avoit fort longue & fort
relevée ; que les vertebres dorsales avoient les leurs
couchées les unes sur les autres ; que les apophises
transverses de celles-ci étoient en général plus longues
que les apophises transverses des vertebres des autres
classes ; que ces vertebres avoient deux facetes, une
de chaque côté pour recevoir la tête de la côte ;
il a été plus loin ; il a connu que le premier avoit
quelquefois une face entiere, de même que la onzieme & la douzieme. Les vertebres lombaires ont
les apophises transverses beaucoup plus courtes, sur-
tout la premiere & la derniere. Les apophises épineuses sont plus redressées, & les apophises articulaires un peu plus obliques que celles du dos, mais
moins que celles du col. L'histoire des cartilages
mérite d'être consultée ; elle est plus exacte que celle
qu'avoient donnée Charles Etienne, Vesale & Fallope.
L'Auteur a réuni sous un seul chapitre ce que chacun
d'eux avoit dit de particulier. Il a très fréquemment
cité.

cité Galien fans faire aucune mention de Vefale &
de Fallope ; & quoique ce dernier eut déja indiqué la poulie de l'œil, notre Auteur n'a pas jugé à propos d'en parler, quoiqu'il ait décrit féparément le
cartilage, le ligament, & la gaîne membraneufe qui
le forme (a). Les ligamens en général font auffi extrêmement bien décrits ; les capfulaires, les latéraux,
les inter-articulaires, ceux qui font tendus d'une
vertebre à l'autre, ou qui revêtent tout le canal
inteftinal, font exprimés auffi clairement que le
peuvent faire nos Auteurs modernes (b).

Ses defcriptions fur les mufcles font extraites des
ouvrages de Vefale & de ceux de Fallope. L'Auteur
a compilé le plus fouvent l'un & l'autre, & prefque
toujours fans en avertir le lecteur. Ces mufcles font
tous repréfentés dans des figures particulieres, & certainement bien au-deffous pour l'exactitude de celles
de Vefale. Les mufcles de la langue y font grotef-
quement exprimés : mais l'on y voit quelque chofe
de vrai dans leur diftribution & dans l'arrangement
de leurs fibres (a).

Vidus Vidius n'a fait aucune découverte dans l'angiologie ni dans la névrologie. Il a à peu près répété
ce qu'avoient déja dit les Fernel, les Vefale ou les
Fallope.

L'hiftoire des vifceres ne renferme pas non plus
de détails nouveaux ; l'Auteur y a cependant obfervé, d'après Nicolas Maffa, que le péritoine n'é-
toit nullement percé, & qu'on pouvoit extraire la
plupart des vifceres du bas-ventre fans l'ouvrir. Il
a fait repréfenter ces vifceres dans des planches particulieres, prefque toutes extraites des ouvrages de
Vefale.

Les inteftins font formés de trois tuniques ; Charles
Etienne l'avoit déja dit ; Sylvius, Vefale & Fallope,
&c. l'ont fuivi. L'externe eft commune & vient du
péritoine. La feconde ou la premiere propre eft
tendineufe ; Albinus a dans les fuites démontré
qu'elle étoit formée du tiffu cellulaire. L'interne
eft mufculeufe ; celle-ci eft formée de deux plans

(a) Pag. 76.
(b) Pag. 81.

de fibres ; on en voit de longitudinales , & d'autres transverses , ou circulaires (a) : les longitudinales font extérieures ; les circulaires font internes. On voit par-là que Villis n'est pas le premier qui ait observé cette structure , comme Manget l'a avancé. Vidus Vidius n'ose mettre au rang des tuniques propres à l'intestin la tunique veloutée ; il se contente de dire : *in intima ejus superficie velamentum quoddam tenue reperitur , quod a reliqua substantia exteriori separatur ; continetur hoc ut in ventriculi tunicâ internâ, & prope in intimâ superficie fibris quibusdam brevissimis ac tenuissimis.* Il a aussi connu les valvules conniventes dont Fallope avoit donné une exacte description peu d'années auparavant : *officiunt hæ , ut diutius retineatur , atque apprehendatur , quod retinendum , atque apprehendendum est* (b). Les contours que forme l'intestin duodenum , n'avoient pas été jusqu'ici bien décrits ; Vidus Vidius en a exactement exprimé les courbures. Il a aussi connu l'appendice cæcale qu'il a comparée à un ver ; & il a eu une idée , à la vérité imparfaite , de la valvule du colon.

La bile est portée à l'intestin duodenum par un canal qui se bifurque du côté du foie , un conduit va immédiatement au foie , & l'autre va aboutir à la vésicule du fiel ; il découle par le canal hépatique une bile jaunâtre ; & par celui qui vient de la vésicule une bile noirâtre. La liqueur qui découle du foie est portée presque continuellement à l'intestin ; celle de la vésicule du fiel n'y découle que par surabondance ; il y a une valvule qui l'empêche de couler lorsqu'elle est contenue en petite quantité (c). L'existence de cette valvule est chimérique ; cependant elle a été admise par nombre de modernes.

L'Auteur a représenté les canaux choledoque, hépatique & cystique dans une planche particuliere, & qui n'est pas mauvaise ; il n'est pas tombé dans l'erreur de Diemerbroek & de Verreyen , qui ont fait écarter les branches comme celles d'un y.

Notre Auteur montre quelque exactitude dans l'ex-

(a) Pag. 253.
(b) Eadem , page 220.
(c) Page 265.

gofition des parties génitales de l'un & de l'autre sexe ; il est cependant tombé dans plusieurs erreurs : il a fait venir les deux arteres spermatiques dans l'homme & dans la femme du tronc de l'aorte au-dessous des veines rénales (a). Les véficules ne lui étoient point connues, ce qui fait voir combien font dans l'erreur, ceux qui prétendent que Rondelet les a connues de Sylvius, & celui-ci de Vidus Vidius : cependant il eut pû avoir une notion de ces parties, s'il eut lu avec attention le paffage d'Hippocrate que j'ai inféré à l'article Rondelet, & celui de Carpi que j'ai rapporté dans mon histoire d'Anatomie ; un Italien eut du moins dû connoître les Auteurs de la nation (b).

Les ligaments ronds se terminent chez les femmes aux parties latérales internes & supérieures des cuiffes, par nombre de filets qui forment une efpece de pate d'oie. Vidus Vidius les a fait repréfenter dans sa soixante-huitiéme planche.

L'ordre que notre Auteur s'est impofé le conduit à sa defcription de la poitrine, il a connu les cinq carti-lages du larynx & en a donné une defcription affez exacte ; il a beaucoup puifé dans les ouvrages de Galien & de Vefale, il a même adopté jufqu'à leurs erreurs fur les poumons ; car comme eux il n'admet que deux lobes à chacun des poumons (c).

Le cœur jouit d'une extrême fenfibilité, auffi re-çoit-il grand nombre de nerfs qui s'entrelacent diver-fement entr'eux & forment un plexus (d). Vidus ré-duit le nombre de ces nerfs à celui de cinq qui fe foudivifent enfuite à l'infini. Le premier vient de la huitieme paire du côté gauche au-deffous du nerf recurrent du même côté. Le fecond & le troifieme viennent du côté gauche de la huitieme paire, & fe portent à la baze du cœur, &c. Le quatrieme vient du nerf recurrent gauche, le cinquieme vient du côté droit, &c. (e). *Vefale* & *Fallope* avoient été beau-

(a) Pag. 2--.
(b) Page 283.
(c) Pag. 289.
(d) Pag. 301.
(e) Primus incipit à magno ramo finiftri nervi fexti paris ;

coup plus courts sur cet objet ; Charles Etienne, avec plusieurs des anciens, prétendoient au contraire que le cœur n'avoit point de nerfs. L'inspection des cadavres a convaincu les plus grands Anatomistes du contraire, & il est surprenant que *Riolan* n'ait pas été de leur avis, & qu'il ait adopté le sentiment de Charles Etienne.

Les tubercules des valvules décrits par *Arantius*, & qu'on lui attribue pour l'ordinaire, ont été connus de Vidus Vidius ; voici les propres paroles de l'Auteur : *Secundum foramen, cui in dextro ventriculo vena arterialis respondet, tres similiter membranas habet, ortas à membrana ipsum circumdante, & versùs ipsam venam arterialem procedentes, quarum qualibet in figuram semi circuli incipit a trunco venæ arterialis, ubi aliquantulum assurgit ; dein crassior reddita, dilatatur extra cor & aliquot tubercula exigit in sublimiori parte cordis impressa. Ab his tuberculis tres membranæ oriuntur, quæ nullibi inhærent vasi, præter quàm ad tubercula* (a). Notre Auteur ne leur donne pas, comme *Arantius*, la figure d'une pomme de pain : mais à cette particularité près, il les a aussi bien décrits, & on ne peut lui refuser dans cet histoire l'honneur de la découverte ; car je n'ai trouvé la description de ces éminences dans aucun des Auteurs dont j'ai parlé jusqu'ici. Ce que Vidus Vidius dit sur cet objet est fort clair, je suis surpris que M. *Morgagni* (b), qui a pour ainsi dire pesé à la balance le mérite des Auteurs, qui les a loués ou critiqués avec l'équité & la sagacité la plus grande, ait attribué à Arantius la gloire de cette découverte, au préjudice de Vidus Vidius qui vivoit près de cent

---

paulo infra initium recurrentis, unde reflectitur ad venam arterialem sinistram, & ad propositum plexum ascendit. Secundus & tertius, à sinistro latere oriuntur illius plexus, qui in cervice efficit sextum par nervorum cerebri, & inde ad cordis basim, & proprie ad plexum descendit, interdum tamen non duplex est, sed simplex. Quartus, incipit a recurrente nervo sinistri lateris & simul cum secundo ac tertio descendit ad plexum. Quintus, & ultimus per dextrum latus fertur ; sumit autem duplex initium, unum tenuius ab externa parte illius plexus qui ex sexto nervosum pari in cervice resider, p. 301.

(a) Pag. 303.

(b) Adversaria Anat. p. 22 & 23.

ins avant lui, & dont l'ouvrage a été publié dix ans
avant le sien.

Le cœur est entouré par les arteres & les veines
coronaires ; l'Auteur le décrit admirablement bien.
Il a par-dessus sa baze deux sacs membraneux &
musculeux, qu'on nomme oreillettes ; c'est ainsi que
parle notre Auteur : l'oreillette droite est plus grande que l'oreillette gauche ; elles sont extérieurement
molies & membraneuses ; en dedans on apperçoit des
trousseaux musculeux qui s'entrelacent mutuellement : ceux de l'oreillette droite sont plus gros & plus
nombreux que ceux de l'oreillette gauche.

L'exposition que notre Auteur fait du cerveau, mérite d'être lue des vrais Anatomistes ; selon lui ce viscere est plus grand dans l'homme, proportion gardée à la masse du corps (a), qu'il n'est chez les autres
animaux. On voit, dit notre Auteur, sur le corps
calléux, deux vaisseaux transparents remplis d'une liqueur limpide ; *à lateribus superioris partis callosi
corporis duo quasi rivuli per substantiam cerebri in
longitudinem procedunt ..... hi pituitam ferunt (b).*
L'Auteur a donné une description des plus exactes
des ventricules, il a admis une séparation complette
des ventricules antérieurs ; cette cloison est en partie
médullaire, & en partie membraneuse ; *adest ....
septum quoddam medium à quo dexter ventriculus à
sinistro separatur (c).*

Vidus a porté plus loin ses recherches, il a connu
& décrit avec beaucoup de précision & d'exactitude le
canal de communication du troisieme avec le quatrieme ventricule ; il parle aussi, mais, à la vérité,
d'une maniere vague & confuse, de la valvule de
Vieussens. Je renvoye à l'original le lecteur curieux
de s'instruire, je lui promets une abondante moisson
de découvertes historiques : en lisant cette description anatomique, s'il a quelque connoissance de
l'ordre chronologique des découvertes, il verra qu'on
en attribue aux modernes un très grand nombre
dont ils ne sont point les auteurs ; il y trouvera dans

(a) Pag. 303.
(b) Pag. 311.
(c) Pag. 312.

le même chapitre une exacte description des émissaires de *Sanctorini*.

Notre Auteur soutient son exactitude dans la description des yeux ; les tuniques de l'humeur vitrée & de l'humeur crystalline y sont décrites d'une maniere peu commune. Si je ne craignois de passer pour jaloux des progrès de mes contemporains, j'en renverrois plusieurs à ce tribunal de jurisdiction, & ils y trouveroient la source, souvent même la copie de leurs prétendues découvertes. Suivant notre Auteur, le crystallin a des vaisseaux qui viennent de la partie postérieure du globe. M. *Albinus* n'a-t il pas dit quelque chose d'équivalent : j'avoüe que la description que M. Albinus nous a donnée de ces vaisseaux est supérieure à celle de Vidus Vidius ; mais je crois qu'il est de mon devoir, & j'espere que M. Albinus ne le trouvera pas mauvais, de rendre à Vidus Vidius ce qui lui appartient. M. *Morgagni* ne me saura pas aussi mauvais gré, je l'espere, si je lui indique la description des membranes, des humeurs crystalline & vitrée (a) ; il pourroit y trouver quelque chose d'analogue à celle qu'il nous en a donnée (b). Je parle à des Savants, aux chefs des Anatomistes vivants, & je leur offre mes réflexions comme un hommage de l'estime que j'ai pour tous leurs ouvrages.

De l'organe de la vue, notre Auteur passe à l'examen de ceux de l'ouie, de l'odorat & du goût ; il y fait plusieurs réflexions curieuses : les sinus du nez & la membrane pituitaire, faussement attribuée à *Schneider*, y sont passablement décrits ; l'histoire des dents contient quelques particularités utiles, mais on y trouve plusieurs préjugés qu'il faut éviter ; on y lit entr'autres que les dents de lait n'ont point de racines (c), ce préjugé existe encore de nos jours chez le commun des Chirurgiens.

Les fameux Anatomistes modernes sont revenus de cette erreur ; Mr. de *Senac* m'a fait présent d'une piece où l'on apperçoit d'une maniere démonstrative le contraire de ce que notre Auteur avance,

(a) Elle se trove dans les pages 319 & 320.
(b) Adversar. Anat. VI. p. 90.
(c) Pag. 331.

D'après ce que je viens d'extraire sur l'Anatomie de Vidus Vidius, le lecteur sera à même d'en porter son jugement ; je l'exhorte cependant à le consulter, il y trouvera un grand nombre d'autres détails intéressants dans lesquels je n'ai pu entrer pour ne pas être trop long. L'Auteur a terminé son ouvrage par un recueil d'expériences qu'il a faites sur divers animaux vivants ; il a fait la ligature aux vaisseaux sanguins, & il a vu l'artere se tuméfier vers le cœur, & la veine vers les extrémités ; il a aussi observé que l'air ne pénétroit plus les poumons, dès que la poitrine étoit ouverte. Sa Chirurgie est exposée très au long, mais les découvertes qu'il a faites dans cet Art ne sont ni si nombreuses ni si intéressantes que celles dont il a enrichi l'Anatomie ; cette Chirurgie se trouve dans le troisieme volume de ses ouvrages. La premiere partie contient le Traité des plaies & des ulceres d'*Hippocrate*. La seconde le Traité des bandages de *Galien*, & la troisieme les instruments & machines d'*Oribase*.

Le même Auteur a aussi donné une traduction latine de la Chirurgie d'Hippocrate, je l'ai déja annoncée.

L'Histoire d'Antoine Saporta intéresse tous les vrais Médecins. Issu d'une famille qui cultivoit depuis long-tems la Médecine, il fut destiné en naissant à l'état de ses ancêtres, & reçut une éducation propre à faire éclore ses talens : il étoit petit-fils de Louis Saporta, premier Professeur en Médecine à Lerida, en Espagne, qui vint dans la suite s'établir à Avignon, après avoir pris ses degrés en Médecine à Montpellier. Il eut pour fils Louis Saporta second, qui se fit recevoir Docteur en Médecine dans la Faculté de Montpellier ; c'est de celui-ci que naquit Antoine Saporta, Chancelier de la Faculté de Montpellier. Il s'inscrivit (a) dans le registre des matricules le 12 Octobre 1521, & prit son bonnet de Docteur en 1531. M. Astruc prétend que dans ce tems le Cours des Etudes étoit beaucoup plus long qu'il n'est aujourd'hui. Dix ans après son Doctorat, Antoine

(a) Histoire de la Faculté de Montpellier par M. Astruc, pag. 241.

Saporta fut admis au rang des Professeurs Royaux à la place de Gilbert Griffi que la mort venoit d'enlever, confrere de Rondelet, de Jean Schyron & de Jean Bocaud; il travailla avec eux en 1556 à la réparation de l'ancien Amphithéâtre. Quatre ans après cette époque, Saporta devint Chancelier de l'Université par la mort de Rondelet qui occupoit cette place; il en jouit treize ans avec l'applaudissement général de tous les Médecins. Il laissa un fils nommé Jean Saporta, qui embrassa, comme son pere, l'état de la Médecine. C'est de celui-ci que sont venus plusieurs Officiers au Présidial de Montpellier, au Bureau des Finances & à la Chambre des Comptes. M. Degrefeuille nous apprend dans son Histoire de Montpellier, que les Veissieres, aujourd'hui fameux par leur profond savoir dans la Jurisprudence, tirent leur origine de la maison des Saporta.

Après un exercice de la Médecine continué pendant cinquante ans avec le plus grand zele & l'approbation générale du Public, Antoine Saporta mourut à Montpellier en 1573. Henri de Gras, Médecin de Montpellier, établi à Lyon, trouva quelque-tems après dans la Bibliotheque de François Ranchin, Chancelier de l'Université de Montpellier, un manuscrit sur les tumeurs, qu'il fit imprimer sous le titre :

De tumoribus præter naturam libri quinque. Lugd. 1624 in-12.

L'Auteur a suivi dans cet ouvrage le même ordre que les Auteurs anciens qui ont écrit sur les tumeurs. Sa théorie est fondée sur les mêmes principes, & les indications curatives en sont déduites : il a cependant ajouté plusieurs observations qui lui sont particulieres ; il y en a sur l'anévrisme, qui méritent la considération des gens de l'art (a). » L'anévrisme, » dit-il, intéresse quelquefois les parties extérieures, » comme les mains, les pieds, & les parties qui sont » près de la gorge & des mamelles; il attaque aussi » les arteres intérieures .... c'est ce que j'ai vu

(a) Pag. 117.

» survenir l'an 1554. Un homme qui avoit passé la
» plus grande partie de sa jeunesse dans des voyages
» pénibles, & qui s'étoit beaucoup adonné à la bois-
» son des vins les plus forts, se plaignit vers la
» cinquantieme année de son âge d'une difficulté de
» respirer, d'une palpitation du cœur très incommo-
» de . . . . Quelque-tems après il sentit une
» douleur sous l'omoplate gauche, au-dessous de
» laquelle il paroissoit une tumeur avec pulsation
» qui cédoit au tact lorsqu'on la pressoit, & qui
» reprenoit son ancien état dès qu'on cessoit de la
» comprimer ; à ces signes je ne doutai pas que ce ne
» fût un anévrisme, & portai un prognostic des plus
» fâcheux. . . . . . . on appella en consultation deux
» Médecins qui furent d'un avis contraire, &c. Le
» malade mourut quelque tems après ; l'ouverture du
» corps justifia la vérité de mon diagnostic ; il sor-
» tit de la tumeur une grande quantité de sang, &
» nous vîmes une des arteres intercostales extrême-
» ment dilatée ; il y avoit du sang épanché entre les
» muscles intercostaux, & la côte & la vertébre voi-
» sine nous parurent cariées ». Cette observation est
d'autant plus intéressante, qu'elle a été faite dans un
tems que l'on ouvroit très peu les cadavres, & qu'elle
est d'ailleurs très détaillée.

Cette observation sur les anévrismes n'est pas
la seule qu'on trouve dans cet ouvrage : Saporta
parle d'un autre survenu à l'aorte ascendante qui
avoit carié trois vertébres, & dont le sang avoit tellement dilaté l'aorte qu'elle avoit la grosseur du
poing (a). L'Auteur blâme un Chirurgien de Montpellier d'avoir ouvert un anévrisme croyant ouvrir un œdème : il survint, suivant Saporta, une si
grande hémorrhagie qu'on ne put l'arrêter, quelques
moyens qu'on ait employés. Saporta ajoute qu'on
voyoit l'artere se contracter & se dilater, &c. On trouvera dans l'ouvrage plusieurs autres cas à-peu-près pareils : Saporta regarde comme des spécifiques contre
l'anévrisme commençant, » les emplâtres astringens
» que l'on fait avec l'écorce de grenade, l'acacia,

(a) Page 180.
(b) Page 181.

» l'hypocifthis, le gallium, les rofes, les feuilles
» de coudrier, les baies & feuilles de myrthe, l'é-
» corce de pin, la terre figillée de Lemnos, l'aloës,
» la pierre hématite, la mâne, & l'écorce d'encens ».

Cet emplâtre aftringent eft fort compliqué, il fe
reffent du tems auquel il a été inventé. A l'ufage
de ce topique, notre Auteur recommande de joindre
celui d'un bandage compreffif, & fi ces fecours ne
fuffifent pas, d'en venir à l'opération Chirurgicale:
Saporta en indique la manœuvre, elle eft la même que celle qu'Ambroife Paré a décrite dans fon
ouvrage.

Pleinement convaincu de l'utilité d'ouvrir les cadavres, Saporta ne perdit aucune occafion de rechercher la caufe des maladies dans l'intérieur des
organes. Il parle d'une tumeur fcrophuleufe placée à la partie antérieure & droite du col, proche de
la clavicule droite, qui occafionna la mort à un fujet par la compreffion continuelle qu'elle exerçoit
fur les vaiffeaux axillaires; la tumeur étoit fi dure
qu'on ne pouvoit la couper avec un rafoir, & l'on
trouva dans le bas-ventre & près du diaphragme une
tumeur fcrophuleufe d'une groffeur exceffive, remplie de pus & qui pouffoit le diaphragme vers le haut
de la poitrine.

Le même Auteur parle d'une hydropifie afcite furvenue à une jeune payfanne d'environ vingt-deux
ans, dont les eaux coulerent d'elles-mêmes par l'ombilic (a). On lit encore dans le même Chapitre de
cet ouvrage l'Hiftoire d'une dame qui mourut pendant l'opération de la paracenthèfe: les eaux coulerent en fort grande abondance, & l'Auteur attribue
la caufe de la mort à une trop prompte & trop grande évacuation du liquide qui étoit épanché dans la
capacité du bas-ventre: il auroit fouhaité qu'on l'eût
vuidée peu à peu & à plufieurs reprifes, & non pas dans
une feule & même fois (b).

Il parle d'un cancer à la verge furvenu à un vieillard octogenaire, que Guillaume *Lautier*, Chirurgien

(a) Pag. 371.
(b) Pag. 373.

de Montpellier guérit par l'amputation (*a*).

Saporta étoit entierement convaincu de l'utilité des frictions mercurielles : il prescrit de faire l'onguent mercuriel avec l'euphorbe, la graisse & le mercure, & divers autres ingrédiens, comme résines & gommes, &c. l'Auteur en varie la quantité & l'espece selon les divers cas ; cependant il reconnoît dans le mercure une qualité spécifique contre le mal vénérien ; *cæcantur*, dit-il , *& hallucinantur qui hunc peſſimum morbum ſine hydrargiro depellere ſcribunt* (*b*). Il blâme ceux qui épuisent leurs malades à force de les faire saliver, &c. &c. Voilà à-peu-près ce qu'on trouve d'intéressant dans cet ouvrage & qui ait du rapport avec l'objet que je traite. Le livre de Saporta est écrit avec ordre, clarté & précision ; le style sans en être trop relevé, est assez agréable, & on reconnoît la probité de l'Auteur dans sa diction : Saporta cite les témoins oculaires de ses observations, & rapporte le nom de ceux qui ont reclamé son secours dans différentes circonstances.

Lemnius (Levinus), né à Ziriczée, Bourg de la Zélande, l'an 1505, étudia en Médecine à Louvain, & y passa Docteur. Orné de ce grade, il revint dans son pays où il exerça long-temps sa profession avec beaucoup de célébrité. Les Auteurs lui accordent une grande facilité de parler & d'écrire. Il se maria & eut un fils nommé Guillaume Lemne qui se rendit célebre dans la Médecine par plusieurs ouvrages : cependant après plusieurs années de mariage, il devint veuf; il se fit Prêtre, & fut Chanoine de Ziriczée. Nous avons de lui plusieurs ouvrages sur divers objets. Voici ceux qu'il nous importe de connoître.

De conſtitutione corporis. Antuerp. 1561, *Erfurt.* 1582, in-8°. *Francofurti* 1596, in-16. 1604, 1619, in-12.

De occultis naturæ miraculis , ac variis rerum documentis , libri quatuor. Antuerp. 1564 in-8°. *Coloniæ* 1573, 1581, in-8°. *Steimmannum* 1588. *Francofurti* 1591, in-16. 1604, 1611, in-12. *Lugduni Batavorum* 1656, in-12.

(*a*) Pag. 537.
(*b*) Pag. 467.

On trouve dans le premier quelques explications physiologiques des fonctions animales. L'Auteur recherche la cause des divers tempéramens & des différentes affections des hommes. Il fait un portrait de ceux qui vivent dans les principales parties de l'Europe. Les Allemands sont, selon lui, peu industrieux, peu rusés & peu belliqueux (a). Les Hollandois sont nonchalans, hébétés, peu propres aux arts; & comme ils sont extrêmement gras, ils ont peu de mémoire, &c. Les habitans de la Zélande ont l'esprit subtil; ils sont prudens, industrieux; aiment & entendent les affaires, & sur-tout le commerce sur mer, &c. Les Flamands ont leur esprit fait à l'invention. Les habitans du Brabant sont enjoués, polis dans leur conversation. Les Italiens sont vifs & l'emportent sur ceux des autres nations par leur génie & par leur adresse; ils ont une mémoire prodigieuse, & sont extrêmement vindicatifs & conservent leur colere longues années. Les Anglois manquent communément d'éducation; mais ils sont ordinairement propres aux arts, &c. &c. Les Espagnols sont plus traîtres & plus vindicatifs que les Italiens; ils épousent ordinairement le parti des femmes; ils sont par eux-mêmes extrêmement propres aux sciences; mais peu s'y adonnent par la mauvaise constitution du gouvernement. Les François ont l'esprit vif, le jugement sain, beaucoup de facilité pour s'exprimer, & fertiles en épithetes & en inventions; du reste légers, inconséquens; ils sautent, gambadent; ils gesticulent par-tout où ils se trouvent, &c. &c.

On voit par ce passage qui contient quelques particularités, & que j'ai rapporté par la singularité du fait, que l'Auteur a plus étudié le moral que le physique des hommes. Il y a apparence qu'il a composé cet ouvrage étant Prêtre. Son état de Chanoine lui laissoit assez de loisir pour s'occuper à de pareils objets.

Dans son ouvrage *De occultis naturæ miraculis*, Lemnius entre dans plusieurs explications physiologiques. Il n'y a point de puérilités & de fables ri-

(a) Pag. 15. édit. Anv. 1561.

dicules qu'il n'ait rapportées. Il y parle de femmes devenues enceintes par le feul regard des corbeaux (a). Je n'ai pu me procurer cet ouvrage, & le jugement que Mr. de Haller en porte, ne m'engagera pas à faire des recherches pour me le procurer.

Comme dans une hiftoire il convient de donner une idée des bons & des mauvais livres, j'efpere que le lecteur ne me faura pas mauvais gré des détails que je me fuis permis fur Levinus Lemnius.

Hall (Jean), Chirurgien de Londres, eft l'Auteur du traité fuivant (b).

A very fruitful and neceffary brief Work of Anatomy, or diffection of the body of man compendiouffy showing the natures forms and ofices of every member, from the head to the feet, with a commodious order of notes leading an guiding the Chirurgeons hand from all offence and error in Reght way of perfect and cunning operation, compiled in thrée treatifes more ufeful and profitable than any heretofori in the ENGLISH tongue publifhed Londini 1561, 1565, in-4°. page 96.

On trouve encore cet ouvrage à la fin des œuvres de Lanfranc, publiées en Anglois.

Phædron (Georges), fectateur zélé de Paracelfe, eft l'auteur d'un traité intitulé:

Chirurgia minor, feu omnium vifcerum perfectæ curationis methodus. Bafil. 1562, in-4°.

Venufti (Antonie Marie), Auteur Italien, qui a publié un traité qui a pour titre:

Difcorfo generale intorno alla generatione, al nafcimento degli huomini. Venegia 1562, in-8°.

Je n'ai point vu cet ouvrage; Mr. de Haller dit qu'il eft rempli de réflexions théologiques & théoriques, &c.

Douglas parle ici d'un certain Carvinus de Montauban, qui a publié en 1562 un dialogue fur la faignée. Je n'ai rien trouvé dans cet ouvrage qui puiffe mériter à l'Auteur une place parmi les Anatomiftes.

Craffus (Jerome), difciple de Fallope, étoit Doc-

(a) Haller, Meth. p. 504.
(b) Douglas, Bibliog. Anat. fpecimen, p. 126.

teur en Chirurgie (a), & vivoit en Italie vers l'an 1560. Nous avons de lui plusieurs traités sous les titres suivans.

De tumoribus præter naturam tractatus. Venetiis 1562, in-4°.

De calvariæ curatione tractatus duo. Venetiis 1560, in-8°.

De solutione continui tractatus. Venetiis 1563, in-4°.

De ulceribus tractatus. Venetiis 1566, in-4°.

De cauteriis, sive de ratione cautèrisandi. Uticæ 1598, in 8°.

Cet ouvrage ne contient rien de particulier, qui mérite l'attention du Chirurgien. L'Auteur divise les tumeurs en autant d'especes qu'il croit qu'il y a d'humeurs différentes dans le corps humain. Ainsi il y a des tumeurs biliaires, sanguines, flegmatiques, &c. Il part de cette explication pour établir différens préceptes curatifs. L'Auteur les a très bien déduits de ses prémisses, car ils valent aussi peu. Les traités des plaies & des ulceres ne sont pas plus parfaits. L'Auteur faisoit un grand usage des sutures, & pansoit très fréquemment les ulceres : ce qui est opposé aux regles de la bonne Chirurgie.

Son traité des cauteres est un extrait de celui d'Oribase, & son traité sur les fractures du crâne contient plutôt les idées d'autrui que les siennes.

Puteus (François), Médecin, de Verceil, fut un défenseur des plus zélés des ouvrages de Galien; il écrivit un livre injurieux contre Vesale. Mr. de Haller (b) soupçonne qu'il fut sollicité par Fossanus, Médecin du Roi d'Espagne.

Apologia pro Galeno in Anatome examen contra Andream Vesalium, cum præfatione in quâ agitur de Medicinæ inventione. Venet. 1562, in-8°.

_____

(a) On nomme en Italie Docteur en Chirurgie les Médecins qui exercent spécialement la Chirurgie ; à l'Hôpital de Boulogne c'est toujours un Médecin qui y pratique la Chirurgie Valsalva, & Molinelli ont occupé en dernier lieu la place de premier Chirurgien ; on doit cependant bien les distinguer des simples Chirurgiens.

(b) Pag. 502. Meth. stud.

Cet ouvrage est écrit en termes emphatiques & peu expressifs. Puteus se récrie de ce qu'on donne une trop grande liberté aux Auteurs de faire imprimer leurs ouvrages, quelque corrects qu'ils puissent être. Il auroit souhaité qu'on eût porté ses principales découvertes, dans un édifice public, sur des tableaux particuliers, comme on faisoit autrefois dans l'Isle de Cos (a). Si un tel ordre eût été observé, l'ouvrage de Vesale, continue Puteus, n'auroit pas vu le jour. Cet Auteur, dit-il, a écrit un volume immense sur l'Anatomie, sans avoir aucune connoissance de son art, & a critiqué sans aucun égard Galien, ce prince de la Médecine, dont il étoit incapable de sentir les beautés.

Après une telle sortie de Puteus contre le prince des Anatomistes, le lecteur comprendra que cet ouvrage a été dicté par la basse jalousie qui trouve les meilleures actions répréhensibles. L'ouvrage de Puteus est rempli d'invectives grossieres, d'insultes mal fondées, & ne contient rien que des détails froids & stupides. Mr. de Haller (b) a caractérisé ce livre d'*inutile opus*.

XVI. Siecle.
1561.
PUTEUS.

(a) Pag. 1.
(b) Pag. 504.

CHAPITRE XVII.

DES ANATOMISTES QUI ONT VÉCU depuis Euſtache juſqu'à Arantius.

EUSTACHE.

EUSTACHE. EUSTACHE (Barthelemi), l'un des plus ſavans & des plus ingénieux Anatomiſtes, naquit à San-
Severino, Ville de la Marche d'Ancone. On ne
ſait pas poſitivement le temps de ſa naiſſance : il
y a lieu de croire que ce fut vers les premieres années
du ſeizieme, ou les dernieres du quinzieme ſiecle
que cet homme immortel reçut le jour. Il fit ſes
études à Rome, & ſe diſtingua parmi ſes condiſciples.
Entraîné par goût à l'étude de l'Anatomie, il prit
l'état de Médecin, s'y diſtingua bientôt. L'Anatomie
fut cependant la partie à laquelle il s'adonna le plus ;
& à peine cultiva-t-il cet art, qu'il y donna des
marques de ſon profond ſavoir. On le nomma Profeſſeur au Collège romain, & il remplit ce poſte
avec tant de dignité, que toutes les Univerſités voiſines
en furent jalouſes. Le Cardinal d'Urbin le prit pour
ſon Médecin, & lui conſerva ſa place lorſqu'il fut
élu Pape. Ces titres n'éloignerent point Euſtache de
l'Anatomie ; au contraire, il s'y livra tout entier
tant qu'il vécut. Il n'étoit jamais plus content que
lorſqu'il pouvoit diſſéquer quelque animal pour faire
une application de ſes recherches au cadavre de
l'homme qu'il ne perdit jamais de vue. Euſtache a
laiſſé des ouvrages ſur l'Anatomie qui paſſeront à la
poſtérité la plus reculée. Il a publié de ſon vivant
ſes opuſcules : c'eſt dans cet ouvrage qu'il promet
de donner une hiſtoire complette de l'homme en
planches gravées ſur le cuivre, il dit même avoir
preſque fini ce grand travail. Ces planches ont été
long-temps attendues des ſavans ; par une fatalité
nconcevable, elles s'étoient égarées. Ce ne fut qu'après
plus

plus de cent cinquante ans qu'elles furent retrouvées. Le Pape Clément XI en fit préfent à Lancifi fon premier Médecin. Celui-ci, à la follicitation de M. Morgagni & de Fanton, les publia en 1712. Nous rendrons compte dans la fuite des diverfes éditions de cet ouvrage & des beautés qu'on y trouve. Euftache avoit encore compofé un grand ouvrage qui avoit pour titre, *De controverfiis Anatomicorum*. Cet ouvrage s'eft égaré fans qu'on en puiffe favoir la caufe.

Les ouvrages qu'Euftache a laiffés font :

Opufcula Anatomica. Venetiis 1563, 1564, in-4°. 1574 & 1653. *Lugd. Batav.* 1707. *Delphis* 1726.

Tabula Anatomica clariffimi viri Bartholomæi Euftachii, quas è tenebris tandem vindicatis & fanctiffimi Domini Clementis XI Pont. max. munificentia dono acceptas, præfatione notifque illuftravit Jo. Maria Lancifius, intimus Cubicularius & Archiater Pontificis Romæ 1714, in-fol. *Genevæ* 1717, in-fol. Cette édition eft mauvaife. M. de Haller en défend la lecture. *Amftelod.* 1722, in-fol. *Romæ* 1728, in-fol. *Romæ* en 1740. Cajetan Petriot, Médecin & Chirurgien, a publié cette édition, & y a ajouté quelques remarques que M. de Haller n'a point approuvées. Il y en a une autre édition à *Leide* en 1744, in-fol. Cette édition eft la plus correcte de toutes ; elle a été donnée par M. Albinus qui a fait graver les planches avec beaucoup de foin, & qui y a ajouté des notes intéréffantes ; elles font pour la plupart tirées des ouvrages même d'Euftache. Ce n'eft que lorfque cet Auteur n'avoit rien écrit qui pût éclairer fur fes planches, que M. Albinus a fait ufage de fon propre favoir.

Nous donnerons l'extrait de chacun de ces ouvrages, afin de mettre le lecteur de cette hiftoire à portée de juger du mérite fublime & diftingué de leur Auteur. Euftache embraffe peu d'objets dans fes opufcules ; il y traite d'abord des reins, enfuite des os, de la veine azigos, de la veine profonde du bras, des mouvemens de la tête, & enfin termine fon livre par l'expofition des dents. Ces parties du corps humain n'étoient rien moins que connues avant

Euſtache, ou bien les Auteurs n'en avoient preſque point parlé, ou s'ils en avoient donné l'expoſition, c'étoit ſur les animaux qu'ils avoient fait leurs recherches. Veſale, grand par tant d'objets, fut le premier à tomber dans cet inconvénient; au lieu des reins humains, il avoit toujours fait ſes recherches ſur ceux des chiens. Euſtache lui a fait ce reproche.

L'hiſtoire des reins eſt traitée fort au long dans les ouvrages d'Euſtache. Cette expoſition ſeule, ſi elle étoit imprimée à part, feroit un traité particulier aſſez ample. On y voit d'abord tous les objets repréſentés dans ſix planches particulieres, faites avec beaucoup d'art & d'induſtrie. Leur grandeur, leur poſition, leur connexion aux vaiſſeaux ſanguins, y ſont exprimées. Cependant Euſtache n'a pu en tout ſe garantir de l'erreur; il a multiplié ſans raiſon les vaiſſeaux qui abordent aux reins. Les arteres & veines qu'il fait rétrograder des vaiſſeaux iliaques aux reins, ſont des êtres de raiſon.

La figure du rein eſt ſemblable à celle d'un haricot (a). Euſtache s'eſt le premier ſervi de cette comparaiſon; elle eſt encore adoptée de nos jours par nos Anatomiſtes (b). Les reins de l'homme, continue-t-il, ſont plus longs que larges; leur extrémité ſupérieure eſt plus groſſe que l'inférieure; ils ſont applatis en devant & en arriere: cependant l'applatiſſement poſtérieur eſt plus grand que l'antérieur; leur bord interne qui répond à la colomne vertébrale, eſt échancré, & c'eſt dans cette échancrure que les vaiſſeaux ſanguins pénetrent dans les reins. Au-deſſous de cette échancrure paroiſſent deux légeres éminences. On voit de pareilles boſſelettes vers le grand contour. La ſurface extérieure du rein eſt aſſez liſſe & polie. Notre Auteur blame Ariſtote d'avoir dit qu'elle étoit garnie d'éminences & de cavités, comme le ſont les reins des bœufs &-des ours.

Les reins ne ſont point compoſés d'une ſeule ſubſtance homogêne. On y obſerve, dit Euſtache, trois ſubſtances diſtinctes les unes des autres. L'ex-

(a) Pag. 31. Opuſcula Anatomica. Venetiis, n-4°. 1564.
(b) Winſlow, ſur la ſtructure des reins.

térieure eft rougeâtre dans l'homme, blanchâtre dans
plufieurs animaux, comme dans les chiens; elle s'enfonce dans le rein afin de foutenir les différens vaiffeaux. Pour remplir ces ufages, elle eft ferme &
compacte; & fi l'on s'en tient au témoignage des
fens, elle eft chafnuë ou glanduleufe (a). La thyroïde eft de toutes les glandes celle qui a, felon
Euftache, le plus de reffemblance avec le rein.

Au-deffous de cette fubftance rougeâtre & corticale fe trouvent plufieurs vaiffeaux qui forment la
fubftance tubuleufe. Ces vaiffeaux compofent divers
faifceaux qui s'ouvrent dans des goulots particuliers.
La fubftance mammelonée eft formée de ceux-ci.
A l'extrémité de chaque production interne de la
fubftance corticale fe trouve une petite caruncule
en forme de couvercle (b), & c'eft dans cette caruncule que font logés plufieurs petits vaiffeaux
capillaires. Euftache eft le premier qui les ait découverts; c'eft par le moyen de ces canaux qu'il
croit que l'urine eft filtrée dans les reins, *per quos non
dubito*, dit-il, *lotium in urinarii meatûs ramos per-
colari* (c).

Dans l'intérieur de ces trois fubftances ferpente
un nombre prodigieux d'arteres & de veines, qui
font les rameaux des vaiffeaux émulgens. Euftache les
décrit fort au long. Je ne le fuivrai point dans
fes détails; j'ai déja traité cette matiere précédemment.

Les reins font recouverts par deux fortes membranes; la plus interne eft ftrictement adhérente au
rein; elle s'enfonce dans plufieurs endroits, en en-
compagnant les vaiffeaux; la membrane extérieure
eft plus ample que l'interne, & n'adhere au rein
par aucun de fes points; elle renferme une certaine
quantité de graiffe. Les anciens lui attribuoient une
ftructure & un ufage particulier. Euftache s'éleve

(a) Eft autem hæc fubftantia, fi fenfus judicium fequi volu-
mus, carnea, denfa, admodum folida atque dura, & inter
glandulas à non paucis autoribus annumeratur, pag. 28.
(b) Ibi enim caruncula quædam glandulam referens eft, cui-
que horum ramorum extremo inftar operculi circumpofita,
pag. 41.
(c) Pag. 42.

fortement contre leur sentiment. Il n'apperçoit dans cette graisse aucune qualité particuliere, & qui doive la faire distinguer de la graisse ordinaire.

Par-dessus tout cet appareil, & de chaque côté, se trouve un glande dont les anciens n'ont eu aucune connoissance ; Eustache l'a le premier découverte sans lui donner de nom particulier. Selon cet illustre Anatomiste, cette glande est placée sur la partie supérieure du rein vers le bord qui répond à la veine-cave (a) ; elle adhere fortement au diaphragme par un repli du péritoine : ce qui fait, dit-il, que très souvent l'on sort les reins du bas-ventre sans ôter cette glande. Sa substance & sa figure ont communément de l'a-nalogie avec celles des reins ; cependant cette glande est quelquefois plus applatie qu'elle n'a coutume d'être, & pour lors elle a plutôt la forme du placenta que du rein ; sa longueur naturelle, qui est deux fois plus grande que sa largeur, est de deux tra-vers de doigt, & elle est médiocrement épaisse. Ces dimensions ne sont pas constantes ; il y a des sujets qui ont ces glandes plus grosses que d'autres ; non seulement elles varient de sujet à sujet, mais encore les glandes de chaque sujet n'ont pas de chaque côté une égale grosseur : Eustache a cependant obser-vé que la glande rénale droite étoit communément plus grosse que la gauche. Il n'entre pas dans de plus longs détails à ce sujet, & laisse donc, comme on voit, un grand nombre d'objets à découvrir. J'en rendrai compte dans la suite, principalement en don-nant l'histoire de M. Duvernoy, savant Anatomiste de Petesbourg.

Les glandes d'Eustache ne sont pas les seules parties exposées à des variations ; les reins eux-mêmes n'ont pas toujours, selon notre Auteur, la même figure, la même structure, ni la même position ; quelque-fois ils ne sont pas en égal nombre. Eustache dit qu'il y a des sujets qui ont les reins plus gros, moins élevés, moins denses, & d'une couleur différente. Il en a vu qui avoient trois reins, & il cite un Au-teur qui n'en trouva qu'un. La position respective

_____

(a) Utrique reni in eminentiori ipsorum regione, quæ venam cavam spectat, p. 36.

des deux reins n'eft pas la même dans tous les fujets ; on en voit qui ont le rein droit plus élevé
que le gauche, quoique naturellement il foit placé
beaucoup plus bas : ce qu'il y a de remarquable &
qui pourroit induire en erreur fur leur pofition, c'eft
que quelquefois le rein qui eft placé le plus bas,
reçoit, dit Euftache, les vaiffeaux émulgens de plus
haut de l'artere aorte & de la veine-cave, que le
rein qui eft plus élevé. Les reins font fixés par divers
replis du péritoine à plufieurs parties du bas-ventre,
au diaphragme, à l'inteftin colon, & à quelques.
autres parties voifines ; le droit adhere encore au foie
le gauche à la rate.

L'urine filtrée dans le rein eft portée à la veffie
par l'uretere. Ce n'eft point, dit Euftache, comme
le croyoient les anciens, un feul & unique canal.
En pénétrant dans la fciffure du rein, l'uretere fe
divife dans l'homme en trois petits goulots, le fupérieur, le moyen & l'inférieur. Le premier & le
dernier, dès qu'ils font parvenus dans le rein, fe
divifent en trois canaux fubalternes ; le moyen ne fe
divife qu'en deux (a) : ces canaux fecondaires, provenant des trois canaux primitifs, fe fous-divifent
de nouveau en autant de canaux : ces derniers s'é-
largiffent en forme d'entonnoir, dont la partie la
plus évafée reçoit l'extrémité d'une des caruncules
qui contiennent chacune un faifceau de vaiffeaux
capillaires ; j'en ai parlé un peu plus haut, &c. . .
L'uretere n'eft formée que d'une feule tunique, dont
les filamens qui font très ferrés, font placés longitudinalement. Ces canaux, dit Euftache, vont des
reins à la partie inférieure & poftérieure de la veffie,
& la percent obliquement. Il détaille fort au long
les effets d'une telle infertion. Cependant Mundinus
a fait là-deffus les mêmes remarques, & je fuis
furpris qu'Euftache ne l'ait point cité.

Les Anatomiftes qui avoient précédé Euftache,
n'avoient point admis des nerfs dans les reins, ou
tout au plus avoient-ils parlé d'un feul. Euftache releve avec raifon cette faute d'Anatomie ; il affure

(a) Pag. 76.

Qq üj

qu'il y a plufieurs nerfs dans les reins qui viennent du plexus méfentérique (*a*). Il donne une très exacte defcription de ce plexus. Ceux qui en ont attribué la découverte à Vieuffens pourront confulter l'ouvrage que j'analyfe.

Voilà à peu de chofe près l'extrait de ce qu'Euftache a dit de particulier fur la ftructure des reins : il eft entré dans de fort longs détails fur leurs ufages , ou fur les parties qui les compofent. Je ne le fuivrai pas plus long-temps pour ne point fortir de mon objet. Le précepte qu'il donne fur la préparation ana-tomique des vifceres , caractérife le plus grand homme ; il force pour ainfi dire la nature à fe dé-voiler ; tantôt il examine ce qu'il y a de patticu-lier dans le rein dans les différens âges de la vie ; tantôt il compare les reins de l'homme à ceux de divers animaux ; quelquefois pour avoir des con-noiffances plus exactes fur la ftructure des parties, il combine l'état fain avec l'état malade ; en réfle-chiffant fur les différentes altérations que les ma-ladies produifent dans les vifceres , il trouve dans la mort même les moyens de connoître la ftructure des vifceres dans l'état vivant (*b*).

Les reins de l'ours font compofés d'un nombre pro-digieux de lobules ; on apperçoit fur la furface extérieure des reins du veau nombre d'inégalités : les enfans ont auffi les reins inégaux & raboteux ; au lieu que dans l'adulte la fubftance de reins eft

(*a*) A varia , complicatione nervorum , quæ fit circa princi-pia arteriarum mefenterii, pag 80.

(*b*) Sin corpora eorum qui aliquo morbo interempti funt , diffecentur ; morborum caufæ , & commoda medendi ratio explorabitur. Quòd fi brutorum etiam tunc viventium fectio accedat , licebit earum párticularum quæ fenfuum judicio fubjiciuntur , actiones & ufus intueri. Maxime autem intereft uno tempore adminiftrationis modum in horum trium cor-porum fectione docere ; & morborum qui aperto cadavere oculis cerni poffunt , meminiffe ; atque de his quæ ad artis exercitationem fpectant , fæpe admonere ; ut unufquifque eo-rum afpectu , quæ mihi ufu venit ut viderem , & cognitione affectus ; ad inveftigationem mirabilium naturæ operum in-flammetur : omnemque induftriam ac folertiam adhibeat quò multò plura ipfe ac meliora excogitet , inveniat , & adjiciat , pag. 128.

l'anie, polie & très compacte. Tout étoit devenu pro-
blématique. Du temps d'Eustache, certains Auteurs
vouloient faire revivre le sentiment d'Asclepiade qui
nioit que les ureteres s'ouvrissent dans la vessie. Eustache leur en a prouvé la communication avec ce
viscere, par une expérience bien simple. Il lia le col
de la vessie & souffla dans l'uretere par le moyen
d'un tuyau d'une plume à écrire : l'air distendit la
vessie; & ce qu'il y a de particulier, c'est qu'il ne
put revenir sur ses pas, à cause de l'insertion oblique des ureteres dans ce viscere (a). En dépouillant
les morts pour enrichir les vivans, Eustache a appris
que la substance des reins étoit quelquefois ferme,
d'autres fois molle, & que leur surface extérieure
prenoit différentes couleurs ; fréquemment c'est le
rouge qui prédomine ; quelquefois c'est un noir obscur ; d'autres fois un noir plus pâle ; souvent on
les trouve blanchâtres. Par état de maladie, la
surface extérieure présente à l'Anatomiste nombre d'i-
négalités remplies de pus ; Eustache les nomme tubercules purulens. Les Auteurs modernes connoissent
assez ces différens degrés d'altérations ; mais voici
quelques cas qui méritent leur attention. Dans le
premier il s'agit d'un emphysème qu'on trouva dans
le cadavre d'une Dame romaine morte à la suite
de ses couches (b). La graisse, qui remplit des usages
si essentiels à la vie, peut pécher par son défaut
comme par son excès. Eustache a vu des concré-
tions graisseuses épaisses & solides qui comprimoient
les reins & altéroient leurs fonctions : *pinguedinem*
adeo concretam ac duram aliquando inveni, ut lapidis
duritiem ferè aquaret, quâ pinguedine renes obstrui,
& constringi, ac plurimum imminui, sicut non semel
vidi (c). Notre illustre Anatomiste a disséqué nombre
de personnes mortes à la suite des pierres contenues
dans la vessie ; il en a disséqué plusieurs qui avoient

____

(a) Pag. 141.

(b) Pag. 143. Sub quorum propria membrana tantùm flatûs
collectum erat, ut videretur à subjectâ carne prorsus separata,
adeoque turgida ac distenta, ut magni tumoris speciem primæ
intuitu referret.

(c) Eodem loco.

leurs calculs dans les ureteres , & il a trouvé les reins en bon état. Il a conclu de cette observation , que les reins n'étoient point altérés toutes les fois qu'on avoit la pierre. Lorsqu'il a trouvé des calculs, dans les reins , dont la grosseur n'étoit point excessive , il n'a entrevu qu'une simple dilatation dans les canaux · ce qui l'a fait conclure que les pierres pouvoient très bien commencer à se former dans les reins , sans que leur structure & leur organisation en fussent dérangées (a) ; ceux qui ont soutenu le contraire , sont dans l'erreur, ajoute notre célebre Anatomiste.

Les choses les plus rares se trouvent dans le même ouvrage ; en voici une qui mérite une extrême considération. Il y a quelques années , dit Eustache, qu'un jeune homme se plaignit d'une vive douleur à un des reins. Il mourut peu de temps après , sans avoir eu la moindre difficulté d'uriner , sans que la qualité & quantité de l'urine en fussent altérées en aucune maniere (b). Malgré le sentiment des Médecins, je soutins, c'est toujours Eustache qui parle, qu'il y avoit un rein d'obstrué , & que l'autre étoit sain. On ne fut point de mon avis. L'ouverture du cadavre nous apprit que nous nous étions tous trompés dans nos jugemens. Nous trouvames dans le rein où le malade avoit rapporté toutes ses douleurs, un calcul oblong & gros , ayant au milieu un trou par où l'urine avoit continué de couler dans la vessie comme à son ordinaire. La nature a des ressources admirables & inconnues aux meilleurs Physiciens, pour se délivrer des matieres qui la surchargent. L'observation qu'Eustache rapporte en est une preuve des plus convaincantes.

Eustache tire plusieurs conséquences des ouvertures des cadavres qu'il faisoit , & par-tout il donne des marques de son génie supérieur ; tantôt on le voit Anatomiste , & tantôt il se montre praticien

(a) Pag. 144. Lapides non modo in renum sinu contineri , verum etiam in ipsorum substantiâ reperiri compertum habeo, hincque expelli posse non dubito , vase etiam , quod sinum efficit non rupto nec diviso.

(b) Pag. 145.

éclairé & accoutumé à mettre en exécution chez le malade la plupart des préceptes qu'il déduisoit dans son amphitéatre des diffections anatomiques.

On peut, dit notre Auteur, s'assurer sur l'animal vivant que l'urine coule des ureteres dans la vessie, & qu'elle ne peut plus refluer de ce viscere dans les ureteres. Pour ce faire, prenez, dit Eustache, un chien vivant que vous lierez sur la table d'une maniere convenable; ouvrez-lui le bas-ventre, liez les ureteres pour un instant, vous verrez l'urine se ramasser au-dessus de la ligature, & distendre ce canal; lâchez tout d'un coup la ligature, l'urine coulera dans la vessie & ne refluera en aucune maniere dans l'uretere, quoique vous comprimiez le canal de l'uretere pour l'empêcher de sortir de ce viscere (a).

Eustache a fait dans l'oreille les découvertes les plus importantes; c'est lui qui a le premier connu le canal qui s'ouvre d'un côté dans le tympan & de l'autre dans les arrieres narines. Il a décrit le muscle du marteau, & il a indiqué l'origine & la fin du nerf qui serpente dans l'intérieur du tambour; il a donné aussi une exacte description du limaçon.

Le canal de communication entre le nez & l'oreille a, dit il, la figure & la forme d'une plume à écrire; de la base du crâne, & latéralement, il se porte en avant & en dedans vers l'apophise ptérigoïde interne de l'os sphénoïde; il est formé de deux substances, une solide & l'autre molle; la solide appartient à l'os temporal, & se trouve proche la cavité du tympan; la molle est dans les arrieres narines, qui est en partie cartilagineuse & en partie ligamenteuse; elle forme une espece de goulot ou pavillon coupé obliquement & dirigé vers le septum des narines: ce canal est tapissé par la membrane qui revêt l'intérieur des narines, & à son extrémité se trouve une espece de valvule (b), &c. &c.

Quoique l'Auteur eût pu s'attribuer cette découverte, puisqu'aucun des anciens Anatomistes n'avoit directement parlé de ce canal, il n'a point rougi de

(a) Pag. 146.
(b) Pag. 161.

citer Alcmeon qui avoit remarqué que les chevres respiroient par les oreilles (*a*). On n'en est que plus grand lorsqu'on rend à chaque Ecrivain ce qui lui appartient. Par cet de acte justice, Eustache s'est acquis une réputation immortelle, & personne ne lui a refusé la découverte de ce canal.

Eustache a parlé de trois osselets de l'ouie, le marteau, l'enclume & l'étrier ; les deux premiers étoient connus, selon lui, d'Achillinus, & de Berenger Carpi ; quant à la découverte du troisieme, notre Auteur se l'attribue (*b*). Il y a, dit-il, aujourd'hui plusieurs contestations sur la découverte de cet os. Les uns prétendent que les Anatomistes romains n'en ont eu aucune connoissance, & en attribuent la découverte à Ingrassias, Médecin & Philosophe célebre de Sicile : mais qu'on donne à qui on voudra l'honneur de la découverte, je me rends témoignage à moi-même, qu'avant que personne en eût parlé, avant qu'aucun de ceux qui en ont écrit eussent publiés leurs ouvrages, fait, je le connoissois ; je le fis voir à plusieurs personnes à Rome, & le fis graver sur le cuivre.

Voilà bien des contestations sur la découverte de l'étrier. Nous avons déja vu que Columbus & Ingrassias se l'approprioient. Eustache vient d'en faire autant : lequel des trois faudra-t-il croire ? Si l'on en juge par les recherches prodigieuses qu'Eustache a faites sur l'organe de l'ouie, il doit être regardé comme l'Auteur de la découverte ; mais si nous recherchons un témoignage dans l'antiquité pour juger ces trois hommes célebres, nous le trouverons dans Fallope, & ce témoignage n'est point avantageux à Eustache : Fallope accorde en entier la découverte à Ingrassias.

Ces osselets, suivant Eustache, sont joints ensemble avec le même art & le même méchanisme que le sont les autres os mobiles du corps humain. Sur ces considérations, Eustache jugeant par analogie, regarde comme nécessaire un muscle propre à les mouvoir. Il fait des recherches dans cet or-

_____

a) Voyez notre Histoire d'Alcmeon, pag. 21 & 22.
(*b*) Pag. 154.

crâne , & le trouve en effet. Ce muscle est placé au-dessous de la félure glénoïdale de l'os temporal ; il est d'abord tendineux , devient ensuite charnu , & dégénere en un tendon grêle & long qui va s'implanter à la grande apophise du marteau (a).

Eustache a cru trouver dans le limaçon trois tours complets (nous n'en admettons aujourd'hui que deux & demi) divisés par une cloison en partie osseuse & en partie membraneuse. Cette cloison a une figure triangulaire ; elle est plus large vers la base que vers la pointe du limaçon. L'Auteur cite à ce sujet Empedocle qui avoit dit quelque chose d'analogue (b).

Eustache a connu le conduit ou l'acqueduc dont Fallope avoit donné une vraie description (c). Il a indiqué l'entrée & la sortie du nerf qui forme la corde du tambour hors de cette cavité.

La vérité trouve toujours des obstacles à se répandre; Sectateurs aveugles des Auteurs qui les avoient précédés , la plupart des Auteurs qui avoient écrit avant Vésale , n'avoient osé penser qu'après les autres, sur-tout après Hippocrate & Galien. Vesale a le premier frondé les fautes que ces grands hommes avoient commises. Il n'a pas craint de dire la vérité à ceux même qui ne vouloient pas l'apprendre , & cette démarche lui attira nombre d'ennemis. Eustache

(a) Musculum , quod sciam , nemo adhuc invenit , tu si illum videre cupis , apertâ calvariâ os incide , quod petram refert , eo loco quo linea minimè altè penetrante exculptum est , & versus tenuiorem ossis temporis sedem in anteriorem partem magis eminet , ejusque squammam accuratè detrahe , summâ diligentiâ adhibitâ , ut subjecta organa nihil lædas. Hoc sane expertâ manu , ubi effeceris , statim musculus conspiciendum se exhibebit ; qui , etsi omnium minimus sit , elegantiâ tamen , & constructiônis artificio nulli cedit. Oritur à substantiâ ligamentis simili quâ parte os , quod cuneum imitatur cum temporis osse committitur : indeque carneus evadens , redditur sensim ad medium usque aliquantò latior , deinde verò angustior effectus , tendinem gracillimum producit qui in majorem apophysim osculi malleo comparati , ferè è regione minoris apophysis ejusdem inseritur . . . . . hæc sane sectio difficilis est , sed ubi quis semel aut bis eam obierit , facilem experitur , pag. 158.

(b) Pag. 160 & 161.

(c) Pag. 159.

fut de ce nombre (a). Ce qu'avoient dit Hippocrate & Galien des futures du crâne, étoit univerfellement reçu. Cependant Vefale les avoit critiqués dans plufieurs endroits de fes ouvrages. Euftache s'eft apperçu que la plupart de ces conteftations avoient leur fource dans les variations de la nature. Il a vu que la future coronale manquoit bien des fois chez les vieillards, quoique les futures fagittales, occipitales, &c. exiftaffent. Il a été à même d'obferver le contraire dans d'autres fujets, fouvent dans les gens d'un âge très avancé. Il a vu les futures manquer dans des gens d'un moyen âge; quelquefois les futures lui ont paru plus multipliées qu'elles n'ont coutume d'être. Plus fage que la plupart de fes contemporains, il a admis les faits fans les expliquer.

Pour juftifier Galien, il a fait un parallele des os du finge avec ceux de l'homme : dans l'homme, dit-il, on trouve conftamment à l'os temporal deux apophifes très bien développées, la mamillaire & la ftiloïde, au lieu que dans le finge on n'en apperçoit pas même les traces. L'os coronal de l'homme paroît quelquefois divifé par une future ; dans le finge la future ne fe trouve jamais. Le coronal de l'homme eft moins convexe que celui du finge. La defcription que Galien a donnée de cet os, eft prife de l'homme même, & non d'un finge. Si Galien eût écrit d'après le finge, il eût fait appercevoir nombre de particularités qui fe trouvent dans les os de ces animaux. La defcription de la machoire inférieure que Galien donne, prouve évidemment qu'il a confulté le fquelete humain : il s'eft bien donné de garde de dire que cette articulation formoit un ginglime ; ce qu'il eût dû établir s'il eût jugé d'après ce qu'on obferve dans les finges (b). Mais Galien porte plus loin fon fcrupule ; il fait fouvent la comparaifon de l'homme avec le finge, & donne à chacun ce qui lui appartient réellement. Pourquoi donc accufer, dit Euftache, Galien de n'avoir eu que le finge pour modele de fes defcriptions ? Euftache qui connoiffoit l'Anatomie de l'homme & du finge, continue

(a) Pag. 154 & fuiv.
(b) Pag. 175.

Ainsi le parallele à l'égard de tous les autres os, & il prouve d'une maniere démonstrative que Galien a disséqué nombre de cadavres humains. Comme ce fait intéresse peu les Anatomistes modernes, je passe sous silence plusieurs autres objets qu'on trouve dans les remarques d'Eustache sur l'Anatomie de Galien. Il tâche par-tout de le justifier. Il a encore entrepris sa défense sur ce qu'il avoit avancé touchant les muscles & les ligamens, sur la veine azigos & sur celles du bras : je renvoie à l'ouvrage même ; le lecteur y trouvera de quoi satisfaire sa curiosité.

Ce zele filial a induit Eustache en erreur ; il a soutenu que dans l'homme il y avoit huit os au tarse, & que l'os sacrum n'en avoit que trois (a) ; cependant il a donné dans le même ouvrage une description exacte des os du palais, de l'os ethmoïde & sphénoïde, &c.

La veine azigos n'étoit presque point connue avant Eustache ; on avoit indiqué le gros tronc ; mais on avoit fait peu d'attention à ses diverses ramifications. Notre Auteur en a donné une description complette dans une dissertation particuliere.

Une découverte conduit ordinairement à une autre : il y a une connexion dans les recherches qui mene à la vérité ; Eustache en avoit trouvé le nœud. En recherchant la structure de la veine azigos dans le cadavre d'un cheval, il apperçut le premier le canal thorachique (b).

(a) M. de Haller a relevé la même faute, Method. stud. pag. 272.

(a) Pag. 301. *Voici les paroles de l'Auteur* : Ad hanc naturæ providentiam quamdam equorum venam alias pertinere credidi : quæ, cum artificii & admirationis plena sit, nec delectatione ac fructu careat, quamvis ad thoracem alendum instituta : operæ pretium est, ut exponatur itaque in illis animantibus, ab hoc ipso insigni trunco sinistro juguli, quâ posterior sedes radicis venæ internæ jugularis spectat ; magna quædam propago germinat : quæ præterquam quod in ejus origine ostiolum semi-circulare habet ; est etiam alba, & aquei humoris plena ; nec longe ab ortu in duas partes scinditur, paulò post rursus coeuntis in unam quæ nullos ramos diffundens, juxta sinistrum vertebrarum latus, penetrato septo transverso, deorsum ad medium usque lumborum fertur : quo loco latior effecta, magnamque arteriam circumplexa, obscurissimum finem, mihique adhuc non bene perceptum, obtinet.

Il a poussé plus loin ses recherches ; il a trouvé une valvule entre la veine-cave inférieure & la veine-cave supérieure ; elle porte aujourd'hui son nom (a) : il connut aussi qu'il y avoit dans l'oreillette droite, à l'extrémité des veines coronaires, une valvule qui permettoit au sang contenu dans les veines de couler dans l'oreillette, & qui l'empêchoit de refluer de l'oreillette dans les veines (b). Il n'a pas ignoré qu'il y avoit des arteres & des veines coronaires au cœur, que ce viscere étoit placé transversalement, & qu'il y avoit un trou de communication entre les oreillettes, &c.

L'histoire des dents est très détaillée dans l'ouvrage d'Eustache ; l'Auteur en a examiné le nombre, la position, la structure, & a établi leurs différens usages sur des raisonnemens les plus solides : il procede du général au particulier. On voit d'abord dans la description ce qu'il y a de commun dans chacune des dents, & l'on trouve ensuite ce qui distingue chacune d'elles. Pour donner plus d'ordre à sa description, & afin que le lecteur puisse plus aisément se reconnoître, il a détaillé tous ces objets dans des chapitres différens. Cette méthode de proceder ne peut induire en erreur, & l'on communique facilement ses connoissances quand on procede avec un ordre pareil. Eustache a indiqué tout ce qu'on observe dans les dents de l'adulte. Comme

(a) Membranâ quâdam artificii & admirationis plenâ, seu operculo plerumque obducitur, quam hactenus nullus Anatomicorum non ignoravit ; . . . . { adhæret sane interiori anteriotique venæ cavæ parieti sternum respicienti, ab eâque sede principium sumere videtur : ubi autem ad medium fere ambitus foraminis pervenit, in multiplices fibras easque satis crassas definit, quæ, ceu reticulum vario modo complicato & intextæ, reliquum semi-circulum complent, & toti foraminis capedini solutè ac sine conjunctione obducuntur : ita ut possint ab irruente materiâ hinc inde impelli atque repelli. Aliquando tamen hæc membrana ejusmodi contextu fibrarum destituitur & pariter. ...

(b) Atque illa quam artificio venæ coronariæ præfici dixi quasi cornutæ lunæ speciem refert, aliquando adeo parva & angusta est ut nisi diligenter animum quis advertat, quasi nulla sit, prætereatur. Ab hâc membranâ sinus ante cor positus cujus eminentior ora finis est conjunctionis dextræ auriculæ, è regione spatii quod est inter quartam & quintam thoracis vertebram, quo loco vena cava rursus suam teretem speciem sumit p. 289 & 290. Anat opusc.

avoient déja fait les anciens, il a décrit ce qu'il y avoit de particulier dans leurs corps & dans leurs racines ; mais il a été plus loin qu'eux sur leur formation. Les dents de la premiere & de la seconde dentition se forment, dit-il, dans l'utérus (a). Pour m'assurer de ce fait , dit Eustache, j'ai disséqué nombre de fœtus humains , & j'ai trouvé les germes de ces dents contenus dans différentes alvéoles (b). En ouvrant chaque machoire on voit les dents incisives , les canines , & les trois molaires ; savoir, la seconde , la troisieme & la quatrime : elles sont en partie osseuses & en partie mucilagineuses ; & elles sont distinguées les unes autres par des cloisons différentes. En continuant mes recherches , ajoute cet Anatomiste immortel, j'ai trouvé après ces dents une autre rangée de dents ; par sa position, chacune d'elles répondoit à sa semblable , excepté les dents canines qui répondoient à la grosse dent incisive. J'avoue cependant , dit Eustache, que je n'ai jamais trouvé le moindre germe des premieres dents molaires qui sortent de leurs alvéoles vers la septieme année ; cependant je n'oserois conclure , continue le même Auteur, que les germes de ces dents n'existent point dans le fœtus, mais vraisemblablement qu'ils sont plus petits que les autres , & qu'ils se sont dérobés à ma vue. Il y a à présumer que ces dents sont bien petites dans le fœtus & chez les nouveaux nés, mais qu'elles se développent bien vite dans un âge plus avancé. La preuve de mon sentiment peut se déduire de ce que l'on observe dans les autres dents (c) ; & si quelqu'un demande , dit Eustache , comment il peut se faire que les dents étant formées de la même matiere en même tems, en même lieu, les unes soient plutôt développées que les autres , je lui répondrai qu'il

(a) Pag. 44. de dentibus.
(b) Pag. 45. Apertâ utrâque maxillâ , occurunt incisores , canini ac tres molares , nimirum secundus , tertius & quartus , partim mucosi , partim ossei, non obscuræ magnitudinis , suisque præsepiolis undique vallati.
(c) Pag. 45. Verisimile tamen est , rationique consentaneum eos perinde ac secundos incisores & caninos rude quoddam, sed minus perspicuum initium ortus in utero sumete , sensimque postea similiter formari & absolvi.

eft plus fage d'admirer la nature que d'entreprendre de l'expliquer : *id fanè verò admirari magis poffumus, quàm perfpicuâ aliquâ & firmâ ratione explicare.* Cependant, dit notre fameux Anatomifte, il eft très probable que dans les dents la nutrition fe fait auffi réguliérement que dans les plantes ; on fait qu'il y en a plufieurs qui croiffent plus vite que les autres, quoiqu'elles foient plantées dans le même fol, & qu'elles fe touchent prefque ; celle qui croit vite abforbe vraifemblablement une partie du fuc nourricier qui appartiendroit à l'autre plante, fi la nature le diftribuoit uniformément. Parmi les dents, certaines doivent fans doute recevoir une plus grande quantité du fuc nourricier que ne font les autres, fouvent même que les collatérales, & cet excès de matiere nourriciere doit les faire développer les premieres.

L'ordre conduit notre Auteur à faire des recherches fur la forme & la ftructure des dents. Dans un enfant de deux mois, ou dans les boucs d'un âge à peu près pareil, on trouve dans les os maxillaires les dents incifives, les canines, & trois des molaires molles renfermées dans les alvéoles, & féparées par des cloifons particulieres : il y a à chacune d'elles un follicule d'un blanc obfcur, & d'une confiftance plutôt muqueufe que membraneufe, femblable à la gouffe d'un légume, & elle n'en differe que par une ouverture à travers laquelle paffe la dent. La fubftance de ce follicule approche d'autant plus de la fubftance du mucilage, & s'éloigne davantage de la nature des membranes, que la dent eft plus molle (a). La partie qui perce les gencives, fe couvre plutôt que celle qui refte dans l'alvéole d'une écaille blanchâtre mince, & creufe comme un rayon de miel (b). Cette lame extérieure des dents eft plutôt formée dans les incifives que dans les canines, & dans cellesci que dans les molaires : l'autre partie de la dent qui adhere à l'alvéole, de même que le follicule qui en revêt les racines, eft compofée d'une fubftance mu-

(a) Pag. 50.
(b) Page 52. Quandoquidem ea pars, quæ extra gingivas poftea erumpit, prius altera, quæ later, in candidam fquammam inftar favi mellis tenuem & excavatam formatur.

queufe,

queufe, cependant plus denfe que le mucilage ; fa couleur eft d'un blanc tirant fur le rouge foncé (a) ; la furface extérieure luit, & cette partie de la dent eft tranfparente lorfqu'elle eft expofée à la lumiere ; & quoiqu'on y obferve certains filets, elle paroît plutôt avoir la ftructure d'un corps concret que d'une véritable membrane. Par fa furface extérieure, elle reffemble à la peau humaine, & furtout à celle qui eft près de l'ombilic. Ce follicule eft fi adhérent à la portion de la dent qu'il recouvre, qu'on ne fauroit l'en détacher qu'avec beaucoup de difficulté ; il adhere encore fortement à l'émail (b). Voilà un véritable expofé de la formation des dents humaines ; fi vous ne pouvez vous procurer, dit Euftache que je fuis prefque mot à mot dans ces détails, des fœtus humains, vous pourrez faire vos recherches fur le bouc.

Euftache, toujours heureux dans fes recherches, pouffe plus loin fes obfervations : il examine le fentiment de quelques Anatomiftes fur le follicule de la dent ; il admire leur procédé, mais fans adhérer à leur fentiment ni le combattre : (*fententiam autem de hoc folliculo, neque reprobo, neque approbare poffum*). Il ajoute que le ligament de la dent eft muqueux ; parceque, dit-il, il eft d'abord intimement uni à la partie fupérieure de la racine encore tendre, & qu'après avoir pris de nouvelles forces capables de furmonter les gencives, il s'attache à cette partie offeufe comme par une efpece de glue : mais, continue toujours le même Auteur, parceque la partie de la dent qui fort de la gencive dépend de l'autre extrémité du follicule comme une pierre de la fronde (c) : c'eft pour cela que quelques-uns ont rêvé qu'elle a une appendice, & que le follicule, comme un ligament ou périofte, fort d'une cavité intérieure de la dent

(a) Pag. 51. Coloreque albo fimul & rubro fubobfcuro prædita.

(b) Page 5 :. Ita fquammofæ dentis concavitati nufquam, nifi in mediâ fortaffe bazi, quafi in puncto hærens, magnâ facilitate trahitur & educitur.

(c) Pag. 52. Quafi lapis à fundâ, quæ media perforata fit, aut corneâ à conjunctâ, feu ab adnatâ vocatâ oculi tunicâ, idcircò dentem aliqui appendicem habere putant.

XVI. Siecle.

1563.
EUSTACHE.

par une ligne qu'ils admettent entre cet appendice chimérique & le reste de la dent. Après un pareil raisonnement, le lecteur judicieux concevra aisément les conclusions que tire Eustache contre des Anatomistes de ce genre.

Il confirme son sentiment par quantité de faits qui détruisent totalement les opinions de ses adversaires (a). Notre Anatomiste, clairvoyant en tout, examine si une nouvelle dent a quelque analogie ou provient de celle qu'elle remplace, comme le prétend Celse, ou bien si elle n'est point produite indépendemment de la premiere : ce qui lui paroît bien plus conforme à l'expérience. Voici le raisonnement d'Eustache. Puisqu'il y a, dit-il, un appendice à cette partie osseuse qui fait du mal, quand on l'arrache, & qu'il est même troué pour recevoir des vaisseaux, des nerfs & des ligamens, il faut que la premiere dent n'ait nulle affinité avec la seconde ; car si l'une donnoit naissance à l'autre, elles se ressembleroient toutes deux, du moins dans leurs parties contiguës : ce qui est entiérement faux à tous égards. 1°. Parceque l'extrémité inférieure de la premiere est terminée en pointe, & que l'extrémité supérieure de la seconde est émoussée ; 2°. Parceque le bout de l'une est percé pour donner passage à des vaisseaux, des nerfs & des ligamens, & qu'on ne trouve aucun trou dans l'extrémité contiguë de l'autre. Eustache ne se borne pas à de simples raisonnemens philosophiques pour prouver la vérité du fait qu'il soutient ; il en appelle au cadavre, & a recours à l'observation qu'il a faite nombre de fois dans des sujets qu'il a disséqués par-

(a) Pag. 52. Nam, ut taceam eam lineam, quæ dentis partem extra gingivam prominentem ambit, ab humiliori vinculi & gingivæ ora ejusque adhæsione fingi, & in superficie tantum leviter exculpi ; eâque abrasâ nullum divisionis vestigium relinqui ; unusquisque etiam in puerulis, aut certe in hœdis aperte intueri potest, dentem osseum jam effectum, nullâ ibi lineâ esse disjunctum ; immò ab hoc folliculo adhuc mucoso ipsum libere comprehendi, solutéque cingi, quamobrem qui falsis inspectionibus, ineptoque mularum & canum exemplo, dentium appendices tam negligenter atque inconsiderate introducunt, rectius sibi consuluissent, si hominum primùm sectione, quam exercere præ se ferunt, tametsi sæpius omittunt.

ticuliérement pour s'inſtruire de la conſtitution de cette partie du corps humain. Il a donc trouvé que les dents des enfans qui renaiſſoient vers l'âge de ſept ans, n'ont nulle affinité avec celles qui tombent vers le même temps; elles ne peuvent, dit-il, ſe toucher à cauſe de la cloiſon oſſeuſe qui les ſépare & que cette nouvelle dent n'a pas plutôt percé, qu'elle chaſſe l'autre : ce qui confirme ſon ſentiment.

On voit dans l'intérieur des dents un canal qui ſe diviſe en pluſieurs autres qui répondent au milieu de leurs racines, & ces canaux ſont d'autant plus nombreux, qu'il y a de racines, & que le ſujet eſt plus jeune ; car ces canaux s'effacent avec l'âge (a). Dans ces canaux on trouve une ſubſtançe blanchâtre, ſemblable au mucilage, qu'on détache facilement : ce qu'on ne pourroit faire à l'égard du périoſte. Quand on fait ſécher ce mucilage, on lui donne la conſiſtance & la forme d'une membrane. Si l'on veut s'aſſurer plus particuliérement de cette ſtructure, il faut, dit le grand Euſtache, couper une dent d'un bœuf ou d'un belier, & on l'appercevra aiſément : cette matiere pourroit, ſuivant lui, ſervir à la nourrirure des dents. Outre que ce mucilage contenu dans la dent, eſt d'une nature différente du périoſte : le périoſte exiſte auſſi; la cavité interne de la dent en eſt tapiſſée ainſi que par les vaiſſeaux & les nerfs qui vont s'y diſtribuer; ces nerfs ſont nombreux ; & ſi Galien les eût connus, ajoute Euſtache, il n'eût pas été en peine d'expliquer la cauſe de la douleur des dents; il auroit auſſi trouvé dans les arteres, ſi elles lui euſſent été connues, la raiſon de la pulſation que certaines perſonnes reſſentent. Euſtache, pour donner une preuve plus complette de l'exiſtence des vaiſſeaux ſanguins dans les dents, en appelle à ces abondantes effuſions de ſang par divers trous de la dent qu'on a vu ſurvenir (b).

(a) Procedente veto ætate concavitatem ipſam auguſtiorem in die ac breviorem fieri, pag 54.

(b) Pag. 63. De dentibus equidem ipſe quoque mihi nunquam perſuaſiſſem, ſine arteriâ à perforato dente tantum fluidi ſanguinis emanare poſſe, ut ejuſmodi morbo oppreſſus vitam

En habile Anatomiste, Eustache ne se contente pas
de donner la description des dents, il donne encore
les regles qu'il faut suivre pour appercevoir les mêmes
objets qu'il a décrits ; par cette méthode il ne peut
induire les gens de l'art en erreur & tromper leur
crédulité. Il faut d'abord, selon lui, ouvrir le canal
de la machoire inférieure d'un bœuf, & l'on y verra les
nerfs & les vaisseaux sanguins qui s'insinuent dans les
racines des dents. Les choses ne sont pas aussi sensibles
dans l'homme ; mais Eustache juge par l'analogie &
par les raisons déja rapportées, qu'il y a dans les
dents de l'homme une égale distribution de vaisseaux ;
on peut à celles-là ajouter, dit-il, qu'en arrachant
à l'homme une dent des alvéoles, on voit à ses extrémités divers filamens qui sont vraisemblablement
les restes des vaisseaux qu'on a déchirés.

Voilà la structure des dents développée ; Eustache
expose ensuite divers phénomenes qui leur sont
relatifs ; il indique en quel temps elles sortent
de leurs alvéoles, comment & par quelles voies elles
se nourrissent : d'où leur vient leur sensibilité ? Est-
ce la dent elle-même, ou le nerf qui s'y distribue
qui est le vrai siege de la douleur ? La douleur est-
elle répandue dans toute la substance de la dent,
ou est-elle limitée ? Quels sont les usages des dents,
leurs maladies & leurs variétés ? Voilà la question
qu'Eustache s'est proposé d'examiner ; il l'a fait avec
toute la précision, la justesse & l'exactitude dont
l'homme puisse être capable.

Eustache ne publia pas de son vivant son grand
& riche recueil de planches anatomiques, quoiqu'il eût pris un soin extrême pour les composer
& les faire graver, quoiqu'elles fussent finies en 1552,
& qu'il ne soit mort qu'en 1574. Ces planches resterent chez Pinus son ami, ensuite dans la famille
des Rubins : elles étoient sans lettres & sans explications ; du reste aussi exactes qu'elles le sont
aujourd'hui : quelques-uns prétendent qu'elles ont
été composées d'imagination ; ce dont je doute beaucoup, vû la grande exactitude & l'étendue de l'ou-

una cum eo pene effunderet & tamen id ita, juvet me Deus, expertus sum & oculis vidi.

vrage : on ne peut comprendre par quelle fatalité ces planches font restées dans l'oubli pendant l'espace de plus d'un siecle ; elles furent découvertes en 1712 & publiées à Rome par Lancisi , premier Médecin du Pape Clément XI qui lui en fit présent. Ces planches font de la plus grande exactitude , quoiqu'on n'y ait point observé les principales regles du dessein ; on y reconnoît la nature plutôt que l'art. La plus grande partie de l'Anatomie est représentée dans ces planches qui font au nombre de quarante-sept : les sept premieres contiennent l'histoire des reins ; dans les interstices , l'Auteur a fait graver quelques particularités relatives à la structure de l'oreille ; la huitieme représente le cœur ouvert & les ramifications de la veine azigos. On voit dans la figure six de cette même planche , la figure de la fameuse valvule de la veine-cave découverte par l'Auteur (a) ; on y apperçoit encore la figure de la valvule , des veines coronaires (b) , & celle du trou ovale (c) dont on donne la découverte à M. Botal. Il n'a pas ignoré qu'il y avoit deux arteres & deux veines coronaires au cœur , & il a dit que ce viscere étoit placé transversalement (d).

Les visceres y font représentés dans neuf planches depuis la neuvieme jusqu'à la dix-septieme. Dans la neuvieme on voit les capacités ouvertes , les visceres dans leurs places. Il y a dans cette planche un assemblage de figures de plusieurs Auteurs. Euftache les a combinées. Plusieurs du bas-ventre appartiennent à Vesale ; quelques-unes du cerveau à Charles Etienne ; celles des poumons paroissent lui être particulieres : le poumon droit y est divisé en trois lobes , au lieu que dans les planches de Vesale il ne paroît formé que de deux , comme il est dans plusieurs animaux. Euftache s'est garanti de l'erreur. La dixieme planche d'Euftache , ou la seconde de la splanchnologie , représente le paquet intestinal , le foie , l'estomac , le pancréas , & le mésentere hors du péritoine ; la

(a) Pag. 22. Plan d'Euftache par Albinus.
(b) Page 24. Opusc. Anat. Edit.
(c) Pag. 57. Littera V.
(d) Haller , Meth. stud. Med. Pag. 304.

véritable poſition des viſceres y eſt obſervée ; il y a auſſi indiqué la poſition de l'œſophage ; les ligamens qui l'attachent à l'eſtomac y ſont décrits. Euſtache a auſſi connu, vraiſemblablement d'après Nicolas Maſſa, que l'eſtomac vuide avoit une poſition différente de celle de l'eſtomac plein ; il a connu les glandes dorſales : les principaux vaiſſeaux ſanguins. Les fibres muſculaires de l'anus & des inteſtins, ainſi que les tuniques dont ils ſont compoſés, y ſont très bien exprimées ; il a connu le petit épiploon, & a eu une idée très exacte du pancréas ; il a auſſi indiqué la continuité du méſentere avec le méſocolon. Euſtache s'enfonce de plus en plus dans le détail. L'onzieme planche contient les figures de pluſieurs viſceres du bas-ventre, vus en dehors, en dedans, en avant ou en arriere. Dans la premiere figure paroiſſent les vaiſſeaux méſentériques & leurs glandes ; l'Auteur n'y a point repréſenté l'artere méſentérique inférieure. Les figures trois & quatre où l'on voit le foie en avant & en arriere, ne ſont pas mauvaiſes ; le ligament ſuſpenſoir du foie, la véſicule du fiel, & les vaiſſeaux ou conduits qui en dépendent, y ſont repréſentés. Il eſt difficile de dire ce que repréſentent les figures 5, 6, 7, 8 & 9 ; Lanciſi & Albinus ont cru que c'étoit la rate qu'Euſtache avoit fait voir ſous différentes faces ; on y voit toujours nombre de ligamens qui dans l'état naturel fixent ce viſcere. La figure 11 repréſente la veſſie & l'uretre ouvertes ; l'on y voit la ſubſtance ſpongieuſe de l'uretre ; mais on n'y trouve point le vérumontanum. La planche 12 exprime les reins & les parties de la génération de l'homme ; l'Auteur y a fait repréſenter les véſicules ſéminales ; les vaiſſeaux pampiriformes n'y ſont pas mal figurés ; les anaſtomoſes des arteres avec les veines, y ſont ſenſibles. Il eſt après cela étonnant que M. Winſlow ait attribué à Léal Léalis, Anatomiſte italien, cette découverte. La figure de la veſſie, quoique groteſque, donne une idée vague des trouſſeaux muſculeux dont elle eſt compoſée. La figure 13 contient l'hiſtoire des parties génitales de la femme ; il n'y a rien qui ſoit digne d'être obſervé. La 14 roule ſur le même objet ; les figures ſont ré-

pétées fans être exactes; l'Auteur a plus confulté fon
imagination que la nature ; les trompes de Fallope
y font repréfentées, mais fans exactitude. L'expofition
des mufcles des parties génitales ou des environs,
n'eft pas fi mauvaife ; au contraire, la figure premiere
mérite la plus grande confidération. Euftache a
admis l'exiftence de l'hymen, il a parlé de nombre
de vaiffeaux dans le ligament rond; il a connu la
figure triangulaire de la cavité de l'utérus, les finus
du col de la matrice & du vagin, les mufcles du clitoris, & a admis un fphincter au vagin; il s'eft formé
une véritable idée des enveloppes du fœtus; & ainfi
que Fallope, il a nié l'exiftence de la membrane
allentoïde.

Du bas-ventre, notre Auteur paffe à la poitrine.
La planche 15 repréfente dans 6 figures les vifceres
dans leur enfemble, & chacun d'eux en particulier
vu à l'extérieur. Il y a d'excellentes chofes dans cette
planche ; le cœur y paroît à-peu-près dans fa fituation naturelle ; les vaiffeaux qui en partent, leur
diftribution dans le poumon, leur pofition & leur
figure, y font exprimés d'une maniere plus correcte
& plus exacte que ces parties ne font repréfentées
dans la plupart des planches des modernes ; j'en excepte celles de M Senac qui femble par fes travaux
& par fes recherches avoir forcé la nature à fe dévoiler. Les adhérences du péricarde aux vaiffeaux
fanguins y font très bien exprimées. Euftache eft cependant répréhenfible d'avoir donné au cœur la figure
d'un triangle ifocele, & d'avoir placé l'oreillette droite
directement en arriere, tirant un peu fur le côté
droit ; tandis qu'elle eft naturellement placée fur la
bafe du cœur en haut, & en arriere un peu à droite.
M. Lieutaud (a), dans fa planche quatrieme, a donné
à l'oreillette droite la même pofition qu'Euftache lui a
donnée. La nature offriroit elle quelque variété, ou
bien ces Auteurs célebres auroient-ils un peu trop
redreffé la pointe du cœur & en même temps abaiffé
les oreillettes ? &c.

Le cerveau, le cervelet & la moëlle épiniere font

(a) Effai Anat.

admirablement représentées dans la dix-septieme planche ; on y trouve les traces de plusieurs découvertes
que quelques modernes disent avoir faites dans ce
viscere. Eustache a placé les éminences mamillaires
auprès de l'infundibulum ; il a admis trois cornes
aux ventricules supérieurs ; il a connu la véritable
position du troisieme ventricule, les corps olivaires
& pyramidaux, la commissure antérieure du cerveau,
les plexus choroïdes, le moyen & les latéraux, l'o-
rigine véritable de plusieurs nerfs, la position naturelle des tubercules quadrijumeaux. La planche 18
a les nerfs pour objet. L'Auteur a connu les dix paires
qui viennent du cerveau, & les trente qui viennent
de la moëlle épiniere. Le grand nerf sympathique y
est distingué de la huitieme paire ; Eustache l'a suivi
jusques dans le crâne, & a vu *le premier son union
avec la sixieme paire* (a) ; on n'y voit aucun rameau
qui se joigne avec la cinquieme : ce qui s'accorde
avec la nature. Eustache a donc su se garantir de
l'erreur dans laquelle sont tombés les Anatomistes
qui lui ont succédé, en admettant une seconde branche du nerf intercostal qu'ils disent avoir conduit
jusqu'à la cinquieme paire (b). Les principaux plexus
sont exprimés dans la même planche ; on y trouve
tous les nerfs de l'œil, si l'on en excepte le ganglion ;
il a connu la corde du tympan, plusieurs commu-
nications de la cinquieme à la septieme paire. Il s'est
assuré avant Malpighi que le nerf optique étoit composé de plusieurs lames entrelacées de la substance
du cerveau. Il y a plusieurs choses défectueuses, &
ces défauts sont si nombreux, que je ne saurois les
relever sans grossir cet extrait au-delà des bornes que
je me suis prescrites. Il y a un supplément à la table
18 qui comprend plusieurs explications dans lesquelles
Eustache a donné une exposition plus étendue des
nerfs. Les vaisseaux sanguins font l'objet de vingt
planches. De l'extérieur Eustache va à l'intérieur du
corps. D'abord on voit l'ensemble, & les vaisseaux
en général, & peu à peu il descend dans le particulier, ainsi successivement il parcourt la plus grande

(a) Haller, Meth. stud. Med. pag. 338.
(b) Haller, Elem. Phy. pag. 210. Tom. IV.

partie des vaisseaux du corps humain, & il décrit les nerfs du bas-ventre avec beaucoup d'exactitude pour le temps où il vivoit (a).

Euftache a nié à Amatus Luzitanus l'exiftence des valvules dans la veine azigos, & a parlé de trois valvu-les dans les veines du bras. Il a corrigé Vefale dans différens endroits touchant la defcription que cet Anatomifte avoit donnée des vaisseaux des extré-mités : il n'a point, comme lui, fait repréfenter les vaiffeaux ifolés des parties voifines ; il les a au con-traire fait peindre dans leur vraie pofition, avec les parties adjacentes : cette méthode donne une idée plus exacte. Il faudroit faire une hiftoire complette d'angiologie pour donner l'explication de ces plan-ches. Je renvoie le lecteur au commentaire des plan-ches, qu'Albinus a donné.

En fuivant le même ordre, Euftache a repréfenté dans 14 planches les mufcles du corps humain : leur connexion, leur ftructure, leur figure, leur fitua-tion générale & particuliere y font indiquées avec la plus grande juftesse & la plus grande exactitude dont l'homme puifse être capable. Il n'y a qu'un fa-vant Anatomifte qui puifse en fentir toutes les beautés ; & fi l'erreur fe trouve quelquefois mêlée avec la vé-rité, il faut être bien connoifseur pour pouvoir la reconnoître. Il n'y a que les vrais amateurs & les vrais connoifseurs de leur art qui puifsent apprécier les travaux d'Euftache.

Vefale avoit à-peu-près connu l'enfemble & le rapport des pieces qui compofent la machine humai-ne, mais il n'en avoit point indiqué la ftructure parti-culiere. Euftache a renchéri fur fes ouvrages en fouil-lant dans l'intérieur des parties, afin d'en connoître la vraie organifation, il en a développé le tiffu. Pour ve-nir à bout de fon defsein, il s'eft fervi de tous les moyens imaginables : il a pris des cadavres de diffé-rens âges, de différent fexe, de fujets morts de mala-dies aiguës ou de maladies chroniques ; des animaux de differentes efpeces ; & tantôt à l'œil nud, tantôt

(a) Inimitabili labore totum, adeo complexum, nervorum abdominalium fyftema comprehendit, Haller pag. 339. Meth. ftud. Med.

par le moyen de verres artiſtement arrangés , il a examiné la configuration interne des parties. Ces moyens étoient-ils inſuffiſans ? il faiſoit macérer les pieces dans différentes liqueurs, il les faiſoit ſecher par divers dégrés de chaleur , il les inciſoit en pluſieurs ſens , & il injectoit dans les vaiſſeaux de ces parties , des liqueurs plus ou moins colorées , plus ou moins épaiſſes , & plus ou moins ſubtiles ; ainſi il a été auſſi adroit pour préparer les pieces , qu'il étoit ingénieux à les examiner par tous les moyens que l'art peut inventer.

Après les muſcles viennent les cartilages , & après ceux-ci les os ; l'Auteur a conſacré cinq planches à ce ſujet. Le ſquelette y eſt repréſenté ſous tous les points de vue imaginables , & l'on y trouve une figure particuliere de toutes les pieces qui compoſent la charpente oſſeuſe.

Outre les muſcles connus de Veſale , Euſtache a parlé de pluſieurs autres qui appartiennent à la face , à la luette, au larynx, à la main, au dos, à l'oreille , aux parties génitales & à la mâchoire inférieure (a) Fallope a décrit ces muſcles, il y a grande apparence qu'ils lui appartiennent ; car il ſe pare de la découverte , ce qu'il n'auroit oſé faire du vivant d'Euſtache, & d'ailleurs Euſtache lui-même ne dit pas avoir découvert ces muſcles : il s'eſt contenté de les faire repréſenter : ce qu'il a fait de mieux c'eſt d'avoir indiqué les vraies attaches des muſcles ; il a ſcrupuleuſement indiqué le releveur & contourné du palais. Il a connu l'hypéropharyngien, le pharyngo-ſtaphylin, & l'inſertion véritable du ſtylo-pharyngien au cartilage thyroïde.

Cuneus (Gabriel) , Médecin , qui a profeſſé l'Anatomie à Milan & à Padoue, fut un diſciple fort zélé de Veſale : il a paru ſous ſon nom un ouvrage intitulé :

Apologiæ Franciſci Putei , pro Galeno in Anatome examen. Mediolani , 1563. *Venetiis* 1564 , *in-4°. Lugd-Batav.* 1726. *cum operibus Veſalii.*

Quoique le nom de Cuneus ſe trouve à cet ou-

(a) Pag. 291. Meth. &c.

vrage, il n'en eſt cependant pas univerſellement regardé comme l'Auteur ; Cardan (a) l'attribue à Veſale lui-même, parcequ'il croit y reconnoître ſa diction. Quoi qu'il en ſoit voici une idée de cet ouvrage.
L'Auteur ſe plaint amerement à F. Puteus, diſciple
de Sylvius, d'avoir maltraité hors de propos par des
critiques injurieuſes le prince des Anatomiſtes vivans, Veſale ſon maître ; il le traite d'impéritie, &
il l'accuſe de ſervir plutôt la cabale & la brigue que
la vérité. Suivant lui Veſale eſt l'Auteur d'un nombre
prodigieux de découvertes qui ne ſe trouvent point
dans les ouvrages de Galien ; Veſale a diſſéqué pluſieurs cadavres humains, au lieu que Galien, c'eſt
toujours Cuneus qui parle, n'a diſſéqué que des ſinges : & ſi Veſale a été forcé de diſſéquer de ces animaux, il n'a pas manqué d'en indiquer les différences. Pour prouver ſa propoſition, Cuneus a fait le
parallele de pluſieurs deſcriptions extraites de l'ouvrage de Veſale, & avec d'autres deſcriptions tirées
des ouvrages de Galien ; & pour en faire une juſte
application, il a donné l'expoſition Anatomique
d'une partie de l'homme & d'une même partie du
ſinge. Cette deſcription faite il a recherché dans les
ouvrages de Veſale & de Galien, celle qui convenoit au ſinge ou à l'homme ; en comparant ainſi les
objets, il a pu décider en maître quel des deux Anatomiſtes avoit eu le ſinge ou l'homme pour objet :
Veſale lui a toujours paru être le véritable peintre de
la nature humaine, & Galien au contraire celui des
ſinges.

Veſale, ſuivant Cuneus, eſt l'Auteur d'un grand
nombre de découvertes, & il a donné des parties les
mieux connues avant lui, des deſcriptions plus amples & plus exactes. L'hiſtoire ſeule des articulations
rendra les ouvrages de Veſale recommandables au-
deſſus des autres Anatomiſtes. Les os, ajoute Cuneus,
ſont décrits dans le grand ouvrage de Veſale avec une
préciſion & une exactitude peu commune aux Anatomiſtes qui l'avoient précédé. L'hiſtoire des vaiſſeaux, des nerfs & des viſceres eſt déduite du cada-

(a) De propriâ vitâ, cap. 48.

vre de l'homme, au lieu que Galien n'a confulté que
le finge ou fon imagination : & comment, dit Cuneus à Puteus, juftifierez-vous Galien d'avoir dit
que les arteres coronaires venoient du cœur, tandis
qu'elles viennent de l'artere aorte, &c. &c. C'eft ainfi
qu'un difciple zèlé prend à cœur les intérêts de fon
maître : Cuneus fe fert des raifons les plus fortes &
des termes les plus expreffifs pour combattre F. Puteus, l'adverfaire de Vefale ; il lui démontre par-
tout la futilité de fes préjugés, & il l'accufe en plufieurs endroits de manquer de reconnoiffance envers
celui dont il tient la plus grande partie de ce qu'il
fait en Anatomie.

Foglia.

Foglia (Jean Antoine), Médecin de Naples, vivoit vers le milieu du feizieme fiecle, & étoit premier Profeffeur de Médecine dans le College Royal
de la même Ville. Il eft l'Auteur d'un Traité fur la
fquinancie, qui eft peu connu ainfi que fon Auteur.
Linden tronque le texte (a), & Mr. de Haller donne
à Foglia le nom de Pierre, quoiqu'il portât celui
d'Antoine, ce qui femble prouver que ce livre manque dans fa Bibliotheque (b).

Dans fon avis au Lecteur, Foglia nous annonce
qu'il donne dans fon Livre la defcription d'une épidémie qui a regné en Efpagne, & dont il a indiqué les
mêmes remedes ; fon livre eft divifé en vingt-huit
chapitres : dans les premiers il recherche les caufes
qui ont pu occafionner cette maladie, & il les trouve plutôt dans les aftres que dans l'athmofphere (c).
L'Auteur nous apprend que les enfants ont été plus
expofés à la maladie épidémique que les adultes,
& qu'elle a commencé par attaquer les bœufs avant
d'agir fur l'homme.

L'efquinancie étoit fans tumeur extérieure, la bouche étoit couverte d'aphtes qui donnerent lieu à un
ulcere des plus difficiles à guérir. La peau de tout le
corps étoit blanchâtre, & les excrémens paroiffoient
jaunâtres. C'étoit par ces fymptômes que commençoit la maladie ; cependant ces fymptômes ne paroif-

(a) Pag. 275.
(b) Meth. ftud. pag. 725.
(c) Page 21.

foient pas toujours avec la même intenfité, fouvent même étoient-ils compliqués avec d'autres étrangers. Quoique l'Auteur ait fait plufieurs efpeces de fqui-nancie, il a recommandé dans toutes un ufage fré-quent des purgations & des gargarifmes. Cet ouvra-ge eft écrit avec peu d'ordre, & le ftyle en eft diffus.

Le Livre que Foglia a laiffé porte le titre fuivant:

De faucium ulceribus. Neapol. 1563 in-4°. 1635 in-4°.

Douglas & M. de Haller placent Craton, Méde-cin, parmi les Anatomiftes; j'ai confulté fes ouvra-ges, mais je n'ai rien trouvé qui puiffe lui donner une place dans notre hiftoire. Les ouvrages de Craton font plus du reffort de la Médecine que de l'Anato-mie & de la Chirurgie.

Kapfer (Máthieu), a écrit une differtation inti-tulée.

Relatio vera quomodo cultrum ex ancilla cujufdam ventre, quem per annum ferè in eo geftaverit, ex latere extraxerit, & quamque reftituerit. Wolfenbutel 1563 in-4°. Ce livre eft écrit en Langue Allemande.

Pinus (Pierre Mathieu), a publié l'ouvrage fui-vant:

Annotationes in opufcula Anatomica Bartholomai Euftachii ex Hippocrate, Ariftotele, Galeno, &c. Venetiis 1563 in-80.

L'Auteur a voulu déduire des plus anciens Auteurs les découvertes d'Euftache; il n'a point rempli fon objet.

Etienne (Henri), eft l'Auteur d'un Dictionnaire où l'on trouve l'explication des principaux termes d'Anatomie & de Chirurgie, il a pour titre:

Dictionarium medicum, vel expofitiones vocum me-dicinalium ad verbum excerpta, ex Hippocrate, Aræ-tæo, Galeno, Oribafio, Rufo, Ephefio, Ætio, Ale-xandro Tralliano, Paul. Ægineta, Actuario, Cor-nelio, Grecè, cum latinâ interpretatione, &c. Lute-tia, apud Henr. Stephanum, 1564 in-8°.

Borgaruccius (Profper), difciple de Vefale, a donné plufieurs ouvrages de Médecine, & a publié une nouvelle édition de la grande Chirurgie de Ve-fale; il eft auffi l'Auteur d'un ouvrage d'Anatomie.

Della contemplatione Anatomica sopra tutte le parti del corpo umano. Venet. 1584 in-8°. Je n'ai pu trouver cet ouvrage.

Costa ou Costæus, Médecin François (a), qui fut Professeur dans l'Université du Turin, & ensuite dans celle de Boulogne. Il mourut en 1603, nous avons de lui un grand nombre d'ouvrages; voici ceux où l'on trouve quelques détails d'Anatomie ou de Chirurgie.

De venarum meseraicarum usu liber. Venetiis, 1565 in-4°.

Disquisitionum physiologicarum in primam primi canonis Avicennæ sectionem, libri sex. Bononiæ 1589 in-4°.

Annotationes in Avicennæ canonem, cum novis observationibus, &c. Venet 1595, in-fol.

De humani conceptus, formationis, motus & partus tempore. Bononiæ 1596, in-4°. Papiæ, 1604, &c. Je n'ai pas vu ces ouvrages.

Grevin (Jacques), Médecin célebre du XVIe. siecle, de la Faculté de Paris, s'est autant distingué dans la Littérature que dans la Médecine; il naquit à Clermont en Beauvoisis, il passa sa jeunesse à l'étude des Langues, des Belles-Lettres & de la Philosophie. A peine avoit-il atteint l'âge de treize à quatorze ans, qu'il composa diverses pieces de théâtre & plusieurs autres poëmes. On assure que toutes ces pieces furent faites en l'honneur de Nicole Etienne, fille de Charles Etienne, Médecin de Paris, qui fut mariée à Jean Liebaut, Médecin de la même Faculté. Le goût de rimer, qui est assez éloigné de l'étude de la vraie Philosophie, n'en détourna point Grevin; il s'occupa spécialement à la Médecine, & se fit une réputation brillante dans cet état. Les plus grands Seigneurs se firent un honneur de le consulter; la Duchesse de Savoie le prit pour son Médecin à titre, & l'emmena avec elle en Piémont. Les préjugés sont de tous les états; Grevin ne sut s'en défendre: aussi précipité dans ses ordonnances de Médecine, qu'il l'étoit à faire des vers, il condamna sans réflexion l'usage de

(a) Voyez Douglas.

plufieurs médicamens dont l'humanité a retiré dans
les fuites les plus grands avantages ; ce fut lui qui
déclama contre l'antimoine , en rapportant nombre
d'obfervations mal faites & mal vues pour faire profcrire ce remede ; il détermina la Faculté à s'affem-
bler pour préfenter requête au Parlement , afin qu'il
interdît tout ufage de ce minéral , comme il avoit
autrefois fait de l'orpiment & du mercure. Perfuadés
de la validité de fes remontrances , les Magiftrats
octroyerent fa demande. Ainfi voilà un homme in-
quiet qui prive l'humanité d'un des plus puiffants re-
médes contre plufieurs maladies qui l'affligent : l'antimoine fut bani de la Médecine par un decret de la
Faculté de Paris, confirmé par un Arrêt du Parlement rendu en 1609. Grevin fit tous ces beaux ex-
ploits dans un âge très-peu avancé , & quoiqu'il
eût paffé une partie de fa vie à compofer des vers ou
à introduire lui-même des nouveautés dans la Médecine , & à profcrire celles dont il n'étoit pas l'Auteur, il s'adonna à l'Anatomie & y fit quelques progrès ; il mourut à l'âge de trente ans à Turin , le 5
Novembre 1570. Marguerite de France , femme de
Philibert Emmanuel, Duc de Savoie, dont il étoit
Médecin, fut fort affligée de fa mort , & pour donner
une preuve de fon eftime & de fon attachement pour
Grevin , elle retint toujours auprès d'elle la femme &
la fille de ce Savant homme. Le livre que Grevin a
publié eft :

*Anatomes totius are infculpta delineatio. Lutetiæ
Paris* 1565 , in fol. *Antwerp.* 1565 , 1572 in-fol.

Il fut imprimé auffi fous le titre fuivant :

*Les portraits Anatomiques de toutes les parties du
corps humain , gravés en taille douce par le com-
mendement du feu Henri VIII , Roi d'Angleterre. Paris* 1569 in-fol.

Cet ouvrage eft un abrégé de celui de Vefale ,
on y trouve les mêmes planches : le même ordre y
eft obfervé , & l'Auteur a copié les explications des
planches ; cependant il y a ajouté quelques remarques peu curieufes , & pour la plûpart utiles : elles
font diftinguées du texte par un caractere différent.

Dans une il diftingue le cerveau en quatre parties, en cerveau proprement dit, cervelet, moëlle allongée, & moëlle épiniere. Dans plufieurs autres il fait une récapitulation de quelques chapitres : à la fin de l'ouvrage il donne un extrait de l'Anatomie de Vefale. C'eft là qu'il dit que la moëlle épiniere ne differe du cerveau & du cervelet, que parcequ'elle n'a point comme eux de mouvement particulier. Du refte cet ouvrage eft affez incomplet, l'Auteur n'eft qu'un pur copifte de Vefale, il n'a point profité des remarques que plufieurs grands hommes lui avoient fournies, & par cela même il s'eft rendu peu digne du titre d'Anatomifte. La partie typographique de cet ouvrage eft cependant bien exécutée, mais c'eft à Wecheus, Imprimeur de Beauvais, que nous en fommes redevables.

Pecelius (Médecin), eft l'Auteur d'une differtation fur la génération.

Oratio de generatione hominis. Witeberga 1565, in-8°.

Gryll (Laurent), Médecin de Landshut en Allemagne, dans la baffe Baviere, s'eft rendu recommandable par fes grandes connoiffances dans les Langues étrangeres ; il parcourut les principales provinces de l'Europe, & fut enfin fixer fa demeure à Ingolftadt où il fut profeffeur en Médecine. Il mourut dans cette Ville en 1561, & fes ouvrages ne furent publiés que cinq ans après.

*De fapore dulci & amaro liber. Praga 1566, in-8°.

Ce traité ne vaut rien, il eft rempli d'une fade théorie.

Coiter (Volcherus), Médecin, étoit de Groningue dans la Frize ; il naquit en 1534, dès fon plus bas âge il fe fentit porté à l'Anatomie & à la partie de la Médecine qui y a du rapport ; après qu'il eût fini fon cours de Philofophie, il en entreprit l'étude avec le plus grand zele : pour faire de progrès plus rapides, il parcourut les différens Royaumes de l'Europe. Il vint en France & de là paffa à Padoue, en Italie, pour y fuivre les favantes leçons de Fallope ; il fut à Rome & lia une étroite amitié avec Euftache (a),

(a) In introductionis capite fexto.

De

De Rome il paffa à Boulogne où il entendit le
célebre Arantius; il vifita plufieurs fois fon cabinet d'hiftoire naturelle. Cette ville depuis long-
tems célebre par les fciences qu'on y cultivoit, lui
parut digne de fon féjour ; il y fixa fa demeure
pendant quelque-tems , y enfeigna l'Anatomie de
l'homme avec diftinction , & s'y exerça beaucoup à
l'Anatomie comparée ; il connut dans les fuites Al-
drovande , & en travaillant avec lui il acheva de fe
perfectionner dans la connoiffance des animaux ; il
paffa à Montpellier , y féjourna quelque-tems , & y
lia une étroite amitié avec Rondelet. Orné des plus
grandes connoiffances , Coiter fe rendit à Nuren-
berg où la République l'avoit appellé ; cependant
il n'y fit pas un long féjour ; la France étant en guerre
avec un des Royaumes voifins , il y revint pour occuper une place de Médecin dans fes Armées ; le zele
de s'inftruire ne l'abandonna jamais ; il crut trouver
dans la guerre des moyens plus favorables pour difféquer des cadavres , afin d'apprendre la vraie caufe
ou les principaux ravages des maladies. Cependant le fort décida autrement que Coiter ne l'avoit
préfumé , car il mourut au milieu de fes travaux.
Nous avons de lui :

De cartilaginibus tabulæ. Bononiæ , 1566 in-fol.

*Externarum & internarum principalium humani cor-
poris partium tabulæ atque Anatomicæ exercitationes.
Obfervationefque variæ , novis , diverfis ac, artifi-
cioffimis figuris illuftratæ. Norimberg. 1573 , in-fol.
Lovani. 1653 , in-fol.*

Coiter , difciple de Fallope , avoit fucé les maximes de fon maître , & adopté pour fes recherches les
mêmes objets : Il s'occupa beaucoup à Boulogne fur
le fœtus humain (a) , il le dit lui-même dans le fecond ouvrage que j'ai énoncé. On doit être furpis ,
ajoute Coiter , que les Anatomiftes , excepté Fallope
& Euftache , aient négligé l'étude des os des enfants ,
qui font le plus fujets aux fractures & aux luxations ;
le filence des Anatomiftes fur la ftructure des os des
fujets de cet âge , a entraîné mille accidens ;

(a) Pag. 37. Norimbergæ. 1573.

les Chirurgiens ont estropié la plûpart de ceux
qu'ils ont traités, les Barbiers, les Charlatans
comptent leurs malades par le nombre de bossus ou de
boîteux qui se promenent dans les Villes. Touché de
ces raisons bien valables chez tout homme qui pense,
Coiter a préparé nombre de squelettes de fœtus ou
d'enfant de différent âge & il s'en est servi pour faire
ses leçons.

XVI. Siècle.
1566.
COITER.

Il a fait graver dans trois planches différentes les
pieces osseuses du fœtus, les deux premieres représentent trois squelettes de fœtus d'un âge différent ;
on voit dans la troisieme figure la baze du crâne
d'un fœtus par la face interne ou externe, ce sont
les premieres planches qu'on ait données en ce genre.

Coiter donne une explication très longue & très
bien raisonnée de ses planches ; il parle du crâne du
plus petit squelette, il fait observer qu'il n'étoit pas
plus long que le doigt, que la tête étoit fort grosse
relativement aux autres parties ; & que les os pariétaux & l'os occipital étoient fort mols pour l'âge ;
il a trouvé plus d'une fois des fœtus qui n'avoient
qu'une partie de l'épine ossifiée (a). Les os longs
commencent à s'ossifier vers leur partie moyenne, ils
se dilatent même à proportion qu'ils s'endurcissent ;
mais la nature change ensuite le systême de ses opérations, au lieu de travailler à la perfection de ce
germe osseux elle en produit deux autres aux extrémités des os (b). Les os larges s'ossifient dans plusieurs endroits à la fois, ordinairement du centre à la
circonférence de ces os ; quelques-uns avant d'acquérir cet état sont ligamenteux, ils deviennent cartilagineux & ensuite osseux. Dans la premiere formation des os du fœtus l'on n'apperçoit dans les os ni
cavités ni éminences, peu à peu elles se développent, d'abord elles paroissent cartilagineuses, ensuite
elles prennent une construction plus solide & se
changent en os.

Les os du crâne d'un enfant de six mois ne sont
point comme ceux de l'adulte joints par des sutures
particulieres ; mais par simple harmonie la plûpart

(a) Pag. 38.
(b) Page 3.

des os font divifés par le milieu, à cet âge de la vie ; tels font le coronal & l'occipital.

Le cercle offeux de l'oreillea difparu vers le feptieme mois de naiffance ; on ne trouve pour lors qu'un canal continu a l'os temporal ; & les offelets de l'ouie font auffi durs dans le plus bas âge qu'ils le font dans l'âge décrépit (a). Elevé par Fallope, Coiter ne pouvoit ignorer fans deshonneur que les fœtus n'ont point de finus dans l'os fphénoïde ou dans l'os de la mâchoire ; il a auffi fait obferver que dans les premiers âges de la vie l'os ethmoïde eft cartilagineux, que la lame moyenne defcendante eft la premiere partie qui fe change en os ; que les dents exiftent dans le fœtus, qu'elles viennent d'autant des germes qui font dans les alvéoles féparés par plufieurs cloifons & en plufieurs rangs, & dont les uns fe développent plutôt que les autres (b). Je renvoye fur nombre d'autres particularités relatives la ftructure des dents à mon extrait de Fallope.

A l'âge de fix mois, continue notre Auteur, l'hyoïde ne mérite pas d'être placé parmi les os ; il eft mol dans toutes fes parties. A un an de naiffance les vertebres, excepté les deux premieres, font compofées de trois pieces ; la premiere forme le corps & les deux autres appartiennent aux parties latérales, les apophifes épineufes & les tranfverfes font encore cartilagineufes ; Fallope avoit déja apperçu cette ftructure, mais dans un âge différent. L'os facrum eft compofé de cinq pieces féparées, & l'os coccyx n'eft formé que d'un feul cartilage ; l'omoplate du fquelette qu'a décrit Coiter qui appartenoient aux fœtus d'environ fix mois, n'avoient de cartilagineux que les extrémités des apophifes acromion & coracoïde, le refte étoit offifié.

Les cartilages des côtes font dans le fœtus unis au cartilage qui doit former le fternum; Coiter a obfervé que la partie fupérieure de cet os commençoit à s'offifier, & qu'ainfi fucceffivement de haut en bas, les parties

(a) Meatus auditorius, five canalis externus non undequaque in pueris offeus eft, fed quafi omnino cartilaginofus & ad feptimum ufque menfem poft procreationem fejungi poteft, pag. 59
(b) Pag. 59.

S f ij

acquéroient leur folidité ; il tire de l'ordre de cette
offification des conféquences ingénieufes fur la figure
& la ftructure des os, cependant l'explication que
cet Auteur donne eft éloignée de la vraifemblance,
fouvent même les faits qu'il pofe comme vrais font
des plus équivoques ; fans avoir en vue de relever les
erreurs de Coiter, mais plutôt pour mettre la vérité
dans tout fon jour, Mr. de la Sone a dans les fuites écrit fur le même objet. Son mémoire (a) eft un
expofé fuccint & fidele des travaux de la nature,
& les explications qu'il donne font fi claires & fi
perfuafives qu'on ne peut s'y refufer.

Les extrémités de l'humerus font encore cartilagineufes à l'âge de fix mois ; mais elles acquierent
bientôt le dégié de folidité des autres os. L'apophife
anconé du cubitus eft féparée du corps de l'os par un
cartilage jufqu'à l'âge de fept ans, & les os du carpe
lorfque le fœtus vient au monde font formés d'un feul
cartilage (b), & toutes les apophifes des os de la main
ont la même ftructure ; ce que Coiter dit fur l'offification des autres os fe trouve contenu prefque mot
à mot dans les ouvrages de Fallope fon maître ; c'eft
pourquoi je renvoye à cet Auteur.

Avant de terminer fon chapitre fur la formation
des os, Coiter fait obferver que la nature varie beaucoup dans fes travaux, il dit que l'offification des os fe
fait dans quelques fujets de meilleure heure que dans
d'autres, que l'exercice ou le tempérament peuvent
avancer ou retarder l'induration.

Coiter s'eft auffi beaucoup occupé à la defcription
des os. Il a donné la defcription des fqueletes de
plufieurs animaux. A l'imitation d'Euftache, il a
tâché de dévoiler la caufe des erreurs de Galien fur
les os, en faifant le parallele des os du finge d'avec
ceux de l'homme. Il a décrit le fquelette du finge,
& il a fuivi Euftache de fi près, qu'il femble l'avoir
copié dans plufieurs endroits (c).

Sa defcription de l'organe de l'ouie eft détaillée ;

(a) Mémoire de l'Académie Royale des Sciences.
(b) Carpi offa, dum fœtus, nafcitur, ex una cartilagine
conflantur ; poftea offa fiunt, ac à fe mutuò disjunguntur, &c.
pag. 61. feconde colonne.
(c) Haller, Meth. ftud. p. 273.

mais point originale. Fallope paroît sous un nouveau langage. L'Auteur y a ajouté les obfervations
d'Euftache. Du refte fa diction eft claire , & dans le
fond ce traité eft affez exact & vaut bien celui que
plufieurs Auteurs modernes ont donné.

Il a découvert les deux mufcles fupérieurs du nez ,
placés fur fon dos , que Sanctorini a nommés *mufculi
proceres* & dont il s'eft attribué la découverte. Il a
aufli fait un mufcle particulier du fourcilier (*a*) , &
il a connu le mufcle corrugateur (*b*). Les nerfs font ,
felon lui , compofés de plufieurs filets , ces filets quelques petits qu'ils foient , viennent de la fubftance médullaire ou blanche, & font fimplement recouverts par
une expenfion de la pie mere jufqu'aux trous par où ils
fortent hors du crâne : ici la dure-mere leur fournit
une enveloppe. Coiter a porté plus loin ces recherches ; il a connu la ligne médiane antérieure de la
moëlle épiniere , & a obfervé que la fubftance médullaire étoit grifâtre dans fon milieu & blanche vers
le côté.

L'Anatomie feroit une fcience fimplement curieufe
fi l'on ne pouvoit en faire une application à la pratique de la Médecine ; Coiter a rempli cet objet , & en a retiré les plus grands avantages pour
le traitement & le pronoftic des maladies. Afin de
perfectionner cette partie médicinale , il a ouvert
nombre de cadavres des malades dont il avoit été
le Médecin. Par fes ouvertures répétées , il a appris
qu'il ne fe formoit point de vers dans le cœur de
l'homme vivant ni dans le cerveau , fût-il en putréfaction (*c*). Par fes recherches il a aufli connu que
les ankilofes n'étoient pas toutes produites par un
vice de la fynqvie , car il a trouvé les membranes
capfulaires des articulations offifiées (*d*).

Les réflexions qu'il a faites fur les plaies de la tête
méritent la plus grande attention ; non feulement il
a expofé leurs principaux fymptomes , mais même
il en a guéri plufieurs en coupant une partie du cer-

(*a*) Obfervat. Anat. mifullaneæ , p. 109.
(*b*) Haller , Meth. ftud. p. 293-
(*c*) Pag. 110.
(*d*) Pag. 109.

veau qui étoit sortie du crâne après une fracture
(a). Il dit avoir vu la paralysie survenir à une
violente colique. *Quod Paulus suo tempore accidisse
in morbo colico commemorat, nos quoque nostra ætate
frequenter vidimus, nempe ex magno diuturnoque colico
cruciatu artuum resolutionem presertim brachiorum quam-
quam & crurum imbecillitas summa ad fuerit* . . . . (b).
Plusieurs personnes sont mortes à la suite de fievres
accompagnées de divers symptomes, comme délire,
convulsions & paralysies. L'Auteur a cru devoir ouvrir leurs cadavres. Dans les uns il a trouvé les ventricules du cerveau remplis d'une pituite visqueuse,
dans les autres, non seulement il a découvert les
mêmes lésions, mais encore il a vu qu'il y avoit un
épanchement d'eau entre la pie & la dure-mere qui
revêtent la moëlle épiniere (c).

Je prie les Anatomistes modernes de faire une extrême attention à cette observation de Coiter. Les causes
desmaladies résident fréquemment dans le canal spinal
qu'on ne prend presque jamais la peine d'ouvrir.

En répétant les ouvertures de cadavres, Coiter
a été à même d'observer plusieurs faits : il s'est convaincu qu'il y avoit deux sortes d'hydropisie de poitrine (d) : dans l'une, le poumon est infiltré, & il
n'y a point d'eau épanchée dans la capacité ; dans
l'autre il y a de l'eau épanchée sans que le poumon
soit altéré ; il a vu plusieurs fois le squirrhe dans
quelqu'un des visceres procurer l'hydropisie. Il a trouvé, à ce qu'il dit, deux vessies dans un sujet qui
avoit souffert l'ischurie. Notre Auteur veut vraisemblablement parler d'une hernie de la membrane interne
de la vessie qui s'étoit insinuée à travers ses fibres
musculeuses, & avoit formé une nouvelle poche.

(*a*) Pag. 111, 112, 113.
(*b*) Pag. 114.
(*c*) Ex cerebri substantiâ inter secandum effluxit aqua te-
nuis & colore subrubicundo, quod venarum arteriarumque
incisioni ascribendum est, nam aqua quâ omnes ventriculi
scatebant, fuit tum tenuissima, tum limpidissima ac pura,
nihil vero pituitæ in ventriculis cerebri vidi. Totum spatium
quod in sacrâ fistulâ inter tenuem ac duram membranam est &
ubi nervorum funiculi nervos constructuri, à spinali medullâ
recedunt, simili aquâ plenum extitit, pag. 114.
(*d*) Pag. 116.

On trouve dans le même ouvrage (*a*) l'hiſtoire des abcès ſurvenus à différens viſceres, & l'Auteur a donné une expoſition claire & ſuccinte des ſymptomes qui les ont accompagnés. La jauniſſe eſt fréquemment occaſionnée par des calculs dans la véſicule du fiel ; Coiter en a vu un de la groſſeur d'un œuf de pigeon (*b*), & de couleur bleue.

Coiter a fait pluſieurs obſervations ſur des animaux vivans ; il a examiné le mouvement du cœur ſur un chat, & il a vu la dilatation des ventricules ſuccéder à la contraction des oreillettes, *& vice verſâ* ; la pointe s'approcher de la baſe pendant la ſyſtole, & s'éloigner pendant la diaſtole ; de-là il conclut qu'il ſe raccourcit dans la ſyſtole & qu'il s'éloigne dans la diaſtole ; il a auſſi obſervé que le ventricule droit étoit en mouvement long-temps après la mort du ventricule gauche. Une obſervation bien faite conduit à une autre. Notre Auteur s'eſt convaincu ſur pluſieurs animaux, que la baſe du cœur ſe mouvoit long-temps après la ceſſation totale du mouvement dans la pointe ; il s'eſt auſſi convaincu, en ouvrant le crâne de divers animaux, que le cerveau avoit chez eux comme dans l'homme un mouvement particulier qu'il ſoupçonne dépendre de celui des arteres. Coiter a été plus loin ; il a coupé une partie du cerveau, emporté même une grande portion de ſa ſubſtance, ouvert ſes ventricules, détruit la plus grande partie du crâne & du cerveau dans pluſieurs oiſeaux, emporté tout le viſcere, &c. ſans qu'il ſuivît léſion dans les fonction (*c*).

Quelques-uns attribuent à Rhedi l'honneur d'avoir découvert le vrai ſiege du poiſon de la vipere : notre Auteur l'avoit cependant précédé dans ſes recherches ;

(*a*) Pag. 120, 121.
(*b*) Pag. 22.
(*c*) Quòd ſummâ admiratione dignum exiſtit brutorum viventium cerebra detexi, vulneravi & intactis nervis, eorumdemque principis & ventriculis mediis illæſis exemi, at nullum vel vocis, vel reſpirationis, vel ſenſus, vel motus offenſionis ſignum in iis deprehendi. Aves abſque cerebro aliquandiu vivunt, ut quilibet in gallinis, vel pullis gallinaceis, ſi roſtrum ſuperius cum dimidiâ capitis parte abſciderit, cerebrique majorem exemerit partem, experiri poteſt, pag 122.

il a vu deux véficules remplies d'une liqueur ver-
verdâtre, placées à côté des deux, & il croit que ces
véficules contiennent la matière du poifon qu'elles
verfent lorfque l'animal applique fes dents contre
quelque corps. Ces détails ne font point de mon
objet (c), c'eft pourquoi je n'infifte pas d'avantage.

L'Anatomie comparée offre plufieurs fujets d'inftruction. Notre Auteur dit avoir connu, en diffé-
quant les oreilles du léfard, la vraie ftructure de
l'oreille humaine ; il y a découvert les trois offelets ;
le canal de communication entre la bouche & l'o-
reille, &c. &c. Les Anatomiftes trouveront dans ce
traité plufieurs obfervations intéreffantes, &c....
le refte fe trouve dans les ouvrages dont nous avons
déja fait l'extrait, principalement dans ceux de Fallope, dont notre Auteur a été un fidele imitateur,
&c....

D'après cet extrait, le lecteur judicieux jugera
facilement des talens fupérieurs & des travaux prodigieux de Coiter. En lifant ces ouvrages, on reconnoît une obfervateur judicieux, & l'on admire
dans lui les talens qui caractérifent le Médecin favant
& le phyficien éclairé & laborieux, Coiter a fait
plufieurs voyages, & a trouvé fon inftruction dans
fes courfes où tant d'autres trouvent un fujet de
diffipation. Les grands hommes qu'il a fréquentés lui
ont infpiré le vrai goût de l'Anatomie, foit celle
de l'homme, foit celle des animaux, fouvent même
lui ont fourni des particularités intéreffantes qu'il a
rapportées dans fes ouvrages ; on peut cependant lui
reprocher de n'avoir pas cité fes maîtres auffi fouvent
qu'il eût pu & qu'il eût dû ; le nom de Rondelet qu'il
avoit long-temps fréquenté à Montpellier, & qu'il
a quelquefois copié littéralement paroît à peine dans
fes ouvrages.

Bettus (Antoine Marie), Médecin de Modene.
De caufa conjuncta, deque bilis coctione, tractatus.
Bononiæ 1566, in-8°.

Cet ouvrage manque dans les meilleures bibliotheques.

Gourmelin (Etienne) vint jeune à Paris où

(d) Pag. 116

Exerça d'abord la Chirurgie ; il y étudia en Médedecine , & se fit recevoir Docteur Régent dans la Faculté de Paris , dont il fut le Doyen en 1574 & en 1575. Par les notes de M. de Thou il paroît qu'il y eut sous son décanat une peste dans Paris , & qu'il convoqua la Faculté plus d'une fois pour cet objet. Il étoit né en basse Bretagne , dans la petite Ville de Cornouailles , & mourut à Paris en 1594. Le Roi Henri III , dans le temps de la ligue , le nomma à la place du fameux Docteur Acakia son lecteur & Professeur en Chirurgie au College royal 1588 , & ce ne fut qu'après la mort de Gourmelin que le jeune Acakia , fils du précédent , occupa la place de son pere. Gourmelin , quoique devenu Docteur en Médecine , fit toujours sa principale étude de la Chirurgie. Le plus fameux de tous ses ouvrages, est son *Synopseos Chirurgiæ* qui lui valut l'estime de tous le savans de son siecle , & la bonne amitié de Henri III. Il donna ensuite un autre livre de Chirurgie qui ne lui fit pas moins d'honneur , & qui fut traduit par Germain Courtin , sous le titre de *Guide des Chirurgiens.*

On ne sait pas trop pourquoi les Auteurs des *recherches sur l'origine de la Chirurgie en France* , imprimée en 1744 , ont peint Gourmelin avec des couleurs qui ne lui convenoient pas. Il ne méritoit pas certainement d'être traité avec tant de rigueur ; car Gourmelin , quoi qu'en puissent dire ses critiques , savoit la Chirurgie. Ses livres ont eu dans le temps une grande célébrité.

Nous avons de lui ,

Synopseos Chirurgiæ libri 6. Lutetiæ 1566 , in-8°. *Et Chirurgiæ artis ex Hippocratis & veterum decretis ad rationis Normam redoctæ libri 3.* ibid. 1580 , in-8°.

Junius (Adrien) *(a)* , Médecin célebre Hollan-

(a) C'est dans cette année que doit être placée l'Histoire de Vavasseur , parceque ce fut pour lors que le Parlement enregistra l'Edit que le Roi François premier avoit rendu en 1544 , à sa sollicitation en faveur des Chirurgiens de Paris.

Vavasseur étoit un de ces rares génies , plutôt fait pour donner la loi que pour la recevoir de ses Confreres ; ses talens l'éleverent à la place de premier Chirurgien du Roi : titre flateur

dois, naquit à Horne dans la West-Frise le premier Juillet de l'an 1512 ; on eut un soin extrême de lui dans sa jeunesse ; on l'éleva dans les sciences, & on lui fit faire une étude de différentes langues. Orné de ces connoissances, Junius entreprit différens voyages ; il parcourut la France, l'Espagne, l'Italie, l'Angleterre & l'Allemagne ; il conversa avec la plupart des savans qui vivoient dans ses royaumes, exerça la Médecine dans différentes Villes d'Angleterre, & il y publia un poëme sur le mariage de Philippe II, Roi d'Espagne, avec Marie, Reine d'Angleterre. Ce poëme est intitulé *la Philippide* ; il pa-

par lui-même sous toute sorte de regnes, mais qui est d'autant plus glorieux, que ce fût sous celui d'un Roi des plus éclairés & des plus judicieux. Tout le monde connoît le scrupule que François premier apportoit dans l'élite ces sujets qu'il honnoroit de ses faveurs, il savoit discerner le mérite d'avec l'intrigue ; il choisit lui-même Vavasseur pour son Chirurgien, & lui donna toute sa confiance.

Vavasseur s'en servit pour faire donner de nouveaux priviléges. A son Corps à l'imitation de Pitard, il voulut en être reconnu le chef & jouir de toutes les prérogatives d'un chef ; il obtint des Professeurs particuliers pour les Chirurgiens, & indépendans de ceux de la Faculté de Médecine. Dèslors les Eleves en Chirurgie ne furent plus tenus d'assister aux leçons des Médecins. Parmi les Chirurgiens Professeurs se distingua Severin Pineau, disciple zèlé des plus grands Médecins ; il ne peut que faire des Eléves dignes de lui & de ses Maîtres (a). Urbain l'Arbalestier lui succéda & remplit ces fonctions avec éclat ; celui-ci fit de nouveaux Eleves, mais qui ne répondirent pas aussi bien à ses travaux & à ses soins, qu'il avoit répondu lui-même à ceux de son Maître Pineau.

Voilà donc la Chirurgie séparée de la Médecine ; le Chirurgien dans son particulier s'en applaudit, & y trouve son intérêt personnel, mais l'Art en souffre. Par le nouvel édit de François premier, renouvellé par Charles IX, & enregistré au Parlement le 14 Mai 1567, les Barbiers se trouverent exilés du Corps des Chirurgiens ; pour unir ceux-ci plus strictement à l'Université on exigea d'eux qu'ils fussent Maîtres-ès-Arts. Ainsi on oublia que leur chef, Ambroise Paré, avoit été tiré du Corps des Barbiers ; mais je renvoye pour toutes ces dissentions à l'ouvrage de Mr. Verdier, ou aux *recherches sur l'origine de la Chirurgie en France*. Les progrès de l'Art font l'objet de mon Livre, il est inutile de le grossir par l'histoire des contestations & des troubles qui ont retardé l'avancement des connoissances humaines.

(a) *Recherches sur l'origine de la Chirurgie en France*, pag. 240, Tom. premier.

fut en 1554. Après un séjour de quelques années en Angleterre, Junius revint en Hollande & fut s'établir à Harlem ; il y séjourna quelques années : cette Ville fut assiégée par les Espagnols en 1572. Pour se soustraire aux fureurs de la guerre, il se retira à Armuyden près de Middelbourg, capitale de la Zélande, & abandonna son bien aux ennemis. Sa bibliotheque, composée de plusieurs manuscrits, & d'un grand nombre de volumes, fut brûlée pendant le siege : ce qui l'affligea si fort, que plusieurs Historiens disent qu'il en mourut de douleur quelque temps après. Peu satisfait de son séjour dans le Village d'Armuyden, il fut s'établir à Middelbourg ; on le nomma Professeur en Médecine dans l'Université qu'on venoit d'y fonder. Il jouit peu de temps de cette place ; car il mourut dans cette Ville le 7 Juin 1575 par une suite d'incommodités que lui avoient causé les changemens d'air & la douleur d'avoir perdu les livres & manuscrits qu'il avoit dans la bibliotheque que les ennemis lui brûlerent (a). Il fut enterré dans l'Eglise des Prémontrés de Middelbourg.

Nous avons de lui plusieurs ouvrages ; le suivant est le seul qui nous intéresse.

Nomen clator omnium rerum propria nomina variis linguis explicata indicans. Parisiis 1567, in-8°. *Antuerpiæ* 1577, 1583. *Francorf.* 1596. *Londini* 1585. *Genevæ* 1619, in-8°.

On trouve dans cet ouvrage la dénomination des termes usités dans les différens arts ; les mots y sont rangés par ordre alphabétique ; chaque matiere y a un chapitre particulier ; l'Auteur a traduit le même mot en sept langues différentes ; les noms caractéristiques des parties dont l'homme est composé, s'y trouvent fort exactement.

On reprochoit à Junius d'être crapuleux, & de s'être allié indistinctement avec des personnes du plus bas état, l'on rapporte que Jean Sambuc, Médecin, natif de Dyrne en Hongrie, étant allé exprès en Hollande pour voir Junius, il apprit qu'il étoit dans un cabaret avec un charretier, ce qui lui donna tant

(a) Diction. de la Médecine par M. Eloy, T. II. p. 8.

de mépris pour ce fameux critique, qu'il s'en retourna fans le voir. Le départ de Sambuc étant rapporté à Junius, il s'excufa en difant qu'il ne s'étoit trouvé avec ces gens que pour apprendre d'eux quelques termes de leur métier qu'il vouloit mettre dans fon *Nomenclator*.

ARIAS DE BENAVIDEZ.

Arias de Benavidez (Pierre), Auteur Efpagnol qui a écrit un traité fur la maniere dont les Indiens fe traitent des plaies ; cet ouvrage a pour titre :

Secretos de Chirurgiâ, efpecialmenti . . . . de la manera como fe curan los Indios de Lagas. Valladolid. 1567 ; in-8°.

Je n'ai point vu cet ouvrage de même que le fuivant.

NYSSENIUS

Nyffenius (Grégoire) eft l'Auteur d'un traité qui a pour titre :

De hominis opificio interprete Johanne Levenclaio. *Bafil.* 1567.

WIER.

Wier (Jean), vulgairement connu fous le nom de *Pifcinarius*, naquit en 1515 à Grave fur la Meufe. Sa famille tenoit un rang diftingué dans le pays ; elle ne négligea rien pour fon éducation ; on l'envoya en Allemagne où il étudia fous Agrippa ; il apprit de ce digne maître plufieurs fecrets de magie ; il fut continuer fes études à Paris & à Orléans, parcourut enfuite les principales contrées du monde ; il fit plufieurs obfervations dans fes voyages ; mais il abufa de la crédulité publique ; il n'eft point d'impiété qu'il n'ait racontée. De retour d'Afrique, il fut Médecin du Duc de Cleve ; il occupa cette place pendant trente ans, & en remplit les devoirs avec affez d'exactitude. Son nom parvint dans les pays les plus éloignés. Les Empereurs Charles V, Ferdinand Maximilien II, & Rodolphe II, le confulterent dans plufieurs maladies. Difciple zélé d'Agrippa, Wier crut à la magie, & compofa plufieurs traités fur ce fujet ; il y en a un qui eft intitulé *Demonomanie*. L'Auteur fait dans cet ouvrage un dénombrement chimérique des démons ; il les divife en bandes, en légions, leur donne des noms particuliers, dépeint leurs figures, leurs mœurs, leurs caracteres, & indique leurs emplois. Wier parvint à un âge affez avancé, fans prefque avoir eu de maladie. On affure qu'il foutenoit un jeune de quatre jours avec la plus grande facilité. La mort cependant, dont il avoit bravé les coups, le furprit vers l'an 1580, lorfqu'il s'y attendoit le moins, à Teklembourg chez le Comte de Bentheim. Ses cercles, fes figures, ni la monarchie diabolique ne purent le garantir du trépas.

Il eft l'Auteur de plufieurs ouvrages ; celui qui eft de notre objet a pour titre :

Medicarum obfervationum rararum liber 1. Bafil. 1567, in-4°. *Amftelod.* 1657, in-12.

Cet ouvrage ; parmi divers fujets de Médecine, en contient plufieurs de chirurgicaux ; on y trouve l'hiftoire d'une maladie cutanée extraordinaire. L'Auteur a été obligé de fe fervir ou d'ordonner l'ufage de l'inftrument tranchant pour emporter un carcinome du tefticule gauche, pour incifer l'hymen dont l'intégrité occafionnoit des maladies ; il fe fervit des mêmes moyens pour ouvrir le canal de l'uréthre, la vulve & l'anus ; il a extrait de l'œfophage des épingles qu'on avoit imprudemment avalées. Il rapporte l'hiftoire de plufieurs cancers qu'il dit avoir guéris.

On trouve dans fon livre des forciers une obfervation relative au traitement des plaies, l'Auteur étoit en Candie. Il s'agit d'un payfan bleffé au dos par une fleche dont le fer, qui étoit demeurée dans fon corps, fortit par le fondement quelques années après. Cette obfervation paroîtra fabuleufe à tous ceux qui rapprocheront les annecdotes de la vie de Wier : il dit lui-même dans un autre endroit de fes ouvrages, qu'il ne demeura en Candie que l'efpace de quelques mois ; ainfi il n'a pu être le témoin oculaire de tous les faits relatifs à l'obfervation.

Cardan (Jerome), Médecin, naquit le 24 Septembre 1501. Les Auteurs ne font pas d'accord fur le lieu de fa naiffance. Les uns le font naître à Milan & les autres à Pavie ; ce qu'il y a de certain, c'eft qu'il fut élevé à Milan où fon pere étoit Docteur en Médecine & en Droit. L'hiftoire rapporte que Cardan naquit d'une mere qui l'ayant eu hors de mariage, avoit inutilement tenté de perdre fon fruit

par des breuvages pris à ce dessein. La nature fut rébelle aux vues de cette mere cruelle ; elle mit au
monde le jeune Cardan avec des cheveux noirs &
frisés. Après ses premieres études, il fut à Pavie,
& on assure qu'il y étudia les Mathématiques avec
tant de succès, qu'il fut en très peu de temps en
état de les professer. Il alla faire ses études de Médecine à Boulogne quelque temps après ; il y passa
Docteur, il n'étoit âgé que de 24 ans, en 1525, & se
maria en 1531. Bien loin de se fixer dans une Ville,
il parcourut les différentes contrées de l'Europe ; il
fut en Ecosse après avoir professé la Médecine & les
Mathématiques à Pavie ; il ne se plut point dans ce
pays étranger ; quelques-uns assurent qu'il ne s'y
comporta pas selon les les loix du pays, & qu'il y
fut poursuivi par la Justice. Il fut à Boulogne & y
eut une place de Professeur : il n'y tint pas une conduite réguliere ; aussi se fit-il emprisonner : cependant par protection ou par des promesses réitérées
de tenir à l'avenir une conduite plus réglée, il fut
élargi. Il alla s'établir à Rome, se fit Agreger au
College des Médecins, & s'acquit une pension du
Pape Grégoire XIII. Quoique Cardan ait mené
jusqu'ici une vie errante & vagabonde, il trouva
le moyen d'écrire un nombre prodigieux de volumes ; c'est même un des Médecins qui ait le
plus écrit ; il mourut à l'âge de soixante & quinze
ans le 21 Septembre 1576. On l'accuse d'avoir aimé
le jeu, les femmes & le vin à l'excès ; il étoit bizarre, inconstant, se piquant d'astrologie & entêté
de ses prédictions ; quelques Historiens disent qu'il
vouloit travailler à l'horoscope de Jesus-Christ, &
Douglas nous apprend qu'il avoit prédit le jour de
sa mort.

Les ouvrages qu'il nous intéresse le plus de connoître, sont :

*In libros Hippocratis de septimestri & octimestri partu
commentarii. Basil.* 1568, in-fol.

De subtilitate lib. 21.

*Libri duodecim de hominis naturâ & temperamento.
Basil.* 1560, 1582, in-8°. 1664, in-4°.

La collection de tous ses ouvrages se trouve dans

celui qui a pour titre *Opera omnia* ; il eſt en dix tomes in-folio, imprimé à Geneve en 1624, & à Lyon en 1663.

On trouve peu d'anatomie dans ſes écrits ; celle même qu'on y lit eſt extraite des anciens Auteurs ; beaucoup de citations mal dirigées ; peu d'ordre & beaucoup de prolixité, voilà le caractere de l'ouvrage. Si Mrs Douglas & Haller ne l'euſſent point mis dans leurs recueils des Auteurs Anatomiſtes, Cardan n'eût point trouvé place dans mon hiſtoire.

Mena (Ferdinand), ſurnommé le Portugais par André Schot-Valere & André Toxander, fut Médecin d'Alcala-de-Henarez, & enſeigna la Médecine dans l'Univerſité de cette Ville. Son nom fut célébré dans toute la contrée ; Philippe II, Roi d'Eſpagne, l'appella pour ſon premier Médecin, & lui donna beaucoup de crédit. Mena, plus amateur des progrès de ſon art que des grandeurs & des richeſſes perſonnelles, s'en ſervit plutôt pour la Médecine que pour lui. A ſa ſollicitation, le Roi d'Eſpagne fonda pluſieurs places de Profeſſeur en Médecine dans différentes Univerſités de ſon royaume, auxquelles il accorda de nouveaux droits. Nous avons de Mena quelques ouvrages relatifs à la pratique de la Médecine & à la Pharmacie : il a très peu donné de Chirurgie ; en voici cependant un qui mérite être connú de ceux qui exercent cet art.

De ſeptimeſtri partu & purgantibus medicamentis. A Anvers 1568, in-4°.

L'Auteur a raſſemblé dans cet ouvrage ce que les anciens avoient écrit de relatif à ſon ſujet ; il a profité des remarques d'Eucharius Rhodion. On trouve dans le même ouvrage une liſte des médicamens emménagogues, &c.

Eugene (Lactance), Médecin de Narni, Ville d'Ombrie en Italie, vivoit vers l'an 1568.

Nous avons de lui un livre intitulé,

De maris & fœmella generatione opuſculum. Ancona 1568.

Ce livre eſt dédié à Pierre Montamus Patrice de Narni. Il eſt peu étendu, écrit avec aſſez de clarté, mais contenant beaucoup de rapfodies, comme on peut en juger au feul titre. Selon lui, l'homme naît lorfque la nature exécute fès *fonctions génératrices* dans la plus grande intégrité ; la femme naît au contraire, lorfque les parties génitales fouffrent quelques légeres altérations. La conception n'a point lieu fi l'altération des organes eft portée trop loin (*a*).

Suivant fa théorie, les mâles naiffent lorfque le tefticule droit de l'homme & l'ovaire droit de la femme font plus gros que les gauches ; la femelle eft au contraire produite lorfque ces organes ont une configuration différente. Les effets de la génération peuvent être portés fi loin, qu'il n'eft pas rare de voir une femme accoucher de plufieurs enfans du même fexe.

Pour avoir de jolis enfans, notre Auteur confeille aux pere & mere de fe repréfenter, pendant l'acte vénérien, le plus bel homme qu'ils auront vu ; car, dit-il, l'imagination joue le plus grand rôle dans la formation des enfans, &c. &c.

On voit d'après cette efquiffe jufqu'où les hommes ont porté leurs rêveries, & jufqu'à quel point ils ont été frivoles dans leurs études. Notre Auteur propofe gravement fon fyftême, comme s'il eût établi la vérité la plus importante ; il foutient fon rôle jufqu'à la fin de l'ouvrage, & pouffe fon délire jufqu'au dernier période ; & lorfqu'il ne peut plus tirer de fon cerveau un plus grand nombre d'explications chimériques, par une chûte très inconféquente à fes prémiffes, il avoue qu'on doit faire peu de cas des opinions que les Philofophes & les Médecins ont fur la génération, & que c'eft à Dieu feul qu'on doit en rapporter la véritable caufe (*b*).

Wirfung (Chriftophe) a publié un ouvrage fur la pratique de la Médecine, dans lequel on trouve une defcription abregée des principales parties du corps ; il a été imprimé à Heidelberg en 1568,

(*a*) Vers le milieu du livre, car les pages ne font point numérotées.

(*b*) à la fin de l'ouvrage.

in-fol.

in-fol. C'est d'après M. de Haller que j'ai annoncé
cet ouvrage.

Palatius (Philippe), Médecin italien, qui vivoit
à Trébie, faifoit dans le traitement des plaies un
fréquent ufage de l'infufion de chanvre ou de lin.
*De methodo vulneribus medendi cum medicamento,
quod aquâ fimplici & fruftulis de cannabe vel lino conftat.*
Peruf. 1570, in-8°.

Ce livre ne contient qu'environ cinquante pages,
il eft divifé en deux parties; la premiere traite de
divers objets de phyfique; la feconde des plaies,
l'Auteur blâme l'ufage des onguents & des emplâtres,
& recommande l'eau de chanvre.

Natus (Jean Paul), Médecin italien, qui vivoit
à Venife vers la fin du feizieme fiecle.

Nous avons de lui un petit ouvrage intitulé:
*Opufculum de Chirurgiâ & præcipue de folutione con-
tinui.* Venet. 1570, in-8°.

L'Auteur recommande l'ufage des futures, & il en
propofe de nouvelles efpeces.

La faculté de Montpellier réclame pour un de
fes membres Jacques Dalechamp, du Diocèfe de
Bayeux. Il étoit iffu d'une famille noble qui faifoit
fa demeure à Caën. Il fut immatriculé dans la Faculté de Montpellier en 1545; une année après il
fut reçu, fuivant M. Aftruc, Bachelier & Docteur.
Il exerça la Médecine à Lyon depuis l'an 1552 jufqu'en 1588 qui fut le terme de fa vie.

Cet Auteur s'eft rendu plus célebre dans la botanique que dans la Chirurgie; il a cependant publié un ouvrage fur cette partie.

Chirurgie françoife recueillie par J. Dalechamp.
Lyon 1570, in-8°. 1573, in-8°.

Quoique cet ouvrage ait eu deux éditions, il eft
cependant inconnu des meilleurs bibliographes. M.
de Haller eft le feul qui en ait parlé; il a trouvé
une note de la premiere édition dans le catalogue
de bibliotheque d'Heifter, & la feconde dans celui
de M. de Haën. J'ai confulté la feconde édition;
elle contient plufieurs planches, dont quelques-unes
font extraites des ouvrages d'Ambroife Paré. Les
principes chirurgicaux qu'on trouve dans l'ouvrage

T t

de Dalechamp, sont à-peu-près les mêmes que ceux qu'on lit dans Ambroise Paré.

Dalechamp a donné une traduction des administrations anatomiques de Galien. L'ouvrage a paru sous ce titre :

Administrations anatomiques de Claude Galien, traduites fidelement du grec en françois par M. Jacques Dalechamp. A Lyon 1572, in-8°.

Fin du premier Volume.

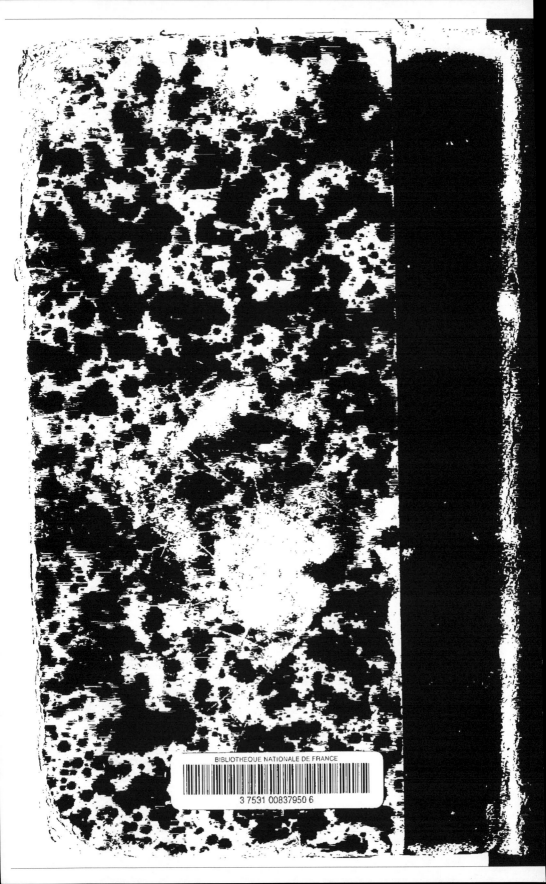

Imprimé en France
FROC020912130220
23420FR00004B/26